普通高等教育机器人工程系列教材

机器人工程力学

主　编　楼力律　王晓军

主　审　周剑锋

科学出版社

北　京

内 容 简 介

本书按照高等学校工科本科“工程力学”课程的基本要求编写，全书共17章，包括点的运动学、刚性的基本运动、点的合成运动、刚体的平面运动、力和力偶、力系的简化、约束与受力分析、刚体与刚体系的平衡、质点动力学、动力学普遍定理、材料力学的基本概念、轴向拉伸与压缩、圆轴扭转与连接件的强度、直梁的弯曲、应力状态与强度理论、组合变形、压杆稳定等内容，各章均有思考题和习题可供课堂内外研讨练习之用。本书在讲述概念和方法的同时，说明了工程力学在机器人机构、结构设计上的工程实例和应用场景。

本书各章例题配有对应的视频讲解，可以通过相应二维码扫码观看，便于学生理解相关知识点。

基于工程教育专业认证的理念，本书可对机器人工程和相关、相近专业的毕业要求形成支撑，其中对工程知识、问题分析、设计解决方案的毕业要求形成较强支撑，对使用现代工具、工程与社会、职业规范等的毕业要求形成一定的支撑。

本书主要应用于机器人工程专业中少学时“工程力学”课程的教学，也可作为高等学校其他近机类或非机类专业中少学时“工程力学”课程的教材，按照课时和内容要求选择教学模块进行组合教学。本书也可供高职高专与成人高等学校师生及有关工程技术人员参考。

图书在版编目(CIP)数据

机器人工程力学 / 楼力律，王晓军主编. —北京：科学出版社，2022.12
普通高等教育机器人工程系列教材
ISBN 978-7-03-074073-1

Ⅰ. ①机… Ⅱ. ①楼…②王… Ⅲ. ①机器人—工程力学—高等学校—教材 Ⅳ. ①TP24

中国版本图书馆 CIP 数据核字(2022)第 229759 号

责任编辑：邓 静 / 责任校对：王 瑞
责任印制：张 伟 / 封面设计：迷底书装

科学出版社出版
北京东黄城根北街16号
邮政编码：100717
http://www.sciencep.com
北京虎彩文化传播有限公司印刷
科学出版社发行 各地新华书店经销
*
2022年12月第 一 版 开本：787×1092 1/16
2022年12月第一次印刷 印张：17 1/4
字数：450 000

定价：69.00 元

(如有印装质量问题，我社负责调换)

前　言

2017 年 2 月以来，教育部积极推进新工科建设，形成了一批针对新兴产业的本科工科专业。这些专业主要培养实践能力强、创新能力强、具备国际竞争力的未来新兴产业和新经济需要的高素质、创新型、复合型人才。

作为新工科专业的代表之一，机器人工程专业在 2016 年首次设立，2017 年首次招生。机器人工程主要研究工业机器人的机构、结构、设计、应用、控制等方面的基本知识和技术。一般工程意义上提及的机器人，可以理解为一种多自由度的机械和自动化装置，其中必然存在大量的力学问题需要解决，包括机构运动、静力平衡以及结构强度、刚度和稳定性设计等。由于机器人工程专业是一个机械、自动化、计算机等多学科交叉特点鲜明的专业，在本科培养阶段，基础力学是不可缺少的，但是新工科专业往往在本科培养计划总学分的框架下要设置更多的课程，因此基础力学的教学学时不可能过多。若按照传统机械专业的理论力学和材料力学的授课模式必然占用大量的课时，而基于静力学和材料力学的工程力学教材又缺少针对机器人工程专业至关重要的运动学和动力学内容，因此亟须编写满足该专业需求的基础力学教材。

本书编写的初衷是专门为机器人工程专业编写一部合适的基础力学教材，本书强调的是解决机器人工程中的复杂问题所需要的力学基础理论和方法，并非通过学习本书内容就能完全理解和掌握机器人工程中的力学问题，特定的机器人力学问题的建模、求解和分析需要参考相关的专著或学习更高一阶的教材。在教材的编排方面，因考虑运动学和动力学是工业机器人设计中最为重要的部分，所以先以运动学开篇，进而展开刚体静力学、刚体动力学和变形固体力学问题的介绍。机器人在工作状态下的位置、速度、加速度、角速度、角加速度、末端执行器位姿等都是机器人实际工程中需要解决的问题。例如，在处理机器人视觉问题时，需要确定机器人在空间中的位置，只有知道机器人在什么位置，机器人控制柜里的 CPU 才能去控制机器人，这些都是运动学和动力学的问题。机器人工程专业虽然对材料力学的要求不高，但在机器人本体及零部件结构设计中，这部分内容是不可或缺的，因此在本书编写材料力学部分时，尽可能以简洁明快的方式强调基础理论和方法的应用。

基于以上考虑，本书涵盖了理论力学和材料力学的主要内容，在内容编写方面，强调基本概念和基本方法，并说明其在工业机器人机构、结构设计方面的应用场景。本书在部分章节还引入了弹性力学有限元的内容，旨在引导学生应用现代工具解决复杂工程问题的意识。书中列有一定数量的思考题和习题。在思考题的设计中，给出了一些需要学生通过文献检索或网络搜索解决的问题，以强化基础力学与机器人工程问题的联系；习题的选择本着求精不求多的原则，希望学生能够重点加以练习。

本书按照 56～72 学时的教学要求编写。对于机器人工程力学的授课实践，建议保证运动学和动力学的授课学时；对于材料力学部分，若受限于学时，应强调概念和方法，对于公式推导和较为复杂的内容可进行适当简化。

本书是河海大学楼力律在本校机器人工程专业自 2018 年开设“机器人工程力学”课程以来，经过数轮教学实践，在原有讲义的基础上编写而成的。本书由楼力律与常州工学院的王晓军执笔编写。

本书得到了河海大学重点立项教材项目的资助。河海大学机械工程系的王婷婷在机器人工程力学应用场景和工程实例方面予以了指导。在教学实践中，机器人工程专业的张志强、高登、朱博、罗浩华、吴菁菁等指出了讲义中的错误，提出了修改意见。在此一并表示感谢。

由于作者能力有限，书中难免存在不足之处，衷心希望读者批评指正。

作 者

2022 年 4 月

目　录

绪　论

工程力学涉及众多的力学学科分支。在高等工科院校中，“工程力学”是一门重要的技术基础课程。其内容覆盖传统意义上的“理论力学”和“材料力学”。力学涉及工程的各个领域，如机械工程、航空航天工程、交通工程、土木工程等，现代科学技术的发展使得机器人工程、智能制造领域中存在着大量的力学问题需要解决。力学的发展始终和人类的生产活动紧密结合，随着工程技术的进步产生新的内涵。

1. 工程力学的研究内容

力学是研究宏观物体**机械运动**规律的科学。机械运动是指物体的空间位置随时间的改变，包括静止、移动、转动、振动、流动和变形等，是物质最基本的运动。**力是物体之间的相互作用，这种作用使物体的运动状态或形状发生改变**。力使物体运动状态的改变称为力的运动效应，也称**外效应**；力使物体发生变形的效应称为力的变形效应，也称**内效应**。

工程力学所研究的内容是速度远小于光速的宏观物体的机械运动。它以伽利略、牛顿、胡克等总结的基本定律为基础，属于经典力学的范畴。经典力学的内容非常丰富，包括研究物体的运动规律、力与运动的关系、力与变形的关系等。对于日常生活和一般工程中的问题，经典力学仍然起着重大作用。

工程力学的研究对象不是具体的实际物体，而是根据具体的问题抽象出来的简化模型。实际工程中，若考虑物体是否具备足够的承载能力或抗应变能力，需要把物体当作**变形体**；若考虑物体在受力后运动状态的改变，且其变形对问题的研究影响很小，就可以把物体抽象成**刚体**。刚体是在力的作用下，内部的任意两点之间的距离始终保持不变的物体。如果物体的尺寸和形状与所研究的问题关系不大，但需要考虑其质量的影响，则可以把物体抽象成只有质量而无大小的几何点称为**质点**。如果在问题中质量都可以忽略，仅仅研究其运动几何关系，则可以将质点抽象成一个**动点**。有限或无限个质点构成的系统，称为**质点系**。质点系是实际物体最具一般性的力学模型。刚体是一个特殊的质点系。

利用简化模型进行问题的研究，可以降低问题的复杂程度和难度。但是任何模型都不能精确地代替实际对象，选用什么样的模型，要看研究内容和计算精度的要求。例如，在研究工业机器人的机械臂时，如果只需要考虑驱动力与机械臂的运动之间的关系，则可以将其简化为刚体来处理，若机械臂是用于精细加工的，其受力后产生的变形会影响到加工的精度，则必须将其作为变形固体来考虑。考虑人造地球卫星绕着地球的运动轨迹，其自身的大小尺寸与飞行的轨迹相比完全可以忽略不计，则可以将其简化为一个质点，甚至是动点来考虑；若需要考察卫星在空间的姿态，则需要视其为刚体。

遵循从简单到复杂、循序渐进的认知规律，本书的内容首先研究刚体的力学问题，进而研究变形固体的问题。对于刚体，主要研究其运动学、静力学和动力学的问题；对于变形固体，主要研究构件的强度、刚度和稳定性问题。

运动学研究物体机械运动的几何性质，包括轨迹、运动方程、速度和加速度等，而不考虑运动产生和变化的原因。物体无时无刻不在运动，可以认为运动是绝对的；但是对运动的描述，必须建立合适的参考系和坐标系，所以对运动的描述又是相对的。工业机器人要求机械臂末端执行器的运动按照既定的规律进行，操作臂各连杆、关节的运动关系决定了末端执行器的运动规律，因此其操作臂运动学的研究内容就是运动的全部几何和时间特性。

静力学主要研究力的基本性质、物体受力分析的基本方法及物体在力系作用下处于平衡的条件。静力分析是动力分析的基础，正确进行受力分析是解决力学问题的前提。工业机器人工程问题中同样要求对载荷、约束有充分的理解。例如，机械手完成将一个物体放置到特定位置的操作，有必要确定该物体的一个稳定的静止姿态，这需要通过静力学来考虑。静力学平衡关系也是工业机器人机械臂结构设计的前提。

动力学研究的是力和运动之间的关系，通过建立力与运动之间的数学关系，即动力学方程，来解决动力学的两类基本问题：第一类是已知物体的运动规律，求作用在物体上的力；第二类是已知物体的受力，求物体的运动规律。例如，为了使工业机器人的机械臂从静止开始加速，末端执行器以预定的速度进行运动，最后减速停止，需要通过动力学方程才能确定机械臂各关节的力矩函数，进而选择合理的驱动器。

工程中机器设备的各个组成部分，称为构件，如工业机器人的机械臂、关节中的轴、传动系统中的齿轮、支撑结构的连杆等。这些构件在受力作用下会发生形状和尺寸的改变，称为**变形**。变形可以分为能够恢复的**弹性变形**和不可恢复的**塑性变形**。构件发生断裂或变形过大导致其丧失正常工作能力，称为**失效**。为了保证安全工作，构件应该具备足够的强度、刚度和稳定性。

强度是指构件抵抗塑性变形或破坏的能力。如受拉杆件受到过大载荷导致产生明显的塑性变形，变长、变细直至断裂；机械臂在受到过量载荷时产生不可恢复的弯折，都属于强度失效。

刚度是指构件抵抗变形的能力。构件要正常工作，有时不能产生过量的弹性变形。如执行精微加工的机器人，如果其整体的刚度不足，在受力作用下会使末端执行器偏离预定的位置，导致加工精度达不到要求。过大的弹性变形还可能造成机体的振动，甚至某些部件位置产生偏移导致机构卡死。

稳定性是指构件保持原有的平衡形态的能力。如受压的细长杆件，可能会因为过量的载荷而导致其无法保持原有的直线平衡状态，发生突然变弯，从而丧失承载能力的现象。

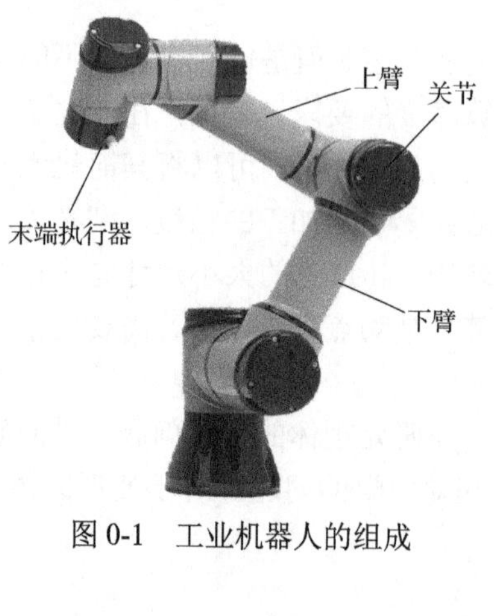

图 0-1　工业机器人的组成

工业机器人要按照人们预定的想法完成其工作，其中包含大量的力学问题。在研究时需要根据其问题的性质来进行力学建模和分析求解。如图 0-1 所示的机器人，如果希望其末端执行器按照规定的路径进行运动，则可以将其上臂、下臂视为刚体，利用刚体的运动学关系分析速度、加速度、角速度、角加速度等物理量，进而确定所需的驱动力矩的大小，选择传动系统和动力源。这就属于运动学和动力学的问题。如果要设计机械臂的形状和内部结构，则需要将上臂、下臂视为变形固体来考虑，一方面要满足强度、刚度的要求，另一方面要考虑减少自重，灵活便捷。这就属于材料力学的问题。

2. 工程力学的学习方法

工程力学的系统性很强，各部分有着比较紧密的联系。例如，在动力学问题中必然要用到运动学的知识和静力学的知识；在强度问题中要用到静力学的平衡方程等。在学习过程中要循序渐进，及时解决问题。

工程力学的基本概念要清晰。对于一个概念，要理解其产生的原因、其物理意义和作用。对于一个公式，不仅要理解其推导产生的前因后果，还要明确其适用条件和应用范围。要及时掌握各章节的主要内容和重点，理解各章节之间的内在联系，注意各章节之间在内容和分析方法上的异同。

对于工程力学的学习，必然要通过一定数量的习题来深入理解重要的基本概念和基本方法。做习题是应用基本理论解决实际问题的一种训练。要特别注意例题的分析方法和解题步骤，从中得到启发，进而举一反三。

工程力学与实际问题结合紧密，要学会利用所学的知识从实际问题中抽象出力学模型，进行理论分析，解释生活和工程中的力学现象。力求做到既能够定性分析，也能够做出定量的分析。

达•芬奇说“力学是数学科学的天堂，因为，我们在这里获得数学的成果”。基于力学与数学、物理“不分家”的客观事实，学习工程力学必然要熟练应用必要的数学工具，如矢量代数、微积分、二阶线性常微分方程的解法等，同时需要弄清楚数学符号、公式所对应的物理意义。

在学习过程中需要保持严谨细致的态度，对于计算，需要一丝不苟，须知有的计算结果甚至关系到人民生命财产的安全。

3. 力学发展简述

1) 力学发展简史

力学的产生和发展从一开始就是由生产决定的。恩格斯在其《自然辩证法》导言中，认为“占首要地位的，必然是最基本的自然科学，即关于地球上和天体上的力学”。力学是人类早期形成并获得发展的科学之一。远古人类通过劳动积累经验创造了一些简单的工具，再对其不断改进，从经验中获取知识，形成了人类对力学规律的最初的起点。我国春秋战国时期，记载墨翟(公元前468—公元前376年)学说的《墨经》中有“力，刑之所以奋也”“力，重之谓”的说法，这已经和现在所说的“力”相去不远。在西方，力学(mechanics)一词源自希腊文，它和机械学(mechanics)、机械装置、机构(mechanism)是同一个词根。因此在长期的历史阶段中，人们把力学和机械当作一回事。古希腊的阿基米德(公元前287—公元前212年)在其所著的《论平面图形的平衡》(关于力学的最早的科学论著)中，讲了确定平面图形和立体图形的重心问题；其所著《论浮体》是流体静力学的第一部专著，阿基米德把数学推理成功地运用于分析浮体的平衡上，并用数学公式表示浮体平衡的规律，该书中他研究了旋转抛物体在流体中的稳定性。但是，从阿基米德之后一直到公元14世纪，由于封建和神权的长期统治，生产力停滞不前，力学与其他学科也得不到发展。直到15世纪后期，西方在文艺复兴、宗教改革和启蒙运动的推动下，由于手工业、航海、建筑以及军事技术等方面提出的问题需要解决，因此力学和其他学科才得以迅速发展。在这一时期，哥白尼(1473—1543年)创立了宇宙的太阳中心学说，开普勒(1571—1630 年)提出了行星运动三大定律，伽利略(1564—1642 年)发表了《关于两门新科学的对话》，惠更斯(1629—1695 年)考虑了点在曲线运动中的加速度等问题。罗伯特·胡克(1635—1703 年)建立了弹性体变形与力成正比的定律。

英国伟大的科学家牛顿(1643—1727 年)在前人研究的基础上，于 1687 年出版了名著《自然哲学的数学原理》，在此书中提出了著名的动力学三大定律、万有引力定律，并对动力学进行了系统的阐述。北京大学的武际可教授在其《力学史》中认为：“牛顿所代表的经典力学形成与发展的精髓，是从试验和观察归纳总结出规律，然后依据这些规律指导人们去认识新的现象的。这种方法论，一直为现代科学所遵循。”

17 世纪是动力学基础建立时期，到 18、19 世纪发展成熟。约翰·伯努利(1667—1748 年)首先提出了虚位移原理，莱昂哈德·欧拉(1707—1783 年)提出了用微分方程表示的分析方法来解决质点运动问题。达朗贝尔(1717—1783 年)在其著作《动力学》中给出了解决动力学问题的普遍原理，即现在所说的达朗贝尔原理，从而奠定了非自由质系动力学的基础。法国数学家、力学家拉格朗日(1736—1813 年)在其著作《分析力学》中，把虚位移原理和达朗贝尔原理相结合，导出了著名的第二类拉格朗日方程。拉格朗日方程也成为解决工业机器人动力学问题的主要手段之一。

19 世纪是古典力学发展的高潮时期，是牛顿力学体系发展的黄金时期。在此期间，在向广度和深度的推进上，都出现了飞跃性的进展，特别是在分析力学方面，哈密顿原理、函数和方程促使人们从牛顿力学向广义相对论的研究。量子和波动力学对认知的桥梁作用、统计力学的建立将牛顿力学推进到了微观世界。

20 世纪以来，计算机技术的迅猛发展为力学工作者提供了新的计算方法和手段，有限单元法应运而生。有限单元法是建立在分析力学、最小势能原理、变分原理基础上的已经成熟的计算方法，已经成为当代工程中用于结构强度分析、动力学仿真、结构优化设计、金属加工模拟、流体力学、电磁力学等领域的重要手段。

但是随着技术的发展，新问题仍然层出不穷。在工业机器人领域，不仅需要研究组成机器人的多体系统的运动和控制，还要考虑某些部件的弹性，否则不能保证其定位精度。随着软体机器人的出现，需要有分析可大变形的柔体和液体系统的理论和方法。机器人的功能和系统越来越复杂，有时候采用先分析单个零部件而后综合分析的方法并不见得有效，这时可能需要对复杂系统直接建模，对于非线性系统，其行为的复杂性，如分叉、混沌等的出现，给系统建模和求解带来很多新的困难、问题，包括理论、试验和计算等方面。这就需要当代学子努力学习，积极探索，为未来解决一个又一个理论和技术难题奠定良好的力学基础。

2)我国在力学方面的研究和成就

我国是世界上古老的文明国家之一。据文献和考古记载，我国在力学知识的积累上有很长的历史。例如，春秋战国时期的墨翟及其弟子的著作《墨经》记述了力、杠杆的平衡、重心、浮力、强度、刚度等的粗略概念。东汉郑玄为《考工记·弓人》一文的“量其力，有三钧”一句所作注解中写道：“假令弓力胜三石，引之中三尺，弛其弦，以绳缓擐之，每加物一石，则张一尺。”正确地提示了力与形变成正比的关系。赵州桥、应县木塔、都江堰、地动仪等耳熟能详的工程、建筑、仪器都表明我国古代力学应用的辉煌成就。但不可否认的是，在中国古代并没有出现一部专门的力学著作，力学知识散见于各种书籍之中。其总的特点是：经验多于理论，器具制造多于数理总结。1896 年，严复(1854—1921 年)翻译了赫胥黎的《天演论》，才真正将 mechanics 翻译成力学。1898 年京师大学堂的教材《格物测算》中才真正将牛顿三大定律引进到中国。中华人民共和国成立后，特别是改革开放以来，我国各项建设事业与力学相互促进，取得了许多举世瞩目的成就，港珠澳大桥、神舟载人飞船、嫦娥探月工程、高铁建设等都表明我国的科学技术水平和力学研究水平达到了一个新的台阶。同时应该看到，在实现科学现代化的进程中，还会有更多的力学课题亟待解决，与世界先进水平相比，我们还有一定的差距，需要坚持不懈，努力促进我国力学理论与应用水平的更大发展。

思考题

0.1　什么是变形固体、刚体、质点、质点系、动点？这些简化力学模型分别适用于哪些场合？

0.2　设计一个餐厅的送餐机器人需要考虑哪些力学问题？设计一个潜水作业机器人又需要考虑哪些力学问题？

0.3　汉代的著作《尚书纬·考灵曜》记载“地恒动不止，而人不知，譬如人在大舟中，闭牖而坐，舟行而人不觉也”。这段话说明了一个什么样的力学原理？

0.4　作为未来的社会主义建设者，通过学习工程力学，我们应该树立怎样的工程责任、工程伦理意识？我们能为中华民族的伟大复兴、实现中国梦做出怎样的担当与贡献？

0.5　通过网络搜索和文献检索，了解我国自有知识产权的工业机器人品牌，并举其中 1～2 个实例说明这类机器人在设计、制造、运行过程中需要考虑哪些力学问题。

第 1 章　点的运动学

第 1 章～第 4 章我们将研究运动学。运动学研究的是物体机械运动的几何性质，包括轨迹、运动方程、速度和加速度等，并不考虑运动产生和变化的原因；仅从几何观点来分析物体是如何运动的，确定合适的方法去描述运动。因此，运动学是研究物体运动的几何性质的学科。

运动学是动力学的基础，同时它也具有独立的工程应用价值。运动学知识是机构分析的基础。工业机器人的机械臂要按照预定的计划进行运动，必然需要设计一套适当的传动系统。在一些机器人机构中，力的分析往往并不是特别重要，关心的主要问题是机构是否能够严格地按照预定的规律动作。传动系统使机器人末端执行器按照预定的轨迹、速度、加速度来执行动作。将末端执行器抽象为一个动点，那么这个动点的运动规律、轨迹、速度、加速度就是本章需要讨论的问题。

1.1　运动学的基本概念

1. 参考系与坐标系

宇宙是物质的，物质是运动的，物质与运动不可分割，这是运动的绝对性。但对于机械运动的描述是相对的。例如，在行驶的车厢中坐着的人，相对于地面来说是运动着的，但如果是相对于车厢，那就是静止的。因此，为了描述物体的运动，必须选取另外一个物体作为**参考体**。在参考体上固连一个由不共面的三条相交线组成的标架，用以代表参考体，称为**参考系**。在一般工程技术问题中，通常在地面上安置一个固连标架，它的三条轴分别沿着当地的经线、纬线和天顶，称为**地球参考系**。参考体总是一个尺寸有限的物体，但参考系可以延伸到空间的无限远处，它是与参考体固连的整个三维空间。

参考系和**坐标系**是两个不同的概念。参考系选定，物体的运动就确定了。为了具体描述物体的运动，还需要在参考系中安置一定的坐标系。坐标系可以是直角坐标系、柱坐标系、球坐标系等；即使是直角坐标系，也可以安置坐标原点不同、坐标轴方向不同的直角坐标系。显然，在不同的坐标系中对物体的同一运动的描述一般是不同的。

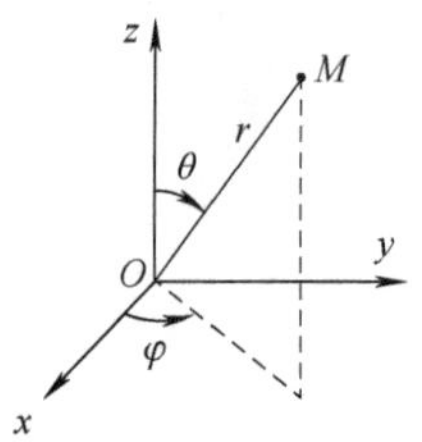

图 1-1

要从数学上描述物体的运动，必须选定一组能够完全确定物体位置的**参数**。如图 1-1 所示，当描述自由质点的运动时，一般会使用直角坐标系的三个坐标 x、y、z 来表示。但有时根据问题的性质，采用目标的方位角 φ、余仰角 θ 和距离 r 更为方便。

在描述机械运动时，必然要涉及**瞬时**和**时间间隔**两个概念。瞬时是指某一个时刻，而时间间隔是先后两个瞬时之间的一段时间。

2. 广义坐标与自由度

在图 1-1 中，如果 M 是一个自由的质点，则其在空间的位置需要三个独立坐标来确定：x、y、z 或 φ、θ、r。那么对于由 n 个自由质点组成的系统，确定全部质点的位置需要 $3n$ 个独立坐标。但实际问题中，系统中一些质点的位置是受到预先给定的强制性限制条件限制的，这些强制性限制条件称为约束。这种限制条件可以表示为包括坐标和时间的方程，称为约束方程。例如，将图 1-2(a)所示的机械臂简化为图 1-2(b)所示的平面力学模型，只要知道关节点 A 的坐标 (x_A, y_A) 和末端执行器点 B 的坐标 (x_B, y_B)，整个机械臂的位置也就唯一确定了。机械臂的下臂长度 $OA = l_1$，上臂长度 $AB = l_2$，存在约束方程 $x_A^2 + y_A^2 = l_1^2$，$(x_B - x_A)^2 + (y_B - y_A)^2 = l_2^2$，两个约束方程对质点的四个坐标建立了联系，因此只需要知道 x_A、x_B 或 y_A、y_B 就可以确定机械臂的位置。唯一确定质点系位置的独立参数，称为**广义坐标**，或称**独立坐标**。可选择 x_A、x_B 作为这个系统的广义坐标，也可以选择摆角 φ_1、φ_2，它们都是能够唯一确定系统位置的独立参数。广义坐标的数目反映了系统能够自由运动的程度，称为系统的**自由度数**，简称**自由度**。图 1-2 所示的机械臂的自由度数就等于 2。可见，系统的自由度数是确定的，但广义坐标的选择则可以有不同的方案。

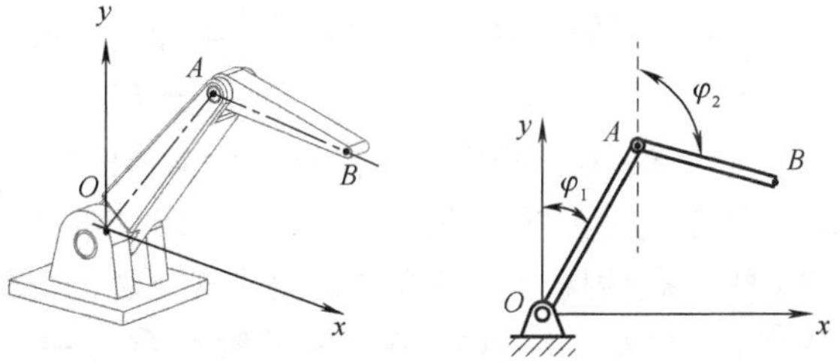

(a)　　　　　(b)

图 1-2

1.2　点的运动方程

质点在选取的坐标系中的位置坐标随时间连续变化的规律称为点的**运动方程**。点在空间运动的路径称为**轨迹**。在某一参考体上建立不同的坐标系，则点的运动方程具有不同的形式。

1. 矢量描述法

设点 M 在空间中的运动轨迹是某一曲线，任意选取一固定点 O 作为参考点，那么点 M 在空间的位置可以用矢径 $\boldsymbol{r} = \overrightarrow{OM}$ 表示。如图 1-3 所示。点 M 运动时，其矢径 $\boldsymbol{r}$ 的大小和方向随时间 t 而变化，并且是时间的单值连续函数，即

$$\boldsymbol{r} = \boldsymbol{r}(t) \tag{1-1}$$

式(1-1)称为用矢量形式表示的点的运动方程。矢径 $\boldsymbol{r}$ 的矢端曲线就是点的运动轨迹。

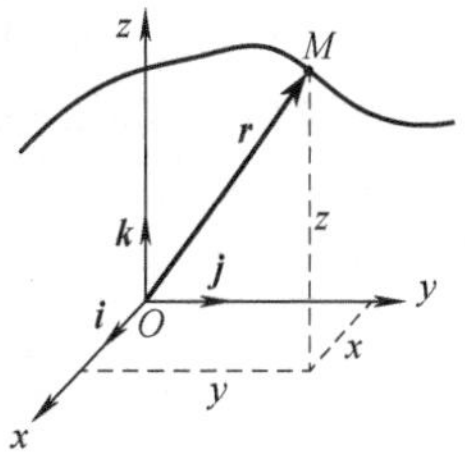

图 1-3

2. 直角坐标描述法

过点 O 建立的直角坐标系 $Oxyz$ 如图 1-3 所示，动点 M 的空间位置也可以用其直角坐标 x、y、z 确定。矢径的原点和直角坐标系的原点重合，矢径可表示为

$$\boldsymbol{r}=x\boldsymbol{i}+y\boldsymbol{j}+z\boldsymbol{k} \tag{1-2}$$

式中，$\boldsymbol{i}$、$\boldsymbol{j}$、$\boldsymbol{k}$ 是沿三根直角坐标轴的单位矢量。坐标 x、y、z 也是时间的单值连续函数，即

$$\begin{cases} x=f_1(t) \\ y=f_2(t) \\ z=f_3(t) \end{cases} \tag{1-3}$$

式(1-3)是点的直角坐标形式的运动方程，也是点的轨迹的参数方程，若消去时间参数 t，可以得到轨迹的空间曲线方程 $g(x,y,z)=0$。

3. 自然坐标描述法

当动点的轨迹已知时，采用自然坐标，也称弧坐标描述比较方便。在动点的已知轨迹上任意取一固定点 O 作为原点，并规定点 O 的某一侧的弧长为正，在另外一侧为负，于是动点 M 的位置就可以用弧长 $s=\pm\overset{\frown}{OM}$ 来确定，如图 1-4 所示。同样 s 也是时间的单值连续函数，即

$$s=f(t) \tag{1-4}$$

式(1-4)是用点的自然坐标描述的运动方程。

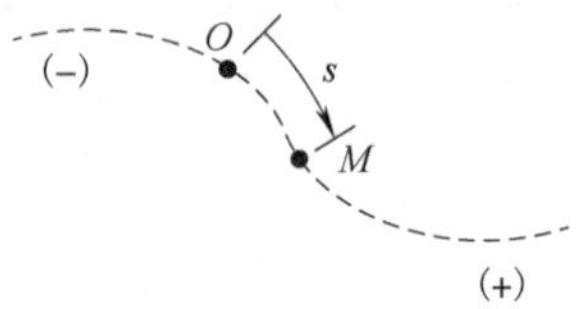

图 1-4

上述三种形式的运动方程在使用上的侧重点不同。矢量形式常用于公式推导，直角坐标形式常用于轨迹未知或轨迹比较复杂的场合，当轨迹是圆或圆弧时，自然坐标则比较方便。

【例 1-1】 椭圆规如图 1-5 所示。长 l 的曲柄 OA 可绕轴 O 转动，$\varphi=\omega t$。规尺 BC 长 $2l$，A 是 BC 的中点。M 是规尺上的一点，$MA=d$。求点 M 的运动方程和轨迹方程。

解 本问题取 φ 为广义坐标，能够唯一确定系统的位置。椭圆规的自由度为 1。除特别说明的问题以外，本书中大多数机构的自由度均为 1。

由已知条件的几何关系，可知 $\angle AOB$ 始终等于 $\angle ABO$。

考虑点 M 的运动方程：

$$\begin{cases} x_M=(CA+AM)\cos\varphi=(l+d)\cos\omega t \\ y_M=(AB-AM)\sin\varphi=(l-d)\sin\omega t \end{cases}$$

从运动方程中消去时间 t，得到点 M 的轨迹方程为

$$\frac{x_M^2}{(l+d)^2}+\frac{y_M^2}{(l-d)^2}=1$$

可知点 M 的运动轨迹是一个椭圆。

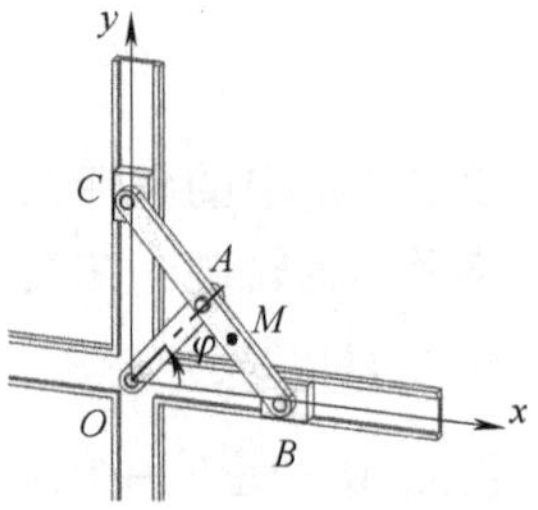

图 1-5

1.3 点的速度和加速度

动点运动的快慢和方向用**速度**表示，速度的大小及其方向的变化则用**加速度**表示。

1. 矢量表示

如图 1-6(a) 所示，根据运动方程 $\boldsymbol{r}=\boldsymbol{r}(t)$，若某瞬时 t 动点 M 的位置由矢径 $\boldsymbol{r}(t)$ 确定，经过时间间隔 Δt，其矢径为 $\boldsymbol{r}(t+\Delta t)$，其矢径的增量称为动点 M 在 Δt 内的**位移**。单位时间内的位移 $\dfrac{\Delta \boldsymbol{r}}{\Delta t}$ 称为动点 M 在 Δt 内的平均速度 $\boldsymbol{v}_{\mathrm{m}}$，即

$$\boldsymbol{v}_{\mathrm{m}}=\frac{\Delta \boldsymbol{r}}{\Delta t}=\frac{\boldsymbol{r}(t+\Delta t)-\boldsymbol{r}(t)}{\Delta t}$$

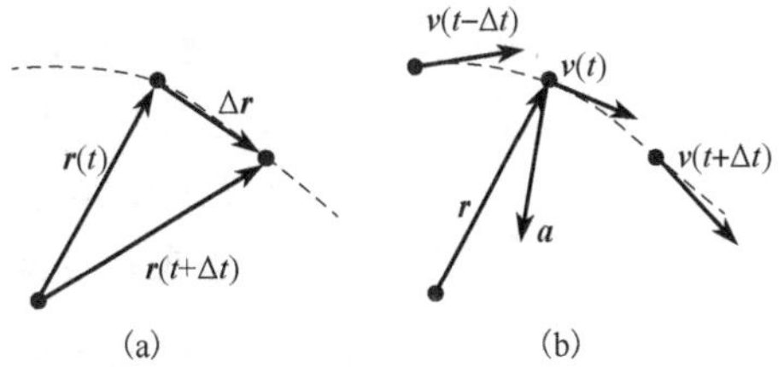

图 1-6

当 $\Delta t\to 0$ 时，平均速度 $\boldsymbol{v}_{\mathrm{m}}$ 的极限就是动点 M 在瞬时 t 的速度：

$$\boldsymbol{v}=\lim_{\Delta t\to 0}\frac{\boldsymbol{r}(t+\Delta t)-\boldsymbol{r}(t)}{\Delta t}=\frac{\mathrm{d}\boldsymbol{r}}{\mathrm{d}t}=\dot{\boldsymbol{r}} \tag{1-5}$$

即**动点的速度矢量等于该点的矢径对时间的一阶导数**。其方向是 $\Delta \boldsymbol{r}$ 的极限方向，即沿轨迹的切线并与该点的运动方向一致。

考虑动点 M 的速度矢量在时间间隔 Δt 内的增量 $\Delta \boldsymbol{v}$，如图 1-6(b) 所示，当 $\Delta t\to 0$ 时，有加速度矢量：

$$\boldsymbol{a}=\lim_{\Delta t\to 0}\frac{\boldsymbol{v}(t+\Delta t)-\boldsymbol{v}(t)}{\Delta t}=\frac{\mathrm{d}\boldsymbol{v}}{\mathrm{d}t}=\frac{\mathrm{d}^2\boldsymbol{r}}{\mathrm{d}t^2}=\ddot{\boldsymbol{r}} \tag{1-6}$$

即**动点的加速度等于该点的速度对时间的一阶导数，或等于矢径对时间的二阶导数**。

速度的量纲是 LT^{-1}，国际单位制中其单位为 m/s。加速度的量纲是 LT^{-2}，国际单位制中其单位为 $\mathrm{m/s^2}$。在本书中字母上方加 ˙ 表示该物理量对时间的一阶导数，加 ¨ 表示该物理量对时间的二阶导数。

2. 直角坐标表示

若在图 1-3 中，直角坐标系是固定的，那么单位矢量 $\boldsymbol{i}$、$\boldsymbol{j}$、$\boldsymbol{k}$ 的大小、方向不变。基于此，将式 (1-2) 对时间求一阶导数有

$$\boldsymbol{v}=\dot{x}\boldsymbol{i}+\dot{y}\boldsymbol{j}+\dot{z}\boldsymbol{k} \tag{1-7}$$

设速度在三个坐标轴上的投影分别是 v_x、v_y、v_z，则速度的解析表达式为

$$\boldsymbol{v}=v_x\boldsymbol{i}+v_y\boldsymbol{j}+v_z\boldsymbol{k} \tag{1-8}$$

比较式 (1-7) 和式 (1-8)，有

$$v_x=\dot{x}=\frac{\mathrm{d}x}{\mathrm{d}t},\qquad v_y=\dot{y}=\frac{\mathrm{d}y}{\mathrm{d}t},\qquad v_z=\dot{z}=\frac{\mathrm{d}z}{\mathrm{d}t} \tag{1-9}$$

即**动点的速度在直角坐标系轴上的投影等于该点相应的坐标对时间的一阶导数**。此时速度的大小为 $v=\sqrt{v_x^2+v_y^2+v_z^2}$，其方向由方向余弦确定，$\cos(\boldsymbol{v},\boldsymbol{i})=\dfrac{v_x}{v}$，$\cos(\boldsymbol{v},\boldsymbol{j})=\dfrac{v_y}{v}$，$\cos(\boldsymbol{v},\boldsymbol{k})=\dfrac{v_z}{v}$。

同样加速度也可表示为

$$\boldsymbol{a}=a_x\boldsymbol{i}+a_y\boldsymbol{j}+a_z\boldsymbol{k} \tag{1-10}$$

其投影分量为

$$a_x = \dot{v}_x = \ddot{x}, \qquad a_y = \dot{v}_y = \ddot{y}, \qquad a_z = \dot{v}_z = \ddot{z} \tag{1-11}$$

即加速度在各坐标轴上的投影等于动点的各速度投影对时间的一阶导数，或各对应坐标对时间的二阶导数。

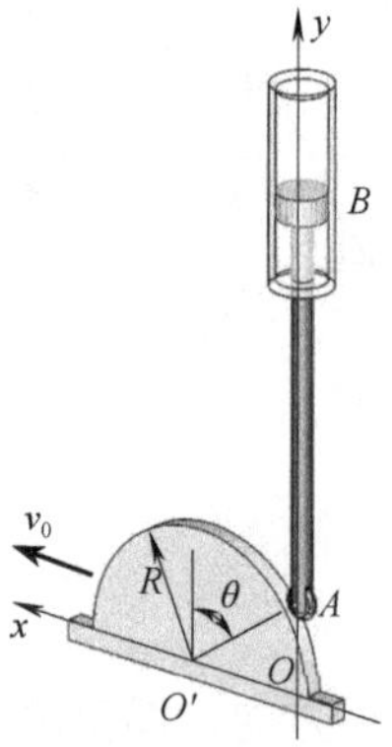

图 1-7

【例 1-2】 如图 1-7 所示的半圆形凸轮沿水平地面的 x 轴方向以等速 $v_0 = 10\ \text{mm/s}$ 运动，推动活塞杆 AB 在垂直方向上运动。运动初始时，活塞杆 A 端在凸轮的最高点上，如果凸轮半径 $R = 80\,\text{mm}$，求活塞杆 A 端相对于地面的运动方程、速度和加速度。

解 活塞杆 A 端相对于地面做直线运动，沿点 A 的轨迹取 y 轴，其运动方程为

$$y_A = OA = \sqrt{R^2 - (v_0 t)^2} = 10\sqrt{64 - t^2}\ \text{mm}$$

速度：
$$v_A = \dot{y}_A = -\frac{10t}{\sqrt{64 - t^2}}\ \text{mm/s}$$

加速度：
$$a_A = \dot{v}_A = -\frac{640}{\sqrt{\left(64 - t^2\right)^3}}\ \text{mm/s}^2$$

3. 自然坐标表示

1）速度

如图 1-8 所示，动点在瞬时 t 处于点 M，矢径为 $\boldsymbol{r}$，经 Δt 时间后，动点运动到点 M' 的位置，其矢径为 $\boldsymbol{r}'$。可知位移为 $\Delta\boldsymbol{r} = \overrightarrow{MM'}$，弧坐标的增量 $\Delta s = \overset{\frown}{MM'}$。根据式(1-5)，点的速度为

$$\boldsymbol{v} = \lim_{\Delta t \to 0} \frac{\Delta \boldsymbol{r}}{\Delta t} = \left(\lim_{\Delta t \to 0} \frac{\Delta \boldsymbol{r}}{\Delta s}\right)\left(\lim_{\Delta t \to 0} \frac{\Delta s}{\Delta t}\right) = \left(\lim_{\Delta t \to 0} \frac{\Delta \boldsymbol{r}}{\Delta s}\right)\frac{\mathrm{d}s}{\mathrm{d}t}$$

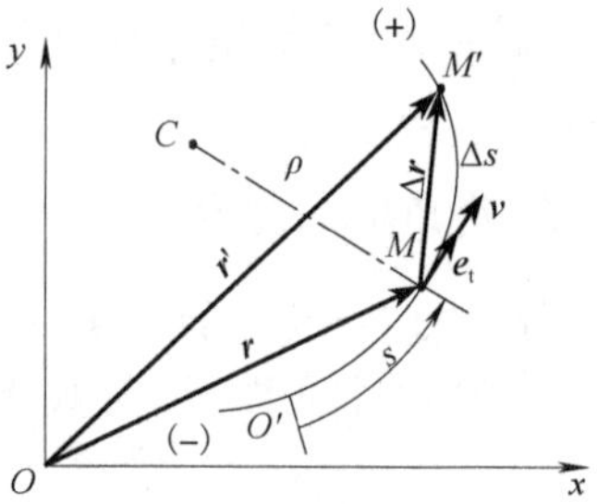

图 1-8

当 $\Delta t \to 0$ 时，$\Delta\boldsymbol{r}$ 的方向趋近轨迹在点 M 的切线方向，且 $\lim\limits_{\Delta t \to 0}\left|\frac{\Delta \boldsymbol{r}}{\Delta s}\right| = 1$。若将轨迹的切向单位矢量记作 $\boldsymbol{e}_{\mathrm{t}}$（规定其正方向指向弧坐标增加的方向），则有 $\lim\limits_{\Delta t \to 0}\frac{\Delta \boldsymbol{r}}{\Delta s} = \boldsymbol{e}_{\mathrm{t}}$。于是有速度矢量：

$$\boldsymbol{v} = \frac{\mathrm{d}s}{\mathrm{d}t}\boldsymbol{e}_{\mathrm{t}} \tag{1-12}$$

记
$$v = \frac{\mathrm{d}s}{\mathrm{d}t} \tag{1-13}$$

有
$$\boldsymbol{v} = v\boldsymbol{e}_{\mathrm{t}} \tag{1-14}$$

动点在任意瞬时的速度的方向沿着轨迹在该点的切线；其大小等于动点弧坐标对时间的一阶导数。

2）加速度

根据式(1-6)和式(1-14)，有

$$\boldsymbol{a} = \frac{\mathrm{d}\boldsymbol{v}}{\mathrm{d}t} = \frac{\mathrm{d}}{\mathrm{d}t}\left(v\boldsymbol{e}_{\mathrm{t}}\right) = \frac{\mathrm{d}v}{\mathrm{d}t}\boldsymbol{e}_{\mathrm{t}} + v\frac{\mathrm{d}\boldsymbol{e}_{\mathrm{t}}}{\mathrm{d}t} \tag{1-15}$$

设在任意瞬时 t，动点在 M 处的切向单位矢量为 $\boldsymbol{e}_{\mathrm{t}}$，法向单位矢量为 $\boldsymbol{e}_{\mathrm{n}}$（指向该处的曲率中心 C）。其中 $\boldsymbol{e}_{\mathrm{t}}$ 与 x 轴的夹角为 φ，如图 1-9 所示。点在运动，所以 $\boldsymbol{e}_{\mathrm{t}}$ 和 $\boldsymbol{e}_{\mathrm{n}}$ 都是时间的函数。

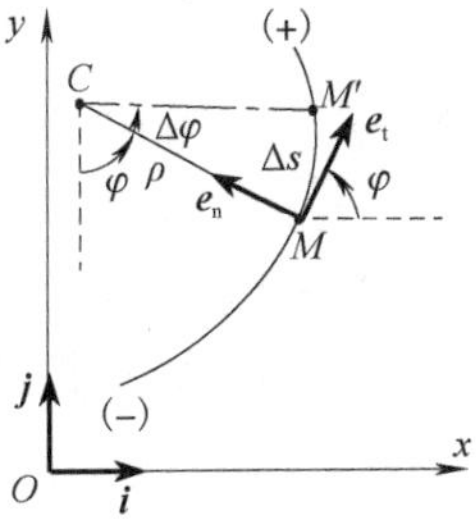

图 1-9

用 x、y 方向的单位矢量 $\boldsymbol{i}$、$\boldsymbol{j}$ 表示 $\boldsymbol{e}_{\mathrm{t}}$ 和 $\boldsymbol{e}_{\mathrm{n}}$，$\boldsymbol{e}_{\mathrm{t}}=\cos\varphi\boldsymbol{i}+\sin\varphi\boldsymbol{j}$，$\boldsymbol{e}_{\mathrm{n}}=-\sin\varphi\boldsymbol{i}+\cos\varphi\boldsymbol{j}$。将 $\boldsymbol{e}_{\mathrm{t}}$ 对时间 t 求导，注意到 $\boldsymbol{i}$、$\boldsymbol{j}$ 是常矢量，可得

$$\frac{\mathrm{d}\boldsymbol{e}_{\mathrm{t}}}{\mathrm{d}t}=\frac{\mathrm{d}\varphi}{\mathrm{d}t}(-\sin\varphi\boldsymbol{i}+\cos\varphi\boldsymbol{j})=\frac{\mathrm{d}\varphi}{\mathrm{d}t}\boldsymbol{e}_{\mathrm{n}}$$

当 $\Delta\varphi$ 很小时，曲线段 $\widehat{MM'}$ 可看作以曲率中心 C 为圆心的一段圆弧，于是 $\Delta s=\rho\Delta\varphi$，其中 ρ 是轨迹在点 M 处的曲率半径。因而 $\dfrac{\Delta s}{\Delta t}=\rho\dfrac{\Delta\varphi}{\Delta t}$，当 $\Delta t\to 0$ 时，有 $\dfrac{\mathrm{d}s}{\mathrm{d}t}=\rho\dfrac{\mathrm{d}\varphi}{\mathrm{d}t}$。于是计算 $\dfrac{\mathrm{d}\boldsymbol{e}_{\mathrm{t}}}{\mathrm{d}t}=\dfrac{\mathrm{d}\varphi}{\mathrm{d}t}\boldsymbol{e}_{\mathrm{n}}=\dfrac{1}{\rho}\dfrac{\mathrm{d}s}{\mathrm{d}t}\boldsymbol{e}_{\mathrm{n}}=\dfrac{v}{\rho}\boldsymbol{e}_{\mathrm{n}}$。将此结果代入式(1-15)，有

$$\boldsymbol{a}=\frac{\mathrm{d}v}{\mathrm{d}t}\boldsymbol{e}_{\mathrm{t}}+\frac{v^2}{\rho}\boldsymbol{e}_{\mathrm{n}} \tag{1-16}$$

式(1-16)表明加速度有两个分量，第一个分量记为 $\boldsymbol{a}_{\mathrm{t}}$，称为**切向加速度**：

$$\boldsymbol{a}_{\mathrm{t}}=\frac{\mathrm{d}v}{\mathrm{d}t}\boldsymbol{e}_{\mathrm{t}} \tag{1-17}$$

它表明速度大小的变化率，其大小 $a_{\mathrm{t}}=\dfrac{\mathrm{d}v}{\mathrm{d}t}$，方向沿轨迹的切线方向。当速度 $\boldsymbol{v}$ 与切向加速度 $\boldsymbol{a}_{\mathrm{t}}$ 的指向相同时，点做加速运动；反之，做减速运动。式(1-16)中的第二个分量记为 $\boldsymbol{a}_{\mathrm{n}}$，称为**法向加速度**：

$$\boldsymbol{a}_{\mathrm{n}}=\frac{v^2}{\rho}\boldsymbol{e}_{\mathrm{n}} \tag{1-18}$$

其大小 $a_{\mathrm{n}}=\dfrac{v^2}{\rho}$，恒为正；若已知曲线的轨迹方程 $y=y(x)$，曲率半径可用式(1-19)计算：

$$\rho=\frac{\left(1+y'^2\right)^{\frac{3}{2}}}{|y''|} \tag{1-19}$$

$\boldsymbol{a}_{\mathrm{n}}$ 的方向总是和 $\boldsymbol{e}_{\mathrm{n}}$ 相同，恒指向轨迹的曲率中心。

加速度 $\boldsymbol{a}$ 又称为**全加速度**，若已知其分量 $\boldsymbol{a}_{\mathrm{t}}$ 和 $\boldsymbol{a}_{\mathrm{n}}$，根据图 1-10，可求出其大小和方向：

$$a=\sqrt{a_{\mathrm{t}}^2+a_{\mathrm{n}}^2} \tag{1-20}$$

$$\tan\theta=\frac{|a_{\mathrm{t}}|}{a_{\mathrm{n}}} \tag{1-21}$$

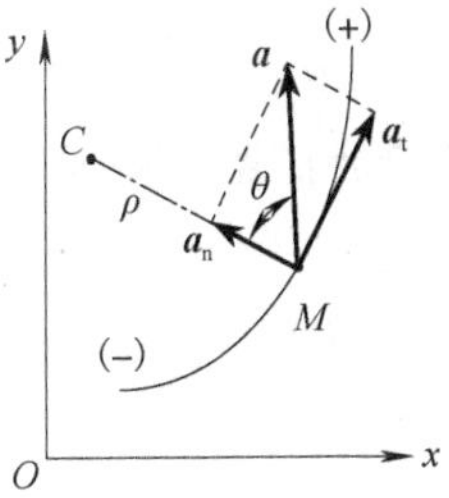

图 1-10

当初瞬时 $t=0$ 时，若动点的初速度为 v_0，初始弧坐标为 s_0，将 $a_{\mathrm{t}}=\dfrac{\mathrm{d}v}{\mathrm{d}t}$ 两边积分，$v=v_0+\int_0^t a_{\mathrm{t}}\mathrm{d}t$，再积分一次，可得 $s=s_0+v_0t+\int_0^t\int_0^t a_{\mathrm{t}}\mathrm{d}t\mathrm{d}t$。当 a_{t} 为常数，即点做匀变速曲线运动时，可得到下面一组公式：

$$
\begin{cases}
v = v_0 + a_t t \\
s = s_0 + v_0 t + \dfrac{1}{2} a_t t^2 \\
v^2 = v_0^2 + 2a_t (s - s_0)
\end{cases}
\tag{1-22}
$$

式(1-22)与大家在中学阶段熟悉的匀变速直线运动的相应公式类似，其差别仅在于把直角坐标 x 换成了弧坐标 s；把加速度 a 换成了切向加速度的代数值 a_t。

【例 1-3】 动点 M 要求按照给定的抛物线轨迹 $y = 0.2x^2$ 运动（x、y 以 m 计）。在 $x = 5\text{m}$ 处，速度 $v = 4\text{m/s}$，切向加速度 $a_t = 3\text{m/s}^2$，求该点在该位置时的全加速度的大小。

解 由轨迹方程，$y' = 0.4x$，$y'' = 0.4$，可算出动点所在位置的曲率半径：

$$\rho = \frac{\left(1 + y'^2\right)^{\frac{3}{2}}}{|y''|} = \frac{\left[1 + (0.4x)^2\right]^{\frac{3}{2}}}{|0.4|}$$

代入 $x = 5\text{m}$，计算出 $\rho = 27.95\ \text{m}$。

计算法向加速度：

$$a_n = \frac{v^2}{\rho} = \frac{4^2}{27.95}\text{m/s}^2 = 0.572\text{m/s}^2$$

计算全加速度 a 的大小：

$$a = \sqrt{a_t{}^2 + a_n{}^2} = \sqrt{3^2 + 0.572^2} = 3.05\ (\text{m/s}^2)$$

【例 1-4】 如图 1-11(a)所示的曲柄摇杆机构，曲柄长 $OA = 100\ \text{mm}$，绕轴 O 转动，其转角的运动规律是 $\varphi = \dfrac{\pi}{4} t$，摇杆长 $O_1B = 240\ \text{mm}$，距离 $O_1O = 100\ \text{mm}$，求点 B 的运动方程、速度和加速度。

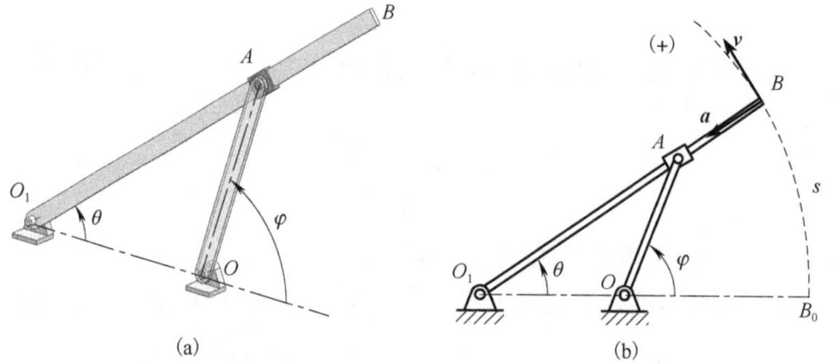

图 1-11

解 点 B 的轨迹是以 O_1 为圆心、以 O_1B 为半径的圆弧。如图 1-11(b)所示的简图，初始时，$\varphi = 0$，点 B 位于 B_0 处。取 B_0 为弧坐标原点，点 B 的弧坐标为

$$s = O_1B \cdot \theta$$

由于 $OA = OO_1$，可知 $\varphi = 2\theta$。代入上式，得

$$s = O_1B \cdot \frac{\varphi}{2} = 240 \cdot \frac{\pi}{8} t = 30\pi t(\text{mm})$$

此即为点 B 沿轨迹的运动方程。点 B 的速度为

$$v = \dot{s} = 30\pi \text{ mm/s} = 94.2 \text{ mm/s}$$

点 B 的切向加速度为

$$a_t = \dot{v} = 0$$

由于点 B 的切向加速度为 0，故点 B 的加速度等于其法向加速度，即

$$a = a_n = \frac{v^2}{\rho} = \frac{94.2^2}{240} \text{ mm/s}^2 = 37 \text{ mm/s}^2$$

点 B 的速度和加速度方向如图 1-11(b) 所示。

思　考　题

1.1　确定图 1-12 所示机构的自由度，并说明可以采用何种广义坐标。

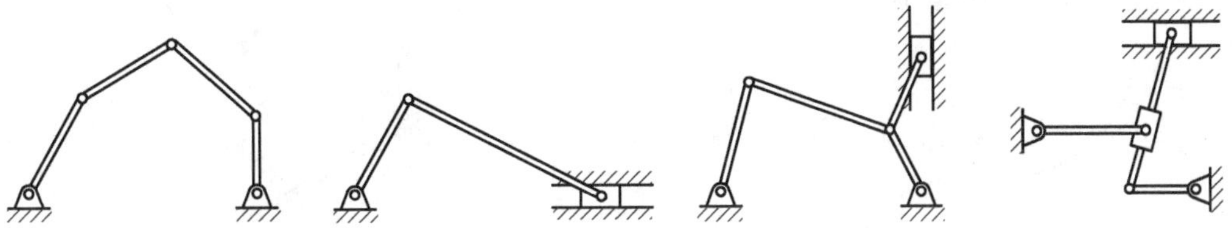

(a)　(b)　(c)　(d)

图 1-12

1.2　说明 $\frac{d\boldsymbol{v}}{dt}$、$\left|\frac{d\boldsymbol{v}}{dt}\right|$、$\frac{dv}{dt}$、$\frac{dv_x}{dt}$ 四者的区别。

1.3　在同一参考体上固连不同的直角坐标系，所得到的同一个点的运动方程是否不同？在同一瞬时，点的速度或加速度是否不同？

1.4　在自然坐标系中，若点的速度为常数，则其加速度等于零，这个说法是否正确？

1.5　若用直角坐标描述的点的运动方程为 $x = f_1(t)$，$y = f_2(t)$，$z = f_3(t)$，是否就能确定任一瞬时点的速度、加速度？

1.6　若点的加速度的值持续增大，是否其速度的值也持续增大？为什么？

1.7　一动点如果在某瞬时的法向加速度等于零，而其切向加速度不等于零，是否能确定该点是做直线运动还是曲线运动？

1.8　已知点运动的轨迹，并且确定了原点，是否用弧坐标 $s(t)$ 就可以完全确定动点在轨迹上的位置？

习　　题

1-1　已知动点的运动方程 $x = t^2 - t$，$y = 2t$。求动点的轨迹方程和速度、加速度。求当 $t = 1$ s 时，动点的切向加速度、法向加速度和曲率半径。x、y 的单位为 m，时间单位为 s。

1-2 点在平面上运动，其轨迹的参数方程为 $x = 2\sin(\pi t/3)$，$y = 4 + 4\sin(\pi t/3)$。设 $t = 0$ 时，$s_0 = 0$。s 的正方向相当于 x 增大的方向。求动点的轨迹的直角坐标方程 $y = f(x)$、点沿着轨迹方向的运动方程 $s = s(t)$、点的速度和切向加速度与时间的函数关系。

1-3 动点沿半径 $R = 500\ \mathrm{mm}$ 做圆周运动。(1)已知点的运动规律为 $s = 10Rt^3(\mathrm{mm})$，则当 $t = 1\ \mathrm{s}$ 时，求该点的加速度的大小；(2)若点的运动规律为 $s = 50t + 2t^2(\mathrm{mm})$，求当 $t = 5\ \mathrm{s}$ 时该点的速度和加速度的大小。

1-4 如题 1-4 图所示，点沿着曲线 AOB 运动，曲线由 AO 和 OB 两段圆弧组成。$R_1 = 18\mathrm{m}$，$R_2 = 24\mathrm{m}$。取圆弧交接点 O 为自然坐标系原点，规定正方向为 OB 方向。已知点的运动方程 $s(t) = 3 + 4t - t^2$（时间单位为 s，长度单位为 m），求：(1)动点在 $t = 0\ \mathrm{s}$ 到 $t = 5\ \mathrm{s}$ 所经过的路程；(2) $t = 5\ \mathrm{s}$ 时动点的加速度。

1-5 如题 1-5 图所示，椭圆规的曲柄 OA 可绕定轴 O 转动，端点 A 以铰链连接于规尺 BC；规尺上的点 B 和点 C 可分别沿互相垂直的滑槽运动，已知 $OA = AC = AB = a/2$，$CM = b$，求规尺上任一点 M 的轨迹方程。

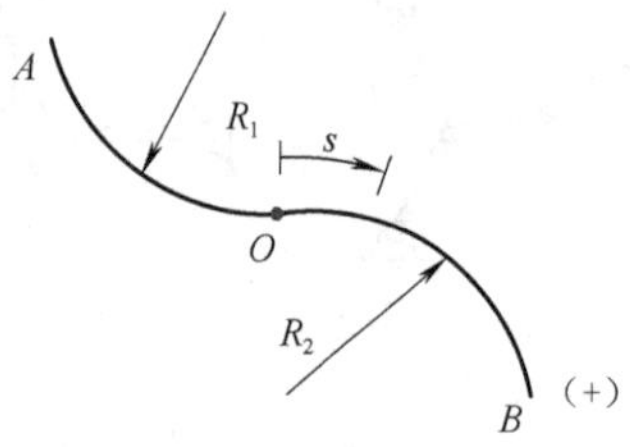

题 1-4 图

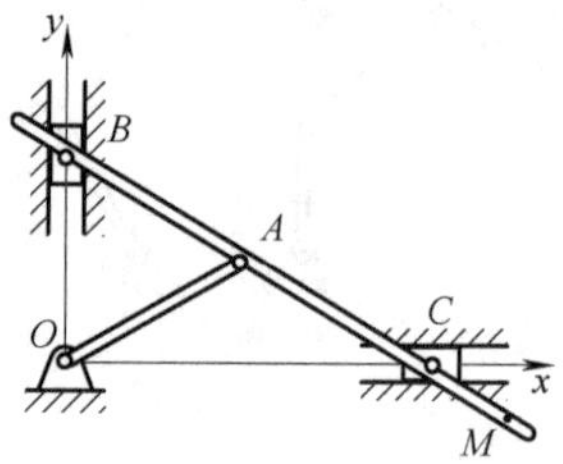

题 1-5 图

1-6 机器人简化机构如题 1-6 图所示，下臂 $OA = 1.5\ \mathrm{m}$，在铅垂面内转动，上臂 $AB = 0.8\ \mathrm{m}$，A 端为铰链，B 端为机器人末端执行器。在机构运动时，末端执行器的工作速度恒为 $0.05\mathrm{m/s}$，上臂 AB 始终保持铅垂。设运动开始时，角 $\varphi = 0$。求运动过程中角 φ 与时间的关系，并求末端执行器 B 的轨迹方程。

1-7 如题 1-7 图所示，杆 O_1B 以匀角速度 ω 绕 O_1 轴转动，通过套筒 A 带动杆 O_2A 绕 O_2 轴转动，若 $O_1O_2 = O_2A = l$，$\theta = \omega t$，求利用直角坐标和自然坐标表示(以 O_1 为原点，顺时针转向为正向)的套筒 A 的运动方程。

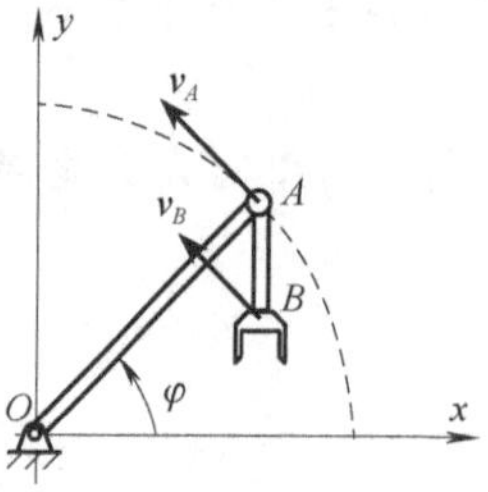

题 1-6 图

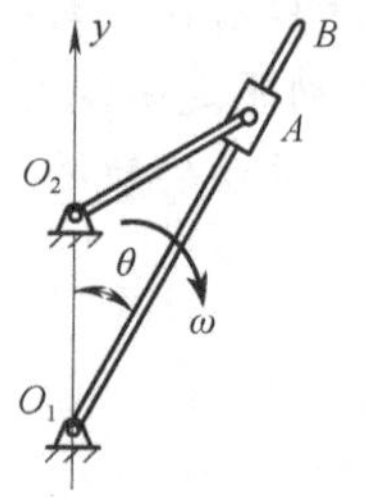

题 1-7 图

1-8 如题 1-8 图所示，杆 AB 绕轴 A 以 $\varphi = 5t$（φ 以 rad 计，t 以 s 计）的规律转动，其上一小环 M 将杆 AB 和半径为 R(以 m 计)的固定大圆环连在一起，若以 O_1 为原点，逆时针为正向，写出用自然坐标表示的点 M 的运动方程。

1-9　如题 1-9 图所示，偏心轮的半径为 R，绕轴 O 转动，转角 $\varphi=\omega t$（ω 为常量），偏心距 $OC=e$，偏心轮带动顶杆 AB 沿铅垂线做往复运动。试求点 A 的运动方程和速度。

1-10　如题 1-10 图所示的梯子 A 端放在水平地面上，另一端 B 靠在竖直的墙上。梯子保持在竖直平面内沿墙滑下。已知点 A 的速度为常值 v_0，M 为梯子上的一点，设 $MA=l$、$MB=h$。求当梯子与墙的夹角为 θ 时，点 M 的速度和加速度的大小。

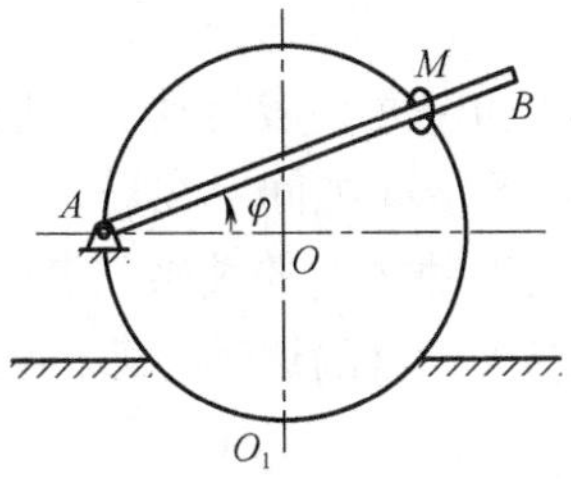

题 1-8 图

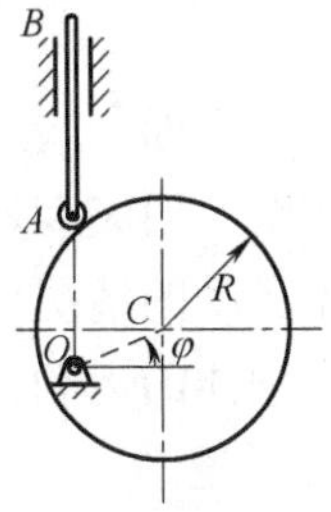

题 1-9 图

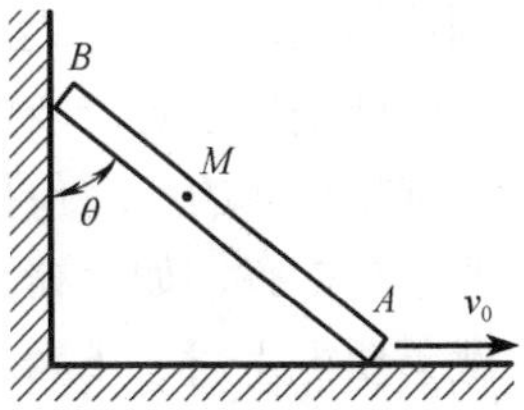

题 1-10 图

第 2 章　刚体的基本运动

刚体的运动通常分为平移、定轴转动、平面一般运动、定点运动和空间一般运动。一般情况下，运动刚体上各个点的运动轨迹、速度、加速度是各不相同的，但彼此之间存在着一定的联系。研究刚体的运动包括研究刚体整体运动的情况以及刚体上各点运动之间的关系。工业机器人的运动部件，如上臂、下臂的运动是刚体的运动，但要考虑末端执行器的运动，即点的运动，就需要把上臂、下臂的运动关系分析清楚。

平移和定轴转动是刚体的两种基本运动，不可分解，是刚体运动的最简单形态。刚体的复杂运动可以分解为若干基本运动的合成。

2.1　刚体的平移

1. 刚体平移的定义

在运动过程中，如果刚体上任意一条直线始终与其初始位置平行，则称刚体做平行移动，简称**平移**，或称**平动**。如图 2-1(a) 中沿直线轨道行驶的运动小车车体的运动，其上各点的运动轨迹都是平行的直线，这种运动是**直线平移**；又如图 2-1(b) 中游乐场中海盗船的船体，其上各点的运动轨迹是互不相交的曲线，这种运动称为**曲线平移**。

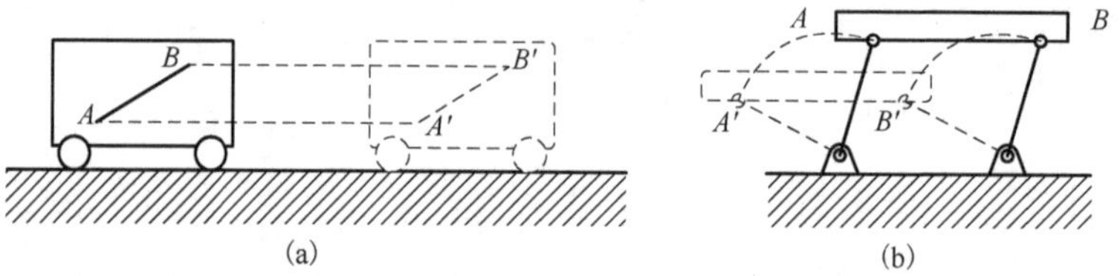

图 2-1

2. 刚体平移的特点

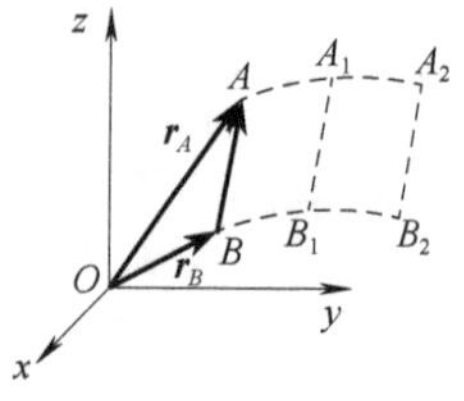

图 2-2

根据平移的定义，容易推出刚体平移的三个运动学特点：

(1) 刚体上各点的轨迹完全相同(或平行)；

(2) 在同一瞬时，各点的速度相同；

(3) 在同一瞬时，各点的加速度相同。

在平移刚体内任意取两点 A 和 B，它们在坐标系中的矢径分别为 $\boldsymbol{r}_A$ 和 $\boldsymbol{r}_B$，并作矢径 $\overrightarrow{BA}$，如图 2-2 所示，两条矢端曲线即为两点的运动轨迹，且根据矢量关系易见：

$$\boldsymbol{r}_A = \boldsymbol{r}_B + \overrightarrow{BA} \tag{2-1}$$

根据平移的定义，矢量$\overrightarrow{BA}$的长度和方向均不随时间的变化而变化，即矢量$\overrightarrow{BA}$是常矢量。因此在运动过程中，点 A 和点 B 的轨迹曲线的形状完全相同。

把式(2-1)两边对时间求一阶导数和二阶导数，因常矢量$\overrightarrow{BA}$对时间的导数为 0，于是有

$$\boldsymbol{v}_A = \boldsymbol{v}_B \tag{2-2}$$

$$\boldsymbol{a}_A = \boldsymbol{a}_B \tag{2-3}$$

式(2-1)～式(2-3)在任意瞬时都成立。根据刚体平移的三个特点，研究刚体平移时，可以只研究其上任意一点的运动，一般这个特殊点可以选择为机构的连接点或刚体的质心等。刚体的平移问题就可以归结为第 1 章所描述的点的运动学问题。

【例 2-1】 某机构如图 2-3 所示。已知 $O_1A = O_2B = 400\text{ mm}$，$O_1O_2$ 与 AB 平行且长度相等。若杆 O_1A 按照 $\varphi = \dfrac{1}{2}\sin\left(\dfrac{\pi}{4}t\right)\text{rad}$ 的规律摆动，求当 $t = 2\text{s}$ 时，AB 中点 M 的速度和加速度。

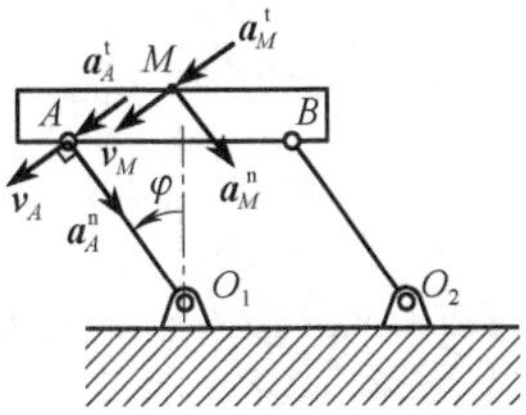

图 2-3

解 根据题意，四边形 ABO_2O_1 是一个平行四边形，运动时，筛面始终与固定不动的连线 O_1O_2 保持平行，因此筛面做曲线平移。根据平移刚体的特点，即有 $\boldsymbol{v}_M = \boldsymbol{v}_A$，$\boldsymbol{a}_M = \boldsymbol{a}_A$。点 A 不仅是筛面上的一点，也是摆杆 O_1A 上的一点。

点 A 的运动方程为 $s = O_1A\cdot\varphi = \dfrac{400}{2}\sin\left(\dfrac{\pi}{4}t\right)\text{ mm}$。

其速度 $v_A = \dfrac{\mathrm{d}s}{\mathrm{d}t} = 200\times\dfrac{\pi}{4}\cos\left(\dfrac{\pi}{4}t\right) = 50\pi\cos\left(\dfrac{\pi}{4}t\right)\text{ mm/s}$。当 $t = 2\text{s}$ 时，$v_M = v_A = 0$。

点 A 的切向加速度 $a_A^{\mathrm{t}} = \dfrac{\mathrm{d}v_A}{\mathrm{d}t} = -50\pi\times\dfrac{\pi}{4}\sin\left(\dfrac{\pi}{4}t\right)\text{ mm/s}^2 = -\dfrac{50\pi^2}{4}\sin\left(\dfrac{\pi}{4}t\right)\text{ mm/s}^2$。

当 $t = 2\text{s}$ 时，$a_M^{\mathrm{t}} = a_A^{\mathrm{t}} = -\dfrac{50\pi^2}{4}\text{ mm/s}^2 = -123.37\text{ mm/s}^2$。

点 A 的法向加速度 $a_A^{\mathrm{n}} = \dfrac{v_A^2}{O_1A}$。当 $t = 2\text{s}$ 时，$v_A = 0$，故 $a_M^{\mathrm{n}} = a_A^{\mathrm{n}} = 0$。

需要注意的是，点 M 的速度、加速度不仅大小上和点 A 相同，其方向也是相同的，如图 2-3 所示。

2.2　刚体的定轴转动

工业机器人中的固定轴、电动机的转子、常见的飞轮等的运动有一个共同的特点，即**刚体在运动时，其内部或延拓部分上始终有一条直线保持不动**，这种运动称为刚体的**定轴转动**，简称**转动**。这条位置固定不动的直线称为**转轴**。显然，当刚体转动时，不在其转轴上的点均在垂直于转轴的平面内做圆周运动，其轨迹的圆心均在转轴上。

1. 转动方程

为确定转动刚体在空间的位置，如图 2-4 所示，过刚体的转轴 z 作固定平面 I 为参考面，

平面Ⅱ过转轴 z 并固连在刚体上，随同刚体一起转动。初始时，平面Ⅰ、Ⅱ共面，定轴转动刚体在任一瞬时的位置可以由这两个平面的夹角 φ 完全确定。夹角 φ 称为**转角**，以弧度(rad)表示。从 z 轴正向看去，逆时针转向为正，顺时针转向为负。当刚体转动时，转角 φ 是关于时间 t 的单值连续函数，即

$$\varphi=\varphi(t) \tag{2-4}$$

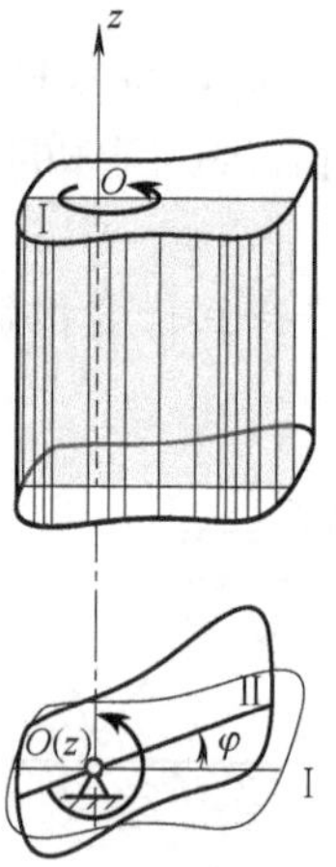

图 2-4

这就是刚体定轴转动的**转动方程**。

2. 角速度

转角 φ 对时间的变化率称为**角速度**，用符号 ω 表示。设 Δt 时间内，转角的改变量为 $\Delta\varphi$，则平均角速度为 $\Delta\varphi/\Delta t$，当 $\Delta t\to 0$ 时，平均角速度的极限即为刚体在瞬时 t 的角速度：

$$\omega=\lim_{\Delta t\to 0}\frac{\Delta\varphi}{\Delta t}=\frac{\mathrm{d}\varphi}{\mathrm{d}t} \tag{2-5}$$

刚体的角速度等于转角对时间的一阶导数。$\omega>0$ 表示转角增大，刚体逆时针转动；反之转角变小，刚体顺时针转动。角速度的单位是弧度每秒，即 rad/s。

工程中，当刚体做匀速转动时，常用转速 n 表示转动的快慢程度，其单位是转/分钟(r/min)，角速度和转速之间的关系是

$$\omega=\frac{2\pi n}{60}=\frac{\pi n}{30} \tag{2-6}$$

3. 角加速度

角速度 ω 对时间的变化率称为**角加速度**，用符号 α 表示。设 Δt 时间内，角速度的改变量为 $\Delta\omega$，则平均角加速度为 $\Delta\omega/\Delta t$，当 $\Delta t\to 0$ 时，平均角加速度的极限即为刚体在瞬时 t 的角加速度：

$$\alpha=\lim_{\Delta t\to 0}\frac{\Delta\omega}{\Delta t}=\frac{\mathrm{d}\omega}{\mathrm{d}t}=\frac{\mathrm{d}^2\varphi}{\mathrm{d}t^2} \tag{2-7}$$

刚体的角加速度等于角速度对时间的一阶导数或等于转角对时间的二阶导数。角加速度的单位是 $\mathrm{rad/s^2}$。

当 $\alpha>0$ 时，表示角加速度的转向与转角的正向一致。若 α 与 ω 正负号相同，则角速度的绝对值随时间增大而增大，刚体做加速转动，反之，做减速转动。当刚体处于匀变速转动，即 α 为常数时，由式(2-5)～式(2-7)可以导出以下关系：

$$\begin{cases}\omega=\omega_0+\alpha t\\ \varphi=\varphi_0+\omega_0 t+\dfrac{1}{2}\alpha t^2\\ \omega^2-\omega_0^2=2\alpha(\varphi-\varphi_0)\end{cases} \tag{2-8}$$

当匀速转动，即 ω 为常数时，有

$$\varphi=\varphi_0+\omega t \tag{2-9}$$

式(2-8)、式(2-9)中，φ_0、ω_0 分别表示初始转角和初始角速度。

【例 2-2】　如图 2-5 所示的正切机构，杆 AB 以匀速 u 竖直向上做平移，通过滑块 A 带动杆 OC 绕轴 O 做定轴转动，杆 AB 到轴 O 的距离为 l。运动初始时，杆 OC 处于水平位置，$\varphi_0 = 0$，求杆 OC 的转动方程，以及 $\varphi = 45°$ 时的角速度和角加速度。

解　运动初始时，杆 AB 上的点 A 位于 A_0 处，$\varphi_0 = 0$；在瞬时 t，$AA_0 = ut$，杆 OC 的位置可由转角 φ 表示，由几何关系：

$$\tan\varphi = \frac{AA_0}{OA_0} = \frac{ut}{l}$$

可知

$$\varphi(t) = \arctan\frac{ut}{l}$$

此为杆 OC 的转动方程。

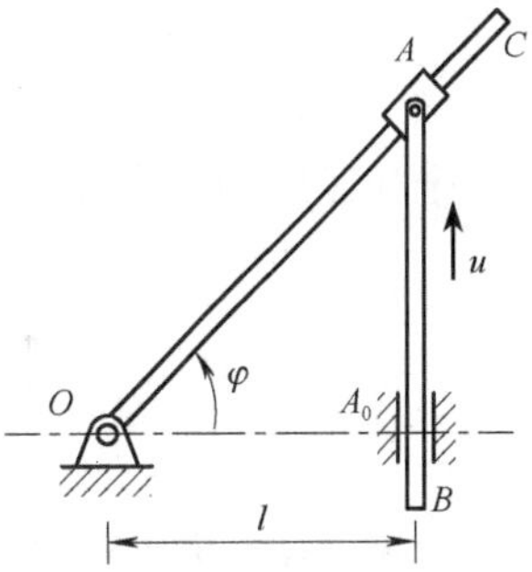

图 2-5

由式(2-5)得杆 OC 的角速度：

$$\omega(t) = \frac{\mathrm{d}\varphi}{\mathrm{d}t} = \frac{u}{l}\bigg/\left[1+\left(\frac{ut}{l}\right)^2\right] = \frac{lu}{l^2+u^2t^2}$$

由式(2-7)得杆 OC 的角加速度：

$$\alpha(t) = \frac{\mathrm{d}\omega}{\mathrm{d}t} = \frac{-2lu^3t}{\left(l^2+u^2t^2\right)^2}$$

当 $\varphi = 45°$ 时，由杆 OC 的转动方程可知 $t = l/u$。代入角速度和角加速度的方程，可求得

$$\omega = \frac{u}{2l}, \qquad \alpha = -\frac{u^2}{2l^2}$$

4. 定轴转动刚体上各点的速度和加速度

实际问题中，定轴转动刚体往往和其他零部件通过铰链、滑块、接触等方式连接，这就需要求出转动刚体上特定点的速度和加速度，进而得到其他零部件的运动规律。

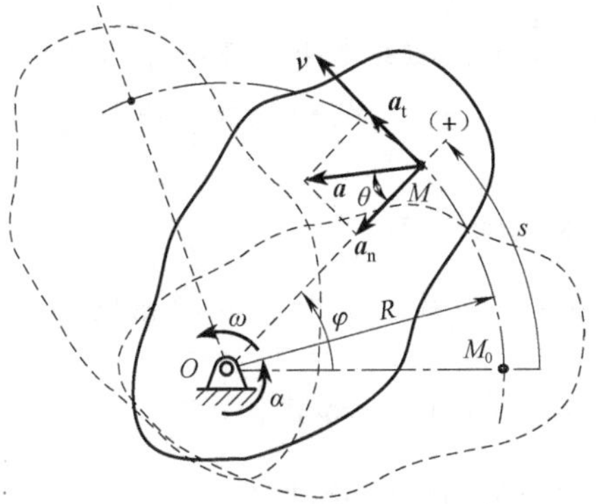

图 2-6

如图 2-6 所示，定轴转动刚体除了转轴上的点，其他位置的各点都在垂直于转轴的平面上做圆周运动，圆心就是该平面与转轴的交点，而转动半径就是点到转轴的距离。考虑刚体上转动半径为 R 的任意一点 M，取刚体转角 $\varphi = 0$ 的位置 M_0 为弧坐标原点，以转角 φ 的正向为弧坐标 s 的正向，则有 $s = R\varphi$。点 M 在任意瞬时的速度为

$$v = \frac{\mathrm{d}s}{\mathrm{d}t} = R\frac{\mathrm{d}\varphi}{\mathrm{d}t} = R\omega \tag{2-10}$$

即**刚体转动时，刚体上任一点的速度的大小等于该点到转轴的距离与刚体角速度的乘积，其方向沿该点圆周的切线，并指向转动的一方**。同一瞬时，距离轴心越远的转动刚体上的点的速度越大，轴心上的速度为 0，如图 2-7(a) 所示。

点 M 的切向加速度、法向加速度的大小可由式(2-11)、式(2-12)得到

$$a_t = \frac{dv}{dt} = R\frac{d\omega}{dt} = R\alpha \tag{2-11}$$

$$a_n = \frac{v^2}{R} = \frac{R^2\omega^2}{R} = R\omega^2 \tag{2-12}$$

全加速度的大小及其与转动半径 OM 的夹角 θ 为

$$\begin{cases} a = \sqrt{a_n^2 + a_t^2} = \sqrt{\left(R\omega^2\right)^2 + \left(R\alpha\right)^2} = R\sqrt{\omega^4 + \alpha^2} \\ \theta = \arctan\dfrac{|a_t|}{a_n} = \arctan\dfrac{|R\alpha|}{R\omega^2} = \arctan\dfrac{|\alpha|}{\omega^2} \end{cases} \tag{2-13}$$

由式(2-13)可以看出，**在同一瞬时，定轴转动刚体内各点的全加速度的大小和转动半径成正比，其方向与转动半径的夹角 θ 相同，而与转动半径无关**，见图 2-7(b)、(c)。

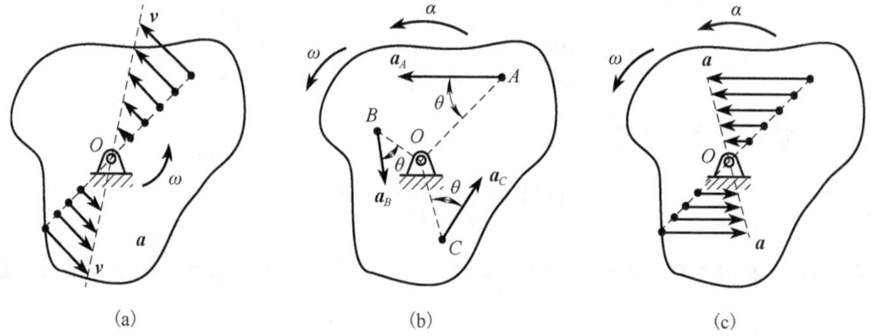

图 2-7

【例 2-3】 如图 2-8 所示的机构，卷筒 O 通过不可伸长的钢丝绳绕过滑轮 B 与重物 A 相连，已知卷筒半径 $R = 0.2\ \text{m}$，转动方程 $\varphi = 3t - t^2$（φ 的单为 rad），求 $t = 1\text{s}$ 时，卷筒边缘上任意一点 M 及重物 A 的速度和加速度。

解 由卷筒的转动方程，分别对时间 t 求一阶、二阶导数，得

$$\omega = \frac{d\varphi}{dt} = 3 - 2t \qquad (\text{当 } t = 1\text{s 时，} \omega = 1\ \text{rad/s})$$

$$\alpha = \frac{d\omega}{dt} = -2\ \text{rad/s}^2$$

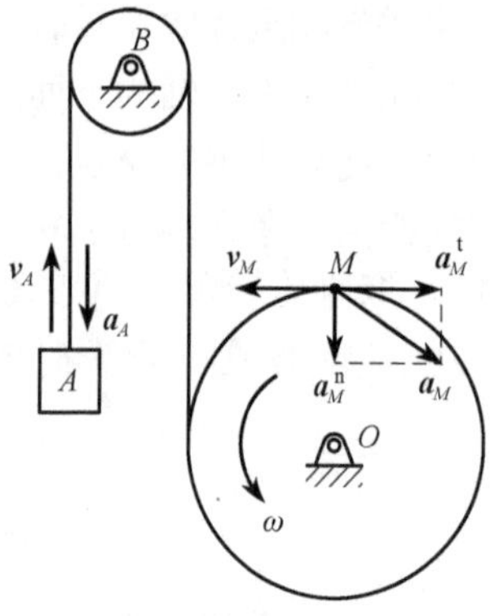

图 2-8

卷筒上任意一点 M 的速度和加速度为

$$v_M = R\omega = 0.2\times1 = 0.2(\text{m/s})$$

$$a_M^n = R\omega^2 = 0.2\times1^2 = 0.2(\text{m/s}^2)$$

$$a_M^t = R\alpha = 0.2\times(-2) = -0.4(\text{m/s}^2)$$

它们的实际方向见图 2-8。由于钢丝绳不可伸长，重物 A 上升的距离与边缘上点 M 在同一时间内走过的弧长相等，它们的速度也应相等，故 $v_A = v_M = 0.2\ \text{m/s}$；点 A 的加速度与点 M 的切向加速度大小相等，$a_A = a_M^t = -0.4\ \text{m/s}^2$，其实际方向铅垂向下。

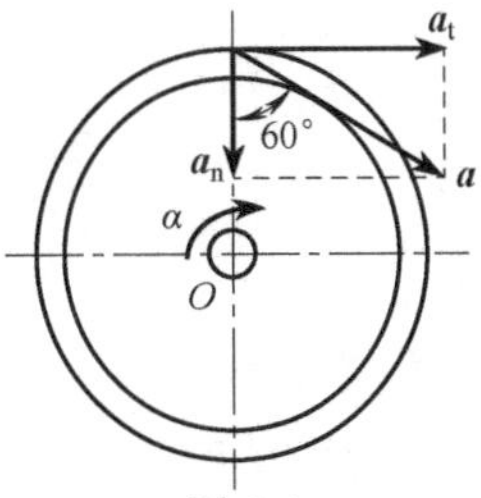

图 2-9

【例 2-4】 如图 2-9 所示的半径为 r 的飞轮绕固定轴 O 转动，其轮缘上任一点的全加速度在某段运动过程中与飞轮半径的夹角始终为 60°。当运动开始时，其转角 $\varphi_0=0$，角速度为 ω_0。求飞轮的转动方程，以及角速度与转角的关系。

解 设飞轮的角加速度为α，角速度为ω，轮缘上任一点的切向加速度 $a_t=r\alpha$，法向加速度 $a_n=r\omega^2$。根据图 2-9 所示的几何关系得

$$\frac{a_t}{a_n}=\frac{\alpha}{\omega^2}=\tan 60°=\sqrt{3}$$

因 $\alpha=\dfrac{d\omega}{dt}=\dfrac{d\omega}{d\varphi}\dfrac{d\varphi}{dt}=\omega\dfrac{d\omega}{d\varphi}$，所以 $\dfrac{\alpha}{\omega^2}=\dfrac{1}{\omega}\dfrac{d\omega}{d\varphi}=\sqrt{3}$。

分离变量，得到关于角速度和转角的微分方程 $\dfrac{1}{\omega}d\omega=\sqrt{3}d\varphi$，对其两边积分得 $\ln\omega=\sqrt{3}\varphi+C$。根据初始条件，$\varphi_0=0$，角速度为 ω_0，故 $C=\ln\omega_0$。

因此飞轮的角速度与转角的关系为

$$\omega=\omega_0 e^{\sqrt{3}\varphi}$$

上式可写为 $\dfrac{d\varphi}{dt}=\omega_0 e^{\sqrt{3}\varphi}$，即 $e^{-\sqrt{3}\varphi}d\varphi=\omega_0 dt$，对其两边积分，且 $t=0$ 时 $\varphi=\varphi_0=0$，得到飞轮的转动方程为

$$\varphi(t)=\frac{1}{\sqrt{3}}\ln\left(\frac{1}{1-\sqrt{3}\omega_0 t}\right)$$

2.3 角速度与角加速度的矢量表示

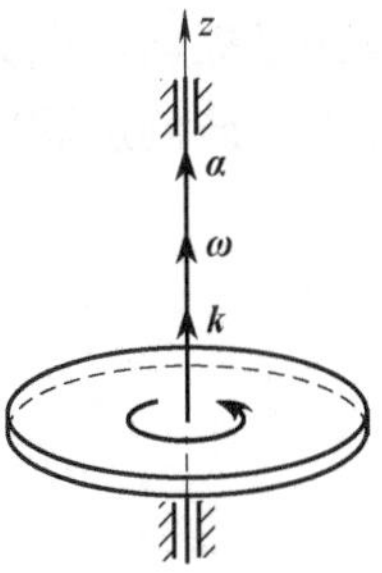

图 2-10

在分析刚体的复杂运动问题时，用矢量表示转动刚体的角速度和角加速度较为方便。在机器人动力学中，工业机器人的大臂、小臂在空间中运动，前臂、后臂以及关节的转动物理量，包括角速度、角加速度，需要用矢量进行表示。

刚体转动时，在其转轴上任取一点作为起点，沿转轴作矢量 $\boldsymbol{\omega}$，其模等于角速度的绝对值，用右手螺旋定则确定其指向，右手四指代表转动的方向，拇指表示角速度矢 $\boldsymbol{\omega}$ 的指向。从矢量 $\boldsymbol{\omega}$ 的末端向起点看，刚体绕转轴应做逆时针转动，如图 2-10 所示。

设沿转轴 z 正向的单位矢量为 $\boldsymbol{k}$，则转动刚体的角速度矢可写为

$$\boldsymbol{\omega}=\omega\boldsymbol{k} \tag{2-14}$$

式中，ω 是角速度的代数值。对上式求导数，并注意单位矢量 $\boldsymbol{k}$ 是常矢量，得角加速度矢量：

$$\boldsymbol{\alpha}=\frac{d\boldsymbol{\omega}}{dt}=\frac{d\omega\boldsymbol{k}}{dt}=\alpha\boldsymbol{k} \tag{2-15}$$

即角加速度矢 $\boldsymbol{\alpha}$ 是角速度矢 $\boldsymbol{\omega}$ 对时间的一阶导数。

因为角速度矢、角加速度矢的起点可在轴线上任意选取，所以两者均为滑动矢量。

2.4 点的速度和加速度的矢量积表示

将角速度和角加速度用矢量表示后，定轴转动刚体内任意一点的速度和加速度就可以用矢量积来表示。

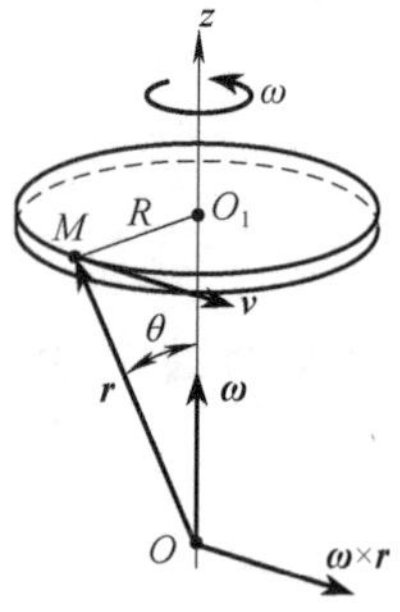

图 2-11

如图 2-11 所示，在转轴上任选一点 O 作为原点，作转动刚体上点 M 的矢径 $\boldsymbol{r}=\overrightarrow{OM}$，点 M 的速度 $\boldsymbol{v}$ 可用角速度矢 $\boldsymbol{\omega}$ 和矢径 $\boldsymbol{r}$ 的矢量积表示为

$$\boldsymbol{v}=\boldsymbol{\omega}\times\boldsymbol{r} \tag{2-16}$$

矢量积 $\boldsymbol{\omega}\times\boldsymbol{r}$ 的大小为 $|\boldsymbol{\omega}\times\boldsymbol{r}|=|\boldsymbol{\omega}|\times|\boldsymbol{r}|\sin\theta=|\boldsymbol{\omega}|\times R=|\boldsymbol{v}|$，式中，$R$ 是转动半径 O_1M，θ 是角速度矢 $\boldsymbol{\omega}$ 和矢径 $\boldsymbol{r}$ 的夹角。矢量积 $\boldsymbol{\omega}\times\boldsymbol{r}$ 的方向垂直于 $\boldsymbol{\omega}$ 和 $\boldsymbol{r}$ 所组成的平面，即垂直于平面 OMO_1，从速度矢量 $\boldsymbol{v}$ 的终点向起点看，矢量 $\boldsymbol{\omega}$ 按逆时针转过角 θ 与矢径 $\boldsymbol{r}$ 重合，即矢量积 $\boldsymbol{\omega}\times\boldsymbol{r}$ 的方向与点 M 的速度矢量 $\boldsymbol{v}$ 的方向相同。以上就从速度的大小和方向证明了式(2-16)的正确性。

考虑点 M 的加速度矢 $\boldsymbol{a}$，将式(2-16)对时间求一阶导数，有

$$\boldsymbol{a}=\frac{\mathrm{d}\boldsymbol{v}}{\mathrm{d}t}=\frac{\mathrm{d}}{\mathrm{d}t}(\boldsymbol{\omega}\times\boldsymbol{r})=\frac{\mathrm{d}\boldsymbol{\omega}}{\mathrm{d}t}\times\boldsymbol{r}+\boldsymbol{\omega}\times\frac{\mathrm{d}\boldsymbol{r}}{\mathrm{d}t}$$

将 $\boldsymbol{\alpha}=\dfrac{\mathrm{d}\boldsymbol{\omega}}{\mathrm{d}t}$，$\boldsymbol{v}=\dfrac{\mathrm{d}\boldsymbol{r}}{\mathrm{d}t}$ 代入上式，得

$$\boldsymbol{a}=\boldsymbol{\alpha}\times\boldsymbol{r}+\boldsymbol{\omega}\times\boldsymbol{v} \tag{2-17}$$

式中，右端的第一项就是点 M 的切向加速度；第二项是点 M 的法向加速度，分别为

$$\boldsymbol{a}_{\mathrm{t}}=\boldsymbol{\alpha}\times\boldsymbol{r} \tag{2-18}$$

$$\boldsymbol{a}_{\mathrm{n}}=\boldsymbol{\omega}\times\boldsymbol{v} \tag{2-19}$$

读者可根据矢量积的定义验证式(2-18)、式(2-19)的正确性。

综合以上内容可以得到结论：**转动刚体上任意一点的速度等于刚体的角速度矢与该点矢径的矢量积；任意一点的切向加速度等于刚体的角加速度矢与该点矢径的矢量积，法向加速度等于刚体的角速度矢与该点速度的矢量积。**

思 考 题

2.1 若某一瞬时刚体上各点的速度相等，是否可以判断该刚体必做平移？

2.2 平移刚体上的点的运动轨迹也可能是空间曲线，是否正确？

2.3 若刚体在运动的过程中，存在一条不动的直线，则刚体只能做定轴转动吗？

2.4 刚体做定轴转动的角加速度为正值，则该刚体一定做加速转动吗？

2.5 刚体做匀速转动时，各点的加速度等于零吗？为什么？

2.6 定轴转动刚体上有哪些点的加速度大小相等？哪些点的加速度方向相同？哪些点的加速度大小、方向都相同？

2.7 在用矢量积表示定轴转动刚体上的点的速度、加速度时，矢径$\boldsymbol{r}$的原点是否可以任意选取？

习 题

2-1 曲柄O_1A和杆件O_2B长度相等且互相平行，在其上铰接三角板ABC，尺寸如题2-1图所示(书中缺省长度单位为mm)。图示瞬时，若曲柄O_1A的角速度$\omega=5\text{rad/s}$，角加速度$\alpha=2\text{rad/s}^2$，求三角板上点C和点D的速度和加速度，并在图上标出C、D的速度方向、切向加速度方向和法向加速度方向。

2-2 题2-2图所示机构中，杆$O_1A\parallel O_2B$，杆$O_2C\parallel O_3D$，且$O_1A=O_2B=0.2\text{ m}$，$O_2C=O_3D=0.4\text{ m}$，$CM=MD=0.3\text{ m}$。当杆O_1A以角速度$\omega=3\text{ rad/s}$匀速转动时，求点M的速度大小以及点B的加速度大小。

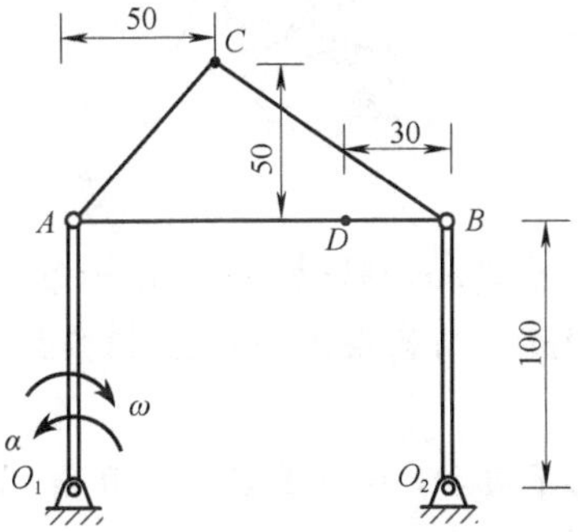

题2-1图

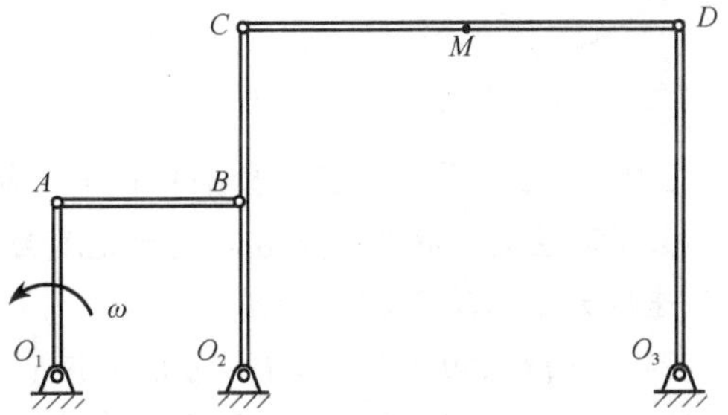

题2-2图

2-3 题2-3图所示曲柄滑杆机构中，滑杆有一圆弧形滑道，其半径$R=100\text{ mm}$，圆心O_1在导杆BC上。曲柄长$OA=100\text{ mm}$，以角速度$\omega=4\text{ rad/s}$绕O轴匀速转动。求导杆BC的运动规律，以及当曲柄与水平线间的夹角$\varphi=30°$时导杆BC的速度和加速度。

2-4 题2-4图所示机构中，齿轮1紧固在杆AC上，$AB=O_1O_2$，齿轮1和半径为r_2的齿轮2啮合，齿轮2可绕O_2轴转动且和曲柄O_2B没有联系。设$O_1A=O_2B=l$，$\varphi=b\cos\omega t$，b是常数，试确定$t=\pi/(2\omega)$时，齿轮2的角速度和角加速度。

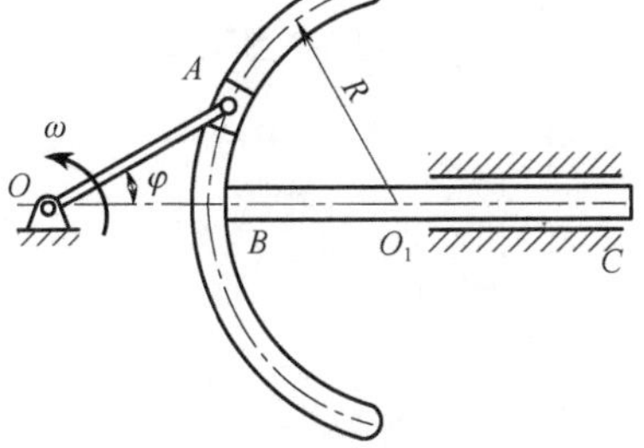

题2-3图

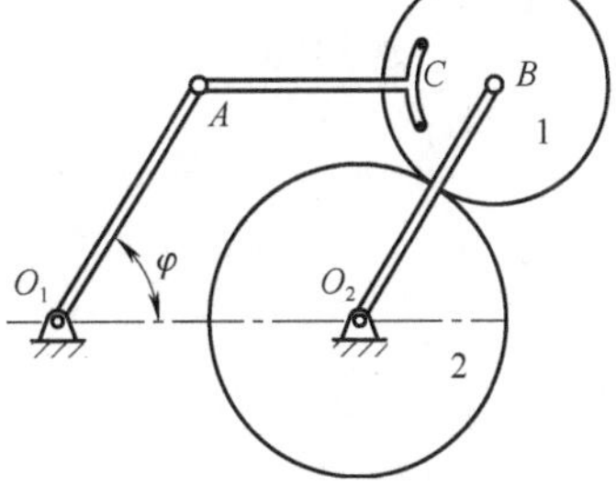

题2-4图

2-5 如题 2-5 图所示，圆盘绕定轴 O 转动，在某瞬时，圆盘边缘上的点 A 的速度 $v_A = 0.8\ \text{m/s}$，转动半径 $r_A = 0.1\ \text{m}$；圆盘上任意一点 B 的全加速度 $\boldsymbol{a}_B$ 与其转动半径 r_B 成 θ 角，且 $\tan\theta = 0.6$。求此瞬时圆盘的角加速度。

2-6 如题 2-6 图所示，杆 AB 在铅垂方向以恒速 v 向下运动，并由 B 端的小轮带动半径为 R 的圆弧杆 OC 绕轴 O 转动。设运动开始时，$\varphi = \pi/4$。求此后任意瞬时 t，杆 OC 的角速度 ω 和点 C 的速度。

2-7 题 2-7 图所示平面机构中，刚性板 AMB 与杆 O_1A、O_2B 铰接，若 $O_1A = O_2B = l$，$O_1O_2 = AB$，在图示瞬时，O_1A 杆的角速度为 ω，角加速度为 α，求点 M 的速度和加速度大小，并在图中标示出速度和加速度的方向。

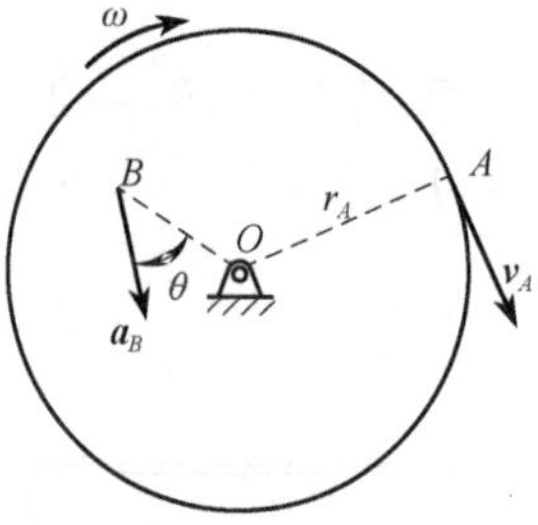

题 2-5 图

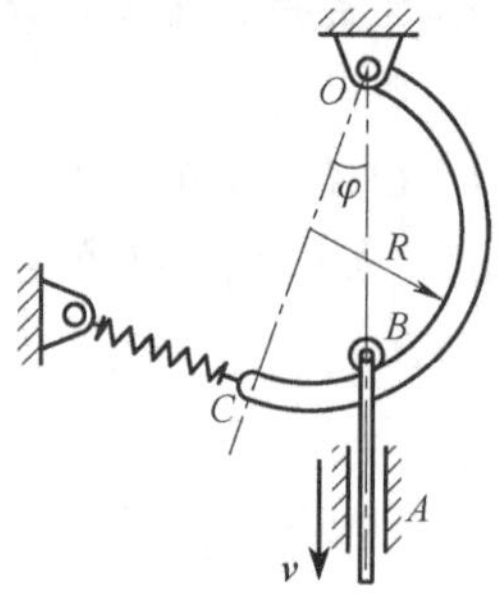

题 2-6 图

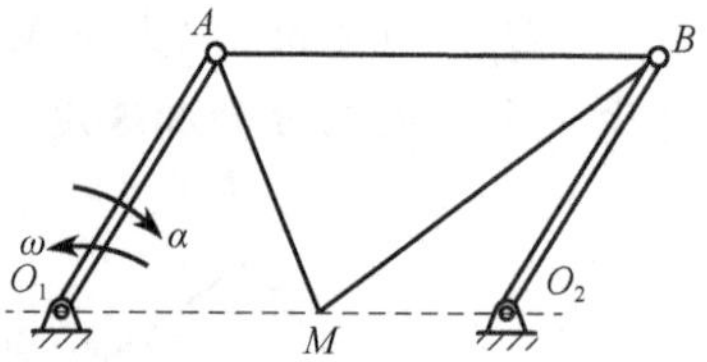

题 2-7 图

2-8 题 2-8 图所示齿轮齿条机构中，齿轮半径为 r，绕定轴 O 转动，并带动齿条 AB 移动。已知某瞬时齿轮的角速度为 ω，角加速度为 α，齿轮上的点 C 与齿条上的点 C' 相接触，求点 C 的加速度大小以及点 C' 的加速度大小。

2-9 如题 2-9 图所示，杆 AB 以匀速 v 沿铅直导轨向下运动，其一端 B 靠在直角杠杆 CDO 的 CD 边上，从而带动杠杆绕位于导轨轴线上的端点 O 转动。试求杠杆上另一端点 C 的速度和加速度大小(表示为角 φ 的函数)。已知 $OD = a$、$CD = 2a$。

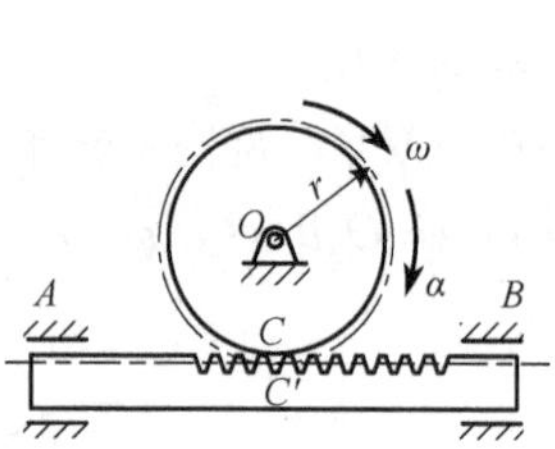

题 2-8 图

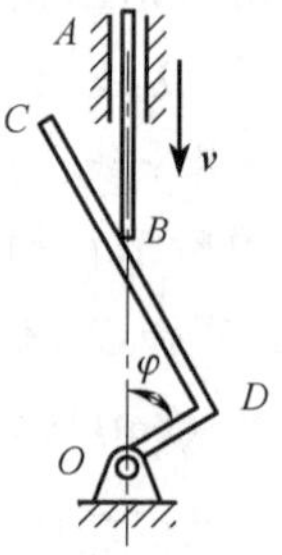

题 2-9 图

第 3 章　点的合成运动

在机械系统中，机构是传递运动、实现机械预定功能必不可少的部分。工业机器人大量采用曲柄滑块机构、双摇杆机构、凸轮机构、正弦机构等来对末端执行器的速度、加速度进行控制，或完成抓取、换向、变速、锁定、升降、运输等动作。这些机构中的主动件和从动件大多通过滑块、轨道等进行联系。机构上的某特定点的运动轨迹往往是比较复杂的，那么分析它的速度、加速度等运动特征量也就显得更为复杂。如果能将这种点的运动通过不同参考系的运动描述分解为比较简单的运动，并考虑简单运动之间的联系，那么就能简化运动分析。本章基于以上思路，讨论点的合成运动的概念、理论和具体求解方法。

3.1　点的合成运动的概念

在第 1 章中，我们讨论了动点相对于一个参考系的运动，但是在实际问题中，往往需要用两个不同的参考系去描述同一个点的运动情况。如无风下雨时雨滴的运动，对于地面的观察者来说，雨滴是垂直下落的，但是对于正在行驶的车辆上的观察者来说，雨滴是倾斜向后的。显然，产生这种差别的原因是观察者所处的参考系不同。雨滴的运动是绝对存在的，但是在不同参考系下对其运动的描述又是相对的。虽然不同参考系下对雨滴的运动描述不同，但两种描述存在一定的联系，因为它们都反映了雨滴运动这一客观存在。

为了便于研究，我们把所研究的点称为**动点**。将固连在地球表面上的参考系称为**定参考系**(简称**定系**)，并以 $Oxyz$ 来表示；把相对于地球运动的参考系(如固连在行驶车辆上的参考系)称为**动参考系**(简称**动系**)，用 $O'x'y'z'$ 表示。

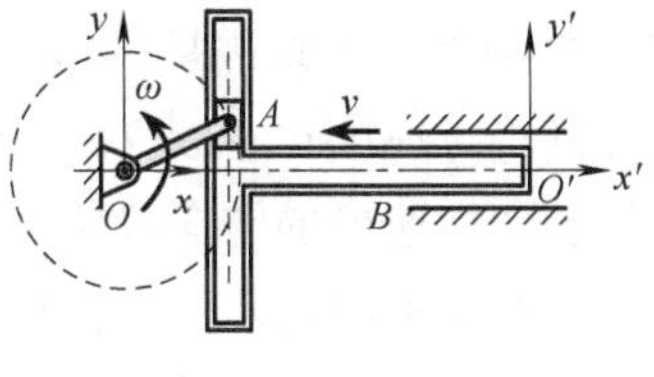

图 3-1

如图 3-1 所示的正弦机构，主动件曲柄 OA 通过滑块 A 与从动件连杆 AB 相连，将曲柄 OA 的定轴转动转化为连杆 AB 的平移。动点 A 在定参考系 Oxy 下的轨迹是以定轴 O 为圆心、以曲柄 OA 的长度为半径的一个圆。把动参考系 $O'x'y'$ 固连在连杆 AB 上来看动点 A 的运动，显然由于受到滑槽的限制，动点 A 只能沿着滑槽做上下往复的直线运动。

为了区分相应的运动，我们把动点相对于定参考系的运动，称为**绝对运动**；把动点相对于动参考系的运动，称为**相对运动**。绝对运动和相对运动是用来描述点的运动(直线运动、曲线运动)的。绝对运动和相对运动对点的描述之所以不同，是因为动参考系本身的运动，我们把动系相对于定系的运动称为**牵连运动**。牵连运动是动系(或可看作无限扩大的刚体)的运动(平移、定轴转动或其他类型的刚体运动)，动系上各点的运动特征一般是不同的，但是，在**某一瞬时和动点重合的那个点**的运动特征是联系绝对运动和相对运动的关键，这个点称为**牵连点**。

当然，由于相对运动的存在，在不同的瞬时，牵连点在动系上的位置是不同的。

动点相对于定系运动的轨迹、速度和加速度称为动点的绝对轨迹、绝对速度、绝对加速度，分别用 $\boldsymbol{v}_a$ 和 $\boldsymbol{a}_a$ 表示动点的绝对速度和绝对加速度。

动点相对于动系的轨迹、速度和加速度分别称为动点的相对轨迹、相对速度、相对加速度，并分别以 $\boldsymbol{v}_r$ 和 $\boldsymbol{a}_r$ 表示动点的相对速度和相对加速度。

动点的牵连速度和牵连加速度，分别指在所研究的瞬时，牵连点相对于定系的速度和加速度，分别用 $\boldsymbol{v}_e$ 和 $\boldsymbol{a}_e$ 表示。动系做平移时，由于动系上所有的点都具有相同的速度和相同的加速度，因此可以选取动系中任意一个点的速度和加速度作为动点的牵连速度和牵连加速度。当动系的运动不是平移时，动系中各点的速度和加速度各不相同，这时必须以某瞬时在动系上与动点重合的牵连点的速度和加速度作为动点在此时的牵连速度和牵连加速度。

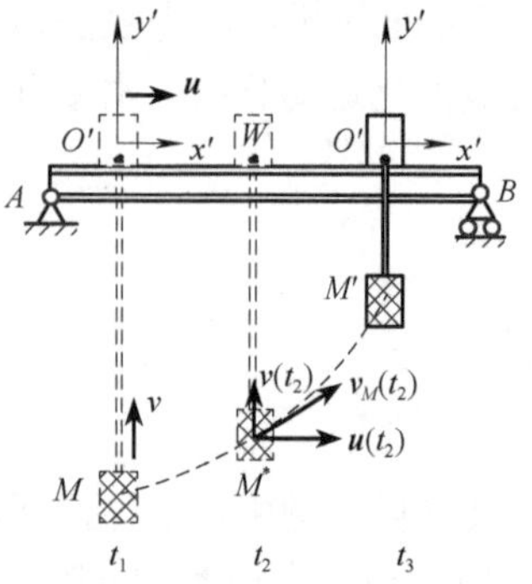

图 3-2

如图 3-2 所示，起重机 W 以速度 $\boldsymbol{v}(t)$ 起吊一个重物 M，同时起重机自身又以速度 $\boldsymbol{u}(t)$ 在行走梁 AB 上自左向右运动。若取重物 M 为动点，将动参考系固连在起重机上，可以看出动点的绝对运动轨迹是曲线 $\overset{\frown}{MM'}$，其相对运动轨迹是垂直向上的直线。取 t_2 时刻考虑，动点 M 的绝对速度 $\boldsymbol{v}_M(t_2)$ 应当是相切于其运动轨迹的，动点的相对速度就是向上的速度 $\boldsymbol{v}(t_2)$（可假定动参考系不动），而此瞬时牵连点 M^* 与动点在空间位置上是重合的，但牵连点是在动参考系上的一点，动参考系是自左向右平移的，那么牵连点的速度就是起重机在此瞬时自身平移的速度 $\boldsymbol{u}(t_2)$。从图 3-2 可以看出，牵连点的位置是变化的，在 t_1、t_2、t_3 时刻牵连点处于动点运动轨迹上的不同位置，因此，牵连点具有瞬时性。

如图 3-3（a）所示的摆杆机构，曲柄 OA 绕定轴 O 转动，通过滑块 A 带动摆杆 O_1B 绕轴 O_1 摆动。取滑块 A 为动点，动参考系 $O_1x'y'$ 固连在摆杆 O_1B 上，显然动参考系绕轴 O_1 做定轴转动。

如图 3-3（b）所示，分析绝对运动时，只需要考虑动点以及和动点固连的曲柄 OA 部分，动点 A 的绝对运动轨迹是以 O 为圆心、以 OA 为半径的圆，若曲柄的角速度为 ω，角加速度为 α，那么其绝对速度 $v_a = \omega|OA|$，沿切线方向；其绝对切向加速度为 $a_a^t = \alpha|OA|$，其方向沿切线方向，并根据角加速度的转向确定其指向；其绝对法向加速度 $a_a^n = \omega^2|OA|$，方向指向曲率中心 O。

如图 3-3（c）所示，分析相对运动时，可以假定动参考系不动，考虑动点可能的运动，由于滑块只能在摆杆上运动，所以其相对运动轨迹是沿着摆杆 O_1B 的直线，其相对速度 v_r 在直线 O_1B 上，分析下一瞬时，滑块 A 将位于 A_1 的位置，说明滑块会向 B 端运动，因此相对速度指向 B；相对加速度 a_r 同样沿着直线 O_1B，但其指向需要经过分析才能确定。

如图 3-3（d）所示，分析牵连运动时，只需要考虑动参考系，分析动参考系在此瞬时与动点重合的牵连点 A^*，显然其牵连运动轨迹是以 O_1 为圆心、以 O_1A 为半径的圆周，若此时摆杆 O_1B 的角速度为 ω_e，角加速度为 α_e，那么牵连速度 $v_e = \omega_e|O_1A^*| = \omega_e|O_1A|$，沿轨迹的切线方向；牵连切向加速度 $a_e^t = \alpha_e|O_1A^*| = \alpha_e|O_1A|$，牵连法向加速度 $a_e^n = \omega_e^2|O_1A^*| = \omega_e^2|O_1A|$，方向如图 3-3（d）所示。

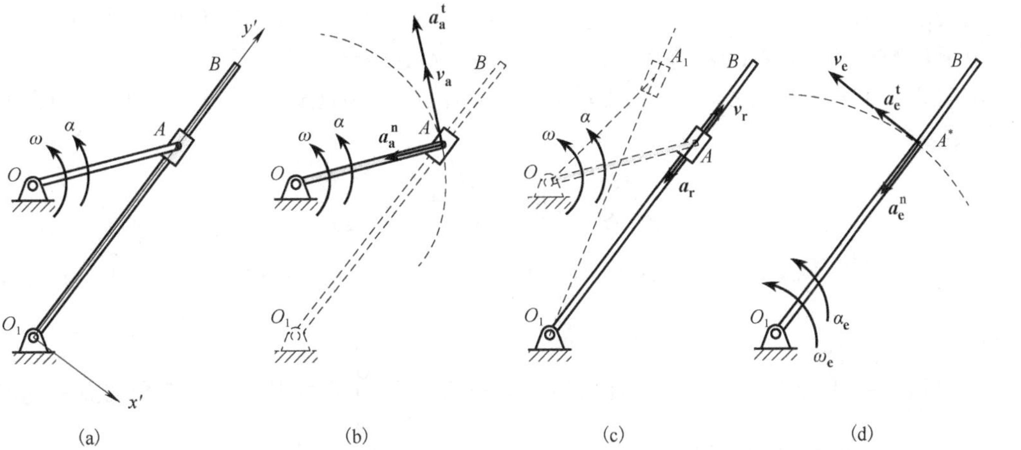

图 3-3

只有选择合理的动点和动参考系，才能顺利地解决具体的机构分析问题。一般需要遵循的原则有：

(1) 动点和动参考系不能选择在同一物体上，即动点和动参考系必须有相对运动。

(2) 动点的相对运动轨迹应尽量易于辨认，如直线或圆周。机械中两构件常以点相接触，其中有的点始终处于接触状态，称为持续接触点，有的点则是瞬时接触点。一般将动参考系固连在瞬时接触点所在的物体上，而选择持续接触点作为动点。

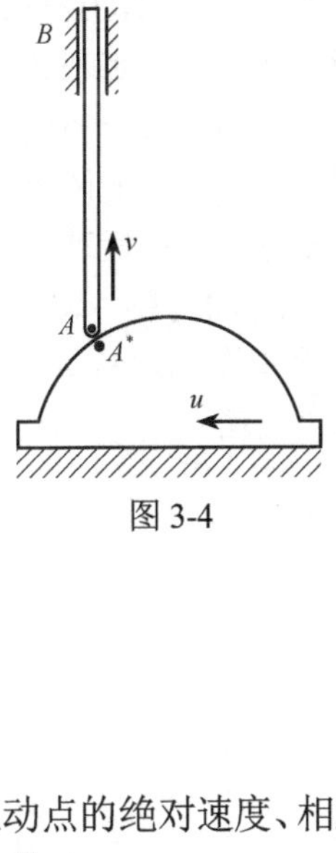

图 3-4

如图 3-4 所示的凸轮顶杆机构，若选择顶杆上的点 A 作为动点，动系固连在凸轮上，该点是持续接触点，其相对运动轨迹就是凸轮的圆周轮廓线，其相对速度、相对加速度容易分析、辨别；若选择某瞬时凸轮上和顶杆 A 重合的点 A^* 作为动点，动参考系只能固连到顶杆 AB 上；下一个瞬时，A^* 将不再和 A 重合，此时相对运动轨迹难以辨认，导致难以分析相对速度和相对加速度。

3.2　点的速度合成定理

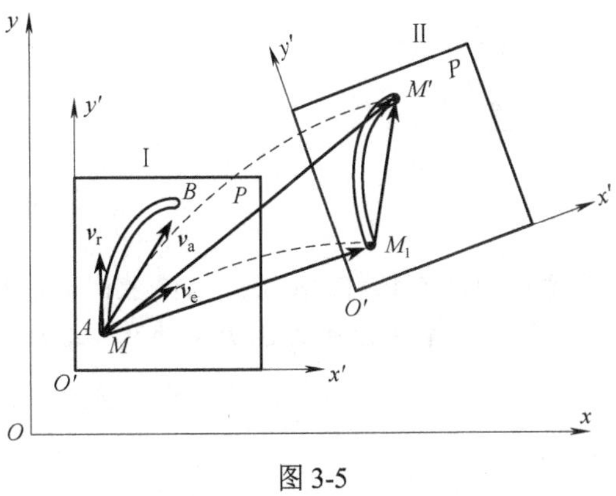

图 3-5

速度合成定理将建立动点的绝对速度、相对速度和牵连速度之间的关系。

设动点 M 可在物体 P 上的曲线槽 $\overset{\frown}{AB}$ 内运动，物体 P 又相对于定系 Oxy 运动，将动系 $O'x'y'$ 固连在物体 P 上，随物体一起运动。如图 3-5 所示，设在 t 时刻，物体 P 位于位置Ⅰ，动点位于曲线槽的点 M 位置，经过时间间隔 Δt，物体 P 运动到位置Ⅱ，同时动点沿着槽 $\overset{\frown}{AB}$ 到达 M' 点。从图上可以看出，动点的绝对轨迹是 $\overset{\frown}{MM'}$，绝对位移是 $\overrightarrow{MM'}$。相对轨迹就是曲线槽的形状，

即弧线 $\widehat{M_1M'}$，相对位移即是 $\overrightarrow{M_1M'}$。如果没有相对运动，则动点因受到动系运动的牵连在 $t+\Delta t$ 瞬时位于点 M_1，即曲线 $\widehat{MM_1}$ 是动点的牵连轨迹，$\overrightarrow{MM_1}$ 为牵连位移。

由图 3-5 中的矢量关系，可得 $\overrightarrow{MM'}=\overrightarrow{MM_1}+\overrightarrow{M_1M'}$，将此式除以 Δt，并取 Δt 趋近于 0 的极限，得到

$$\lim_{\Delta t\to 0}\frac{\overrightarrow{MM'}}{\Delta t}=\lim_{\Delta t\to 0}\frac{\overrightarrow{MM_1}}{\Delta t}+\lim_{\Delta t\to 0}\frac{\overrightarrow{M_1M'}}{\Delta t} \tag{3-1}$$

矢量 $\lim\limits_{\Delta t\to 0}\dfrac{\overrightarrow{MM'}}{\Delta t}$ 就是动点 M 在瞬时 t 的绝对速度 $\boldsymbol{v}_{\mathrm{a}}$，其方向沿着绝对轨迹 $\widehat{MM'}$ 在点 M 的切线方向。

矢量 $\lim\limits_{\Delta t\to 0}\dfrac{\overrightarrow{MM_1}}{\Delta t}$ 为瞬时动点的牵连速度 $\boldsymbol{v}_{\mathrm{e}}$，即在该瞬时动系中与动点重合的点的速度，其方向沿着牵连轨迹 $\widehat{MM_1}$ 的切线方向。

矢量 $\lim\limits_{\Delta t\to 0}\dfrac{\overrightarrow{M_1M'}}{\Delta t}$ 为瞬时动点的相对速度 $\boldsymbol{v}_{\mathrm{r}}$，其方向沿着相对轨迹 $\widehat{M_1M'}$ 在点 M 的切线方向。于是式(3-1)可写为

$$\boldsymbol{v}_{\mathrm{a}}=\boldsymbol{v}_{\mathrm{e}}+\boldsymbol{v}_{\mathrm{r}} \tag{3-2}$$

即**在任一瞬时动点的绝对速度等于其牵连速度与相对速度的矢量和**。这就是**点的速度合成定理**。速度合成定理适用于动系做任意刚体运动的情况。

式(3-2)是一个平面矢量方程，有三个速度的大小和方向，共六个量，若已知其中的四个，则可求出另外的两个未知量。在应用速度合成定理解题时，首先要选择合理的动点和动系，其次要分析三种运动，画出相应的速度关系图，进而通过式(3-2)经投影关系求解未知量。

【例 3-1】 如图 3-6(a)所示的曲柄摇杆机构，曲柄 OC 通过套在摇杆 AB 上的滑块 C 带动摇杆运动。已知 $OA=OC=l$，在图示位置时，曲柄 OC 的角速度 $\omega_1=2\,\mathrm{rad/s}$。试求此瞬时杆 AB 的角速度 ω_2。

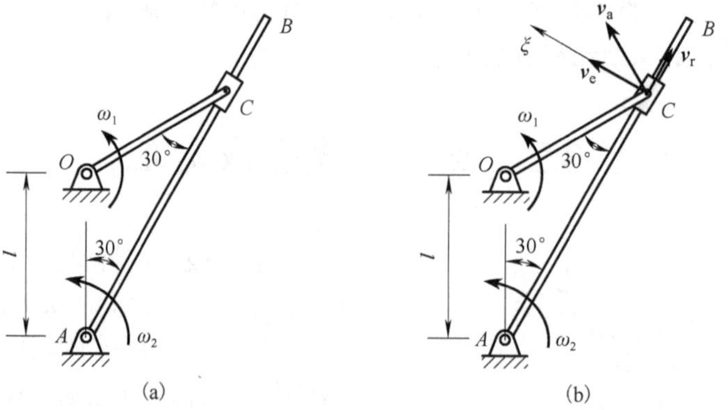

图 3-6

解 选择与曲柄 OC 相连的滑块 C 为动点，动参考系固连在摇杆 AB 上。根据 3.1 节关于图 3-3 的分析，可画出速度关系图，如图 3-6(b)所示。其中，绝对速度 $\boldsymbol{v}_{\mathrm{a}}$ 的大小为 $v_{\mathrm{a}}=\omega_1 l$。

将式(3-2)在坐标轴 ξ 上进行投影，有

$$[\boldsymbol{v}_{\mathrm{a}}]_\xi=[\boldsymbol{v}_{\mathrm{e}}]_\xi+[\boldsymbol{v}_{\mathrm{r}}]_\xi$$

即
$$v_a\cos 30° = v_e + 0$$
$$v_e = \frac{\sqrt{3}}{2}v_a = \frac{\sqrt{3}}{2}\omega_1 l$$

根据牵连速度的概念，$v_e = \omega_2|AC| = \sqrt{3}\omega_2 l$，则有
$$\omega_2 = \frac{v_e}{\sqrt{3}l} = \left(\frac{\sqrt{3}}{2}\omega_1 l\right)\Big/\sqrt{3}l = \frac{1}{2}\omega_1 = \frac{1}{2}\times 2 = 1(\text{rad/s})$$
角速度的转向如图 3-6(b)所示。

本例中，投影轴ξ选取垂直于相对速度$\boldsymbol{v}_r$的方向，这样相对速度在ξ轴上的投影即为 0。若本例需要求解相对速度$\boldsymbol{v}_r$，则可选择 AB 方向作为投影轴。

【例 3-2】　如图 3-7(a)所示的滑道机构，曲柄 O_1A 绕 O_1 以角速度ω转动，通过套在杆 AB 上的滑块 C 带动竖杆 CD 做上下往复运动。已知$O_1A = O_2B = r$，求图示瞬时竖杆 CD 的速度。

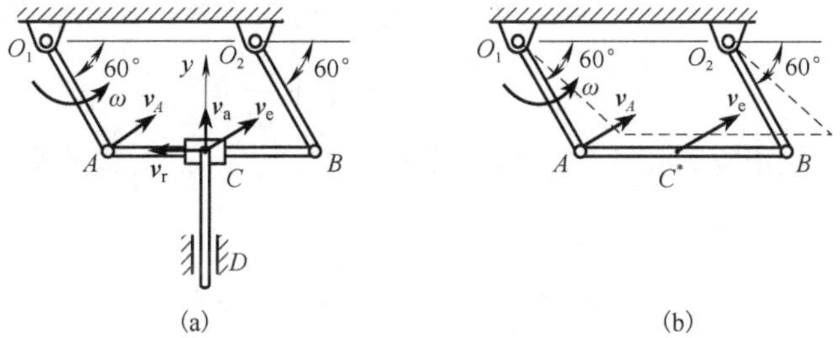

图 3-7

解　选择与杆 CD 相连的滑块 C 为动点，动参考系固连在杆 AB 上。由于$O_1A = O_2B$，且O_1A始终与O_2B平行，因此动系(杆 AB)做曲线平移。

由于杆 CD 受到滑道的限制，只能做竖向往复运动。图 3-7(b)中的虚线表明下一瞬时杆 AB 向上运动，所以动点 C 的绝对速度$\boldsymbol{v}_a$竖直向上，大小未知。下一瞬时，滑块将更靠近点 A，因此动点 C 的相对速度$\boldsymbol{v}_r$水平向左，大小未知。由于动参考系做曲线平移，平移刚体 AB 上各点的速度都相等，因此牵连点C^*的速度即牵连速度$\boldsymbol{v}_e$，应等于点 A 的速度$\boldsymbol{v}_A$，其方向垂直于 O_1A，大小$v_e = v_A = \omega|O_1A| = \omega r$。三种速度的关系图如图 3-7(a)所示。将式(3-2)在坐标轴 y 上进行投影，有
$$[\boldsymbol{v}_a]_y = [\boldsymbol{v}_e]_y + [\boldsymbol{v}_r]_y$$
得$v_a = v_e\sin 30° + 0 = \frac{1}{2}\omega r$，此即为杆 CD 的速度。

3.3　点的加速度合成定理

3.2 节讨论的速度合成定理对于任何形式的牵连运动都是适用的，但是加速度合成问题就比较复杂，对于牵连运动为平移或转动的不同形式，其结论在形式上有所不同，但本质上又是统一的。本节先就动系平移时的情况进行研究，并简要说明动系转动情况下的加速度合成定理。

3.3.1 牵连运动为平移时的加速度合成定理

如图 3-8 所示，动系 $O'x'y'z'$ 相对于定系 $Oxyz$ 做平移。根据运动描述的相对性，动点 M 在任意瞬时 t 的相对速度 $\boldsymbol{v}_\mathrm{r}$ 与其相对坐标 x'、y'、z' 有如下关系：

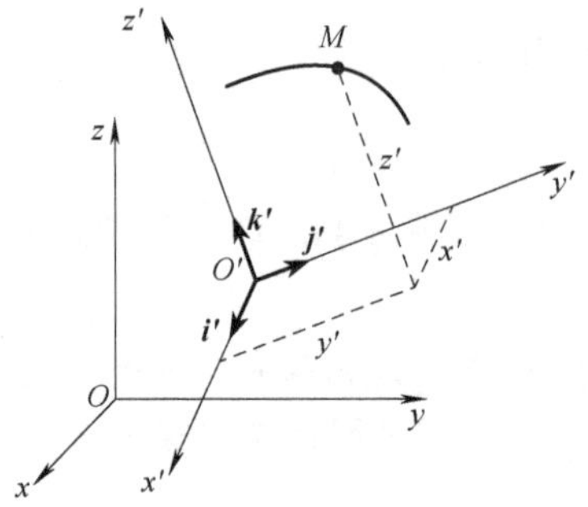

图 3-8

$$\boldsymbol{v}_\mathrm{r}=\frac{\mathrm{d}x'}{\mathrm{d}t}\boldsymbol{i}'+\frac{\mathrm{d}y'}{\mathrm{d}t}\boldsymbol{j}'+\frac{\mathrm{d}z'}{\mathrm{d}t}\boldsymbol{k}' \tag{3-3}$$

式中，$\boldsymbol{i}'$、$\boldsymbol{j}'$、$\boldsymbol{k}'$ 是动系的正向单位矢量。同样，其相对加速度为

$$\boldsymbol{a}_\mathrm{r}=\frac{\mathrm{d}^2x'}{\mathrm{d}t^2}\boldsymbol{i}'+\frac{\mathrm{d}^2y'}{\mathrm{d}t^2}\boldsymbol{j}'+\frac{\mathrm{d}^2z'}{\mathrm{d}t^2}\boldsymbol{k}' \tag{3-4}$$

由于动系做平移，在同一瞬时，动系上所有各点的速度相同，所以动点的牵连速度必然和动系原点 O' 的速度 $\boldsymbol{v}_{O'}$ 相同，即 $\boldsymbol{v}_\mathrm{e}=\boldsymbol{v}_{O'}$，将此关系以及式(3-3)代入式(3-2)得

$$\boldsymbol{v}_\mathrm{a}=\boldsymbol{v}_{O'}+\frac{\mathrm{d}x'}{\mathrm{d}t}\boldsymbol{i}'+\frac{\mathrm{d}y'}{\mathrm{d}t}\boldsymbol{j}'+\frac{\mathrm{d}z'}{\mathrm{d}t}\boldsymbol{k}' \tag{3-5}$$

式(3-5)对于任意瞬时均成立，由于动系仅做平移，$\boldsymbol{i}'$、$\boldsymbol{j}'$、$\boldsymbol{k}'$ 方向不变，均为常矢量，故将式(3-5)对时间 t 求导，可得

$$\boldsymbol{a}_\mathrm{a}=\boldsymbol{a}_{O'}+\frac{\mathrm{d}^2x'}{\mathrm{d}t^2}\boldsymbol{i}'+\frac{\mathrm{d}^2y'}{\mathrm{d}t^2}\boldsymbol{j}'+\frac{\mathrm{d}^2z'}{\mathrm{d}t^2}\boldsymbol{k}' \tag{3-6}$$

同理，在动系仅做平移时，动系上各点的加速度均相同，牵连加速度 $\boldsymbol{a}_\mathrm{e}$ 必与动系原点 O' 的加速度 $\boldsymbol{a}_{O'}$ 相同，根据式(3-4)，式(3-6)可写为

$$\boldsymbol{a}_\mathrm{a}=\boldsymbol{a}_\mathrm{e}+\boldsymbol{a}_\mathrm{r} \tag{3-7}$$

式(3-7)是**牵连运动为平移时点的加速度合成定理。在任一瞬时，动点的绝对加速度等于动点的牵连加速度与动点的相对加速度的矢量和。**

在进行加速度分析时，需要注意绝对轨迹、相对轨迹、牵连轨迹都有可能是曲线。动系若做曲线平移，那么牵连轨迹就是曲线，牵连加速度就有切向和法向的分量。同样矢量式(3-7)的每一项都包括大小和方向两个量，式中的未知量一般需要通过投影方能求解。

【例 3-3】 例 3-2 中，若曲柄 O_1A 绕 O_1 以匀角速度 ω 转动，其他条件不变，求图 3-7 所示瞬时竖杆 CD 的加速度，以及滑块 C 相对于轨道 AB 的加速度。

解 动参考系固连在杆 AB 上，做曲线平移，式(3-7)适用。动点 C 的绝对轨迹和相对轨迹都为直线，绝对加速度方向可预设为竖直向上，大小未知。相对加速度可预设为水平向左，大小未知。动系做曲线平移，故牵连加速度等于点 A 的加速度。由于点 A 的运动轨迹是以点 O_1 为圆心、以 O_1A 为半径的圆周，牵连加速度应有切向和法向两个分量。因角速度 ω 是常量，故 O_1A 的角加速度为 0，则有牵连加速度的切向分量为 0；牵连加速度的法向分量的方向由 A 指向 O_1，大小 $a_\mathrm{e}^\mathrm{n}=\omega_{O_1A}^2r=\omega^2r$。加速度的关系图如图 3-9 所示。

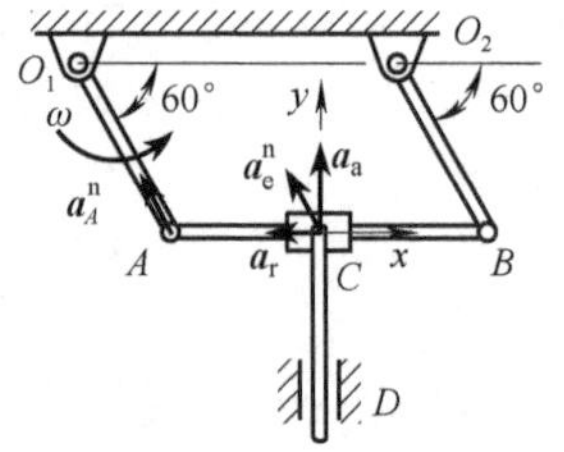

图 3-9

选取垂直方向的 y 轴作为投影轴，将式(3-7)进行投影，有

$[\boldsymbol{a}_a]_y = [\boldsymbol{a}_e]_y + [\boldsymbol{a}_r]_y$，得

$$a_a = a_e^n \cos 30° + 0 = \frac{\sqrt{3}}{2}\omega^2 r$$

此即为图示瞬时竖杆 CD 的加速度。

选取水平方向的 x 轴作为投影轴，将式(3-7)进行投影，有 $[\boldsymbol{a}_a]_x = [\boldsymbol{a}_e]_x + [\boldsymbol{a}_r]_x$，得

$$0 = -a_e^n \sin 30° - a_r, \qquad a_r = -a_e^n \sin 30° = -\frac{1}{2}\omega^2 r$$

此即为图示瞬时滑块 C 相对于轨道 AB 的加速度，负号表明实际的相对加速度方向与预设的方向相反，为水平向右。

3.3.2　牵连运动为转动时的加速度合成定理

当动系做转动时，动系的正向单位矢量 $\boldsymbol{i}'$、$\boldsymbol{j}'$、$\boldsymbol{k}'$ 的方向就会发生变化，其对时间的导数不为零，导致式(3-7)的推导过程不成立。受限于篇幅，对于牵连运动为转动情况下的加速度合成关系，本书将通过一个简单实例予以说明，不作详细推导。严格的推导过程请读者参考理论力学的有关文献。

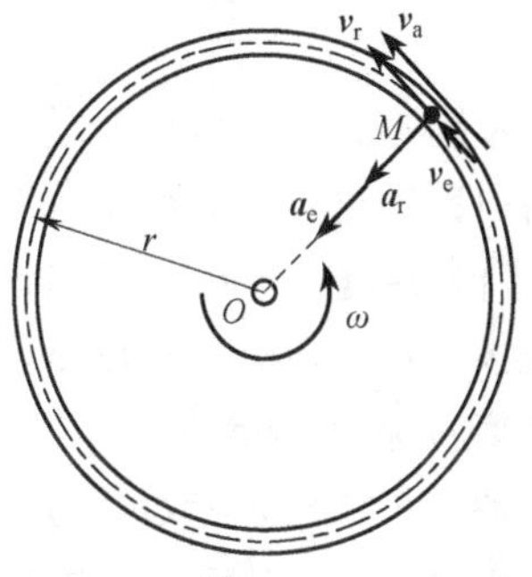

图 3-10

如图 3-10 所示，半径为 r 的空心圆环以匀角速度 ω 绕轴 O 做定轴转动。不计大小的小球 M 在圆环内以匀速 v_r 相对圆环运动。以小球 M 作为动点，动参考系固连在匀速转动的空心圆环上，则牵连运动为定轴转动。在任意瞬时 t，牵连速度的大小 $v_e = \omega r$，其方向与相对速度 $\boldsymbol{v}_r$ 相同。根据速度合成定理，动点的绝对速度 $v_a = v_r + \omega r$，显然它的速度是一个常数。这就表明，动点的绝对运动是以轴心 O 为圆心、以 r 为半径的匀速圆周运动，则其绝对加速度方向指向轴心，大小为

$$a_a = \frac{v_a^2}{r} = \frac{(v_r + r\omega)^2}{r} = \frac{v_r^2}{r} + \omega^2 r + 2v_r\omega \tag{3-8}$$

式中，v_r^2/r 为动点的相对加速度；$\omega^2 r$ 为动点的牵连加速度。可见，牵连运动为定轴转动时，动点的绝对加速度不仅与相对加速度和牵连加速度有关，还与附加加速度项 $2v_r\omega$ 有关。

可以证明该附加项可由 $2\boldsymbol{\omega}_e \times \boldsymbol{v}_r$ 确定。令

$$\boldsymbol{a}_C = 2\boldsymbol{\omega}_e \times \boldsymbol{v}_r \tag{3-9}$$

这是法国工程师科里奥利于 1832 年在研究水轮机时发现的。为了纪念他，将该加速度 $\boldsymbol{a}_C$ 称为科里奥利加速度，简称**科氏加速度**。其中，$\boldsymbol{\omega}_e$ 为牵连运动，即动系转动的角速度矢(见 2.3 节)；$\boldsymbol{v}_r$ 为相对速度。

事实上，通过严格的推导和证明，可以得到如下的关系：

$$\boldsymbol{a}_a = \boldsymbol{a}_e + \boldsymbol{a}_r + \boldsymbol{a}_C \tag{3-10}$$

式(3-10)说明：**在任一瞬时，动点的绝对加速度等于在同一瞬时动点相对加速度、牵连加速度和科氏加速度的矢量和，此即牵连运动为转动时点的加速度合成定理**。牵连运动为平移时，

其角速度矢 $\boldsymbol{\omega}_e$ 为零，科氏加速度 $\boldsymbol{a}_C$ 为零，式(3-10)就转化为式(3-7)。同样的，式(3-10)是一个平面矢量方程，应用时也需要将其进行投影才能求解。

当动系的转轴与相对速度 $\boldsymbol{v}_r$ 不相垂直时，根据式(3-9)，可按照图 3-11(a)所示的右手法则确定科氏加速度的方向，其大小为

$$a_C = 2\omega_e v_r \sin\theta \tag{3-11}$$

式中，θ 是角速度矢 $\boldsymbol{\omega}_e$ 和相对速度 $\boldsymbol{v}_r$ 的夹角。

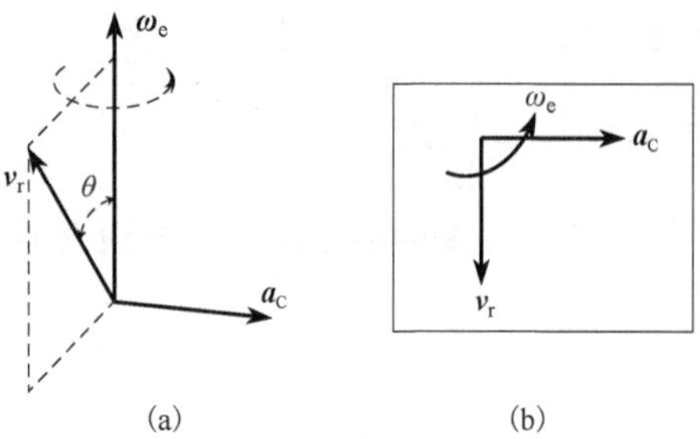

图 3-11

当研究平面问题时，$\boldsymbol{\omega}_e$ 与 $\boldsymbol{v}_r$ 相互垂直，故科氏加速度的大小 $a_C = 2\omega_e v_r$，将矢量 $\boldsymbol{v}_r$ 顺着 ω_e 的转向转动 90°，即可得到 $\boldsymbol{a}_C$ 的方向，如图 3-11(b)所示。

需要说明的是，刚体做复杂运动时，一般其角速度不为 0，只要动系固连到角速度不为 0 的刚体上，那么对于动点来说，就存在科氏加速度。例如，当动系固连到第 4 章讨论的平面运动刚体上时，只要刚体在某瞬时的角速度不为 0，则相应动点的科氏加速度一般也不为 0。

【例 3-4】 如图 3-12(a)所示，杆 O_1A 以匀角速度 ω_1 转动，轮 A 的半径为 r，与 O_1A 在 A 处铰接。$O_1A = 2r$，杆 O_2B 始终与轮 A 接触。图示瞬时，$\varphi = 60°$，$\theta = 30°$。求此时杆 O_2B 的角速度 ω_2 和角加速度 α_2。

解 本例已知杆 O_1A 的运动，求杆 O_2B 的运动，两者通过轮 A 联系。轮 A 与杆 O_2B 的接触点是变化的，所以既不能选轮 A 上与杆 O_2B 在图示瞬时接触的点作为动点，也不能选杆 O_2B 上与轮 A 在图示瞬时接触的点作为动点，因为这些接触点在下一瞬时均不接触。可以观察到在运动过程中，轮心 A 与直杆 O_2B 保持的距离为轮的半径 r，因此选轮心 A 为动点，动系固连在杆 O_2B 上。此时点 A 相对杆 O_2B（动系）做保持距离为 r 的直线运动，使 $\boldsymbol{v}_r$、$\boldsymbol{a}_r$ 方向已知，便于求解。动系做定轴转动，因此需要考虑科氏加速度。

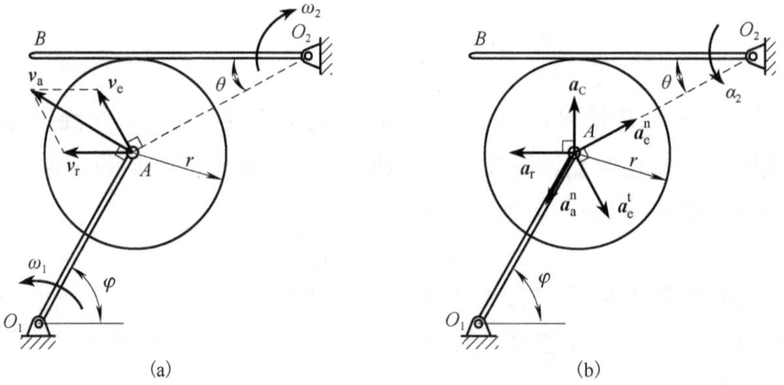

图 3-12

(1)运动分析。动点 A 的绝对运动为以 O_1 为圆心、以 O_1A 为半径的圆周运动，相对运动为与杆 O_2B 平行的直线运动，牵连运动为绕轴 O_2 的定轴转动。

(2)速度分析。确定各速度量，并画速度关系图，如图 3-12(a)所示。绝对速度 $\boldsymbol{v}_a$ 垂直于 O_1A，$v_a = 2r\omega_1$；牵连速度 $\boldsymbol{v}_e$ 垂直于 O_2A（注意到动系是无限扩大的空间或平面，牵连点在动系

空间中与动点位置重合)，大小未知；相对速度$\boldsymbol{v}_r$平行于O_2B，大小未知。根据投影关系得

$$v_e = v_r = \frac{\sqrt{3}}{3}v_a = \frac{2\sqrt{3}}{3}r\omega_1$$

$$\omega_2 = \frac{v_e}{2r} = \frac{\sqrt{3}}{3}\omega_1$$

ω_2即为所求杆O_2B的角速度。

(3)加速度分析。杆 O_1A 匀速转动，故绝对加速度只有法向分量，$a_a^n = \omega_1^2 2r$，方向指向O_1。牵连轨迹是以O_2为圆心、以O_2A为半径的圆弧，因此有法向和切向两个分量。其中法向分量指向O_2，其大小$a_e^n = AO_2 \cdot \omega_2^2 = 2r\cdot\left(\frac{\sqrt{3}}{3}\omega_1\right)^2 = \frac{2}{3}r\omega_1^2$，其切向分量垂直于$O_2A$，大小未知；相对加速度平行于 O_2B，大小未知。动系做转动，有科氏加速度，根据图 3-11(b)可确定其方向为垂直O_2B向上，其大小为$a_C = 2\omega_2 v_r = \frac{4}{3}r\omega_1^2$。各加速度量均在图 3-12(b)中画出。加速度矢量关系为

$$\boldsymbol{a}_a = \boldsymbol{a}_a^n = \boldsymbol{a}_e^n + \boldsymbol{a}_e^t + \boldsymbol{a}_r + \boldsymbol{a}_C$$

将上式沿着$\boldsymbol{a}_C$方向投影，有

$$-a_a^n \cos 30° = a_e^n \cos 60° - a_e^t \cos 30° + a_C$$

计算得到

$$a_e^t = \frac{10\sqrt{3}+18}{9}r\omega_1^2, \qquad \alpha_2 = \frac{a_e^t}{2r} = \frac{5\sqrt{3}+9}{9}\omega_1^2$$

α_2即为所求杆O_2B的角加速度，其方向如图 3-12(b)所示，逆时针转向。

思 考 题

3.1 什么是相对运动，什么是牵连运动？

3.2 什么是绝对速度、相对速度？

3.3 牵连速度是动参考系相对于定参考系的速度，这个定义是否正确？

3.4 若在同一参考体上固连不同的动参考系，动点的相对运动是否不同？相对速度和加速度是否不同？

3.5 在点的合成运动中，动点的绝对加速度总是等于牵连加速度与相对加速度的矢量和，这个说法是否正确？

3.6 只要牵连运动为定轴转动，是否就一定存在科氏加速度？

3.7 当牵连运动为平移时，牵连加速度一定等于牵连速度对时间的一阶导数吗？

3.8 在图 3-13 所示的各机构中，选取点M作为动点，选择动参考系，并分析三种运动，画出动点的速度平行四边形和加速度合成示意图。

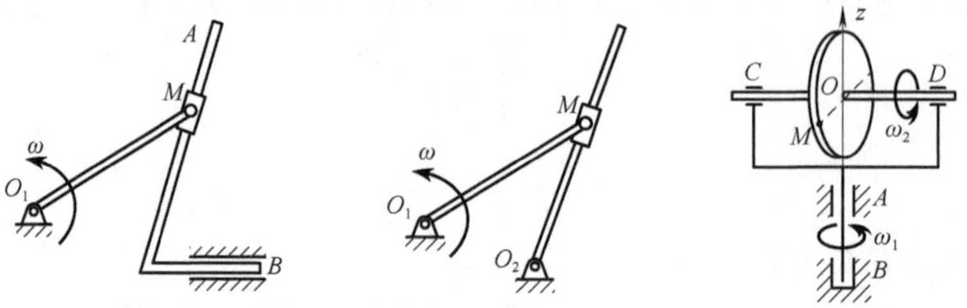

图 3-13

3.9 在图 3-14 所示的各机构中，选择点 A 作为动点，动系固连在 O_1B 上，判断动点相对速度的方向，以及科氏加速度的大小和方向是否正确。

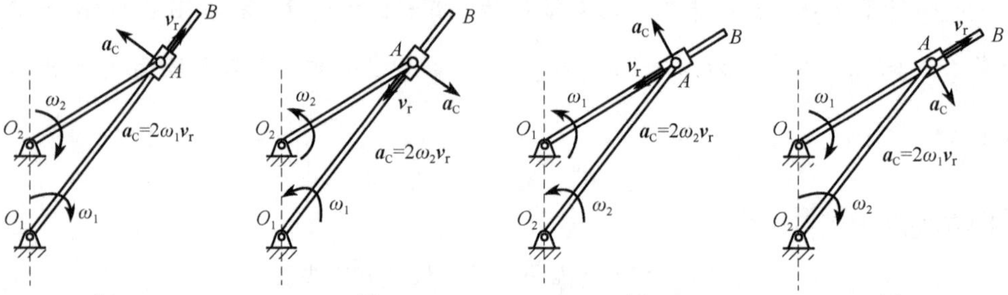

图 3-14

3.10 如图 3-15 所示，半径为 R 的圆轮沿水平轨道做纯滚动，质心 C 的速度始终为 $\boldsymbol{v}$，杆 AB 做定轴转动，杆和圆轮在 D 处接触，选择适当的动点和动参考系，并画出动点的速度关系图。

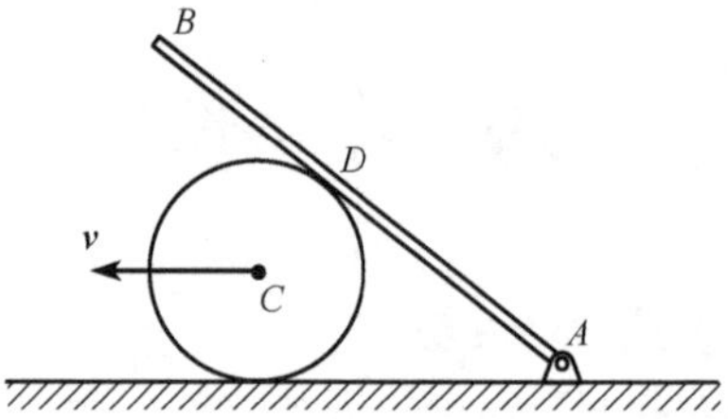

图 3-15

习　　题

3-1 如题 3-1 图所示，机器人末端执行器 M 沿 y 轴做简谐运动，其运动方程为 $x=0$，$y=A\cos(\omega t+\theta)$。其中 A、ω、θ 均为常数。传送带以匀速 v_e 向左运动。求末端执行器在传送带上留下的轨迹方程。

3-2 如题 3-2 图所示，杆 OA 长 l，以角速度 ω_0 绕轴 O 转动。叶片的一半 $AB=R$，叶片以相对角速度 ω_r 绕杆 OA 的 A 端转动，若将动参考系固连在杆 OA 上，求图示瞬时点 B 的牵连速度 $\boldsymbol{v}_e$ 的大小，并在图中标出其方向。

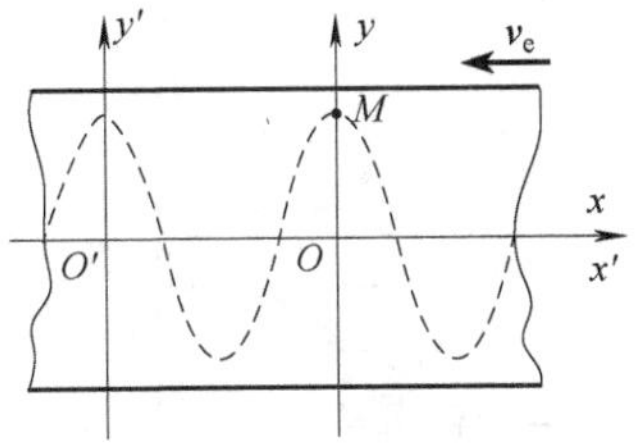

题 3-1 图

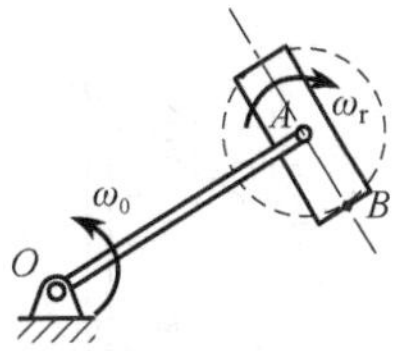

题 3-2 图

3-3　已知三角块沿水平面向左侧运动，速度 $v_1 = 1\,\text{m/s}$，推动杆长 $l = 1\,\text{m}$ 的杆 AB 绕轴 A 转动。如题 3-3 图所示瞬时，$\theta = 60°$。求此时杆 AB 的角速度，以及点 B 相对于斜面的速度。

3-4　如题 3-4 图所示，杆 OA 长 l，由推杆推动在图面内绕轴 O 转动。假定推杆的速度大小为 v，其弯头高度为 a。试求杆端 A 的速度大小(表示为推杆至轴 O 的距离 x 的函数)。

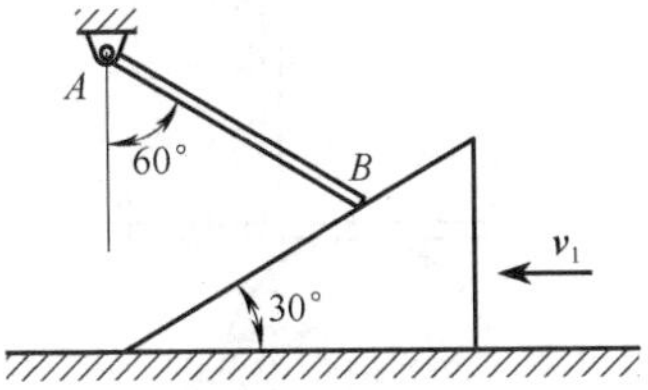

题 3-3 图

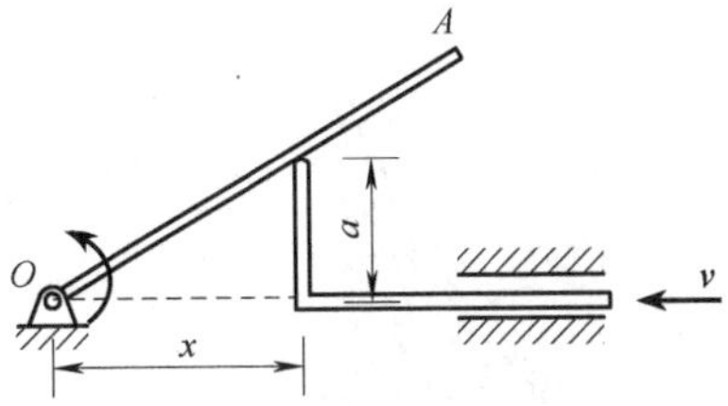

题 3-4 图

3-5　曲杆 OAB 以角速度 ω 绕轴 O 转动。通过滑块 B 推动杆 BC 运动。题 3-5 图所示瞬时 $OA = AB = l$，求此时推杆 BC 的速度。

3-6　半径为 R 的大圆环在自身平面内以等角速度 ω 绕轴 A 转动，并带动小环 M 沿着固定的直杆 CB 滑动。题 3-6 图所示瞬时，圆环的圆心 O 和点 A 在同一水平线上。求此时小环 M 相对于圆环和直杆的速度。

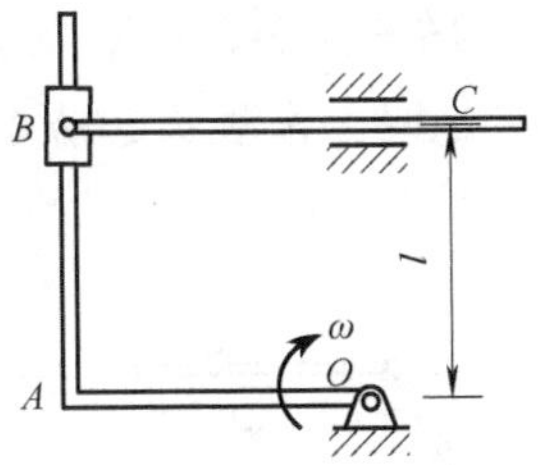

题 3-5 图

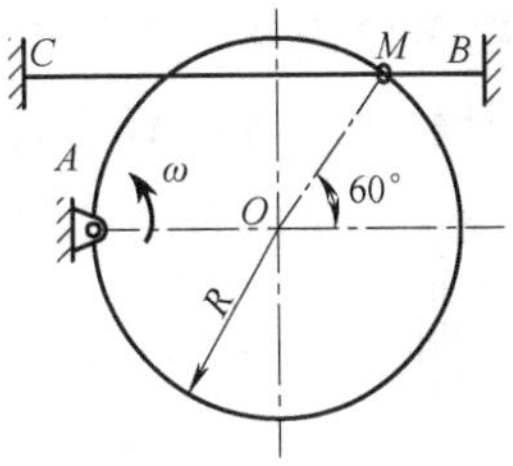

题 3-6 图

3-7　如题 3-7 图所示，绕轴 O 转动的圆盘以及直杆 OA 上均有导槽。两导槽之间通过活动的销子 M 连接。已知 $b = 0.1\,\text{m}$，图示瞬时，圆盘及直杆的角速度分别为 $\omega_1 = 9\,\text{rad/s}$、$\omega_2 = 3\,\text{rad/s}$。求此瞬时，销子 M 的速度大小。

3-8　如题 3-8 图所示，曲柄 $OA = 0.4\,\text{m}$，以等角速度 $\omega = 0.5\,\text{rad/s}$ 绕 O 轴逆时针转动。曲柄的 A 端推动水平板 B，而使滑杆 C 沿铅直方向上升。求当曲柄与水平线间的夹角 $\theta = 30°$ 时，滑杆 C 的速度和加速度。

3-9　题 3-9 图所示机构中，已知曲柄 OA 的角速度 $\omega = 10\pi\,\text{rad/s}$，$OA = 150\,\text{mm}$，求当 $\varphi = 45°$ 时，弯杆上点 B 的速度及套筒 A 相对于弯杆的速度和加速度。

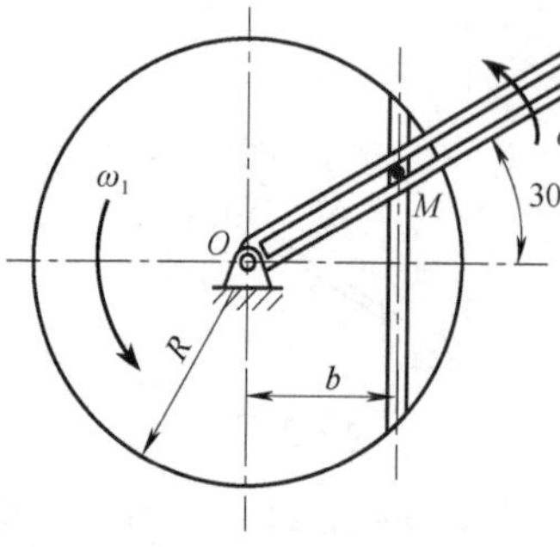

题 3-7 图

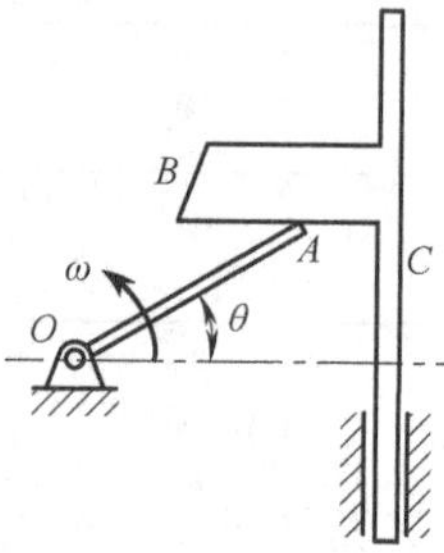

题 3-8 图

3-10 题 3-10 图所示平底推杆凸轮机构中，半径为 R 的偏心轮绕轴 O 转动，其转动方程为 $\varphi = 3t + 5t^2$，偏心距 $OC = e$，求推杆上点 A 的速度和加速度。

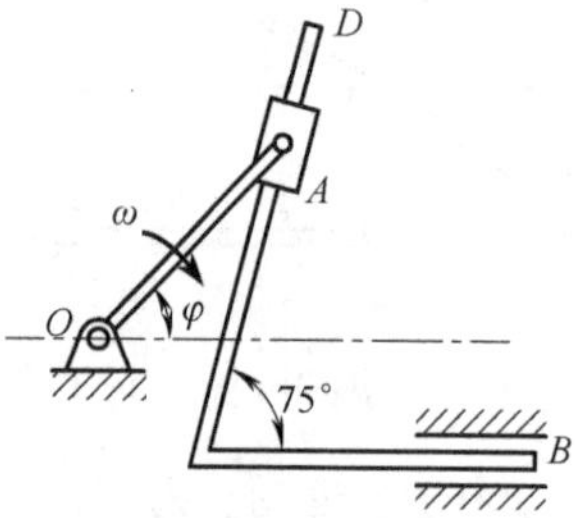

题 3-9 图

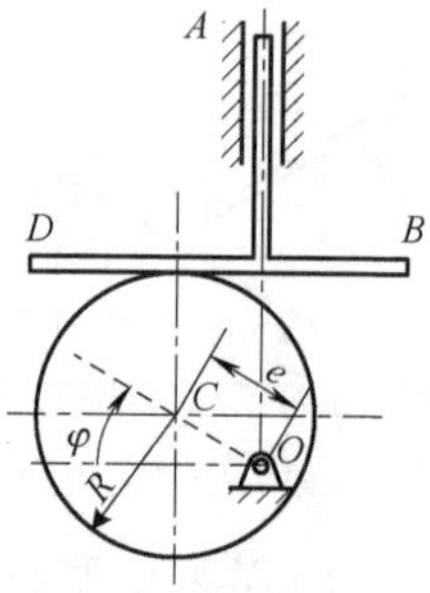

题 3-10 图

3-11 题 3-11 图所示具有半径 $R = 0.2\ \text{m}$ 的半圆形槽的滑块，以速度 $v_0 = 1\ \text{m/s}$、加速度 $a_0 = 2\ \text{m/s}^2$ 水平向右运动。推动杆 AB 沿铅垂方向运动。图示瞬时，$\varphi = 60°$，求此时杆 AB 的速度和加速度。

3-12 题 3-12 图所示平行四连杆机构中，$O_1A = O_2B = r$，$AB = O_1O_2$，杆 O_1A 以转角 $\varphi = \pi t^2$ 绕轴 O_1 顺时针转动。动点 M 在杆 AB 上以 A 为原点，以 $s = t^2$ 运动。求机构运动至 $\varphi = \pi/4$ 时，点 M 的绝对速度和绝对加速度。

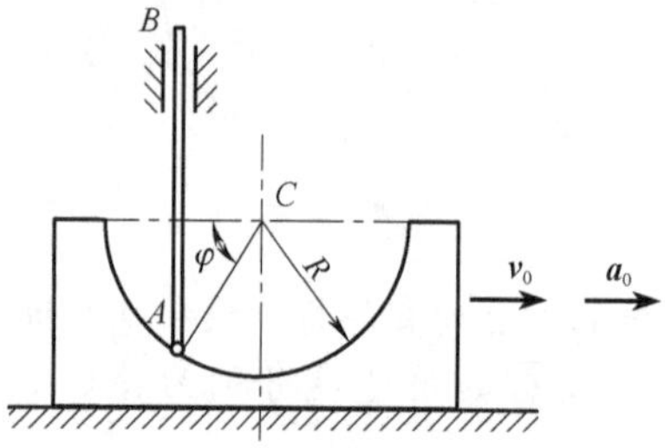

题 3-11 图

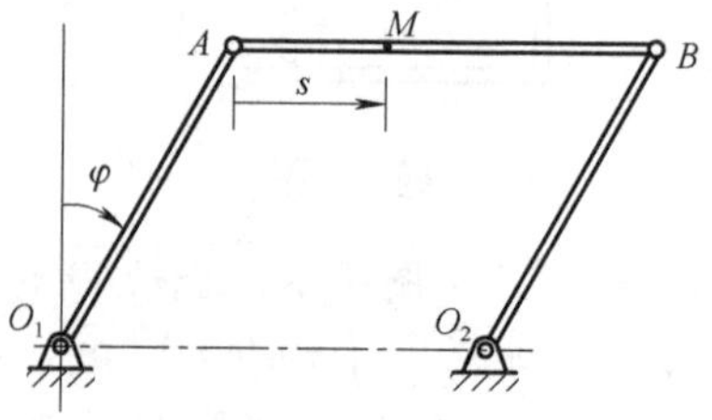

题 3-12 图

3-13 题 3-13 图所示机构中，弯杆 $ABCD$ 以匀角速度 ω_1 绕轴 A 转动，圆盘相对弯杆以匀角速度 ω_2 绕轴 D 转动。在图示瞬时 AD 连线水平，圆盘边缘上的点 E 与点 D 的连线为铅垂线。若以点 E 为动点，动参考系固连在弯杆上，求点 E 的牵连速度、科氏加速度的大小，并在图上示出它们的方向。

3-14　题 3-14 图所示平面机构中，杆 AB 以匀速率 u 沿水平向右运动，并通过滑块 B 推动杆 OC 转动。求当 $\theta = 60°$ 时，杆 OC 的角速度和角加速度。

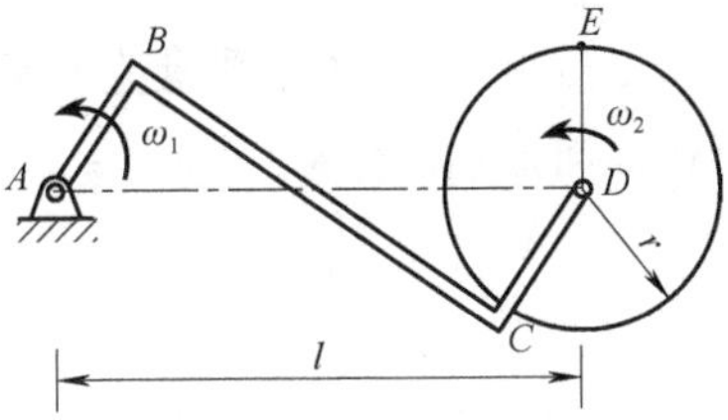

题 3-13 图

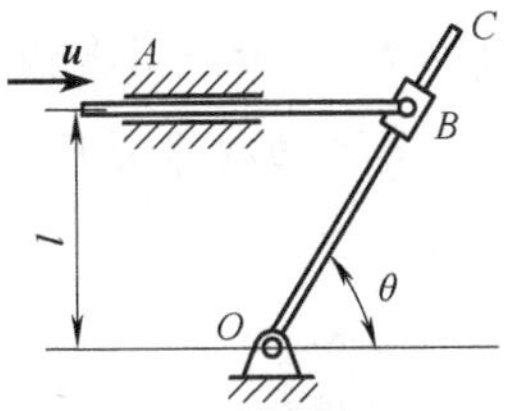

题 3-14 图

3-15　题 3-15 图所示机构中，O_1ABO_2 为平行四连杆机构。已知 $O_1A = O_2B = l$，杆 O_1A 以匀角速度 ω 绕定轴 O_1 转动。求图示瞬时杆 DE 的角速度和角加速度。

3-16　题 3-16 图所示偏心轮摇杆机构中，摇杆 O_1A 借助于弹簧压在半径为 R 的偏心轮 C 上。偏心轮 C 绕轴 O 往复摆动，从而带动摇杆绕轴 O_1 摆动，设图示瞬时，$OC \perp OO_1$，轮 C 的角速度为 ω，角加速度为 0，$\theta = 60°$，求此时摇杆 O_1A 的角速度和角加速度。

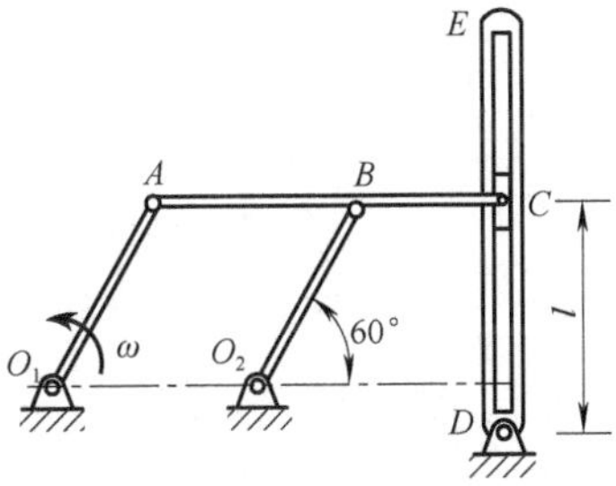

题 3-15 图

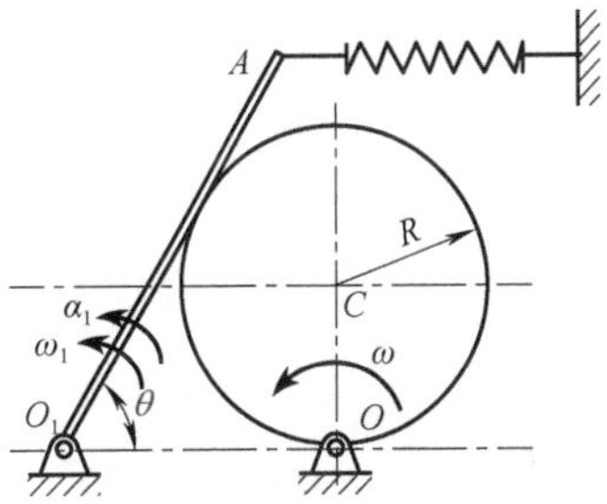

题 3-16 图

3-17　题 3-17 图所示凸轮机构中，凸轮半径为 R，偏心距 $OC = e$，以匀角速度 ω 转动。顶杆 AB 与凸轮之间为光滑接触。以两种动点和动系的选择方式，求图示瞬时顶杆的速度和加速度。

3-18　题 3-18 图所示正方形平板以其一边为轴做匀速转动，角速度 $\omega = 2\ \text{rad/s}$，动点 M 相对平板沿其对角线 AB 以点 O 为中心按规律 $OM = s = \sqrt{2}\cos(4t)\ \text{mm}$ 运动。取平板为动参考系，求 $t = \pi/8\ \text{s}$ 时动点 M 的科氏加速度。

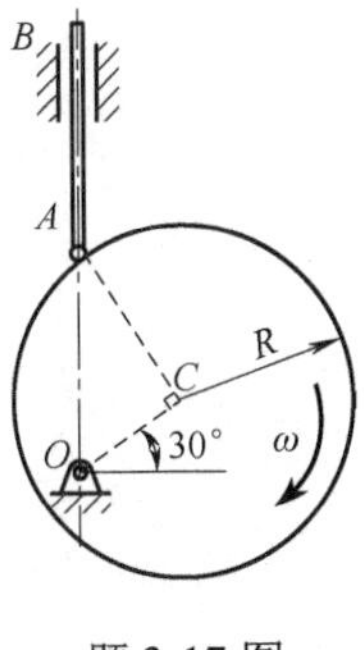

题 3-17 图

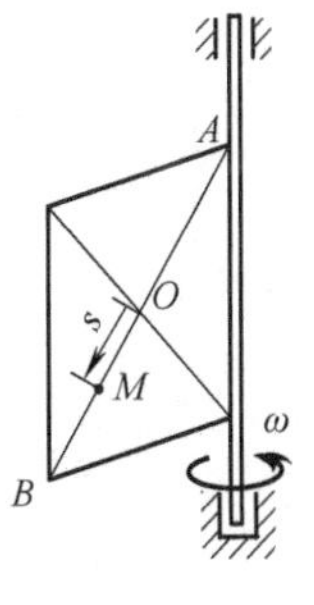

题 3-18 图

3-19 如题 3-19 图所示，半圆板绕其铅垂的直径线 AB 做定轴转动。转动方程 $\varphi = 4t - 0.2t^2$ rad，点 M 由点 O 自静止开始沿圆周运动，其运动规律为 $s_{OM} = 100\pi\sin(\pi t / 4)$ mm，设半圆板的半径 $R = 300$ mm，求 $t = 2/3$ s 时点 M 的速度和加速度。

3-20 题 3-20 图所示圆盘绕轴 AB 转动，其角速度 $\omega = 2$ rad/s。点 M 沿圆盘直径离开中心 O 向外缘运动。其运动规律为 $OM = 4t^2$ mm。OM 与 AB 轴之间成 60° 夹角。求当 $t = 1$ s 时点 M 的绝对加速度大小。

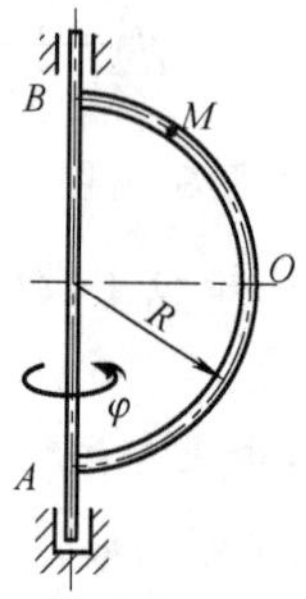

题 3-19 图

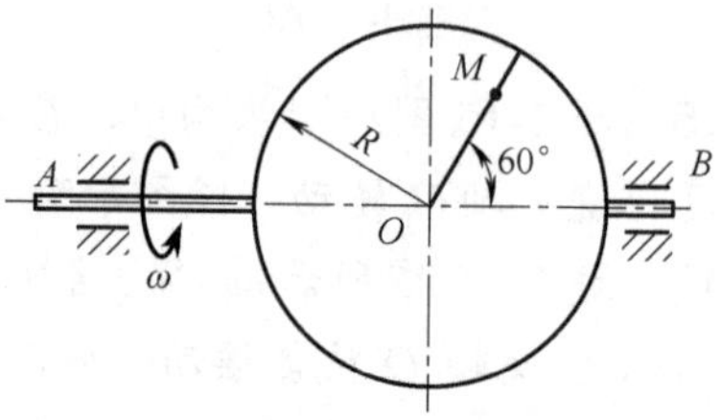

题 3-20 图

第 4 章　刚体的平面运动

传动机构中的零部件(刚体)，除了做平移、定轴转动，还有更为复杂的运动。分析这些零部件(刚体)上某点的运动特征，必然要考虑刚体的运动特征，进而分析点的运动与刚体的运动的关系。要分析刚体复杂空间运动的规律，首先要分析刚体在平面内的运动。典型的平面二自由度工业机器人上臂的运动就是一种一般的平面运动。上臂一般和末端执行器相连接，要分析末端执行器的速度、加速度，就必然要分析上臂的运动特征。本章首先介绍刚体平面运动的简化，然后说明平面运动刚体上点的速度、加速度的求解方法。

4.1　刚体平面运动的简化及其运动方程

第 2 章讨论了刚体的基本运动：平移和定轴转动，本章将讨论刚体较为复杂的运动——刚体的平面运动，其研究方法也是研究更为复杂的刚体空间运动的基础。刚体的平面运动是工程中经常遇到的运动，如图 4-1(a)所示的车轮 A 沿直线轨道的运动，图 4-1(b)所示的曲柄连杆机构中连杆 AB 的运动等。刚体平面运动具有一个共同的特征，即**刚体在运动过程中，其上任意一点与某一固定平面始终保持相等的距离**。

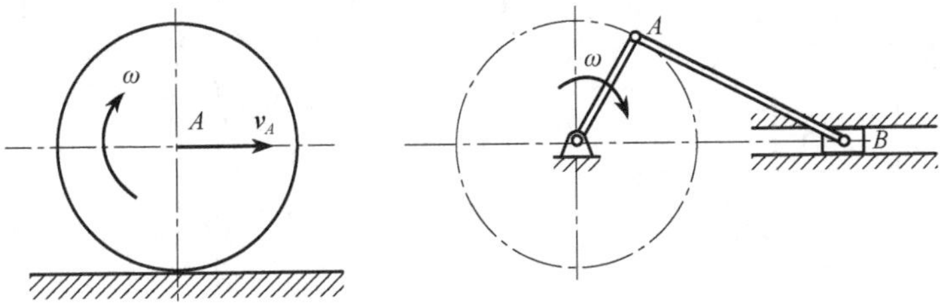

(a)　　　　(b)

图 4-1

在研究刚体平面运动时，根据平面运动的特点对问题进行简化。如图 4-2 所示，设平面 Ω_2 是某一固定平面，作平行于 Ω_2 的平面 Ω_1，用此平面截取运动刚体而得到截面 S。根据平面运动的定义，刚体运动时，截面 S 必然在平面 Ω_1 内运动。在刚体内取任意垂直于截面 S 的直线 A_1A_n，与截面 S 相交于点 A。显然，刚体运动时，直线 A_1A_n 必始终垂直于平面 Ω_1，且做平行于自身的运动，即平移，根据平移的性质，直线 A_1A_n 上所有点的运动完全相同，这就意味着点 A 的运动就可以代表直线 A_1A_n 上所有点的运

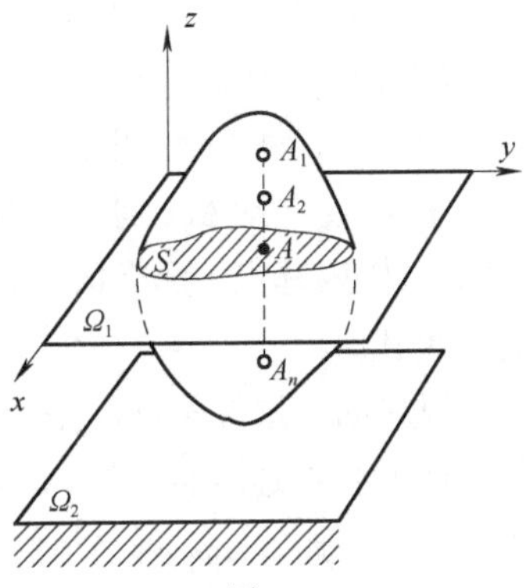

图 4-2

动。由于直线 A_1A_n 是任意选取的，所以平面 Ω_1 与刚体相交所截取的平面图形 S 的运动，就能够完全表示该刚体的运动。

为研究平面图形 S 的运动，在其自身平面内选取定参考系 Oxy，在 S 上任取动参考系 $O'x'y'$，如图 4-3 所示。将此动参考系的原点 O' 与平面图形 S 固结，但轴 $O'x'$、$O'y'$ 不与图形 S 固结，在运动过程中分别与定参考系的坐标轴 x、y 平行。那么平面图形 S 相对于动参考系 $O'x'y'$ 可绕点 O' 转动。平面图形 S 的位置就可以由点 O' 的坐标 $(x_{O'}, y_{O'})$ 以及图形上过 O' 的任意线段 $O'A$ 与坐标轴 x' 的夹角 φ 完全确定。这里动参考系的原点 O' 称为**基点**。当图形运动时，基点的坐标和角 φ 可以表示为时间 t 的单值连续函数：

$$x_{O'} = f_1(t), \qquad y_{O'} = f_2(t), \qquad \varphi = f_3(t) \tag{4-1}$$

若这些函数已知，则平面图形 S 在任一瞬时 t 的位置均可确定，式(4-1)称为**刚体的平面运动方程**。

当 φ 是常数时，图形上任意直线在运动过程中与原来的位置平行，图形做平移；而在坐标 $(x_{O'}, y_{O'})$ 始终不变的情况下，即基点的位置不变，则平面图形 S 做绕过基点 O' 垂直于坐标平面的轴的定轴转动。由此可见，刚体的平面运动包含了刚体的平移和定轴转动两种基本运动形式。一般情况下，基点的位置坐标和角度 φ 都会随时间发生变化，平面图形的运动也可以看成如下两种运动的组合：

(1) 平面图形随同基点 O' 的平移，此运动可视为固连在基点上的动参考系的运动，即为牵连运动；

(2) 平面图形绕基点 O' 的转动，此运动可视为图形相对于动参考系的相对运动。

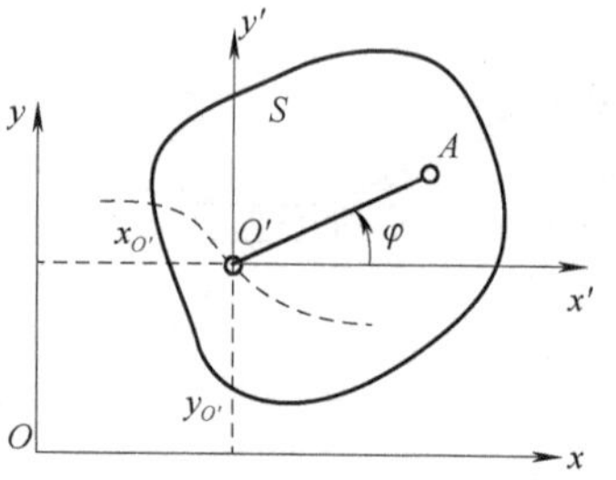

图 4-3

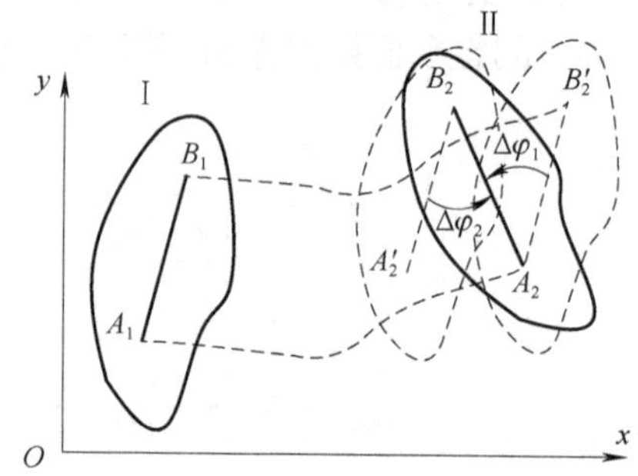

图 4-4

讨论平面运动的一般情况，如图 4-4 所示，设在微小的时间间隔 Δt 内，平面图形由位置 I 运动到位置 II，则图形上任意一段直线 A_1B_1 运动到 A_2B_2 的位置。此运动可以分解为两步：第一步，取点 A_1 为基点，图形连同其上线段 A_1B_1 平移到 A_2B_2' 的位置；第二步，绕移动到了 A_2 位置的基点 A_1 转动 $\Delta\varphi_1$ 到达位置 II。实际上这两步是同时进行的。由于基点是任意选取的，也可以以 B_1 作为基点，那么图形可先随基点 B_1 平移到线段 $A_2'B_2$ 处，然后绕基点 $B_1(B_2)$ 转动 $\Delta\varphi_2$ 到达位置 II。

可以判断，选择不同的基点时，平面图形随基点移动的位移矢量是不同的，所以其随基点移动的速度和加速度也不同，这说明随基点移动的这些运动物理量与基点的选择有关。从图 4-4 也能看出，$\Delta\varphi_1$、$\Delta\varphi_2$ 两个角位移具有相同的大小和转向，因此与之相关的角速度和角加速度也必定分别相同。这就表明，无论取平面图形上哪个点作为基点，绕基点转动的角位移、角速度和角加速度分别都是相同的，与基点的选择无关。所以，在提及平面图形的角速度、角加速度时，无须指明基点所在，也就无须指明转轴了。上述角位移、角速度和角加速度都是相对于动参考系而言的，在我们讨论的过程中，采用的动参考系相对于定参考系只有平移而没有转动(图 4-3)，所以这些转动参数实际上也是相对于定参考系的，因此也是绝对的量，至于动参考系相对于定参考系做转动的情况，本书不作讨论。

4.2　平面运动刚体上点的速度

刚体的平面运动既然可以分解为随基点的平移(牵连运动)和绕基点的转动(相对运动)，那么平面图形上任意一点的速度就可以利用点的速度合成定理进行求解。具体求解的方法有基点法、速度投影法和速度瞬心法三种。

4.2.1　基点法

已知在某瞬时平面图形 S 内点 A 的速度 v_A 和图形的角速度 ω，求图形上任意一点 B 的速度。如图 4-5 所示，选择点 A 为基点，平面图形 S 的运动可视为随基点 A 的平移(牵连运动)和绕基点 A 的转动(相对运动)的合成，以点 B 为动点，根据速度合成定理，有

$$\boldsymbol{v}_{\mathrm{a}}^{B}=\boldsymbol{v}_{\mathrm{e}}^{B}+\boldsymbol{v}_{\mathrm{r}}^{B} \tag{4-2}$$

式中，由于 $\boldsymbol{v}_{\mathrm{a}}^{B}$ 本身是点 B 的绝对速度，因此简写为 $\boldsymbol{v}_B$。动参考系固连在点 A 上做平移，那么在动参考系上与点 B 重合的牵连点的速度应等于点 A 的速度，即 $\boldsymbol{v}_{\mathrm{e}}^{B}=\boldsymbol{v}_A$。又因为点 B 的相对运动轨迹是以基点 A 为圆心、以 BA 为半径的圆周，其相对速度 $\boldsymbol{v}_{\mathrm{r}}^{B}$ 的方向垂直于 BA 的连线，并根据角速度 ω 确定其指向，将其简写为 $\boldsymbol{v}_{BA}$，表明是点 B 相对于基点 A 的速度，这样式(4-2)即可改写为

$$\boldsymbol{v}_B=\boldsymbol{v}_A+\boldsymbol{v}_{BA} \tag{4-3}$$

式中，$\boldsymbol{v}_{BA}$ 的大小为

$$v_{BA}=\omega\cdot|BA| \tag{4-4}$$

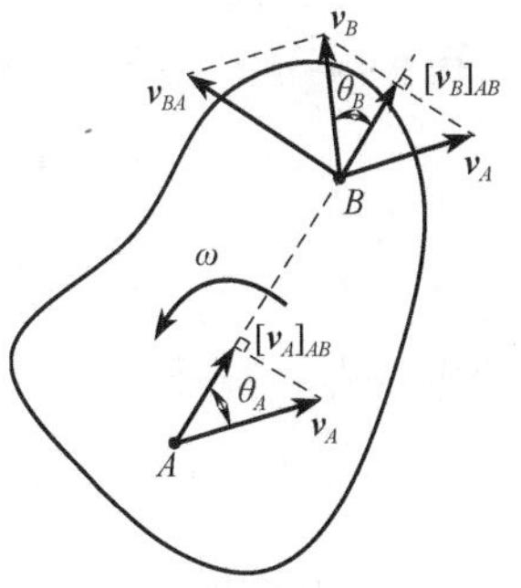

图 4-5

式(4-3)表明，**平面图形上任意一点的速度等于基点的速度与该点绕基点转动的速度的矢量和**。基点法是求解平面图形上任意一点速度的基本方法。

4.2.2　速度投影法

如图 4-5 所示，若将式(4-3)在 AB 的连线上投影，因 $\boldsymbol{v}_{BA}\perp BA$，它在此连线上的投影为零，所以有

$$[\boldsymbol{v}_B]_{AB}=[\boldsymbol{v}_A]_{AB} \tag{4-5}$$

设 θ_A、θ_B 分别是 $\boldsymbol{v}_A$、$\boldsymbol{v}_B$ 与连线 AB 的夹角，则有

$$v_B\cos\theta_B=v_A\cos\theta_A \tag{4-6}$$

式(4-5)、式(4-6)表明，**平面图形上任意两点的速度在该两点的连线上的投影彼此相等**。这一

关系称为速度投影定理。应用此定理求解平面图形上任意一点的速度的方法，称为速度投影法。

速度投影法只适用于刚体。因为 A、B 两点是刚体上的点，它们之间的距离应保持不变，所以这两点的速度在 AB 连线上的投影必然相等，且方向一致，否则 A、B 两点之间的距离必然发生变化。速度投影定理不仅适用于刚体的平面运动，也适用于刚体做其他任意运动。

【例 4-1】 如图 4-6(a)所示，直杆 AB 长 $l=200\text{mm}$，在铅垂面内运动，杆的两端分别沿铅直墙及水平面滑动，图示时刻，$\alpha=60°$，$v_B=20\text{mm/s}$。求此时杆 AB 的角速度、A 端的速度。

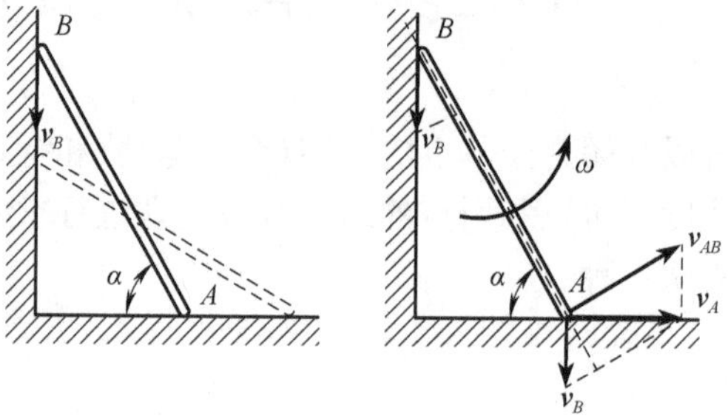

(a) (b)

图 4-6

解 杆 AB 做平面运动。

(1)基点法。

选取速度已知的点 B 作为基点，图 4-6(a)所示的虚线位置表明下一瞬时杆 AB 的位置，因此可以确定点 A 的速度 $\boldsymbol{v}_A$ 水平向右，角速度为逆时针转向，从而确定 $\boldsymbol{v}_{AB}$ 的速度方向。

由式(4-3)，$\boldsymbol{v}_A=\boldsymbol{v}_B+\boldsymbol{v}_{AB}$，作图 4-6(b)所示的速度关系图，根据合矢量平行四边形关系，有

$$v_A=v_B\tan\alpha=20\ \text{mm/s}\tan 60°=20\sqrt{3}\ \text{mm/s}=34.6\ \text{mm/s}$$

$$v_{AB}=\frac{v_B}{\cos\alpha}=\frac{20\ \text{mm/s}}{\cos 60°}=\frac{20}{0.5}\text{mm/s}=40\ \text{mm/s}$$

根据式(4-4)，可得

$$\omega=\frac{v_{AB}}{|AB|}=\frac{40\ \text{mm/s}}{200\ \text{mm}}=0.2\ \text{rad/s}$$

(2)速度投影法。

根据式(4-5)，$[\boldsymbol{v}_A]_{BA}=[\boldsymbol{v}_B]_{BA}$，可得

$$v_A\cos 60°=v_B\cos 30°$$

$$v_A=\frac{v_B\cos 30°}{\cos 60°}=20\sqrt{3}\ \text{mm/s}=34.6\ \text{mm/s}$$

显然，利用速度投影法可以很方便地求出 v_A，但却不能直接求出角速度 ω，仍然需要利用基点法的式(4-3)进行求解。

【例 4-2】 如图 4-7(a)所示，圆轮沿着直线轨道做纯滚动。已知轮心 O 的速度大小为 v，轮的半径为 R。求圆轮边缘上 A、B、C、D 四点的速度。

解 纯滚动是指无滑动的滚动，轮缘与地面接触点 A 的速度为零。

取轮心 O 为基点，用基点法分析各点速度。如图 4-7(b)所示，点 A 的速度为

$$\boldsymbol{v}_A = \boldsymbol{v}_O + \boldsymbol{v}_{AO}$$

式中，$\boldsymbol{v}_O$、$\boldsymbol{v}_{AO}$ 均垂直于 AO，由于 $v_A = 0$，则必然有 $\boldsymbol{v}_{AO}$ 与 $\boldsymbol{v}_O$ 大小相等、方向相反，进而得出轮的角速度为顺时针转向，且

$$\omega = v_{AO} / |AO| = v / R$$

分析点 B 的速度，同样取轮心 O 为基点，$\boldsymbol{v}_B = \boldsymbol{v}_O + \boldsymbol{v}_{BO}$，根据图 4-7(b) 所示的速度关系，可得

$$v_B = \sqrt{v_O^2 + v_{BO}^2} = \sqrt{v^2 + \omega^2 R^2} = \sqrt{v^2 + \left(\frac{v}{R}\right)^2 R^2} = \sqrt{2}v$$

同理可得 $v_C = 2v$，$v_D = \sqrt{2}v$，方向均在图 4-7(b) 中标出了，作为练习，读者可以自行计算验证。

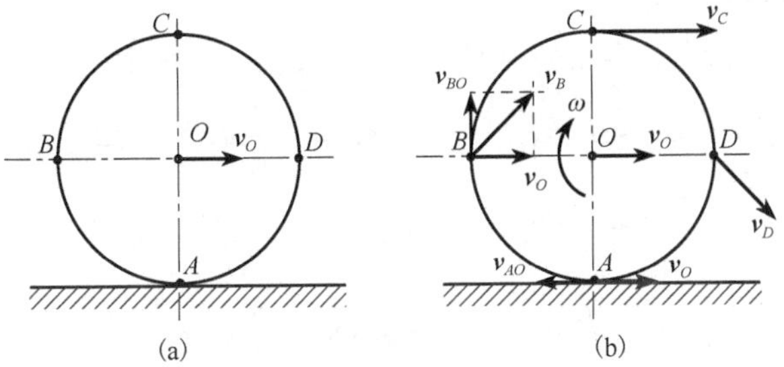

图 4-7

4.2.3　速度瞬心法

通过例 4-1 的求解过程，可以看出在用基点法分析角速度转向时，需分析下一瞬时平面图形所处的位置，求解时并不很直观。由于基点是任意选取的，若选取的基点 A 的速度正好等于 0，式(4-3)就可以改写为

$$\boldsymbol{v}_B = \boldsymbol{v}_{BA} \tag{4-7}$$

并根据式(4-4)计算点 B 的速度。这样在同一瞬时，平面图形上各点的速度随点的位置分布就如同定轴转动时一样，从而计算可以得到简化。

那么，在任意瞬时，平面图形上是否存在速度为 0 的点？如果存在，是否唯一呢？如图 4-8 所示，设平面图形的角速度为ω，其上任意一点 A 的速度为 $\boldsymbol{v}_A$，过点 A 作垂直于速度 $\boldsymbol{v}_A$ 的直线 PQ。以点 A 为基点，分析直线 PQ 上任意一点 B 的速度，其相对于基点的速度 $\boldsymbol{v}_{BA}$ 和基点的速度 $\boldsymbol{v}_A$ 必然共线，从而在直线 PQ 上有且只有一个点 I 满足 $\boldsymbol{v}_{IA} = -\boldsymbol{v}_A$，则根据基点法，有

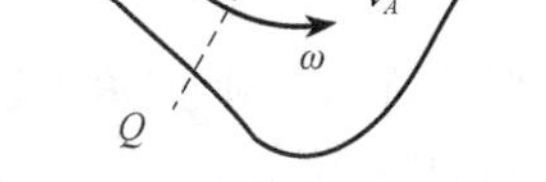

图 4-8

$$\boldsymbol{v}_I = \boldsymbol{v}_A + \boldsymbol{v}_{IA} = \boldsymbol{v}_A + (-\boldsymbol{v}_A) = \boldsymbol{0}$$

根据式(4-4)，可以求出 IA 的距离：

$$|IA| = v_A / \omega \tag{4-8}$$

过点 A 而不与 $\boldsymbol{v}_A$ 垂直的任何直线上，因为相对速度与 $\boldsymbol{v}_A$ 不共线，所以其上任何一点的速

度都不可能为 0。这就证明了，**在任意瞬时，只要平面图形的角速度 $\omega \neq 0$，则平面图形(包括其扩展至无限大的平面)上有且只有一个点的速度为 0**。这个点称为**瞬时速度中心**或**瞬时转动中心**，简称**速度瞬心**或**瞬心**。

通过以上分析，若已知瞬心 I 的位置，便可以根据平面图形的角速度很方便地求出图形上各点的速度，如图 4-9 所示的点 A、点 B 的速度 $\boldsymbol{v}_A$、$\boldsymbol{v}_B$ 的方向分别垂直于 IA、IB，其大小分别为 $v_A = \omega \cdot |IA|$、$v_B = \omega \cdot |IB|$。

需要注意的是，速度瞬心在不同的瞬时其位置是不同的，因此速度瞬心不同于固定的转轴，而且速度瞬心的加速度一般不为 0，所以仅在分析速度问题时，瞬心可视作瞬时的转轴。

【例 4-3】 利用速度瞬心法求解例 4-2。

解 圆轮的角速度不为 0，且圆轮与地面接触点 A 的速度为零，根据瞬心的唯一性，点 A 即为纯滚动圆轮的速度瞬心。

根据式(4-8)，求出圆轮的角速度 $\omega = v_O / |AO| = v/R$。

根据图 4-9，可确定轮缘上各点的速度方向，如图 4-10 所示。进而求解各点的速度:

$$|BA| = \sqrt{2}R, \qquad v_B = \omega |BA| = \frac{v}{R}\sqrt{2}R = \sqrt{2}v$$

$$|CA| = 2R, \qquad v_C = \omega |CA| = \frac{v}{R}2R = 2v$$

$$|DA| = \sqrt{2}R, \qquad v_D = \omega |DA| = \frac{v}{R}\sqrt{2}R = \sqrt{2}v$$

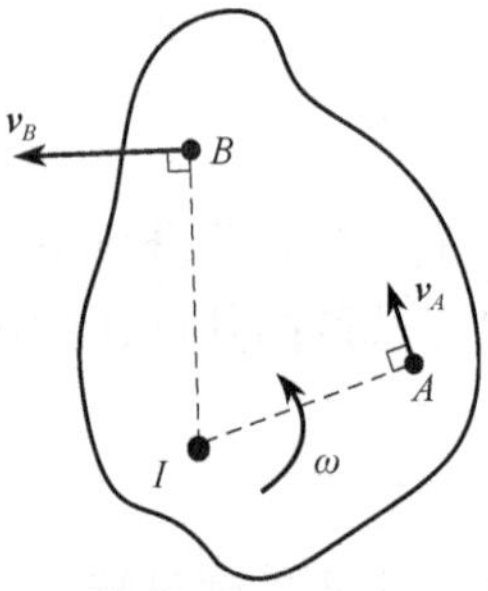

图 4-9

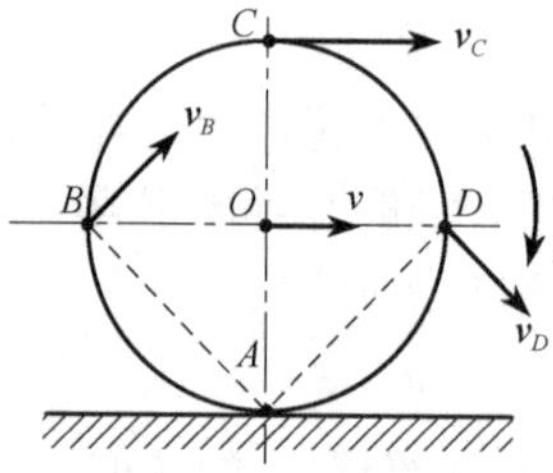

图 4-10

速度瞬心的位置除了图 4-8 和图 4-10 所示的两种情形，还有几种确定其位置的方法，限于篇幅，建议读者自行论证其正确性。

其一，如图 4-9 所示，若平面图形内任意两点的速度方向已知，且这两点的速度方向不平行，那么可以分别作这两点的速度矢量的垂线，两者的交点即为瞬心。

其二，如图 4-11(a)、(b)所示，若平面图形内任意两点的速度方向平行，且垂直于两点的连线，则把两点速度的矢端连接成直线，其与两点位置的连线构成的交点，即为此时刻的瞬心。

其三，若平面图形内任意两点的速度平行，且大小相等，如图 4-12 所示，则速度瞬心的位置将在无穷远处。此瞬时，平面图形的角速度 $\omega = 0$，图形上各点的速度相同。此瞬时的状态类似平移，因此称其为**瞬时平移**。需要注意的是，下一瞬时，图形上各点的速度不再相同，平面图形的角速度也不为 0，也就是说，瞬时平移状态下平面图形上各点的加速度并不相同，其角加速度也不为 0，这是瞬时平移与刚体平移的不同之处。

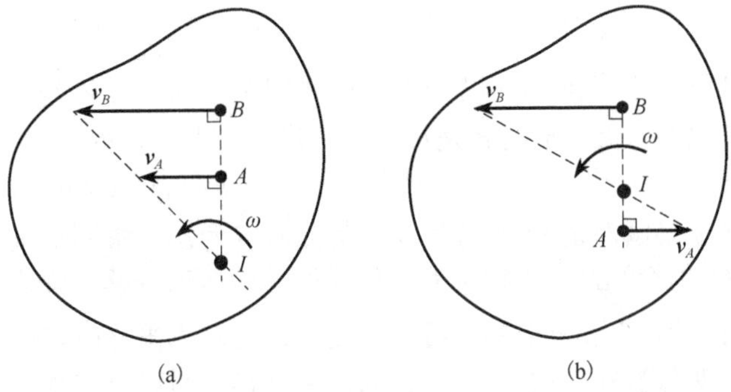

图 4-11

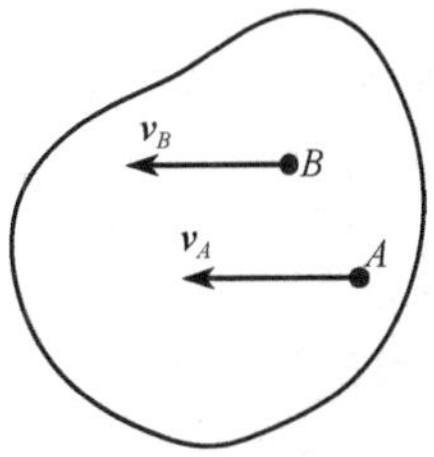

图 4-12

【例 4-4】　液压装置如图 4-13 所示，其中 AC 与 BC 等长，均为 1.2m，角 $\theta = 60°$。如果液压杆以恒定速率 $v_C = 0.6$ m/s 缩短，确定此时连杆 ACB 的角速度、滑块 B 的速度，以及连杆 ACB 的端部 A 在此瞬时的速度。

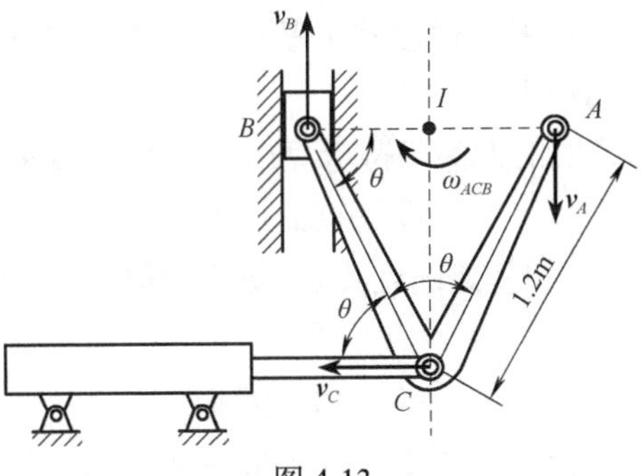

图 4-13

解　连杆 ACB 做平面运动。由已知条件可知连杆 ACB 上点 C 与点 B 的速度方向，分别过点 B 与点 C 做 $\boldsymbol{v}_B$、$\boldsymbol{v}_C$ 的垂线，可确定速度瞬心 I，如图 4-13 所示。由结构尺寸可知：

$$|BI| = |AI| = |BC|\sin 30° = 1.2\text{m} \times 0.5 = 0.6\text{ m}$$

$$|CI| = |BC|\cos 30° = 1.2\text{m} \times \frac{\sqrt{3}}{2} = 0.6\sqrt{3}\text{ m}$$

由速度瞬心法可知：

$$\omega_{ACB} = \frac{v_C}{|CI|} = \frac{0.6}{0.6\sqrt{3}} = \frac{\sqrt{3}}{3}(\text{rad/s})$$

$$v_B = \omega_{ACB} \cdot |BI| = \frac{\sqrt{3}}{3} \times 0.6 = \frac{\sqrt{3}}{5}(\text{m/s})$$

$$v_A = \omega_{ACB} \cdot |AI| = \frac{\sqrt{3}}{3} \times 0.6 = \frac{\sqrt{3}}{5}(\text{m/s})$$

4.3 平面运动刚体上点的加速度

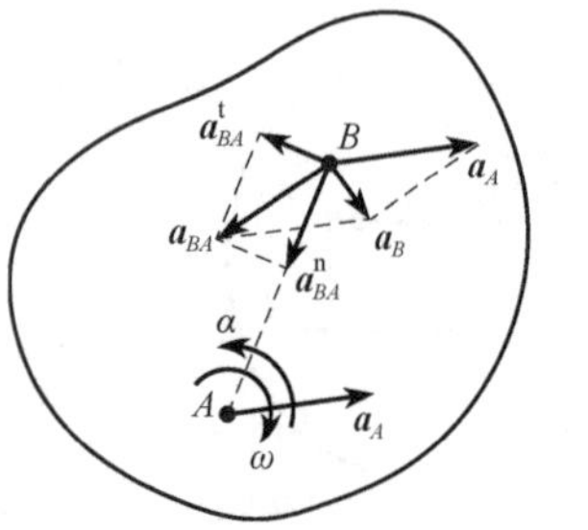

图 4-14

平面运动刚体上点的加速度分析一般采用基点法。尽管基点是可以任意选取的，但一般选择速度、加速度已知的点作为基点，以便于后续的分析计算。如图 4-14 所示，设基点 A 的加速度 $\boldsymbol{a}_A$ 已知，平面图形在某瞬时的角速度为 ω，角加速度为 α，求图形上任意一点 B 的加速度 $\boldsymbol{a}_B$。根据 4.1 节所述的平面运动分解，固连在基点 A 上的动参考系做平移，可以利用牵连运动为平移时点的加速度合成定理(式(3-7))进行分析。动系做平移，所以牵连加速度等于基点的加速度，即 $\boldsymbol{a}_{\mathrm{e}}=\boldsymbol{a}_A$。待求点 B 相对于基点 A 的相对运动轨迹是以点 A 为圆心、以 BA 为半径的圆周，所以其相对加速度 $\boldsymbol{a}_{\mathrm{r}}$ 具有法向和切向分量。将 $\boldsymbol{a}_{\mathrm{r}}$ 改写为 $\boldsymbol{a}_{BA}$，以明确其为待求点 B 相对于基点 A 的加速度，则 $\boldsymbol{a}_{\mathrm{r}}=\boldsymbol{a}_{BA}=\boldsymbol{a}_{BA}^{\mathrm{n}}+\boldsymbol{a}_{BA}^{\mathrm{t}}$。将此代入式(3-7)，得

$$\boldsymbol{a}_B=\boldsymbol{a}_A+\boldsymbol{a}_{BA}=\boldsymbol{a}_A+\boldsymbol{a}_{BA}^{\mathrm{n}}+\boldsymbol{a}_{BA}^{\mathrm{t}} \tag{4-9}$$

式(4-9)表明，**平面图形内任一点的加速度等于基点的加速度与该点随图形绕基点转动的法向加速度和切向加速度三者的矢量和。**

式(4-9)中，相对法向加速度的方向是待求点指向基点，其大小为

$$a_{BA}^{\mathrm{n}}=\omega_{BA}^{2}\cdot|BA| \tag{4-10}$$

相对切向加速度的方向与待求点和基点的连线 BA 垂直，其指向依据连线 BA 顺着角加速度 α 的转向确定，其大小为

$$a_{BA}^{\mathrm{t}}=\alpha_{BA}\cdot|BA| \tag{4-11}$$

式(4-9)是一个平面矢量式，式中每一项都包括了大小和方向，将此式在两个互不平行的方向上进行投影，可以得到两个代数方程，从而进行物理量的求解。若将式(4-9)向 AB 方向投影，显然由于 $\boldsymbol{a}_{BA}^{\mathrm{n}}$ 的存在，$[\boldsymbol{a}_B]_{BA}\neq[\boldsymbol{a}_A]_{BA}$，因此也就不存在所谓的加速度投影定理。另外，在某瞬时，虽然平面图形上存在加速度为 0 的加速度瞬心，通常其位置和速度瞬心并不重合，不仅找到其位置困难，即便找到，也不能有效简化计算过程，因此本书不讨论加速度瞬心问题。

【例 4-5】 如图 4-15 所示，半径为 R 的刚性车轮沿直线轨道做纯滚动，若已知轮心随时间的速度函数 $v(t)$，讨论任意瞬时车轮的角加速度与轮心加速度的关系。

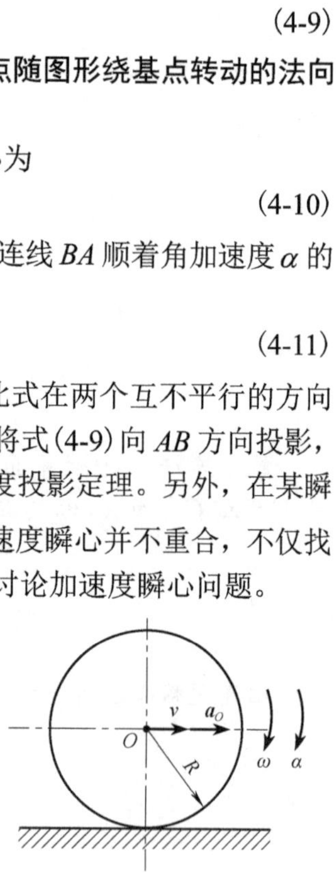

图 4-15

解 车轮做纯滚动，由例 4-2 可知车轮的角速度 $\omega(t)=\dfrac{v(t)}{R}$，角速度转向可由轮心的速度方向确定，以上关系在任意瞬时均成立，因此可求得车轮的角加速度：

$$\alpha(t)=\frac{\mathrm{d}\omega(t)}{\mathrm{d}t}=\frac{1}{R}\frac{\mathrm{d}v(t)}{\mathrm{d}t}$$

车轮沿着直线轨道运动，轮心 O 做直线运动，所以 $\mathrm{d}v(t)/\mathrm{d}t=a_O(t)$，因而在任意瞬时有

$$\alpha = \frac{a_O}{R} \tag{4-12}$$

若车轮沿曲线轨道运动，那么 $\mathrm{d}v(t)/\mathrm{d}t = a_O^{\mathrm{t}}(t)$，则在任意瞬时有

$$\alpha = \frac{a_O^{\mathrm{t}}}{R} \tag{4-13}$$

角加速度的转向由轮心 O 的切向加速度 $\boldsymbol{a}_O^{\mathrm{t}}$ 的方向确定。

【例 4-6】 如图 4-16(a)所示，四连杆机构 $OABO_1$ 中，$OO_1 = OA = O_1B = 100\text{mm}$，杆 OA 以匀角速度 $\omega = 2\text{rad/s}$ 绕轴 O 转动。图示瞬时，$OA \perp OO_1$，杆 O_1B 水平，求此瞬时杆 AB 和杆 O_1B 的角速度和角加速度。

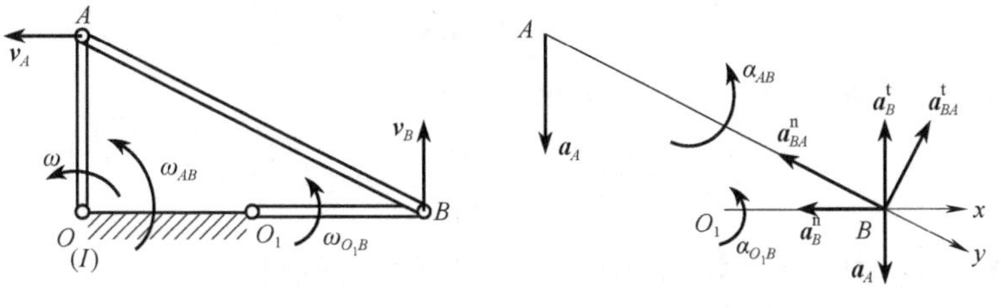

(a)　　(b)

图 4-16

解 分析平面运动的加速度问题，速度分析是前提。本例中点 A 的速度、加速度均能直接求出，因此选择点 A 作为基点。

(1)速度分析。

根据点 A 和点 B 的运动轨迹，判断点 O 即为此瞬时杆 AB 的速度瞬心 I。点 A 的速度 $v_A = |OA| \cdot \omega = 0.1 \times 2 = 0.2(\text{m/s})$，杆 AB 的角速度 $\omega_{AB} = v_A / |AI| = \omega = 2\text{rad/s}$。点 B 的速度 $v_B = \omega_{AB} \cdot |IB| = 2 \times 0.2 = 0.4(\text{m/s})$，那么，杆 O_1B 的角速度 $\omega_{O_1B} = v_B / |O_1B| = 0.4/0.1 = 4(\text{rad/s})$。

(2)加速度分析。

以点 A 为基点，点 B 为待求点，根据式(4-9) $\boldsymbol{a}_B^{\mathrm{n}} + \boldsymbol{a}_B^{\mathrm{t}} = \boldsymbol{a}_A + \boldsymbol{a}_{BA}^{\mathrm{n}} + \boldsymbol{a}_{BA}^{\mathrm{t}}$，分别画出各加速度矢量，如图 4-16(b)所示。

因 OA 杆做匀速转动，点 A 的加速度 $\boldsymbol{a}_A$ 的方向从点 A 指向点 O，其大小为

$$a_A = \omega^2 |OA| = 2^2 \times 0.1 = 0.4(\text{m/s}^2)$$

点 B 的运动轨迹是以 O_1 为圆心、以 O_1B 为半径的圆周，其加速度法向分量 $\boldsymbol{a}_B^{\mathrm{n}}$ 的方向从点 B 指向点 O_1，大小为

$$a_B^{\mathrm{n}} = \frac{v_B^2}{|O_1B|} = \frac{0.4^2}{0.1} = 1.6(\text{m/s}^2)$$

点 B 的加速度切向分量 $\boldsymbol{a}_B^{\mathrm{t}}$ 垂直于 O_1B，假定 O_1B 的角加速度 α_{O_1B} 为逆时针转向，则 $\boldsymbol{a}_B^{\mathrm{t}}$ 指向向上，大小待求。

相对加速度法向分量 $\boldsymbol{a}_{BA}^{\mathrm{n}}$ 的方向由待求点 B 指向基点 A，根据式(4-10)，其大小为

$$a_{BA}^{\mathrm{n}} = \omega_{BA}^2 |BA| = 2^2 \times 0.1 \times \sqrt{5} = 0.4\sqrt{5}(\text{m/s}^2)$$

设杆 AB 的角加速度 α_{AB} 为逆时针转向，则相对加速度切向分量 $\boldsymbol{a}_{BA}^{\mathrm{t}}$ 指向右上角，大小待求。

选择图 4-16(b)所示的轴 y（AB 方向）对式 $\boldsymbol{a}_B^{\mathrm{n}}+\boldsymbol{a}_B^{\mathrm{t}}=\boldsymbol{a}_A+\boldsymbol{a}_{BA}^{\mathrm{n}}+\boldsymbol{a}_{BA}^{\mathrm{t}}$ 进行投影，有

$$-a_B^{\mathrm{t}}\times\frac{1}{\sqrt{5}}-a_B^{\mathrm{n}}\times\frac{2}{\sqrt{5}}=a_A\times\frac{1}{\sqrt{5}}-a_{BA}^{\mathrm{n}}$$

代入已求得的数据，计算可得 $a_B^{\mathrm{t}}=-1.6\mathrm{m/s^2}$，则

$$\alpha_{O_1B}=\frac{a_B^{\mathrm{t}}}{|O_1B|}=\frac{-1.6}{0.1}=-16(\mathrm{rad/s^2})$$

负号表明角加速度 α_{O_1B} 的转向与预设相反，实际为顺时针转向。

选择图 4-16(b)所示的轴 x（O_1B 方向）对式 $\boldsymbol{a}_B^{\mathrm{n}}+\boldsymbol{a}_B^{\mathrm{t}}=\boldsymbol{a}_A+\boldsymbol{a}_{BA}^{\mathrm{n}}+\boldsymbol{a}_{BA}^{\mathrm{t}}$ 进行投影，有

$$-a_B^{\mathrm{n}}+0=0-a_{BA}^{\mathrm{n}}\times\frac{2}{\sqrt{5}}+a_{BA}^{\mathrm{t}}\times\frac{1}{\sqrt{5}}$$

代入已求得的数据，计算可得 $a_{BA}^{\mathrm{t}}=-0.8\sqrt{5}\mathrm{m/s^2}$，则

$$\alpha_{AB}=\frac{a_{BA}^{\mathrm{t}}}{|BA|}=\frac{-0.8\sqrt{5}}{0.1\sqrt{5}}=-8(\mathrm{rad/s^2})$$

负号表明角加速度 α_{AB} 的转向与预设相反，实际为顺时针转向。

【例 4-7】 如图 4-17(a)所示的机构，半径为 R 的圆轮在水平轨道上做纯滚动，且轮心 C 的速度 $\boldsymbol{v}_C=\boldsymbol{v}$，并保持不变。在轮的顶部 A 通过铰链连接长度为 $4R$ 的杆件 AB，杆件另一端 B 可在水平轨道上滑动。求图示瞬时杆件 AB 的角速度、角加速度，以及杆件 A、B 端的速度和加速度。

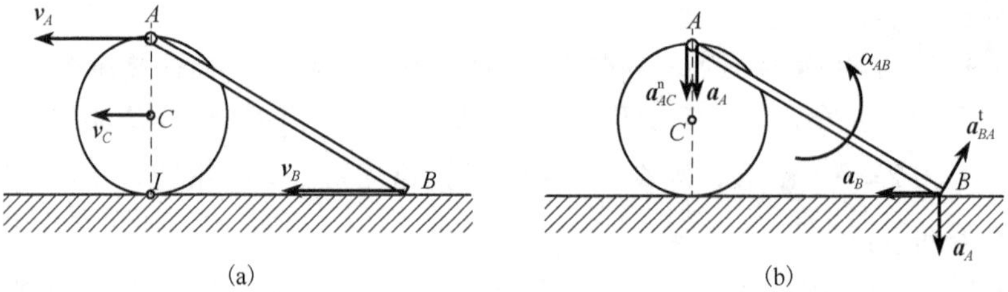

图 4-17

解 本例中，圆轮和杆 AB 均做平面运动，而要求 B 端的速度和加速度，首先要求出 A 端的速度和加速度。

(1)速度分析。

圆轮做纯滚动，根据例 4-3 的结论，有 $v_A=2v_C$。因 B 端始终与轨道接触，在图示瞬时，A、B 两点的速度方向相同，说明此时杆 AB 做瞬时平移，故有 $v_B=v_A=2v_C=2v$，杆 AB 的角速度 $\omega_{AB}=0$。

(2)加速度分析。

首先，以轮心 C 为基点，分析点 A 的加速度。轮心 C 做直线运动，且其速度不变，因此 $a_C=0$。根据式(4-12)，圆轮的角加速度 $\alpha=a_C/R=0$，又根据式(4-11)，得到 $a_{AC}^{\mathrm{t}}=0$。由加速度矢量关系式，点 A 的加速度 $\boldsymbol{a}_A=\boldsymbol{a}_C+\boldsymbol{a}_{AC}^{\mathrm{n}}+\boldsymbol{a}_{AC}^{\mathrm{t}}=\boldsymbol{a}_{AC}^{\mathrm{n}}$，其大小为

$$a_A=a_{AC}^{\mathrm{n}}=\omega_{AC}^2R=\left(\frac{v}{R}\right)^2R=\frac{v^2}{R}$$

方向由 A 指向 C。

其次，以点 A 为基点，分析点 B 的加速度。由于 AB 杆做瞬时平移，$\omega_{AB}=0$，则根据式(4-10)有 $a_{BA}^{n}=0$。点 B 的加速度 $\boldsymbol{a}_B=\boldsymbol{a}_A+\boldsymbol{a}_{BA}^{n}+\boldsymbol{a}_{BA}^{t}=\boldsymbol{a}_A+\boldsymbol{a}_{BA}^{t}$。设杆 AB 的角加速度转向为逆时针，则设 $\boldsymbol{a}_{BA}^{t}$ 的方向指向右上，各加速度矢量关系如图 4-17(b)所示。杆 AB 长 $4R$，则杆 AB 与水平面的夹角为 30° 。将式 $\boldsymbol{a}_B=\boldsymbol{a}_A+\boldsymbol{a}_{BA}^{t}$ 在 BA 方向投影，得到

$$a_B\cos 30°=-\frac{1}{2}a_A=-\frac{1}{2}\frac{v^2}{R},\qquad a_B=-\frac{\sqrt{3}}{3}\frac{v^2}{R}$$

将式 $\boldsymbol{a}_B=\boldsymbol{a}_A+\boldsymbol{a}_{BA}^{t}$ 在铅垂方向投影，得到

$$0=-a_A+a_{BA}^{t}\frac{\sqrt{3}}{2}=-\frac{v^2}{R}+\frac{\sqrt{3}}{2}a_{BA}^{t},\qquad a_{BA}^{t}=\frac{2\sqrt{3}}{3}\frac{v^2}{R}$$

根据式(4-11)，求得

$$\alpha_{BA}=\frac{a_{BA}^{t}}{|BA|}=\frac{\sqrt{3}}{6}\frac{v^2}{R^2}$$

转向与预设一致，为逆时针。

思　考　题

4.1　什么是刚体的平面运动？刚体的平面运动通常分解为哪两个运动？

4.2　刚体做平面运动时，选择不同基点，绕基点转动的角速度和角加速度是否还相同？

4.3　刚体的平移和定轴转动均是刚体平面运动的特例，这种说法是否正确？

4.4　判断图 4-18 所示刚体上各点的速度方向是否可能，并说明原因。

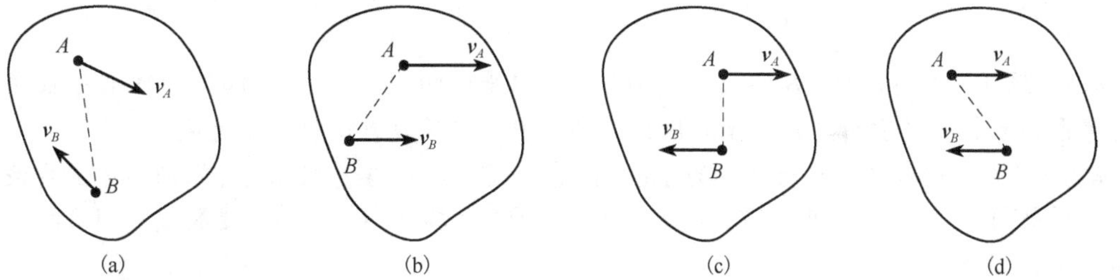

图 4-18

4.5　指出图 4-19 所示各系统中做平面运动的构件，并标出这些平面运动构件在图示瞬时的速度瞬心的位置。图 4-19(a)中圆轮均做纯滚动。

4.6　如图 4-20 所示的四连杆机构，M 是杆 BC 的中点。在图中画出点 M 的速度方向。图 4-20(b)中，$AB\,/\!/\,CD$。

4.7　图形 S 做平面运动，设 A、B 是图形上不同位置的两个点。若某瞬时，$v_A=0$ 且 $v_B=0$，是否可确定该瞬时 S 上任意一点的速度均等于零？

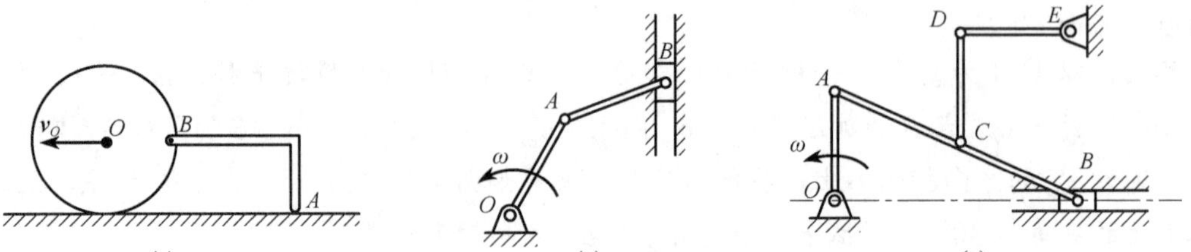

(a) (b) (c)

图 4-19

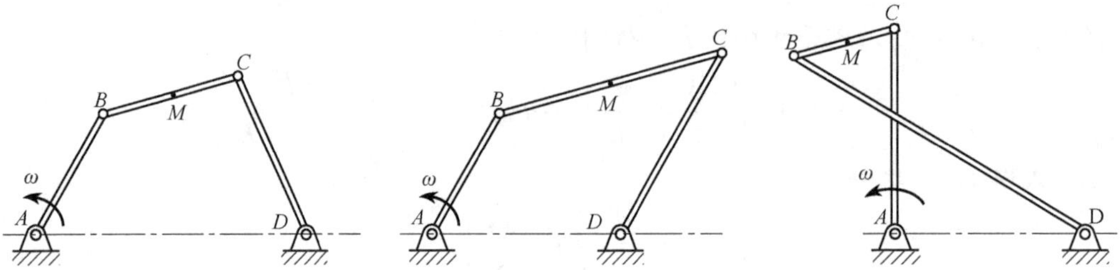

(a) (b) (c)

图 4-20

4.8 沿直线轨道做纯滚动的圆轮的轮心做匀速运动，如何确定轮缘上任意一点的加速度的大小和方向？

4.9 圆轮做平面运动时，若轮子与地面接触点 C 的速度不等于零，即相对地面有滑动，则此时轮子一定不存在瞬时速度中心，这个说法是否正确？

4.10 瞬时平移时，刚体上任意一点的速度和加速度具有什么特点？

习　　题

4-1 题 4-1 图所示杆 AB 的 A 端以匀速 $\boldsymbol{v}$ 沿水平面向右滑动，运动时，杆恒与半径为 R 的固定半圆柱面相切，设杆与水平面之间的夹角为 θ，以角 θ 表示杆的角速度。

4-2 直杆 AC 和 CB 的长度均为 1m，在 C 处用铰链连接并在题 4-2 图所示平面内运动。当两杆的夹角 $\alpha = 90°$ 时，$\boldsymbol{v}_A \perp AC$，$\boldsymbol{v}_B \perp BC$。若图示瞬时杆 CB 的角速度 $\omega_{CB} = 1.2\ \text{rad/s}$，求此时点 B 的速度。

4-3 两直杆 AE、BE 铰接于点 E，杆长均为 l，其两端 A、B 分别沿两直线运动，题 4-3 图所示瞬时，当 $ADBE$ 形成平行四边形时，$v_A = 0.2\ \text{m/s}$，$v_B = 0.4\ \text{m/s}$，求此时点 E 的速度。

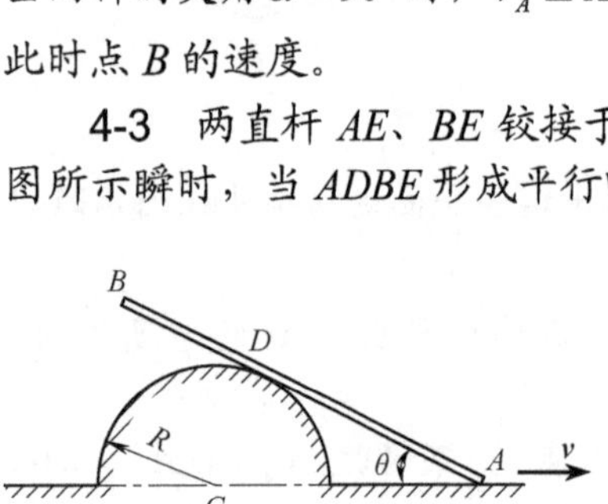

题 4-1 图

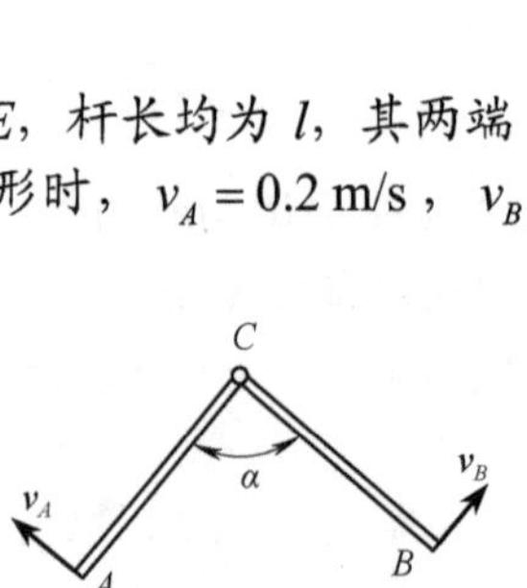

题 4-2 图

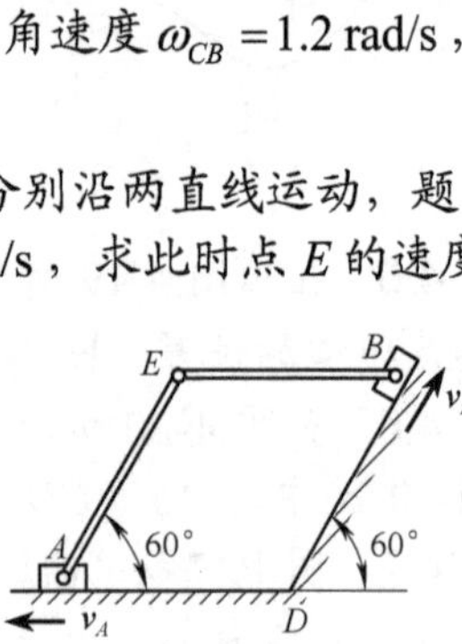

题 4-3 图

4-4 滑套 A 以 $v_A = 10\ \text{m/s}$ 的匀速率沿半径为 $R = 2\ \text{m}$ 的固定曲杆 CD 向左滑动，滑块 B 在水平槽内滑动。求当滑套 A 运动到题 4-4 图所示位置时，杆 AB 的角速度 ω_{AB} 与滑块 B 的速度 v_B。

4-5　题 4-5 图所示平面机构中，已知 $AB = BD = DE = l = 300\text{mm}$ 。在图示位置时，$BD \parallel AE$ ，杆 AB 的角速度 $\omega = 5\ \text{rad/s}$ 。试求此瞬时杆 DE 的角速度和杆 BD 的中点 C 的速度。

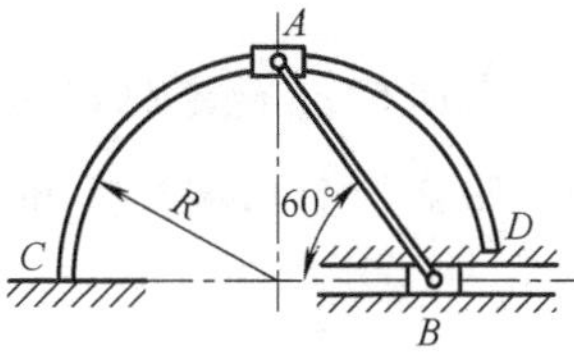

题 4-4 图

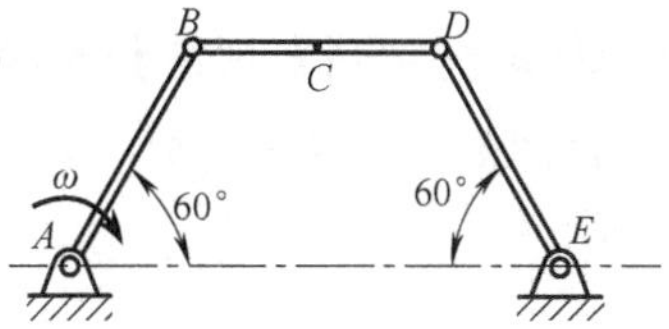

题 4-5 图

4-6　题 4-6 图所示平面机构中，已知 $OB = l_1 = 0.2\text{m}$ ，$BD = l_2 = 0.375\text{m}$ 。图示瞬时 $\varphi = 30°$ ，$v_D = 0.5\text{m/s}$ ，杆 OB 处于铅垂位置，杆 EF 为固定铅垂杆。求此时杆 AD 的角速度 ω_{AD} 、点 B 的速度 v_B 、杆 OB 的角速度 ω_{OB} 。

4-7　题 4-7 图所示机构中，已知 $OA = 0.1\text{m}$ ，$BD = 0.1\text{m}$ ，$DE = 0.1\text{m}$ ，$EF = 0.1\sqrt{3}\text{m}$ 。曲柄 OA 的角速度 $\omega_O = 4\ \text{rad/s}$ 。在图示位置时，OA 垂直于水平线 OB ，B 、D 和 F 位于同一铅直线上，又 DE 垂直于 EF 。试求此时杆 EF 的角速度和点 F 的速度。

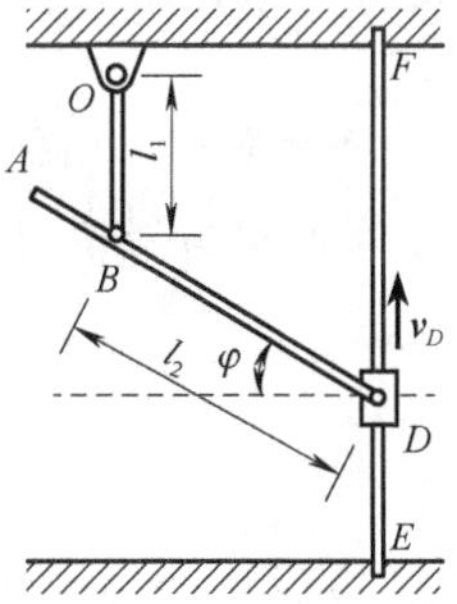

题 4-6 图

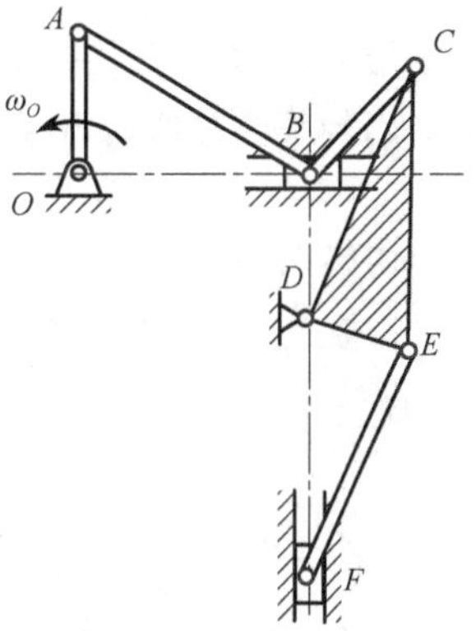

题 4-7 图

4-8　题 4-8 图所示机构中，圆轮 B 沿水平面做无滑动的纯滚动。已知曲柄 $OA = 15\ \text{cm}$ ，绕轴 O 的转速 $n = 60\ \text{r/min}$ ，圆轮半径 $R = 15\ \text{cm}$ 。图示位置曲柄 OA 与水平面的夹角为 $60°$ ，$OA \perp AB$ ，求圆轮的角速度和轮心前进的速度。

4-9　题 4-9 图所示双滑块摇杆机构中，滑块 A 和 B 在水平滑槽上移动，摇杆 OC 可绕定轴 O 转动，连杆 CA 和 CB 可在图示平面内运动，且 $CA = CB = l$ 。当机构处于图示位置时，滑块 A 的速度为 v_A ，试求该瞬时滑块 B 的速度以及连杆 CB 的角速度。

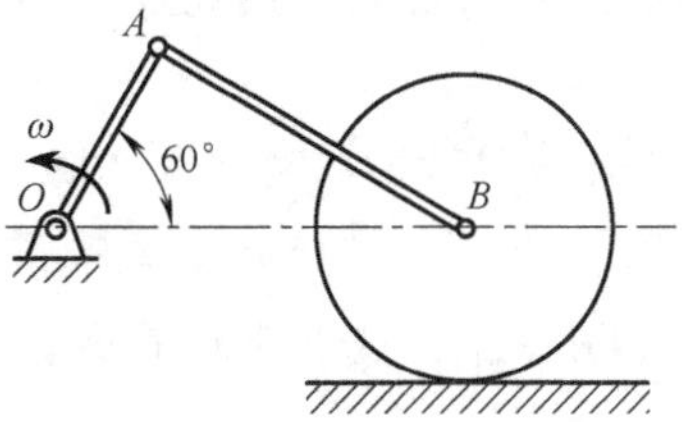

题 4-8 图

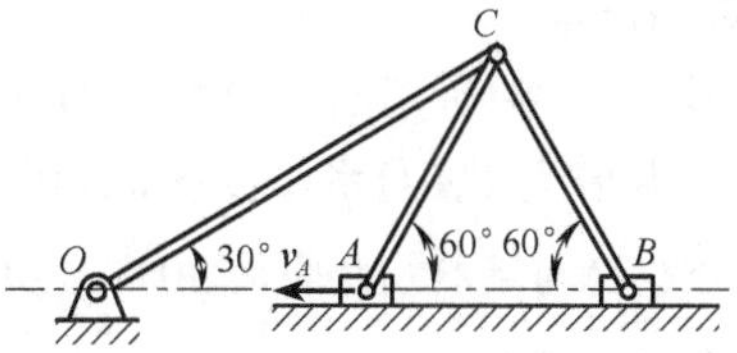

题 4-9 图

4-10 题4-10图所示四连杆机构中，已知杆 $OA=r=5\text{ cm}$，$AB=2r$，$BO_1=4r$。杆 OA 以匀角速度 $\omega_0=2\text{ rad/s}$ 转动。在图示瞬时，杆 OA 水平，杆 BO_1 铅垂，且 $\varphi=30°$。求该瞬时杆 AB 和杆 BO_1 的角速度，以及杆 BO_1 的角加速度。

4-11 题4-11图所示四连杆机构中，已知杆 $OA=R$，以匀角速度 ω_0 绕定轴 O 转动；杆 AB 及 BC 均长 $l=3R$。在图示瞬时，杆 AB 水平，而杆 AO 和 BC 铅垂。求此瞬时杆 BC 的角速度与角加速度。

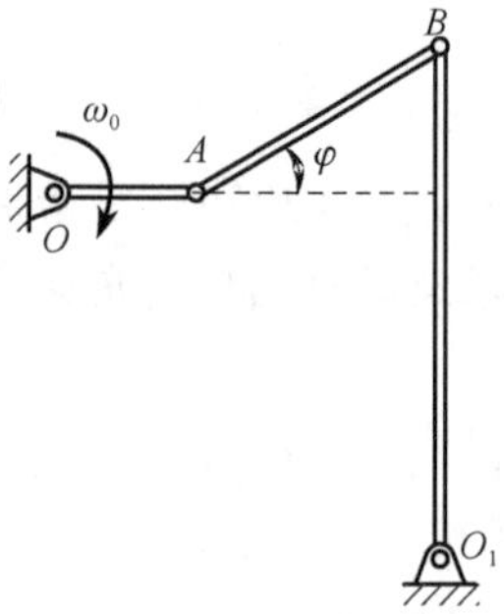

题4-10图

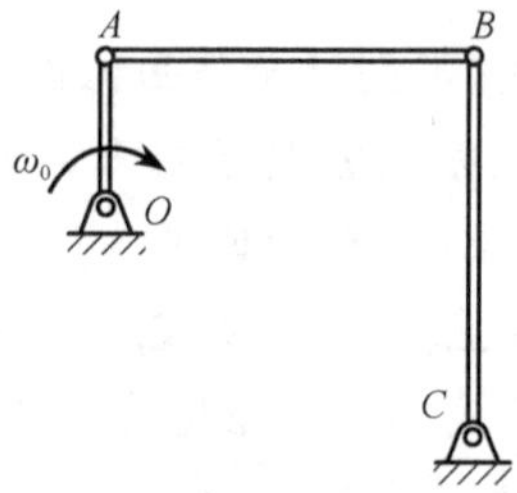

题4-11图

4-12 如题4-12图所示，半径为 r 的绕线轮沿水平直线轨道做纯滚动，线绕在半径为 R 的圆柱部分上。已知某瞬时线的 B 端以速度 $\boldsymbol{v}$ 与加速度 $\boldsymbol{a}$ 沿水平运动。求该瞬时轮心 O 的速度和加速度。

4-13 平面机构如题4-13图所示。杆 AB 长 2m，$\varphi=60°$。图示瞬时，AB 水平且与 B 处的滑槽相垂直，且 $v_B=4\text{ m/s}$，$a_B=\sqrt{3}\text{ m/s}^2$，方向如图所示。试求此瞬时滑块 A 的加速度、杆 AB 的角加速度。

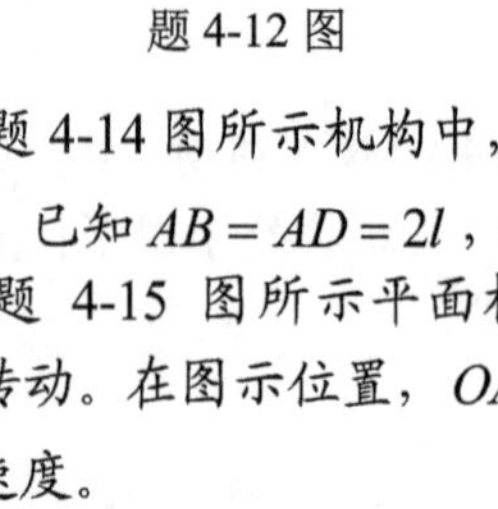

题4-12图

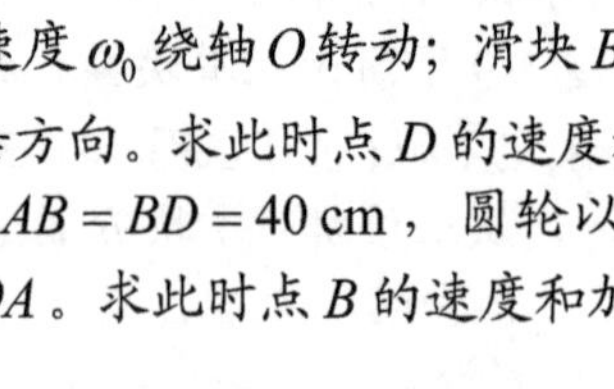

题4-13图

4-14 题4-14图所示机构中，曲柄 OA 长 l，以匀角速度 ω_0 绕轴 O 转动；滑块 B 可在水平滑槽内滑动。已知 $AB=AD=2l$，在图示瞬时，OA 沿铅垂方向。求此时点 D 的速度和加速度。

4-15 题4-15图所示平面机构中，$OA=20\text{ cm}$，$AB=BD=40\text{ cm}$，圆轮以匀角速度 $\omega=4\text{ rad/s}$ 转动。在图示位置，OA、BD 铅垂，且 $OB\perp OA$。求此时点 B 的速度和加速度、杆 AB 的角加速度。

4-16 题4-16图所示瞬时，曲柄滑块机构的曲柄 OA 绕轴 O 转动的角速度为 ω_0，角加速度为 α_0。某瞬时 OA 与水平方向成 $60°$，而连杆 AB 与曲柄 OA 垂直。滑块 B 在圆弧槽内滑动，此时半径 O_1B 与连杆 AB 间成 $30°$。$OA=r$，$AB=2\sqrt{3}r$，$O_1B=2r$，试求此时滑块 B 的切向加速度和法向加速度。

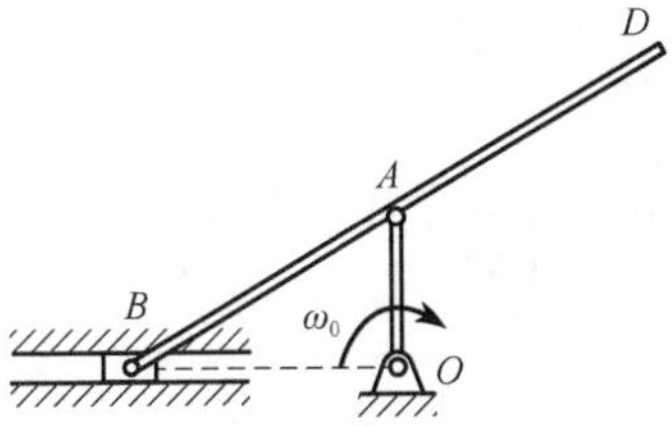

题 4-14 图

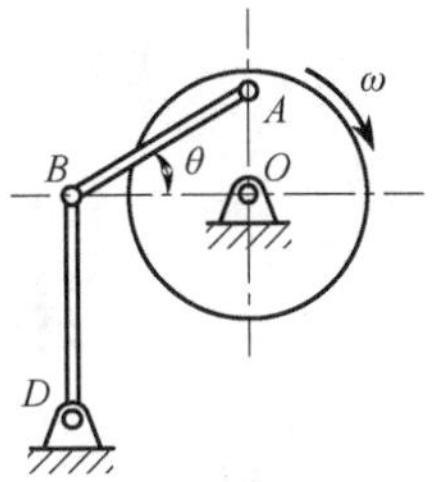

题 4-15 图

4-17 如题 4-17 图所示，半径为 r 的圆盘可在半径为 R 的固定圆柱面上纯滚动，滑块 B 可在水平滑槽内滑动。已知 $r=125\ \text{mm}$ ，$R=375\ \text{mm}$；杆 AB 的长度 $l=250\ \text{mm}$ 。图示瞬时，$v_B=500\ \text{mm/s}$ ，$a_B=750\ \text{mm/s}^2$；O、A、O_1 三点位于同一铅垂线上，求此时圆盘的角加速度。

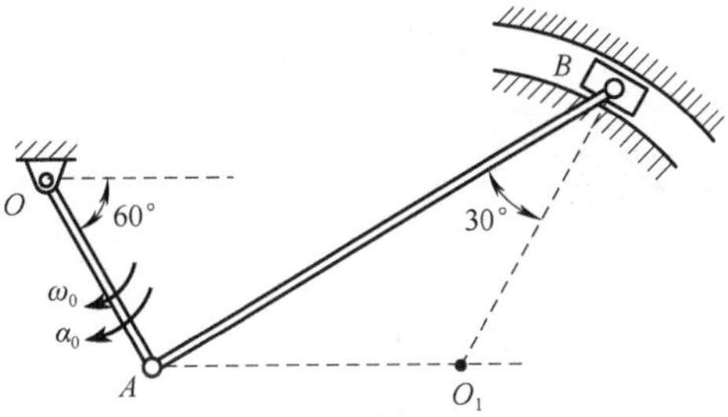

题 4-16 图

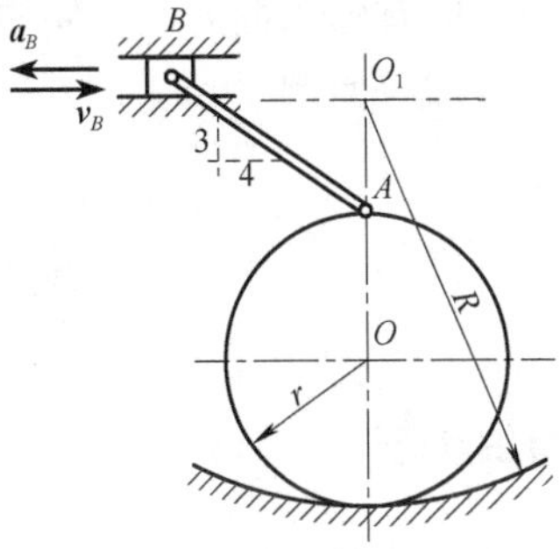

题 4-17 图

4-18 如题 4-18 图所示，轮 O 在水平面上做纯滚动。轮缘上有固定销钉 B，此销钉可在摇杆 O_1A 的槽内滑动，并带动摇杆绕轴 O_1 转动。已知轮心 O 的速度是一常量，$v_O=0.2\ \text{m/s}$，轮的半径 $R=0.5\ \text{m}$ 。在图示位置，摇杆 O_1A 与轮相切，摇杆与水平面的夹角为 60°。求此时摇杆的角速度和角加速度。

4-19 题 4-19 图所示平面机构中，滑块 A 的速度为一常量，$v_A=0.2\ \text{m/s}$ ，$AB=0.4\ \text{m}$ 。求当 $AE=BE$ ，$\varphi=30°$ 时，杆 DE 的速度和加速度。

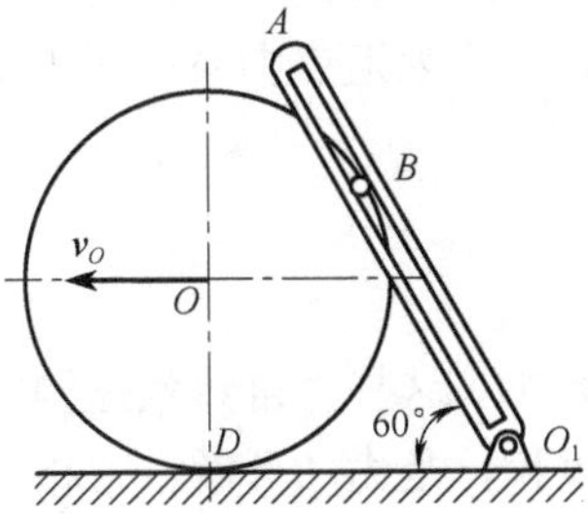

题 4-18 图

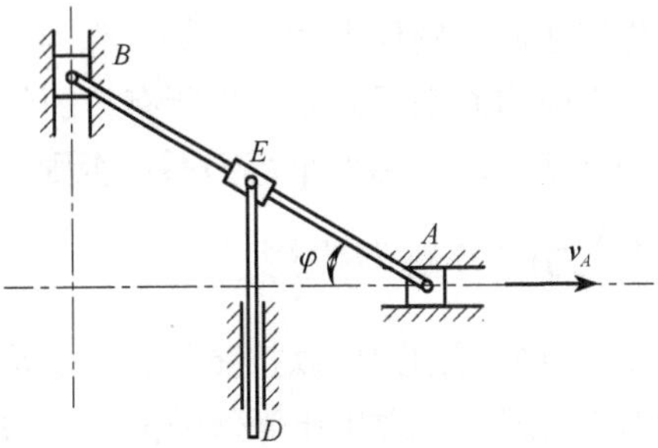

题 4-19 图

第5章　力 和 力 偶

力是物体对物体的作用。力对物体有运动效应和变形效应。集中力是分布力的简化结果。力偶是两个相互平行、等值、反向的力构成的简单力系。工程中把作用在研究对象上的力称为**载荷**，工业机器人整体及其零部件在工作时会受到各种各样的外载荷的作用，这些载荷促使机器人按照预定的要求进行工作，同时这些载荷的组合形成不同的**工况**。为研究载荷对研究对象的作用效应，应首先掌握力、力偶的基本计算，如力的投影、分解、合成，力矩的计算，力偶的性质及其合成等问题。

5.1　力的基本运算

5.1.1　力与力系

力是一个物体对另外一个物体的作用，是改变物体运动状态的原因。力可以是超距离的，如地球对物体的重力(引力)、电磁力，也可以是由于接触而产生的，如地面对物体的支持力、摩擦力等。物体之间通常在体积、面积上存在相互作用，这种相互作用简化到一个抽象的作用点，就成为集中力。例如，平时我们说的重力实际上是地球对物体内部各处的吸引力简化到重心上的结果；再如，物体之间的接触力是物体在接触面积上的分布压力的简化结果。本书中，若没有特殊说明，力指集中力。

力是一个矢量。确定力需要大小、方向和作用点三个要素。在国际单位制中，力的单位是牛顿，记为N，$1\text{N}=1\text{kg}\cdot\text{m/s}^2$。

作用在同一物体上的一群力，称为**力系**。当所有力的作用线均在同一平面内时，称为**平面力系**，否则称为**空间力系**。当所有力的作用线汇交于一点时，称为**汇交力系**；而当所有力的作用线相互平行时，称为**平行力系**；否则，称为**一般力系**。

5.1.2　力的分解与投影

作用点相同的力可以按照平行四边形法则合成为一个**合力**，这些力自然就是构成这个合力的**分力**。而把一个力化作等效的两个分力或若干个分力的过程，是力的分解，它相当于力的合成的逆过程，力分解的结果仍然是力，是矢量。

力的投影是把力矢量的两个矢端向需要投影的平面或轴上作垂线，得到两个交点之间的长度，是标量。当力矢量的方向与投影轴正向的夹角为锐角时，为正标量；当夹角为钝角时，其值为负。

1. 力在平面直角坐标系的投影

如图 5-1 所示，已知力 $\boldsymbol{F}$ 与平面直角坐标系 x、y 轴的夹角分别为 α、β，则力 $\boldsymbol{F}$ 在 x、y 轴上的投影分别为

$$F_x = F\cos\alpha, \qquad F_y = F\cos\beta \tag{5-1}$$

若已知力 $\boldsymbol{F}$ 在坐标轴上的投影 F_x、F_y，则可确定力 $\boldsymbol{F}$ 的大小和方向余弦，即

$$F = \sqrt{F_x^2 + F_y^2}, \quad \cos(\boldsymbol{F},\boldsymbol{i}) = \frac{F_x}{F}, \quad \cos(\boldsymbol{F},\boldsymbol{j}) = \frac{F_y}{F} \tag{5-2}$$

按照平行四边形法则，力 $\boldsymbol{F}$ 沿直角坐标轴 Ox、Oy 方向可以分解为两个分力 $\boldsymbol{F}_x$、$\boldsymbol{F}_y$，分力与力的投影之间显然有 $\boldsymbol{F}_x = F_x\boldsymbol{i}$、$\boldsymbol{F}_y = F_y\boldsymbol{j}$，其中 $\boldsymbol{i}$、$\boldsymbol{j}$ 是沿坐标轴 x、y 的单位矢量。由此，力 $\boldsymbol{F}$ 的解析表达式可以写为

$$\boldsymbol{F} = F_x\boldsymbol{i} + F_y\boldsymbol{j} \tag{5-3}$$

当力向两个互不垂直的轴进行投影时，分力 $\boldsymbol{F}_x$、$\boldsymbol{F}_y$ 的大小则与投影 F_x、F_y 的数值不再相等，如图 5-2 所示。

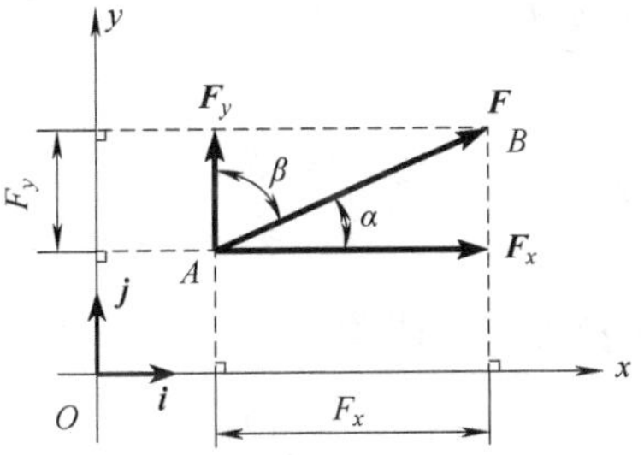

图 5-1

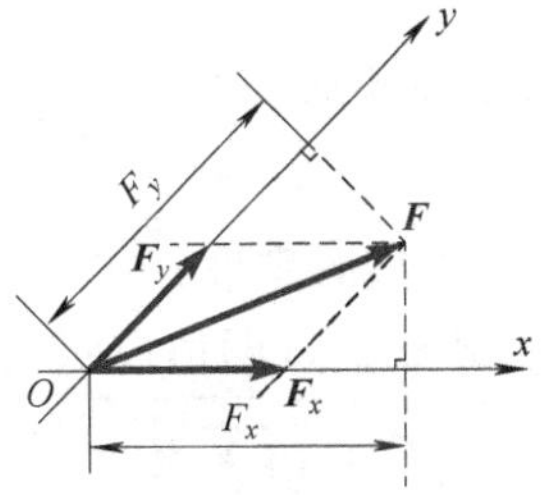

图 5-2

2. 力在空间直角坐标系的投影

如图 5-3(a)所示，若已知力 $\boldsymbol{F}$ 与空间直角坐标系 x、y、z 轴的夹角分别为 α、β、γ，则力 $\boldsymbol{F}$ 可直接向三个坐标轴进行投影，有

$$F_x = F\cos\alpha, \qquad F_y = F\cos\beta, \qquad F_z = F\cos\gamma \tag{5-4}$$

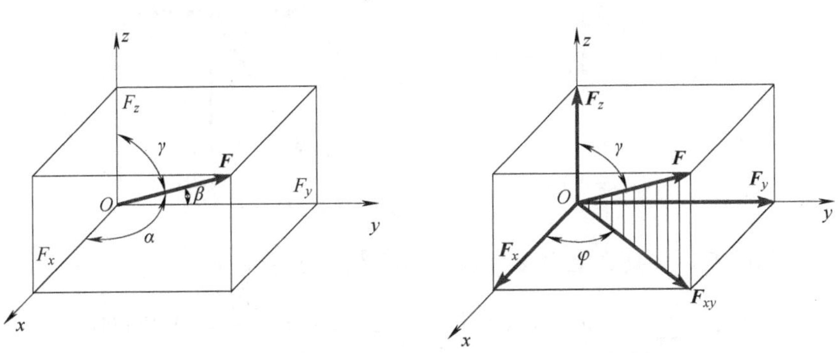

(a) (b)

图 5-3

如图 5-3(b)所示，若已知力 $\boldsymbol{F}$ 与坐标轴 z 的夹角 γ，力 $\boldsymbol{F}$ 所在的铅垂平面与 x 轴的夹角 φ，则可采用二次投影的方法计算力 $\boldsymbol{F}$ 在三个坐标轴上的投影。先将力 $\boldsymbol{F}$ 向 z 轴和 Oxy 平面投影，

得到$F_z = F\cos\gamma$、$F_{xy} = F\sin\gamma$，再将矢量$\boldsymbol{F}_{xy}$向x、y轴投影，得

$$F_z = F\cos\gamma,\quad F_x = F\sin\gamma\cos\varphi,\quad F_y = F\sin\gamma\sin\varphi \tag{5-5}$$

若已知力$\boldsymbol{F}$的投影F_x、F_y、F_z，则可确定力$\boldsymbol{F}$的大小和方向余弦，即

$$\begin{cases} F = \sqrt{F_x^2 + F_y^2 + F_z^2} \\ \cos(\boldsymbol{F},\boldsymbol{i}) = \dfrac{F_x}{F},\quad \cos(\boldsymbol{F},\boldsymbol{j}) = \dfrac{F_y}{F},\quad \cos(\boldsymbol{F},\boldsymbol{k}) = \dfrac{F_z}{F} \end{cases} \tag{5-6}$$

式中，$\boldsymbol{i}$、$\boldsymbol{j}$、$\boldsymbol{k}$是沿空间直角坐标系坐标轴x、y、z的单位矢量。

5.1.3 汇交力系的合力

设在某一物体的点上作用有空间汇交力系$\boldsymbol{F}_1,\boldsymbol{F}_2,\cdots,\boldsymbol{F}_n$，连续应用平行四边形法则，最终将其合成为一个作用于汇交点的合力$\boldsymbol{F}_{\mathrm{R}}$，采用矢量表达，即

$$\boldsymbol{F}_{\mathrm{R}} = \boldsymbol{F}_1 + \boldsymbol{F}_2 + \cdots + \boldsymbol{F}_n = \sum \boldsymbol{F}_i \tag{5-7}$$

将式(5-7)向空间直角坐标系的x轴投影，有

$$F_{\mathrm{R}x} = F_{1x} + F_{2x} + \cdots + F_{nx} = \sum F_{ix} \tag{5-8a}$$

同理向y轴、z轴投影，有

$$F_{\mathrm{R}y} = \sum F_{iy},\qquad F_{\mathrm{R}z} = \sum F_{iz} \tag{5-8b}$$

式(5-8)称为**合力投影定理**。

求出合力投影后，即可按照式(5-6)计算合力的大小及方向，即

$$\begin{cases} F_{\mathrm{R}} = \sqrt{\left(\sum F_{ix}\right)^2 + \left(\sum F_{iy}\right)^2 + \left(\sum F_{iz}\right)^2} \\ \cos(\boldsymbol{F}_{\mathrm{R}},\boldsymbol{i}) = \dfrac{\sum F_{ix}}{F_{\mathrm{R}}},\quad \cos(\boldsymbol{F}_{\mathrm{R}},\boldsymbol{j}) = \dfrac{\sum F_{iy}}{F_{\mathrm{R}}},\quad \cos(\boldsymbol{F}_{\mathrm{R}},\boldsymbol{k}) = \dfrac{\sum F_{iz}}{F_{\mathrm{R}}} \end{cases} \tag{5-9}$$

【例 5-1】 如图 5-4(a)所示，吊钩受到三个在同一平面的主动力的作用，$F_1 = F_2 = 732\mathrm{N}$，$F_3 = 2000\mathrm{N}$，求主动力合力的大小和方向。

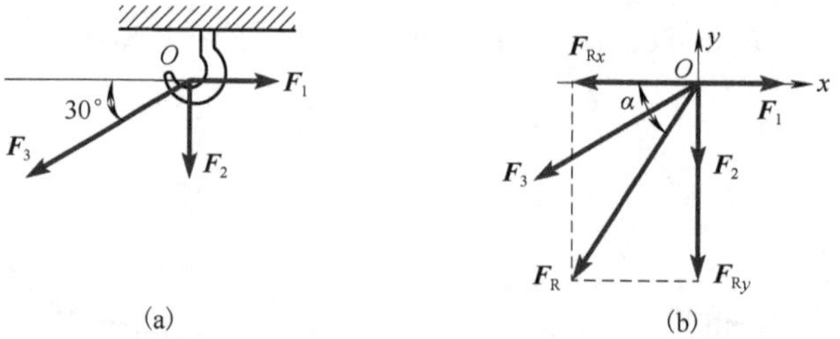

图 5-4

解 如图 5-4(b)所示，建立直角坐标系，根据式(5-8)，求出

$$F_{\mathrm{R}x} = \sum F_{ix} = F_1 - F_3\cos 30° = 732 - 2000 \times \frac{\sqrt{3}}{2} = -1000(\mathrm{N})$$

$$F_{\mathrm{R}y} = \sum F_{iy} = -F_2 - F_3\sin 30° = -732 - 2000 \times \frac{1}{2} = -1732(\mathrm{N})$$

根据式(5-9)，有

$$F_{\mathrm{R}}=\sqrt{\left(\sum F_{ix}\right)^2+\left(\sum F_{iy}\right)^2}=\sqrt{{F_{\mathrm{R}x}}^2+{F_{\mathrm{R}y}}^2}=\sqrt{(-1000)^2+(-1732)^2}\,\mathrm{N}=2000\mathrm{N}$$

图示夹角为

$$\alpha=\arctan\frac{|F_{\mathrm{R}y}|}{|F_{\mathrm{R}x}|}=\arctan\frac{|-1732|}{|-1000|}=\arctan 1.732=60^\circ$$

5.2　力　　矩

5.2.1　力对点之矩

力对刚体的作用效应有移动和转动两种。其中，力的移动效应由力矢量的大小和方向来度量，而**力矩**是力使物体绕某一点产生转动效应的度量。因为是对某一点而言的，故称为力对点之矩，该点称为**力矩中心**，简称**矩心**。

如图 5-5 所示，考察空间任意一个力 $\boldsymbol{F}$ 对点 O 之矩，假设 $\boldsymbol{F}=F_x\boldsymbol{i}+F_y\boldsymbol{j}+F_z\boldsymbol{k}$，点 O 到力 $\boldsymbol{F}$ 作用点 A 的矢径 $\boldsymbol{r}=x\boldsymbol{i}+y\boldsymbol{j}+z\boldsymbol{k}$，定义力对点 O 之矩等于矢径 $\boldsymbol{r}$ 与力 $\boldsymbol{F}$ 的矢量积，即

$$\boldsymbol{M}_O(\boldsymbol{F})=\boldsymbol{r}\times\boldsymbol{F}=\begin{vmatrix}\boldsymbol{i}&\boldsymbol{j}&\boldsymbol{k}\\x&y&z\\F_x&F_y&F_z\end{vmatrix}=M_{Ox}\boldsymbol{i}+M_{Oy}\boldsymbol{j}+M_{Oz}\boldsymbol{k}\tag{5-10}$$

式中，M_{Ox}、M_{Oy}、M_{Oz} 分别是 $\boldsymbol{M}_O(\boldsymbol{F})$ 在过点 O 的三个直角坐标轴上的投影，展开式(5-10)，可计算得

$$M_{Ox}=yF_z-zF_y,\qquad M_{Oy}=zF_x-xF_z,\qquad M_{Oz}=xF_y-yF_x\tag{5-11}$$

上述定义表明，力对点之矩是一个空间定位矢量，作用在力矩中心。

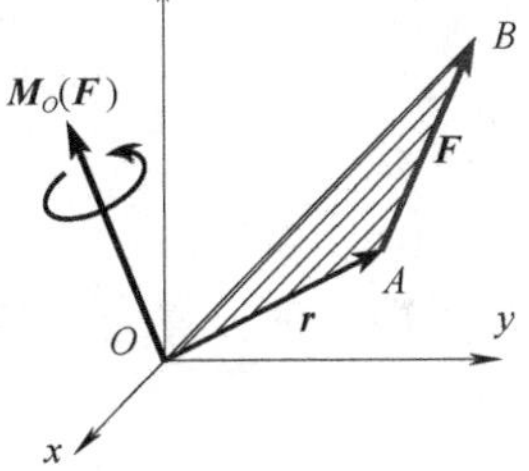

图 5-5

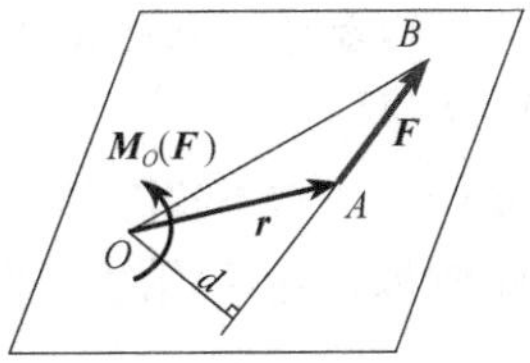

图 5-6

如图 5-6 所示，若仅考虑在力 $\boldsymbol{F}$ 与矩心 O 所构成的平面中力 $\boldsymbol{F}$ 对点 O 之矩，可通过力 $\boldsymbol{F}$ 的大小与力臂 Od 的乘积确定力对点之矩的大小，即

$$M_O(\boldsymbol{F})=\pm F\cdot d\tag{5-12}$$

此时 $M_O(\boldsymbol{F})$ 可视为标量，习惯上约定力使物体绕矩心逆时针转向为正，顺时针转向为负。力矩的单位常用 $\mathrm{N\cdot m}$ 或 $\mathrm{kN\cdot m}$。

5.2.2 合力矩定理

设空间汇交力系 $\boldsymbol{F}_1,\boldsymbol{F}_2,\cdots,\boldsymbol{F}_n$ 有合力 $\boldsymbol{F}_{\mathrm{R}}$，则有

$$\boldsymbol{M}_O\left(\boldsymbol{F}_{\mathrm{R}}\right)=\boldsymbol{M}_O\left(\boldsymbol{F}_1\right)+\boldsymbol{M}_O\left(\boldsymbol{F}_2\right)+\cdots+\boldsymbol{M}_O\left(\boldsymbol{F}_n\right)=\sum\boldsymbol{M}_O\left(\boldsymbol{F}_i\right) \tag{5-13}$$

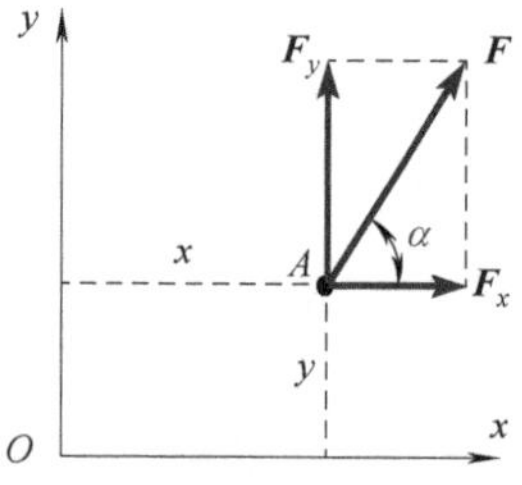

图 5-7

式(5-13)表明，**汇交力系的合力对任意一点之矩等于各分力对该点之矩的矢量和**，此即为**合力矩定理**。$\boldsymbol{F}_{\mathrm{R}}=\boldsymbol{F}_1+\boldsymbol{F}_2+\cdots+\boldsymbol{F}_n$，用矢径 $\boldsymbol{r}$ 左乘等号两端(作矢量积)，有

$$\boldsymbol{r}\times\boldsymbol{F}_{\mathrm{R}}=\boldsymbol{r}\times\left(\boldsymbol{F}_1+\boldsymbol{F}_2+\cdots+\boldsymbol{F}_n\right)=\boldsymbol{r}\times\boldsymbol{F}_1+\boldsymbol{r}\times\boldsymbol{F}_2+\cdots+\boldsymbol{r}\times\boldsymbol{F}_n$$

根据式(5-10)的定义，$\boldsymbol{M}_O\left(\boldsymbol{F}_{\mathrm{R}}\right)=\boldsymbol{r}\times\boldsymbol{F}$，$\boldsymbol{M}_O\left(\boldsymbol{F}_i\right)=\boldsymbol{r}\times\boldsymbol{F}_i$，故式(5-13)得证。需要指出的是，合力矩定理对于有合力的其他任何力系均成立。

如图 5-7 所示，分析力 $\boldsymbol{F}$ 在平面中对坐标原点 O 的矩，可将力 $\boldsymbol{F}$ 分解为 $\boldsymbol{F}_x$ 和 $\boldsymbol{F}_y$ 两个分力，则根据合力矩定理有

$$M_O\left(\boldsymbol{F}\right)=M_O\left(\boldsymbol{F}_x\right)+M_O\left(\boldsymbol{F}_y\right)=xF\sin\alpha-yF\cos\alpha$$

或

$$M_O\left(\boldsymbol{F}\right)=xF_y-yF_x \tag{5-14}$$

式中，x、y 为力 $\boldsymbol{F}$ 作用点的坐标，F_x 和 F_y 是力 $\boldsymbol{F}$ 在坐标轴 x、y 上的投影，它们都是代数量，计算时必须注意正负号。

【例 5-2】 如图 5-8 所示，大小为 50N 的力 $\boldsymbol{F}$ 作用在圆盘边缘的点 C，求此力对点 A 之矩。

解 如图 5-8 所示，将力 $\boldsymbol{F}$ 分解为 $\boldsymbol{F}_x$ 和 $\boldsymbol{F}_y$，注意到 $\boldsymbol{F}_x$ 对点 A 之矩为逆时针转向，取正；而 $\boldsymbol{F}_y$ 对点 A 之矩为顺时针转向，取负。图示 $R250$ 表示半径为 250mm。

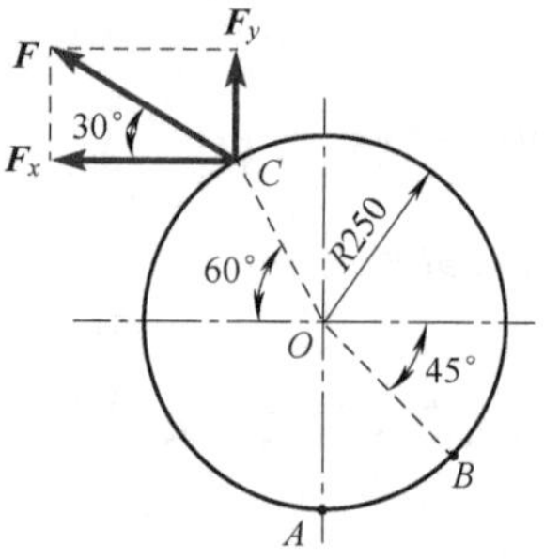

图 5-8

$$\begin{aligned}M_A(\boldsymbol{F})&=M_A(\boldsymbol{F}_x)+M_A(\boldsymbol{F}_y)\\&=50\times\cos30°\times(250\times\sin60°+250)\\&\quad-50\times\sin30°\times250\times\cos60°\mathrm{N\cdot mm}\\&=17075\ \mathrm{N\cdot mm}=17.075\ \mathrm{N\cdot m}\end{aligned}$$

作为练习，读者可以利用合力矩定理计算力 $\boldsymbol{F}$ 对点 B 之矩，结果为 $M_B(\boldsymbol{F})=9.485\ \mathrm{N\cdot m}$。

工程力学中，通常不直接计算力臂的长度，习惯上利用合力矩定理计算力对某点之矩，这种方法应熟练掌握，在后续的章节中经常用到。

5.2.3 力对轴之矩

力使物体绕某一轴产生转动效应的度量称为**力对轴之矩**。可绕轴 z 转动的门如图 5-9(a)所示，在其上点 A 处作用有任意方向的力 $\boldsymbol{F}$，可将其分解为平行于轴 Oz 的力 $\boldsymbol{F}_z$ 和与轴 Oz 垂直的平面 Oxy 上的力 $\boldsymbol{F}_{xy}$，即 $\boldsymbol{F}=\boldsymbol{F}_z+\boldsymbol{F}_{xy}$。显然与轴 Oz 共面的力 $\boldsymbol{F}_z$ 不可能使门绕轴 Oz 发生转动，只有分力 $\boldsymbol{F}_{xy}$ 对门产生绕轴 Oz 的转动效应，因此只需要考虑在 Oxy 平面中 $\boldsymbol{F}_{xy}$ 对点 O 之矩。由图 5-9(b)可得力对 z 轴之矩的大小 $M_z\left(\boldsymbol{F}\right)=M_O\left(\boldsymbol{F}_{xy}\right)=xF_y-yF_x$，注意此处投影量 F_x 是负值。

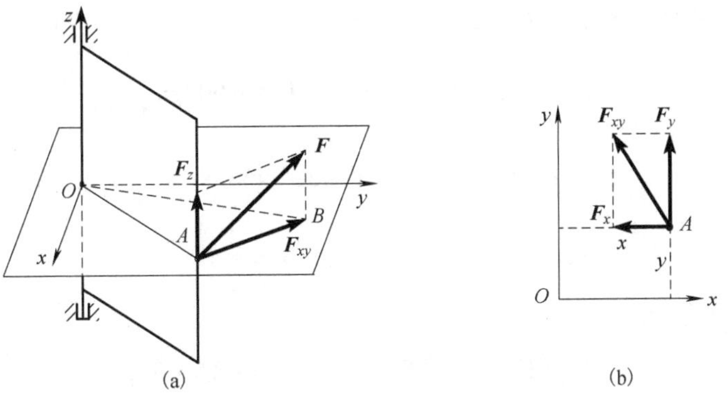

图 5-9

比较式(5-11)，$M_{Oz}=xF_y-yF_x$，有

$$M_z(\boldsymbol{F})=M_{Oz}=\left[\boldsymbol{M}_O(\boldsymbol{F})\right]_z \tag{5-15a}$$

同理分析可得

$$M_x(\boldsymbol{F})=M_{Ox}=\left[\boldsymbol{M}_O(\boldsymbol{F})\right]_x,\qquad M_y(\boldsymbol{F})=M_{Oy}=\left[\boldsymbol{M}_O(\boldsymbol{F})\right]_y \tag{5-15b}$$

式(5-15)表明，**力对点之矩在过该点的轴上的投影等于力对该轴的矩。**

如图 5-10 所示，$M_z(\boldsymbol{F})=M_{Oz}$是$\boldsymbol{M}_O(\boldsymbol{F})$在轴 Oz 上的投影，它是代数量，投影M_{Oz}的正向与轴 z 的正向一致(同向)应理解为力对轴 z 的矩为正，反之为负。

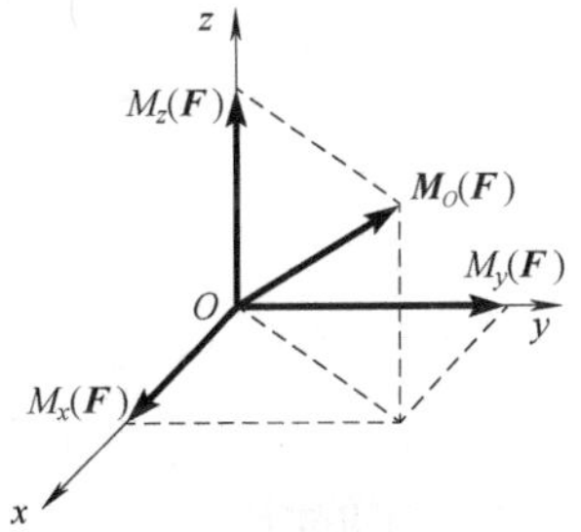

图 5-10

不难看出，合力矩定理可以扩展到对轴的矩的情况，可描述为，**若$\boldsymbol{F}_1,\boldsymbol{F}_2,\cdots,\boldsymbol{F}_n$有合力$\boldsymbol{F}_{\mathrm{R}}$，则合力$\boldsymbol{F}_{\mathrm{R}}$对某轴之矩，等于各分力对同一轴之矩的代数和**，即

$$M_z(\boldsymbol{F}_{\mathrm{R}})=M_z(\boldsymbol{F}_1)+M_z(\boldsymbol{F}_2)+\cdots+M_z(\boldsymbol{F}_n)=\sum M_z(\boldsymbol{F}_i) \tag{5-16}$$

【例 5-3】 图 5-11 为某工业机器人的局部简化结构，必要的尺寸均在图 5-11 中标出，角$\varphi=30°$，$\theta=60°$。力$\boldsymbol{F}$作用在点 A，求力$\boldsymbol{F}$对轴 x、y、z 之矩。

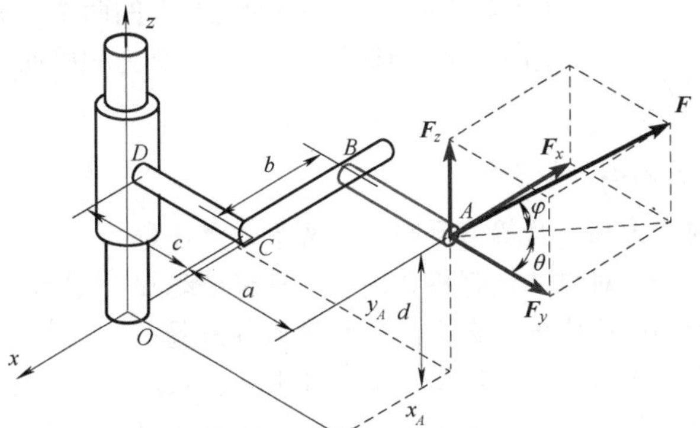

图 5-11

解　首先将力 $\boldsymbol{F}$ 分解为 $\boldsymbol{F}_x$、$\boldsymbol{F}_y$、$\boldsymbol{F}_z$。分别计算其大小：

$$F_x = F\cos\varphi\sin\theta = F\cos 30°\sin 60° = \frac{3}{4}F$$

$$F_y = F\cos\varphi\cos\theta = F\cos 30°\cos 60° = \frac{\sqrt{3}}{4}F$$

$$F_z = F\sin\varphi = F\sin 30° = \frac{1}{2}F$$

根据合力矩定理，有

$$M_x(\boldsymbol{F}) = M_x(\boldsymbol{F}_x) + M_x(\boldsymbol{F}_y) + M_x(\boldsymbol{F}_z)$$

其中

$$M_x(\boldsymbol{F}_x) = 0,\quad M_x(\boldsymbol{F}_y) = -F_y d,\quad M_x(\boldsymbol{F}_z) = F_z(a+c)$$

计算得到

$$M_x(\boldsymbol{F}) = 0 - F_y d + F_z(a+c) = \frac{F}{4}\left[2(a+c) - \sqrt{3}d\right]$$

作为练习，读者可自行计算力 $\boldsymbol{F}$ 对 y、z 轴之矩，其结果分别为

$$M_y(\boldsymbol{F}) = \frac{F}{4}(2b - 3d),\qquad M_z(\boldsymbol{F}) = \frac{F}{4}\left[3(a+c) - \sqrt{3}b\right]$$

5.3 力　　偶

1. 力偶的定义

等值、反向、作用线相互平行的两个力所组成的力系，称为**力偶**。力偶中的两个力构成的平面称为**力偶作用面**。构成力偶的两个力的作用线之间的垂直距离称为**力偶臂**。

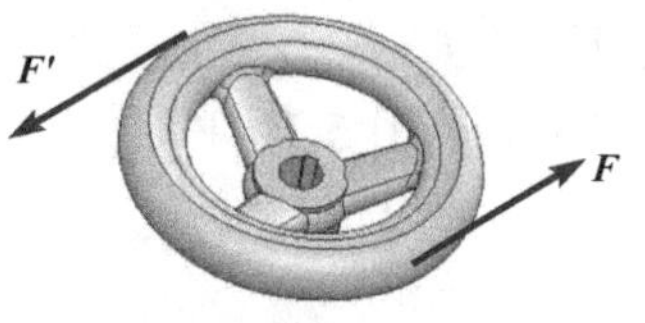

图 5-12

工程中力偶的实例很多，如图 5-12 所示，我们平时操作汽车方向盘时，两只手加在其上的两个力 $\boldsymbol{F}$、$\boldsymbol{F}'$ 常可视为等值、反向、平行但不共线。这两个力构成的力偶使得方向盘转动。

2. 力偶的性质

性质 5.1　力偶没有合力

力偶是两个力组成的力系，且等值反向，这两个力在任意轴上投影的代数和必为 0，对物体没有移动效应，只有转动效应，所以力偶的两个力不能构成一个合力，也就意味着力偶不能等价于单个的力，所以力偶和力一样是一个最基本的力系。既然力偶不能等价于单个的力，力偶就不能通过另外一个力来平衡，力偶只能和力偶平衡。

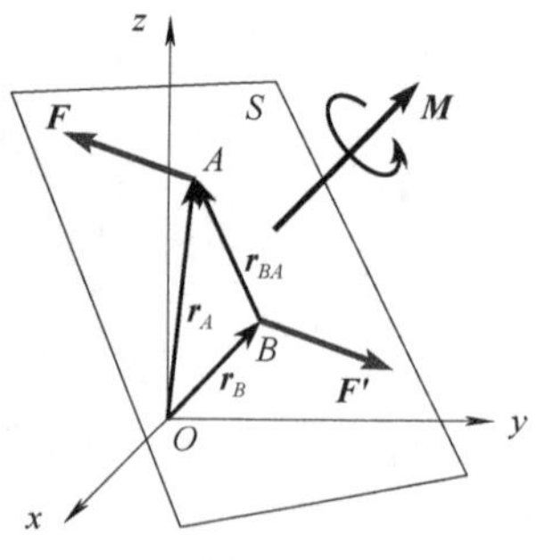

图 5-13

性质 5.2　力偶对刚体的运动效应是使刚体转动

如图 5-13 所示，由力 $\boldsymbol{F}$、$\boldsymbol{F}'$ 构成力偶，其中 $\boldsymbol{F}' = -\boldsymbol{F}$。任

取空间中的一点 O，考察力偶($\boldsymbol{F}$、$\boldsymbol{F}'$)对点 O 之矩：

$$\begin{aligned}\boldsymbol{M}_O &= \boldsymbol{M}_O(\boldsymbol{F})+\boldsymbol{M}_O(\boldsymbol{F}')=\boldsymbol{r}_A\times\boldsymbol{F}+\boldsymbol{r}_B\times\boldsymbol{F}'\\ &=\boldsymbol{r}_A\times\boldsymbol{F}+\boldsymbol{r}_B\times(-\boldsymbol{F})=(\boldsymbol{r}_A-\boldsymbol{r}_B)\times\boldsymbol{F}=\boldsymbol{r}_{BA}\times\boldsymbol{F}\end{aligned}$$

式中，$\boldsymbol{r}_{BA}$ 是自 B 指向 A 的矢径。由于点 O 是任选的，所以力偶对于任意点之矩和所选择的点的位置无关，不失一般性，可得

$$\boldsymbol{M}=\boldsymbol{r}_{BA}\times\boldsymbol{F} \tag{5-17}$$

式中，$\boldsymbol{M}$ 称为**力偶矩矢**。

根据上述两条性质，可以得到以下两条推论。

推论 5.1 只要保持力偶矩矢不变，同时改变组成力偶的力和力偶臂的大小，或者将力偶在其作用面内任意移动和转动，都不会改变力偶对刚体的运动效应。

推论 5.2 只要保持力偶矩矢不变，力偶可从一个作用平面平移到另一个平行平面内，不会改变力偶对刚体的作用效应。

限于篇幅，本书不对上述推论进行证明，读者可以参阅相关理论力学的教材。从以上分析可以看出，对于刚体而言，力偶是自由矢量，力偶对刚体的作用效应取决于下列三个因素：①力偶矩的大小；②力偶的转向；③力偶作用面的方位。

若考虑在某个平面中作用的力偶，如图 5-14 所示，则可把力偶矩视为代数量，其大小等于力 $\boldsymbol{F}$ 的大小和力偶臂 d 的乘积，正负号表示力偶的转向，约定逆时针为正，顺时针为负，即

$$M=M(\boldsymbol{F},\boldsymbol{F}')=\pm F\cdot d \tag{5-18}$$

由于在平面问题中，力偶对刚体的作用效应只取决于力偶矩(包括其大小和正负号)，所以通常不明确指出构成力偶的两个力的大小及其力偶臂的长度，在图示方面习惯上也进行适当简化，如图 5-15 中的平面力偶的两种简化表示方式。

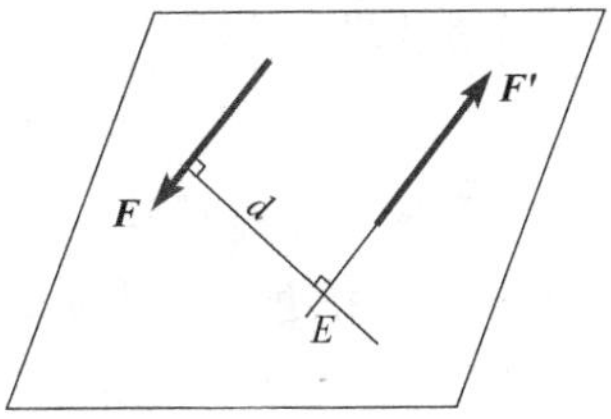

图 5-14

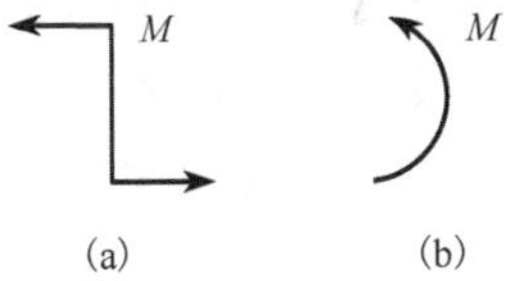

图 5-15

3. 力偶系的合成及合力偶矩

我们把全部由力偶构成的力系，称为**力偶系**，如图 5-16(a)所示。对于刚体而言，作用在其上的力偶矩矢是自由矢量，因此对于力偶系中的每一个力偶矩矢，都可以平移到空间中的任意一点，从而形成一个共点矢量系，如图 5-16(b)所示。这个共点矢量系类似于汇交力系，可以利用矢量的平行四边形法则两两合成，或应用投影关系，采用类似合力投影定理的方法，求出最终的合矢量，如图 5-16(c)所示。

合力偶 $\boldsymbol{M}$ 用矢量式表示为

$$\boldsymbol{M}=\boldsymbol{M}_1+\boldsymbol{M}_2+\cdots+\boldsymbol{M}_n=\sum\boldsymbol{M}_i \tag{5-19}$$

若考虑平面中的力偶矩，合力偶矩即为所有力偶的力偶矩的代数和，即

$$M=M_1+M_2+\cdots+M_n=\sum M_i \tag{5-20}$$

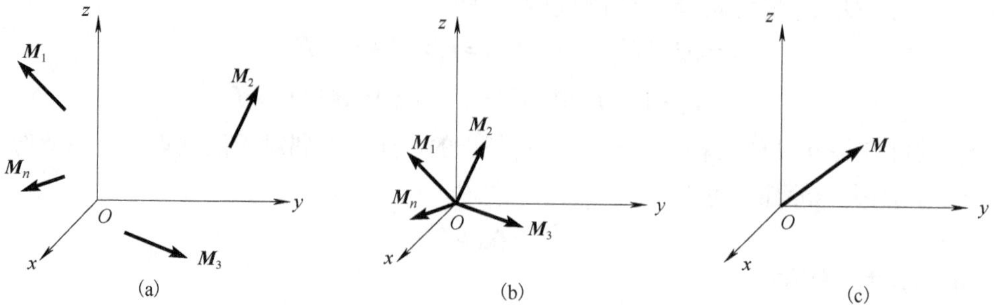

图 5-16

由于力偶对任意一点的力偶矩均相等，所以无须指明是对哪个点的力偶矩。

思 考 题

5.1 通过文献检索，了解某一种工业机器人在工作时会受到哪些外载荷的作用。

5.2 为什么说集中力是分布载荷简化后的结果？

5.3 两个力的合力的大小是否一定大于它的任意一个分力的大小？

5.4 对于刚体，若力沿其作用线移动到另外一点，该力的作用是否会改变？

5.5 用解析法求平面汇交力系的合力时，若选用不同的直角坐标系，则所求得的合力是否相同？

5.6 平面汇交力系中，各分力在任意两个轴 x、y 上的投影之和分别为 $\sum F_{ix}$ 和 $\sum F_{iy}$，则该平面汇交力系的合力为 $F=\sqrt{(\sum F_{ix})^2+(\sum F_{iy})^2}$，这个结果正确吗？

5.7 力偶还能进一步简化吗？

5.8 不改变力偶矩的大小和力偶的转向，力偶是否可以在平行平面内移转？

5.9 力偶的合矢量等于零，按合力矩定理，力偶对任意一点的矩也等于零。这个说法是否正确？

5.10 当力沿其作用线移动后，力对某固定点的矩也会随之改变。这个说法是否正确？

5.11 如图 5-17 所示，已知梁 AB 上作用有一矩为 M_0 的力偶，梁长 l。试求在图示三种情况下，力偶对支座 A 和 B 的矩。本思考题的结论说明了什么问题？

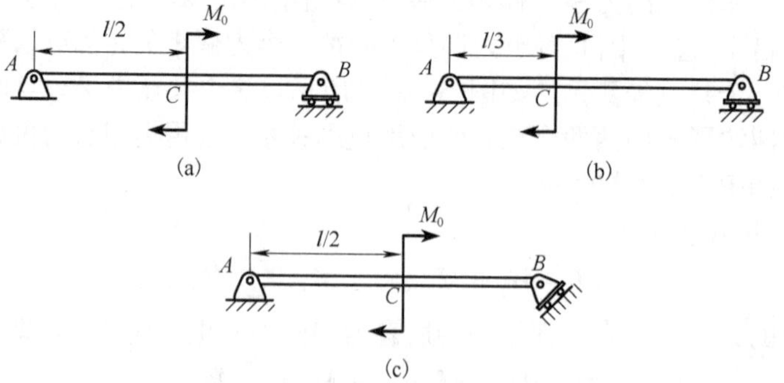

图 5-17

习　　题

5-1 如题 5-1 图所示，固定在墙壁上的圆环受三条绳索的拉力作用，$F_1 = 2\,\text{kN}$，沿水平方向；$F_2 = 2.5\,\text{kN}$，与水平方向成 30°；$F_3 = 1.5\,\text{kN}$，沿垂直方向。求三力的合力。

5-2 如题 5-2 图所示，设一平面力系有四个力，其中 $F_1 = 2\,\text{kN}$，$F_2 = 5\,\text{kN}$，$F_3 = 10\,\text{kN}$，$F_4 = \sqrt{2}\,\text{kN}$。试计算该力系的合力。

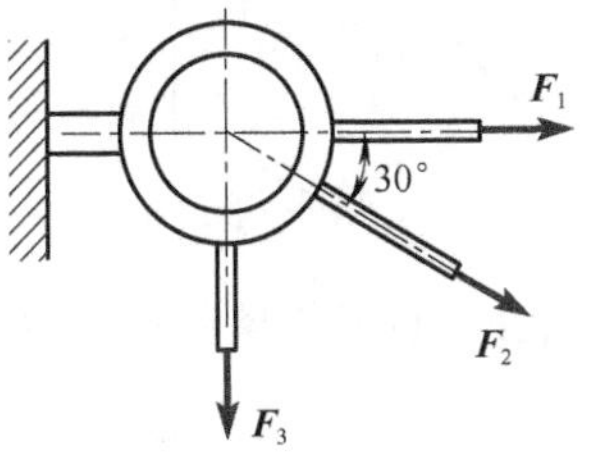

题 5-1 图

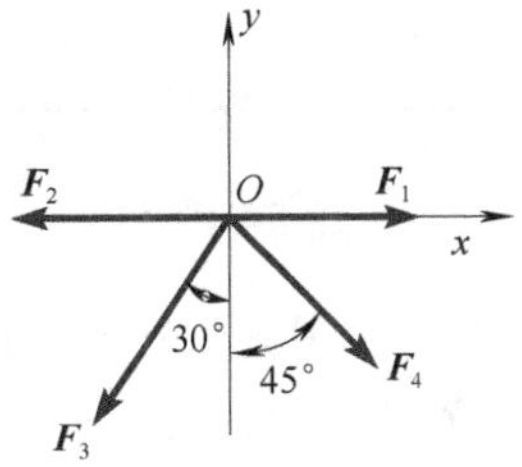

题 5-2 图

5-3 试计算题 5-3 图中各力在轴 x、y 上的投影值，其中 $F_1 = 2\text{kN}$，$F_2 = 5\,\text{kN}$，$F_3 = 10\,\text{kN}$，$F_4 = 5\,\text{kN}$，并计算该力系的合力在轴 x、y 上的投影值。

5-4 在题 5-4 图中，已知作用在悬臂梁自由端 B 处的四个力的大小均为 8kN，试分别求出各力对点 A 的矩，并求出力系的合力对点 A 的矩。

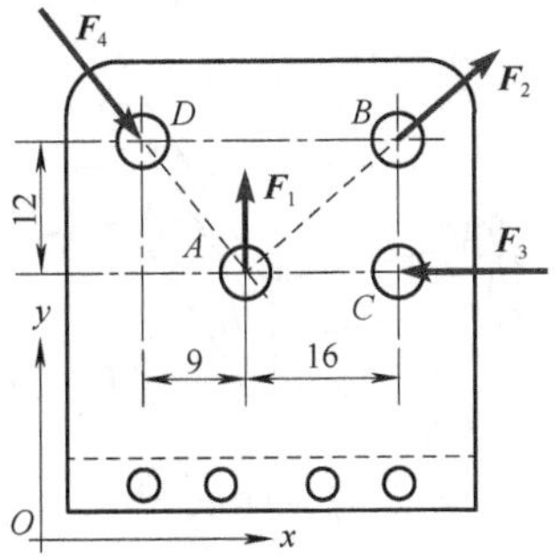

题 5-3 图

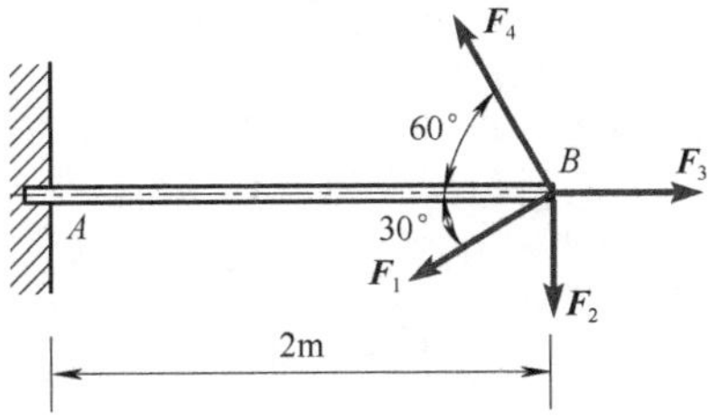

题 5-4 图

5-5 计算题 5-5 图所示力 **F** 对点 A 和点 B 的矩。

5-6 题 5-6 图所示悬臂刚架中，已知载荷 $F_1 = 12\text{kN}$，$F_2 = 6\text{kN}$。试求 $\boldsymbol{F}_1$ 与 $\boldsymbol{F}_2$ 的合力 $\boldsymbol{F}_\text{R}$ 对点 A 的矩。

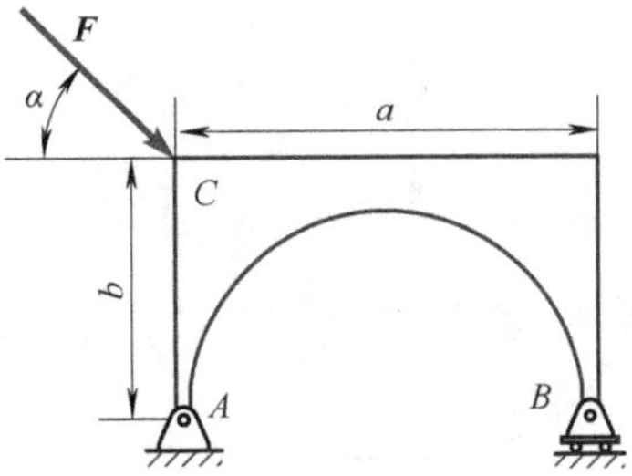

题 5-5 图

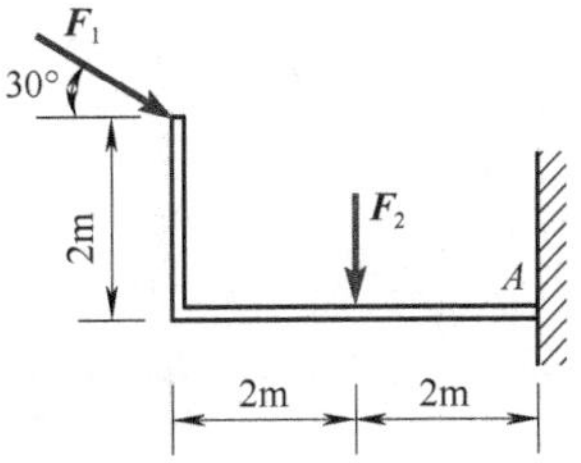

题 5-6 图

5-7 如题 5-7 图中已知 F、R、r 和 α，求轮轴上作用的力 $\boldsymbol{F}$ 对轮与地面接触点 A 的矩。

5-8 已知 $F_1 = 300\text{N}$，$F_2 = 220\text{N}$，两力作用点在坐标原点 O，方向如题 5-8 图所示，求这两个力在坐标轴上的投影。

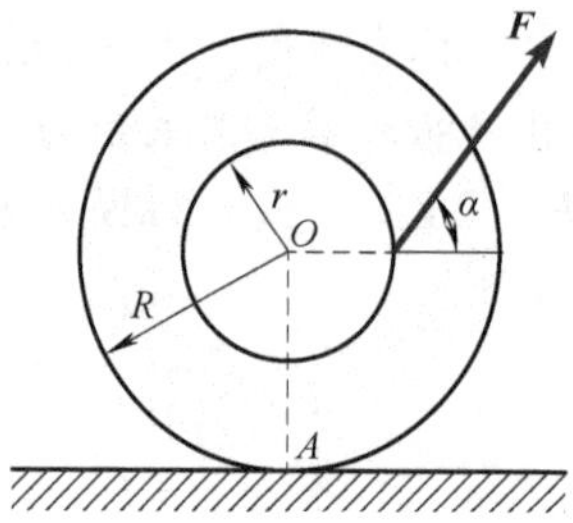

题 5-7 图

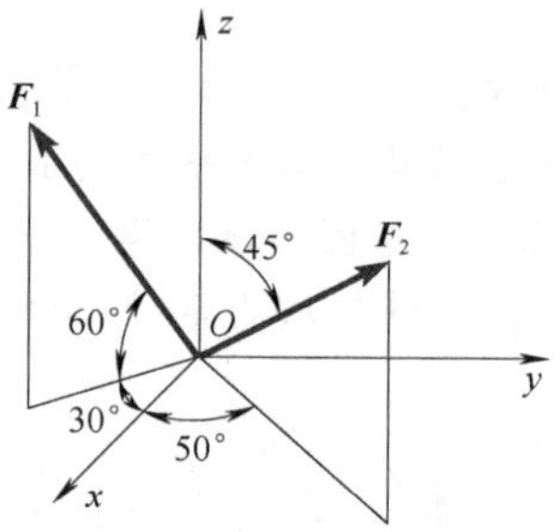

题 5-8 图

5-9 已知力 $\boldsymbol{F}$ 用矢量表示为 $\boldsymbol{F} = 3\boldsymbol{i} - 4\boldsymbol{j} + 5\boldsymbol{k}(\text{N})$，作用点 A 的位置矢径 $\boldsymbol{r} = 2\boldsymbol{i} - 3\boldsymbol{j} - 2\boldsymbol{k}(\text{m})$，求力 $\boldsymbol{F}$ 对坐标原点 O 之矩。

5-10 如题 5-10 图所示，力 $\boldsymbol{F}_1$、$\boldsymbol{F}_2$ 作用于点 B，已知 $F_1 = 500\text{N}$，$F_2 = 600\text{N}$。求(1)两个力的合力。(2)合力对坐标轴 x、y、z 之矩。

5-11 如题 5-11 图所示，手柄 $ABCE$ 在平面 Axy 内，在 D 处作用一个力 $\boldsymbol{F}$，它在垂直于 y 轴的平面内，偏离铅直线的角度为 α。如果 $CD=b$，杆 BC 平行于 x 轴，杆 CE 平行于 y 轴，AB 和 BC 的长度都等于 l。求力 $\boldsymbol{F}$ 在三个坐标轴上的投影以及其对 x、y 和 z 三轴的矩。

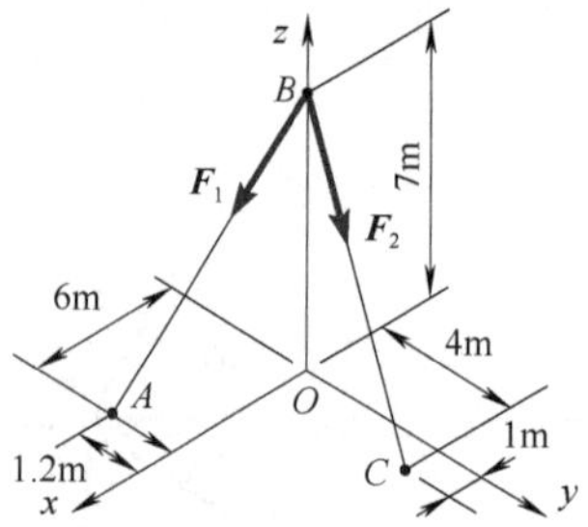

题 5-10 图

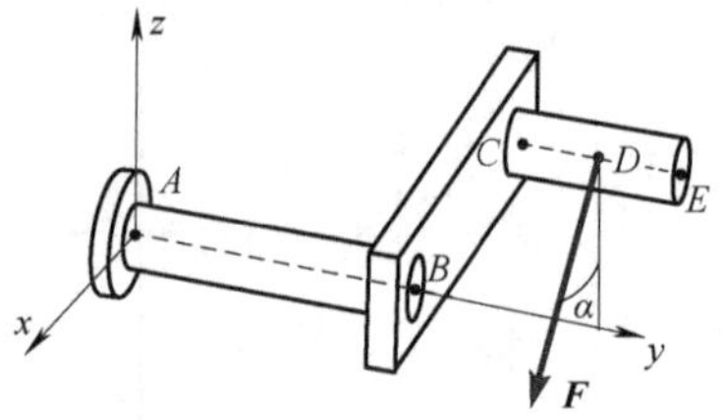

题 5-11 图

5-12 沿着刚体上正三角形 ABC 的三条边分别作用有力 $\boldsymbol{F}_1$、$\boldsymbol{F}_2$ 和 $\boldsymbol{F}_3$，如题 5-12 图所示。已知三角形的边长为 a，各力的大小都等于 F。证明这三个力必然合成为一个力偶，并求出其力偶矩。

5-13 如题 5-13 图所示，刚体上作用有三个平面力偶 M_1、M_2、M_3，其中 $F_1 = 200\ \text{N}$，$F_2 = 600\ \text{N}$，$F_3 = 400\ \text{N}$。求这三个平面力偶的合力偶。

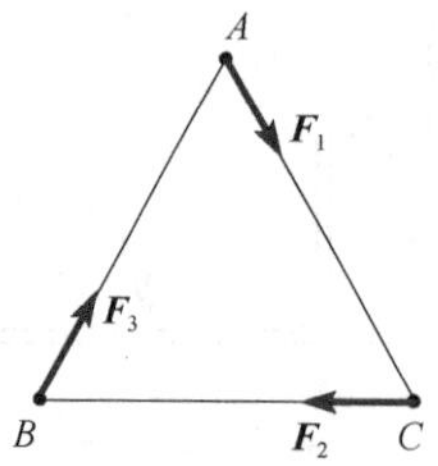

题 5-12 图

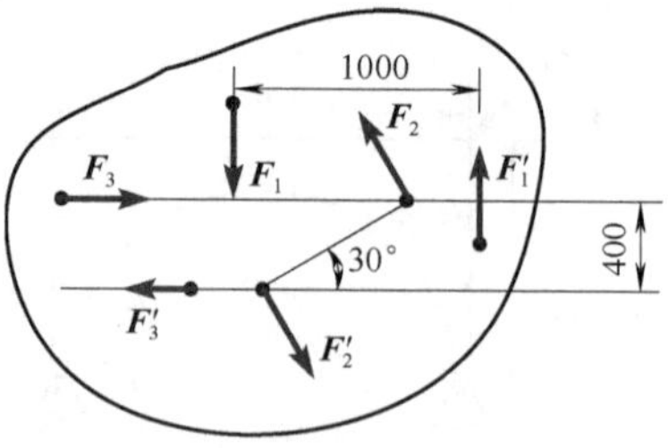

题 5-13 图

第 6 章　力系的简化

作用在物体上的载荷一般是比较复杂的。物体在复杂力系作用下，会发生运动状态的改变或产生形变。在分析物体的力学问题时，应抓住问题的主要矛盾。对于刚体而言，若将复杂力系按照作用外效应等效的原则简化为比较简单的力系，能够建立较为简单的力学分析模型，简化计算。例如，在中学物理中将重力表示为一个集中力，实际上是分布力系简化后的结果。本章从静力学公理出发，说明力系的简化原则和方法。

6.1　静力学公理

我们通过对物理学的学习，已经知道**平衡**是指物体相对于惯性参考系保持静止或匀速直线运动状态，例如，在工作状态下，保持静止不动的机器人、静止的桥梁、机床的床身、做匀速直线运动的小车，都处于平衡状态，平衡是物体运动的一种特殊形式。当力系中各力对于物体的作用效应相互抵消而使物体保持平衡或运动状态不变时，这种力系称为**平衡力系**。当两个力系分别作用于同一物体而效应相同时，这两个力系称为**等效力系**。

静力学研究物体的平衡规律，同时也研究力的一般性质及其合成法则。

公理是人们在生活和生产实践中长期积累的经验总结，又经过实践反复检验，可以认为是真理而无须证明。它在一定范围内正确反映了事物最基本、最普遍的客观规律。

公理 6.1　力的平行四边形法则

作用在物体同一点上的两个力可以合成为一个合力，合力的作用点在该点，大小和方向由以这两个力为边构成的平行四边形的主对角线确定。

公理 6.2　二力平衡公理

作用在同一刚体上的两个力平衡的充分必要条件是这两个力等值、反向、共线。

公理 6.3　加减平衡力系公理

在给定力系上增加或去除任意的平衡力系，并不改变原力系对刚体的作用效果。

由以上公理，可以得到两个推论。

推论 6.1　力的可传性

作用在刚体上的力，可沿着其作用线滑移到该物体的任何位置而不会改变此力对刚体的作用效应。

证明：如图 6-1(a)所示，力 $\boldsymbol{F}$ 为作用在刚体点 A 上的已知力，在力的作用线上任意一点 B 处加上一对大小均为 F 的平衡力 $\boldsymbol{F}_1$、$\boldsymbol{F}_2$（图 6-1(b)），由公理 6.3 可知新力系 $(\boldsymbol{F},\boldsymbol{F}_1,\boldsymbol{F}_2)$ 与原力系等效。而力 $\boldsymbol{F}$ 和 $\boldsymbol{F}_1$ 等值、反向、共线，根据公理 6.2，它们是平衡力系，故去除后不改变力系的作用效应(图 6-1(c))，所以剩下的力 $\boldsymbol{F}_2$ 与原力系 $\boldsymbol{F}$ 等效。

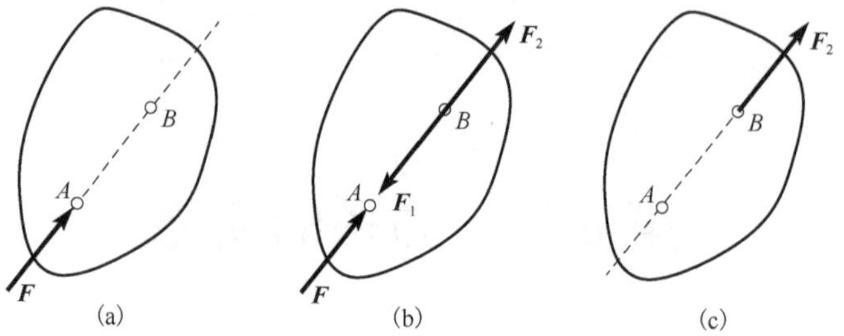

图 6-1

推论 6.1 表明，对刚体而言，力的作用点已不是决定力的作用效应的一个要素，作用在刚体上的力的三要素是力的大小、方向和作用线。由于作用在刚体上的力可沿作用线滑动，因此它是一个滑动矢量。

推论 6.2　三力平衡汇交定理

对于作用在刚体上的三个相互平衡的力，若其中两个力的作用线汇交于一点，则此三个力在同一平面内，且第三个力的作用线必然通过汇交点。

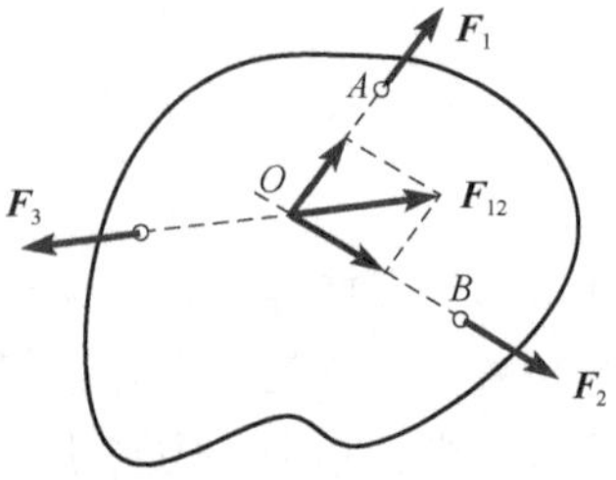

图 6-2

证明：如图 6-2 所示，在刚体的 A、B、C 三点上分别作用有三个相互平衡的力 $\boldsymbol{F}_1$、$\boldsymbol{F}_2$、$\boldsymbol{F}_3$。不失一般性，设力 $\boldsymbol{F}_1$、$\boldsymbol{F}_2$ 不平行，根据力的可传性，将力 $\boldsymbol{F}_1$、$\boldsymbol{F}_2$ 移动到这两个力的汇交点 O，由公理 6.1 得到合力 $\boldsymbol{F}_{12}$，力 $\boldsymbol{F}_3$ 应与力 $\boldsymbol{F}_{12}$ 平衡。根据公理 6.2，由于二力平衡，必然共线，所以力 $\boldsymbol{F}_3$ 必定与 $\boldsymbol{F}_1$、$\boldsymbol{F}_2$ 共面，且通过 $\boldsymbol{F}_1$ 和 $\boldsymbol{F}_2$ 的交点 O。

需要说明的是，若力 $\boldsymbol{F}_1$、$\boldsymbol{F}_2$ 的作用线平行，即不存在汇交点，此种情况下，力 $\boldsymbol{F}_3$ 也必然与 $\boldsymbol{F}_1$、$\boldsymbol{F}_2$ 的作用线平行，当这三个力满足一定的定量关系时，也可以平衡。

公理 6.4　作用力与反作用力定律

两物体间的相互作用力与反作用力总是同时存在，且大小相等，方向相反，作用线重合，分别作用在两个物体上。

公理 6.4 是牛顿第三定律，概括了自然界中物体之间相互作用力的关系，表明一切力总是成对出现的。已知作用力可知其反作用力，公理 6.4 是在进行物体的受力分析(7.2 节)时必须遵循的原则。需要指出的是，无论物体静止还是运动，公理 6.4 都成立。

公理 6.5　刚化公理

变形体在力系的作用下处于平衡，若将此变形体刚化为刚体，则其平衡状态不变。

举例来说，柔性绳索在一对等值、反向、共线的拉力作用下平衡，此时若将其刚化为刚性杆件，则平衡状态保持不变。反之则不然，等值、反向、共线的压力能够使刚性杆平衡，却不能使柔性绳平衡。由此可知，刚体上力系的平衡条件只是变形体平衡的必要条件，而不是充分条件。进一步，二力平衡公理也只对刚体有效。

6.2　力的平移定理与任意力系的简化

在工程实际中，物体受到的力是多种多样的，有集中力、分布载荷、力偶等。有时为了处理问题方便，需要利用力系的等效，用简单的力系去等效替换一个复杂的力系，这个过程就是

力系的简化。在第 5 章中，已经讨论了汇交力系的合力、力偶系的合力偶矩矢，这实际上也是力系简化的一种形式。从简化的角度来看，如果我们能够将作用在物体上的各个力等效地移动到某个简化中心，那么这些力就可以构成一个汇交力系，自然能够求出其矢量和；而力偶本身是自由矢量，自然可以通过矢量运算，求出其合力偶矩矢。

6.2.1　力的平移定理

如图 6-3(a)所示，力 $\boldsymbol{F}_A$ 作用在刚体上的点 A，若需要将此力平移至刚体上的任意一点 B，根据加减平衡力系公理，可在点 B 上施加一对与 $\boldsymbol{F}_A$ 平行的平衡力 $\boldsymbol{F}_B$ 和 $\boldsymbol{F}_B'$，$\boldsymbol{F}_B=-\boldsymbol{F}_B'=\boldsymbol{F}_A$，这三个力构成的力系与原作用在点 A 的一个力等效。显然在图 6-3(b)中，力 $\boldsymbol{F}_A$ 与力 $\boldsymbol{F}_B'$ 构成了一个力偶 $\boldsymbol{M}$，这个力偶称为附加力偶。此时作用在点 B 的力 $\boldsymbol{F}_B$ 和力偶 $\boldsymbol{M}$ 构成的力系与原先作用在点 A 的一个力等效，如图 6-3(c)所示。附加力偶 $\boldsymbol{M}$ 的力偶矩矢为

$$\boldsymbol{M}=\boldsymbol{r}_{BA}\times\boldsymbol{F}_A=\boldsymbol{M}_B\left(\boldsymbol{F}_A\right) \tag{6-1}$$

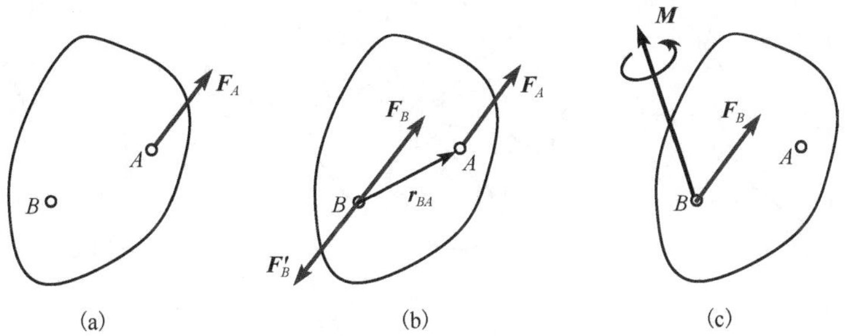

图 6-3

以上结果表明，**作用在刚体上的力可以向任意点平移，但必须同时附加一个力偶，该附加力偶的力偶矩矢等于平移前的力对平移点之矩**，此即为**力的平移定理**。

该定理指出，一个力可以等效为一个力和一个力偶，力偶矩矢垂直于力与平移点构成的平面，即该力偶作用于力和平移点构成的平面。反过来，可以证明同一平面内的一个力和一个力偶可以合成为一个力。

力的平移定理不仅是复杂力系简化的理论依据，又是分析力对物体作用效应的重要方法。如图 6-4(a)所示，力 $\boldsymbol{F}$ 的作用线通过球中心 C 可使球向前移动。如图 6-4(b)所示，如果力 $\boldsymbol{F}$ 的作用线偏移球心，根据力的平移定理，将力 $\boldsymbol{F}$ 向点 C 简化的结果是一个力 $\boldsymbol{F}'$ 和一个平面中的力偶 M，如图 6-4(c)所示。这个力偶使球产生转动，因此球一方面向前移动，另一方面做转动。乒乓球运动员打出的各种旋球就是依据的这个原理。

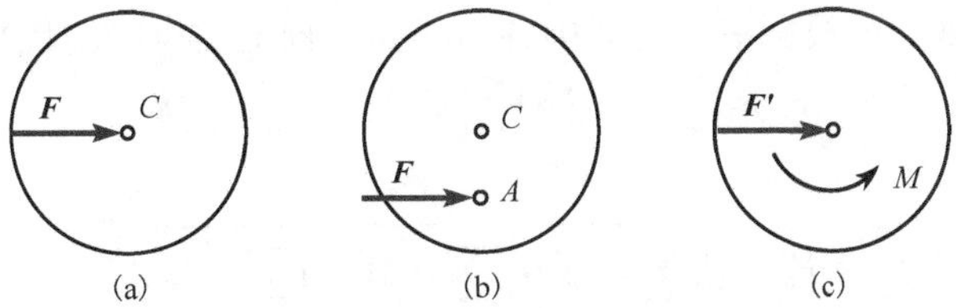

图 6-4

6.2.2 任意力系的简化

空间中任意分布的力系称为**空间任意力系**。若作用在刚体上的力和力偶都在同一平面内，则为**平面任意力系**。确定了空间任意力系的简化结果，就可以讨论其他各种空间、平面力系的简化结果。

考察作用在刚体上的空间任意力系$(\boldsymbol{F}_1,\boldsymbol{F}_2,\cdots,\boldsymbol{F}_i,\cdots,\boldsymbol{F}_n)$，如图 6-5(a)所示，这些力并非作用在同一点上，自然无法像汇交力系一样，通过平行四边形法则来进行化简。在空间上任意选择一点 O，此点称为**简化中心**。应用力的平移定理，将力系中所有的力逐一向简化中心 O 平移，第 i 个力 $\boldsymbol{F}_i$ 移动过去以后的结果是和 $\boldsymbol{F}_i$ 平行的力 $\boldsymbol{F}_i'$ 和一个附加力偶 $\boldsymbol{M}_i$，根据式(6-1)，其力偶矩矢 $\boldsymbol{M}_i=\boldsymbol{M}_O(\boldsymbol{F}_i)$。这样，任意力系就可以转化为汇交于简化中心 O 的由 $\boldsymbol{F}_1',\boldsymbol{F}_2',\cdots,\boldsymbol{F}_n'$ 构成的汇交力系，以及由所有附加力偶 $\boldsymbol{M}_1,\boldsymbol{M}_2,\cdots,\boldsymbol{M}_n$ 组成的力偶系，如图 6-5(b)所示。

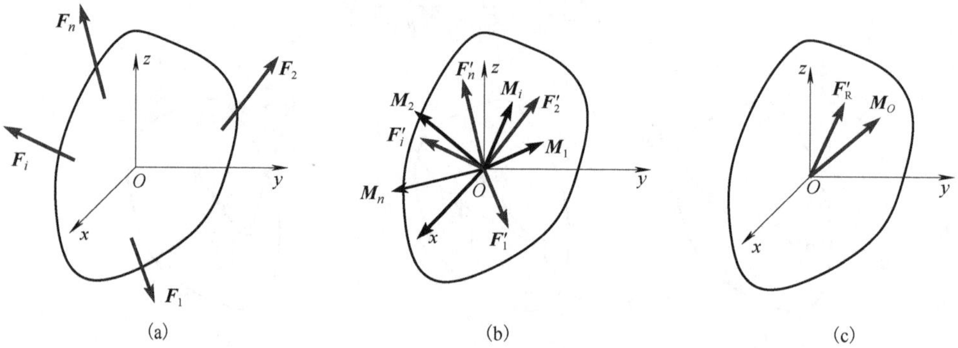

图 6-5

平移后得到的汇交力系和力偶系，可以合成为一个作用于点 O 的力 $\boldsymbol{F}_{\mathrm{R}}'$ 和一个力偶 $\boldsymbol{M}_O$。即

$$\boldsymbol{F}_{\mathrm{R}}'=\sum\boldsymbol{F}_i',\qquad \boldsymbol{M}_O=\sum\boldsymbol{M}_i=\sum\boldsymbol{M}_O(\boldsymbol{F}_i) \tag{6-2}$$

以上表明，任意力系向任意一点简化可得到一个力和一个力偶，这个力通过简化中心，其力矢量 $\boldsymbol{F}_{\mathrm{R}}'$ 称为力系的**主矢**，它等于力系中诸力的矢量和，并与简化中心的选择无关。简化结果中的力偶的力偶矩矢 $\boldsymbol{M}_O$ 称为力系对简化中心的**主矩**，它等于力系中诸力对简化中心之矩矢的矢量和，并与简化中心的选择有关。

通过简化中心作直角坐标系 $Oxyz$，则力系的主矢和主矩可以通过投影的方式进行计算。以 $F_{\mathrm{R}x}'$、$F_{\mathrm{R}y}'$、$F_{\mathrm{R}z}'$ 表示主矢 $\boldsymbol{F}_{\mathrm{R}}'$ 在坐标轴上的投影，F_{ix}、F_{iy}、F_{iz} 表示第 i 个力 $\boldsymbol{F}_i$ 在坐标轴上的投影，则有

$$F_{\mathrm{R}x}'=\sum F_{ix},\qquad F_{\mathrm{R}y}'=\sum F_{iy},\qquad F_{\mathrm{R}z}'=\sum F_{iz} \tag{6-3}$$

即力系的主矢在坐标轴上的投影等于力系中各力在同一轴上的投影的代数和。进一步有

$$\boldsymbol{F}_{\mathrm{R}}'=\left(\sum F_{ix}\right)\boldsymbol{i}+\left(\sum F_{iy}\right)\boldsymbol{j}+\left(\sum F_{iz}\right)\boldsymbol{k} \tag{6-4}$$

则主矢的大小为

$$F_{\mathrm{R}}'=\sqrt{\left(\sum F_{ix}\right)^2+\left(\sum F_{iy}\right)^2+\left(\sum F_{iz}\right)^2} \tag{6-5}$$

主矢的方向余弦为

$$\cos\left(\boldsymbol{F}_R',\boldsymbol{i}\right)=\frac{\sum F_{ix}}{F_R'},\quad \cos\left(\boldsymbol{F}_R',\boldsymbol{j}\right)=\frac{\sum F_{iy}}{F_R'},\quad \cos\left(\boldsymbol{F}_R',\boldsymbol{k}\right)=\frac{\sum F_{iz}}{F_R'} \tag{6-6}$$

同理，若用 M_{Ox}、M_{Oy}、M_{Oz} 分别表示主矩 $\boldsymbol{M}_O$ 在三个坐标轴上的投影，根据式(5-15)，即力对轴之矩和力对点之矩的关系，可得

$$\begin{cases} M_{Ox}=\left[\boldsymbol{M}_O\right]_x=\left[\sum \boldsymbol{M}_O\left(\boldsymbol{F}_i\right)\right]_x=\sum M_x\left(\boldsymbol{F}_i\right) \\ M_{Oy}=\left[\boldsymbol{M}_O\right]_y=\left[\sum \boldsymbol{M}_O\left(\boldsymbol{F}_i\right)\right]_y=\sum M_y\left(\boldsymbol{F}_i\right) \\ M_{Oz}=\left[\boldsymbol{M}_O\right]_z=\left[\sum \boldsymbol{M}_O\left(\boldsymbol{F}_i\right)\right]_z=\sum M_z\left(\boldsymbol{F}_i\right) \end{cases} \tag{6-7}$$

计算出三个投影，可得

$$\boldsymbol{M}_O=M_{Ox}\boldsymbol{i}+M_{Oy}\boldsymbol{j}+M_{Oz}\boldsymbol{k} \tag{6-8}$$

则主矩的大小为

$$M_O=\sqrt{M_{Ox}{}^2+M_{Oy}{}^2+M_{Oz}{}^2}=\sqrt{\left[\sum M_x\left(\boldsymbol{F}_i\right)\right]^2+\left[\sum M_y\left(\boldsymbol{F}_i\right)\right]^2+\left[\sum M_z\left(\boldsymbol{F}_i\right)\right]^2} \tag{6-9}$$

主矩的方向余弦为

$$\cos\left(\boldsymbol{M}_O,\boldsymbol{i}\right)=\frac{M_{Ox}}{M_O},\quad \cos\left(\boldsymbol{M}_O,\boldsymbol{j}\right)=\frac{M_{Oy}}{M_O},\quad \cos\left(\boldsymbol{M}_O,\boldsymbol{k}\right)=\frac{M_{Oz}}{M_O} \tag{6-10}$$

若作用在物体上的各力均在同一平面内，则各力对简化中心的矩可视为标量，主矩 M_O 等于各力对简化中心之矩的代数和，即

$$M_O=\sum M_O\left(\boldsymbol{F}_i\right) \tag{6-11}$$

需要注意的是，主矢并不是合力。合力是力，具有力的三要素，而主矢只是力系中各力的矢量和，主矢在大小和方向上与合力相同，但因为简化中心是任意的，所以没有作用点(作用线)的要素。

【例 6-1】 如图 6-6(a)所示的平面力系中，$F_1=1\,\text{kN}$，$F_2=F_3=F_4=5\,\text{kN}$，$M=3\,\text{kN}\cdot\text{m}$，各力的作用线与力偶的转向均已标示。求该力系向点 O、A 的简化结果。

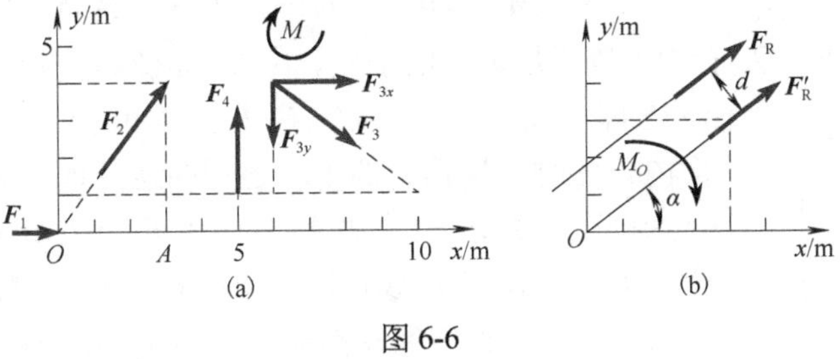

图 6-6

解 (1)计算力系的主矢。

$$F_{Rx}'=\sum F_{ix}=F_1+F_2\times\frac{3}{5}+F_3\times\frac{4}{5}=1+3+4=8\,(\text{kN})$$

$$F_{Ry}'=\sum F_{iy}=F_2\times\frac{4}{5}-F_3\times\frac{3}{5}+F_4=4-3+5=6\,(\text{kN})$$

得到力系的主矢的大小为

$$F_R'=\sqrt{\left(F_{Rx}'\right)^2+\left(F_{Ry}'\right)^2}=\sqrt{8^2+6^2}=10(\text{kN})$$

主矢与 x 轴的夹角：

$$\tan\alpha = \frac{F'_{Ry}}{F'_{Rx}} = \frac{3}{4}, \qquad \alpha = 36.87°$$

(2)计算力系的主矩。

将各力向点 O 简化，计算力系的主矩，注意此处计算 $M_O(\boldsymbol{F}_3)$ 时利用了合力矩定理，即 $M_O(\boldsymbol{F}_3)=M_O(\boldsymbol{F}_{3x})+M_O(\boldsymbol{F}_{3y})$。另外，力偶 M 也应考虑在内，其为顺时针转向，应以 $-3\text{kN}\cdot\text{m}$ 代入运算。

$$\begin{aligned} M_O &= \sum M_O(\boldsymbol{F}_i) = M_O(\boldsymbol{F}_1)+M_O(\boldsymbol{F}_2)+M_O(\boldsymbol{F}_3)+M_O(\boldsymbol{F}_4)+M \\ &= 0+0+(-4\times 4)+(-3\times 6)+5\times 5-3=-12(\text{kN}\cdot\text{m}) \end{aligned}$$

主矩的大小 $M_O = 12\ \text{kN}\cdot\text{m}$，负号表明其为顺时针转向，如图 6-6(b)所示。

作为练习，读者可以自行求解力系向点 A 的简化结果，以验证主矢与简化中心无关，而主矩与简化中心有关。

6.2.3 简化结果的分析

任意力系向简化中心简化，可以得到主矢和主矩两个特征量，之后还可以根据实际解决问题的需要，进一步简化为更简单的力系。

1. 平衡

此时，$\boldsymbol{F}'_R = \boldsymbol{0}$，$\boldsymbol{M}_O = \boldsymbol{0}$。平衡的具体条件和求解方法将在第 8 章进行详细阐述。

2. 合力偶

此时，$\boldsymbol{F}'_R = \boldsymbol{0}$，$\boldsymbol{M}_O \neq \boldsymbol{0}$。得到一个合力偶，其与原力系等效，力偶矩矢等于原力系对简化中心的主矩。力偶是自由矢量，因此主矩与简化中心的位置无关。

3. 合力

此时有两种情况。其一，$\boldsymbol{F}'_R \neq \boldsymbol{0}$，$\boldsymbol{M}_O = \boldsymbol{0}$，这种情况下，力系简化为一个合力 $\boldsymbol{F}_R$，合力的作用线通过简化中心 O，合力矢等于原力系的主矢。其二，如图 6-7 所示，$\boldsymbol{F}'_R \neq \boldsymbol{0}$，$\boldsymbol{M}_O \neq \boldsymbol{0}$，

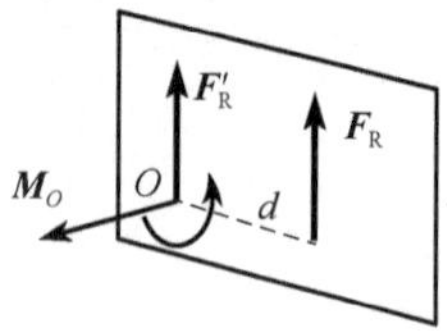

图 6-7

但是 $\boldsymbol{F}'_R \cdot \boldsymbol{M}_O = 0$，即主矢 $\boldsymbol{F}'_R$ 与主矩 $\boldsymbol{M}_O$ 相互垂直，作用在同一平面内。此时，根据力的平移定理的逆推理，$\boldsymbol{F}'_R$ 和 $\boldsymbol{M}_O$ 最终可以简化为一个合力 $\boldsymbol{F}_R$。合力 $\boldsymbol{F}_R$ 与主矢 $\boldsymbol{F}'_R$ 大小相等，其作用线方向与主矢 $\boldsymbol{F}'_R$ 相同，作用线在简化中心 O 的哪一侧需要根据主矢和主矩的方向确定，作用线与简化中心 O 的距离为

$$d = \frac{|M_O|}{F_R} \tag{6-12}$$

利用式(6-12)，可计算出例 6-1 进一步简化后得到的合力 $F_R = 10\text{kN}$，其与简化中心 O 的距离 $d = |M_O|/F_R = 12/10 = 1.2(\text{m})$，作用线的方向与位置如图 6-6(b)所示。

4. 力螺旋

当 $\boldsymbol{F}'_R \neq \boldsymbol{0}$，$\boldsymbol{M}_O \neq \boldsymbol{0}$ 且 $\boldsymbol{F}'_R \cdot \boldsymbol{M}_O \neq 0$ 时，也可分为两种情况讨论。其一，若 $\boldsymbol{F}'_R$ 与 $\boldsymbol{M}_O$ 平行，

此时已不能进行进一步简化，这种结果称为**力螺旋**。力螺旋就是由一个力和一个力偶组成的力系，且其中的力垂直于力偶的作用面，如图 6-8(a)所示，力螺旋是静力学中两个基本要素(力和力偶)组成的最简单的力系。其二，$\boldsymbol{F}_{\mathrm{R}}'$与$\boldsymbol{M}_O$不平行也不垂直，此时可以将主矩$\boldsymbol{M}_O$分解成为沿$\boldsymbol{F}_{\mathrm{R}}'$作用线方向的$\boldsymbol{M}$和垂直于$\boldsymbol{F}_{\mathrm{R}}'$作用线的$\boldsymbol{M}'$。根据前面讨论的结果，$\boldsymbol{F}_{\mathrm{R}}'$和$\boldsymbol{M}'$可以简化为与$\boldsymbol{M}$平行的合力$\boldsymbol{F}_{\mathrm{R}}$，这样$\boldsymbol{M}$和$\boldsymbol{F}_{\mathrm{R}}$就组成了一个力螺旋，如图 6-8(b)所示。力螺旋在工程中很常见，例如，用螺丝刀拧紧螺丝钉、用钻头钻孔时，作用在螺丝刀以及钻头上的力系都是力螺旋。

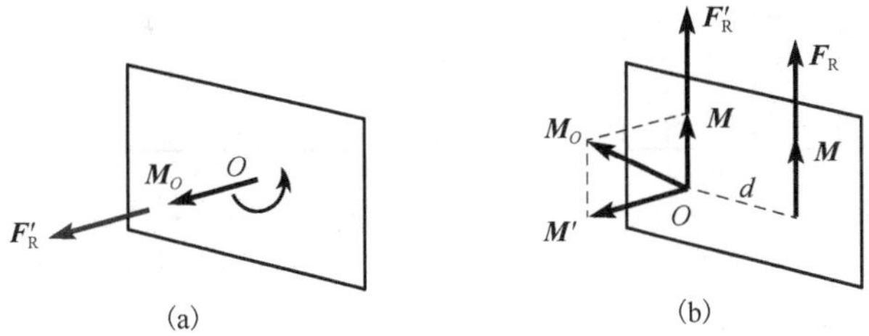

图 6-8

6.3　分布载荷与重心

6.3.1　分布载荷及其简化

分布载荷是作用于整个物体或物体某部分上的载荷，作用范围不能忽略。其又可分为体载荷、面载荷、线载荷等。体载荷是分布在物体的体积内的载荷，如重力。面载荷是分布在物体的表面上的载荷，如车棚上的雪载荷、水坝上的水压力等。线载荷是分布在一个狭长的体积内或狭长的面积上，而且相互平行的载荷，可以将其简化为沿狭长方向的中心线分布的载荷，如分布在梁上的载荷。

分布载荷的大小用集度表示，载荷集度表示载荷分布的密集程度。物体上每单位体积、单位面积和单位长度上所承受的载荷，分别称为体载荷集度、面载荷集度和线载荷集度，它们的单位分别为 $\mathrm{N/m^3}$、$\mathrm{N/m^2}$、N/m 或 $\mathrm{kN/m^3}$、$\mathrm{kN/m^2}$、kN/m。

在工程中，经常需要对分布载荷进行简化以方便进行力学分析，用一个简单的等效力系，来替代较为复杂的分布载荷，这个简单的等效力系往往是复杂力系的合力。如果作用在物体上的两个力系相互替代而不影响物体的运动状态的改变，则称这两个力系等效。**对于刚体而言，力系等效的充分必要条件是它们向任意一点简化的主矢相等，主矩也相等**。必须指出的是，这个条件对于变形体是不成立的。

如图 6-9(a)所示，作用在长度 l 上的分布载荷为 $q(x)$，讨论其合力的大小和作用线的位置。设分布载荷在 dx 微段上的微力 $\mathrm{d}F=q(x)\mathrm{d}x$，显然分布载荷的合力的大小为

$$F_{\mathrm{R}}=\int_l q(x)\mathrm{d}x \tag{6-13}$$

作为等效的力系，要求分布载荷对于任意一点之矩等于合力对同一点之矩，不妨取点 A 为矩心，则有$\int_l x\cdot q(x)\mathrm{d}x=F_{\mathrm{R}}\cdot x_C$，将式(6-13)代入，可确定合力作用线的位置：

$$x_C = \frac{\int_l x \cdot q(x)\mathrm{d}x}{\int_l q(x)\mathrm{d}x} \tag{6-14}$$

当分布载荷 $q(x)$ 是某一常数 q 时，工程中称其为**均布载荷**。根据式(6-13)、式(6-14)，容易得出其合力的大小 $F_R = ql$，合力作用线通过受载线段的中心的结论，如图 6-10(a)所示。对于最大载荷集度为 q_{max} 的三角形线性载荷，可得到如图 6-10(b)所示的结论。

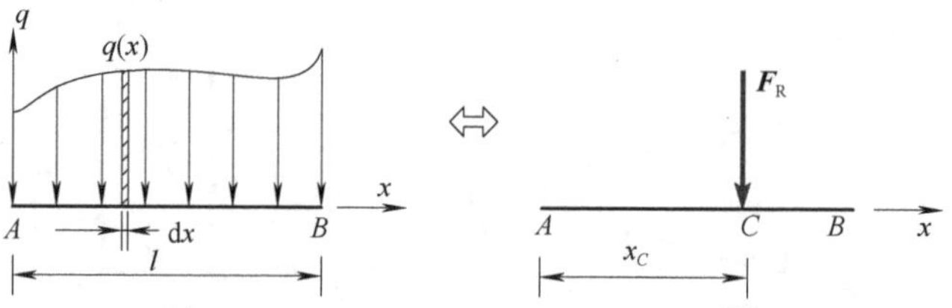

图 6-9

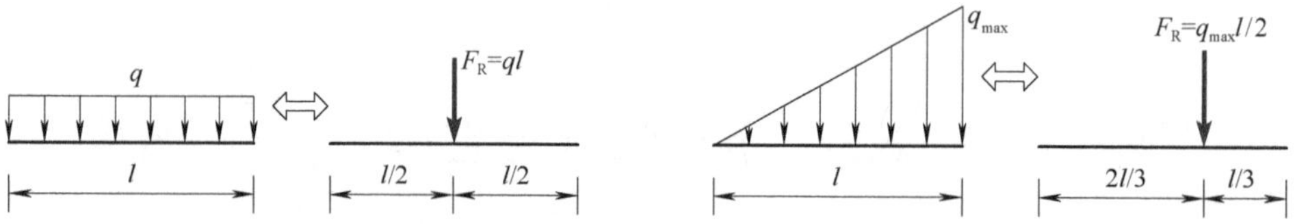

图 6-10

6.3.2 重心、形心和质心

重心在工程中具有重要的意义。对于机器人而言，重心的位置决定了机器人行动是否安全稳定；对于起重机而言，重心的位置决定了其在起吊重物时是否会发生倾覆。总之，重心与物体的平衡、运动、构件是否安全工作等都有密切的联系。

地球表面附近的物体，都受到地球引力的作用，地球对其表面附近物体的引力称为**重力**。重力的大小称为物体的**重量**。重力作用在物体的每一个微小的部分上，因此它是一个分布力系，这些分布的重力都指向地心，所以它又是一个空间汇交力系。通过计算可知，地球表面相距 30m 的两点上，重力之间的夹角也不会超过1″，所以工程上把物体各微小部分的重力视为空间平行力系是足够精确的，一般所说的重力，就是这个空间平行力系的合力。刚体在地球表面无论如何放置，其平行分布的重力的合力作用线，都通过该物体上的一个确定的点，这一点就称为物体的**重心**。所以物体的重心就是物体重力合力的作用点。一个物体的重心，相对于物体本身来说，其位置是固定不变的。

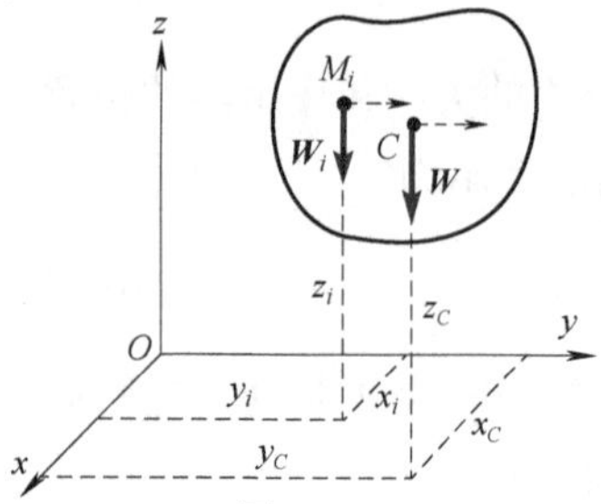

图 6-11

如图 6-11 所示，取直角坐标系 $Oxyz$，其中 z 轴平行于物体的重力。将物体分割为许多微小部分，其中位于坐标 (x_i, y_i, z_i) 某一微小部分 M_i 上的重力为 $\boldsymbol{W}_i$，物体重心 C 的坐标为 (x_C, y_C, z_C)，显然物体的重力 $\boldsymbol{W} = \sum \boldsymbol{W}_i$。利用合力矩定理，对 y 轴，有 $Wx_C = \sum W_i x_i$；同理对 x 轴，有 $-Wy_C = -\sum W_i y_i$。将物体固结在坐标系中，随坐标系一起绕 x 轴旋转 90°，使 y 轴铅垂向下，这时，重力 $\boldsymbol{W}$ 和 $\boldsymbol{W}_i$ 都平行于 y 轴，如图 6-11 中虚线所示。然后对 x 轴应用合力矩定理，可得 $-Wz_C=-\sum W_i z_i$。由上面各式，可得物体重心 C 的坐标公式为

$$x_C=\frac{\sum W_i x_i}{W},\quad y_C=\frac{\sum W_i y_i}{W},\quad z_C=\frac{\sum W_i z_i}{W} \tag{6-15}$$

若物体是均质的，那么单位体积的重量 γ 是常数，若物体体积为 V，则 $W=\gamma V$。以 ΔV_i 表示微小部分 M_i 的体积，则 $W_i=\gamma\Delta V_i$。代入式(6-15)，则有

$$x_C=\frac{\sum \Delta V_i x_i}{V},\quad y_C=\frac{\sum \Delta V_i y_i}{V},\quad z_C=\frac{\sum \Delta V_i z_i}{V} \tag{6-16}$$

若将物体分割为无限多的小块，则式(6-16)可改写为积分形式，即

$$x_C=\frac{\int_V x\mathrm{d}V}{V},\quad y_C=\frac{\int_V y\mathrm{d}V}{V},\quad z_C=\frac{\int_V z\mathrm{d}V}{V} \tag{6-17}$$

这说明，均质物体的重心位置与物体的重量无关，完全取决于物体的大小和形状，所以，均质物体的重心又称为**形心**。确切地说，式(6-15)确定的点称为物体的重心，而式(6-16)确定的点称为几何形体的形心。

若质点系由 n 个质点组成，第 i 个质点 M_i 的质量为 m_i，相对于固定点 O 的矢径为 $\boldsymbol{r}_i$，整个质点系的质量 $m=\sum m_i$，则质点系的**质量中心**(简称**质心**) C 的矢径为

$$\boldsymbol{r}_C=\frac{\sum m_i \boldsymbol{r}_i}{m} \tag{6-18}$$

在地球表面附近，重力与质量成正比，将 $W_i=m_i g$，$W=mg$ 代入式(6-15)，可得

$$x_C=\frac{\sum m_i x_i}{m},\quad y_C=\frac{\sum m_i y_i}{m},\quad z_C=\frac{\sum m_i z_i}{m} \tag{6-19}$$

此即为式(6-18)在坐标轴上的投影式。可见在重力场中，物体的重心和质心的位置是重合的。进一步，在重力场中，均质物体的重心、形心和质心重合。

对于均质物体，若在几何形体上具有对称面、对称轴或对称点，则物体的重心或形心就在此对称面、对称轴或对称点上。若物体具有两个对称面，则重心在两个对称面的交线上；若物体有两个对称轴，则重心在两个对称轴的交点上。对于在 z 方向等厚度的物体或薄板类构件，可将物体简化为垂直于厚度方向的平面图形，那么式(6-16)可改写为

$$x_C=\frac{\sum \Delta A_i x_i}{A},\quad y_C=\frac{\sum \Delta A_i y_i}{A} \tag{6-20}$$

式中，A 表示平面图形的面积；ΔA_i 表示微小部分 M_i 的面积。若平面图形可以由若干简单平面图形组成，那么其形心坐标为

$$x_C=\frac{\sum A_i x_{Ci}}{A},\quad y_C=\frac{\sum A_i y_{Ci}}{A} \tag{6-21}$$

式中，(x_{Ci},y_{Ci}) 表示第 i 个简单平面图形的形心坐标，而 A_i 是其面积。若某个图形被挖去一部分，挖去的部分可以用其负面积来进行计算。

【例 6-2】　角钢的截面尺寸如图 6-12(a)所示，在图示坐标下，确定其形心的位置。

解法一　将截面图形分割成为两个矩形，如图 6-12(a)所示的 A_1 和 A_2，矩形的形心位于对角线的交点，故可确定矩形 A_1 和 A_2 各自形心 C_1 和 C_2 的坐标。

$$x_{C1}=10\text{mm}，\quad y_{C1}=\left(20+\frac{120-20}{2}\right)\text{mm}=70\text{mm}$$

$$x_{C2}=50\text{mm}，\quad y_{C2}=10\text{mm}$$

两个矩形的面积为

$$A_1=\left[(120-20)\times 20\right]=2000(\text{mm}^2)，\quad A_2=100\times 20=2000(\text{mm}^2)$$

根据式(6-21)，计算截面的形心坐标：

$$x_C=\frac{\sum A_i x_{Ci}}{A}=\frac{A_1x_{C1}+A_2x_{C2}}{A_1+A_2}=\frac{2000\times 10+2000\times 50}{2000+2000}=30(\text{mm})$$

$$y_C=\frac{\sum A_i y_{Ci}}{A}=\frac{A_1y_{C1}+A_2y_{C2}}{A_1+A_2}=\frac{2000\times 70+2000\times 10}{2000+2000}=40(\text{mm})$$

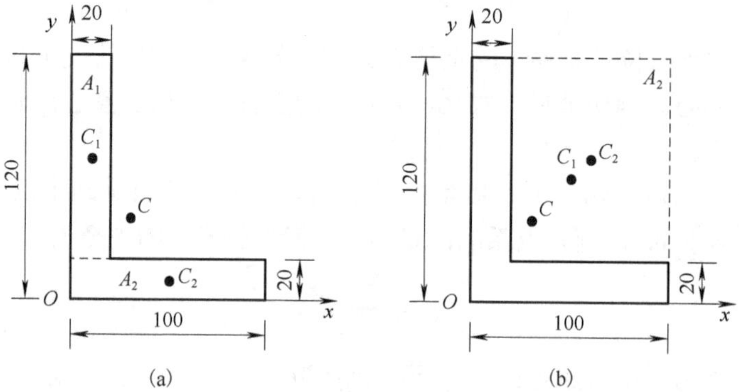

图 6-12

解法二 如图 6-12(b)所示，将截面图形视为尺寸 100×120 的大矩形 A_1，挖去尺寸 80×100 的矩形 A_2，此时矩形 A_1 和 A_2 各自形心 C_1 和 C_2 的坐标分别为

$$x_{C1}=50\text{mm}，\ y_{C1}=60\text{mm}$$

$$x_{C2}=\left(20+\frac{100-20}{2}\right)\text{mm}=60\text{mm},\ \ y_{C2}=\left(20+\frac{120-20}{2}\right)\text{mm}=70\text{mm}$$

两个矩形的面积为

$$A_1=120\times 100=12000(\text{mm}^2),\quad A_2=-(120-20)\times(100-20)=-8000(\text{mm}^2)$$

根据式(6-21)，计算截面的形心坐标：

$$x_C=\frac{\sum A_i x_{Ci}}{A}=\frac{A_1x_{C1}+A_2x_{C2}}{A_1+A_2}=\frac{12000\times 50-8000\times 60}{12000-8000}=30(\text{mm})$$

$$y_C=\frac{\sum A_i y_{Ci}}{A}=\frac{A_1y_{C1}+A_2y_{C2}}{A_1+A_2}=\frac{12000\times 60-8000\times 70}{12000-8000}=40(\text{mm})$$

对于工程中一些非均质、形状复杂的零部件，其重心的位置可以通过试验方法来确定，如采用悬挂法、称重法等，这里不作详细介绍。随着计算机三维建模软件的成熟，工程人员还可以对复杂零件进行三维建模，对模型赋予密度等物理参数，则软件能够自动计算出重心、形心的位置。

机器人的重心位置随着机器人的运动会发生变化。工业机器人机械臂伸出、收回都会改变机器人重心的位置。轮式或人形机器人在路面上运动时，若遇到爬坡、下坡或障碍物，会令机器人的重心发生偏置，从而导致机器人的运动状态不稳定，甚至发生翻倒现象。取物机器人在满载和空载情况下，重心的位置也会发生变化。在机器人设计环节，重心和平衡问题是必须要考虑的，在一些机器人结构中还专门设置了自适应的重心调节装置，以确保机器人稳定可靠地工作。我们可以通过运动仿真软件来确定机器人运动时重心变化的轨迹，并考虑在工作极限位置或极限工况条件下重心位置对运动的影响。

思　考　题

6.1　加减平衡力系公理和作用力与反作用力定律有何区别？

6.2　一个平面汇交力系最终的简化结果会是什么力系？

6.3　一个力偶系最终的简化结果会是什么力系？

6.4　一个平面任意力系是否有可能简化为力螺旋？

6.5　对于汇交于一点的三个力，只要其中的两个力在一条直线上，则第三个力必然为零。这个说法是否正确？

6.6　已知平面汇交力系的汇交点为 A，且满足方程 $\sum M_B(\boldsymbol{F}_i)=0$（$B$ 为力系平面内的另一点），若此力系不平衡，则其合力具有什么特点？

6.7　已知平面平行力系的诸力与 y 轴不垂直，且满足方程 $\sum F_{iy}=0$，若此力系不平衡，则其可能的简化结果是什么？

6.8　什么是物体的重心、质心和形心？这三者有何区别与联系？在何种条件下，这三者在物体的几何位置上重合？

6.9　通过文献检索，了解工业机器人在运动过程中的重心变化对机器人工作的影响，并了解影响工业机器人重心的因素有哪些，为了使工业机器人能够稳定安全地工作，采用了哪些方法来控制机器人重心的位置？

习　　题

6-1　如题 6-1 图所示，已知作用在等边三角形 ABC 顶点上的三个力为一平面力系，$F_1=F_2=F_3=F$，$\theta=60°$，三角形各边长 l。求该力系向三角形中心点 O 简化的结果。

6-2　平面力系向点 O 简化，得题 6-2 图所示的主矢 $F_R'=20\,\text{kN}$，主矩 $M_O=10\,\text{kN}\cdot\text{m}$。图中长度单位为 m，求力系分别向点 $A(3,2)$ 和点 $B(-4,0)$ 简化的结果。

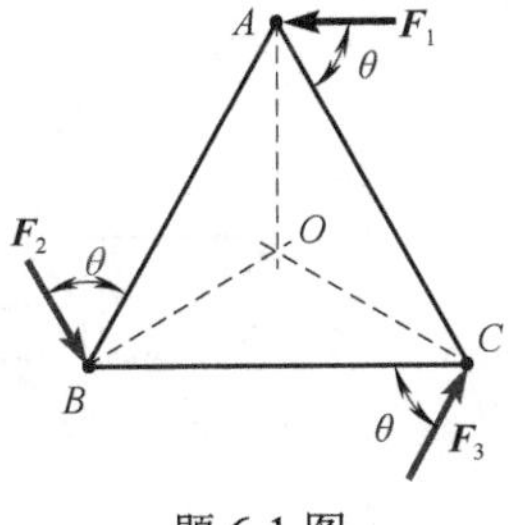

题 6-1 图

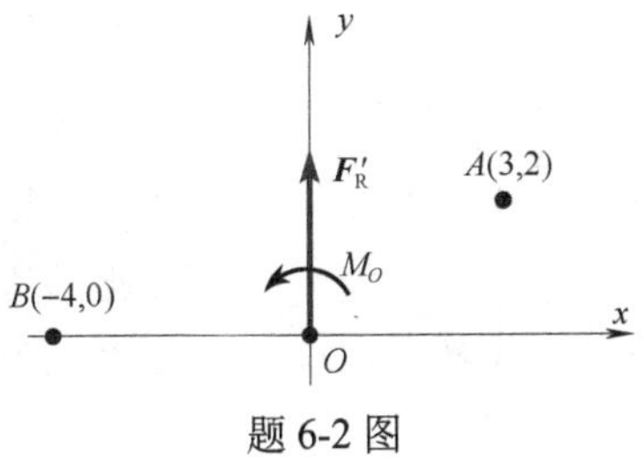

题 6-2 图

6-3 已知某平面力系对力系平面内的三点 $A(2,4)$、$B(1,2)$、$C(3,1)$ 的主矩分别为 M_A、M_B、M_C。若 $M_A = M_B = 0$，而 $M_C < 0$，求该力系简化的结果。

6-4 如题 6-4 图所示，水平梁 AB 受三角形分布载荷作用，载荷的最大集度为 q，梁长 l。试求合力大小及作用线的位置。

6-5 在题 6-5 图所示的平面力系中，已知：$F_1 = 10\ \text{N}$，$F_2 = 40\ \text{N}$，$F_3 = 40\ \text{N}$，$M = 30\ \text{N}\cdot\text{m}$。试求其合力大小、方向，并在图上标出(坐标单位：m)。

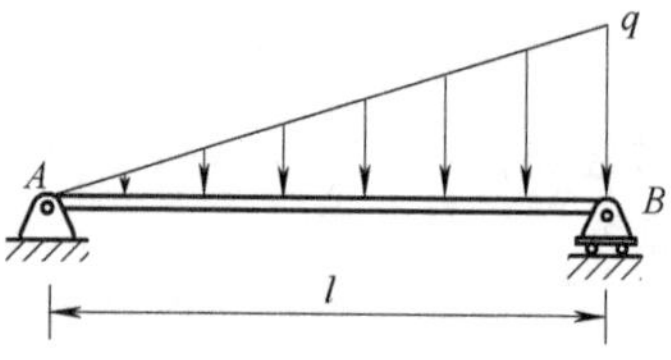

题 6-4 图

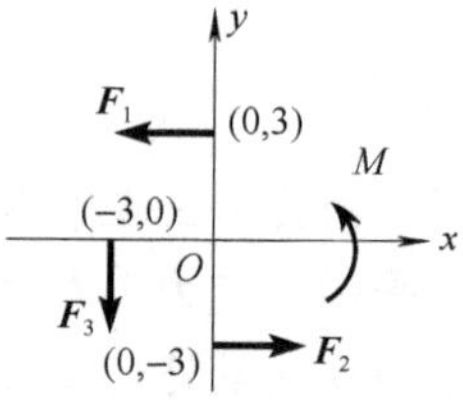

题 6-5 图

6-6 如题 6-6 图所示，在长方形平板的 O、A、B、C 点上分别作用有四个力，$F_1 = 1\ \text{kN}$，$F_2 = 2\ \text{kN}$，$F_3 = F_4 = 3\ \text{kN}$，试求以上四个力构成的力系的最终合成结果。

6-7 如题 6-7 图所示，悬臂梁长 $4a$，受集中力 $\boldsymbol{F}$、均布载荷 q 和矩为 M 的力偶作用，求该力系向 A 点简化的结果。

6-8 长方体的顶角 A 和 B 处分别作用有力 $\boldsymbol{F}_1$ 和 $\boldsymbol{F}_2$，如题 6-8 图所示，已知 $F_1 = 500\ \text{N}$，$F_2 = 700\ \text{N}$，求该力系向坐标原点 O 简化的主矢和主矩。

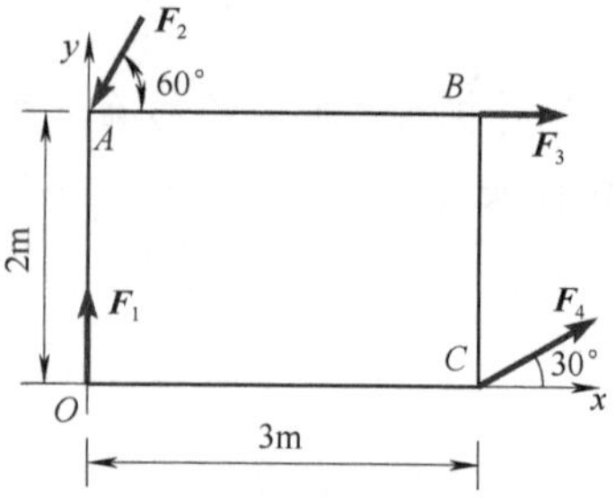

题 6-6 图

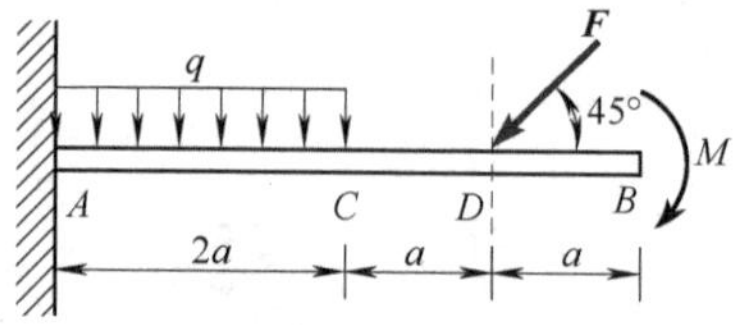

题 6-7 图

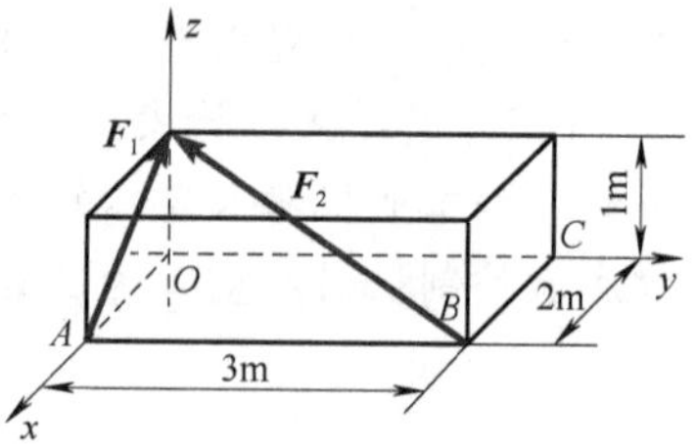

题 6-8 图

6-9 如题 6-9 图所示，空间力系作用于边长为 a 的正六面体上，其中 $F_1 = F_2 = F_3 = F_4 = F$，$F_5 = F_6 = \sqrt{2}F$。求此力系的简化结果。

6-10 求题 6-10 图所示各图形的形心位置。

6-11 均质曲杆的尺寸如题 6-11 图所示，求此曲杆的重心坐标。

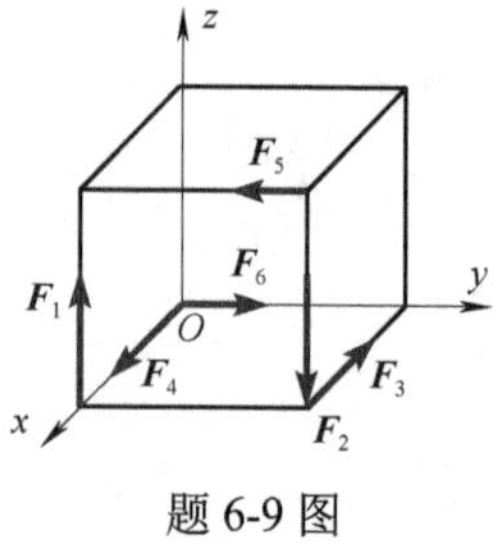

题 6-9 图

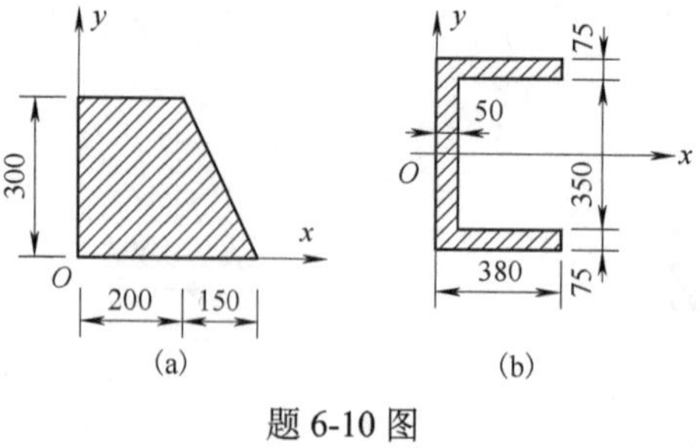

题 6-10 图

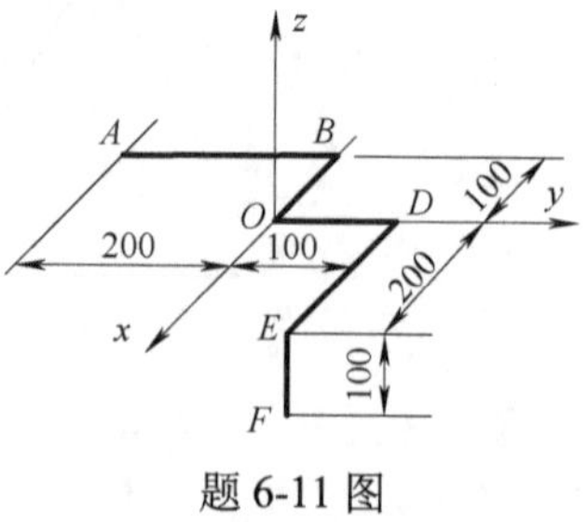

题 6-11 图

第 7 章　约束与受力分析

以地球作为参考系，物体在受到各种外部载荷的作用下静止或运动。要正确处理物体的力学问题，首先要分析清楚作用在物体上的各种力，包括主动力和由于周边物体对其运动限制而形成的约束力。本章首先说明工程中常见的约束及其相应的约束力，进而讨论物体的受力分析，着重于对研究对象画出正确的受力分析图，以期为后续的静力学、动力学以及材料力学问题建立正确的力学分析模型。

7.1　约束与约束力

7.1.1　载荷与约束力

如果一个物体不受任何限制，可以在空间中自由运动，如在空中自由飞行的飞机，这类物体称为**自由体**；反之如果一个物体受到一定的限制，使其在空间或某些方向的运动成为不可能，例如，放在桌上的物体不能穿过桌面向下运动，这类物体称为**非自由体**。

对于物体的运动(位置和速度)所施加的限制条件称为**约束**。机构中的各个物体之间如果没有适当的方式进行联系从而受到限制，就不能恰当地传递运动，实现预想的动作；工程结构如果不受到某种限制，便不能承受载荷以满足各种需要。实际问题中，约束常常以物体相互接触的方式构成，我们把构成约束的周围物体称为**约束体**，工程中常简称**约束**。例如，对于沿着轨道运行的工作机器人，轨道限制了机器人的运动，它就是工程中的约束；对于摆动的单摆，绳子就是约束，它使摆锤只能在不大于绳长的范围内运动，而通常是以绳长为半径的圆弧运动。

工程中的物体或构件往往受到很多力的作用，主动作用于物体，以改变其运动状态的力称为**主动力**，工程中也称为**载荷或荷载**，如水压力、重力、电磁力、驱动力等都属于此类，主动力的方向和大小在工程问题中一般是事先确定或预估的，在工程力学的计算中通常是预先给定的。当物体在主动力作用下的运动或运动趋势受到约束阻碍时，这种约束阻碍就表现为约束作用于被约束物体的**约束力**。因此，约束力是一种被动力，其大小和方向不能预先确定，只能由主动力的状况和约束的性质被动给出。**约束力的方向总是与该约束所能阻碍的物体运动方向相反**。约束力的大小要根据被约束物体的运动状态而定，当物体处于平衡时，可以根据第 8 章所描述的静力学平衡条件进行求解，物体不平衡时，需要根据动力学关系确定约束力的大小。

7.1.2　工程中常见的约束

将工程中常见的约束理想化，可以归纳为几种基本类型，并根据约束的特点分别说明其约束力的表示方法。

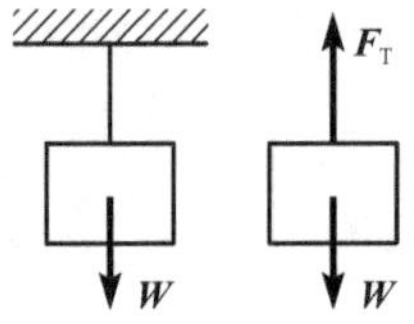

图 7-1

1. 柔索约束

由绳索、胶带、链条等形成的约束称为柔索约束。这类约束只能限制物体沿柔索伸长方向的运动，因此它对物体只有沿柔索背离被约束物体方向的拉力，如图 7-1 所示，常用符号为 $\boldsymbol{F}_T$。凡是只能阻止物体沿相反方向运动的约束称为**单面约束**，否则称为**双面约束**。柔索是单面约束，单面约束的约束力方向是确定的，而双面约束的约束力指向还取决于物体的运动趋势。

2. 光滑接触面约束

光滑接触面只能限制物体在接触点沿接触面的公法线方向的运动，不能限制物体沿接触面切线方向的运动，故约束力必过接触处沿两接触面的公法线方向并指向被约束物体，简称法向约束力，通常用 $\boldsymbol{F}_N$ 表示。图 7-2(a)、(b) 分别为光滑曲面对刚体球的约束和齿轮传动机构中齿轮轮齿的约束。当平面与点接触时，如图 7-3(a) 所示，直杆与方槽在点 A、B、C 接触，此时可将尖点看作半径很小的圆，则三处的约束力通过接触点，沿另一接触面的法线方向，如图 7-3(b) 所示。

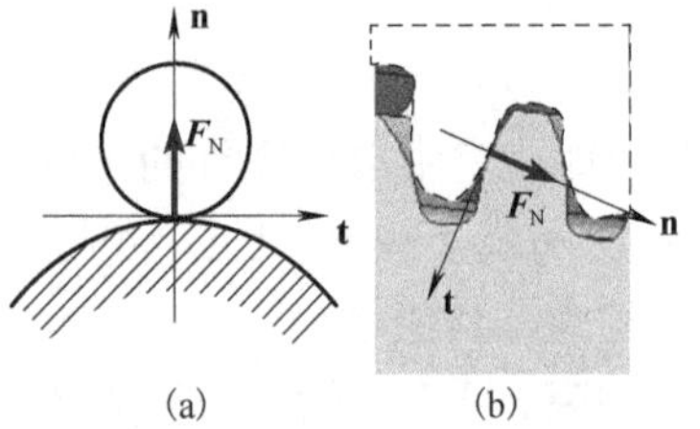

图 7-2

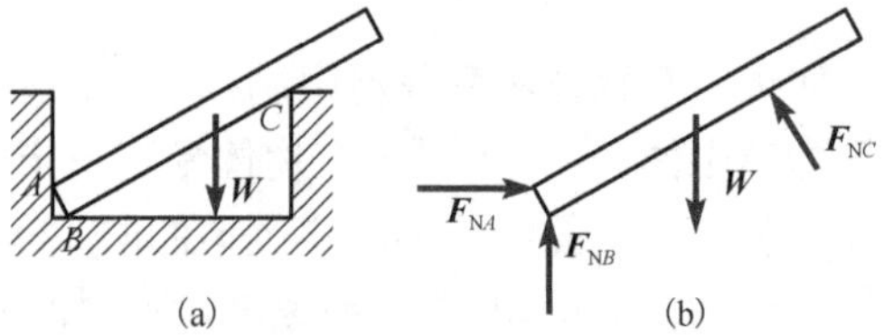

图 7-3

3. 光滑铰链约束

铰链是工程上常见的一种约束。它是在两个有着圆孔的构件之间采用短圆柱定位销所形成的连接，如图 7-4(a) 所示。在各类机构的杆件连接处，光滑铰链应用非常普遍。例如，工业机器人大臂和小臂的连接、小臂与抓手的连接关节位置常采用光滑铰链连接。又如，门与门框、起重机的动臂与机座之间的连接等都是常见的光滑铰链连接。

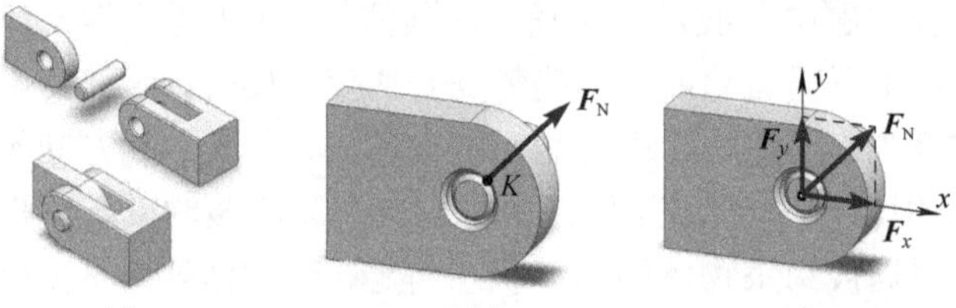

图 7-4

光滑铰链连接中构件可以绕销钉轴转动，但不能做任何垂直销钉轴线方向的移动。当认为构件和销钉之间为光滑接触时，构件与销钉之间的约束力应通过接触点 K 并沿公法线方向（通过销钉中心），如图 7-4(b) 所示。在计算分析之前实际上很难确定 K 点的确切位置，自然就难以确定约束力 $\boldsymbol{F}_N$ 的方向。为克服这种困难，约束力通常用两个通过铰链中心的大小未知的正

交分力 $\boldsymbol{F}_x$、$\boldsymbol{F}_y$ 来表示，$\boldsymbol{F}_{\mathrm{N}}=\boldsymbol{F}_x+\boldsymbol{F}_y$，如图 7-4(c)所示，两正交分力的指向可以任意假设，定量计算出分力的大小，就能确定 $\boldsymbol{F}_{\mathrm{N}}$ 的大小和真实方向。

光滑铰链约束在工程中还可以分成以下几类。

1) 固定铰链

组成铰链的构件中，有一部分与基础，如墙体、柱体、机身固定连接，且固定不动，这种铰链称为固定铰链，也称为**固定铰支座**，如图 7-5(a)所示，图 7-5(b)表示这种约束的简图与约束力的形式，图 7-5(c)表示工程力学教材中常见的简化图示。

2) 可动铰链

在一些机械结构或机构，以及桥梁、屋架等建筑物结构中也常使用可动铰链。这种约束是在固定铰链支座与光滑支承面之间放一个或几个圆柱形滚子所形成的，这种支座又称为**可动铰支座**，也称为**辊轴支座**，它的构造如图 7-6(a)所示。由于辊轴的作用，被支承构件可沿支承面的切线方向做微小的移动，故其约束力只能在滚子与光滑支承面接触面的公法线方向且通过铰链中心。这种约束的简图与约束力的形式如图 7-6(b)所示，图 7-6(c)表示工程力学教材中常见的简化图示。需要注意的是，图 7-5～图 7-8 中所示的约束力是约束作用于被约束物体的力，它的受力体是被约束的杆件。

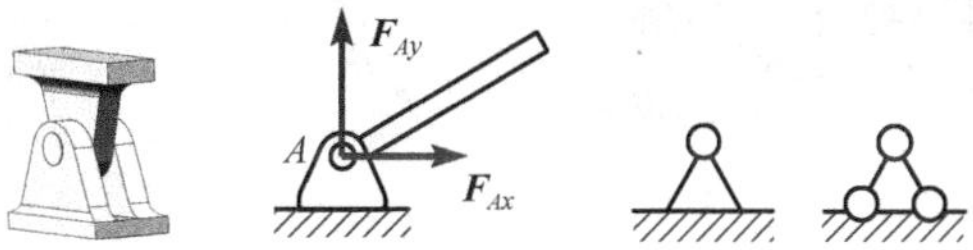

(a) (b) (c)

图 7-5

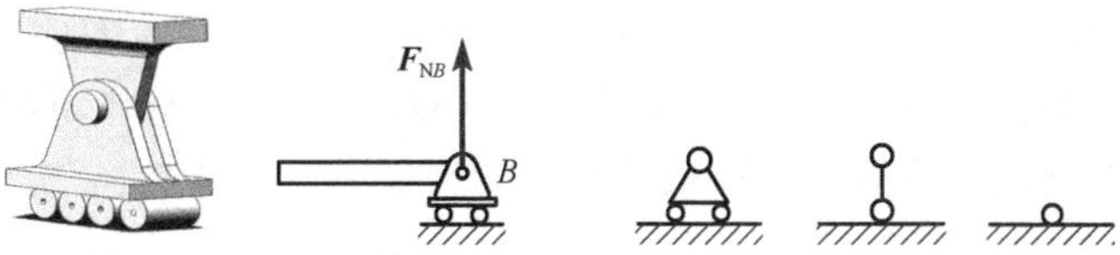

(a) (b) (c)

图 7-6

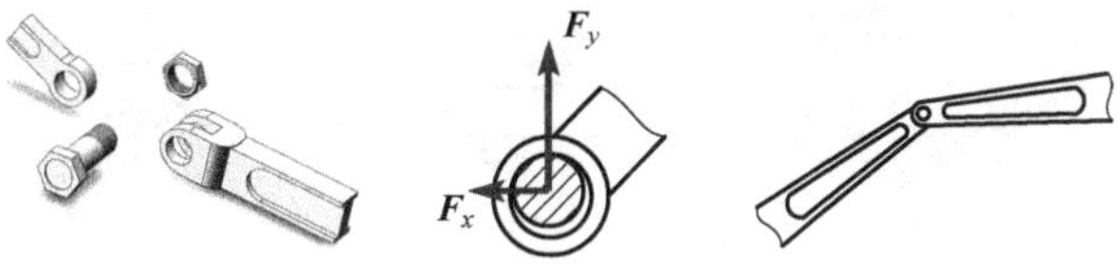

(a) (b) (c)

图 7-7

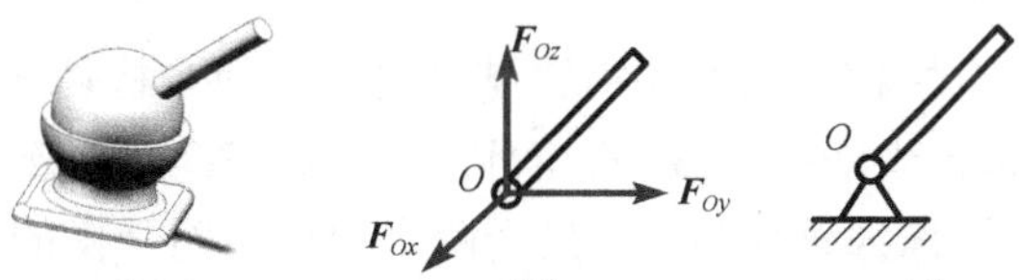

(a) (b) (c)

图 7-8

3) 中间铰链

如图 7-7(a)所示，中间铰链用于连接两个可以相对转动但不能相对移动的构件，如曲柄连杆机构中曲柄与连杆、连杆与滑块的连接。这种约束的简图与约束力的形式如图 7-7(b) 所示。通常在两个构件连接处用一个小圆圈表示铰链，如图 7-7(c) 所示。

4) 球形铰链

球形铰链，简称球铰，是空间类型的光滑铰链约束，如图 7-8(a) 所示，其一方为球头，另一方为相应的球窝，汽车上的变速操纵杆便可视为这类约束。球形铰链的约束力可简化为通过球心 O、大小待定的三个正交分力，如图 7-8(b) 所示。图 7-8(c) 是其简化图示。

4. 轴承约束

轴承是机械设备中一种重要的零部件，它的主要功能是支撑机械旋转体。常见轴承类型有向心轴承和推力轴承。

1) 向心轴承

向心轴承的实物如图 7-9(a) 所示，向心轴承主要用于承受径向载荷，它不限制轴的转动，也不限制轴沿轴线方向上的微小窜动，只限制轴沿轴径方向上的径向运动。其约束力如图 7-9(b) 所示，图 7-9(c) 是其简化图示。

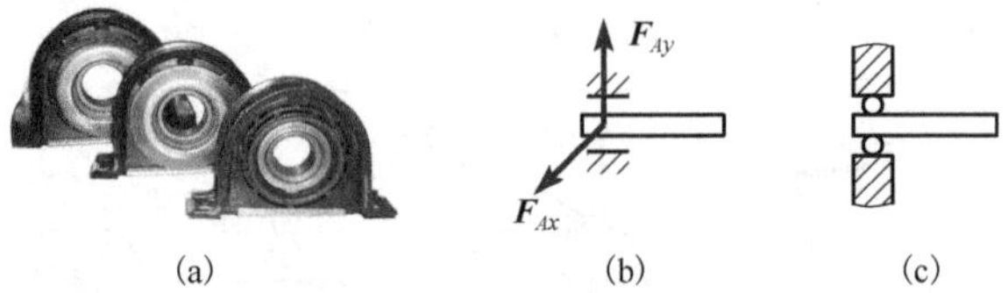

图 7-9

2) 推力轴承

推力轴承用来专门承受轴向力，即与轴平行的方向的力。推力轴承也称作止推轴承。

推力轴承的实物如图 7-10(a) 所示，除了与向心轴承一样具有作用线不定的径向约束力，由于限制了轴的轴向运动，因而还有沿轴线方向的约束力，如图 7-10(b) 所示，图 7-10(c) 是其简化图示。

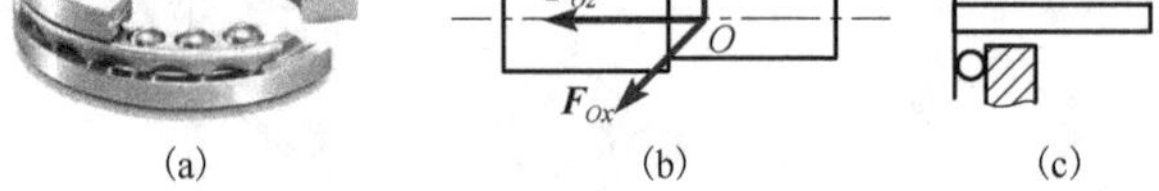

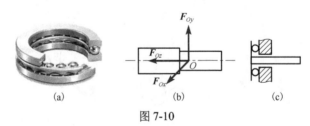

图 7-10

5. 链杆约束

若不考虑自重的轻质刚性构件的两端用铰链与另外的两个构件连接在一起，如图 7-11(a) 中的杆 BC，则它只受到来自光滑铰链 B、C 的作用力。杆 BC 对相连物体的反作用力起到了约束力的作用，这种约束装置称为链杆约束。只受两个力作用而平衡的构件称为**二力构件**。二力构件所受到的两个力必定等值、反向、共线，则它给相关物体的约束力必然与二力构件的受力方向相反。二力构件并不一定是直杆，它可以是任意形状。二力构件 BC 的受力如图 7-11(b) 所示，而其所约束的杆件 ACD 的受力如图 7-11(c) 所示。

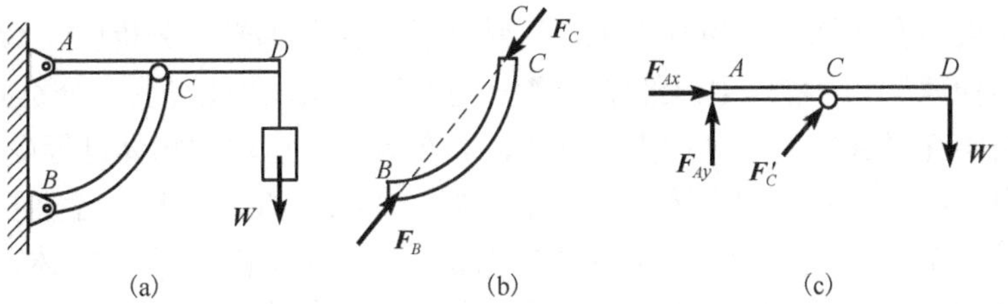

图 7-11

6. 固定端约束

工程中，固定端是一种常见的约束，被固定端约束的物体，如建筑物中的阳台、车床上的车刀、插入地面的电线杆以及焊铆接和用螺栓连接的结构等，这类物体的连接方式的特点是连接处刚性很大，两个物体之间既不能产生相对移动，也不能产生相对转动。如图 7-12(a)所示，杆 AB 的 A 端嵌入基础上，杆件本身受到各种外载荷的作用，那么固定端的约束力是包围着杆件与基础接触部分的一个复杂的分布力系，如图 7-12(b)所示。按照第 6 章力系简化的方法来分析，将此复杂分布力系向 A 端的一点简化，可得到一个力 $\boldsymbol{F}_A$ 和一个力偶矩矢 $\boldsymbol{M}_A$，如图 7-12(c)所示。由于这个力 $\boldsymbol{F}_A$ 的大小和方向均未知，可以用其沿坐标轴的分力 $\boldsymbol{F}_{Ax}$、$\boldsymbol{F}_{Ay}$、$\boldsymbol{F}_{Az}$ 来代替。同样的，力偶矩矢 $\boldsymbol{M}_A$ 的大小和方向不定，也可以用沿着坐标轴的分量 $\boldsymbol{M}_x$、$\boldsymbol{M}_y$、$\boldsymbol{M}_z$ 来代替，如图 7-12(d)所示。由此可以看出，对于空间固定端，其上共有三个约束力分量和三个约束力偶分量。若考虑如图 7-12(e)所示的平面固定端约束，固定端约束限制杆件在平面内的转动，因此在主动力作用下，固定端不仅存在限制移动的约束力分量 $\boldsymbol{F}_{Ax}$、$\boldsymbol{F}_{Ay}$，还存在限制转动的约束力偶 M_A，如图 7-12(f)所示。

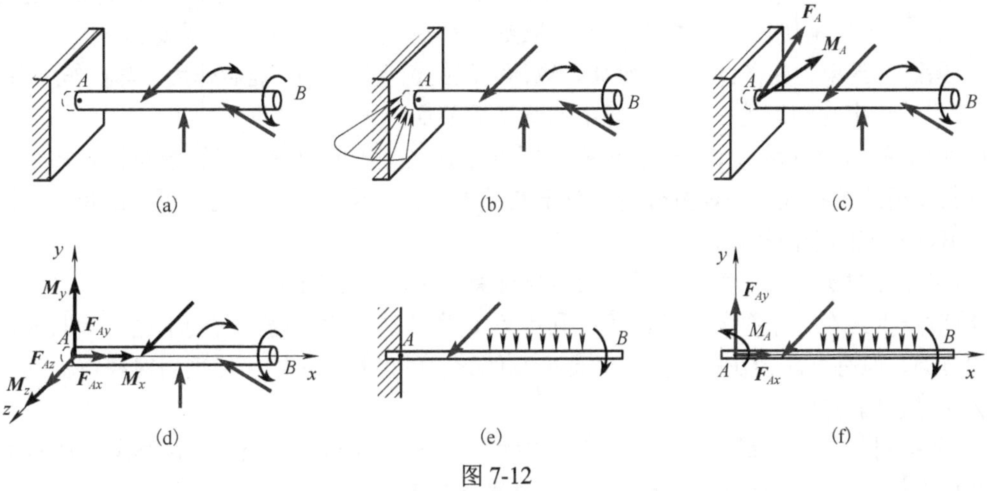

图 7-12

7.2 物体的受力分析

在解决力学问题时，首先要选定需要进行研究的物体或连接在一起的几个物体的整体，即确定研究对象，然后分析对象的受力情况，这个过程称为受力分析。将作用在研究对象上的所有主动力以及约束力在计算简图中画出来，这种计算简图称为受力分析图，简称受力图。

读者在中学物理、大学物理中已经学习了一些力学知识，因此对受力分析并不陌生，但是，中学物理中常把研究对象视为一个质点，例如，对在斜面上运动的物体进行受力分析、画受力分析图时，重力、斜面支持力和摩擦力的作用点都画在物体的质心上，这种画受力图的方式，在工程力学中是完全错误的。工程力学的研究对象分为质点、质点系和刚体，“物体”更多的是指刚体或变形体，受力分析时不能认为所有力的作用线都通过物体的质心。前面的例子中，只有重力的作用点在物体的质心，斜面支持力和摩擦力都是分布力系，根据力系的简化，得到两个集中力，但是它们的作用线一般是不通过质心的。

正确画出受力分析图，是解决力学问题的关键，如果不能正确画出受力分析图，则后面进一步的力学分析将毫无意义，因此需要读者特别予以重视。

1. 画受力分析图的步骤

(1) 根据题意取出研究对象；

(2) 去除研究对象的外部约束，使之从非自由体形成一个自由体；

(3) 画作用于研究对象上的主动力；

(4) 画作用于研究对象上的约束力。在去除约束的地方，需要根据约束的类型逐一画上约束力。

2. 画受力分析图时需要注意的问题

(1) 受力分析图中只画研究对象的简图和所受的全部作用力，既不能多画，也不能少画；

(2) 每画一个力，要有依据，要分析这个力的施力体，研究对象是否是受力体；

(3) 若画由几个部分构成的某一整体的受力分析图，则对于研究对象内部各部分之间的相互作用力，施力体是研究对象本身，受力体也是研究对象本身，因此不需要画出；

(4) 所画的约束力要符合约束的性质，物体之间的相互约束力要符合作用力与反作用力定律；

(5) 同一约束的约束力在同一问题中的画法需要保持一致；

(6) 由于受力分析是一个定性的过程，所以在画某些不能明确作用线指向的未知力时，可以预设其作用线的指向，在定量分析计算出其结果后，如果是正值，则与预设的指向相同，如果是负值，则实际指向相反；

(7) 在研究对象处于平衡时，还需要特别注意二力构件的判断；

(8) 对于受三个力平衡的构件，可以利用第 6 章所述三力平衡汇交的推论，判断铰链处约束力的方向，但有可能会在定量分析时带来几何计算的麻烦，所以仍然采用对铰链处的约束力进行正交分解的方式也无不可；

(9) 如果对物体的质量或重力没有特别指明，一般认为构件是轻质的，其所受的重力与所受的其他力相比是可以忽略不计的，因此，也就不需要画出重力。

【例 7-1】 分别画出图 7-13(a) 中杆 *AB*、*CD* 的受力分析图，画出图 7-13(b) 中构件 *ABCD* 的受力分析图。

解 (1) 图 7-13(a) 中的杆 *AB* 和杆 *CD* 通过在 *C* 处的铰链连接。杆 *CD* 只受到杆 *AB* 对其的作用力 $\boldsymbol{F}_C$、固定铰支座 *D* 对其的作用力 $\boldsymbol{F}_D$，因此杆 *CD* 是二力构件，$\boldsymbol{F}_C$ 和 $\boldsymbol{F}_D$ 在 *CD* 的连线上，大小相等，方向相反。杆 *CD* 的受力分析图如图 7-13(c) 所示。杆 AB 受到主动力 $\boldsymbol{F}$ 的

作用，固定铰支座 A 处的约束力可以按照正交分解，标示为 $\boldsymbol{F}_{Ax}$、$\boldsymbol{F}_{Ay}$，同时杆 CD 通过铰链 C 对杆 AB 施加有约束力 $\boldsymbol{F}_C'$，这个力是杆 AB 对杆 CD 的作用力 $\boldsymbol{F}_C$ 的反作用力，与 $\boldsymbol{F}_C$ 大小相等，方向相反。杆 AB 的受力分析图如图 7-13(d) 所示。

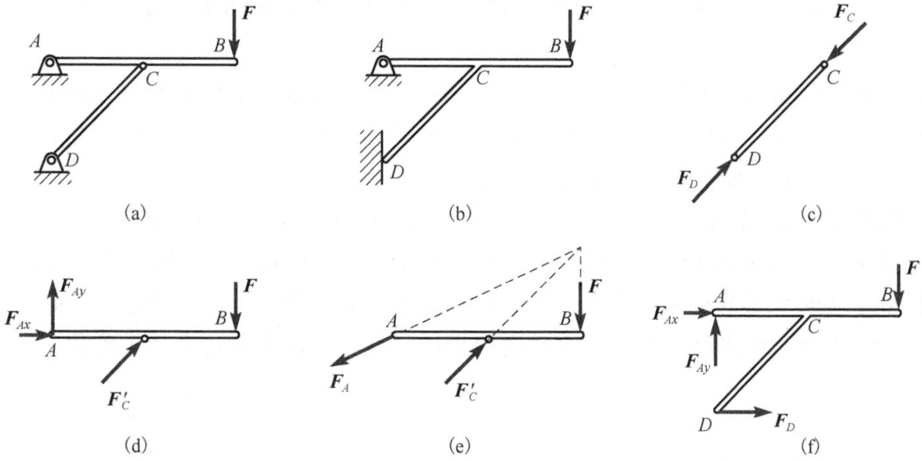

图 7-13

(2) 图 7-13(a) 中的杆 AB 实际受到三个力的作用，除了主动力 $\boldsymbol{F}$，另外两个力的施力体分别是固定铰支座 A 和链杆 CD，按照三力平衡汇交，可以确定出固定铰支座 A 处的约束力 $\boldsymbol{F}_A$ 的方向，则杆 AB 的受力分析图也可如图 7-13(e) 所示。

(3) 图 7-13(b) 中的构件 $ABCD$ 是一个整体，其受到主动力 $\boldsymbol{F}$，固定铰支座 A 处的约束力 $\boldsymbol{F}_{Ax}$、$\boldsymbol{F}_{Ay}$，以及光滑接触面 D 处的约束力 $\boldsymbol{F}_D$ 的作用。$\boldsymbol{F}_D$ 的方向沿接触面法线方向。构件 $ABCD$ 的受力分析图如图 7-13(f) 所示。构件 $ABCD$ 实际只受到三个力的作用，可按三力平衡汇交定理画受力分析图，读者可自行进行练习。

【例 7-2】 如图 7-14(a) 所示的结构，杆 AC 和杆 CD 在 C 处铰接，A 端插入基础。整个结构上作用有均布载荷 q、集中力 $\boldsymbol{F}$、力偶 M。画出结构整体的受力分析图，以及杆 AC、CD 的受力分析图。

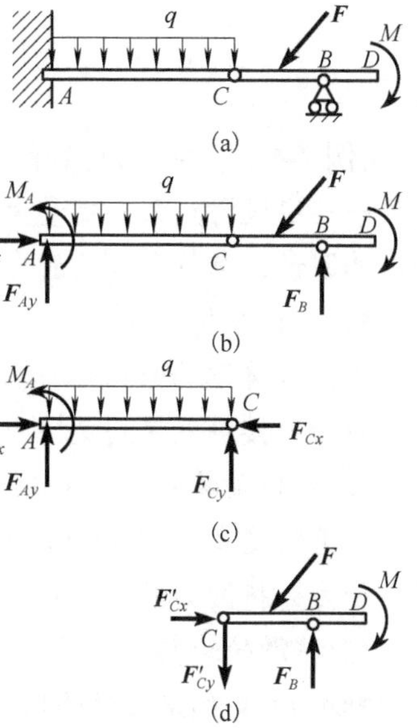

图 7-14

解 (1) 取整个结构作为研究对象，去除约束形成自由体，画出受力分析图，如图 7-14(b) 所示。尽管作用在 AC 上的均布载荷 q 可以静力等效为一个集中力，但一般在受力分析阶段不作简化。注意 A 处是固定端约束，存在约束力偶 M_A，习惯上按照正向约定，画成逆时针转向。可动铰支座 B 处的约束力沿法线方向，注意此时 $\boldsymbol{F}_B$ 的方向也可以画成向下，可动铰支座限制了物体沿法线方向的运动，是一个双面约束，不能简单理解为只限制物体向靠近支座方向的运动。铰链 C 处的约束力是研究对象内部的相互作用力，不需要画出。

(2) 取出杆 AC，画受力分析图，如图 7-14(c) 所示。

需要注意此时 A 处的约束力的方向，约束力偶的转向应与整体受力分析图保持一致。C 处是中间铰链，约束力标示为两个正交的分力 $\boldsymbol{F}_{Cx}$、$\boldsymbol{F}_{Cy}$。

(3) 取出杆 CD，受力分析图如图 7-14(d) 所示。注意 B 处的约束力的方向应与整体受力分析图保持一致，另外，铰链 C 处的约束力 $\boldsymbol{F}'_{Cx}$、$\boldsymbol{F}'_{Cy}$ 的方向应符合与 $\boldsymbol{F}_{Cx}$、$\boldsymbol{F}_{Cy}$（图 7-14(c)）为作用力和反作用力的关系。

【例 7-3】 如图 7-15(a) 所示的传动机构，部件 BAC 在 B 处受到来自锥齿轮的圆周力 $\boldsymbol{F}_t$、轴向力 $\boldsymbol{F}_a$、径向力 $\boldsymbol{F}_r$，以及绕 z 轴的阻力矩 M_z 的作用，如图 7-15(b) 所示。A 处为一径向轴承，C 处是止推轴承。画出部件 BAC 的受力分析图。

解 取部件 BAC 作为研究对象，去除约束形成自由体，画出受力分析图，如图 7-15(c) 所示，考虑 A 处的径向轴承和 C 处的止推轴承，画出相应的约束力。原则上不需要在受力分析图中画出径向轴承和止推轴承的示意。但如果可以明确其上画的力是对研究对象的约束力，并且画上后有助于后续读图和对具体力学问题的分析理解，可以保留约束的示意图。

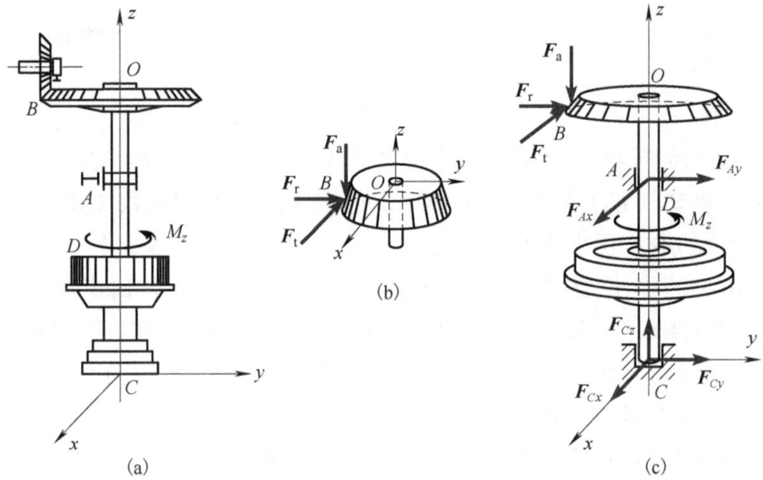

图 7-15

【例 7-4】 重量为 W_1 的均质圆盘放置在粗糙的斜面上，并用不可伸长的绳系在中心，绳的另一端绕过滑轮系一重量为 W_2 的重物，滑轮重量为 W_3，如图 7-16(a) 所示。忽略绳子的重量，作圆盘、重物和滑轮的受力分析图。

解 (1) 分析圆盘 A。

将圆盘 A 取为自由体，在圆盘中心 O_1 处有重力 $\boldsymbol{W}_1$ 的作用和绳子的拉力 $\boldsymbol{F}_{T1}$ 的作用。在圆盘与斜面的接触点受到支持力 $\boldsymbol{F}_N$ 和摩擦力 $\boldsymbol{F}_f$ 的作用。受力分析图如图 7-16(b) 所示。

(2) 分析重物 C。

将重物 C 取为自由体，其质心处受到重力 $\boldsymbol{W}_2$ 的作用，在悬挂点受到绳子的拉力 $\boldsymbol{F}_{T2}$ 的作用，受力分析图如图 7-16(c) 所示。

(3) 将滑轮和与其接触的一段绳子作为研究对象，取为自由体，滑轮轮心受到重力 $\boldsymbol{W}_3$ 的作用和轴承 O_2 处约束力的作用，轴承处约束力采用正交分解为 $\boldsymbol{F}_x$、$\boldsymbol{F}_y$ 代替。绳子的拉力 $\boldsymbol{F}'_{T1}$、$\boldsymbol{F}'_{T2}$ 分别与 $\boldsymbol{F}_{T1}$、$\boldsymbol{F}_{T2}$ 互为作用力和反作用力。受力分析图如图 7-16(d) 所示。

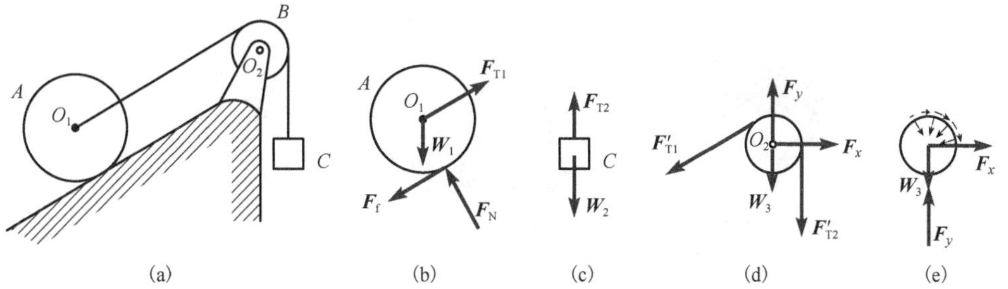

图 7-16

(4) 若将滑轮作为研究对象，轮心处的受力情况与 (3) 相同，但绳子对滑轮的约束力应该是压力和摩擦力，它们都是分布力，其中分布压力指向轮心，分布摩擦力沿着轮的切线。受力分析图如图 7-16(e) 所示。

讨论　本例并没有指明各物体的运动状态是处于静止还是运动。一般情况下绳子的拉力 $\boldsymbol{F}_{T1}$ 和 $\boldsymbol{F}_{T2}$ 并不相等，在滑轮和绳子都处于静止的情况下，这两个力大小相等；若滑轮等速转动，则只有在忽略绳子质量的情况下这两个力大小相等；如果滑轮的角加速度不为 0，则只有在忽略滑轮和绳子质量的情况下这两个力大小相等。以上情况，读者在学习了后续相关的动力学理论后可以理解。另外，有关本例中的摩擦力方向，中学物理已经说明，摩擦力的方向总是和物体的运动或运动趋势相反，本例的摩擦力方向是假设的，真实方向要根据各物体的重量以及摩擦表面的摩擦因数，经过计算分析方可确定。

从以上各例中可以看出，受力分析是定性分析，用以明确问题中的已知力和未知力。对于考虑平衡条件的静力学问题，后续要计算未知力的大小；对于动力学问题，不仅后续要计算未知力的大小，还需要计算在力系作用下，物体的角速度、角加速度、速度、加速度等运动物理量。所以，受力分析是解决复杂力学问题的第一步工作，也是最为重要的工作。

思 考 题

7.1　列举工程中常见的平面及空间约束类型，并说明这些约束限制了什么运动，对被约束物体产生了何种类型的约束力。

7.2　把物体视为一个质点，把作用在该物体上的所有的力都画在物体的质心上，这样的受力分析是否正确？为什么？

7.3　平面固定端约束与平面固定铰支座分别限制了物体的哪些运动？两者的约束力有何不同？

7.4　图 7-17(a)～(c) 分别是并联机器人、水平多关节机器人和六轴机器人。分析这些机器人可能受到哪些力的作用及其可能产生的运动形态，并说明这些机器人中有哪些关节，这些关节限制了哪些部件的哪些运动，这些关节又可以简化为何种空间约束类型，其约束力有哪些？

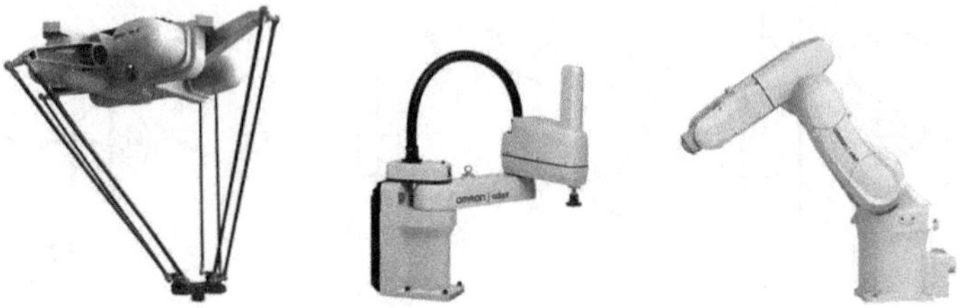

(a)　　(b)　　(c)

图 7-17

习　　题

7-1　画出题 7-1 图中物体或其构件的受力分析图。未画重力的各物体的自重不计，所有接触均为光滑接触。

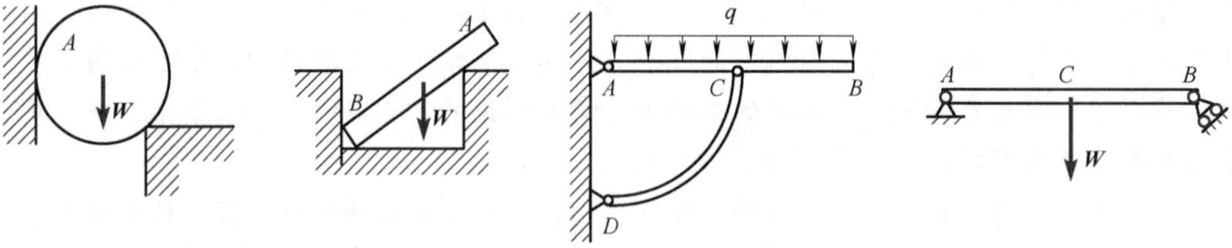

(a)　　(b)　　(c)　　(d)

题 7-1 图

7-2　画出题 7-2 图中每个标注字符的物体的受力分析图。未画重力的各物体的自重不计，所有接触均为光滑接触。

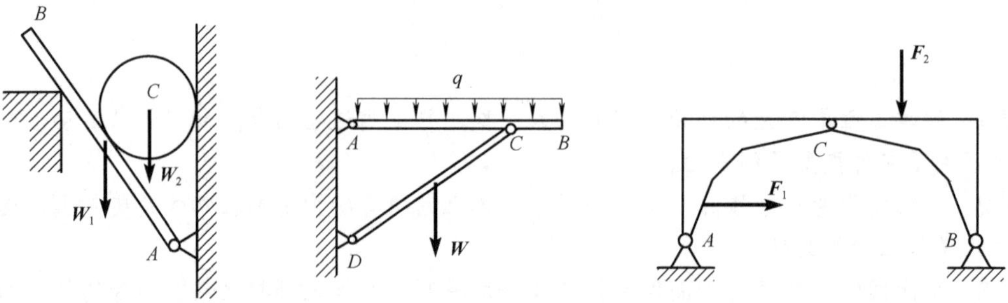

(a)　　(b)　　(c)

题 7-2 图

7-3　各机构如题 7-3 图所示，所受外载荷均在图上标出。不计零部件自重和各处摩擦，画出图示位置时标注字符的物体的受力分析图。

7-4　不计各处摩擦，不计重力，画出题 7-4 图所示系统整体和各个部件的受力分析图。

7-5　不计各处摩擦，未标重力的构件不计重力，不计连接滑轮、悬吊物体的绳子的重量，绘制题 7-5 图所示系统整体和各个部件的受力分析图。

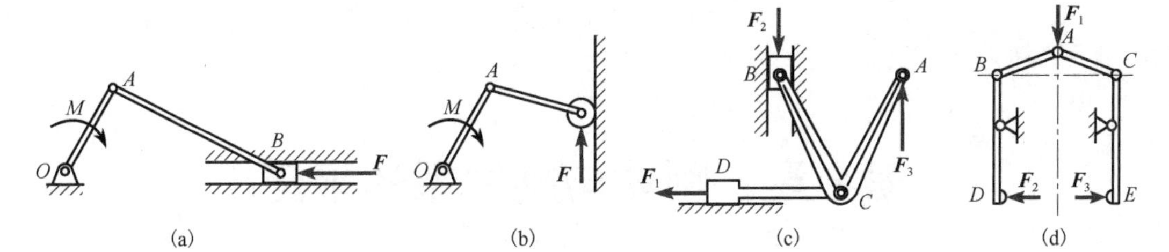

题 7-3 图

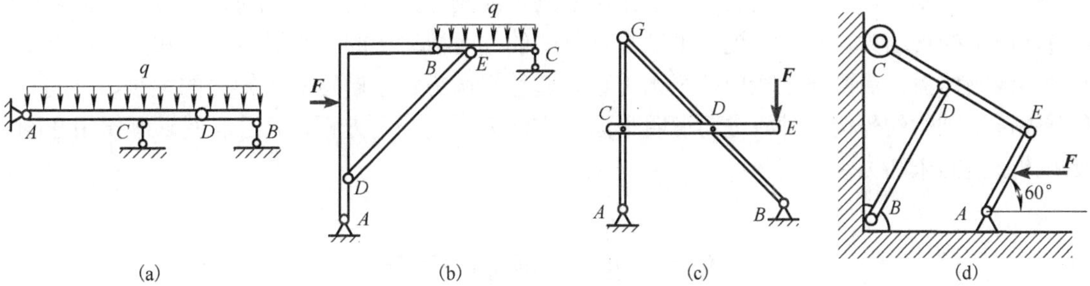

题 7-4 图

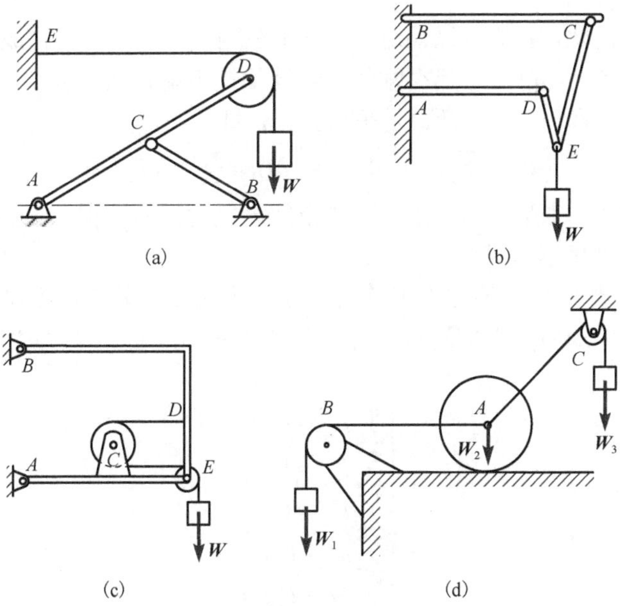

题 7-5 图

第 8 章　刚体与刚体系的平衡

通过第 5 章～第 7 章，我们了解了作用在刚体或刚体系上的各种载荷，包括主动力和由于约束而产生的被动力。一般来说，主动力是已知的，而被动力的大小通常是未知的。对于平衡的刚体或刚体系，需要建立相应的平衡方程，通过平衡方程求解这些未知力的大小、方向。本章首先讨论刚体的平衡条件，进而说明平面及空间力系的平衡方程，通过实例求解作用在刚体或刚体系上的未知力。

8.1　刚体平衡方程

由第 6 章力系的简化，我们可以知道，若作用在刚体上的全部力构成的力系等效于平衡力系(即零力系)，且刚体初始静止，那么刚体将继续保持平衡状态。所以，刚体平衡条件就是作用在刚体上的力系$\left(\boldsymbol{F}_1, \boldsymbol{F}_2, \cdots, \boldsymbol{F}_i, \cdots, \boldsymbol{F}_n\right)$是平衡力系，即

$$\boldsymbol{F}_{\mathrm{R}}=\sum \boldsymbol{F}_i=\mathbf{0}, \qquad \boldsymbol{M}_O=\sum \boldsymbol{r}_i \times \boldsymbol{F}_i=\mathbf{0} \tag{8-1}$$

这就是**刚体的平衡方程**，也是作用在刚体上的空间一般力系的方程。在一些教材和参考书上也称为力系平衡方程，这里不再区分。

需要指出的是，式(8-1)中描述$\boldsymbol{F}_i$是作用在刚体上的全部外力，不仅包括作用在刚体上的主动力，还包括由于主动力而产生的约束力。根据式(6-5)、式(6-9)，式(8-1)可写为 6 个标量等式，即

$$\begin{cases}\sum F_{ix}=0 & \text{(8-2a)}\\ \sum F_{iy}=0 & \text{(8-2b)}\\ \sum F_{iz}=0 & \text{(8-2c)}\\ \sum M_x\left(\boldsymbol{F}_i\right)=0 & \text{(8-2d)}\\ \sum M_y\left(\boldsymbol{F}_i\right)=0 & \text{(8-2e)}\\ \sum M_z\left(\boldsymbol{F}_i\right)=0 & \text{(8-2f)}\end{cases}$$

讨论式(8-2)，对于空间一般力系，6 个平衡方程是相互独立的。

对于空间汇交力系，由于力系有合力，取汇交点为坐标原点 O，那么方程(8-2d)、方程(8-2e)、方程(8-2f)是恒等式，只有方程(8-2a)、方程(8-2b)、方程(8-2c)是 3 个独立的方程。

对于空间平行力系，不妨假设力系垂直于 Oxy 平面，则 $F_{ix}=F_{iy}=0$，由此可知，方程(8-2a)、方程(8-2b)和方程(8-2f)是恒等式，而方程(8-2c)、方程(8-2d)、方程(8-2e)是 3 个独立的方程。

对于空间力偶系，由于没有合力，所以方程(8-2a)、方程(8-2b)、方程(8-2c)恒等，而方程(8-2d)、方程(8-2e)、方程(8-2f)是 3 个独立的方程。

若力系是平面力系，不妨设力系中的各力和各力偶均作用在 Oxy 平面内，方程(8-2c)、方程(8-2d)、方程(8-2e)都是恒等式，而方程(8-2a)、方程(8-2b)和方程(8-2f)是 3 个独立的方程。对于平面汇交力系，若将坐标原点置于汇交点，则方程(8-2f)也是恒等式，自然只有方程(8-2a)、方程(8-2b)是 2 个独立的方程。对于平面平行力系，不妨假设力系平行于 x 轴，那么方程(8-2b)为恒等式，只有方程(8-2a)、方程(8-2f)是 2 个独立的方程。对于平面力偶系，则方程(8-2a)、方程(8-2b)为恒等式，只有方程(8-2f)可以求解。

综合以上分析，对于空间问题，一般力系有 6 个独立代数方程，最多可以求解 6 个未知量。同理，空间汇交力系、空间平行力系、空间力偶系最多可以求解 3 个未知量。对于平面问题，一般力系最多可以求解 3 个未知量，平面汇交力系、平面平行力系最多可以求解 2 个未知量，而平面力偶系只能求解 1 个未知量。

有了刚体的平衡条件，在解决具体平衡问题时，需首先弄清研究对象上作用有哪些外力，包括主动力和约束力，这就是第 7 章所要求的受力分析，正确画出受力分析图。其次是建立相应的坐标系，根据第 6 章可知，力系的简化中心是任意选取的，相应的坐标系也是任意选择的，所以在利用平衡方程的时候，可以根据需要选择适合求解的坐标系、矩方程的轴或者矩心。最后要根据作用在刚体上的力系的性质，依据式(8-2)，选择适当的平衡方程对未知量进行求解。

8.2　平面力系的平衡方程

将方程(8-2a)、方程(8-2b)和方程(8-2f)进行整理，可以得到平面一般力系的基本形式：

$$\begin{cases}\sum F_{ix}=0\\ \sum F_{iy}=0\\ \sum M_O(\boldsymbol{F}_i)=0\end{cases} \tag{8-3}$$

式中，点 O 是 z 轴与平面 Oxy 的交点，自然式(8-2f)就可以改写为 $\sum M_O(\boldsymbol{F}_i)=0$。以上只有一个是力矩形式的方程。因此式(8-3)又称为一矩式的平衡方程。式(8-3)是由三个独立的线性方程构成的方程组，对其作线性变换，可以得到二矩式的方程组(8-4)和三矩式的方程组(8-5)。

先讨论二矩式方程组(8-4)，即三个方程中有两个力矩方程：

$$\begin{cases}\sum F_{ix}=0 \text{ 或 } \sum F_{iy}=0\\ \sum M_A(\boldsymbol{F}_i)=0\\ \sum M_B(\boldsymbol{F}_i)=0\end{cases} \tag{8-4}$$

力矩方程也可简写为 $\sum M_A=0$、$\sum M_B=0$。其中，方程 $\sum F_{ix}=0$ 或 $\sum F_{iy}=0$ 所选择的投影轴不能与 A、B 两点的连线相垂直，否则式(8-4)中的三个式子互相不再独立，即可以由其中任意两个式子推导出剩下的第三个式子，这时将无法保证力系是平衡的。如图 8-1 所示，若不为零的力 $\boldsymbol{F}$ 的作用线通过点 A 和点 B 的连线，则 $\sum M_A=0$ 和 $\sum M_B=0$ 必然成立；由于力 $\boldsymbol{F}$ 与投影轴垂直，$\sum F_x=0$ 也是成立的。三个方程都满足了，但实际上力系并不平衡。

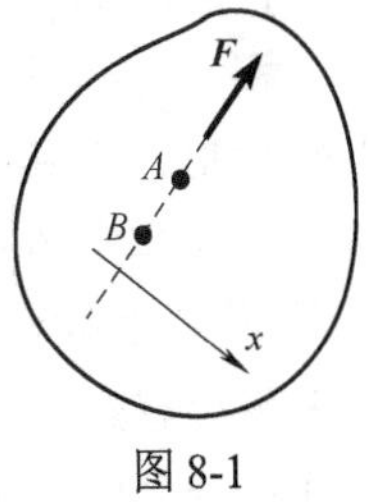

图 8-1

三矩式方程组，即三个方程全部都是力矩方程：

$$\begin{cases}\sum M_A(\boldsymbol{F}_i)=0\\ \sum M_B(\boldsymbol{F}_i)=0\\ \sum M_C(\boldsymbol{F}_i)=0\end{cases} \tag{8-5}$$

任选平面中的点 A、B 和 C 作为力矩方程的矩心，且点 A、B 和 C 不共线，则三个力矩方程相互独立。作为思考，读者可自行分析三点共线的情况。

以上三种形式都是平面力系平衡的充分必要条件，三者是等价的。在实际应用时，需要根据具体情况选用，力求一个方程中只包含一个未知量，从而减少联立方程带来的计算困难。

【例 8-1】 简支梁 $CABD$ 及其结构尺寸如图 8-2(a)所示，已知作用在 AB 上的均布载荷集度为 q，$F_1=F_2=qa$，$F_3=\sqrt{2}qa$，求 A、B 处的约束力。

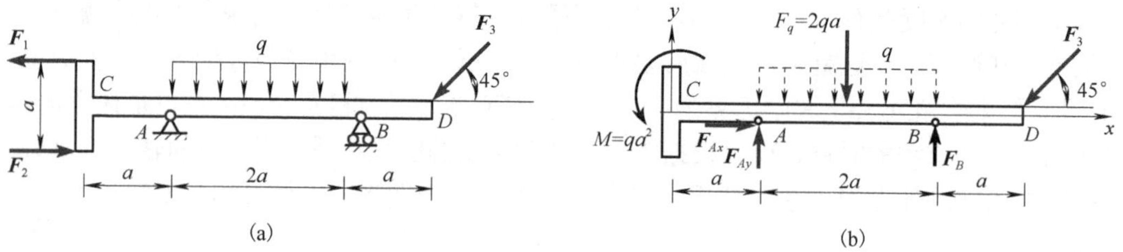

图 8-2

解 (1)由于 $\boldsymbol{F}_1$、$\boldsymbol{F}_2$ 构成一个力偶，计算其力偶矩 $M=qa^2$。均布载荷 q 参照图 6-10(a)，用静力等效的集中力 $F_q=q\cdot 2a=2qa$ 代替，其作用于 AB 的中点。以梁 $CABD$ 为研究对象，画出受力分析图，如图 8-2(b)所示。作用在其上的力系是一个平面一般力系，可以列出三个独立方程，求解 F_{Ax}、F_{Ay}、F_B 三个未知力的大小。

(2)在 C 处建立直角坐标系，按照式(8-3)列平衡方程并求解，有

$$\sum M_A=0,\qquad M-F_q\cdot a+F_B\cdot 2a-F_3\sin 45°\cdot 3a=0$$

即

$$qa^2-2qa\cdot a+F_B\cdot 2a-\sqrt{2}qa\sin 45°\cdot 3a=0,\qquad F_B=2qa$$

$$\sum F_x=0,\qquad F_{Ax}-\sqrt{2}qa\cos 45°=0,\qquad F_{Ax}=qa$$

$$\sum F_y=0,\qquad F_{Ay}-2qa+F_B-\sqrt{2}qa\sin 45°=0,\qquad F_{Ay}=qa$$

本例中，三个方程的求解次序可以不必按照式(8-3)进行，可以根据需要进行选择。由于矩方程的矩心是任意的，所以也可利用 $\sum M_B=0$，先算出 F_{Ay}。本例也可按式(8-4)的二矩式方程组进行求解。

【例 8-2】 梁 ABC 用三根支杆支撑，如图 8-3(a)所示。已知 $F_1=20\text{ kN}$，$F_2=40\text{ kN}$，求各支杆的约束力。

解 选择梁 ABC 作为研究对象，画出受力分析图，如图 8-3(b)所示。梁 ABC 有三个未知力的作用，且属于平面一般力系，本例可解。按照平衡方程的一般形式(式(8-3))列出方程，在投影方程中必然有超过 2 个未知量，若选择点 A 作为矩方程的矩心，则矩方程中必然含有 F_B 和 F_C 两个未知量，在进行求解时不可避免地要求解联立方程组，读者不妨自行列出一般形式的平衡方程组加以验证。虽然 3 个未知量的联立方程组完全可以通过计算软件轻易求出，但是在具体计算时，还是希望能够一个方程解决一个未知量，这样更为清晰明了。

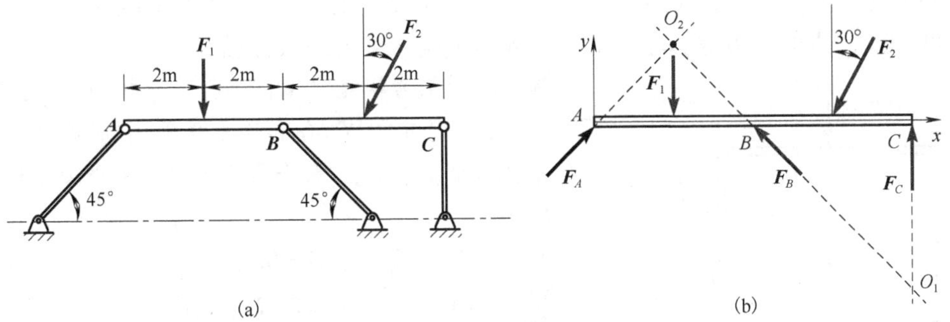

图 8-3

由于刚体可以看作无限扩大的空间或平面，在力系的简化过程中，简化中心是任选的，所以在利用矩方程时，矩心不必非要杆 ABC 上，完全可以选择在两个未知力的交点 O_1 或 O_2 处列写力矩方程，这样每一个力矩方程中仅含有一个未知量，可以直接求解。

以 O_1 为矩心建立矩方程：

$$\sum M_{O_1}=0,$$
$$F_1\times 6+F_2\cos 30°\times 2+F_2\sin 30°\times 4-F_A\sin 45°\times 4-F_A\cos 45°\times 8=0$$

解得

$$F_A=\frac{F_1\times 6+F_2\cos 30°\times 2+F_2\sin 30°\times 4}{\sin 45°\times 4+\cos 45°\times 8}=31.74\ \text{kN}$$

再以 O_2 为矩心建立矩方程：

$$\sum M_{O_2}=0\text{，}\qquad -F_2\cos 30°\times 4-F_2\sin 30°\times 2+F_C\times 6=0$$

解得

$$F_C=\frac{F_2\cos 30°\times 4+F_2\sin 30°\times 2}{6}=29.76\ \text{kN}$$

列投影方程：

$$\sum F_x=0\text{，}\qquad F_A\cos 45°-F_B\cos 45°-F_2\sin 30°=0$$

解得

$$F_B=\frac{F_A\cos 45°-F_2\sin 30°}{\cos 45°}=3.46\ \text{kN}$$

若计算结果正确，则必满足不独立的投影方程 $\sum F_y=0$，即

$$\sum F_y=F_A\sin 45°-F_1+F_B\sin 45°-F_2\cos 30°+F_C$$
$$=31.74\times\frac{\sqrt{2}}{2}-20+3.46\times\frac{\sqrt{2}}{2}-40\times\frac{\sqrt{3}}{2}+29.76=0$$

满足方程，说明计算无误。

在求解 F_B 时，也可用 $\boldsymbol{F}_A$、$\boldsymbol{F}_C$ 作用线的交点作为矩方程的矩心，但是若 $\boldsymbol{F}_A$、$\boldsymbol{F}_C$ 已经计算出大小，则用力投影方程更为简便。

【例 8-3】 平面刚架如图 8-4 所示，已知作用在刚架上的集中力 $F=50\text{kN}$，均布载荷集度 $q=10\text{kN/m}$，集中力偶 $M_B=30\text{kN}\cdot\text{m}$，求固定端 A 处的约束力(偶)。

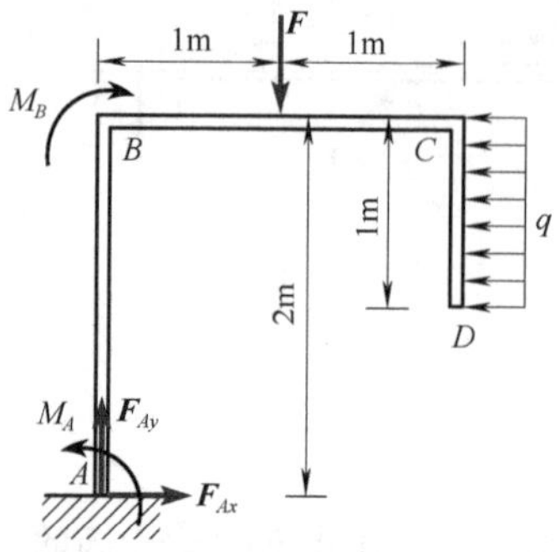

图 8-4

解 取刚架为研究对象，画受力分析图，其上主动力有集中力 $\boldsymbol{F}$、集中力偶 M_B 和均布载荷 q，固定端 A 处的约束力有 F_{Ax}、F_{Ay} 和 M_A。用平面力系的三个平衡方程求解三个未知量。

$$\sum F_x=0,\quad F_{Ax}-q\times1=0,\ F_{Ax}=10\text{kN}$$

$$\sum F_y=0,\quad F_{Ay}-F=0,\ F_{Ay}=50\text{kN}$$

$$\sum M_A(\boldsymbol{F})=0,\quad M_A-M_B+q\times1\times1.5-F\times1=0$$

$$M_A=65\text{kN}\cdot\text{m}$$

本例中，刚架和钢架是不同的。刚架指的是受力不变形的刚性构架，其材料不一定是钢。另外，对于研究对象是单个刚体的情况，解答中可不说明研究对象，且允许在题图上直接画约束力，若选用常规的直角坐标系，也可不必画出坐标轴。

从上述例题可以看出，在求解平衡问题时，并不一定要拘泥于平衡方程的形式，应根据问题的具体情况，灵活选择力矩方程或力投影方程。

8.3 平面刚体系的平衡问题

由多个物体组成的物体系统，称为多体系统，其中自由度为零的称为**结构**，而自由度不为零的称为**机构**。若物体系统内均为刚体，则称为**多刚体系统**，简称**刚体系**。刚体系的平衡问题的求解可以通过解除刚体之间的约束，利用平衡方程式逐个研究单个刚体，也可以对平衡的整体系统列写平衡方程式，求解作用在整个刚体系上的外部约束力。一般来说，作用在刚体系上的力系即便是平衡力系，刚体系也未必是平衡的，如图 8-5 所示的剪刀，它由两个刚体用铰链连接，$\boldsymbol{F}_1$ 和 $\boldsymbol{F}_2$ 分别作用在两个刚体上，若 $\boldsymbol{F}_1$ 和 $\boldsymbol{F}_2$ 等值、反向、共线，显然符合刚体平衡条件，但剪刀这个刚体系不能平衡。当然如果我们已经知道剪刀在某个力系作用下处于平衡状态，则可以断定这个力系也一定是平衡力系，否则剪刀整体将产生刚体运动。所以，作用在刚体上的力系是平衡力系只是刚体系平衡的必要条件而非充分条件。

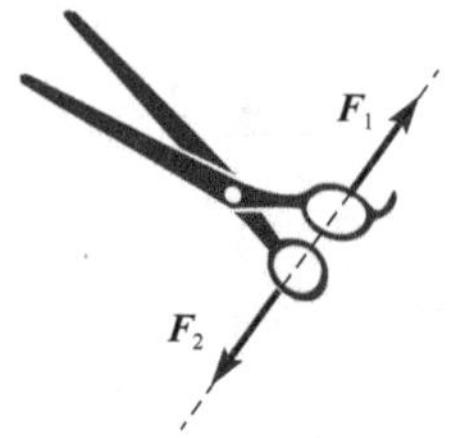

图 8-5

本节只讨论平面刚体系的平衡问题。

在求解平面刚体系的平衡问题时，由于刚体之间存在着相互作用力，因此未知量就比较多，通常是根据所需求的未知量，适当选择研究对象，列出必需的方程，解出所需求的未知量。

求解平面刚体系平衡问题的一般步骤如下：

(1) 根据需要，画出刚体系整体、构成这个刚体系的各必要刚体、几个刚体组成的某部分的受力分析图；

(2) 对上述受力分析图中的力系及能求解的未知量个数进行分析比较，寻找合理的解题途径，找到首要分析的研究对象；

(3) 从首要分析的研究对象开始，按照解题途径，逐步列方程求解。

以下通过几个例题加以说明。

【例 8-4】　如图 8-6(a)所示，人字梯在光滑水平面上静止，$F=900\text{ N}$，$l=3\text{m}$，$\alpha=45°$，计算水平面对人字梯的反力以及铰 C 处的力。

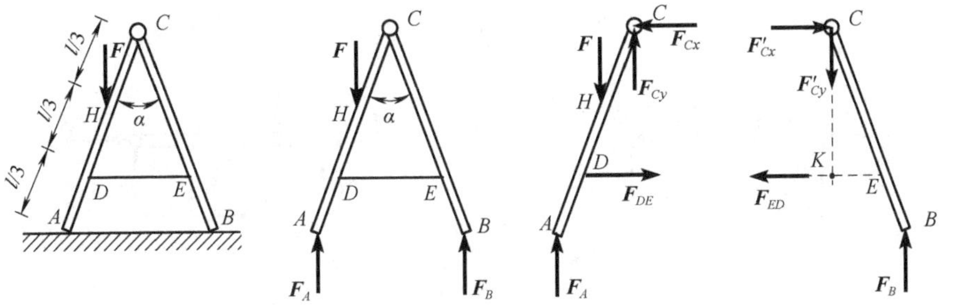

(a)　(b)　(c)　(d)

图 8-6

解　对人字梯整体及 ADC、CEB 部分画出受力分析图，分别如图 8-6(b)～(d)所示。整体受到平行力系作用，可列两个方程，且仅有两个未知量，故可直接求解。求出反力 $\boldsymbol{F}_A$、$\boldsymbol{F}_B$ 后，取 ADC 或 CEB 部分列方程，求出铰 C 处的力。最后可取未使用的受力图进行检验，若满足平衡方程，则表明计算无误。

(1) 分析整体，如图 8-6(b)所示：

$$\sum M_A=0\,,\qquad F_B\left(2l\sin\frac{\alpha}{2}\right)-F\frac{2}{3}l\sin\frac{\alpha}{2}=0\,,\qquad F_B=\frac{F}{3}=\frac{900}{3}=300(\text{N})$$

$$\sum F_y=0\,,\qquad F_A+F_B-F=0\,,\quad F_A=F-F_B=900-300=600(\text{N})$$

(2) 取 CEB 为研究对象，如图 8-6(d)所示：

$$\sum F_y=0\,,\qquad F_B-F'_{Cy}=0\,,\qquad F'_{Cy}=F_B=300\text{ N}$$

取两个未知力的交点 K 为矩心列矩方程：

$$\sum M_K=0\,,\qquad F_B l\sin\frac{\alpha}{2}-F'_{Cx}\frac{2}{3}l\cos\frac{\alpha}{2}=0\,,\qquad F'_{Cx}=\frac{3}{2}F_B\tan\frac{\alpha}{2}=186.4\text{ N}$$

(3) 检验，取图 8-6(c)，有

$$\sum F_y=F_A-F+F_{Cy}=600-900+300=0$$

满足平衡方程。

读者可自行列 $\sum M_D$ 检验结果是否满足平衡方程。

【例 8-5】　如图 8-7(a)所示，组合结构由梁 AC 和 CE 在 C 处铰接，结构的尺寸和载荷均在图中标出，已知集中力 $F=5\text{ kN}$，均布载荷集度 $q=4\text{ kN/m}$，集中力偶 $M=10\text{ kN}\cdot\text{m}$。求此结构各处支座的约束力。

解　以整体作为研究对象，从受力分析图 8-7(b)中可以看出有四个未知量，图示力系是平面一般力系，最多只能解三个未知量，因此无法求出所有的未知约束力。若以 CDE 部分作为研究对象，从受力分析图 8-7(c)可以看出能够求出所有的三个未知量。求出这三个未知量，进而通过分析整体或 ABC 部分(图 8-7(d))求出剩余的待求约束力。

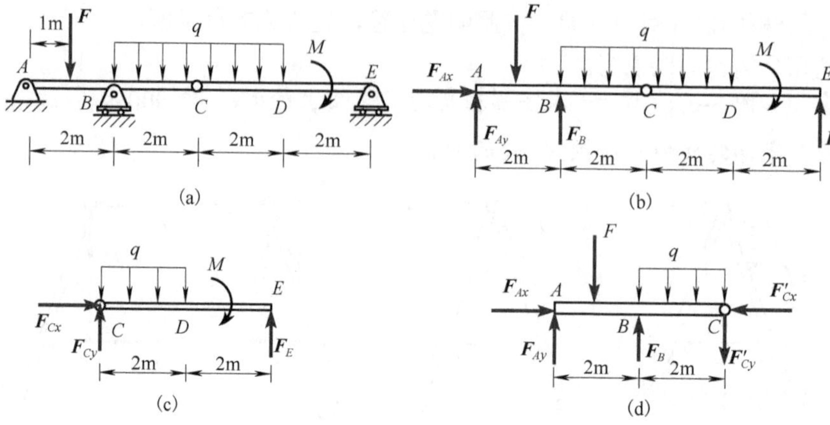

图 8-7

(1)取 CDE 部分为研究对象，如图 8-7(c)所示：

$$\sum M_C = 0\,, \quad -q\times2\times1 - M + F_E\times4 = 0\,, \quad F_E = \frac{M+q\times2\times1}{4} = \frac{10+4\times2}{4} = 4.5(\text{kN})$$

$$\sum F_x = 0\,, \quad F_{Cx} = 0$$

$$\sum F_y = 0\,, \quad F_{Cy} + F_E - q\times2 = 0\,, \quad F_{Cy} = q\times2 - F_E = 2\times4 - 4.5 = 3.5(\text{kN})$$

(2)取整体为研究对象，如图 8-7(b)所示：

$$\sum F_x = 0\,, \quad F_{Ax} = 0$$

$$\sum M_A = 0\,, \quad -F\times1 + F_B\times2 - q\times4\times4 - M + F_E\times8 = 0$$

$$F_B = \frac{F\times1 + q\times4\times4 + M - F_E\times8}{2} = \frac{5\times1+4\times4\times4+10-4.5\times8}{2} = 21.5(\text{kN})$$

$$\sum F_y = 0\,, \quad F_{Ay} + F_B + F_E - F - q\times4 = 0$$

$$F_{Ay} = F + q\times4 - F_B - F_E = 5+4\times4-21.5-4.5 = -5(\text{kN})$$

(3)检验，取图 8-7(d)，读者可自行验证平衡方程是否成立，此处省略。

本例中，容易看到 CDE 是构建在 ABC 基础之上的。脱离了 ABC，它就不能保持其空间平衡形态，这样的部分称为结构的附属部分。而结构 ABC 即使没有 CDE 的存在，也能够承载并保持平衡，这样的部分称为基本部分。结构在构建时，先有基本部分，再有附属部分，而在作结构的静力分析时恰恰相反，可以先求附属部分上的约束力，或附属部分与基本部分连接处的约束力，进而求解基本部分或整体的反力。

【例 8-6】 如图 8-8(a)所示，重 W 的物体通过半径为 R 的滑轮悬吊，不计结构所有自重，求 A、B 两处的约束力，其中 $l=2R$。

解 结构整体受力分析及各部分受力分析如图 8-8(b)～(d)所示。进行受力分析时，除非必要，我们一般不单独拆出滑轮，否则会暴露并不需要求解的滑轮中心与杆件铰接处的相互作用力，反而给求解造成了麻烦。分析各受力分析图，都不能求出对应的全部未知量。注意到图 8-8(b)中由于点 A、B 正好是三个未知力的交点，若以此两点为矩心列写力矩方程，便可以求出 F_{Ax} 和 F_{Bx}。进而可以利用其他受力图进行后续求解。当然在图 8-8(c)中，点 B、C 也有这样的特征，也可以通过该图先求出 F_{Cy} 和 F_{By}。

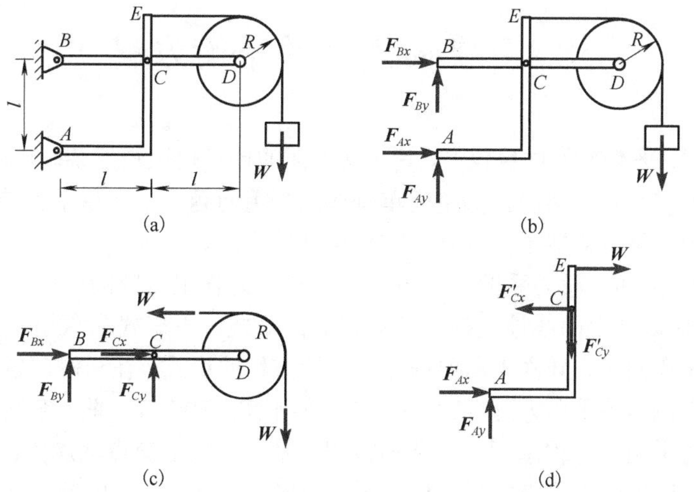

图 8-8

(1) 取整体为研究对象，如图 8-8(b) 所示：

$$\sum M_A = 0\,,\quad -F_{Bx}l - W(2l+R) = 0$$

$$F_{Bx} = \frac{-W(2l+R)}{l} = \frac{-W\left(2l+\dfrac{l}{2}\right)}{l} = -\frac{5}{2}W$$

$$\sum F_x = 0\,,\quad F_{Bx} + F_{Ax} = 0\,,\quad F_{Ax} = -F_{Bx} = \frac{5}{2}W$$

(2) 取 BCD 及滑轮构成的部分为研究对象，如图 8-8(c) 所示：

$$\sum M_C = 0\,,\quad -F_{By}l + W\cdot R - W(l+R) = 0\,,\quad F_{By} = -W$$

(3) 重新以整体为研究对象，如图 8-8(b) 所示：

$$\sum F_y = 0\,,\quad F_{By} + F_{Ay} - W = 0\,,\quad F_{Ay} = 2W$$

(4) 检验，读者可自行根据图 8-8(d)，列出方程检查是否满足平衡条件，以确认结果是否正确。作为练习，建议读者可以先从图 8-8(c) 出发进行求解。

以上各例的计算结果若为负数，则表明实际力的方向与预设的方向相反，实际力偶的转向与预设的转向相反。

8.2 节和本节至目前涉及的所有结构均可通过平衡方程求出全部的预设未知量，但工程中并非全部如此，图 8-9(a) 可以通过平衡方程求解出全部的未知力，这种结构称为静定结构。图 8-9(b) 中由于可动铰支座 B 的存在，包括 A 端的约束力偶在内，总共有四个未知量，而只能列出三个独立的平衡方程，显然不能仅依靠平衡方程求出全部的未知量，这样的结构称为超静定结构或静不定结构。要解决这样的问题，就必须把研究对象视为变形体。在本书的后续章节中对此类问题会有专门的讲解，本书在未涉及变形体之前出现的结构一般均为静定结构。

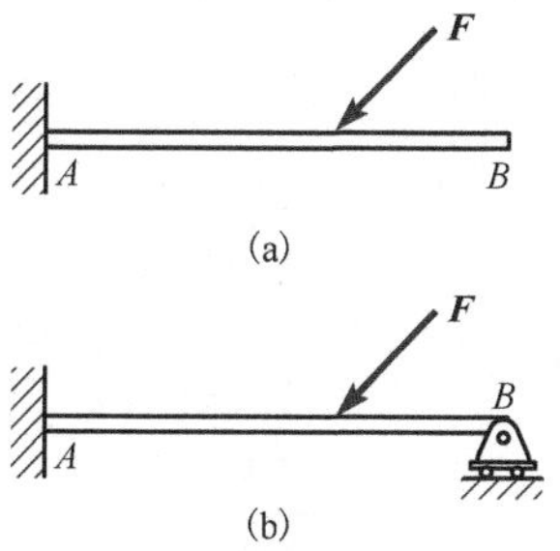

图 8-9

8.4 空间力系的平衡方程

对于空间问题，平衡方程数目较多，其几何方面的计算也比较复杂。但对于一些比较简单、特殊，工程中又比较常见的情况，如空间单刚体的平衡问题、带有单个回转轴的平衡问题等，对于工程人员来说，至少需要掌握其基本的分析计算方法。

式(8-2)给出了空间一般力系的平衡方程组。这个方程组是空间一般力系平衡方程的基本形式，对式(8-2)作数学上的线性变换，可以得到四矩式、五矩式和六矩式方程组。事实上，对于空间力系的平衡问题，同样不需要拘泥于平衡方程的形式，在求解问题时，只要抓住问题的主要矛盾，采用适当的平衡方程，就能找到解决问题的突破口。举一个简单的例子，对于空间汇交力系，也可采用矩方程求解，只要矩方程的轴不通过汇交点就能保证其独立性。另外，对一些特殊问题，还可以采用将空间结构向平面投影的方法，使空间问题转换为平面问题，从而使分析、计算得以简化。

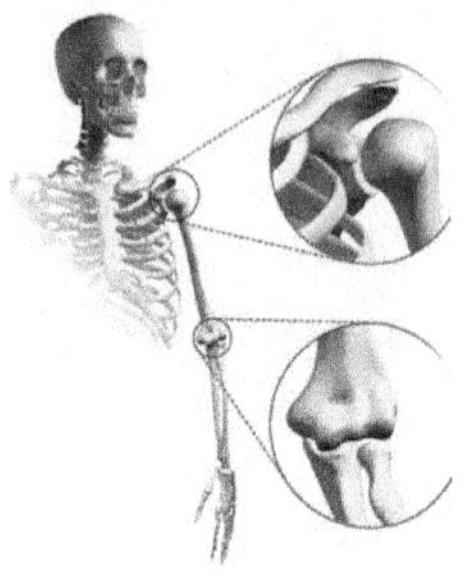

图 8-10

若在空间问题中遇到没有在前面提及的空间约束类型，要根据约束的性质，分析这个空间约束限制了被约束物体的哪些运动，从而确定其上的约束力分量。如图 8-10 所示，设计机器人的大臂与机体的连接相当于人体的肩关节，这个关节只限制移动，而不限制绕三个轴的转动，就可以把它简化为球形铰链；对于连接小臂和大臂的肘关节，在大臂和小臂构成的平面中，不限制小臂相对于大臂的转动，只限制相对移动，可以把它简化为平面问题的中间铰链。

【例 8-7】 空间构架由三根直杆铰接而成，如图 8-11(a)所示。已知 D 端所挂重物的重量 $W=10\text{ kN}$，各杆的自重不计，求杆 AD、BD、CD 所受的力。

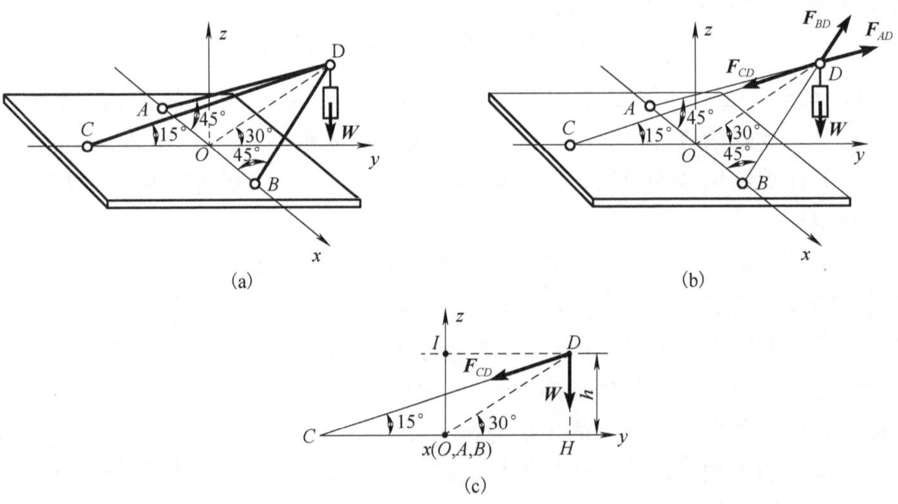

图 8-11

解 容易看出杆 AD、BD、CD 均是二力构件，它们对点 D 的力和所挂重物的重力的作用线相交于点 D，构成一个空间汇交力系，因此本例能列出三个方程，求解三个未知量。画出受力分析图，如图 8-11(b)所示。如果列出三个力投影方程进行求解，那么每个力投影方程至少包含两个未知量，则需要联立方程求解。可以看出 $\boldsymbol{F}_{AD}$、$\boldsymbol{F}_{BD}$ 均与轴 x 相交，若以 x 轴列矩方程，可直接求解 $\boldsymbol{F}_{CD}$，进而求解其他未知量。

(1)考虑 Oyz 平面，如图 8-11(c)所示，取 $\sum M_x = 0$，由于 $\boldsymbol{F}_{AD}$、$\boldsymbol{F}_{BD}$ 均与轴 x 相交，对轴 x 的矩为零，故在图 8-11(c)中未画出。设 DH 高 h，则有

$$\sum M_x = 0,\quad -W\times|HO| - F_{CD}\sin15^\circ|HO| + F_{CD}\cos15^\circ|IO| = 0$$

$$-W\times h\times\cot30^\circ - F_{CD}\sin15^\circ\times h\times\cot30^\circ + F_{CD}\cos15^\circ\times h = 0$$

得
$$F_{CD} = \frac{W\times h\times\cot30^\circ}{\cos15^\circ\times h - \sin15^\circ\times h\times\cot30^\circ} = \frac{10\times\cot30^\circ}{\cos15^\circ - \sin15^\circ\times\cot30^\circ} = 33.46\ (\mathrm{kN})$$

(2)列投影方程：

$$\sum F_x = 0,\quad F_{AD}\cos45^\circ - F_{BD}\cos45^\circ = 0,\quad F_{AD} = F_{BD}$$

(3)列投影方程：

$$\sum F_z = 0,\quad F_{AD}\sin45^\circ\sin30^\circ + F_{BD}\sin45^\circ\sin30^\circ - W - F_{CD}\sin15^\circ = 0$$

$$F_{AD} = F_{BD} = \frac{W + F_{CD}\sin15^\circ}{2\sin45^\circ\sin30^\circ} = \frac{10 + 33.46\times\sin15^\circ}{2\sin45^\circ\sin30^\circ} = 26.39(\mathrm{kN})$$

通过计算，可以判断杆 CD 受拉，而杆 AD、BD 受压。本例也可采用三个力投影方程求解，读者可自行加以练习，并比较和例题解法的差异。

【例 8-8】　如图 8-12(a)所示，变速箱中间轴装有两个直齿圆柱齿轮，其分度圆半径 $r_1 = 100\ \mathrm{mm}$，$r_2 = 72\ \mathrm{mm}$，啮合点分别在两个齿轮的最低点和最高点。齿轮 I 上的圆周力 $F_{t1} = 1.58\ \mathrm{kN}$，齿轮压力角为 20°（齿轮啮合的径向力 $F_r = F_t\tan20^\circ$）。不计各处自重，求当轴处于静止平衡时，作用于齿轮II上的圆周力 $\boldsymbol{F}_{t2}$ 的大小以及两轴承 A、B 处的约束力。

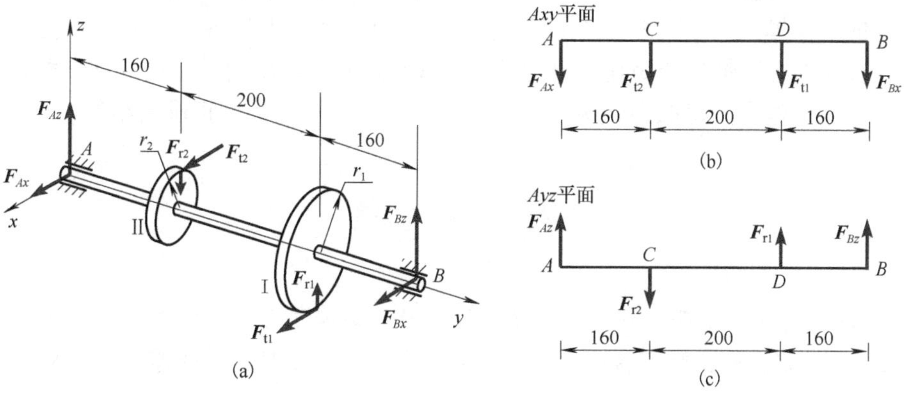

图 8-12

解　不考虑轴向力的影响，轴承 A、B 均可视为径向轴承，画出相应的约束力，如图 8-12(a)所示。

(1)考虑关于轴 y 的矩平衡方程，以求齿轮II上的圆周力 $\boldsymbol{F}_{t2}$ 的大小。

$$\sum M_y = 0,\quad F_{t2}r_2 - F_{t1}r_1 = 0,\quad F_{t2} = \frac{F_{t1}r_1}{r_2} = \frac{1.58\times100}{72} = 2.194(\mathrm{kN})$$

求出齿轮啮合的径向力为

$$F_{r1}=F_{t1}\tan 20°=1.58\times\tan 20°=0.575\ (\text{kN})$$
$$F_{r2}=F_{t2}\tan 20°=2.194\times\tan 20°=0.799\ (\text{kN})$$

(2)将结构和力系向 Axy 平面投影，如图 8-12(b)所示。

$$\sum M_A=0,\quad -F_{t2}\times 160-F_{t1}(160+200)-F_{Bx}\times(160+200+160)=0$$
$$F_{Bx}=\frac{-F_{t2}\times 160-F_{t1}(160+200)}{160+200+160}=-\frac{2.194\times 160+1.58\times 360}{520}=-1.769(\text{kN})$$
$$\sum F_x=0,\quad F_{Ax}+F_{t1}+F_{t2}+F_{Bx}=0$$
$$F_{Ax}=-(F_{t1}+F_{t2}+F_{Bx})=-(1.58+2.194-1.769)=-2.005\ (\text{kN})$$

(3)将结构和力系向 Ayz 平面投影，如图 8-12(c)所示。

$$\sum M_A=0,\quad -F_{r2}\times 160+F_{r1}(160+200)+F_{Bz}\times(160+200+160)=0$$
$$F_{Bz}=\frac{F_{r2}\times 160-F_{r1}(160+200)}{160+200+160}=\frac{0.799\times 160-0.575\times 360}{520}=-0.152(\text{kN})$$
$$\sum F_z=0,\quad F_{Az}-F_{r2}+F_{r1}+F_{Bz}=0$$
$$F_{Az}=-(F_{r1}-F_{r2}+F_{Bz})=-(0.575-0.799-0.152)=0.376\ (\text{kN})$$

例 8-7 和例 8-8 均采用了空间问题向平面投影的方法。工程中把空间物体的结构及受力图如同工程制图中处理线、面和形体投影一样，化为在三个坐标平面上进行求解，这种将空间力系转化为平面问题来求解的方法，是将复杂问题简单化的处理方法，是在工程实践中常采用的方法。

随着科学技术的发展，工程中有更接近实际、更为普遍的空间力学问题需要解决。对于空间多刚体系的平衡问题，显然需要求解的未知量的个数就非常多，自然列出的平衡方程数目就相当可观。当前大规模的结构分析计算可以通过相关的力学分析软件进行。用软件分析的前提是建立正确的力学模型。力学建模的过程也就是对实际工程问题的抽象和简化，包括几何结构、材料性质、载荷的合理抽象和简化。换句话说，只有正确处理研究对象的几何参数，正确设置约束的类型，才能建立正确的力学模型，才能让计算机计算分析出正确的结果。

思　考　题

8.1　如图 8-13 所示，两个作用在三角形板上的平面汇交力系，图 8-13(a)汇交于三角形板中心，图 8-13(b)汇交于三角形板底边中点。如果各力的大小均不等于零，则图 8-13(a)及(b)所示力系的状态是否能平衡？

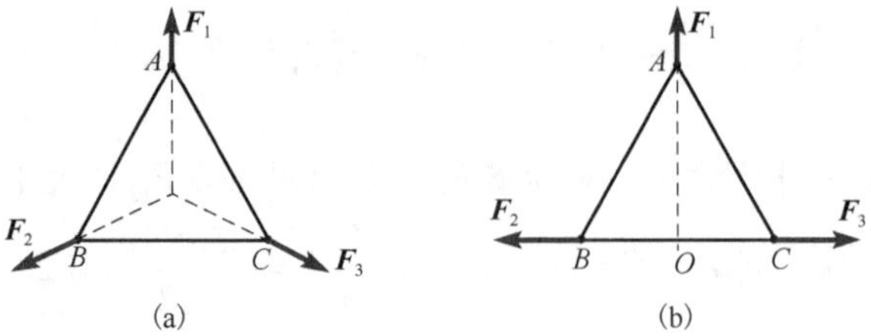

图 8-13

8.2　如图 8-14 所示，曲杆自重不计，其上作用一力偶矩为 M 的力偶，则图 8-14(a) 中的点 B 的约束力与图 8-14(b) 中的约束力哪个大？

8.3　作用在点 O 的平面汇交力系的平衡方程是否可表示为：$\sum F_{ix}=0$，$\sum M_A(\boldsymbol{F}_i)=0$？如果不可以，请说明为什么。

8.4　某力系在任意轴上的投影都等于零，则该力系一定是平衡力系吗？

8.5　在平面任意力系中，若其力多边形自行闭合，则力系一定平衡。这个判断是否正确，为什么？

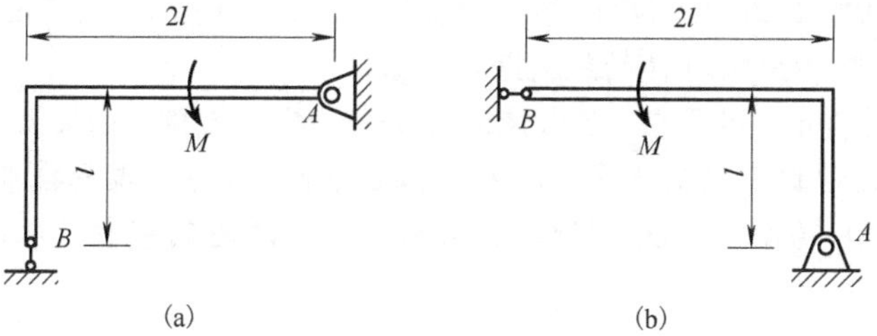

图 8-14

8.6　空间力系中各力作用线平行于某一固定平面，此种情况下有几个独立平衡方程？

8.7　空间力系中各力作用线分别交于两个固定点，此种情况下有几个独立平衡方程？

习　　题

8-1　如题 8-1 图所示，已知梁上受力为 $F=1\,\text{kN}$，$M=1\,\text{kN}\cdot\text{m}$，$q=1\,\text{kN/m}$，$a=1\,\text{m}$。求梁 A、B 两处的约束力。

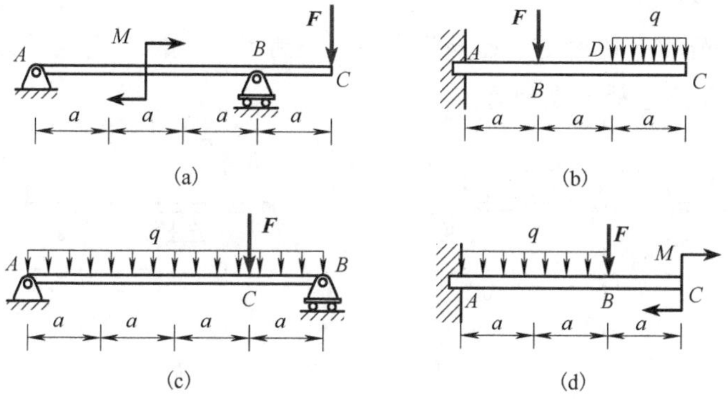

题 8-1 图

8-2　十字杆如题 8-2 图所示，已知 $F_1=F_1'=5\,\text{kN}$，$F_2=F_2'=2\,\text{kN}$。不计杆重，求支座 A、B 处的约束力。

8-3　如题 8-3 图所示，梁 AB 用三根支杆支承，已知 $F_1=30\,\text{kN}$，$F_2=40\,\text{kN}$，$M=30\,\text{kN}\cdot\text{m}$，求三根支杆的约束力。

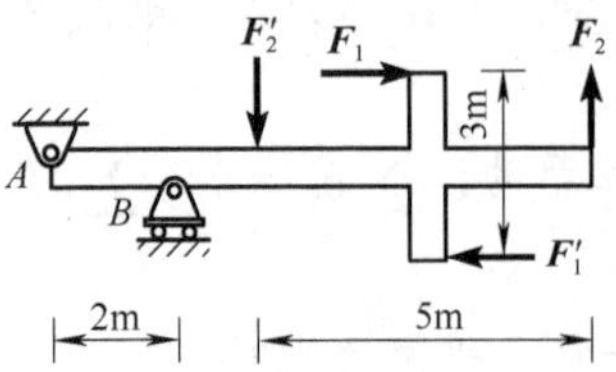

题 8-2 图

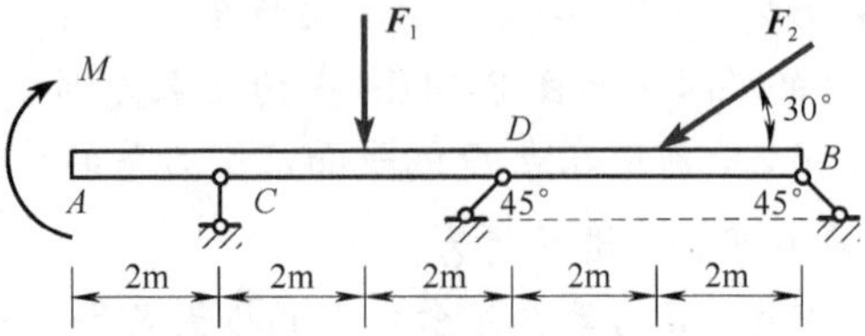

题 8-3 图

8-4 塔式起重机如题 8-4 图所示，机架重心位于点 C 且自重 $W=500\,\text{kN}$，最大起重量为 $Q_1=250\,\text{kN}$，平衡物重量为 Q_2，即已知 $a=6.75\,\text{m}$，$b=3\,\text{m}$，$e=1.5\,\text{m}$，$l=10\,\text{m}$。求平衡物的最小重量以及平衡物至轨道 A 的最大距离 $x_{\max}$。

8-5 如题 8-5 图所示，水平梁 AB 由铰链 A 和杆 BC 所支撑，在梁上 D 处用销子安装一个半径 $r=0.1\,\text{m}$ 的滑轮。通过滑轮的绳子一端水平系在墙面上，另一端悬挂重 $W=1800\,\text{N}$ 的重物。如果 $AD=0.2\,\text{m}$，$BD=0.4\,\text{m}$，$\alpha=45°$，不计杆、绳、滑轮的重量，求铰链 A 和杆 BC 对梁的约束力。

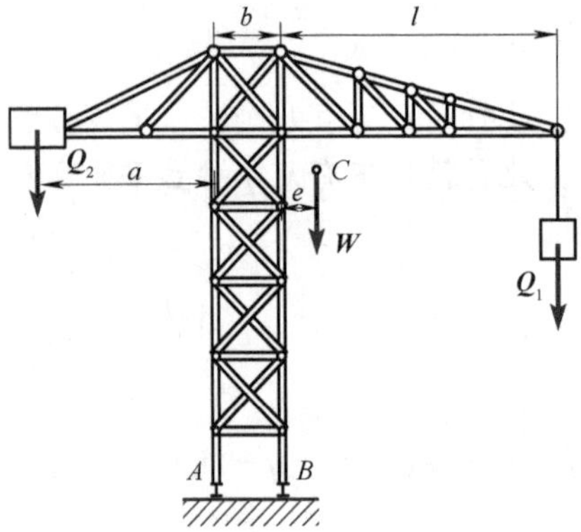

题 8-4 图

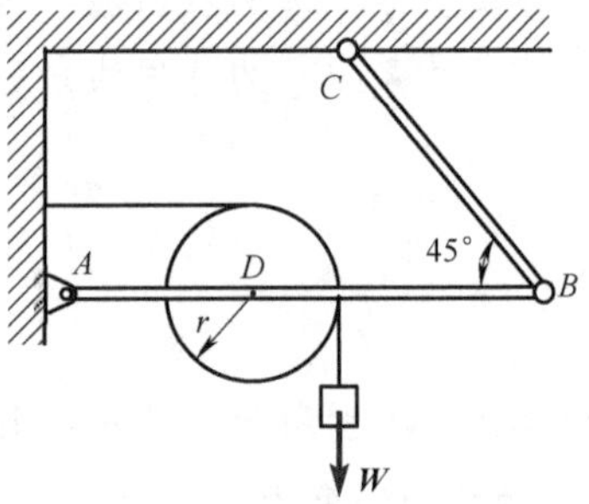

题 8-5 图

8-6 组合梁如题 8-6 图所示，已知集中力大小为 F，均布载荷集度为 q，力偶矩为 M，求梁的支座约束力和铰 C 处所受的力。

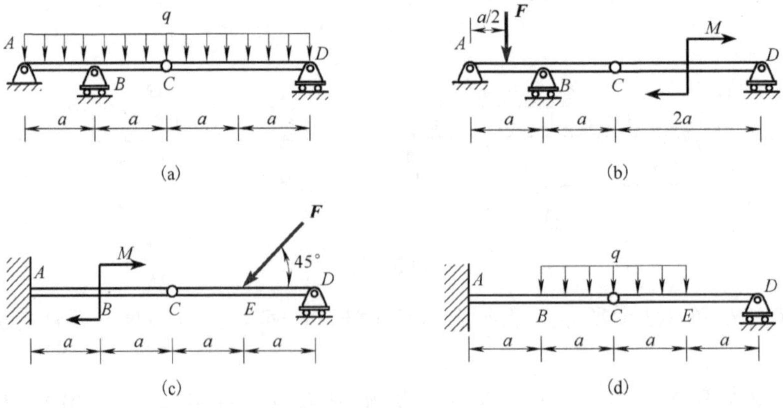

题 8-6 图

8-7 题 8-7 图所示压紧机构由两端铰接的杆 AB、BC 和压板 D 组成。已知 $AB=BC$，杆的倾角为 α，点 B 的铅垂压力为 F。若不计各构件的自重与各处摩擦，求 D 处水平压紧力 $\boldsymbol{F}_D$ 的大小。

8-8　铰链四连杆机构 $ABCD$ 如题 8-8 图所示，在节点 B、C 上分别有作用力 $\boldsymbol{F}_1$ 和 $\boldsymbol{F}_2$，在图示位置处于平衡状态。各杆件自重不计，确定 $\boldsymbol{F}_1$ 和 $\boldsymbol{F}_2$ 的关系。

8-9　四连杆机构如题 8-9 图所示，$OA = 0.4\,\text{m}$，$O_1B = 0.6\,\text{m}$，作用在 OA 杆上的外力偶矩 $M_1 = 1\,\text{N}\cdot\text{m}$，各杆件自重不计，机构在图示位置处于平衡，求力偶矩 M_2 的大小以及杆 AB 所受到的力。

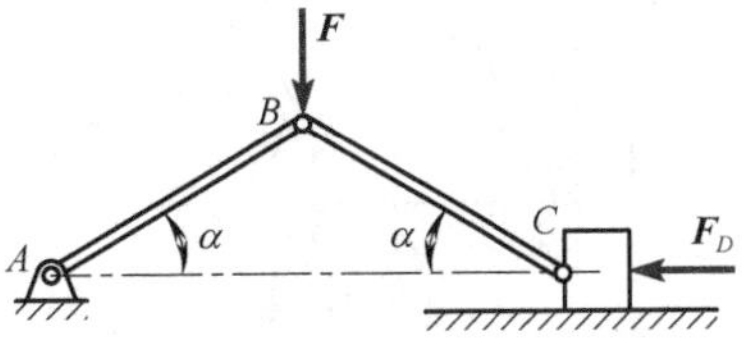

题 8-7 图

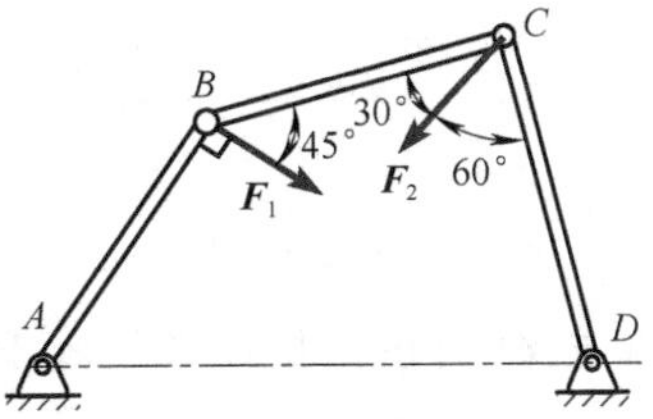

题 8-8 图

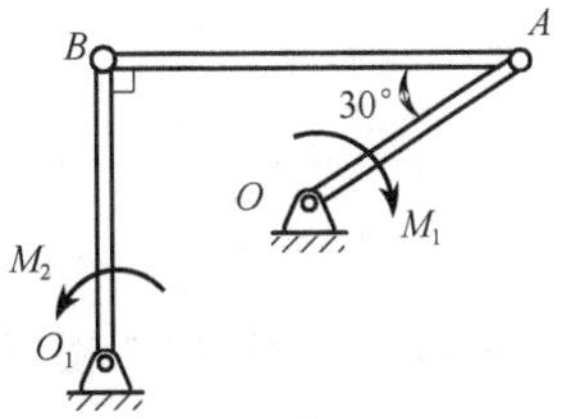

题 8-9 图

8-10　曲柄滑块机构在题 8-10 图所示位置处于平衡，已知滑块上受到的力 $F = 400\,\text{N}$。如果不计所有构件的重量，求作用在曲柄 OA 上的力偶的力偶矩 M。

8-11　如题 8-11 图所示，构架由杆 AB、AC 和 DH 铰接而成，在杆 DH 上作用一矩为 M 的力偶。各杆件自重不计，求杆 AB 上铰链处 A、D、B 的约束力。

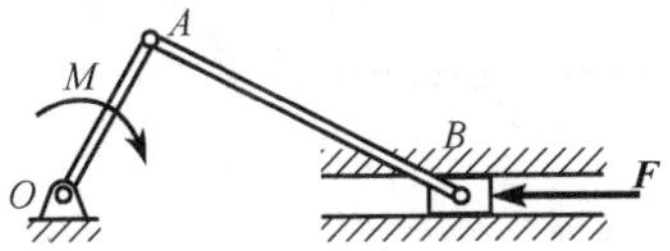

题 8-10 图

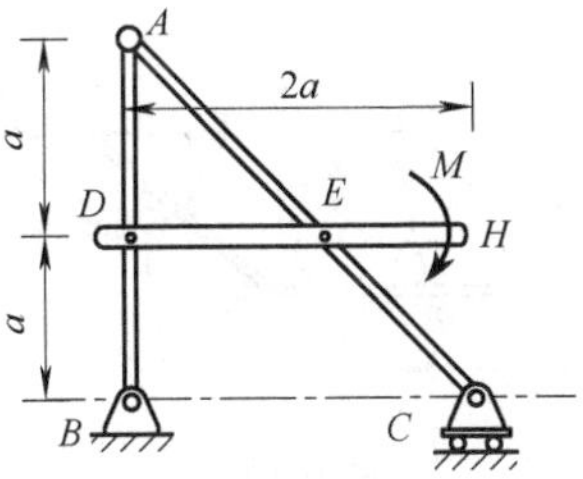

题 8-11 图

8-12　题 8-12 图所示的平面结构杆 AB 上作用有均布载荷 $q = 10\,\text{kN/m}$，在杆 ED 上作用有外力偶矩 $M = 30\,\text{kN}\cdot\text{m}$，已知 $a = 1\,\text{m}$。求 A、E 两处的约束力。

8-13　题 8-13 图所示结构在 D 处铰接而成，自重不计。已知 $F = 2\,\text{kN}$，$q = 0.5\,\text{kN/m}$，$M = 4\,\text{kN}\cdot\text{m}$，$l = 4\,\text{m}$，$\theta = 60°$。求支座 C 与 H 的约束力。

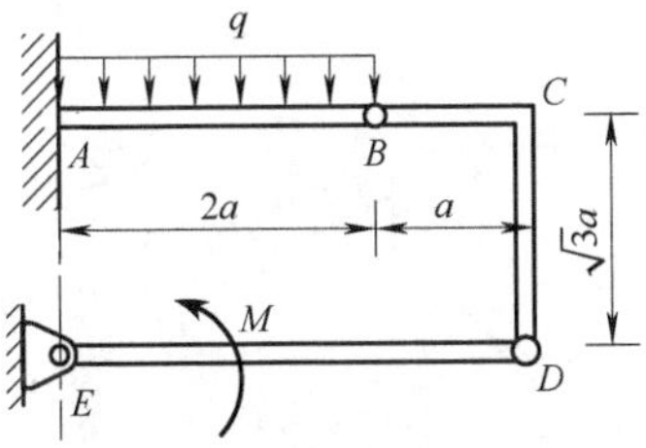

题 8-12 图

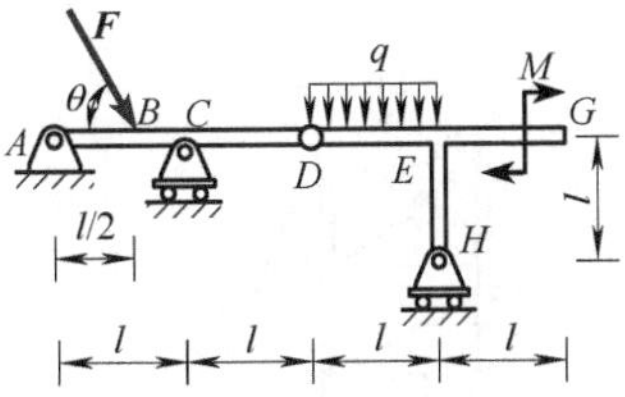

题 8-13 图

8-14　矩形板 $ABCD$ 支承如题 8-14 图所示，自重不计，E 处为固定端约束，D、A 为光滑铰链。已知 $q = 20\,\text{kN/m}$，$M = 50\,\text{kN}\cdot\text{m}$，$F = 10\,\text{kN}$。求 A、E 处的约束力。

8-15　题 8-15 图所示平面结构中，各杆件自重不计。B 处为铰链连接。已知 $F = 100\,\text{kN}$，$M = 200\,\text{kN}\cdot\text{m}$，$l_1 = 2\,\text{m}$，$l_2 = 3\,\text{m}$。求支座 A 的约束力。

8-16 题 8-16 图所示构架中，杆 AE 的中点作用有一个大小为 20kN 的水平力，各杆件自重不计。求铰链 E 所受的力。

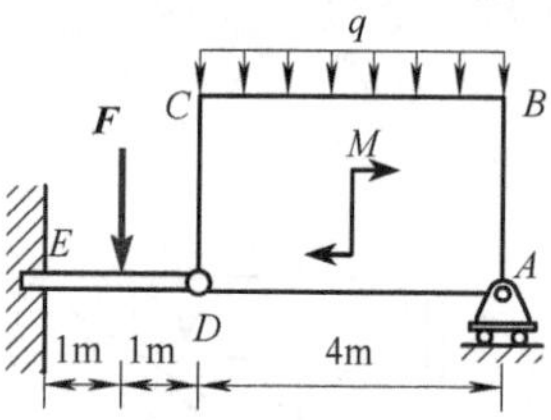

题 8-14 图

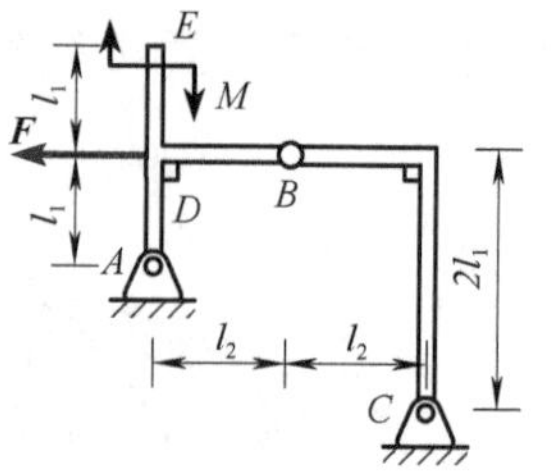

题 8-15 图

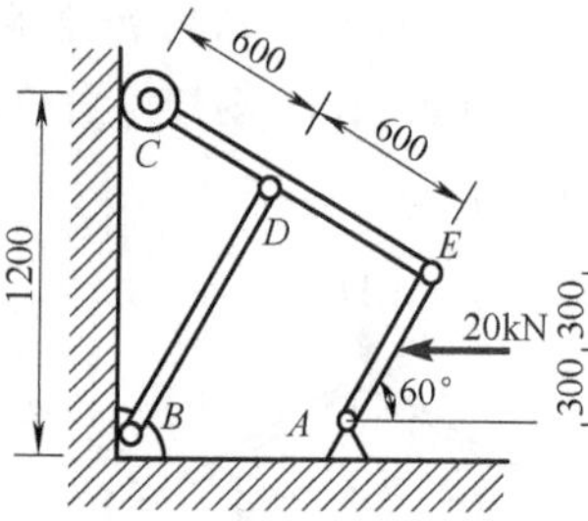

题 8-16 图

8-17 如题 8-17 图所示，自点 O 引出三根绳索，把重量为 $W = 400$ N 的均质矩形平板悬挂在水平位置，OC 连线垂直于板平面，求各绳所受到的拉力。

8-18 机器人小车底座如题 8-18 图所示。若已知 $AH = BH = 0.5$m， $CH = 1.5$m， $EH = 0.3$m， $ED = 0.5$m，车及负载总重 $W = 1.5$ kN，作用于点 D。试求 A、B、C 三车轮对地面的压力。

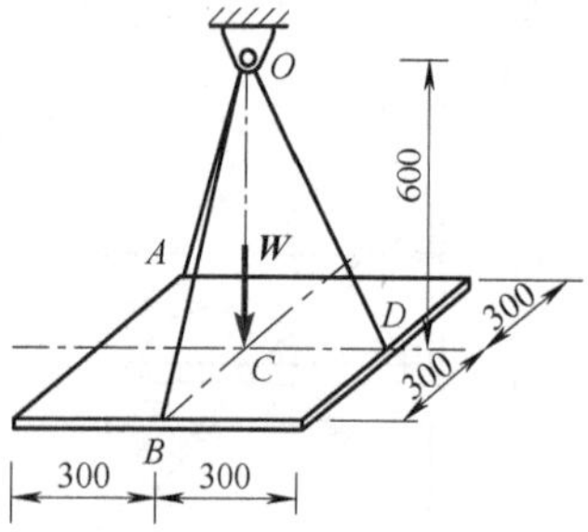

题 8-17 图

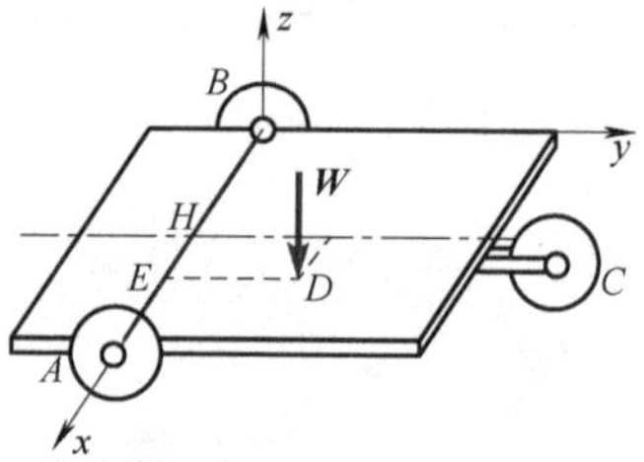

题 8-18 图

8-19 如题 8-19 图所示，杆的一端 A 用球形铰链固连在地面上，杆受到 $F = 30$ kN 水平力的作用，上端用两根钢索拉住，使得杆处于铅垂位置，求钢索的拉力及球形铰链 A 的约束力。钢索 DE 平行于轴 x。

8-20 题 8-20 图所示的踏板制动机构中，若作用在踏板上的铅垂力 $\boldsymbol{F}$ 能使位于铅垂位置的连杆上产生拉力 $F_T = 400$ N，求此时轴承 A、B 上的约束力。各构件自重不计，相关尺寸见题 8-20 图。

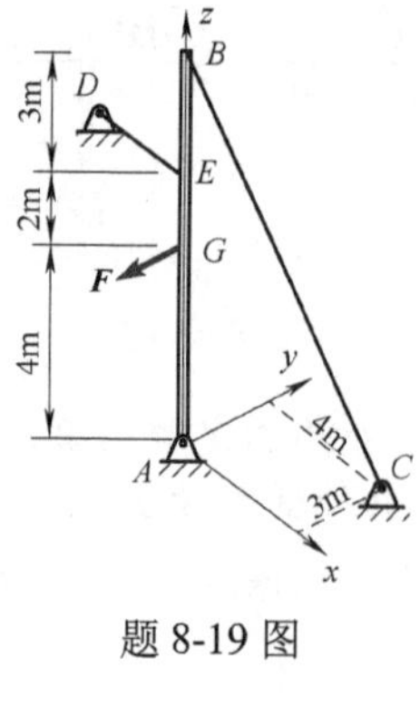

题 8-19 图

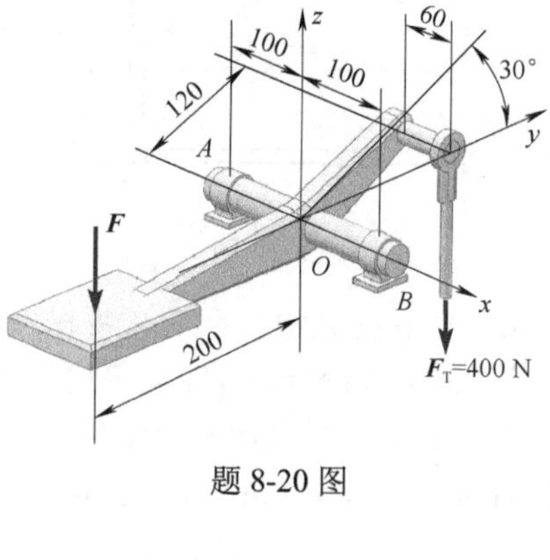

题 8-20 图

第 9 章　质点动力学

第 1 章～第 4 章所描述的运动学，只研究如何描述物体的运动，而第 5 章～第 8 章只研究作用于物体上的力系的简化和平衡条件，并不考虑当作用于物体上的力系不满足平衡条件时物体将如何运动，或其运动状态将发生何种改变。动力学研究的是物体的运动与其所受到的力之间的关系。目前我们研究的对象是质点、质点系和刚体，动力学是刚体力学中的核心内容。机器人是一种多自由度的机械装置，其零部件的动力学和控制是机器人研究的主要内容，而质点动力学是研究刚体动力学的前置基础。

9.1　动力学概述

1. 动力学基本定律

动力学的理论基础是**动力学基本定律**，它是人们在对机械运动进行大量观察和试验的基础上建立起来的。动力学基本定律是牛顿在总结了前人的研究成果，于 1687 年在其名著《自然哲学的数学原理》中提出的，所以又称为**牛顿三大定律**。它是描述动力学最基本的规律，是古典力学体系的核心。

牛顿第一定律：任何质点如果不受力作用，则将保持其静止或匀速直线运动的状态。

牛顿第一定律又称为惯性定律。它说明了任何质点都具有保持静止或匀速直线运动状态的特性，质点的这种保持运动状态不变的固有属性称为**惯性**。匀速直线运动又称为**惯性运动**。牛顿第一定律还表明，质点的运动状态发生改变必然是质点受到了其他物体的作用，或者说是力的作用。实际上，自然界中不受力的物体是根本不存在的，所谓物体不受力的作用要理解为物体受到平衡力系的作用，而所谓物体受力的作用也应该是物体受到非平衡力系的作用。

牛顿第二定律：质点受力作用时获得的加速度大小与作用力的大小成正比，与质点的质量成反比，加速度的方向与力的方向相同。

质点受力作用，指的是质点上受到全部的力的作用，也就是这些力的矢量和。因此，牛顿第二定律可用矢量式表示为

$$m\boldsymbol{a} = \sum \boldsymbol{F} \tag{9-1}$$

式中，m 表示质点的质量。式(9-1)表明的是力与加速度的瞬时关系。如果有相同的力作用于不同质量的两个质点，显然质量较大的质点的加速度就较小，这就说明质量越大，质点的运动状态越不容易改变，即质点的惯性越大。由此可见，**质量是质点惯性的量度**。

在国际单位制(SI)中，以质量、长度和时间的单位作为基本单位，它们分别取为 kg(千克)、m(米)、s(秒)。力的单位是导出单位，规定能使 1kg 质量的质点获得 1m/s^2 加速度的力为力的一个国际单位，并称其为 N(牛顿)，即 $1\text{N} = 1\text{kg}\cdot\text{m/s}^2$。

牛顿第三定律：两物体间相互作用的力总是同时存在，且大小相等、方向相反、沿同一直线，分别作用在两个物体上。

此定律在静力学公理中提到过，同样适用于动力学分析。

2. 惯性参考系

牛顿三大定律成立的参考系，称为**惯性参考系**，简称**惯性系**。反之，牛顿三大定律不成立的参考系，称为**非惯性参考系**。按照伽利略相对性原理，和一个惯性参考系保持相对静止或相对匀速直线运动状态的参考系也是惯性参考系。

一般情况下，研究地球表面的工程问题时，将固结在地面的参考系或相对于地面做匀速直线运动的参考系视为惯性参考系，可以得到相当精确的结果。本章及后续章节中，若无特殊说明，均以固结在地球表面的参考系作为惯性参考系。

以牛顿三大定律为基础建立起来的力学体系，称为古典力学。它认为质量、时间和空间都是与物质的运动无关的，质量是不变的，时间和空间是“绝对”的。近代物理学表明，质量、时间和空间都与物质运动的速度有关；只有在速度远小于光速的情况下，速度对它们的影响才可以忽略不计，正因为如此，应用古典力学解决一般性的工程问题足够精确。简单地说，古典力学只适用于宏观物体做低速机械运动时的力学问题。

3. 动力学两类问题

物体运动与其所受力之间的数学关系称为**动力学方程**，也称**运动微分方程**。求解运动微分方程可以解决动力学两类基本问题：第一类是已知物体的运动规律，求作用在物体上的力，从式(9-1)来看，这是一个微分过程；第二类是已知物体的受力，求物体的运动规律，这是一个积分过程，还需要物体运动的初始条件。大多数的动力学问题是混合问题，此时既有未知的运动，也有未知的力(约束力)。

对于简单的动力学问题，可以求出其运动微分方程的解析解，但多数情况下，运动微分方程是严重非线性的，无法解析求解，这时需要利用计算机来求其数值解答，以获得物体的运动特性。本书主要讲述的是对于简单刚体在简单受力情况下是如何建立物体的运动微分方程并加以求解的，至于数值求解需要在专业的后续课程中予以解决。

4. 机器人动力学简述

一般工程意义上提及的机器人，可以理解为是一种多自由度的机械装置，通过自动化程序完成特定的任务，如工业机械臂，以及轮式、足式或者履带式的移动机器人，它的动力学及控制是机器人研究的重要内容。

一般地，我们会考虑构成机器人运动的多刚体机构，这是一种理想化的力学模型，它保留了物体质量和外形，认为外力的作用仅导致运动状态的变化，而忽略变形带来的复杂影响。当然对于一些需要考虑变形的情况，如人形机器人的面部表情，则需要通过连续体大变形理论来建立力学模型。对于动力机器人而言，如果关心的是它的运动、平衡等问题，多刚体机构是足够好的模型。

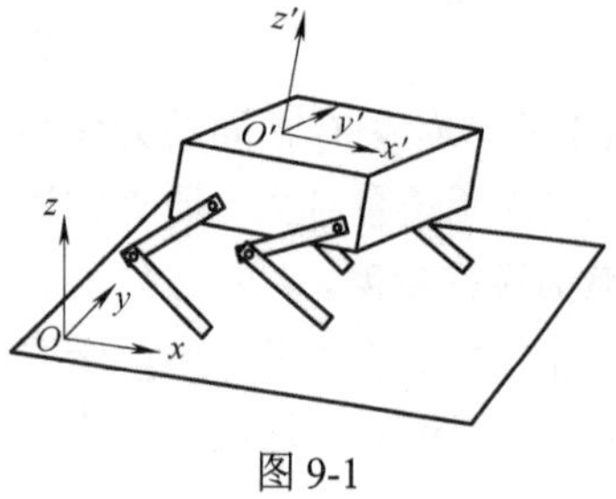

图 9-1

图 9-1 是简化的四足机器人力学模型，其躯干简化为刚体，要四肢简化为无质量的刚性连杆机构，要描述其躯干在

三维空间的运动状态，可以用其质心的位置及速度、刚体在空间中的姿态及其相对于坐标系的角速度矢量等。这里就需要应用动力学中的质心运动定理、刚体动量矩定理等动力学方程。机器人动力学通常通过固定的世界坐标系 $Oxyz$ 以及固连在运动刚体上的随体坐标系 $O'x'y'z'$ 之间的坐标变换来进行分析，对此有专门的机器人动力学课程，本书不作展开。本书关注于作为其必要力学基础的质点动力学、刚体动力学基本方法和理论。

9.2　质点运动微分方程及其应用

设质量为 m 的自由质点 M 在合力 $\sum \boldsymbol{F}$ 作用下运动，如图 9-2 所示，根据动力学基本方程 $m\boldsymbol{a}=\sum \boldsymbol{F}$ ，因 $\boldsymbol{a}=\dot{\boldsymbol{v}}=\ddot{\boldsymbol{r}}$ ，可得

$$m\boldsymbol{a}=m\dot{\boldsymbol{v}}=m\ddot{\boldsymbol{r}}=\sum \boldsymbol{F} \tag{9-2}$$

式中，$\boldsymbol{r}$ 是矢径，式(9-2)是以矢量形式表达的质点运动微分方程。

将式(9-2)在直角坐标系进行投影，可得到

$$\begin{cases} m\ddot{x}=\sum F_x \\ m\ddot{y}=\sum F_y \\ m\ddot{z}=\sum F_z \end{cases} \tag{9-3}$$

式(9-3)是以直角坐标形式表达的质点运动微分方程。

工程实际问题中，常采用自然坐标系，如图 9-3 所示，过点 M 作运动轨迹的切线 $\mathbf{t}$、主法线 $\mathbf{n}$ 和副法线 $\boldsymbol{b}$，将式(9-2)进行投影，可得

$$\begin{cases} ma_{\mathrm{t}}=m\ddot{s}=\sum F_{\mathrm{t}} \\ ma_{\mathrm{n}}=m\dfrac{v^2}{\rho}=\sum F_{\mathrm{n}} \\ \sum F_{\mathrm{b}}=0 \end{cases} \tag{9-4}$$

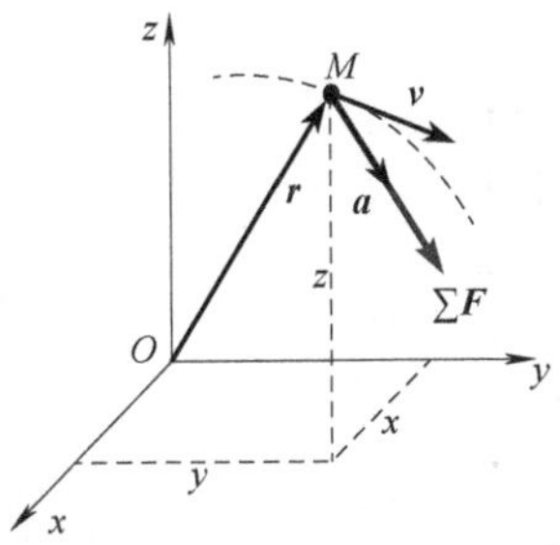

图 9-2

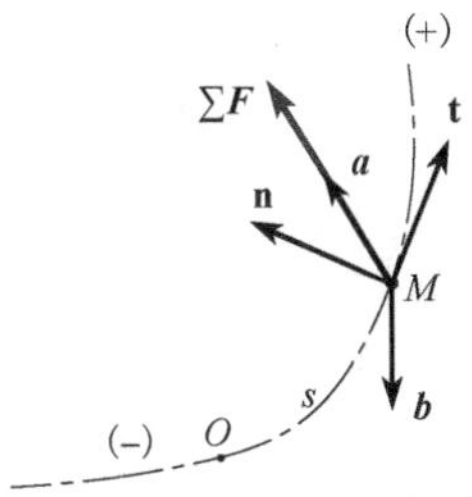

图 9-3

求解质点动力学问题的步骤大致如下：

(1) 根据问题，确定研究对象，选择恰当的坐标系；

(2) 分析研究对象的受力情况，这些力应包含主动力和约束力，若力是已知的，则应表示其变化规律，画出受力分析图；

(3) 分析研究对象的运动情况，也就是任意瞬时的状态；若运动规律已知，则需要求解其

加速度；

(4) 列出质点的动力学基本方程，进行求解，若是已知力求运动的动力学第二类问题，还需要根据初始条件确定积分常数。

【例 9-1】 已知质量为 m 的质点 M 在水平坐标平面 Oxy 内运动，如图 9-4 所示，其运动方程为 $x = a\cos\omega t$， $y = b\sin\omega t$。其中 a、b、ω为常数。求作用在质点上的力 $\boldsymbol{F}$。

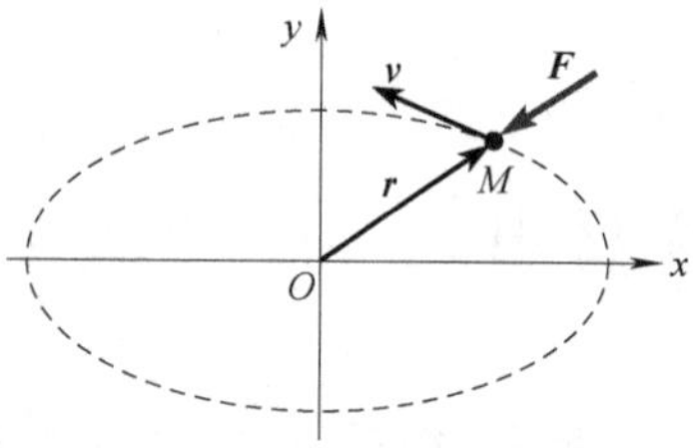

图 9-4

解 本例是已知运动求力的动力学第一类问题。

根据质点的运动方程，消去时间 t，可得到质点的运动轨迹：

$$\frac{x^2}{a^2}+\frac{y^2}{b^2}=1$$

可见，质点的运动轨迹是以 a、b 为半轴的椭圆。将运动方程对时间求二阶导数，得

$$a_x = \ddot{x} = -a\omega^2\cos\omega t = -\omega^2 x\,, \qquad a_y = \ddot{y} = -b\omega^2\sin\omega t = -\omega^2 y$$

将上述两式写成矢量形式，有

$$a_x\boldsymbol{i} + a_y\boldsymbol{j} = -\omega^2\boldsymbol{r}$$

根据式(9-3)，可得力 $\boldsymbol{F}$ 在坐标轴上的投影：

$$F_x = m\ddot{x} = -m\omega^2 x\,, \qquad F_y = m\ddot{y} = -m\omega^2 y$$

即

$$F_x\boldsymbol{i} + F_x\boldsymbol{j} = -m\omega^2\boldsymbol{r}$$

可见，本例中力 $\boldsymbol{F}$ 和点 M 的矢径 $\boldsymbol{r}$ 的方位相同，指向相反，力 $\boldsymbol{F}$ 始终指向中心，其大小与矢径 $\boldsymbol{r}$ 的大小成正比，是一个**有心力**。

【例 9-2】 如图 9-5(a) 所示的机构置于铅垂平面内。质量为 1 kg 的滑块 B 通过固连其上的销钉由摇杆 OA 带动，图示瞬时，$\theta = 30°$，摇杆的角速度 $\omega = 2\ \text{rad/s}$，角加速度 $\alpha = 2\ \text{rad/s}^2$，求滑槽的约束力，以及销钉与摇杆之间的压力。不计所有摩擦及摇杆质量。

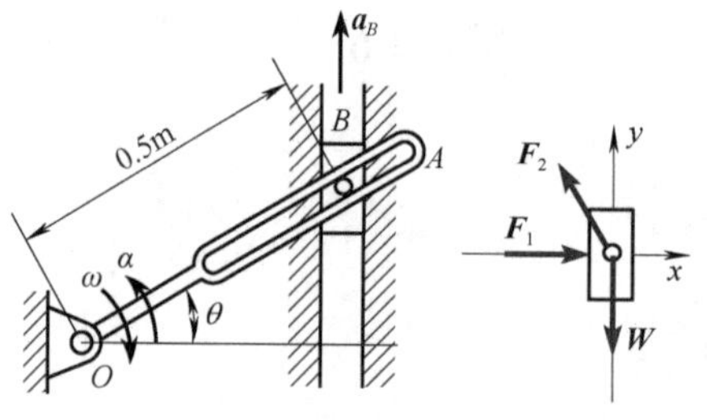

(a) (b)

图 9-5

解 本例是已知运动求力的动力学第一类问题。选择滑块 B (连同销钉) 作为研究对象，作受力分析图，如图 9-5(b) 所示。其中 $\boldsymbol{F}_1$ 是滑槽对滑块的约束力，而 $\boldsymbol{F}_2$ 是摇杆对销钉的压力，$\boldsymbol{W}$ 是滑块 B 的重力。

将滑块 B 视为动点，动参考系固连在摇杆上，通过第 3 章所述的点的合成运动方法(请读者自行计算，注意此时动参考系做定轴转动，需考虑科氏加速度)，可以求出图示瞬时，滑块 B 的加速度 $a_B = 3.82\ \text{m/s}^2$，方向向上。

由动力学方程可得

$$ma_y = \sum F_y\,,\qquad ma_B = F_2\cos\theta - W$$

则销钉所受到的压力为

$$F_2 = \frac{ma_B + W}{\cos\theta} = \frac{1\times 3.82 + 1\times 9.8}{\cos 30^\circ} = 15.73(\mathrm{N})$$

再由动力学方程可得

$$ma_x = \sum F_x\,,\qquad 0 = F_1 - F_2\sin\theta$$

则滑槽的约束力为

$$F_1 = F_2\sin\theta = 15.73\times\sin 30^\circ = 7.87(\mathrm{N})$$

【例 9-3】 炮弹以初速度 $\boldsymbol{v}_0$ 发射，$\boldsymbol{v}_0$ 与水平线的夹角为 θ，如图 9-6 所示。不计空气阻力和地球自转的影响，求炮弹在重力作用下的运动方程。

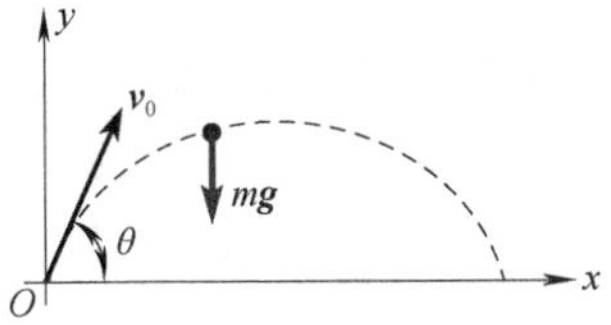

图 9-6

解 已知质点受到的力求质点的运动规律，是动力学第二类问题。在图 9-6 的直角坐标系中，按照动力学方程有

$$m\ddot{x} = 0\,,\qquad m\ddot{y} = -mg$$

分别积分，得

$$v_x = \dot{x} = C_1\,,\qquad x = C_1 t + C_2$$

$$v_y = \dot{y} = -gt + C_3\,,\qquad y = -\frac{1}{2}gt^2 + C_3 t + C_4$$

以上 $C_1\sim C_4$ 是积分常数，需要利用初始条件来确定。$t=0$ 时，包括 $x(0)=0$，$y(0)=0$，$\dot{x}(0)=v_{0x}=v_0\cos\theta$，$\dot{y}(0)=v_{0y}=v_0\sin\theta$ 四个条件，代入前面四式，可以求得 $C_1=v_0\cos\theta$，$C_2=0$，$C_3=v_0\sin\theta$，$C_4=0$。于是可得炮弹的运动方程为

$$x = v_0\cos\theta\cdot t\,,\qquad y = v_0\sin\theta\cdot t - \frac{1}{2}gt^2$$

将运动方程中的时间 t 消去，得到轨迹方程为

$$y = x\tan\theta - \frac{g}{2v_0^2\cos^2\theta}x^2$$

这是位于铅垂面内的一条抛物线。

【例 9-4】 如图 9-7 所示，桥式起重机上的小车用钢丝绳吊着质量为 m 的物体沿横向做匀速运动。速度大小为 v_0。当小车急制动时，重物绕悬挂点摆动，若绳长为 l，求绳子的最大拉力。

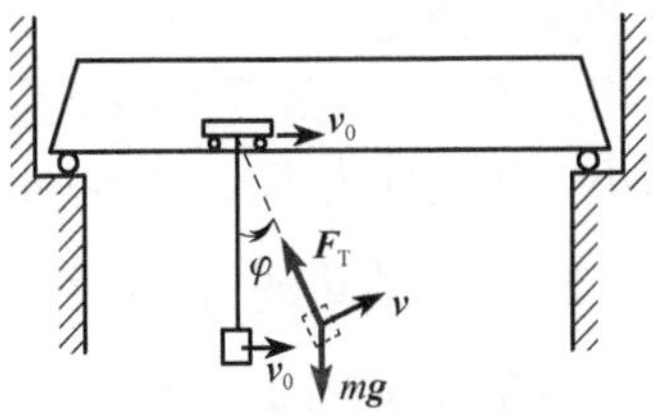

图 9-7

解 以重物为研究对象，画出其在制动后任意瞬时，即一般位置的受力图，如图 9-7 所示。其中 $\boldsymbol{F}_\mathrm{T}$ 是钢丝绳的拉力，而 $m\boldsymbol{g}$ 是重力。设钢丝绳与铅垂线的夹角为 φ，重物速度为 $\boldsymbol{v}$。

应用自然坐标形式的质点运动微分方程，有

$$m\frac{\mathrm{d}v}{\mathrm{d}t} = -mg\sin\varphi \tag{9-5a}$$

$$m\frac{v^2}{l} = F_\mathrm{T} - mg\cos\varphi \tag{9-5b}$$

从式(9-5a)来看，待求的是质点的运动规律，而式(9-5b)是在求出质点的运动规律后，利用其求力 $\boldsymbol{F}_{\mathrm{T}}$。故本例是混合问题。

根据速度 $v=\frac{\mathrm{d}s}{\mathrm{d}t}=\frac{\mathrm{d}}{\mathrm{d}t}(\varphi l)=l\frac{\mathrm{d}\varphi}{\mathrm{d}t}$，式(9-5a)写为 $l\frac{\mathrm{d}^2\varphi}{\mathrm{d}t^2}=-g\sin\varphi$，令 $\frac{\mathrm{d}\varphi}{\mathrm{d}t}=\omega$，$\omega$ 可视为绳子绕悬挂点摆动的角速度，并在等号两端同时乘以 ω，式(9-5a)又可改写为

$$l\omega\frac{\mathrm{d}\omega}{\mathrm{d}t}=-g\sin\varphi\frac{\mathrm{d}\varphi}{\mathrm{d}t}$$

或

$$l\omega\mathrm{d}\omega=-g\sin\varphi\mathrm{d}\varphi$$

积分可得

$$l\frac{\omega^2}{2}=g\cos\varphi+C \tag{9-5c}$$

根据初始条件，$\varphi=0$ 时，$\omega=\frac{v_0}{l}$，求出积分常数 $C=\frac{v_0^2}{2l}-g$，代入式(9-5c)，化简后有

$$\omega^2=\frac{2g}{l}(\cos\varphi-1)+\frac{v_0^2}{l^2},\qquad v^2=\omega^2l^2=v_0^2-2gl(1-\cos\varphi)$$

可以看出，当 $\varphi=0$ 时，即制动刚发生时，v 达到最大，即 $v_{\max}=v_0$。由式(9-5b)可知，此时绳子的拉力 $\boldsymbol{F}_{\mathrm{T}}$ 有最大值，即

$$F_{\mathrm{Tmax}}=m\frac{v^2}{l}+mg\cos\varphi=mg+m\frac{v_0^2}{l}$$

9.3 质点动力学的达朗贝尔原理

1. 质点惯性力的概念

当质点受到其他物体作用而使运动状态发生变化时，由于质点本身的惯性，会对施力体产生反作用力，这种反作用力称为**惯性力**。惯性力的大小等于质点的质量与其加速度的乘积，方向与加速度的方向相反，但作用于施力体上。用 $\boldsymbol{F}_{\mathrm{I}}$ 表示惯性力，则

$$\boldsymbol{F}_{\mathrm{I}}=-m\boldsymbol{a} \tag{9-6}$$

举例来说，工人沿光滑的水平直线轨道推动质量为 m 的小车，作用力为 $\boldsymbol{F}$，小车在力的方向上产生加速度 $\boldsymbol{a}$，并且 $\boldsymbol{F}=m\boldsymbol{a}$。根据作用力与反作用力定律，此时工人必受到小车对其的反作用力 $\boldsymbol{F}_{\mathrm{I}}$，此力是因为小车具有惯性，要保持其原有的运动状态从而对工人进行反抗而产生的，即小车的惯性力 $\boldsymbol{F}_{\mathrm{I}}=-\boldsymbol{F}=-m\boldsymbol{a}$。

2. 质点的达朗贝尔原理

质量为 m 的质点 M，在主动力 $\boldsymbol{F}$ 和约束力 $\boldsymbol{F}_{\mathrm{N}}$ 的作用下，沿曲线运动，并产生加速度 $\boldsymbol{a}$，如图 9-8 所示。根据动力学基本方程，必然有 $\boldsymbol{F}+\boldsymbol{F}_{\mathrm{N}}=m\boldsymbol{a}$。此时由于质点的运动状态发生改变，它的惯性力 $\boldsymbol{F}_{\mathrm{I}}=-m\boldsymbol{a}$。将以上两式相加，得

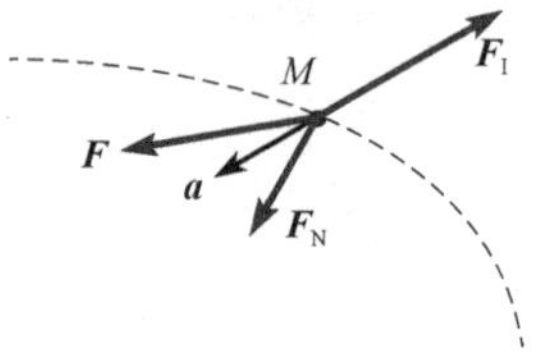

图 9-8

$$\boldsymbol{F}+\boldsymbol{F}_{\mathrm{N}}+\boldsymbol{F}_{\mathrm{I}}=\boldsymbol{0} \tag{9-7}$$

式(9-7)表明，**在任一瞬时，作用于质点上的主动力、约**

束力和虚加在质点上的惯性力在形式上组成一平衡力系。这是 1743 年法国科学家达朗贝尔提出的一个原理，称为**达朗贝尔原理**。从数学上看，达朗贝尔原理只是牛顿第二定律的移项，但原理中却含有深刻的意义。这就是通过加惯性力的办法将动力学问题转化为静力学问题，求解过程中可充分使用静力学中的各种技巧。对一些动力学现象也可从静力学的观点做出简洁的解释。这就形成了求解动力学的静力学方法，简称**动静法**。这种方法不仅对求解非自由质点系的动力学问题十分有益，在工程技术中也获得了广泛的应用。

需要指出的是，质点并没有受到惯性力的作用，这里的“平衡力系”是虚拟的，实际上是不成立的，质点也并不平衡。

关于达朗贝尔原理，本书仅对质点的情况，在此处作简单介绍，对于质点系和刚体的达朗贝尔原理本书不再作深入展开，读者可以通过其他理论力学或分析动力学的教材进行深入了解。

【例 9-5】 质量 $m=10\text{kg}$ 的物体 A 沿与铅垂面的夹角 $\theta=60°$ 的悬臂梁下滑，如图 9-9(a) 所示。不计梁自重，忽略物体 A 的尺寸，求当物体下滑至图示位置时，即 $l=0.6\text{m}$ 时固定端 O 的约束力，此时物体 A 的加速度 $a=2\text{m/s}^2$。

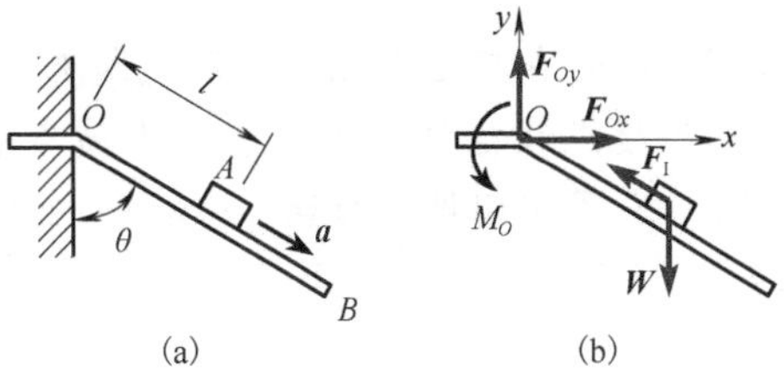

图 9-9

解 (1) 取物体和悬臂梁一起作为研究对象，作受力分析。研究对象受到物体 A 的重力 $\boldsymbol{W}$、固定端 O 处的约束力 $\boldsymbol{F}_{Ox}$、$\boldsymbol{F}_{Oy}$ 和 M_O 的作用，如图 9-9(b) 所示。

(2) 虚加惯性力，物体 A 的惯性力大小 $F_\text{I}=ma$，方向与物体 A 的加速度方向相反。

(3) 根据达朗贝尔原理，图 9-9(b) 上的力系构成形式上的“平衡力系”，列平衡方程：

$$\sum F_x=0,\quad F_{Ox}-F_\text{I}\sin\theta=0,\quad F_{Ox}=F_\text{I}\sin\theta=ma\sin 60°=10\times2\times0.866=17.32(\text{N})$$

$$\sum F_y=0,\quad F_{Oy}-W+F_\text{I}\cos\theta=0,\quad F_{Oy}=W-F_\text{I}\cos\theta=10\times9.8-10\times2\times0.5=88(\text{N})$$

$$\sum M_O=0,\quad M_O-Wl\sin\theta=0,\quad M_O=mgl\sin\theta=10\times9.8\times0.6\times0.866=50.92(\text{N}\cdot\text{m})$$

思 考 题

9.1 “力是万物运动的原因”这个结论在经典力学范畴中是否正确？为什么？

9.2 1898 年，京师大学堂的教材《格物测算》中，有以下文字：“物之静，非力不动；物之动，非力不止，一也。物之受力者，每力均有功效，二也。凡用力必有抵力，与之相等，三也。”以上文字说明了什么？

9.3 判断以下说法是否正确：(1) 质点的运动方向就是质点上所受合力的方向。(2) 两个质量相等的质点，只要所受的力相同，则其运动微分方程也相同。(3) 质点的速度越大，其所受到的力也越大。

9.4 机器人通过视觉装置确定了传输带上的物件的坐标以后，将此坐标传输给控制系统，并向末端执行器下达抓取指令，末端执行器是否能准确抓取物件？为什么？如果要准确抓取物件，需要考虑哪些问题？

9.5 如图 9-10 所示，绳子的拉力 $F_T = 2\ \text{kN}$，重物Ⅰ重 $W_1 = 2\ \text{kN}$，重物Ⅱ重 $W_2 = 1\ \text{kN}$。不计滑轮质量，在图 9-10(a)、(b)两种情况下，重物Ⅱ的加速度是否相同？两根绳子的张力是否相同？

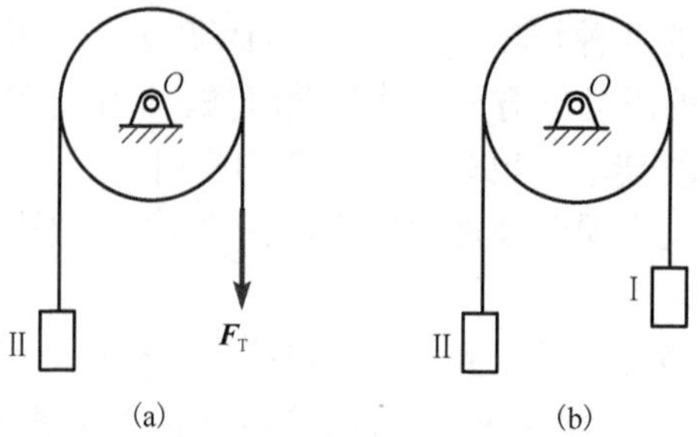

图 9-10

9.6 设质点在空中运动，只受到重力作用，分析下列三种情况下，质点惯性力的大小和方向：(1)质点做自由落体运动；(2)质点被垂直上抛；(3)质点沿抛物线运动。

9.7 利用达朗贝尔原理，分析一列火车在启动过程中，哪一节车厢的挂钩受力最大？为什么？

习　　题

9-1 吊车启动后，在半秒内将重量为 5kg 的物体由静止开始匀加速至 0.4 m/s，然后匀速上升了 3 s，随后在 0.2 s 内匀减速制动停止。求在各个过程中钢丝绳所受到的拉力。

9-2 质量为 m 的小球 M 用两根长均为 l 的无重细杆支承，如题 9-2 图所示。小球与细杆一起以匀角速度 ω 绕铅垂轴 AB 转动。设 $AB = 2a$，杆的两端均为铰链连接，求两杆所受到的力。

9-3 题 9-3 图所示的曲柄滑道机构中，滑杆与活塞的质量总和为 50kg，曲柄 $OA = 300\ \text{mm}$，绕轴 O 做匀速转动，转速 $n = 120\ \text{r/min}$。求当曲柄运动至水平向右极限位置以及铅垂向上极限位置时作用在活塞上的气体压力，活塞质量不计。

9-4 题 9-4 图所示重物 A 和重物 B 的质量分别为 $m_A = 20\ \text{kg}$，$m_B = 40\ \text{kg}$，用弹簧连接。重物 A 以 $y = H\cos(2\pi t / T)$ 的规律做铅垂面上的简谐运动。其中振幅 $H = 10\ \text{mm}$，周期 $T = 0.25\ \text{s}$。求支承面对重物 B 的支持力的最大值和最小值。

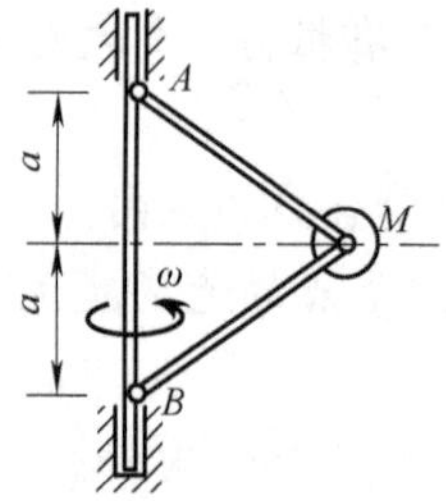

题 9-2 图

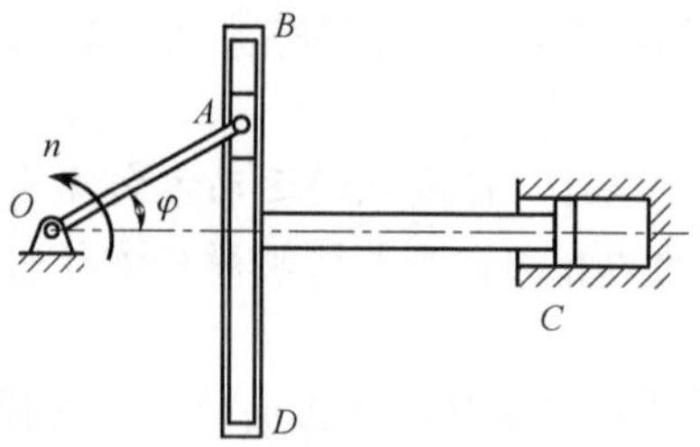

题 9-3 图

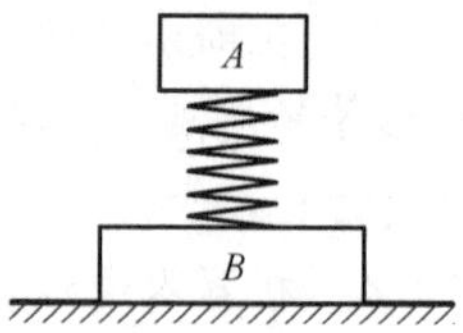

题 9-4 图

9-5　某振动平台以 $y = A\sin(\omega t + \varphi)$ 做简谐运动，其振幅 $A = 50\,\text{mm}$ 。当某频率时，平台上的物料开始与平台分离向上抛起，求此平台的最小频率 $\omega_{\min}$ 。

9-6　质量为 10kg 的物体在变力 $F = 98(1-t)$ (单位为 N)的作用下运动。设物体的初速度为 $v_0 = 200\,\text{mm/s}$ ，且力的方向与速度的方向相同，经过多少秒以后物体停止运动？停止运动前走了多少路程？

9-7　质量为 m 的人造地球卫星，在地球引力的作用下，在距离地面 h 处的圆形轨道上以速度 v 运行。设地面上的重力加速度为 g，地球半径为 R，求卫星运行速度、周期和高度 h 的关系。

9-8　利用质点达朗贝尔原理求解习题 9-1。

9-9　利用质点达朗贝尔原理求解习题 9-2。

9-10　利用质点达朗贝尔原理求解习题 9-3。

第 10 章　动力学普遍定理

研究质点系动力学问题时，原则上讲可以利用牛顿定律，对质点系中的每一个质点列出运动微分方程，再求解联立方程组。显然此方法与研究单质点的动力学问题没有任何本质的差异。质点系可以是有限个质点构成的系统，也可以是无限多个质点构成的刚体，如果对每一个质点单独分析，即便是可行的，也会耗费大量的算力。实际工程中，人们在研究质点系动力学时，通常更关心它的整体运动特征，并不需要了解具体的每个质点的运动，即研究描述质点系整体运动的物理量，如动量、动量矩、动能等。通过牛顿第二定律，可以导出质点系的**动力学普遍定理**，包括质点系**动量定理**、**动量矩定理**和**动能定理**，并应用这些定理重点研究刚体平移、定轴转动、平面运动等动力学问题。工业机器人的操作臂可视为刚性杆从而建立动力学模型。动力学普遍定理不仅可以应用于求解机器人整体或零部件的简单动力学问题，也可以为进一步深入理解和应用机器人机构动力学奠定必要的力学基础。

10.1　动 量 定 理

10.1.1　动量

质点的质量与速度的乘积，称为**质点的动量**，即

$$\boldsymbol{p} = m\boldsymbol{v} \tag{10-1}$$

质点的动量是矢量，方向与质点的速度一致，在国际单位制中，动量的单位是 $\text{kg}\cdot\text{m/s}$ 。

若由 n 个质点组成的质点系的第 i 个质点的质量为 m_i ，其矢径为 $\boldsymbol{r}_i$ ，速度 $\boldsymbol{v}_i = \mathrm{d}\boldsymbol{r}_i / \mathrm{d}t$ ，则将**质点系的动量**定义为

$$\boldsymbol{p} = \sum m_i \boldsymbol{v}_i \tag{10-2}$$

根据式(6-18)对质心的定义， $m\boldsymbol{r}_C = \sum m_i \boldsymbol{r}_i$ ，式(10-2)可改写为

$$\boldsymbol{p} = \sum m_i \boldsymbol{v}_i = \frac{\mathrm{d}}{\mathrm{d}t}\left(\sum m_i \boldsymbol{r}_i\right) = \frac{\mathrm{d}}{\mathrm{d}t}\left(m\boldsymbol{r}_C\right) = m\boldsymbol{v}_C \tag{10-3}$$

式中，m 是整个质点系的质量；$\boldsymbol{v}_C$ 是质点系质心的速度。可见，质点系的动量等于质心速度与质点系总质量的乘积。

根据式(10-3)可以方便地计算刚体的动量，如图 10-1(a)所示的长为 l、质量为 m 的均质细长杆，在平面内以角速度 ω 绕点 O 转动，其质心速度 $v_C = \omega l / 2$ ，故此细长杆的动量大小为 $p = m\omega l / 2$ ，方向与其速度方向相同。又如图 10-1(b)所示的均质圆轮，其动量大小 $p = mv_C$ ，方向与轮心的速度 $\boldsymbol{v}_C$ 一致。对于图 10-1(c)所示的绕中心转动的均质轮，无论其角速度有多大，由于其质心在转轴上，始终保持不动，故其动量总为 0。

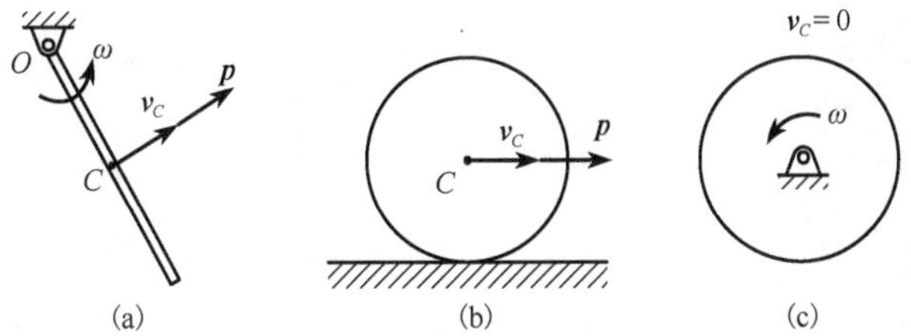

图 10-1

10.1.2　动量定理及其守恒

考虑质点系中质量为 m_i 的某质点 M_i 所受到的外力 $\boldsymbol{F}_i^{\mathrm{e}}$ 以及质点系内部的作用力 $\boldsymbol{F}_i^{\mathrm{i}}$，则由牛顿第二定律，得到关于质点 M_i 的运动微分方程：

$$\frac{\mathrm{d}}{\mathrm{d}t}(m_i\boldsymbol{v}_i)=m_i\boldsymbol{a}_i=\boldsymbol{F}_i^{\mathrm{e}}+\boldsymbol{F}_i^{\mathrm{i}} \tag{10-4}$$

将质点系中所有质点的运动微分方程相加，得到

$$\sum_i\frac{\mathrm{d}}{\mathrm{d}t}(m_i\boldsymbol{v}_i)=\sum_i\boldsymbol{F}_i^{\mathrm{e}}+\sum_i\boldsymbol{F}_i^{\mathrm{i}} \tag{10-5}$$

根据牛顿第三定律，质点系内部的相互作用力总是成对出现，等值、反向、共线。因此式(10-5)右端的第二项必然为 0。于是，式(10-5)可改写为

$$\frac{\mathrm{d}\boldsymbol{p}}{\mathrm{d}t}=\sum\boldsymbol{F}_i^{\mathrm{e}} \tag{10-6}$$

此即为**质点系动量定理。质点系的动量 $\boldsymbol{p}$ 对时间的变化率等于作用在质点系上的所有外力的矢量和。**

将矢量式(10-6)向直角坐标系进行投影，可得到动量定理的投影形式：

$$\frac{\mathrm{d}p_x}{\mathrm{d}t}=\sum F_{ix}^{\mathrm{e}}\,,\qquad \frac{\mathrm{d}p_y}{\mathrm{d}t}=\sum F_{iy}^{\mathrm{e}}\,,\qquad \frac{\mathrm{d}p_z}{\mathrm{d}t}=\sum F_{iz}^{\mathrm{e}} \tag{10-7}$$

将方程(10-6)进行积分，动量从 $\boldsymbol{p}_1$ 到 $\boldsymbol{p}_2$，时间从 t_1 到 t_2，就可以得到质点系动量定理的积分形式：

$$\boldsymbol{p}_2-\boldsymbol{p}_1=\sum\int_{t_1}^{t_2}\boldsymbol{F}_i^{\mathrm{e}}\mathrm{d}t \tag{10-8}$$

式(10-8)右侧是所有外力在时间 $t_1\sim t_2$ 上的**冲量**的矢量和。**冲量是作用在物体上的力在一段时间对物体运动所产生的累计效应**。冲量是矢量，其方向与力的方向相同，用 $\boldsymbol{I}$ 表示，单位是 N·s。力 $\boldsymbol{F}$ 从 $t_1\sim t_2$ 的冲量是矢量积分：

$$\boldsymbol{I}=\int_{t_1}^{t_2}\boldsymbol{F}\mathrm{d}t \tag{10-9}$$

【例 10-1】　图 10-2(a)所示的机构中，物块 A 的质量 m_1，物块 B 的质量 m_2。已知图示瞬时物块 A 的加速度 $\boldsymbol{a}$，忽略滑轮和绳子的质量，绳不可伸长，求此时铰 O 处的约束力。

解　将物块 A、B 和滑轮视为质点系。作受力分析，根据已知条件，设物块 A 的速度 $v_A=v$，方向向下。动滑轮做平面运动，且因绳不可伸长，动滑轮的 I 处为其运动的速度瞬心，从而得出速度关系：

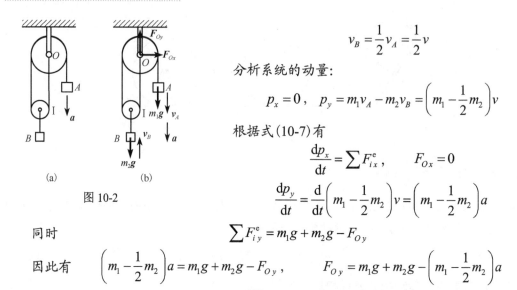

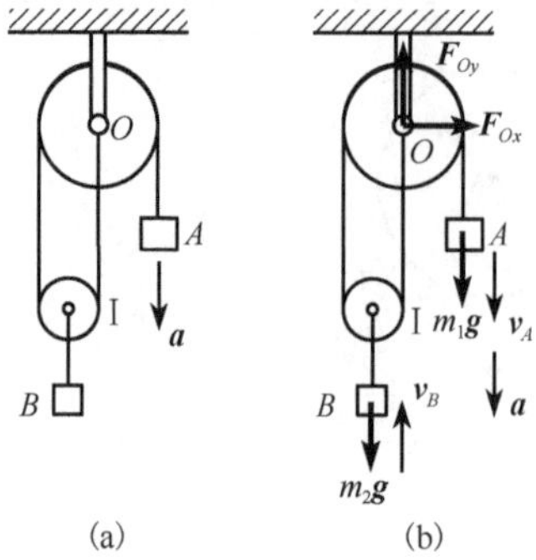

图 10-2

$$v_B=\frac{1}{2}v_A=\frac{1}{2}v$$

分析系统的动量：

$$p_x=0,\quad p_y=m_1v_A-m_2v_B=\left(m_1-\frac{1}{2}m_2\right)v$$

根据式(10-7)有

$$\frac{\mathrm{d}p_x}{\mathrm{d}t}=\sum F_{ix}^{\mathrm{e}},\qquad F_{Ox}=0$$

$$\frac{\mathrm{d}p_y}{\mathrm{d}t}=\frac{\mathrm{d}}{\mathrm{d}t}\left(m_1-\frac{1}{2}m_2\right)v=\left(m_1-\frac{1}{2}m_2\right)a$$

同时

$$\sum F_{iy}^{\mathrm{e}}=m_1g+m_2g-F_{Oy}$$

因此有

$$\left(m_1-\frac{1}{2}m_2\right)a=m_1g+m_2g-F_{Oy},\qquad F_{Oy}=m_1g+m_2g-\left(m_1-\frac{1}{2}m_2\right)a$$

如果作用在质点系上的外力的矢量和 $\sum \boldsymbol{F}_i^{\mathrm{e}}=\mathbf{0}$，则根据式(10-6)可知，质点系的动量 $\boldsymbol{p}$ 为常矢量。可见，**在运动过程中，如果作用在质点系上的外力的矢量和始终保持为零，则质点系的动量保持为常矢量**。这个结论称为**质点系动量守恒定律**。由此可知，如果要使质点系的动量发生变化，则必须有外力的作用。根据式(10-7)，若 $\sum F_{ix}^{\mathrm{e}}=0$，则有 p_x 为常量。也就是说，如果作用在质点系上的外力在某一轴上的投影的代数和始终保持为零，则质点系的动量在该轴上的投影保持为常量。

10.1.3 质心运动定理及质心运动守恒

将式(10-3)代入质点系动量定理的矢量式(10-6)，得 $\dfrac{\mathrm{d}(m\boldsymbol{v}_C)}{\mathrm{d}t}=\sum \boldsymbol{F}_i^{\mathrm{e}}$，即

$$m\boldsymbol{a}_C=\sum \boldsymbol{F}_i^{\mathrm{e}} \tag{10-10}$$

式中，$\boldsymbol{a}_C$ 是质心的加速度。以上表明，**质点系的质量与质心加速度的乘积等于作用于质点系上的所有外力的矢量和**，此结论称为**质心运动定理**。式(10-10)与牛顿第二定律的表达式 $m\boldsymbol{a}=\boldsymbol{F}$ 相类似，因此在研究质心的运动规律时，可以假想地将质点系的质量和所受的外力都集中到质心上，将质心作为一个质点来研究。

在实际应用时，常将质心运动定理写成投影式，即

$$ma_{Cx}=\sum F_{ix}^{\mathrm{e}},\qquad ma_{Cy}=\sum F_{iy}^{\mathrm{e}},\qquad ma_{Cz}=\sum F_{iz}^{\mathrm{e}} \tag{10-11}$$

对于由多个刚体组成的系统，式(10-10)也可写成

$$\sum m_i\boldsymbol{a}_{Ci}=\sum \boldsymbol{F}_i^{\mathrm{e}} \tag{10-12}$$

式中，m_i 是第 i 个刚体的质量；$\boldsymbol{a}_{Ci}$ 是第 i 个刚体的质心加速度。

如果作用在质点系上的所有外力的矢量和恒为 0，即 $\sum \boldsymbol{F}_i^{\mathrm{e}}\equiv\mathbf{0}$，则由式(10-10)可得 $\boldsymbol{a}_C=\mathbf{0}$，质心的速度 $\boldsymbol{v}_C$ 是常矢量，说明质心做惯性运动，若质心初始速度为 0，则质心的矢径 $\boldsymbol{r}_C$ 是常矢量。

同样地，若作用于质点系上的所有外力在某个轴上的投影的代数和恒为 0，如 $\sum F_{ix}^{\mathrm{e}}\equiv 0$，

则有 $a_{Cx}=0$，这就说明质心速度在 x 轴上的投影保持不变。若开始时质心速度在 x 轴上的投影等于 0，那么其质心坐标 x_C 将保持不变。

以上结论称为**质心运动守恒定律**。从该定律可以看出，只有外力才能改变质心的运动，而内部作用力不能改变，汽车在加速行驶时，汽缸中的燃气压力以及各传动力都是整个汽车内部的相互作用力，它们并不能改变汽车质心的运动，使汽车获得加速度的外力是地面作用在汽车主动轮上的摩擦力。

【例 10-2】　图 10-3(a)所示的质量为 m_1 的滑块 A，可在水平光滑平面上运动，刚度系数为 k 的弹簧一端与滑块相连，另一端固定。忽略质量且长 l 的杆 AB 的 A 端与滑块铰接，B 端装有质量为 m_2 的小球，在铅垂平面内可绕点 A 转动。设在力偶 M 作用下，杆 AB 的转动角速度 ω 是常数。初始弹簧处于原长，写出滑块 A 的运动微分方程。

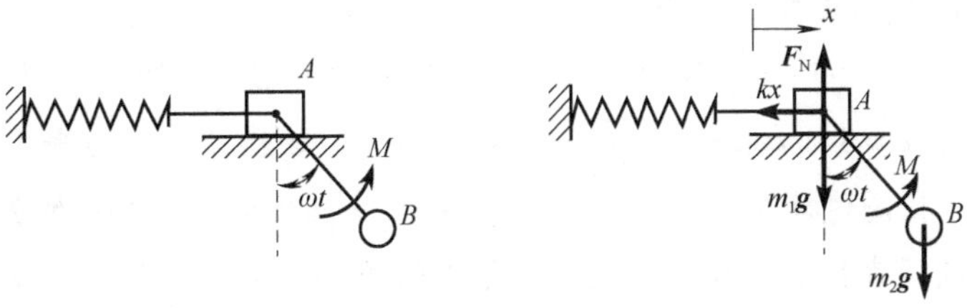

(a)　　(b)

图 10-3

解　取滑块 A 和小球 B 组成的系统为研究对象，画出其受力分析图，如图 10-3(b)所示。建立向右的坐标系 x，原点取在初始时刻滑块 A 的质心上，依据式(6-19)，取任意时刻系统的质心坐标为

$$x_C=\frac{m_1x_A+m_2\left(x_A+l\sin\omega t\right)}{m_1+m_2}$$

将 x_C 对时间 t 求二阶导数，得到质心在 x 轴上的加速度分量 a_{Cx}：

$$a_{Cx}=\ddot{x}_C=\ddot{x}_A-\frac{m_2l\omega^2\sin\omega t}{m_1+m_2}$$

根据质心运动定理 $\left(m_1+m_2\right)a_{Cx}=\sum F_{ix}^{\mathrm{e}}=-kx_A$，将 a_{Cx} 的表达式代入，即可得到滑块 A 的运动微分方程：

$$\ddot{x}_A+\frac{k}{m_1+m_2}x_A=\frac{m_2l\omega^2\sin\omega t}{m_1+m_2}$$

【例 10-3】　如图 10-4 所示，设电动机外壳和定子的质量为 m_1，转子的质量 m_2。制造和安装误差导致转子的质心位于 O_2，形成偏心距 $O_1O_2=e$。转子以匀角速度 ω 转动。若电动机固定在机座上，求电动机支座处所受到的水平约束力 F_{Rx}、铅垂约束力 F_{Ry} 的大小，并分析它们与角速度 ω 大小的关系。

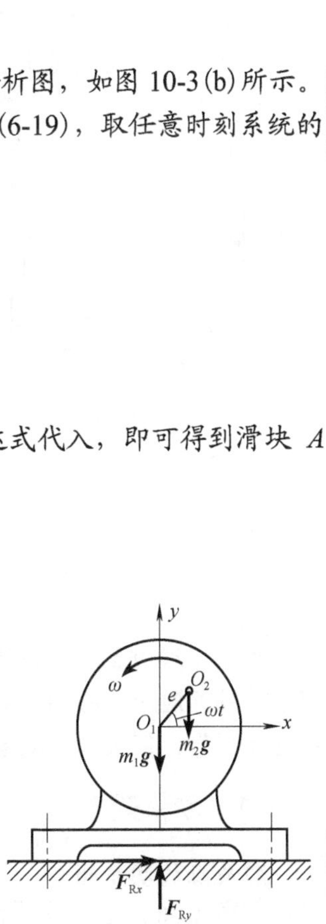

图 10-4

解　取整个系统为研究对象，建立直角坐标系，坐标原点位于电动机外壳和定子的质心上。画出系统的受力分析图，如图 10-4 所示。取任意瞬时，转子质心 O_2 的坐标为 $x_{C2}=e\cos\omega t$，

$y_{C2} = e\sin \omega t$。依据式(6-19)，系统的质心坐标为

$$x_C = \frac{m_1 x_{C1} + m_2 x_{C2}}{m_1 + m_2} = \frac{m_2}{m_1 + m_2} e\cos \omega t$$

$$y_C = \frac{m_1 y_{C1} + m_2 y_{C2}}{m_1 + m_2} = \frac{m_2}{m_1 + m_2} e\sin \omega t$$

则质心的加速度为

$$a_{Cx} = \ddot{x}_C = -\frac{m_2}{m_1 + m_2} e\omega^2 \cos \omega t, \qquad a_{Cy} = \ddot{y}_C = -\frac{m_2}{m_1 + m_2} e\omega^2 \sin \omega t$$

根据质心运动定理有

$$(m_1 + m_2) a_{Cx} = \sum F_{ix}^{e} = F_{Rx}, \qquad (m_1 + m_2) a_{Cy} = \sum F_{iy}^{e} = F_{Ry} - m_1 g - m_2 g$$

将加速度的表达式代入上两式，可得

$$F_{Rx} = -m_2 e\omega^2 \cos \omega t, \qquad F_{Ry} = m_1 g + m_2 g - m_2 e\omega^2 \sin \omega t$$

从结果来看，若$\omega = 0$，$F_{Rx} = 0$，$F_{Ry} = m_1 g + m_2 g$，这显然是静力平衡的结果。若$\omega \neq 0$，即便偏心距e很小，在高速旋转下，$-m_2 e\omega^2 \cos \omega t$和$-m_2 e\omega^2 \sin \omega t$这两部分的数值也会变得相当可观，且随时间做周期性的变化。这两部分是由转子偏心引起的附加动反力，它会使机座产生振动，对电动机和机座造成损坏。

【例 10-4】 如图 10-5(a)所示，质量为m的均质细杆AB长为l，直立在光滑的水平面上，求它从铅直位置无初速倒下时，端点A相对如图所示坐标系的轨迹。

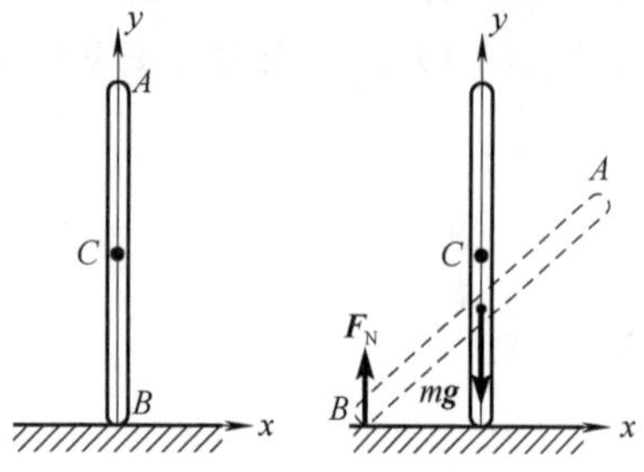

(a) (b)

图 10-5

解 杆件只受到重力和光滑接触面的支持力，水平方向上没有任何外力的作用，故质心的水平加速度为 0。又初始时刻静止，故质心的水平方向坐标x_C守恒，质心C始终位于y轴上，如图 10-5(b)所示。设任意时刻杆AB与x轴的夹角为θ，则点A的坐标为

$$x_A = \frac{l}{2}\cos\theta, \quad y_A = l\sin\theta$$

消去角度θ，得到点A的运动轨迹方程为

$$4x_A^2 + y_A^2 = l^2$$

10.2 动量矩定理

动量定理对于质点系建立了作用力与动量变化的关系，但是动量不能描述质点系相对于定点(轴)或相对于质心的运动状态，如图 10-1(c)所示的情况，其质心的动量始终为 0。为了解决这个问题，需要引入动量矩的概念。

10.2.1 动量矩

1)质点的动量矩

如图 10-6 所示，设质点M某瞬时的动量为$\boldsymbol{p}$，质点相对于固定点O的矢径为$\boldsymbol{r}$，定义质

点对于固定点 O 的动量矩为质点 M 的动量对于点 O 的矩，即

$$\boldsymbol{L}_O = \boldsymbol{M}_O(\boldsymbol{p}) = \boldsymbol{M}_O(m\boldsymbol{v}) = \boldsymbol{r} \times m\boldsymbol{v} \tag{10-13}$$

动量矩是矢量，在国际单位制中动量矩的单位为 $kg \cdot m^2/s$ 或 $N \cdot m \cdot s$。

质点动量 $m\boldsymbol{v}$ 在 Oxy 平面内的投影 $(m\boldsymbol{v})_{xy}$ 对于固定点 O 的矩，定义为质点对轴 z 的动量矩，和力对点与力对轴的矩相似，质点对固定点 O 的动量矩矢在 z 轴上的投影，等于**质点对固定轴 z 的动量矩**，即

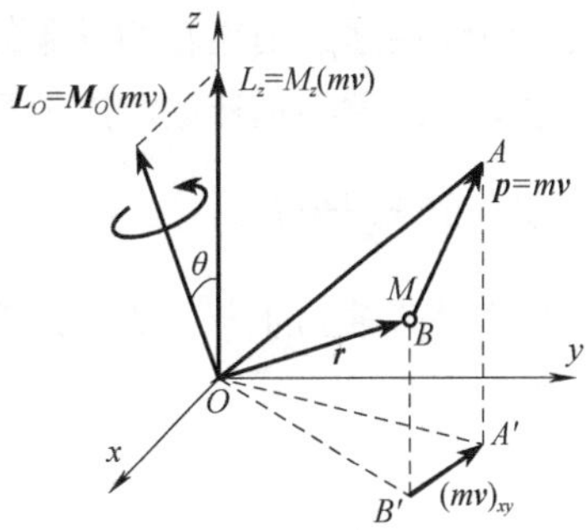

图 10-6

$$L_z = [\boldsymbol{M}_O(m\boldsymbol{v})]_z = M_z(m\boldsymbol{v}) \tag{10-14}$$

质点对固定轴的动量矩是代数量，其正负号规定如下：从轴 z 的正向向负向看去，逆时针转向为正，顺时针转向为负，遵守右手螺旋定则。

2) 质点系的动量矩

质点系中各质点对于固定点 O 的动量矩的矢量和称为质点系对固定点 O 的动量矩，或质点系动量对 O 的主矩，即

$$\boldsymbol{L}_O = \sum \boldsymbol{L}_{Oi} = \sum \boldsymbol{M}_O(m_i\boldsymbol{v}_i) = \sum \boldsymbol{r}_i \times m_i\boldsymbol{v}_i \tag{10-15}$$

同样质点系对某固定轴 z 的动量矩等于各质点对同一轴 z 动量矩的代数和，记 L_z，即

$$L_z = \sum M_z(m_i\boldsymbol{v}_i) \tag{10-16}$$

根据投影关系，有

$$[\boldsymbol{L}_O]_z = L_z \tag{10-17}$$

即质点系对固定点 O 的动量矩在过点 O 的某一轴 z 上的投影，等于质点系对轴 z 的动量矩。

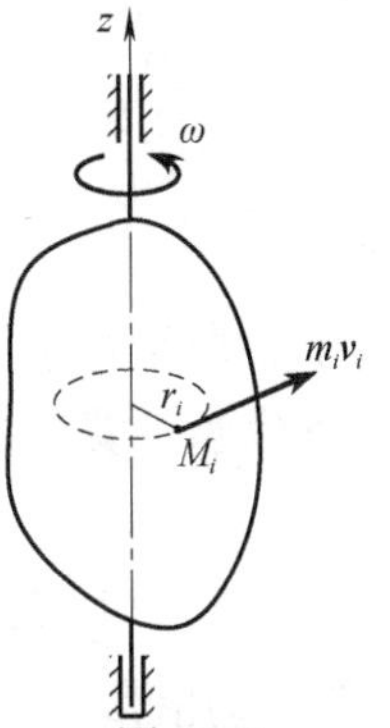

图 10-7

3) 刚体对固定轴的动量矩

刚体的平移和定轴转动是刚体的两种基本运动。刚体平移时，可将刚体视为全部质量集中于质心的质点来计算其动量矩。

对于定轴转动刚体，设刚体以角速度 ω 绕固定轴 z 转动，如图 10-7 所示，则它对固定轴的动量矩为

$$\begin{aligned} L_z &= \sum L_{zi} = \sum M_z(m_i\boldsymbol{v}_i) = \sum m_i v_i r_i \\ &= \sum m_i(\omega r_i) r_i = \omega \sum m_i r_i^2 = \omega \sum m r^2 \end{aligned}$$

令 $J_z = \sum mr^2$，定义 J_z 为**刚体对于 z 轴的转动惯量**，则

$$L_z = J_z\omega \tag{10-18}$$

即**定轴转动刚体对其转轴的动量矩等于刚体对转轴的转动惯量与转动角速度的乘积**。

刚体做平面运动时，若刚体具有质量对称平面，轴 z 为垂直于刚体质量对称平面的固定轴，这里不作证明，直接给出平面运动刚体对 z 轴的动量矩：

$$L_z = M_z(m\boldsymbol{v}_C) + J_{zC}\omega \tag{10-19}$$

式中，$\boldsymbol{v}_C$ 为刚体质心的速度；z_C 为通过质心并与轴 z 平行的质心轴。即**平面运动刚体对垂直**

于质量对称平面的固定轴的动量矩，等于刚体随同质心平移时对该轴的动量矩，再加上刚体绕与该轴平行的质心轴转动时对该质心轴的动量矩。

10.2.2 转动惯量

刚体对某轴 z 的转动惯量 J_z 等于刚体内各质点的质量与该质点到轴 z 的距离平方的乘积之和，即

$$J_z = \sum mr^2 \tag{10-20}$$

转动惯量是一个正标量，其大小不仅与刚体的质量大小及其分布情况有关，还和 z 轴的位置有关。转动惯量是刚体定轴转动时惯性的度量。

当质量连续分布时，刚体对 z 轴的转动惯量可写为

$$J_z = \int_m r^2 \mathrm{d}m \tag{10-21}$$

在国际单位制中，其单位是 $\mathrm{kg \cdot m^2}$。

工程中常常把刚体的转动惯量表示为

$$J_z = m\rho_z^2 \qquad 或 \qquad \rho_z = \sqrt{\frac{J_z}{m}} \tag{10-22}$$

式中，ρ_z 称为刚体对 z 轴的**回转半径**。

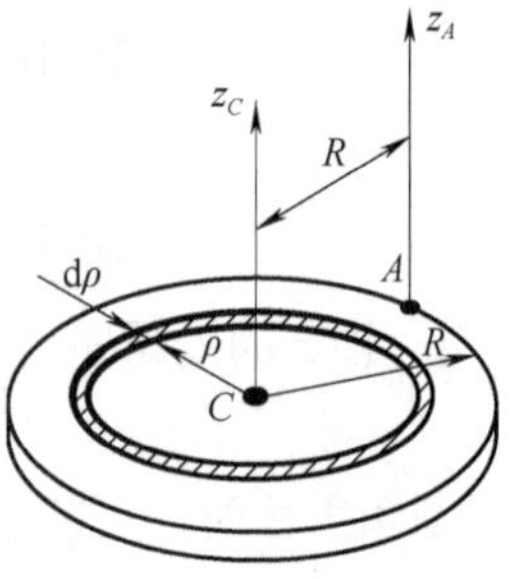

图 10-8

【例 10-5】 均质等厚薄圆板如图 10-8 所示，其半径为 R，质量为 m，求它对于通过圆板质心 C 且垂直于圆板的轴 z_C 的转动惯量。

解 由于圆板等厚度，其质量在圆的面积范围内均匀分布，在圆板上取任意半径 ρ 处宽为 $\mathrm{d}\rho$ 的圆环作为微元，有

$$\mathrm{d}m = \frac{m}{\pi R^2} \cdot 2\pi\rho\,\mathrm{d}\rho$$

将上式代入式(10-21)，得

$$J_{z_C} = \int_m r^2 \mathrm{d}m = \int_0^R \rho^2 \frac{m}{\pi R^2} \cdot 2\pi\rho\,\mathrm{d}\rho = \frac{mR^2}{2}$$

工程中，常需要确定刚体对不通过质心的轴的转动惯量，例如，求图 10-8 中对平行于质心轴 z_C 且通过圆板边缘上的点 A 的轴 z_A 的转动惯量。这里不加证明地给出转动惯量计算的**平行移轴公式**：

$$J_z = J_{z_C} + md^2 \tag{10-23}$$

式(10-23)说明，刚体对任意轴 z 的转动惯量，等于对与此轴平行的质心轴 z_C 的转动惯量 J_{z_C}，加上刚体的质量与轴 z 到质心轴 z_C 的距离 d 平方的乘积。对于图 10-8 中的轴 z_A，有

$$J_{z_A} = J_{z_C} + md^2 = \frac{1}{2}mR^2 + mR^2 = \frac{3}{2}mR^2$$

表 10-1 给出了细直杆、细圆环和薄圆板对质心轴以及与质心轴平行的特殊轴的转动惯量和回转半径。

表 10-1 简单形状均质物体的转动惯量和回转半径

物体形状	简图	转动惯量	回转半径
细直杆	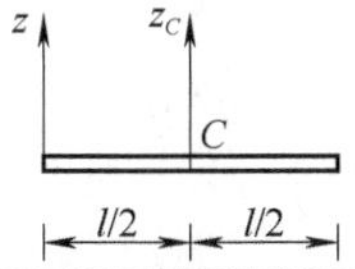	$J_{z_C}=\frac{m}{12}l^2$ $J_z=\frac{m}{3}l^2$	$\rho_{z_C}=\frac{l}{2\sqrt{3}}$ $\rho_z=\frac{l}{\sqrt{3}}$
细圆环	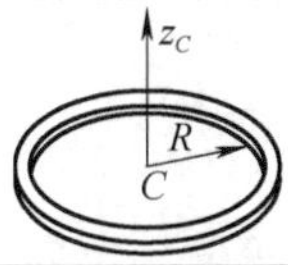	$J_{z_C}=mR^2$	$\rho_{z_C}=R$
薄圆板	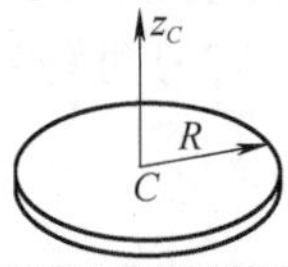	$J_{z_C}=\frac{1}{2}mR^2$	$\rho_{z_C}=\frac{R}{\sqrt{2}}$

【例 10-6】 如图 10-9 所示的钟摆，已知均质细杆和均质圆盘的质量分别为 m_1 和 m_2，杆长 l，圆盘直径为 d，图示位置时钟摆的角速度为 ω。求钟摆对于通过点 O 垂直于纸面向外的轴的动量矩。

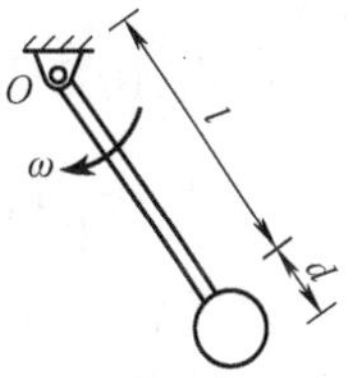

图 10-9

解 钟摆由细杆和圆盘构成。先计算组合结构对轴 O 的转动惯量，有 $J_O=J_{OL}+J_{OP}$，其中，J_{OL} 是细杆对轴 O 的转动惯量，按表 10-1 有 $J_{OL}=\frac{1}{3}m_1l^2$；J_{OP} 是圆盘对轴 O 的转动惯量，利用表 10-1 的结果和平行移轴公式，有

$$J_{OP}=\frac{1}{2}m_2\left(\frac{d}{2}\right)^2+m_2\left(l+\frac{d}{2}\right)^2=m_2\left(\frac{3}{8}d^2+l^2+ld\right)$$

则组合结构对轴 O 的转动惯量为

$$J_O=J_{OL}+J_{OP}=\frac{1}{3}m_1l^2+m_2\left(\frac{3}{8}d^2+l^2+ld\right)$$

于是钟摆对轴 O 的动量矩按式(10-18)有

$$L_O=-J_O\omega=-\left[\frac{1}{3}m_1l^2+m_2\left(\frac{3}{8}d^2+l^2+ld\right)\right]\omega$$

注意到此处角速度为顺时针，故结果中有负号。

10.2.3 动量矩定理及其守恒

考虑质点对固定点 O 的动量矩的定义，$\boldsymbol{M}_O(m\boldsymbol{v})=\boldsymbol{r}\times m\boldsymbol{v}$，将其对时间 t 求导数：

$$\frac{\mathrm{d}}{\mathrm{d}t}(\boldsymbol{r}\times m\boldsymbol{v})=\frac{\mathrm{d}\boldsymbol{r}}{\mathrm{d}t}\times m\boldsymbol{v}+\boldsymbol{r}\times\frac{\mathrm{d}}{\mathrm{d}t}(m\boldsymbol{v})$$

因 $\frac{\mathrm{d}\boldsymbol{r}}{\mathrm{d}t}=\boldsymbol{v}$，$\frac{\mathrm{d}}{\mathrm{d}t}(m\boldsymbol{v})=\boldsymbol{F}$，且 $\boldsymbol{v}\times m\boldsymbol{v}=\boldsymbol{0}$，$\boldsymbol{r}\times\boldsymbol{F}=\boldsymbol{M}_O(\boldsymbol{F})$，于是可得

$$\frac{\mathrm{d}}{\mathrm{d}t}\boldsymbol{M}_O(m\boldsymbol{v})=\boldsymbol{M}_O(\boldsymbol{F}) \tag{10-24}$$

式(10-24)表明，质点的动量对于任一固定点之矩对时间的一阶导数等于作用于该质点上的力对同一点之矩，这就是**质点动量矩定理**。

考虑质点系中质量为 m_i 的某质点 M_i 所受到的外力 $\boldsymbol{F}_i^{\mathrm{e}}$ 以及质点系内部的作用力 $\boldsymbol{F}_i^{\mathrm{i}}$，写出该质点对于任取的固定点 O 的动量矩定理，有

$$\frac{\mathrm{d}}{\mathrm{d}t}\boldsymbol{M}_O(m_i\boldsymbol{v}_i)=\boldsymbol{M}_O\left(\boldsymbol{F}_i^{\mathrm{e}}\right)+\boldsymbol{M}_O\left(\boldsymbol{F}_i^{\mathrm{i}}\right)$$

将质点系内所有质点的动量矩定理的表达式相加，有

$$\sum\frac{\mathrm{d}}{\mathrm{d}t}\boldsymbol{M}_O(m_i\boldsymbol{v}_i)=\sum\boldsymbol{M}_O\left(\boldsymbol{F}_i^{\mathrm{e}}\right)+\sum\boldsymbol{M}_O\left(\boldsymbol{F}_i^{\mathrm{i}}\right) \tag{10-25}$$

根据牛顿第三定律，质点系内部的相互作用力总是成对出现，等值、反向、共线。因此质点系内部所有的相互作用力对点 O 之矩的矢量和必然为零。故式(10-25)可写为

$$\frac{\mathrm{d}}{\mathrm{d}t}\boldsymbol{L}_O=\sum\boldsymbol{M}_O\left(\boldsymbol{F}_i^{\mathrm{e}}\right) \tag{10-26}$$

其中，$\boldsymbol{L}_O=\sum\boldsymbol{M}_O\left(m_i\boldsymbol{v}_i\right)$，是质点系对固定点 O 的动量矩。式(10-26)就是**质点系的动量矩定理**。

将式(10-26)投影到固定直角坐标轴上，可得到三个投影方程，即

$$\frac{\mathrm{d}}{\mathrm{d}t}L_x=\sum M_x\left(\boldsymbol{F}_i^{\mathrm{e}}\right),\qquad \frac{\mathrm{d}}{\mathrm{d}t}L_y=\sum M_y\left(\boldsymbol{F}_i^{\mathrm{e}}\right),\qquad \frac{\mathrm{d}}{\mathrm{d}t}L_z=\sum M_z\left(\boldsymbol{F}_i^{\mathrm{e}}\right) \tag{10-27}$$

常见的平面问题中，质点动量和力系在同一平面(Oxy)内，可以考虑在平面上与轴 z 相交的点 O 建立质点系的动量矩定理：

$$\frac{\mathrm{d}}{\mathrm{d}t}L_O=\sum M_O\left(\boldsymbol{F}_i^{\mathrm{e}}\right) \tag{10-28}$$

式(10-26)～式(10-28)所示的质点系动量矩定理表明，质点系对于任一固定点(固定轴)的动量矩对时间的一阶导数，等于作用在该质点系上的所有外力对该点(轴)之矩的矢量和(代数和)。

如果作用在质点系上的所有外力对固定点(固定轴)之矩的矢量和(代数和)为零，则有 $\boldsymbol{L}_O$ 为常矢量(L_z 为常标量)。这就是**质点系动量矩守恒定律**。它表明，如果作用在质点系上的外力对于某固定点(轴)的力矩之和恒为零，则质点系对于固定点(轴)的动量矩保持不变。

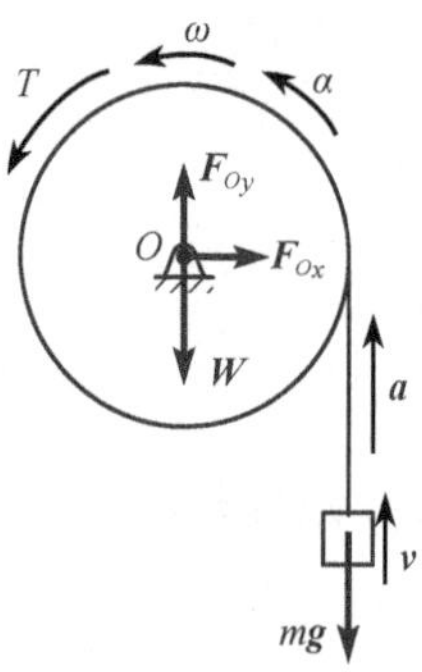

图 10-10

【例 10-7】 铅垂平面中的取物提升装置如图 10-10 所示，已知滚筒直径为 d，它对转轴的转动惯量为 J，作用在滚筒上的主动力矩为 T，被提升的物体的质量为 m。求被提升的物体上升的加速度。

解 以滚筒和重物组成的质点系为研究对象，画出其受力分析图，作用在质点系上的外力有重物的重力 mg，滚筒的重力 $\boldsymbol{W}$，以及轴承处的约束力 $\boldsymbol{F}_{Ox}$、$\boldsymbol{F}_{Oy}$，如图 10-10 所示。设某瞬时滚筒转动的角速度为 ω，则重物上升的速度 $v=\omega d/2$。整个系统对转轴 O 的动量矩为

$$L_O=J\omega+mv\frac{d}{2}=J\omega+m\omega\frac{d^2}{4}$$

由式(10-28)表示的质点系动量矩定理有

$$\frac{\mathrm{d}}{\mathrm{d}t}\left(J\omega+m\omega\frac{d^2}{4}\right)=T-mg\frac{d}{2},\qquad \left(J+m\frac{d^2}{4}\right)\frac{\mathrm{d}\omega}{\mathrm{d}t}=T-mg\frac{d}{2}$$

因角加速度$\alpha = \mathrm{d}\omega / \mathrm{d}t$，故可得

$$\alpha = \frac{4T - 2mgd}{4J + md^2}$$

重物上升的加速度等于滚筒边缘上任意一点的切向加速度，因此有

$$a = \alpha \cdot \frac{d}{2} = \frac{2Td - mgd^2}{4J + md^2}$$

10.2.4　刚体定轴转动微分方程

若刚体以角速度ω绕固定轴 z 做定轴转动，根据式(10-18)，可知刚体对于 z 轴的动量矩 $L_z = J_z\omega$。设作用在刚体上的外力对 z 轴的矩为$\sum M_z\left(\boldsymbol{F}_i^{\mathrm{e}}\right)$，简写为$\sum M_z$，并考虑到转动惯量$J_z$为一常量，则根据式(10-27)的第三式，得

$$J_z \frac{\mathrm{d}\omega}{\mathrm{d}t} = J_z \alpha = \sum M_z \tag{10-29}$$

或写为

$$J_z \frac{\mathrm{d}^2\varphi}{\mathrm{d}t^2} = \sum M_z \tag{10-30}$$

这就是刚体的**定轴转动微分方程**。应用式(10-30)时，要注意力矩的正负号的规定应与转角φ 的正负号规定一致，习惯上以逆时针为正。

从刚体定轴转动微分方程可以看出，对于不同的刚体，若外力对转轴之矩相同，则转动惯量大的刚体，其角加速度α就小，即转动的变化状态就小；反之转动惯量小的物体，其转动状态更容易发生变化。这就说明，**转动惯量是刚体转动时惯性的度量**。

【例 10-8】 如图 10-11 所示的复摆，其质量为 m，质心为 C，摆对悬挂点的转动惯量为 J_O，求复摆微幅摆动时的周期 T。

解 取φ为广义坐标，逆时针方向为正。复摆在任意位置φ处的受力分析如图 10-11 所示，由式(10-30)有

$$J_O \frac{\mathrm{d}^2\varphi}{\mathrm{d}t^2} = -mga\sin\varphi, \qquad J_O \frac{\mathrm{d}^2\varphi}{\mathrm{d}t^2} + mga\sin\varphi = 0$$

复摆微幅摆动时，有$\sin\varphi \approx \varphi$，则微分方程可改写为

$$\frac{\mathrm{d}^2\varphi}{\mathrm{d}t^2} + \frac{mga}{J_O}\varphi = 0$$

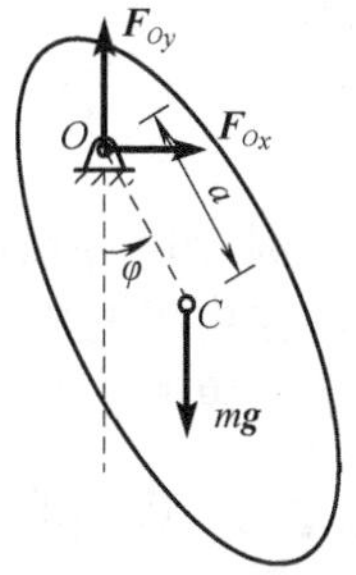

图 10-11

此微分方程的解是

$$\varphi = \varphi_0 \sin\left(\sqrt{\frac{mga}{J_O}}t + \theta\right)$$

这就是复摆微幅摆动时的运动规律。其中，φ_0是角振幅，θ是初相位。进一步可得到复摆微幅摆动时的周期为

$$T = 2\pi\sqrt{\frac{J_O}{mga}}$$

工程中，对于几何形状复杂的物体，常常采用试验方法测定其转动惯量，其中复摆方法是一种较为常见的方法。先测出零部件的摆动周期后，就可以利用上式计算出它的转动惯量。对

于例 10-8 中的问题，若测量出周期 T，则其对于转轴的转动惯量为 $J_O = \frac{T^2}{4\pi^2} mga$。进一步根据式(10-23)所示的平行移轴公式，$J_O = J_C + ma^2$，就可以算出物体相对于质心轴的转动惯量。本例中，$J_C = mga\left(\frac{T^2}{4\pi^2} - \frac{a}{g}\right)$。

【例 10-9】 长 l 的均质杆 OA 的质量为 m，其 O 端用铰链支撑，A 端用细绳悬挂，如图 10-12 所示。求将细绳突然剪断的瞬间，铰链 O 处的约束力。

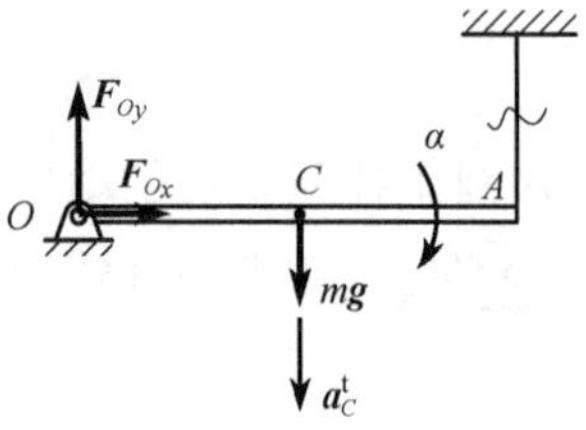

图 10-12

解 杆件 OA 做定轴转动。细绳剪断瞬间，杆受到重力 mg、铰链 O 处的约束力 $\boldsymbol{F}_{Ox}$、$\boldsymbol{F}_{Oy}$ 的作用。其受力分析图如图 10-12 所示。此时，杆件的角速度 $\omega = 0$，但角加速度 $\alpha \neq 0$。先通过刚体定轴转动方程求出角加速度，进一步采用质心运动定理求铰链处的约束力。

根据式(10-29)，$J_O\alpha = \sum M_O$，有

$$\frac{1}{3}ml^2(-\alpha) = -mg\frac{l}{2}$$

得细绳在剪断瞬时的角加速度为

$$\alpha = \frac{3g}{2l}$$

此时，质心 C 的加速度 $a_C^{\mathrm{n}} = \omega^2 l/2 = 0$，$a_C^{\mathrm{t}} = \alpha l/2$。根据质心运动定理，得

$$ma_C^{\mathrm{n}} = 0 = \sum F_{ix} = F_{Ox}, \qquad ma_C^{\mathrm{t}} = m\alpha\frac{l}{2} = \sum F_{iy} = mg - F_{Oy}$$

解得

$$F_{Ox} = 0, \qquad F_{Oy} = mg - m\alpha\frac{l}{2} = mg - m\frac{3g}{2l}\frac{l}{2} = \frac{1}{4}mg$$

例 10-9 所表述的问题称为突然解除约束问题，这类问题的力学特征是在解除约束后，系统的自由度增加，在解除约束的瞬间，其一阶运动量(速度、角速度)连续，而二阶运动量(加速度、角加速度)发生突变。

10.2.5 刚体的平面运动微分方程

若刚体在力系作用下做平面运动，根据运动学可知，平面运动可以分解为随质心的平移和绕质心的转动。刚体相对于质心轴的动量矩为 $L_C = J_C\omega$。这里不加证明地给出相对于质心的动量矩定理，即

$$J_C\alpha = \sum M_C\left(F_i^{\mathrm{e}}\right) \tag{10-31}$$

结合质心运动定理，则有

$$\begin{cases} ma_{Cx} = m\ddot{x}_C = \sum F_{ix}^{\mathrm{e}} \\ ma_{Cy} = m\ddot{y}_C = \sum F_{iy}^{\mathrm{e}} \\ J_C\alpha = J_C\ddot{\varphi} = \sum M_C\left(F_i^{\mathrm{e}}\right) \end{cases} \tag{10-32}$$

以上就是**刚体的平面运动微分方程**。

应用刚体的平面运动微分方程求解问题时，其关键在于建立质心的加速度和刚体的角加速度之间的关系，由于刚体是平面运动，这种关系往往需要通过第 4 章所述刚体的加速度基点法来建立。

【例 10-10】 长 l 的均质杆 AB 的质量为 m。如图 10-13 所示，其 B 端用细绳悬吊，A 端置于光滑水平面上。初始时刻，杆与水平面的夹角为 45°，处于静止状态。求剪断细绳的瞬时，A 端的约束力和杆 AB 的角加速度。

解 本例是突然解除约束的问题。件 AB 做平面运动。细绳剪断瞬间，杆受到重力 $m\boldsymbol{g}$、光滑水平面约束力 $\boldsymbol{F}_{\mathrm{N}}$ 的作用，其受力分析图见图 10-13。由于水平方向没有任何外力作用，且初始静止，故水平 x 方向上质心运动守恒，则有 $\boldsymbol{a}_C=\boldsymbol{a}_{Cy}$。

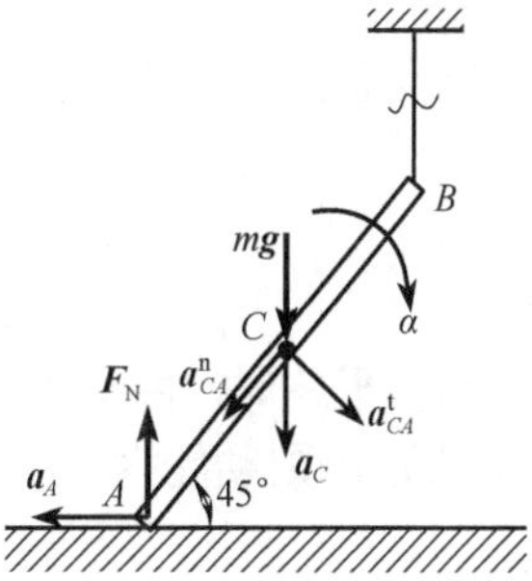

图 10-13

以点 A 为基点，分析质心 C 的加速度，根据加速度基点法，有 $\boldsymbol{a}_C=\boldsymbol{a}_A+\boldsymbol{a}_{CA}^{\mathrm{t}}+\boldsymbol{a}_{CA}^{\mathrm{n}}$，由于 A 端始终处于光滑水平面上，故其加速度沿水平方向。剪断瞬时杆件角速度 $\omega=0$，所以 $a_{CA}^{\mathrm{n}}=\omega^2\dfrac{l}{2}=0$，角加速度 $\alpha\neq0$，$a_{CA}^{\mathrm{t}}=\alpha\dfrac{l}{2}$。将加速度合成公式 $\boldsymbol{a}_C=\boldsymbol{a}_A+\boldsymbol{a}_{CA}^{\mathrm{t}}+\boldsymbol{a}_{CA}^{\mathrm{n}}$ 在铅垂方向上投影，有

$$a_C=0+\alpha\frac{l}{2}\cos45°+0=\frac{\sqrt{2}}{4}\alpha l$$

根据刚体平面运动微分方程有

$$ma_C=mg-F_{\mathrm{N}}\,,\qquad J_C\alpha=\sum M_C=F_{\mathrm{N}}\frac{l}{2}\cos45°$$

将 $J_C=\dfrac{1}{12}ml^2$，$a_C=\dfrac{\sqrt{2}}{4}\alpha l$ 代入以上两式，并联立求解，可得

$$F_{\mathrm{N}}=\frac{2}{5}mg\,,\qquad \alpha=\frac{6\sqrt{2}}{5l}g$$

10.3　功和动能定理

在 10.1 节和 10.2 节研究了动量定理和动量矩定理，它们从某一角度解释了质点系机械运动状态的变化规律。本节将从功和能的角度来研究运动的变化规律。

自然界中存在多种多样的运动形式，它们在一定条件下会相互转化。例如，水流的机械运动可以通过水轮发电机转化为电流的运动，电流又可以使起重机做机械运动。为了研究运动的转化以及在转化过程中一种形式的运动与另外一种形式的运动之间的数量关系，引入一个统一的物理量来度量各种形式的运动的量，这个物理量就是能量。物体做机械运动时所具有的能量称为**机械能**，它包括**动能**和**势能**。除了机械能，还有电能、热能、光能、化学能、生物能等。

度量能量变化的量是力所做的**功**。通过功和能的概念来研究物体的机械运动，可将其与其他运动形式联系起来，因而具有更为广泛的意义。同时，它还提供了一个利用标量来研究力学问题的方法，这种方法称为**能量法**。能量法不仅可以在刚体的动力学问题中发挥作用，在研究物体的变形问题时也能发挥重要作用，它是工程技术人员应该掌握的一种重要方法。

10.3.1 动能

质量为 m 的质点，在某一位置时的速度为 $\boldsymbol{v}$，则质点质量与其速度平方乘积的一半，称为质点在该瞬时的动能，以 E_{k} 表示，即

$$E_{\mathrm{k}}=\frac{1}{2}mv^2 \tag{10-33}$$

显然动能是一个正标量，其国际制单位是 $\mathrm{N\cdot m}$，即 J (焦耳)。

质点系内各质点动能的总和称为质点系的动能。对于有限个质点构成的质点系，动能可表示为

$$E_{\mathrm{k}}=\sum\frac{1}{2}m_iv_i^2 \tag{10-34}$$

刚体平移时，由于刚体内所有质点的速度均相等，故平移刚体上各点的速度可用其质心速度 v_C 代替，则动能为

$$E_{\mathrm{k}}=\sum\frac{1}{2}m_iv_i=\sum\frac{1}{2}m_iv_C^2=\frac{1}{2}mv_C^2 \tag{10-35}$$

刚体绕固定轴转动时，设其瞬时角速度为 ω，则与转动轴 z 相距 r_i、质量为 m_i 的质点的速度 $v_i=\omega r_i$，于是定轴转动刚体的动能为

$$E_{\mathrm{k}}=\sum\frac{1}{2}m_iv_i^2=\sum\frac{1}{2}m_i\omega^2r_i^2=\frac{1}{2}\omega^2\sum m_ir_i^2=\frac{1}{2}J_z\omega^2 \tag{10-36}$$

式中，J_z 是刚体对定轴 z 的转动惯量。

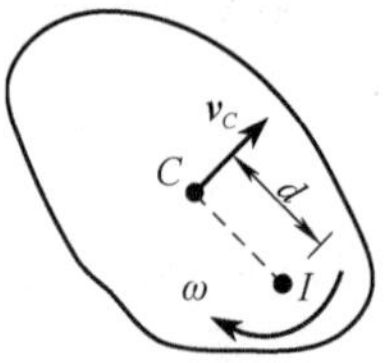

图 10-14

刚体做平面运动时，如图 10-14 所示，任一瞬时可看作绕其速度瞬心 I 做瞬时转动，则仿照式(10-36)，得到平面运动刚体的动能：

$$E_{\mathrm{k}}=\frac{1}{2}J_I\omega^2 \tag{10-37}$$

式中，J_I 是刚体对速度瞬心轴 I 的转动惯量。由转动惯量的平行移轴公式，$J_I=J_C+md^2$，同时质心 C 的速度 $v_C=\omega d$，式(10-37)改写为

$$E_{\mathrm{k}}=\frac{1}{2}mv_C^2+\frac{1}{2}J_C\omega^2 \tag{10-38}$$

式(10-38)表明，平面运动刚体的动能等于随质心平移的动能与绕质心转动的动能之和。

【例 10-11】 质量为 m 的滚轮 A 做纯滚动。均质滚轮通过不可伸长的绳子跨过质量为 m 的均质滑轮 B，并连接质量为 m_1 的物体 D，如图 10-15 所示。滚轮与滑轮具有相同的半径 R。若此时物体 D 的速度大小为 v，求系统的动能。

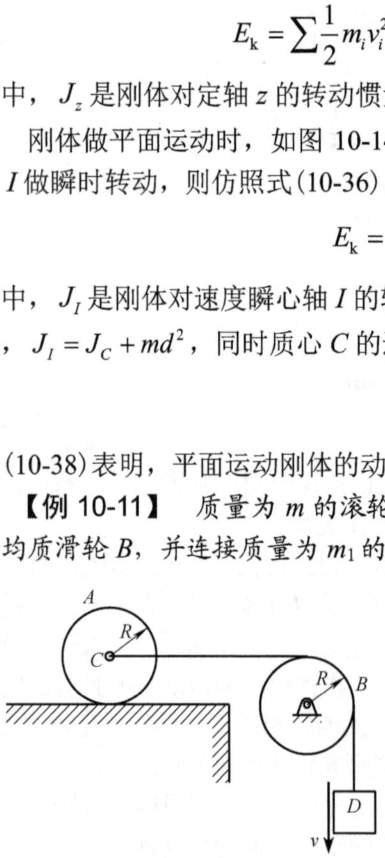

图 10-15

解 取系统为研究对象，其中重物 D 平移，滑轮 B 做定轴转动，而滚轮 A 做平面运动，系统的动能等于这三者的动能之和，即

$$E_{\mathrm{k}}=\frac{1}{2}m_1v^2+\frac{1}{2}J_B\omega_B^2+\frac{1}{2}mv_C^2+\frac{1}{2}J_C\omega_C^2$$

根据运动学关系，容易得出滚轮 A 质心 C 的速度 v_C 和角速度 ω_C 分别为

$$v_C = v\,,\qquad \omega_C = \frac{v_C}{R} = \frac{v}{R} = \omega_B$$

因此，可得系统的动能为

$$E_k = \frac{1}{2}m_1 v^2 + \frac{1}{2}\frac{mR^2}{2}\left(\frac{v}{R}\right)^2 + \frac{1}{2}mv^2 + \frac{1}{2}\frac{mR^2}{2}\left(\frac{v}{R}\right)^2 = \left(\frac{1}{2}m_1 + m\right)v^2$$

10.3.2　功

1. 常力与变力做功

作用在物体上的功，是力在沿其作用点的运动路程中对物体作用的累积效果，其结果引起物体能量的改变和转化。

设质点 M 在常力 $\boldsymbol{F}$ 的作用下沿直线运动，如图 10-16 所示，若质点由 M_1 到 M_2 的路程为 s，则力 $\boldsymbol{F}$ 在路程 s 上所做的功定义为

$$W_{12} = Fs\cos\theta \tag{10-39}$$

从定义上看，功是标量，可为正、负或零。功的单位是 J(焦耳)。

考虑更一般的情况，如图 10-17 所示，质点 M 沿曲线运动，其上的作用力 $\boldsymbol{F}$ 是变力。在曲线的微小弧段 $\mathrm{d}s$ 上，力 $\boldsymbol{F}$ 可视为常力，于是可得力在 $\mathrm{d}s$ 上做的**元功** $\mathrm{d}'W = F\cdot\mathrm{d}s\cdot\cos\theta$ 。因为力 $\boldsymbol{F}$ 的元功并不一定能表示为某一函数 W 的全微分，故采用符号 d' 。于是，力在全路程上做的功等于元功之和，即

$$W_{12} = \int_0^s F\cos\theta\cdot\mathrm{d}s = \int_{M_1}^{M_2}\boldsymbol{F}\cdot\mathrm{d}\boldsymbol{r} \tag{10-40}$$

式中，$\mathrm{d}\boldsymbol{r}$ 是质点矢径改变微量，于是元功可以写为

$$\mathrm{d}'W = \boldsymbol{F}\cdot\mathrm{d}\boldsymbol{r} \tag{10-41}$$

在直角坐标系中，因有

$$\boldsymbol{F} = F_x\boldsymbol{i} + F_y\boldsymbol{j} + F_z\boldsymbol{k}\,,\qquad \mathrm{d}\boldsymbol{r} = \mathrm{d}x\,\boldsymbol{i} + \mathrm{d}y\,\boldsymbol{j} + \mathrm{d}z\,\boldsymbol{k}$$

代入式(10-41)，则有

$$\mathrm{d}'W = F_x\mathrm{d}x + F_y\mathrm{d}y + F_z\mathrm{d}z \tag{10-42}$$

于是式(10-40)可写为

$$W_{12} = \int_{M_1}^{M_2}\boldsymbol{F}\cdot\mathrm{d}\boldsymbol{r} = \int_{M_1}^{M_2}F_x\mathrm{d}x + F_y\mathrm{d}y + F_z\mathrm{d}z \tag{10-43}$$

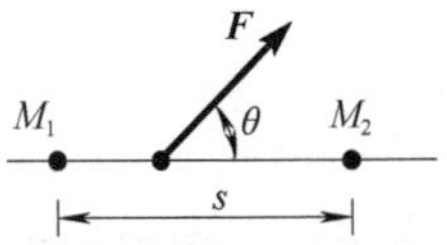

图 10-16

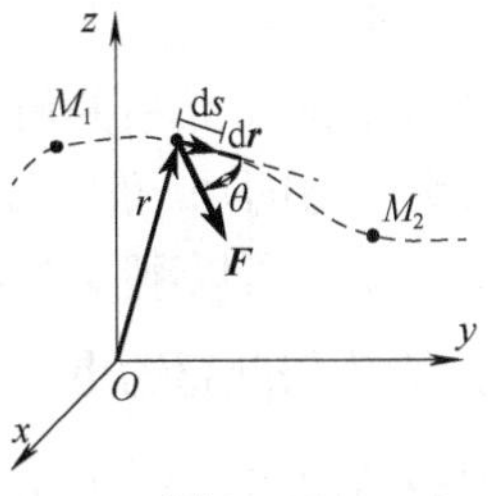

图 10-17

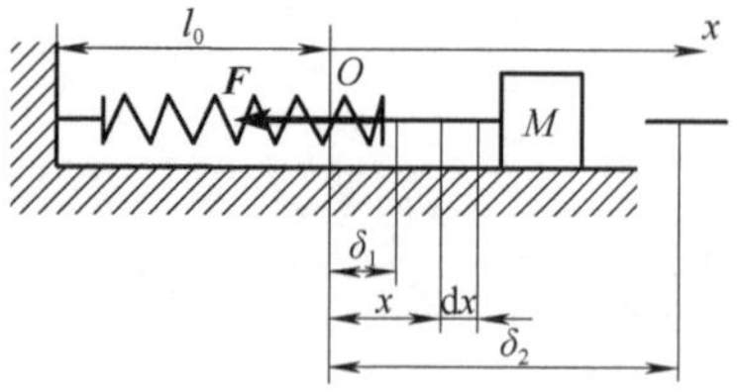

图 10-18

【例 10-12】 设质点 M 与刚度系数为 k 的弹簧相连，如图 10-18 所示，弹簧的自然长度为 l_0，求质点 M 由弹簧变形量为 δ_1 沿直线运动到变形量为 δ_2 时，弹簧弹性力做的功。

解 根据弹簧的性质，弹簧作用于质点的弹性力 $\boldsymbol{F}$ 的大小与弹簧的变形量 δ 成正比，即 $F=k\delta$。建立如图 10-18 所示的坐标系，坐标系的原点取为弹簧自然长度的位置，则弹性力的元功 $\mathrm{d}'W=F_x\mathrm{d}x=-kx\mathrm{d}x$，故

$$W_{12}=\int_{M_1}^{M_2}F_x\mathrm{d}x=\int_{\delta_1}^{\delta_2}-kx\mathrm{d}x=\frac{k}{2}\left(\delta_1^2-\delta_2^2\right)$$

从例 10-12 可以看出，弹性力所做的功只取决于质点在起始和末了位置的弹簧的变形，它与质点的运动路径无关。同样的，对于物体重力做功有

$$W_{12}=mg\left(h_1-h_2\right)=mg\Delta h \tag{10-44}$$

也只与物体重量以及起止位置的高度差 Δh 有关，与其运动的路径无关。

2. 定轴转动刚体上力的功

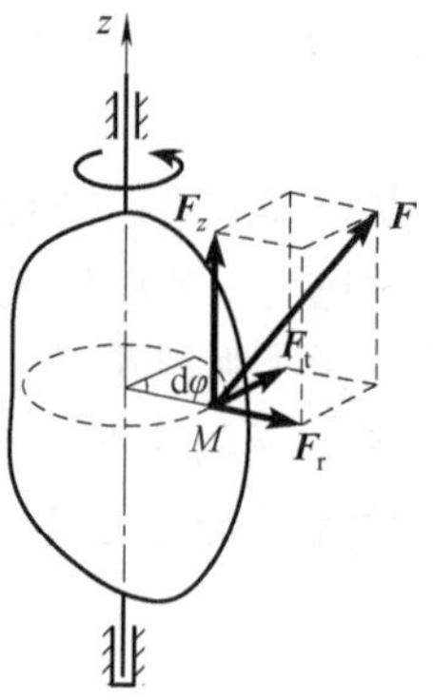

图 10-19

如图 10-19 所示，设定轴转动刚体上的点 M 处作用有一个力 $\boldsymbol{F}$，此力可以分解为三个分力 $\boldsymbol{F}_z$、$\boldsymbol{F}_\mathrm{r}$、$\boldsymbol{F}_\mathrm{t}$，其中 $\boldsymbol{F}_z$ 平行于转轴，$\boldsymbol{F}_\mathrm{r}$ 是垂直于转轴的径向力，$\boldsymbol{F}_\mathrm{t}$ 是相切于点 M 圆周运动路径的切向力。若刚体转动了角度 $\mathrm{d}\varphi$，则点 M 运动的路程 $\mathrm{d}s=r\mathrm{d}\varphi$，其中 r 是点 M 到转轴的距离。显然 $\boldsymbol{F}_z$、$\boldsymbol{F}_\mathrm{r}$ 均垂直于 $\mathrm{d}s$ 不做功。故力 $\boldsymbol{F}$ 在 $\mathrm{d}s$ 上的元功 $\mathrm{d}'W=F_\mathrm{t}\mathrm{d}s=F_\mathrm{t}r\mathrm{d}\varphi$。注意到 $M_z\left(\boldsymbol{F}\right)=F_\mathrm{t}r$，因此当刚体从角 φ_1 转动到角 φ_2 的过程中，力 $\boldsymbol{F}$ 所做的功为

$$W_{12}=\int_{\varphi_1}^{\varphi_2}M_z\left(\boldsymbol{F}\right)\mathrm{d}\varphi \tag{10-45}$$

当力矩 $M_z\left(\boldsymbol{F}\right)$ 是常量 M_z 时，有

$$W_{12}=M_z\left(\varphi_2-\varphi_1\right)=M_z\Delta\varphi \tag{10-46}$$

当作用在转动刚体上的是常力偶，且力偶的作用面与转轴垂直时，其做功采用式(10-46)计算。

3. 内部作用力的功

由于质点系的内部作用力总是成对出现，且等值、反向、共线，它们的合力为零，对任意一点的力矩之和也为零，所以力和力矩作用的运动效应是相互抵消的。需要注意的是，当将物体视为变形体或离散质点系的质点之间的距离发生变化时，质点系的内部相互作用力也将做功，所以质点系内力的功一般不为零。对于刚体而言，由于刚体内部质点之间的距离在外力作用下始终保持不变，所以刚体内力做功之和等于零。

4. 约束力的功与理想约束

在许多理想情况下，约束力的功(或功之和)等于零，这种约束称为**理想约束**。这一类约束有光滑接触面、光滑铰支座、固定端等。

大多数情况下，滑动摩擦力与物体的相对位移反向，摩擦力做负功，不是理想约束，但也有例外。在粗糙表面做纯滚动的轮子，其滑动摩擦力作用在轮上，位于轮、地面接触处，但因该点是速度瞬心，瞬时无位移，因此滑动摩擦力做功为零。因此不计滚动摩擦时，纯滚动的接触点是理想约束。

10.3.3　动能定理

1. 质点的动能定理

质量为 m 的质点在合力 $\boldsymbol{F}$ 的作用下沿曲线运动，如图 10-20 所示。将 $m\boldsymbol{a}=\boldsymbol{F}$ 在切线方向投影，有 $ma_{\mathrm{t}}=m\dfrac{\mathrm{d}v}{\mathrm{d}t}=F_{\mathrm{t}}$，将此式两边均乘以 $\mathrm{d}s$，有 $m\dfrac{\mathrm{d}v\,\mathrm{d}s}{\mathrm{d}t}=F_{\mathrm{t}}\mathrm{d}s$，注意到 $\mathrm{d}s=v\mathrm{d}t$，则可得 $mv\mathrm{d}v=F_{\mathrm{t}}\mathrm{d}s$，即 $\mathrm{d}\left(\dfrac{1}{2}mv^2\right)=F_{\mathrm{t}}\mathrm{d}s$。于是有

$$\mathrm{d}E_{\mathrm{k}}=\mathrm{d}\left(\frac{1}{2}mv^2\right)=\mathrm{d}'W \tag{10-47}$$

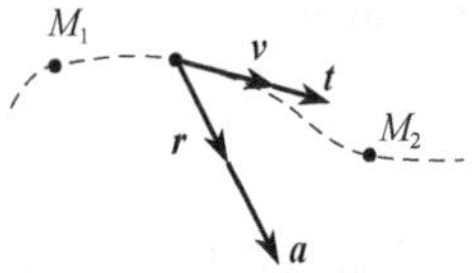

图 10-20

式(10-47)表明，**质点动能的微分，等于作用在质点上的力的元功**，这就是微分形式表述的质点动能定理。

2. 质点系的动能定理

若质点系由 n 个质点组成，其中任一质点的质量为 m_i，速度为 $\boldsymbol{v}_i$，作用在该质点上的力为 $\boldsymbol{F}_i$，那么根据质点动能定理的微分形式，有 $\mathrm{d}E_{\mathrm{k}i}=\mathrm{d}'W_i$，其中 $\mathrm{d}'W_i$ 表示作用于这个质点上的力所做的元功。将质点系中所有质点的动能定理方程相加，可得 $\sum\mathrm{d}E_{\mathrm{k}i}=\sum\mathrm{d}'W_i$，或 $\mathrm{d}\left(\sum E_{\mathrm{k}i}\right)=\sum\mathrm{d}'W_i$。其中 $\sum E_{\mathrm{k}i}$ 是整个质点系的动能，以 E_{k} 表示，于是可得到质点系动能定理的微分形式：

$$\mathrm{d}E_{\mathrm{k}}=\sum\mathrm{d}'W_i \tag{10-48}$$

式(10-48)表明，**质点系动能的微分，等于作用于质点系上的全部力所做的元功之和**。对式(10-48)进行积分，得

$$E_{\mathrm{k}2}-E_{\mathrm{k}1}=\sum W_{12} \tag{10-49}$$

式中，$E_{\mathrm{k}1}$、$E_{\mathrm{k}2}$ 分别表示质点系在某一段运动过程中初始瞬时和终止瞬时的动能。式(10-49)表明，**质点系在某一段运动过程中，动能的改变量等于作用在质点系上的全部力在这段运动过程中所做功的和**。它是质点系动能定理的积分形式。

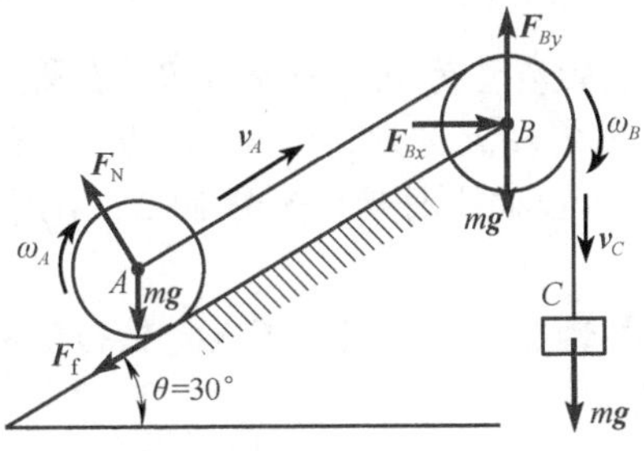

图 10-21

【例 10-13】 质量为 m 的均质圆轮 A、B 的半径均为 R，轮 A 沿倾角 30° 的斜面做纯滚动，轮 B 做定轴转动，B 处摩擦不计。物块 C 的质量也为 m。A、B、C 用轻质不可伸长的绳相连，如图 10-21 所示，绳相对轮 B 无滑动。系统初始为静止状态。求：(1) 当物块 C 下降高度为 h 时，轮 A 质心的速度以及轮 B 的角速度；(2) 系统运动时，物块 C 的加速度。

解 整个系统有 1 个自由度，轮 A 做纯滚动，轮 B 做定轴转动，物块 C 做直线平移。求速度(角速度)、加速度(角加速度)，可取系统为研究对象，用动能定理求解。

(1) 求 v_A 及 ω_B。

系统初始静止，$E_{k1}=0$，设物块 C 下降 h 时的速度为 v_C，有 $v_C=\omega_B R=\omega_A R=v_A$。系统动能为

$$E_{k2}=\left(\frac{1}{2}mv_A^2+\frac{1}{2}J_A\omega_A^2\right)+\frac{1}{2}J_B\omega_B^2+\frac{1}{2}mv_C^2=\frac{3}{4}mv_A^2+\frac{1}{2}\left(\frac{1}{2}mR^2\right)\left(\frac{v_A}{R}\right)^2+\frac{1}{2}mv_A^2=\frac{3}{2}mv_A^2$$

作物体的受力分析图，如图 10-21 所示，B 处的光滑铰链是理想约束，轮 A 在斜面上纯滚动，也是理想约束，摩擦力 $\boldsymbol{F}_f$ 不做功，因此在运动过程中，只有轮 A 和轮 C 的重力做功。系统做功为

$$W_{12}=mgh-mgh\sin 30°=\frac{1}{2}mgh$$

根据动能定理的积分形式，$E_{k2}-E_{k1}=\sum W_{12}$，有

$$\frac{3}{2}mv_A^2-0=\frac{1}{2}mgh$$

解得 $v_A^2=\frac{1}{3}gh$， $v_A=\sqrt{\frac{1}{3}gh}$， $\omega_B=\omega_A=\frac{v_A}{R}=\sqrt{\frac{gh}{3R^2}}$ (顺时针)

(2) 求物块 C 的加速度。

视 h 为变量，对时间 t 求微分有 $\mathrm{d}h/\mathrm{d}t=v_C=v_A$，将式(a)两边对时间求导数，有

$$\frac{3}{2}\cdot 2v_A\frac{\mathrm{d}v_A}{\mathrm{d}t}=\frac{1}{2}g\frac{\mathrm{d}h}{\mathrm{d}t}=\frac{1}{2}gv_A$$

两边约去 v_A，并考虑到 $a_C=\mathrm{d}v_C/\mathrm{d}t=\mathrm{d}v_A/\mathrm{d}t$，可得

$$3a_C=\frac{1}{2}g, \qquad a_C=\frac{1}{6}g$$

对于本例，可作进一步的动力学分析。当求出物块 C 的加速度后，实际轮 A 的质心加速度就等于 a_C。对轮 A 进行分析，轮 A 做纯滚动，则根据运动学的理论，轮 A 的角加速度 $\alpha_A=a_C/R$。求出 α_A 后，可利用式(10-32)的第三式，即平面运动微分方程，求出摩擦力 $\boldsymbol{F}_f$ 的大小，最后利用质心运动定理，即式(10-32)的前两式，在沿斜面方向和垂直斜面方向列方程，求出绳子的拉力和斜面的支持力。

综合利用动能定理、动量定理、动量矩定理及其衍生的守恒，是解决一些较为复杂的动力学问题的主要手段。以下通过例 10-14 进行说明。

【例 10-14】 均质圆盘可绕轴 O 在铅直面内转动，它的质量为 m，半径为 R。在圆盘的质心 C 上连接一刚度系数为 k 的水平弹簧，弹簧的另一端固定在点 A 处，$CA=2R$ 为弹簧的原长，圆盘在常力偶矩 M 作用下，由最低位置无初速度地绕轴 O 向上转动，如图 10-22(a)所示，求圆盘到达最高位置时，轴承 O 的约束力。

解 圆盘在铅直面内定轴转动，某位置的角速度、角加速度可由动能定理或定轴转动微分方程求得，轴承约束力可由动量定理(质心运动定理)求解。

(1) 由动能定理求角速度。

圆盘在绕轴 O 转动的过程中，做功的力有重力 $m\boldsymbol{g}$、力偶矩 M 及弹性力 $\boldsymbol{F}_k$。设在最高位

置时圆盘的角速度为 ω，角加速度为 α 。作受力分析和运动分析，如图 10-22(b) 所示。

初始时 $E_{k1}=0$，最高位置时，有

$$E_{k2}=\frac{1}{2}J_O\omega^2=\frac{1}{2}\left(\frac{1}{2}mR^2+mR^2\right)\omega^2=\frac{3}{4}mR^2\omega^2$$

圆盘转动的弧度为 π，则依据式(10-46)，力偶矩做功为 πM，全部力做功为

$$W_{12}=-2mgR+\pi M+\frac{1}{2}k(\delta_1^2-\delta_2^2)$$

因弹簧变形量 $\delta_1=0$，$\delta_2=2\sqrt{2}R-2R$，代入上式，故得

$$W_{12}=-2mgR+\pi M-2kR^2(3-2\sqrt{2})$$

由动能定理 $E_{k2}-E_{k1}=W_{12}$ 得

$$\frac{3}{4}mR^2\omega^2=\pi M-2mgR-2kR^2(3-2\sqrt{2})$$

解得

$$\omega^2=\frac{4}{3}\frac{\pi M-2mgR-2kR^2(3-2\sqrt{2})}{mR^2}$$

(2) 由定轴转动微分方程求角加速度。

由 $J_O\alpha=\sum M_O(\boldsymbol{F}^{e})$ 得

$$\frac{3}{2}mR^2\alpha=M-F_k\cos 45°\cdot R$$

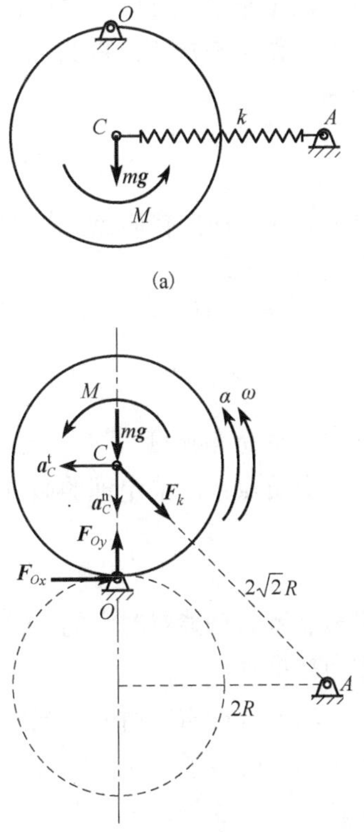

(a)

(b)

图 10-22

因弹性力 $F_k=2R(\sqrt{2}-1)k$，代入上式，故得

$$\alpha=\frac{2}{3}\frac{M-(2-\sqrt{2})kR^2}{MR^2}$$

(3) 由质心运动定理求轴承约束力。

圆盘在最高位置时，$a_C^t=R\alpha$，$a_C^n=\omega^2R$，受力如图 10-22(b) 所示。

根据质心运动定理，有

$$\begin{cases}ma_C^t=\sum F_t=-F_{Ox}-F_k\cos 45°\\ ma_C^n=\sum F_n=mg-F_{Oy}+F_k\sin 45°\end{cases}$$

解得

$$\begin{cases}F_{Ox}=-F_k\cos 45°-ma_C^t=-\left[(2-\sqrt{2})kR+\frac{2}{3}\frac{M-(2-\sqrt{2})kR^2}{R}\right]\\ F_{Oy}=mg+F_k\sin 45°-ma_C^n=mg+(2-\sqrt{2})kR-\frac{4}{3}\frac{[\pi M-2gR-2(3-2\sqrt{2})kR^2]}{R}\end{cases}$$

10.3.4 功率与机械效率

在工程中不仅要计算功，还需要知道在一定时间内做了多少功。**力在单位时间内做的功称为功率**。它是衡量机械力学性能的重要指标。在选择机构的动力源，如驱动机器人运动的电动

机、液压驱动元件时，往往需要根据功率来进行选型。

设作用在质点上的力为$\boldsymbol{F}$，在dt时间内其元功为$\mathrm{d}'W$，质点速度为$\boldsymbol{v}$，则其功率P可表示为

$$P=\frac{\mathrm{d}'W}{\mathrm{d}t}=\boldsymbol{F}\cdot\frac{\mathrm{d}\boldsymbol{r}}{\mathrm{d}t}=\boldsymbol{F}\cdot\boldsymbol{v}=F_{\mathrm{t}}v \tag{10-50}$$

以上表明，**作用在质点上的力的功率，等于力在速度方向上的投影与速度大小的乘积**。功率的单位是W(瓦特)。

如果是力偶矩M做功，用元功的表达式，$\mathrm{d}'W=M\,\mathrm{d}\varphi$，则有

$$P=\frac{\mathrm{d}'W}{\mathrm{d}t}=\frac{M\,\mathrm{d}\varphi}{\mathrm{d}t}=M\omega \tag{10-51}$$

式中，ω是角速度。

取质点系动能定理的微分形式，$\mathrm{d}E_{\mathrm{k}}=\sum\mathrm{d}'W_i$，两端除以d$t$，可得

$$\frac{\mathrm{d}E_{\mathrm{k}}}{\mathrm{d}t}=\sum\frac{\mathrm{d}'W}{\mathrm{d}t}=\sum P_i \tag{10-52}$$

即**质点系的动能对时间的一阶导数，等于作用于质点系上的所有力的功率的代数和**。式(10-52)称为**功率方程**。

功率方程常常用来研究机器在工作时能量的变化和转化问题。电场对电动机转子作用的力做正功，使转子转动，电场力的功率称为输入功率。传动机构中摩擦力做负功，使一部分机械能转化成了热能，传动系统中的零件相互碰撞也会损失一定的功率，这些称为无用功率或损耗功率。车床切削工件时，切削阻力对夹持在车床主轴上的工件做负功，但这是车床加工零件所必须要付出的功率，称为有用功率或输出功率。每一部机器的功率都可以分为以上三个部分。一般情况下，式(10-52)可以写为

$$\frac{\mathrm{d}E_{\mathrm{k}}}{\mathrm{d}t}=P_{输入}-P_{有用}-P_{无用} \tag{10-53}$$

以上表明，系统的输入功率等于有用功率、无用功率与系统动能的变化率之和。

机器在执行工作的过程中，必然会有一些机械能转化成热能、声能，在工程中，把用于克服有用阻力的功率和使系统动能改变的功率称为有效功率。有效功率与输入功率的比值称为**机械效率**，用η表示，即

$$\eta=\frac{有效功率}{输入功率} \tag{10-54}$$

显然，机械效率η表明了机器对输入功率的有效利用程度，它是评价机器质量好坏的指标之一。它与传动方式、制造精度、工作条件等都有关系。根据式(10-53)和式(10-54)，容易看出机械效率$\eta<1$。

一个典型的工业机器人的机械系统包括机身、臂部、手腕、末端操作器和行走机构等部分，这些部分在工作时都有可能存在能量的损耗。假设某部分的机械效率为η_i，则整个机器的机械效率η为

$$\eta=\eta_1\eta_2\cdots\eta_n=\prod_i\eta_i \tag{10-55}$$

思　考　题

10.1　动量和冲量的物理意义是什么？两者有何关系？

10.2　动量定理的微分形式和质心运动定理的公式为什么可以在任何轴上进行投影？动量定理的积分形式是否也可以在自然轴上进行投影？为什么？

10.3　如图 10-23 所示，长度相同、质量分别为 m_1 和 m_2 的两均质杆 AC 和 BC 用中间铰链 C 连接。两杆位于铅直平面内且放置在光滑水平面上。若两杆分开倒向地面，考虑 $m_1 = m_2$、$m_1 = 2m_2$ 情况下点 C 的运动轨迹是否相同？为什么？

10.4　当平面运动刚体所受到的外力的主矢为 0 时，刚体只能绕质心转动吗？当所受外力系对质心的主矩为 0 时，刚体是否只能做平移？

10.5　在完全相同的三个传动轮上绕有软绳，如图 10-24 所示，在绳端作用有力或悬挂重物，则各轮转动的角加速度是否相同？为什么？

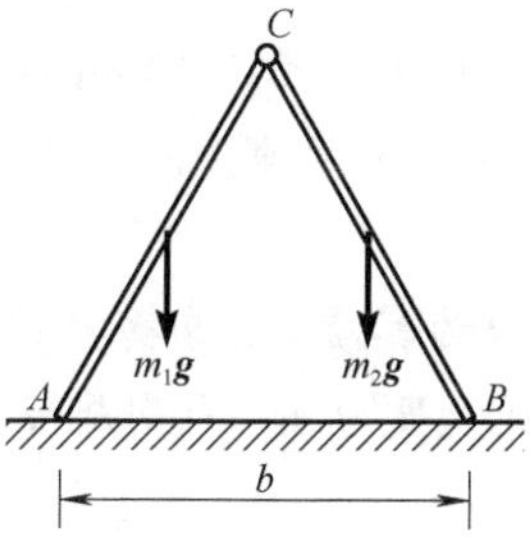

图 10-23

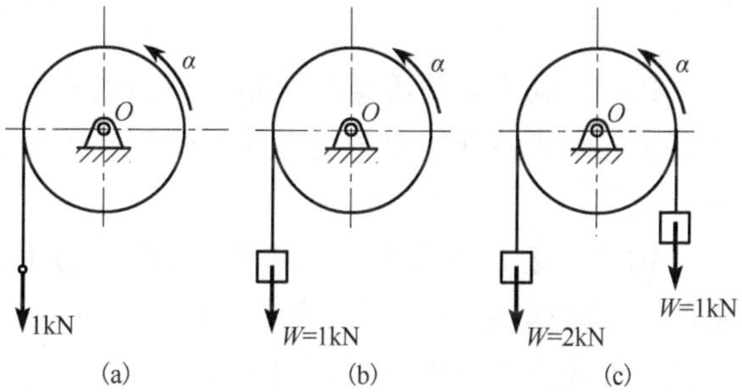

图 10-24

10.6　如图 10-25 所示，在铅垂面内，杆 OA 可绕轴 O 自由转动，均质圆盘可绕其质心轴 A 自由转动。当杆 OA 水平静止释放后，圆盘做何种运动？为什么？

10.7　弹簧从其自然位置拉长 10mm 或压缩 10mm，弹性力做功是否相等？拉长 10mm 后再拉长 10mm，这两个过程中位移相等，弹性力做功是否相等？

10.8　均质圆盘绕通过圆盘的质心 C 而垂直于圆盘平面的轴转动，在圆盘平面内作用力偶矩为 M 的力偶，如图 10-26 所示，圆盘的动量、对转轴的动量矩、动能是否守恒？为什么？

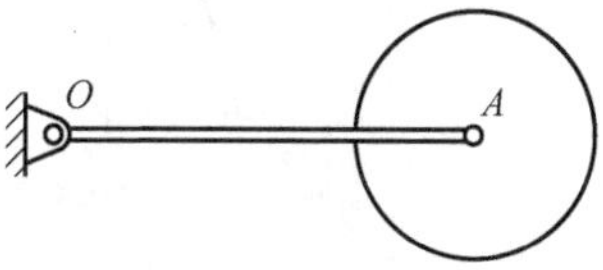

图 10-25

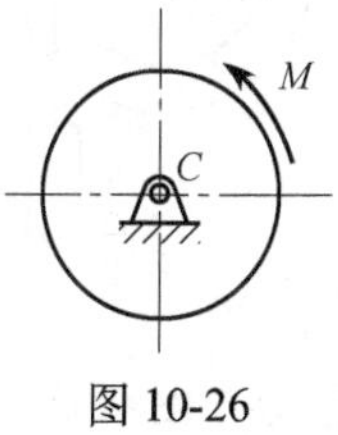

图 10-26

10.9　花样滑冰运动员在做原地旋转动作时，其手臂向内收的同时，他自转的速度将会变快，试用动量矩守恒解释其原因。

10.10　质点系的动量和对固定点的动量矩都等于 0 的情况下，动能不等于 0，这种情况是否能够出现？举例说明。

习　　题

10-1　计算题 10-1 图所示瞬时各均质刚体的动量、对转轴 O 的转动惯量、动量矩、动能。其中各刚体的质量为 m，杆件长度为 l，圆盘半径为 R。各转动刚体在题 10-1 图所示瞬时的角速度为 ω。

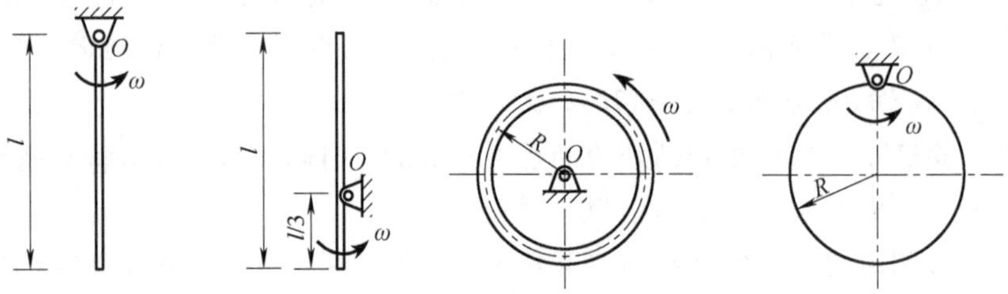

(a)　(b)　(c)　(d)

题 10-1 图

10-2　跳伞者的质量为 60kg，自停留在高空中的直升机中跳出，落下 100m 后开伞。设开伞前空气阻力不计，伞自重不计，开伞后阻力不变。经 5s 后跳伞者的速度降为 4.3 m/s。求阻力的大小。

10-3　题 10-3 图所示机构中，鼓轮 A 的质量为 m_1，转轴 O 为其质心。重物 B 的质量为 m_2，重物 C 的质量为 m_3。斜面光滑，倾角为 θ。已知重物 B 的加速度为 a。利用质点系动量定理的微分形式，求轴承 O 处的约束力。

10-4　题 10-4 图所示质量为 m、长为 $2l$ 的均质杆 OA 绕通过 O 端的水平轴在铅直面内转动。当杆转到与水平面成 φ 角时，其角速度和角加速度分别为 ω 和 α。求此时 O 端的约束力。

10-5　题 10-5 图所示机构中，小车 A 下方悬挂长 l 的摆 B。车的质量为 m_1，摆杆质量不计，摆锤质量为 m_2。摆以规律 $\varphi = \varphi_0 \cos kt$ 摆动。不计各处摩擦，求小车的运动方程。

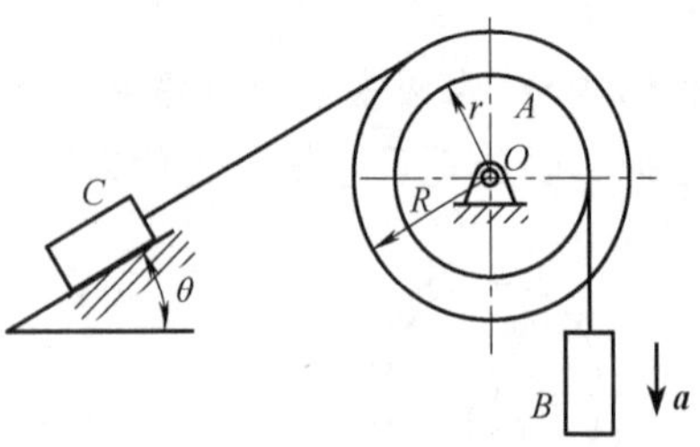

题 10-3 图

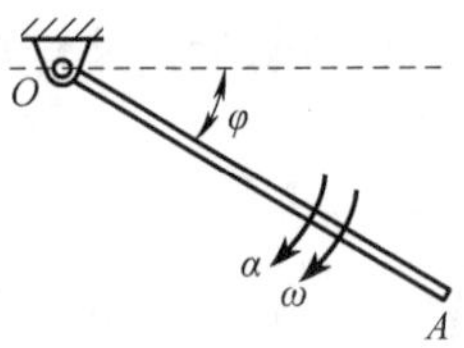

题 10-4 图

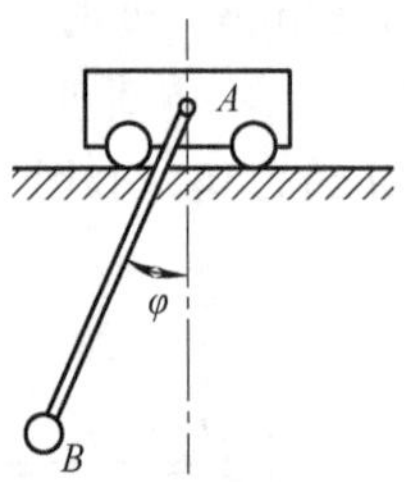

题 10-5 图

10-6　如题 10-6 图所示，直角弯杆由两根长为 l、质量为 m 的均质杆焊接而成。初始时杆 AB 垂直立于光滑水平面上，然后以无初速度释放，求弯杆倾倒过程中端点 D 的轨迹方程。

10-7　质量为 m 的质点在平面 Oxy 中运动，其运动方程为 $x = a\cos\omega t$，$y = b\sin 2\omega t$，其中 a、b、ω 均为常数。求这个质点对坐标原点 O 的动量矩。

10-8　已知边长为 a 的均质正方形薄板对其质心轴 z 的转动惯量为 $J_z=\frac{1}{6}ma^2$，如题 10-8 图(a)所示。求题 10-8 图(b)、(c)所示的薄板对其转轴的转动惯量，转动角速度为 ω。其中题 10-8 图(b)表示半径为 R、质量为 m 的均质板，在中央挖去边长为 R 的正方形。题 10-8 图(c)表示边长为 $4a$、质量为 m 的正方形钢板，在中央挖去半径为 a 的圆。

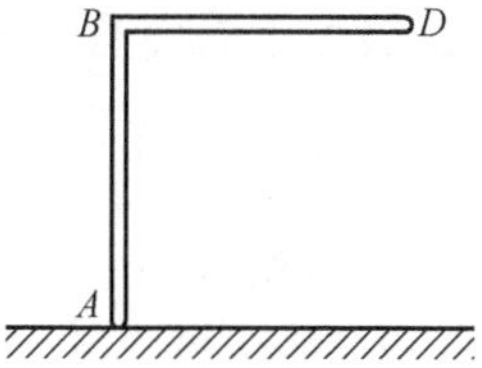

题 10-6 图

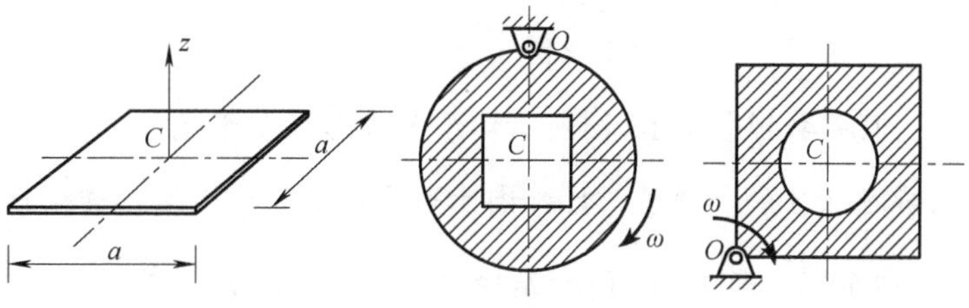

(a)　(b)　(c)

题 10-8 图

10-9　题 10-9 图所示质量为 m 的小球 A 连接在长为 l 的无重杆 AB 上，放在盛有液体的容器中，杆以初角速度 ω 绕 O_1O_2 轴转动。小球受到与速度反向的液体阻力 $F=km\omega$，其中 k 是比例常数。求经过多少时间后，杆的角速度降低为初角速度的 1/2。

10-10　如题 10-10 图所示，两个质量分别为 m_1、m_2 的重物 M_1、M_2 分别系于绳子的两端。两绳分别绕在半径为 r_1、r_2 并固连在一起的鼓轮上。设鼓轮对轴 O 的转动惯量为 J_O，求鼓轮的角加速度。

10-11　如题 10-11 图所示，两均质细杆 OC 和 AB 的质量分别为 50kg 和 100kg，在点 C 处垂直焊接。在铅垂面内题 10-11 图所示的位置静止释放，求释放瞬间铰支座的约束力，铰链处的摩擦力不计。

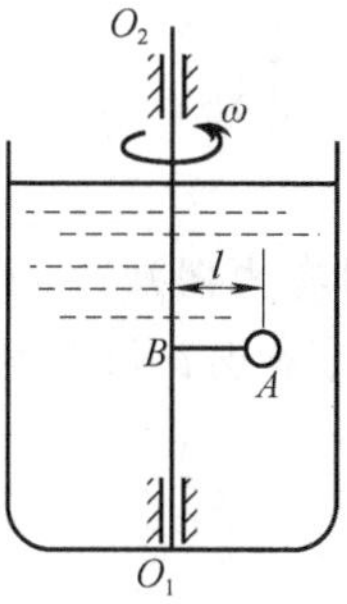

题 10-9 图

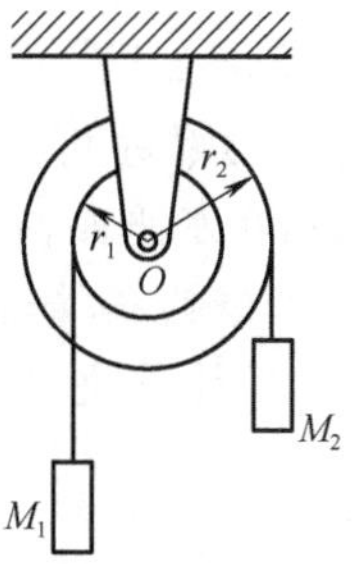

题 10-10 图

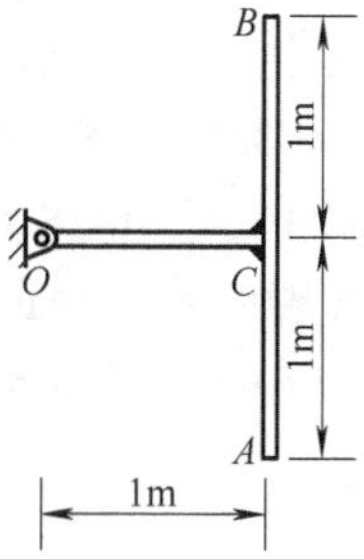

题 10-11 图

10-12　如题 10-12 图所示，质量为 100kg、半径为 1m 的均质圆轮，以转速 $n=120$ r/min 绕轴 O 转动，设常力 $\boldsymbol{F}$ 作用于闸杆，轮经过 10s 后停止转动。已知动摩擦因数 $\mu=0.1$，求力 $\boldsymbol{F}$ 的大小。已知摩擦力 f 与正压力 F_N 的关系符合摩擦定律，即 $f=\mu F_N$。

10-13　题 10-13 图所示带传动系统中，已知主动轮的半径为 R_1，质量为 m_1，从动轮的半径为 R_2，质量为 m_2，两轮以带相连接，分别绕轴 O_1 和轴 O_2 转动，在主动轮上作用有力偶矩为 M 的驱动力偶，从动轮上的阻力偶矩为 M'。带轮视为均质圆盘。带的质量不计，带与带轮之间无相对滑动，求主动轮的角加速度。

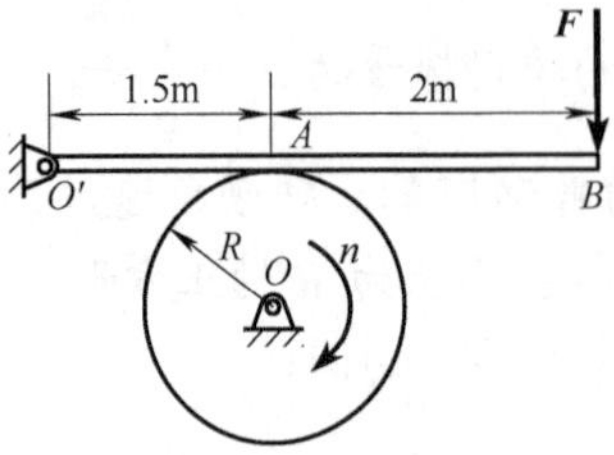

题 10-12 图

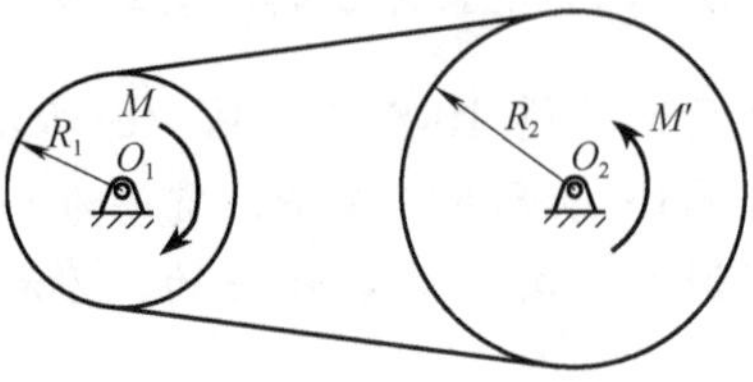

题 10-13 图

10-14 题 10-14 图所示均质长方形板置于光滑水平面上，若点 B 的支承面突然移开，求此瞬时点 A 的加速度，已知图示长方形板对质心轴的转动惯量为 $J_C=\dfrac{1}{12}m\left(l^2+b^2\right)$。

10-15 题 10-15 图所示均质杆 OA 长 l，质量为 m，绕着球形铰链 O 的铅垂轴以匀角速度 ω 转动，若杆与铅垂轴的夹角为 θ，求杆的动能。

10-16 题 10-16 图所示均质细杆 AB 长 l，质量为 m_1，上端 B 靠在光滑的墙上，下端 A 用铰链与圆柱的中心相连。圆柱质量为 m_2，半径为 R，在粗糙的地面上滚动而不滑动，B 端始终与墙面接触。当杆与水平位置成 θ 角时，圆柱的轮心 A 的速度为 v，求此时整个系统的动能。

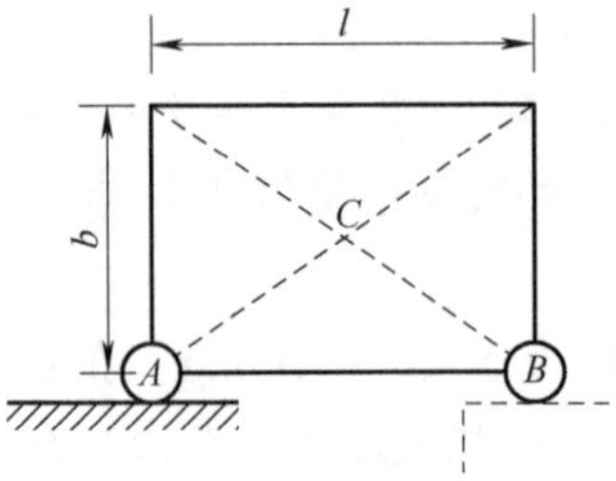

题 10-14 图

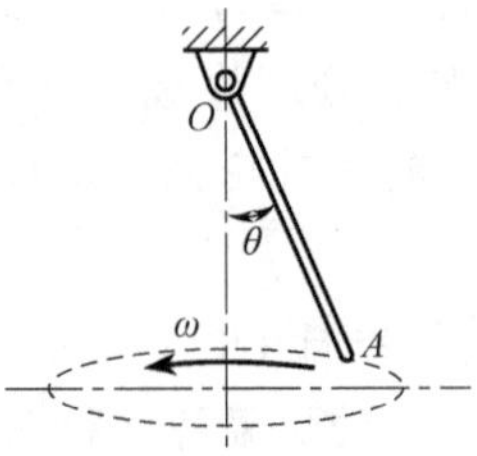

题 10-15 图

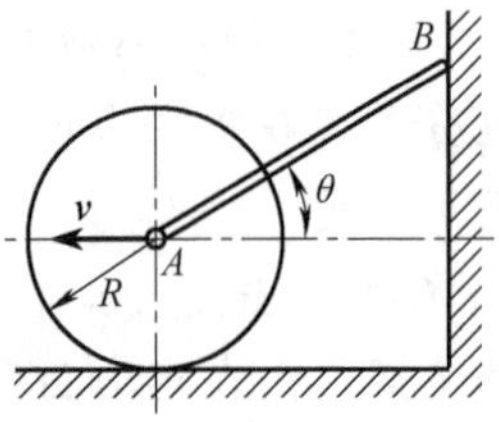

题 10-16 图

10-17 刚度系数为 k 的弹簧放在倾角为 θ 的斜面上，弹簧的上端固定，下端与质量为 m 的物块 A 相连，题 10-17 图所示位置是其平衡位置。若物块 A 从平衡位置沿斜面向下移动了距离 s，不计摩擦，求作用于物块上的所有外力功的总和。

10-18 题 10-18 图所示曲柄导杆机构在水平面内，曲柄 OA 上作用有力偶矩为 M 的常力偶。初始瞬时系统静止且 $\angle AOB=\pi/2$，求当曲柄转动一周后，角速度为多少？设曲柄是质量 m_1、长为 r 的均质细杆；导杆质量为 m_2，不计滑块 A 的质量和各处摩擦。

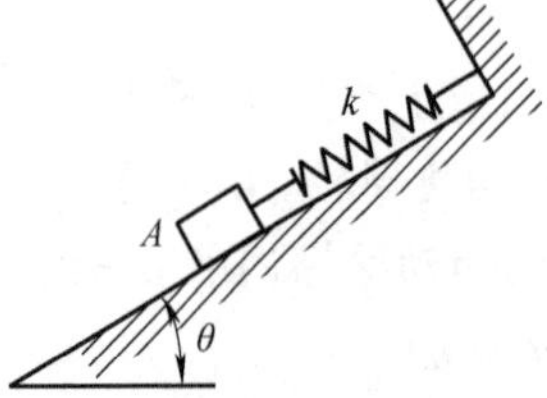

题 10-17 图

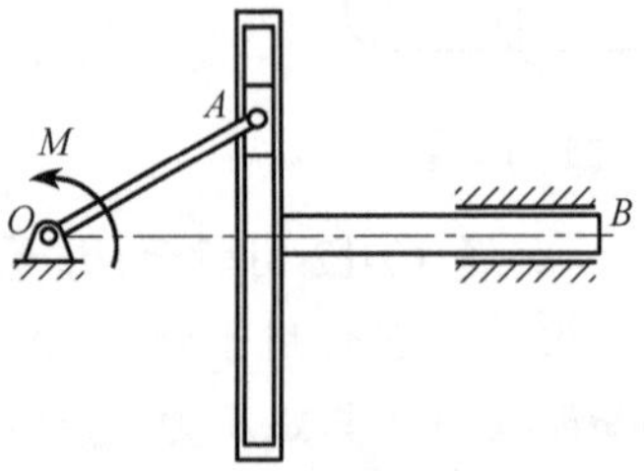

题 10-18 图

10-19 如题 10-19 图所示，半径为 R、质量为 m_1 的均质圆轮放在水平面上，绳子的一端系于圆轮的轮心 A，另一端绕过均质滑轮 C 后挂有重物 B。已知滑轮 C 的半径为 r，质量为 m_2，重物 B 的质量为 m_3。绳子不可伸长，不计质量。圆轮做纯滚动，不计滚动摩擦。系统从静止开始运动，求重物 B 下落距离 h 时，圆轮中心的速度和加速度。

10-20　如题 10-20 图所示，均质直杆 AB 重 $W=100\,\text{N}$，长 $200\,\text{mm}$，两端分别用铰链与滑块 A、B 相连。滑块 A 与一刚度系数 $k=2\,\text{N/mm}$ 的弹簧相连，杆与水平面的夹角为 θ，当 $\theta=0°$ 时弹簧为原长，滑块质量、各处摩擦均不计。求：(1) 当杆自 $\theta=0°$ 无初速度释放时，弹簧的最大伸长量；(2) 当杆在 $\theta=60°$ 处无初速度释放，到达 $\theta=30°$ 时的角速度。

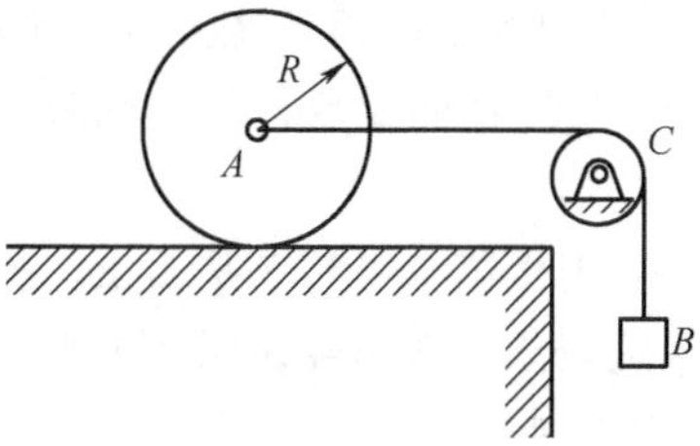

题 10-19 图

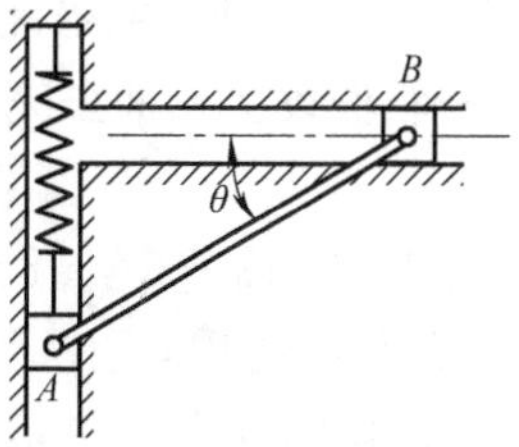

题 10-20 图

10-21　如题 10-21 图所示，均质细杆 OA 可绕水平轴 O 转动，另一端有一均质圆盘，圆盘可绕 A 在铅直面内自由转动，已知杆 OA 长 l，质量为 m_1；圆盘半径为 R，质量为 m_2。不计各处摩擦，初始瞬时杆水平，杆和圆盘静止释放，求杆与水平面成 θ 角时杆的角速度和角加速度。

10-22　均质直杆 AB 的质量 $m=1.5\,\text{kg}$，长度 $l=0.9\,\text{m}$，在题 10-22 图所示水平位置静止释放，求当杆 AB 经过铅垂位置时的角速度、角加速度以及支座 A 处的约束力。

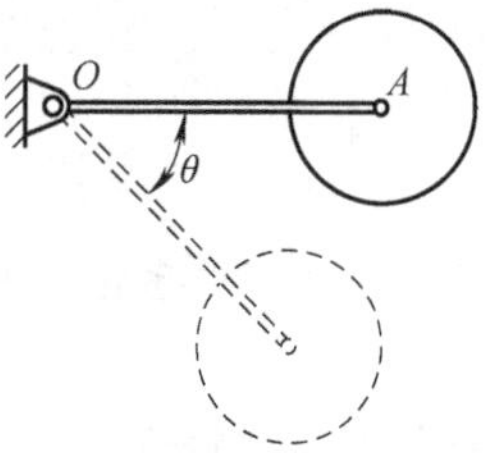

题 10-21 图

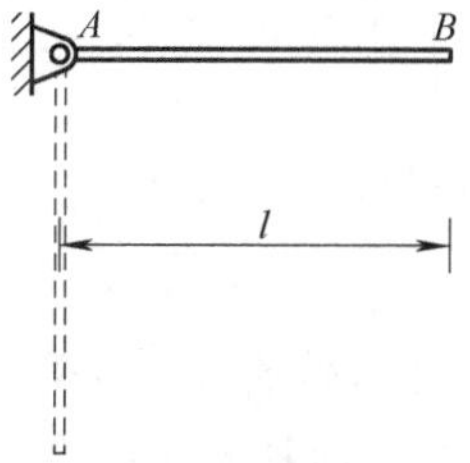

题 10-22 图

10-23　如题 10-23 图所示，均质圆柱 A 的半径 $r=0.2\,\text{m}$，质量为 10kg，滑块 B 的质量为 5kg，滑块 B 与斜面的动摩擦因数 $\mu=0.2$，圆柱中心与滑块通过不计重量的刚性杆连接。系统自静止开始运动，运动过程中圆柱只做纯滚动。求当圆柱中心沿斜面向下运动 10m 时滑块 B 的速度和加速度，以及刚性杆 AB 所受到的力。

10-24　均质圆柱体 A 的质量为 m，在外圆上绕有细绳，绳的一端 B 固定不动，如题 10-24 图所示。圆柱体因解开绳子而下降，初速度为 0。求当圆柱体的质心下降了高度 h 后质心的速度、加速度以及绳子的拉力。

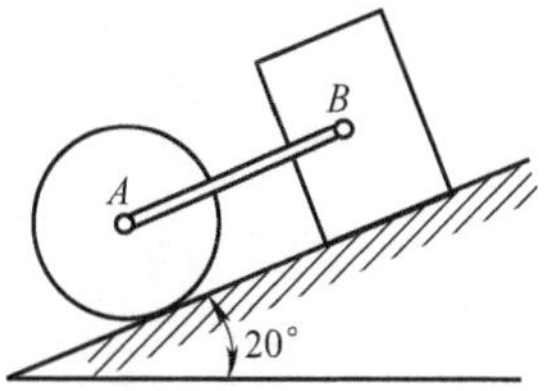

题 10-23 图

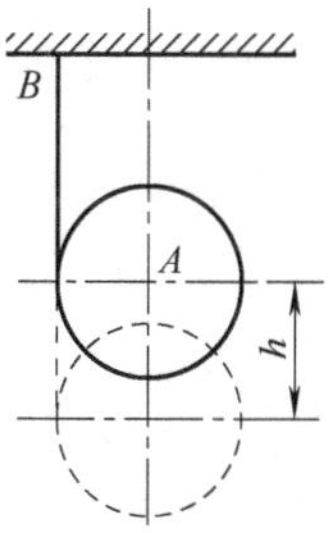

题 10-24 图

10-25 题 10-25 图所示均质杆 OA 重 150N，可绕垂直于图面的光滑水平轴 O 转动。杆的 A 端连接刚度系数 $k=0.5\ \text{N/mm}$ 的弹簧。在图示位置，弹簧伸长量为 100mm，杆的角速度 $\omega_0=2\ \text{rad/s}$，求杆件转过 90° 后的角速度、角加速度以及轴 O 处的约束力。

10-26 题 10-26 图所示均质杆 AB 的质量为 m，长 $2l$，其一端用长 l 的绳子 OA 拉住，另一端放置在光滑水平面上，可沿地面滑动。开始时系统处于静止状态，绳子 OA 位于水平位置，O、B 点在同一铅垂线上。求当绳索 OA 运动到铅垂位置时，点 B 的速度、绳子的拉力以及地面的约束力。

10-27 题 10-27 图所示，质量为 m、半径为 r 的圆环 O 放在粗糙的水平面上，圆环边缘上固连一个质量为 m 的质点 A，初始时 A 处于最高点，系统静止。求当纯滚动到水平位置，即 OA 处于水平时，圆环的角速度 ω、角加速度 α 以及 B 处的约束力。

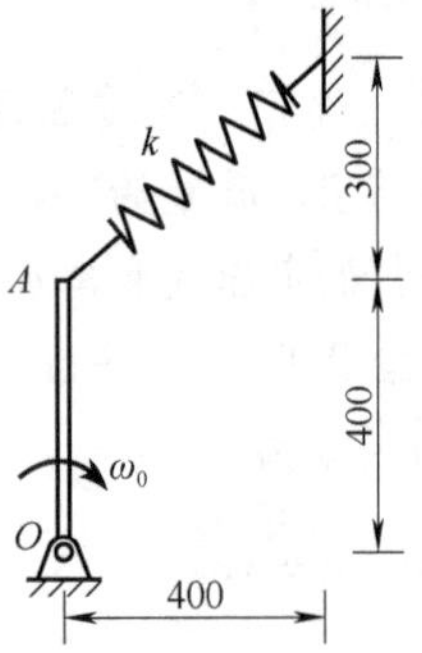

题 10-25 图

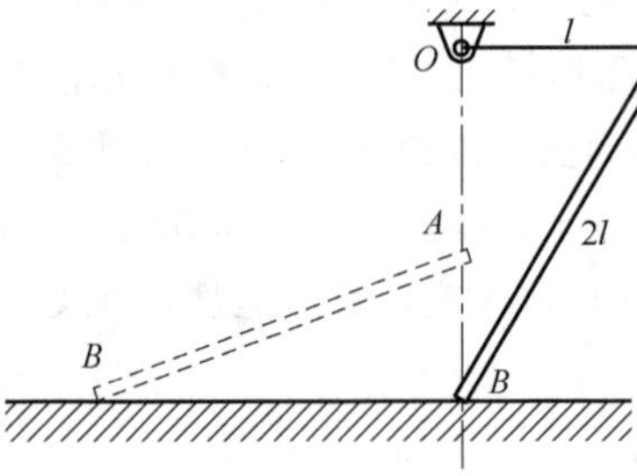

题 10-26 图

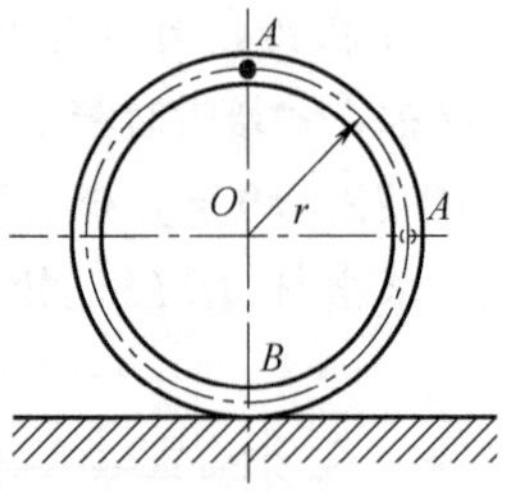

题 10-27 图

10-28 传动轴以转速 n（r/min）转动，其传递的功率为 P（kW），推导传动轴传递的扭转力矩 M_e（N·m）与转速 n、功率 P 的关系。

10-29 某移动机器人的自重为 13kg，负载为 5kg，采用双轮驱动，轮设计直径为 100mm。每个轮子单独采用电机驱动。要求机器人的启动加速度最大为 $a=0.5g$，g 为重力加速度，运行过程中的最大速度为 $v=0.5\ \text{m/s}$，考虑机器人的机械效率 $\eta=0.6$。估算电机最大功率、最大输出转矩的最小值，并选型。

第 11 章　材料力学的基本概念

第 1 章～第 10 章讨论了力的外效应，也就是运动效应，着重阐述了刚体的运动、受力与运动改变的关系。本章开始，将讨论力的内效应，也就是变形效应。于是我们的研究对象也发生了变化，自本章起我们认为物体在受到外力作用后，会发生尺寸和形状的微小变化，我们将物体抽象为**变形体**。我们将机械与工程结构的组成部分统称为**构件**。这些构件能够承受多大的载荷而不至于发生断裂或不至于产生工程不允许的变形，以及在确定的载荷作用下，构件选用何种材料，制成何种形状、尺寸是我们关心的问题。另外，在保证构件工作安全的前提下，也不能过度增加材料的用量，否则不仅会增加制造成本，还会产生额外的能耗。以上是材料力学这门学科的主要研究内容。

工业机器人在其工作过程中要承受各种各样载荷的作用，那么我们在设计机器人本体结构或其零部件时，就必须要确保机器人的各构件在载荷作用下不发生破坏，或不产生大的变形而影响工作的精度，因此材料力学部分是机器人本体结构设计的重要力学基础。

在材料力学中，习惯用普通斜体(非粗体)表示矢量，图中用箭头表示其方向，后面内容中，除强调一些物理量为矢量，用粗斜体表示以外，其余外力、内力等均以细斜体表示。

11.1　材料力学的研究对象和任务

1. 材料力学的任务

为了保证工程结构或机械结构能够安全、正常、可靠地工作，工程结构件或机械中的构件应当满足以下三个方面的要求。

(1) **强度要求**。为了保证机械与工程结构的正常工作，首先应使其不发生破坏，这里的破坏一般指断裂或产生过量塑性变形。例如，取物装置的钢丝绳在起吊重物时不允许发生断裂，机械臂在载荷移除后不能形成永久变形。我们把构件抵抗破坏的能力称为强度。

(2) **刚度要求**。刚度指的是构件抵抗变形的能力。工程中构件产生微量的弹性变形是允许的，但是过大的变形就会导致构件不能正常工作。例如，执行精细加工的机器人末端执行器产生超量弹性变形就会造成加工工件精度不足；吊车大梁变形过大，会使跑车出现溜坡，还会引起较为严重的振动；铁路桥梁变形过大，会引起火车脱轨乃至翻车。

(3) **稳定性要求**。稳定性指的是构件保持原有平衡状态的能力。例如，细长杆在承受过大的轴向压力作用时，有可能在微小的扰动影响下，丧失其原有的直线平衡形态而转变为曲线平衡形态，这种现象称为压杆的失稳。又如受均匀外压力的薄壁圆筒，当外压力达到某一数值时，它由原来的圆筒形的平衡变成椭圆形的平衡，此为薄壁圆筒的失稳。失稳往往是突然发生的，而且其临界载荷往往远小于按照强度要求计算的极限载荷，因此容易被人们忽视而造成严重的工程事故，如 19 世纪末瑞士的孟希太因大桥以及 20 世纪初加拿大的魁北克大桥都是由于受压弦杆失稳而突然使大桥坍塌。

2. 变形固体及其理想化

任何物体受载荷(外力)作用后其内部质点都将产生相对运动，从而导致物体的形状和尺寸发生变化，称为**变形**。可变形的物体统称为**变形固体**。物体的变形可分为两种：一种是当载荷去除后能恢复原状的**弹性变形**；另一种是当载荷去除后不能恢复原状的**塑性变形**。去除外力后能够恢复原状，也就是受力后发生的变形全部是弹性变形的物体称为**弹性体**。如果物体的弹性变形大小与载荷呈线性关系，则称为线弹性变形，相应的物体材料称为线弹性材料。大多数金属材料当载荷在一定范围内时所产生的变形是线弹性变形。

变形固体的组织构造及物理性质十分复杂，如果考虑材料微观结构上的差异，不仅在理论分析中会引起复杂的力学和数学问题，在工程实际应用时也会带来极大的不便。材料力学中则对变形固体进行了如下假设。

(1) **均匀连续性假设**。假定材料无间隙、均匀地充满整体空间，各部分的性质相同。基于这个假设，就可把某些力学量用坐标的连续函数来表示，也就可以用微积分等数学方法来建立相应的力学模型，同时可以用物体的任意一个部分，甚至任意一点的力学性能来代表整体的力学性能。

(2) **各向同性假设**。假设材料沿各个方向的力学性能是相同的。就金属材料来说，单个晶粒的性能是有方向的，但由于金属材料包含数量极多的晶粒，且又随机排列，从统计观点看，其力学性能在各个方向上是相同的。具有这种属性的材料称为**各向同性材料**，如铸钢、铸铁等。在工程实际中，有些材料在不同的方向具有不同的力学性能，称为**各向异性材料**，如木材、胶合板和某些纤维复合材料等。

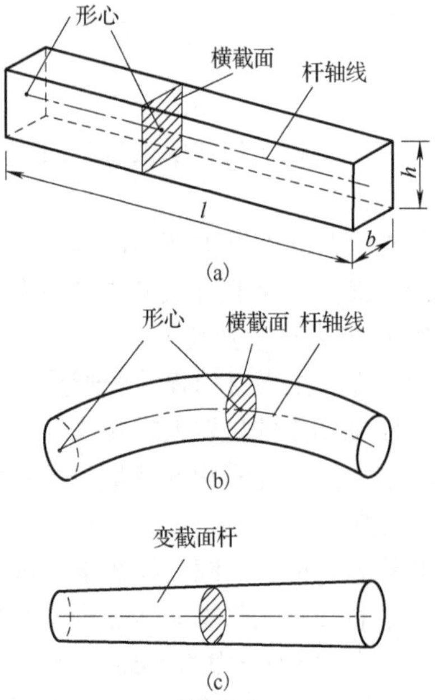

图 11-1

(3) **小变形假设**。设定材料在外力作用下的变形量与其本身尺寸相比极小。在工程中多数物体只发生弹性变形，相对于物体的原始尺寸来说，这些弹性变形是微小的。在小变形假设条件下，研究物体的静力平衡等问题时，均可略去这种小变形，而按原始尺寸计算，从而使计算大为简化。但需注意的是，在分析物体的变形规律时，这种微小的变形不能忽略。

3. 构件的基本类型

工程实际中的构件种类繁多，根据其几何形状，可以简化分类为杆、板、壳、块。若构件在空间一个方向的尺寸(长度)远大于其他两个方向的尺寸，这种构件称为杆或杆件，如图 11-1 所示。垂直于杆件长度方向的截面称为杆的横截面，横截面形心的连线称为杆的轴线。轴线为直线的杆，称为直杆，如图 11-1(a)所示，轴线为曲线的杆，称为曲杆，如图 11-1(b)所示。各个横截面都相同的杆，称为等截面杆，否则称为变截面杆，如图 11-1(c)所示。横截面的大小和形状不变的直杆称为等直杆。工程上常见的很多构件都可以简化为杆，如梁、柱、连杆、传动轴等，且大多为等直杆。在材料力学中，我们所研究的主要对象为杆件，工业机器人的主要构件，如机械臂、支撑杆、关节中的轴等可以视为杆类构件。至于板、壳、块的力学研究，虽然要用到弹性力学的理论和方法，但这些方法一般都需要有材料力学的基础。随着现代工具的应用，可以采用有限元分析软件进行分析，但其基本的力学概念仍然需要通过材料力学中所阐述的定义、理论和方法建立。

11.2　内力与基本变形

1. 内力

杆件因受到外力的作用而变形，其内部各部分之间的相互作用力也发生改变。这种**由于外力作用而引起的杆件内部各部分之间的相互作用力的改变量**，称为**附加内力**，简称**内力**。内力的大小随外力的改变而变化，内力达到一定数值时会引起杆件的破坏。显然内力的大小及其在杆件内部的分布方式与杆件的强度、刚度和稳定性密切相关。这里所说的内力显然与前面各章中提到的物体系统中各物体之间的相互作用力是不同的概念。

内力分析的基本依据是弹性体平衡原理，即若杆件在任意静态外载荷作用下保持平衡状态，那么杆件内任何一部分，无论其大小，都将处于平衡状态。内力分析的研究方法是**截面法**。依据弹性体平衡原理，为研究杆件在外力作用下任一截面 $m\text{-}m$ 上的内力，可假想用一平面把杆件截为两部分，如图 11-2(a)所示。取其中任一部分为研究对象，弃去另一部分。由于杆件原来处于平衡状态，截开后各部分仍应保持平衡，弃去部分必然有力作用于研究对象的 $m\text{-}m$ 截面上。由连续性假设，在 $m\text{-}m$ 截面上各处都有内力，所以内力实际上是分布于截面上的一个分布力系，如图 11-2(b)所示。把该内力分布力系向横截面形心简化后得到内力的主矢和主矩，但在工程实际中更有意义的是主矢和主矩在确定的坐标方向上的分量，如图 11-2(c)所示，这六个内力分量分别对应着四种基本变形形式，依其所对应的基本变形，把这六个内力分量分别称为**轴力**、**剪力**、**扭矩**和**弯矩**。

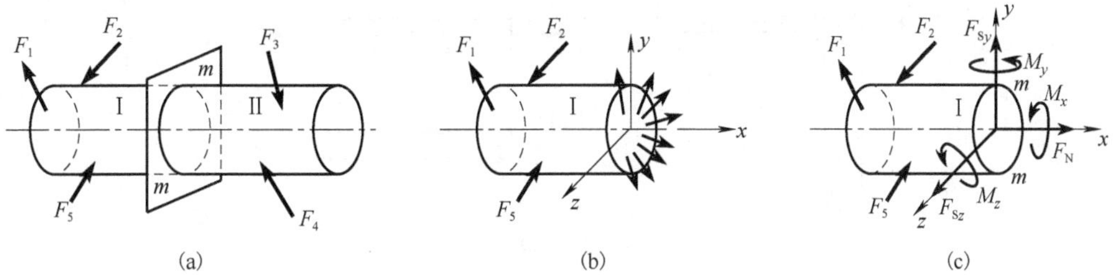

图 11-2

(1)**轴力**：沿杆件轴线方向(x 轴方向)的内力分量 F_N，它垂直于杆件的横截面，使杆件产生轴向变形(伸长或缩短)。

(2)**剪力**：与截面相切(沿 y 轴和 z 轴方向)的内力分量 F_{Sy}、F_{Sz}，使杆件产生剪切变形。

(3)**扭矩**：绕 x 轴的主矩分量 M_x，习惯上用 T 表示，扭矩是一个力偶，使杆件产生绕轴线转动的扭转变形。

(4)**弯矩**：绕 y 轴和 z 轴的主矩分量 M_y、M_z，它们也是力偶，使杆件产生弯曲变形。

【例 11-1】 如图 11-3(a)所示的压力机处在载荷 F 的作用下，试确定 m-m 截面上的内力。

解 (1)沿 m-m 截面假想截开，取上面部分作为研究对象，并画出截面上的内力，如图 11-3(b)所示。

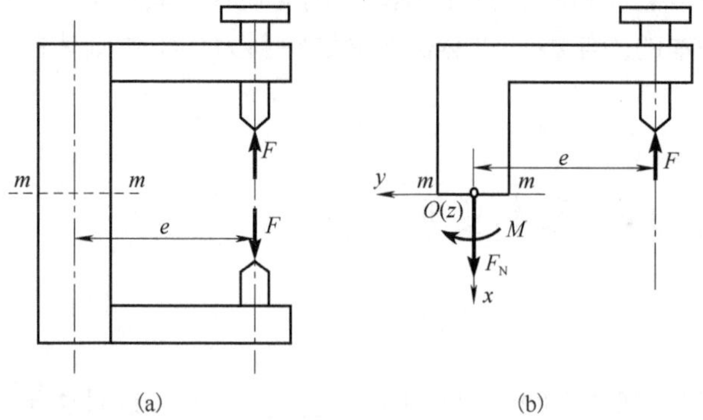

图 11-3

根据空间力系的平衡条件，容易得出剪力 F_{Sy}、F_{Sz}、扭矩 T 和弯矩 M_y 均为 0，故在图中并未画出。

(2)根据平衡条件建立平衡方程(点 O 为截面形心)：

$$\sum F_x = 0, \quad F_N - F = 0$$

$$\sum M_O = 0, \quad F \times e - M = 0$$

解得截面内力为：轴力 $F_N = F$，弯矩 $M = Fe$。

截面法求解内力是材料力学中分析杆件内力的一般方法，需要熟练掌握。本章仅简单加以说明，在后续章节中将给出详细方法和步骤加以训练。

2. 杆件的基本变形

内力的存在使得杆件发生变形，而不同性质的单一内力对杆件形成的变形也不同。例如，单一的轴力作用将使得等截面直杆沿轴向发生伸长或缩短。一般来说，对应于四种内力分量，杆件的变形可以分为四种基本变形形式。

1) 轴向拉伸或压缩

直杆受到一对大小相等、方向相反、作用线与轴线重合的外力作用时，杆件沿轴线方向伸长或缩短，这种变形称为**轴向拉伸或压缩**。先前学习的直杆形式的二力构件、如图 11-4 所示的托架的受拉杆和受压杆、内燃机中的连杆、液压油缸中的活塞杆、起吊重物的钢丝绳等的变形，都属于这种情况。

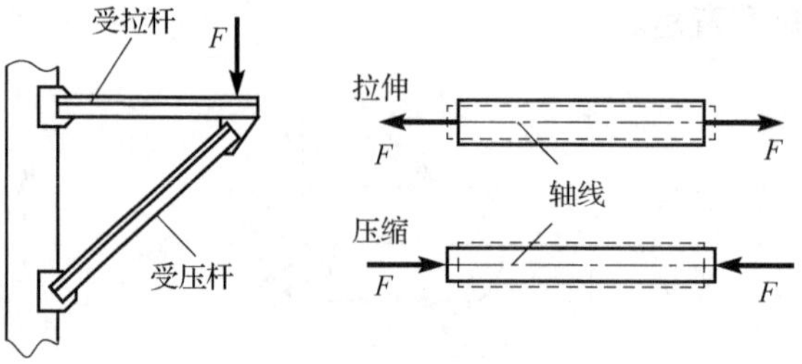

图 11-4

2) 剪切

杆件受到一对大小相等、方向相反、作用线相互平行且相距很近的外力作用时，杆件受力作用的面将沿外力作用方向发生相对错动，这种变形称为**剪切**，如图 11-5 所示。机械中常用到的连接件，如螺栓、键、销钉等的变形，都属于这种情况。

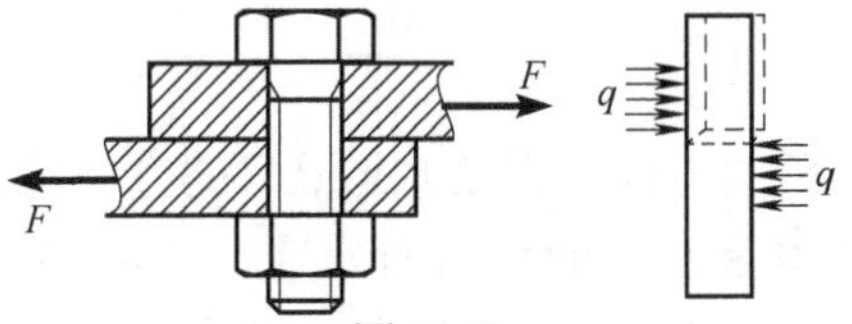

图 11-5

3) 扭转

杆件受到一对大小相等、方向相反、作用面垂直于轴线的力偶作用时，杆上两个横截面将发生绕轴线的相对转动，这种变形称为**扭转**，如图 11-6 所示。传动机构中的心轴、钻探机的钻杆、水轮机的主轴等的变形，都属于这种情况。主要发生扭转变形的杆件称为**轴**。

4) 弯曲

直杆受到垂直于轴线的横向力或包含轴线的纵向平面内的力偶作用时，杆件的受力使其轴线由直线变成曲线，这种变形称为**弯曲**，如图 11-7 所示。机器人机械臂、桥式起重机大梁、火车轮轴等的变形，都属于这种情况。主要发生弯曲变形的杆件称为**梁**。

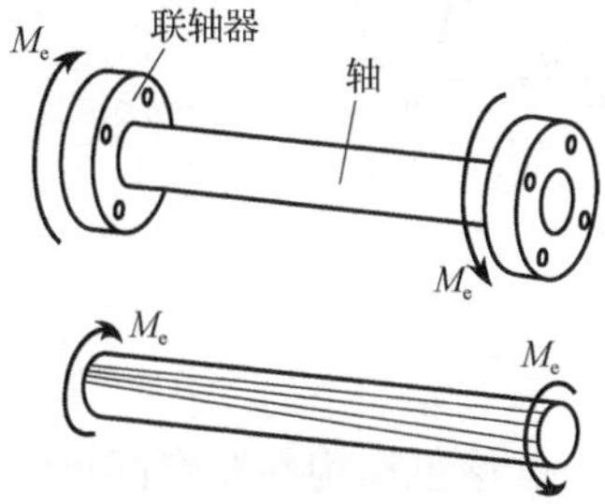

图 11-6

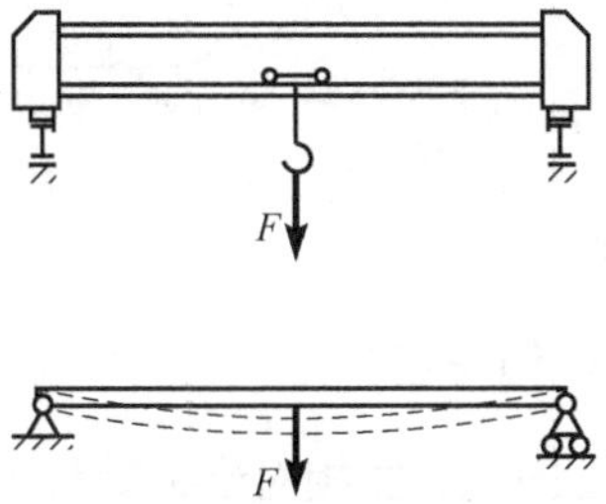

图 11-7

工程杆件一般并不只受到一种类型的载荷作用，在其横截面上也不会仅仅只有一种内力分量。因此其变形大多是上述某种变形或几种变形的组合。对于变形的组合，在材料处于线弹性范围内、构件小变形假设的情况下可以利用单一变形的叠加原理进行分析，因此本书着重讨论杆件的基本变形，并在此基础上适当分析某些特殊的组合变形问题。

11.3　应力与应变

1. 应力

取直径不同的两圆截面直杆，受到相同大小的轴向拉力 F 的作用，通过截面法可知两根杆任意横截面上的轴力相同，$F_N = F$。然而经验告诉我们，直径小的杆件更容易发生破坏，因此仅考虑内力的大小来判定杆件横截面所受分布内力系的强弱程度是不恰当的。

为了描述内力的分布情况，引入内力分布集度，即**应力**的概念。如图 11-8(a)所示，取截面 m-m 上含有任意一点 k 的微面积 $\mathrm{d}A$，将其上的内力分布力系向点 k 简化，得到主矢 $\mathrm{d}\boldsymbol{F}$，由于微面积极小，微面积上的分布力对点 k 的矩是一个高阶微量，故忽略主矩。我们把这个微面积上内力相对于面积的平均值，即 $\mathrm{d}\boldsymbol{F}$ 与 $\mathrm{d}A$ 的比值，称为截面 m-m 上点 k 的应力，用 $\boldsymbol{p}$ 表示，即

$$p = \frac{\mathrm{d}\boldsymbol{F}}{\mathrm{d}A} \tag{11-1}$$

显然，应力$\boldsymbol{p}$的方向是$\mathrm{d}\boldsymbol{F}$的方向，但要知道$\mathrm{d}\boldsymbol{F}$的方向是困难的。为了便于分析，将应力$\boldsymbol{p}$分解为沿截面法线的分量σ和沿截面切向的分量τ。其中σ称为**正应力**，而τ称为**切应力**，切应力也称**剪应力**。规定正应力σ的方向与截面外法线方向相同为正，反之为负；从效果上说，正应力是拉应力时为正，是压应力时为负。显然有

$$p^2 = \sigma^2 + \tau^2 \tag{11-2}$$

应力表征单位面积上力的大小，因此其单位是帕斯卡(Pa)。但由于帕斯卡表示的数值过小，因此在实际工程计算中，常使用兆帕(MPa)作为应力单位，1MPa=10^6 Pa，习惯应用1 MPa=1 N/mm^2的关系进行计算。

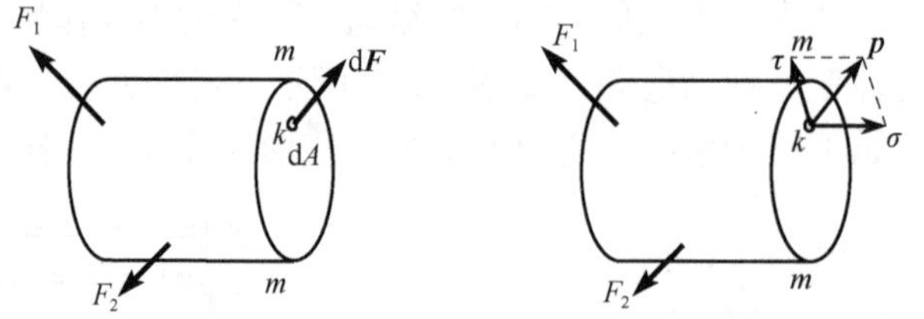

(a) (b)

图 11-8

2. 位移与应变

杆件上的点、面相对于初始位置发生的变化称为**位移**。位移包括构件在空间运动形成的刚体位移和受力变形造成的位移。材料力学主要考虑变形引起的位移。

考虑杆件内部任意的一个微小的正六面体，当其边长趋于无穷小时，称为**单元体**，如图 11-9(a)所示。杆件在受力发生变形后，其内部任意一个单元体的棱边长度以及两棱边之间的夹角都可能会发生变化。杆件内所有单元体变形后叠加，构成了宏观的杆件形状，反映出杆件的宏观变形。

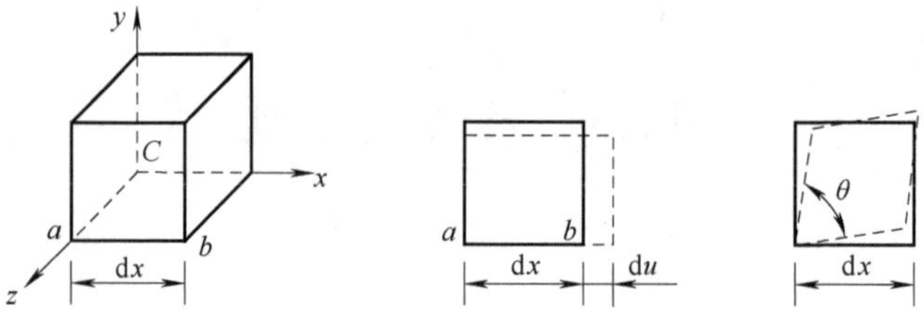

(a) (b) (c)

图 11-9

设包含点C的单元体与轴x平行的棱边ab长$\mathrm{d}x$，如图 11-9(b)所示。假定点a位置不变，而点b发生了$\mathrm{d}u$的位移，定义棱边的长度变化与其原始长度的比值：

$$\varepsilon_x = \frac{(\mathrm{d}u + \mathrm{d}x) - \mathrm{d}x}{\mathrm{d}x} = \frac{\mathrm{d}u}{\mathrm{d}x} \tag{11-3}$$

为点C处沿x方向的**正应变**，或称为**线应变**。它表示某点处沿某方向长度改变的比率。同样可以定义该点沿y、z方向的正应变ε_y和ε_z。规定伸长的正应变为正，缩短的正应变为负。

对于单元体原先相互垂直的两棱边，在单元体受到载荷之后，它们之间的夹角也将发生变化，如图 11-9(c)所示。直角的改变量$\gamma=\frac{\pi}{2}-\theta$定义为点 C 在平面内的**切应变**，或称为**角应变**，其中θ是变形后单元体两棱边的夹角。

正应变和切应变是度量杆件内一点处变形程度的两个基本量，它们的量纲均为 1，切应变单位为 rad。

3. 应力与应变的关系——胡克定律

在材料未产生塑性变形之前，杆件在单向拉伸(压缩)变形条件下，其上一点的轴向正应力σ与正应变ε成正比，即

$$\sigma=E\varepsilon \tag{11-4}$$

杆件上一点的切应力和切应变也有正比关系，即

$$\tau=G\gamma \tag{11-5}$$

式中，E 称为**弹性模量**；G 称为**切变模量**。由于应变的量纲是 1，故这两个物理量的单位和应力单位相同，其常用单位为吉帕(GPa)，1GPa=10^3MPa=10^9Pa，它们的数值和材料有关。以上关系是胡克(R. Hooke)于 1678 年提出的。事实上，固体的应力-应变关系并不是一个简单的线性关系，胡克定律是一种物理理论模型，它是对现实世界固体应力-应变关系的线性简化，而实践又证明它在一定程度上是有效的。当然，现实中也存在大量不满足胡克定律的实例。对于本书中所涉及的材料，若没有特殊说明，我们都假定它们在未发生塑性变形之前满足胡克定律。

思　考　题

11.1　什么是强度、刚度、稳定性？

11.2　在材料力学问题中，对变形固体做了哪些基本假设？为什么要做这些基本假设？

11.3　有材料相同、横截面面积相等的两根轴向拉伸的等直杆，一根杆的伸长量为 10mm，另一根杆的伸长量是 0.1mm。前者为大变形，后者为小变形。以上结论是否正确？为什么？

11.4　研究构件或其一部分的平衡问题时，采用构件变形前的原始尺寸进行计算，这里采用了何种假设？其先决条件是什么？

11.5　什么是内力？材料力学的内力概念与刚体系各部分之间的相互作用力有什么区别？通过什么方法来分析杆件横截面上的内力？内力分量有哪些？这些内力分量和杆件的基本变形有何关联？

11.6　什么是应力？什么是正应力？什么是切应力？应力的单位是什么？

11.7　什么是应变？什么是正应变？什么是切应变？正应变和位移有何区别与联系？

习　　题

11-1　通过文献检索，撰写小报告，通过一个工业机器人的实例，说明在设计、制造和工作时，需要考虑哪些强度问题、刚度问题和稳定性问题。

11-2 工业机器人的典型机构包括转动机构、升降机构、手臂机构、手腕机构、夹持机构等。通过文献检索，撰写小报告，说明这些机构一般由哪些零部件构成，在设计这些零部件时需要考虑哪些力学问题，何种情况下需要将这些零部件作为变形体来进行考虑。

11-3 材料力学讨论的研究对象简化为杆件，工业机器人本体结构中，有哪些零部件可以简化为杆件来进行分析？不能简化为杆件的零部件应采用何种理论、方法进行分析？通过文献检索，撰写小报告，阐述当前对零部件设计的主要理论、方法和手段。

11-4 应力的单位是帕斯卡，那么 $2.5\times10^{8}\,\mathrm{Pa}$ 相当于多少 MPa，又相当于多少 GPa？

11-5 若一根杆件长 1m，受到载荷作用后，发生 5mm 的轴向变形，则该杆件的轴向平均线应变应为多少？

第 12 章　轴向拉伸与压缩

杆件的拉伸和压缩是最简单的一类基本变形。桁架机器人的主体结构以及工业机器人支撑结构中的杆件、驱动的液压杆都属于此类杆件。本章从杆件轴向拉伸、压缩的内力、应力和变形逐步展开，说明强度、刚度分析的一般方法。要判断零部件强度是否满足要求，还需要了解常见工程材料的力学性能指标。本章讨论常见工程材料——结构钢和铸铁的力学性能，并介绍在工业机器人设计中常用的材料类型。

12.1　直杆轴向拉伸或压缩时的轴力与轴力图

工程问题中，杆件承受轴向拉伸或压缩是比较常见的，如悬挂重物的钢索、驱动机器人运动的液压杆、网架结构中的轻质杆件，在受力的特征上，一般都体现为二力构件，如图 12-1 所示的曲柄连杆机构中的连杆 AB，在其静止时，承受轴向拉力或压力，其变形就是沿轴向的拉伸或压缩。

承受轴向拉伸或压缩的直杆的共同特点是：作用于杆件上的外力合力的作用线与杆件轴线重合，杆件的主要变形是沿轴线方向的伸长或缩短，如图 12-2 所示。

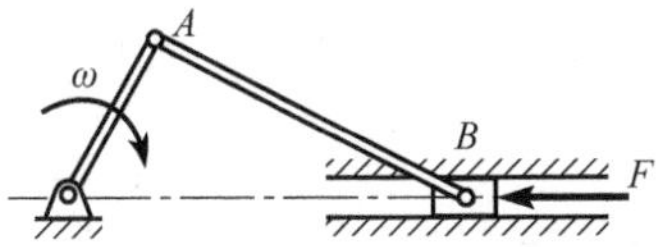

图 12-1

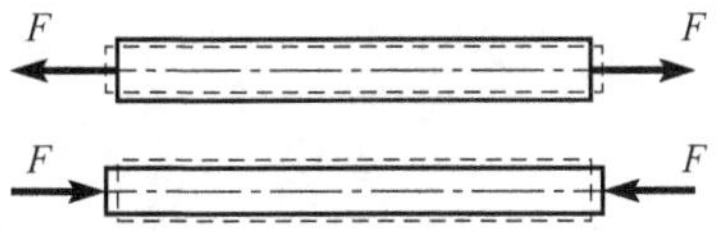

图 12-2

如图 12-3 所示，应用截面法，可求得拉(压)杆任意横截面 m-m 上的内力 $F_N = F$ 。因外力 F 的作用线与杆轴线重合，所以 F_N 的作用线也必然与杆轴线重合，故称为**轴力**。拉伸时的轴力(即垂直于截面指向被截下部分的外部)规定为正，压缩时的轴力规定为负。在计算轴力时，通常把未知轴力假设为正。很多材料抵抗拉伸和压缩的能力差异很大，按照受拉为正、受压为负的轴力正负号约定有利于力学分析。轴力正负号与坐标系的取向无关。

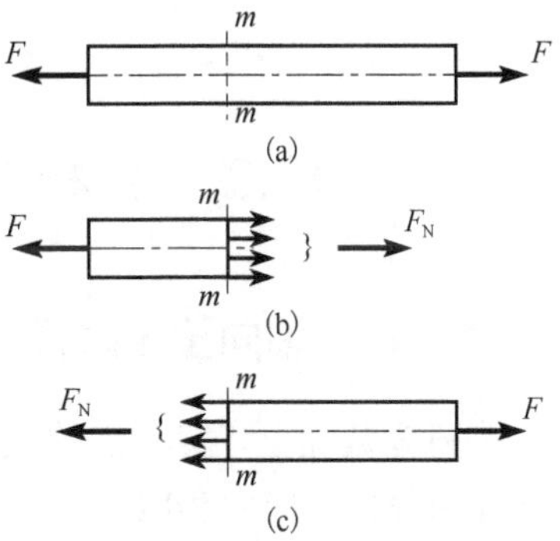

图 12-3

实际问题中，杆件所受外力较为复杂，杆件各部分的横截面上的轴力也不尽相同。为了表示轴力随横截面位置变化的情况，可用平行于杆件轴线的坐标表示横截面的位置，以垂直于杆件轴线的坐标表示轴力的数值，绘出轴力与横截面位置关系的图线，称为轴力图。

【例 12-1】 如图 12-4(a)所示的直杆，受到外力 $F_1=5\text{kN}$，$F_2=20\text{kN}$，$F_3=25\text{kN}$，$F_4=10\text{kN}$ 的作用。计算直杆横截面上的轴力，并画出轴力图。

解 (1)计算各段轴力。首先求 AB 段的轴力，沿截面 1-1 将杆假想地截开，取截下的左侧作为研究对象，如图 12-4(b)所示，假设 1-1 截面上的轴力为 F_{N1}，列平衡方程 $\sum F_x=0$，得

$$-F_1+F_{N1}=0,\qquad F_1=F_{N1}=5\text{kN}$$

用 2-2 截面将杆假想地截开，求 BC 段的轴力。如图 12-4(c)所示，仍取左侧为研究对象，假设 2-2 截面上的轴力为 F_{N2}，列平衡方程 $\sum F_x=0$，得

$$-F_1+F_2+F_{N2}=0,\qquad F_{N2}=F_1-F_2=-15\text{kN}$$

式中，-15kN 的负号表示 F_{N2} 为压力。

同理取 3-3 截面的右侧部分列平衡方程，可求得 $F_{N3}=10\text{kN}$，如图 12-4(d)所示。对于 F_{N3}，也可取左段作为研究对象进行计算，其结果必然相同，但计算稍显烦琐，读者可自行计算检验。一般来说，计算时取受力比较简单的一段作为研究对象能简化计算。

(2)根据所求得的轴力值，绘制轴力图，如图 12-4(e)所示。由图中看出 $|F_N|_{max}=15\text{kN}$。发生在 BC 段内各横截面上。

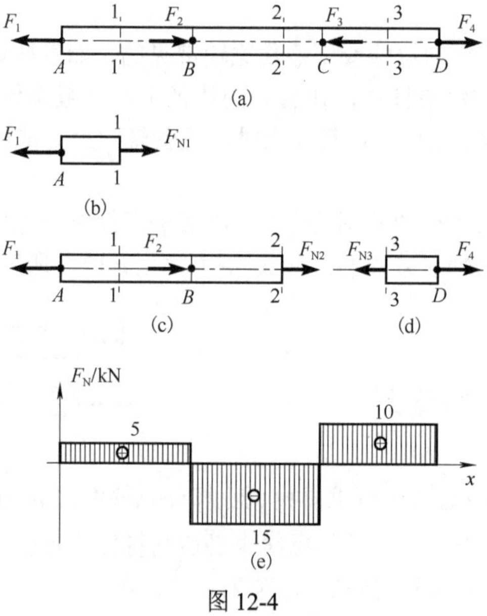

图 12-4

12.2 直杆轴向拉伸或压缩时截面上的应力

12.2.1 直杆轴向拉压时横截面上的正应力

为研究截面上任意一点的应力，必须了解内力在截面上的分布规律，但力是看不见的，变形却是可见的，应力和应变之间在材料的弹性阶段一般为线性关系，为此需要通过试验观察来进行研究。

如图 12-5(a)所示，等截面直杆的两端用刚性板固定。变形前在等直杆的侧面画上一些垂直于杆轴的直线。施力使其产生拉伸变形，如图 12-5(b)所示，对于在距离加载位置稍远处虚线内的部分，可以发现这些直线仍然垂直于轴线，只是分别平移了一段距离。根据这一现象，可以提出平截面假设：变形前为平面的横截面，变形后仍保持为平面且仍垂直于轴线。

由平截面假设可知，在距离加载位置稍远处，杆件的变形是均匀而且相等的，说明同一横截面上各点的线应变ε相同；纵向(沿轴线方向)线和横向(垂直于轴线方向)线仍然垂直，说明横截面上各点没有切应变γ。

结合胡克定律$\sigma = E\varepsilon$和剪切胡克定律$\tau = G\gamma$，可以推断，正应力在横截面上是均匀分布的，即横截面上各点有相同的正应力σ，切应力τ等于零。于是可以得出均匀分布正应力的合力即为受拉杆横截面上的轴力F_N，如图 12-6 所示，则正应力的计算式为

$$\sigma = \frac{F_N}{A} \tag{12-1}$$

式中，σ为轴向拉(压)杆横截面上的正应力，规定拉应力为正，压应力为负；F_N为横截面上的轴力；A为横截面的面积。

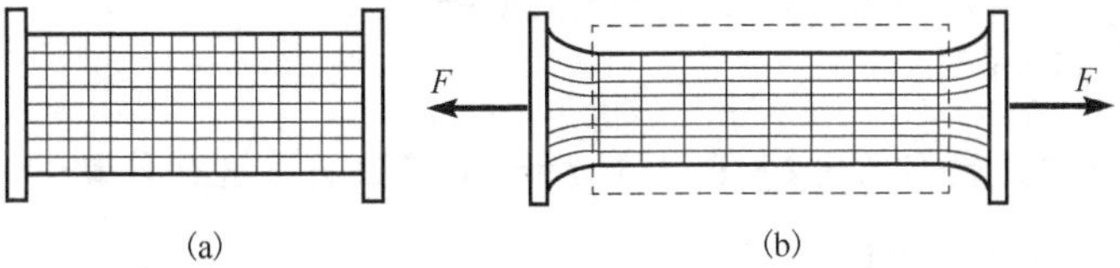

图 12-5

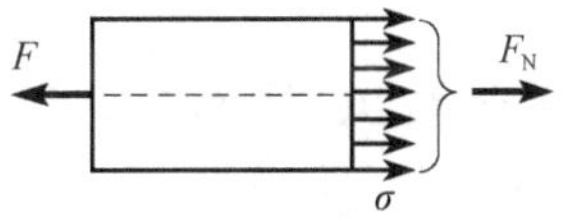

图 12-6

式(12-1)也可应用于轴力为压力时的压应力计算，但要注意细长压杆受压时容易被压弯，这属于稳定性问题，这一内容将在第 17 章予以讨论，因此这里所研究的是受压杆未被压弯的情况。式(12-1)同样适用于杆件横截面尺寸沿轴线缓慢变化的变截面直杆，这时式(12-1)可改写为

$$\sigma(x) = \frac{F_N(x)}{A(x)} \tag{12-2}$$

式中，$\sigma(x)$、$F_N(x)$、$A(x)$都是横截面位置x的函数。

12.2.2　圣维南原理

在用式(12-1)计算杆件横截面上的应力时，轴力的大小往往根据外力的情况计算得到，通常不关心外力的分布方式是集中力还是分布载荷。而事实上不同外力作用方式对外力作用点附近区域内的应力分布有着很大的影响。而式(12-1)也只适用于距离加载位置稍远处的场合。这里需要用圣维南原理加以说明。法国力学家圣维南于 1855 年指出，分布于弹性体上一小块面积(或体积)内的载荷所引起的物体中的应力，在离载荷作用位置稍远的地方，基本上只同载荷的主矢和主矩有关。换句话说，就是将原力系用静力等效的新力系来替代，除对原力系作用附近的应力分布有明显影响外，在离力系作用区域略远处(距离约等于截面尺寸)，该影响非常微小。

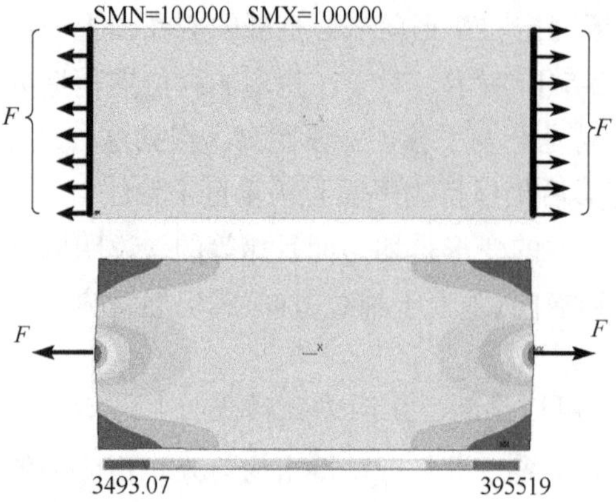

图 12-7

随着现代计算力学的发展，采用有限元方法可以分析弹性体内各处的应力情况。我们通过有限元分析软件，得出两种不同轴向加载方式下直杆内部应力云图的对比，如图 12-7 所示，图中数值仅表示应力的大小，SMN 表示最小应力，SMX 表示最大应力。云图中未标单位，其应力单位需要根据相应的单位制确定。它清晰地反映了在加载区域附近，加载方式对应力分布有明显的影响，但在离加载区域稍远处，这种影响就可以忽略不计。

【例 12-2】 若已知图 12-4(a)所示的直杆横截面为直径 $d=20$ mm 的实心圆截面，计算 AB 和 BC 段横截面上各点的正应力。

解 (1)计算 AB 段横截面上各点的正应力：

$$\sigma_{AB}=\frac{F_{NAB}}{A_{AB}}=\frac{5\times10^3\,\text{N}}{\dfrac{\pi\times0.02^2}{4}\text{m}^2}=1.592\times10^7\,\text{Pa}=15.92\text{MPa}$$

(2)计算 BC 段横截面上各点的正应力，我们采用 $1\,\text{MPa}=1\,\text{N/mm}^2$ 的单位关系进行计算：

$$\sigma_{BC}=\frac{F_{NBC}}{A_{AB}}=\frac{-15\times10^3\,\text{N}}{\dfrac{\pi\times20^2}{4}\text{mm}^2}=-47.75\text{MPa}$$

以上可看出，采用 $1\,\text{MPa}=1\,\text{N/mm}^2$ 的关系进行应力计算，可以避免应力单位的换算。

作为练习，读者可自行计算 CD 段横截面上各点的正应力。

【例 12-3】 起吊三角架如图 12-8(a)所示，已知杆 AB 由两根横截面面积 $A=10.86\text{cm}^2$ 的角钢制成，载荷 $F=130\text{ kN}$，角度 $\alpha=30°$。求杆 AB 横截面上的正应力。

解 (1)计算杆件横截面上的内力。围绕节点 A 取虚拟截面，如图 12-8(a)中虚线所示。预设截面上的轴力为拉力，如图 12-8(b)所示。并列平衡方程：

$$\sum F_y=0,\quad F_{NAB}\sin30°-F=0$$

得

$$F_{NAB}=2F=260\text{ kN}$$

(2)计算杆 AB 横截面上的正应力：

$$\sigma_{AB}=\frac{F_{NAB}}{A}=\frac{260\times10^3\,\text{N}}{2\times10.86\times10^2\text{mm}^2}=120\text{ MPa}$$

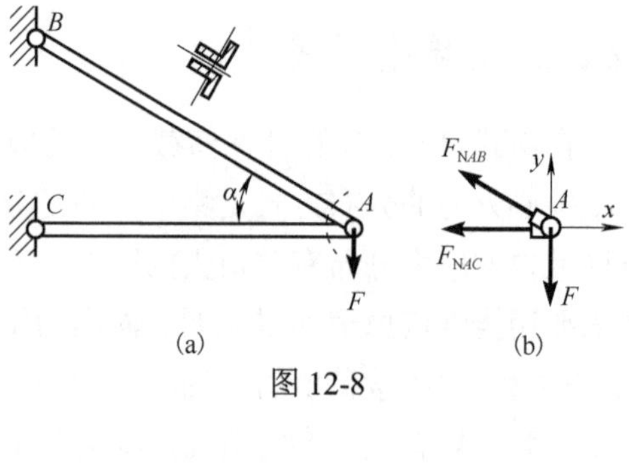

图 12-8

作为练习，设杆 AC 的横截面是边长为 100mm 的正方形，读者可自行计算其横截面上的正应力。需要注意的是，AC 杆受压，其正应力为压应力。

12.2.3　应力集中

由圣维南原理可知，等截面直杆受轴向拉伸或压缩时，在离开外力作用处较远的横截面上的正应力可视为均匀分布的。如果杆截面尺寸有突然变化，如杆上有孔洞、沟槽或制成阶梯形时，截面突变处局部区域的应力将急剧增大，如图 12-9 所示。这种现象称为**应力集中**。

工程实际中，由于结构或功能上的需要，有些零件必须要有孔洞、沟槽、切口、轴肩等，试验和理论表明，该处的应力会急剧增大为平均应力的 2～3 倍。另外，截面尺寸改变越急剧、孔越小、圆角越小，应力集中的程度就越严重。多数情况下，应力集中对承载结构是不利的，应尽可能加以避免。在工程实际中，也可利用应力集中来实现一些功能，例如，在食品袋上设置缺口，可以方便食用时撕开；在易拉罐拉片周围设置压痕，以方便开罐等。

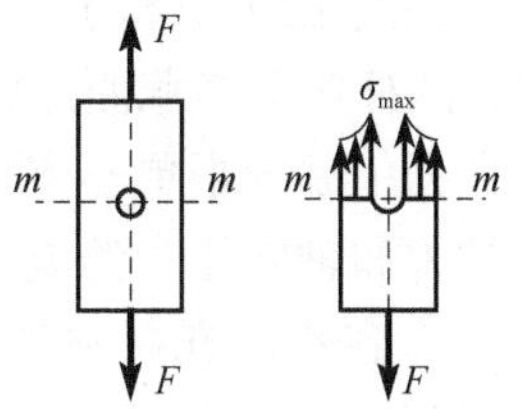

图 12-9

12.2.4　直杆轴向拉压时斜截面上的应力

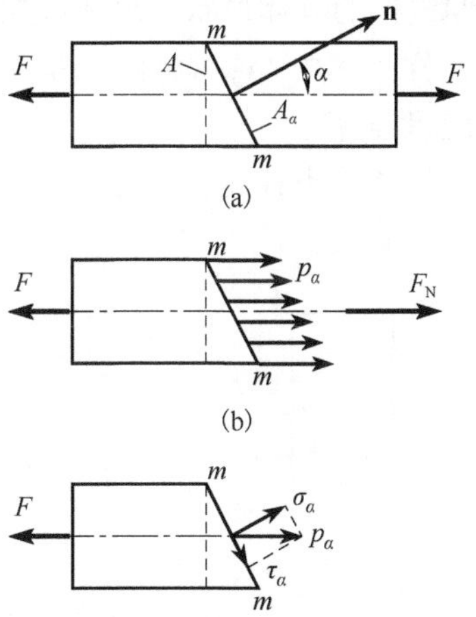

图 12-10

轴向拉压杆的破坏有时候并不沿横截面，例如，铸铁压缩破坏时，其理论破坏面与轴线成 45° 角。因此有必要研究轴向拉压杆在斜截面上的应力。设图 12-10(a)所示的受拉杆的横截面面积为 A，任意斜截面 m-m 的外法线与轴线的夹角为α，利用截面法，可得斜截面上的内力 $F_{\mathrm{N}}=F$。分析可得斜截面上的应力也是均匀分布的，如图 12-10(b)所示，所以斜截面上任意一点的应力 $p_\alpha=F_{\mathrm{N}}/A_\alpha$，其中 $A_\alpha=A/\cos\alpha$ 是斜截面的面积。于是

$$p_\alpha=\frac{F_{\mathrm{N}}}{A_\alpha}=\frac{F_{\mathrm{N}}}{A/\cos\alpha}=\frac{F_{\mathrm{N}}}{A}\cos\alpha=\sigma\cos\alpha \qquad (12\text{-}3)$$

式中，σ 是杆件横截面上的正应力。

将斜截面上的全应力 p_α 分解为垂直于斜截面的正应力 σ_α 和平行于斜截面的切应力 τ_α，如图 12-10(c)所示，由几何关系，可得

$$\begin{cases}\sigma_\alpha=p_\alpha\cos\alpha=\sigma\cos^2\alpha\\ \tau_\alpha=p_\alpha\sin\alpha=\sigma\cos\alpha\sin\alpha=\dfrac{1}{2}\sigma\sin2\alpha\end{cases} \qquad (12\text{-}4)$$

从式(12-4)可以看出，过杆内同一点的不同斜截面上的应力是不同的。所以，应力需要指明其所在截面的方位，关于应力的进一步讨论将在第 15 章加以详细阐述。显然根据式(12-4)，当 $\alpha=0°$，即截面是横截面的时候，正应力达到最大值，即 $\sigma_{\max}=\sigma$，而当 $\alpha=45°$ 时，切应力达到最大值，即 $\tau_{\max}=\sigma/2$。当 $\alpha=90°$ 时，正应力和切应力均为 0，表明轴向拉压杆在平行于杆轴线的纵向截面上没有任何应力。

根据式(12-4)，也可以看出 $\tau_\alpha(\alpha)=\tau_\alpha(\alpha+90°)$，这说明**同一个点的两个相互垂直的截面上的切应力大小相等，且同时指向或背离两截面的交线**，此即为**切应力互等定理**。

12.3 材料在常温静载下的拉伸与压缩力学性能

12.3.1 材料的拉伸与压缩试验

通过 12.1 节和 12.2 节可知两根直径不同的圆截面直杆受到相同大小的轴向拉力 F 的作用时，两杆任意横截面上的轴力相同，但是横截面面积较小的杆具有较大的正应力。而要断定这两根杆中哪一根更不容易被拉断，还需要考虑杆件材料自身的性质。另外，同一种材料承受轴向拉力和轴向压力的能力也不一定相同，例如，我们很容易拉断一根粉笔，压断粉笔却显得不那么容易。在材料的变形性质上，受到相同的力作用的铜制构件要比钢制构件更容易发生变形。因此，要对杆件进行强度、刚度和稳定性分析，不仅需要进行应力和变形的计算，还必须了解杆件材料的**力学性能**。材料的力学性能是指材料在外力作用下表现出的变形、破坏等方面的特性。

本章仅介绍材料的拉伸和压缩试验。试验均是在常温下，以缓慢平稳的方式进行加载的，也称为常温静载试验。为了使试验结果可以相互比较，各类拉伸试样的具体形状、尺寸和加工标准需要遵循国家统一的标准。图 12-11(a)是标准圆截面拉伸试样，其中 l 称为标距，是试样的试验段。标准长试样要求 $l=10d$ 或 $l=5d$，其中 d 是试样的截面直径。

金属材料的压缩试样一般制成如图 12-11(b)所示的圆柱形，且试样不宜过长，过长容易被压弯。所以国家标准一般规定试样高度 $h_0=(1\sim2)\,d_0$。

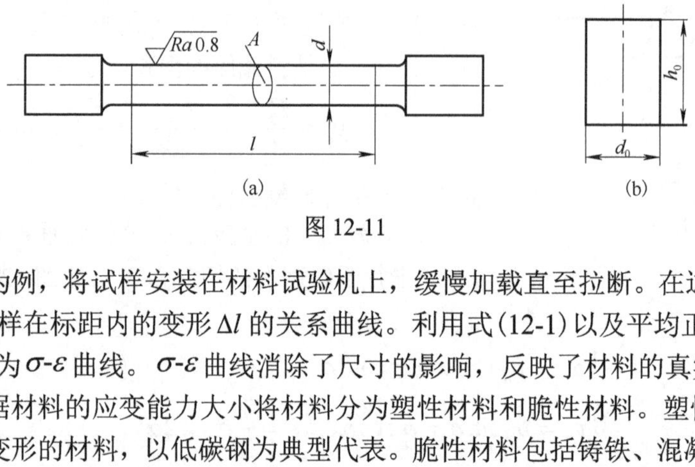

图 12-11

以拉伸试验为例，将试样安装在材料试验机上，缓慢加载直至拉断。在这个过程中，可以得到载荷 F 和试样在标距内的变形 Δl 的关系曲线。利用式(12-1)以及平均正应变 $\varepsilon=\Delta l/l$ 可将 F-Δl 曲线转换为 σ-ε 曲线。σ-ε 曲线消除了尺寸的影响，反映了材料的真实力学性能。

工程中常根据材料的应变能力大小将材料分为塑性材料和脆性材料。塑性材料有钢、铜、铝等可产生较大变形的材料，以低碳钢为典型代表。脆性材料包括铸铁、混凝土等应变能力小的材料，以灰口铸铁为典型代表。下面就结合低碳钢和灰口铸铁的 σ-ε 曲线来说明材料拉伸与压缩时的力学性能。

12.3.2 低碳钢拉压时的力学性能

1. 低碳钢拉伸时的力学性能

低碳钢拉伸时的应力-应变曲线如图 12-12 所示。我们将该曲线分为四个阶段：弹性阶段、屈服阶段、强化阶段、局部变形阶段。

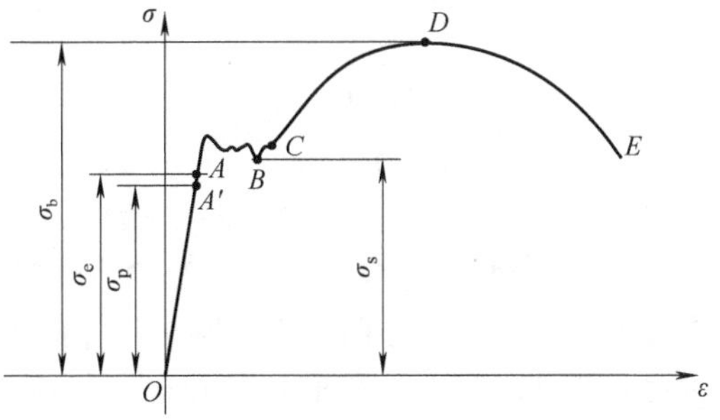

图 12-12

1）弹性阶段 *OA*

当应力未超过点 A 所示的数值以前，如果卸掉所加载荷，试样的变形可全部消失，使试样完全恢复原有的形状和大小，这一阶段称为弹性阶段。图 12-12 中所示曲线的 OA' 段为一直线，这表明应力与应变呈正比关系(即线性关系)，即符合胡克定律 $\sigma = E\varepsilon$，点 A' 所对应的应力 σ_{p} 称为**比例极限**。直线段的斜率即是材料的弹性模量 E，它是衡量材料抵抗弹性应变能力大小的尺度。各种钢的弹性模量差别较小，都是 200GPa 左右。$A'A$ 段为微弯的曲线，相应于弹性阶段最高点 A 的应力称为**弹性极限**，并用符号 σ_{e} 表示。材料的比例极限和弹性极限的数值非常接近，故有时也将它们混同起来统称为弹性极限。

2）屈服阶段 *AC*

当应力超过弹性极限以后，试样将有不可恢复的塑性变形产生。在这个阶段，应力不再增加或仅有微小的波动，而变形却明显增大，这种现象称为材料的屈服或塑性流动。这个阶段中对应于屈服阶段的最小应力(点 B 的应力)称为材料的**屈服极限**，用 σ_{s} 表示。工程中的构件一般不允许产生较大的塑性变形，当应力达到屈服极限时，便认为构件即将丧失正常的工作能力，所以屈服极限是衡量材料强度的重要指标之一，甚至在钢材的牌号中直接指明了其屈服极限的大小，如牌号为Q235 的低碳钢，其屈服极限 $\sigma_{\mathrm{s}} = 235\ \mathrm{MPa}$。

3）强化阶段 *CD*

经过屈服阶段，材料又恢复了一定的抵抗变形的能力，要使其继续变形必须施加更大的拉力，这种现象称为应变强化。σ-ε 曲线最高点 D 所对应的应力称为材料的**强度极限**，用 σ_{b} 表示。它是材料能够承受的最高应力，是衡量材料力学性能的又一重要指标。

4）局部变形阶段

当应力达到强度极限 σ_{b} 以后，试样的变形开始集中在某一小段内，使此小段的横截面面积显著地缩小，这种现象称为**缩颈现象**，如图 12-13 所示。出现缩颈之后，试样变形所需的拉力相应减小，应力-应变曲线出现下降阶段，直至 E 点试样被拉断。

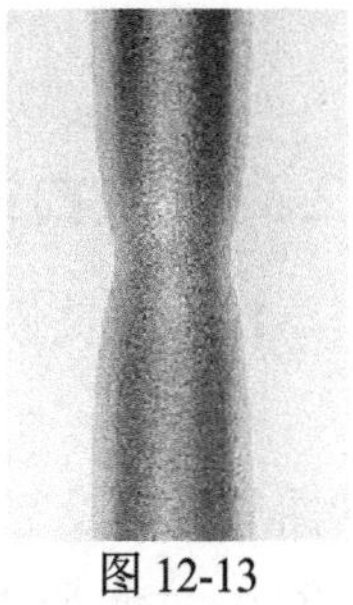

图 12-13

试样断裂后，弹性变形消失，塑性变形不可恢复，于是标距从原来的长度 l 伸长为 l_1。定义比值 δ 为**断后伸长率**，即

$$\delta = \frac{l_1 - l}{l} \times 100\% \tag{12-5}$$

以 A 表示试样试验前的横截面面积，A_1 表示试样断口的最小横截面面积，定义比值 ψ 为断面收缩率，即

$$\psi = \frac{A - A_1}{A} \times 100\% \tag{12-6}$$

断后伸长率和断面收缩率是表征材料塑性应变能力的两个指标。低碳钢的 $\delta \approx 20\% \sim 30\%$，$\psi \approx 60\%$。工程中常将 $\delta > 5\%$ 的材料称为塑性材料；将 $\delta < 5\%$ 的材料称为脆性材料。

有些工程塑性材料和低碳钢一样，其 σ-ε 曲线有清晰的四个阶段。但也有一些塑性材料却没有屈服阶段，如硬铝；还有的塑性材料没有屈服阶段和局部变形阶段，如锰钢。图 12-14 给出了几种工程常用塑性材料的 σ-ε 曲线。对于没有明显屈服极限的塑性材料，通常以产生 0.2% 塑性应变所对应的应力值作为其名义屈服极限，用 $\sigma_{0.2}$ 表示。

2. 低碳钢压缩时的力学性能

低碳钢压缩时的应力-应变曲线如图 12-15 所示。与拉伸时相比较，在屈服之前，两者的应力-应变关系基本重合，即压缩时的比例极限、弹性模量、屈服极限与拉伸时相同。在屈服阶段以后，随着压力的增大，试样逐步被压成“鼓形”，直至被压成“薄饼”，但是试样并不发生断裂，无法测出其在压缩时的强度极限。由于低碳钢压缩时的主要力学性能均可用拉伸试验得到，所以不一定要进行压缩试验。

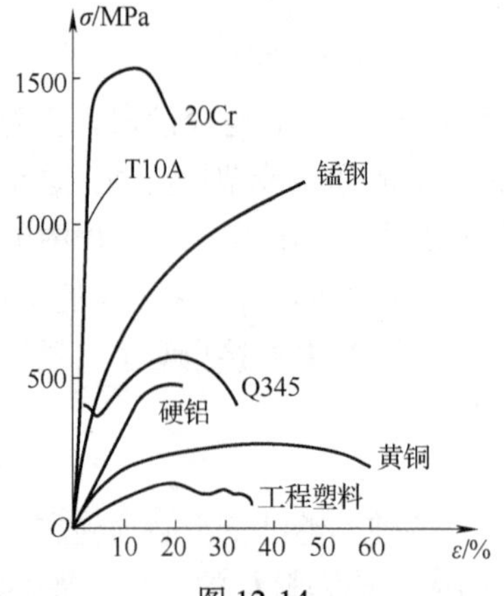

图 12-14

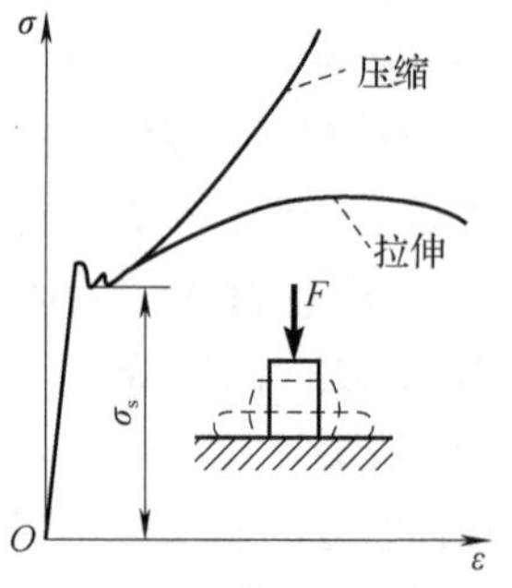

图 12-15

12.3.3 灰口铸铁拉压时的力学性能

1. 灰口铸铁拉伸时的力学性能

灰口铸铁是典型的脆性材料，其单向拉伸时的应力-应变曲线如图 12-16 所示，呈现为微弯的曲线。它没有屈服和缩颈，因此其强度极限 σ_b 成为唯一的强度指标，由于灰口铸铁在拉伸时的 σ_b 一般都比较低，因此这种材料不宜用来制作承受拉力的构件。灰口铸铁在其弹性阶段也无明显的直线部分，工程中常将原点 O 与 $\sigma_b / 4$ 处的点 A 连接而成的割线的斜率来估算其弹性模量 E。

脆性材料受拉时，断裂往往以微裂纹开始，裂纹迅速扩展贯穿试件引起断裂。而微裂纹的出现具有随机性，因此脆性材料的 σ_b 往往以系列试验数据的平均值得到。

2. 灰口铸铁压缩时的力学性能

灰口铸铁在压缩时的应力-应变曲线如图 12-17 所示，其破坏面与轴线成 35°～39°角，表明沿斜截面因相对错动而破坏。与拉伸情况相比，铸铁的抗压强度远高于拉伸时的强度，为抗拉强度的数倍，例如，HT150 灰口铸铁的抗拉强度为 100～280MPa，而其抗压强度达到 640～1300MPa。由于灰口铸铁的抗压强度远大于抗拉强度，且价格低廉，制造工艺简单，因此被广泛应用于制造机床床身、轴承座等承压构件。

同样地，其他的脆性材料，如混凝土、石块等的抗压强度也远高于抗拉强度。如 C30 混凝土，其抗拉强度约为 2.1MPa，而其抗压强度达到 21MPa 左右。因此脆性材料宜作为抗压构件的材料，其压缩试验也比拉伸试验更为重要。

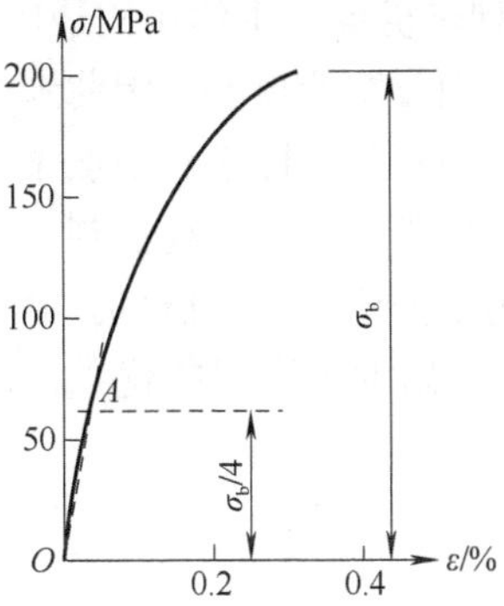

图 12-16

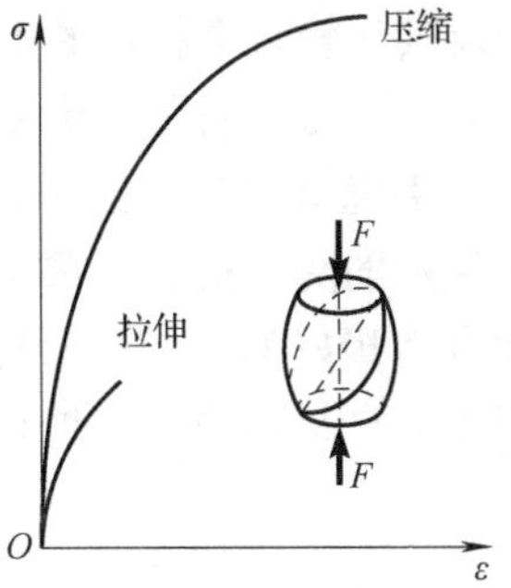

图 12-17

表 12-1 列出了一些工程上常用材料的力学性能。

表 12-1　部分常用材料的主要力学性能

材料名称	牌号	σ_s或$\sigma_{0.2}$ /MPa	σ_b^+ /MPa	σ_b^- /MPa	δ/%
普通碳素钢	Q235(A3) Q275(A5)	220～240 260～280	380～470 500～620		25～27 19～21
低合金钢	Q345(16Mn) Q390	280～350 340～420	470～510 490～550		19～21 17～19
灰口铸铁	HT150		100～280	640～1300	<0.5
球墨铸铁	QT600-2	412	588		2
铝合金	2A12	274	412		19
混凝土	C20 C30		1.6 2.1	14.2 21	
石料	石灰石		40	200	

12.3.4　其他材料的力学性能

1. 复合材料的力学性能

复合材料是指两种以上的不同材质的材料通过一定的复合方式组合而成的一种具有优异性质的新型材料。例如，玻璃钢是由玻璃纤维和聚酯类树脂组成的复合材料。

与一般的金属材料相比，复合材料具有比强度、比模量高的特点。比强度、比模量是指强度和密度之比、模量和密度之比，它们表示在重量相当时材料的承载能力和刚度，其值越大，表示性能越好。

复合材料的力学性能还具有可设计性。由于复合材料的力学性能除了取决于纤维和基体材料本身的性能，还取决于纤维的含量和铺设方式，这样就可根据实际需要来确定纤维和基体材料，以及纤维含量和铺设方式，从而最有效地发挥材料的作用。但是，由于纤维的铺设是有方向性的，因此复合材料在沿纤维方向和垂直于纤维方向的性能是不同的，单层复合材料存在着明显的各向异性。

2. 制造工业机器人的主要材料及力学性能

制造工业机器人的主要材料包括碳素结构钢和合金结构钢、铝、陶瓷、纤维增强复合材料等。

结构钢的强度好，弹性模量 E 大，抗应变能力强，是制造机器人本体结构最广泛的材料。铝、铝合金及其他轻合金材料的重量轻，弹性模量 E 不大，但材料密度小，因此弹性模量与密度比 E/ρ 与钢材相近。有些稀贵铝合金添加了重量占比 3.2%的锂，弹性模量增加了 14%，E/ρ 增加了 16%。陶瓷材料具有良好的品质，但是脆性大，不易加工，日本已经试制了在小型高精度机器人上使用的陶瓷机器人臂样品。纤维增强复合材料由于纤维具有很强的抗拉强度，且重量轻，因此具有极好的 E/ρ。另外，这种材料还具有十分突出的大阻尼的优点，因此在高速机器人上应用复合材料的实例越来越多。

12.4 直杆轴向拉伸或压缩时的强度计算

构件丧失正常的承载能力或工作能力称为**失效**。引起失效的原因大体有磨损、腐蚀、疲劳断裂等。构件有强度失效、刚度失效和稳定性失效等失效形式。**强度失效**，指由屈服和断裂引起的失效。由材料拉伸压缩试验的结果可知，对于塑性材料，当应力达到屈服极限 σ_s 时，试件发生明显的塑性变形，而脆性材料因没有明显的塑性变形，当应力达到抗拉或抗压的强度极限 σ_b 时，试件就发生断裂。我们把材料丧失正常工作能力的应力称为**极限应力**，用 σ_u 表示。显然，塑性材料的极限应力是屈服极限 σ_s，而脆性材料的极限应力是强度极限 σ_b。

杆件实际在工作时，并不一定处于常温静载条件，材料质地的不均匀性、腐蚀和磨损等因素，都不能保证材料可以达到力学性能试验得到的理想统计结果。另外，杆件承受的载荷难以精确估计、计算方法的近似、材料的强度储备等都要求材料能够承受的应力在一定程度上低于极限应力。工程计算中允许材料承受的最大应力，称为**许用应力**，用 $[\sigma]$ 表示。将极限应力除以一个大于 1 的数 n，得到许用应力，即

$$[\sigma]=\frac{\sigma_u}{n} \tag{12-7}$$

式中，n 称为**安全因数**。于是对于杆件实际工作时出现的最大应力 σ_{max}，必须有

$$\sigma_{max}\leqslant[\sigma] \tag{12-8}$$

对于轴向拉伸或压缩的杆件，其强度条件就可以写成

$$\sigma_{max}=\left|\frac{F_N}{A}\right|_{max}\leqslant[\sigma] \tag{12-9}$$

通过不等式(12-9)，可以进行以下几种不同类型的强度计算。

(1) **强度校核**。在外载荷、材料的许用应力以及杆件的几何尺寸已知的情况下，验证杆件危险截面、危险点处的工作应力是否满足强度条件。危险点即为结构上应力最大的点，危险点通常在内力最大的截面上，该截面也称为危险截面。在工程中，若杆件的最大应力超过许用应力，但不超过许用应力的 5%，因为本身强度条件有一定的裕度，一般可以认为是安全的。

(2) **截面设计**。在外载荷以及材料的许用应力已知的情况下，设计杆件横截面的形状及几何尺寸。

(3) **许可载荷确定**。当杆件的几何尺寸、材料的许用应力已知时，确定杆件或结构能够承受的最大载荷。

(4) **材料选择**。当杆件的横截面尺寸及所受外力已知时，根据经济性和安全性均衡的原则以及其他工程要求，选择合适的材料。

需要说明的是，安全因数的选择是强度设计中的一个重要问题。如果安全因数过小，则许用应力过高，会导致结构截面尺寸的设计过小，造成安全得不到保证，相反，若安全因数过大，会导致结构截面尺寸过大，产生材料的浪费。另外，对于不同的场合，安全因数的选择也是不同的，例如，脆性材料的安全因数一般要大于塑性材料，运送货物的电梯的钢丝绳的安全因数一般要小于人员乘坐的电梯的安全因数等。安全因数和许用应力的选择也是在工程实际中逐步完善的，通常可以通过查询国家有关部门制定的设计规范得到。

【例 12-4】　例 12-3 中若杆 AB 的材料是 Q235，安全因数 $n=1.6$ 。(1) 校核杆 AB 是否满足强度要求；(2) 若将杆 AB 改为直径为 d 的实心圆截面，设计直径的尺寸。

解　(1) 材料 Q235 的极限应力 $\sigma_u=\sigma_s=235\ \text{MPa}$ ，根据式 (12-7)，许用应力为

$$[\sigma]=\frac{\sigma_s}{n}=\frac{235}{1.6}=147(\text{MPa})$$

在例 12-3 中，已计算得到 $\sigma_{AB}=120\ \text{MPa}<[\sigma]$，故杆 AB 满足强度要求。

(2) 根据强度条件，有

$$\frac{F_{NAB}}{A_{AB}}=\frac{F_{NAB}}{\pi d^2/4}\leqslant[\sigma]$$

$$d\geqslant\sqrt{\frac{4F_{NAB}}{\pi[\sigma]}}=\sqrt{\frac{4\times260\times10^3\ \text{N}}{\pi\times147\text{MPa}}}=47.46\ \text{mm}$$

取设计直径 $d=48\ \text{mm}$ 。

【例 12-5】　如图 12-18 (a) 所示的结构，AC 是刚性梁，杆 BD 是横截面边长为 10mm 的正方形木杆，其拉伸许用应力 $[\sigma^+]=20\text{MPa}$ ，压缩许用应力 $[\sigma^-]=10\text{MPa}$ 。若在刚性梁 C 端施加竖直向下的力 F，求此结构的许可载荷 $[F]$。

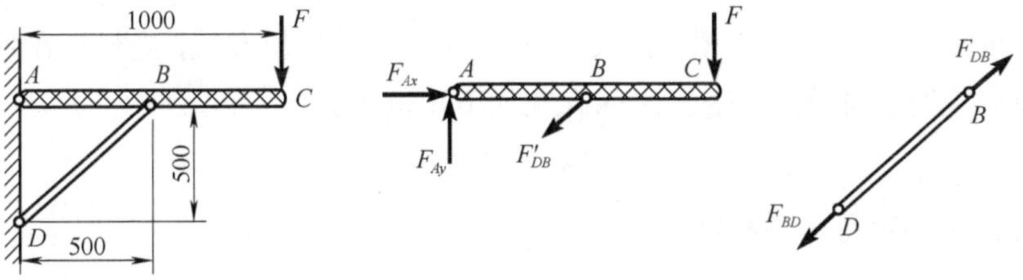

(a)　(b)　(c)

图 12-18

解 (1)取刚性梁 AC 为研究对象，画出受力分析图，如图 12-18(b)所示，对点 A 列矩方程，有 $\sum M_A=0$，$-F'_{DB}\cdot\frac{\sqrt{2}}{2}\cdot|AB|-F\cdot|AC|=0$，因 $|AC|=2|AB|$，可得 $F'_{DB}=-2\sqrt{2}F$。根据图 12-18(c)，可判断杆 BD 受压，其轴力为

$$F_{NDB}=F_{DB}=-2\sqrt{2}F$$

(2)杆 BD 受压，应根据材料的压缩许用应力建立强度条件，即

$$\frac{F_{NDB}}{A_{DB}}\leqslant\left[\sigma^-\right]$$

则有
$$|F_{NDB}|\leqslant\left[\sigma^-\right]A_{DB}=10\text{MPa}\times10\text{mm}\times10\text{mm}=1000\text{N}$$

于是有
$$F\leqslant\frac{|F_{NDB}|}{2\sqrt{2}}=\frac{1000\text{N}}{2\sqrt{2}}=353.55\ \text{N}$$

确定许可载荷 $[F]=353\ \text{N}$。

在工程计算中，对计算结果一般不采取分数、根号等形式，而习惯以小数形式表示，这样结果比较清晰明了。对于设计结果一般需要取整，截面设计尺寸一般取偶数，便于零部件的加工。

12.5 直杆轴向拉伸或压缩时的变形计算

直杆在沿其轴线的外力作用下，纵向发生伸长或缩短变形，而其横向相应变细或变粗，如图 12-19 所示。

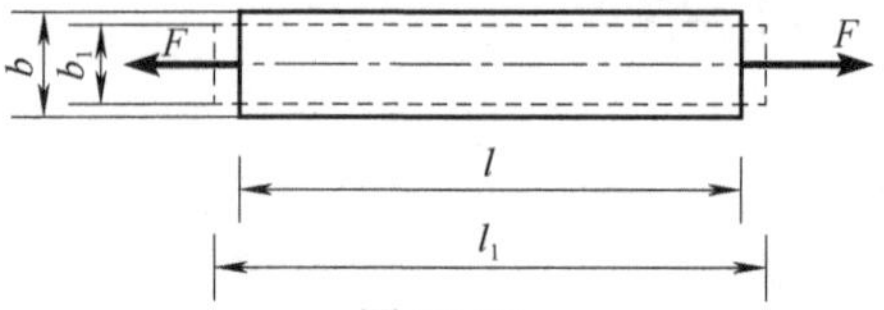

图 12-19

设杆原长 l，宽 b，在力 F 作用下产生变形，变形后长 l_1，宽 b_1。则杆件在轴线方向的伸长为 $\Delta l=l_1-l$，则纵向应变为 $\varepsilon=\Delta l/l$。根据胡克定律 $\sigma=E\varepsilon$ 和拉(压)杆横截面正应力公式 $\sigma=F_N/A$，可得

$$\Delta l=\varepsilon l=\frac{F_N l}{EA} \tag{12-10}$$

式(12-10)表明，杆的轴向变形值与轴力 F_N 及杆长 l 成正比，与材料的弹性模量 E 及杆的横截面面积成反比。因此 EA 称为抗拉(压)刚度，其值越大，在外力作用下单位长度的变形量就越小。

另外，横向变形 $\Delta b=b_1-b$，横向应变 $\varepsilon'=\Delta b/b$。试验结果发现，当材料在弹性范围内时，拉(压)杆的纵向应变 ε 与横向应变 ε' 之间存在如下比例关系：

$$\varepsilon'=-\nu\varepsilon \tag{12-11}$$

式中，比例常数 $\nu=\left|\frac{\varepsilon'}{\varepsilon}\right|$ 称为**泊松比**。

材料的 ν 值一般小于 0.5，表 12-2 列出了几种常见金属材料的 E 和 ν 的值。

表 12-2 几种常见金属材料的 E 和 ν 的值

材料名称	E/GPa	ν
碳钢	196～216	0.24～0.28
合金钢	186～216	0.25～0.30
灰口铸铁	78.5～157	0.23～0.27
铜和铜合金	72.6～128	0.31～0.42
铝合金	70	0.33

由杆件过量的变形引起的失效称为**刚度失效**。对于轴向拉伸/压缩的杆件，其刚度条件为

$$\Delta l \leqslant [\Delta l] \tag{12-12}$$

式中，$[\Delta l]$是许用变形量，可从有关规范中查到。利用式(12-12)可以进行刚度校核、截面设计、许可载荷确定等工作。

【例 12-6】 阶梯形直杆受轴力作用，如图 12-20 所示，已知该杆 AB 段的横截面面积 $A_1 = 800\,\text{mm}^2$，BC 段的横截面面积 $A_2 = 240\,\text{mm}^2$，杆件材料的弹性模量为 $E = 200\,\text{GPa}$。试求该杆的总伸长量。

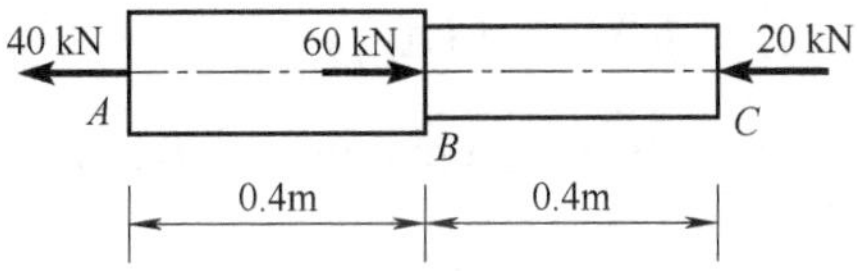

图 12-20

解 (1)求 AB、BC 段的轴力。通过截面法可求得 $F_{\text{N}AB} = 40\,\text{kN}$，$F_{\text{N}BC} = -20\,\text{kN}$。

(2)求 AB、BC 段的伸长量。

AB 段：
$$\Delta l_1 = \frac{F_{\text{N}AB}\, l_{AB}}{E A_1} = \frac{40\times10^3\,\text{N}\times400\text{mm}}{200\times10^3\,\text{MPa}\times800\text{mm}^2} = 0.1\text{mm}$$

BC 段：
$$\Delta l_2 = \frac{F_{\text{N}BC}\, l_{BC}}{E A_2} = \frac{-20\times10^3\,\text{N}\times400\text{mm}}{200\times10^3\,\text{MPa}\times240\text{mm}^2} = -0.167\,\text{mm}$$

以上计算表明 AB 段伸长而 BC 段缩短。

(3)求杆 AC 的总伸长量。

$$\Delta l = \Delta l_1 + \Delta l_2 = (0.1 - 0.167)\,\text{mm} = -0.067\,\text{mm}$$

计算结果为负，说明杆 AC 缩短。

【例 12-7】 如图 12-21(a)所示的结构，杆 AB 和杆 AC 均为钢制杆，弹性模量 $E = 200\,\text{GPa}$。杆 AB 的长度 $l_{AB} = 2\text{m}$，横截面面积 $A_{AB} = 200\text{mm}^2$，杆 AC 的横截面面积 $A_{AC} = 250\text{mm}^2$。结构在点 A 受到铅垂向下的载荷 $F = 10\,\text{kN}$。求节点 A 的位移。

解 (1)内力计算。根据静力学平衡关系，参考例 12-3 的方法，可求出杆 AB 和杆 AC 的内力分别为 $F_{\text{N}AB} = 20\text{kN}$，$F_{\text{N}AC} = -17.3\text{kN}$，杆 AB 伸长而杆 AC 缩短。

(2)各杆变形计算。

$$\Delta l_{AB} = \frac{F_{\text{N}AB} l_{AB}}{EA_{AB}} = \frac{20\times10^3\,\text{N}\times2000\text{mm}}{200\times10^3\,\text{MPa}\times200\text{mm}^2} = 1\,\text{mm}$$

$$\Delta l_{AC} = \frac{F_{\text{N}AC} l_{AC}}{EA_{AC}} = \frac{-17.3\times10^3\,\text{N}\times2000\text{mm}\times\cos30^\circ}{200\times10^3\,\text{MPa}\times250\text{mm}^2} = -0.6\,\text{mm}$$

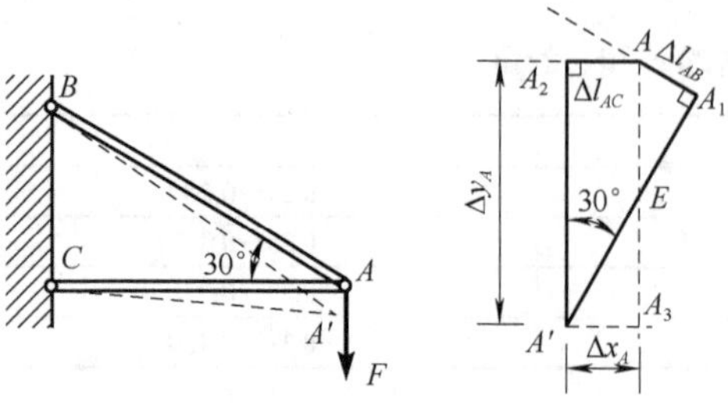

(a) (b)

图 12-21

(3)节点 A 的位移。节点 A 在结构受载后的位置是以点 B 为圆心、以 $l_{AB}+\Delta l_{AB}$ 为半径的圆弧与以点 C 为圆心、以 $l_{AC}+\Delta l_{AC}$ 为半径的圆弧的交点 A'。在小变形假设前提下，Δl_{AB} 和 Δl_{AC} 与其原始的尺寸相比非常小，因此上述圆弧可以近似地用其切线来代替，如图 12-21(b)所示。根据图示的几何关系，可以求出节点 A 的水平位移和垂直位移，分别为

$$\Delta x_A = |AA_2| = |\Delta l_{AC}| = 0.6\text{ mm}$$

$$\Delta y_A = |AA_3| = |AE| + |EA_3| = \frac{\Delta l_{AB}}{\sin 30^\circ} + \frac{|\Delta l_{AC}|}{\tan 30^\circ} = \left(\frac{1}{0.5} + \frac{0.6}{0.577}\right)\text{mm} = 3.04\text{mm}$$

于是得到节点 A 的位移为

$$\Delta_A = \sqrt{(\Delta x_A)^2 + (\Delta y_A)^2} = \sqrt{0.6^2 + 3.04^2}\text{mm} = 3.10\text{ mm}$$

12.6 拉伸与压缩的超静定问题

12.6.1 拉压超静定问题简述

在第 8 章讨论刚体的平衡问题时，对于未知力个数超过独立平衡方程数的情况，我们称为超静定问题，我们并不能直接利用平衡方程求出作用在结构上的全部未知约束力。将研究的对象视为变形体后，就可以利用变形协调关系建立补充方程。以下通过一个实例，对超静定问题的求解思路和方法作简要介绍，在弯曲问题中还将做进一步的阐述。

如图 12-22(a)所示的三杆铰接构成的结构，设杆 1 和杆 2 的横截面面积 $A_1 = A_2$，杆长 $l_1 = l_2$，弹性模量 $E_1 = E_2$，杆 3 的横截面面积和弹性模量分别为 A_3 和 E_3，分析在垂直载荷 F 作用下三杆的轴力。

以节点 A 为研究对象，画出受力分析图，如图 12-22(b)所示，受力构成了平面的汇交力系，按照静力学平衡条件，只能列出 2 个独立平衡方程，最多求解 2 个未知量，但本问题中包括了三个杆的轴力，有 3 个未知量，因此还需要补充一个方程。

先考虑平衡方程，建立直角坐标系，列力投影方程，有

$$\sum F_x = 0, \qquad -F_{\text{N1}}\sin\alpha + F_{\text{N2}}\sin\alpha = 0, \qquad F_{\text{N1}} = F_{\text{N2}}$$

$$\sum F_y = 0, \qquad F_{\text{N3}} + F_{\text{N1}}\cos\alpha + F_{\text{N2}}\cos\alpha - F = 0$$

通过上两式，可得

$$2F_{\text{N1}}\cos\alpha + F_{\text{N3}} - F = 0 \tag{12-13}$$

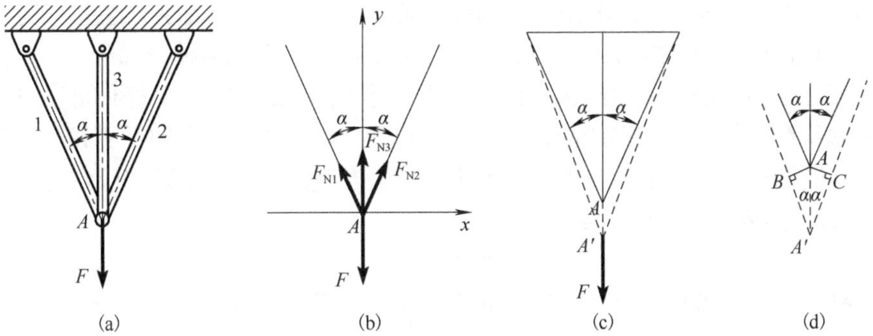

图 12-22

下面考虑补充方程。如图 12-22(c)所示，三杆原交于点 A，受到载荷作用后，因结构对称、刚度对称、受力对称，节点 A 只能沿铅垂方向发生位移。在小变形假设前提下，如图 12-22(d)所示，可以近似认为 $\angle BA'A = \angle AA'C = \alpha$ 。此时杆 3 的轴向变形 $\Delta l_3 = AA'$ ，杆 1 和杆 2 的变形可近似为 $\Delta l_1 = BA'$ ， $\Delta l_2 = CA'$ 。采用例 12-7 所述的以切线代替圆弧的近似方法，并考虑三杆变形后仍交于一点 A' ，变形必须满足以下关系：

$$\Delta l_1 = \Delta l_2 = \Delta l_3 \cos\alpha \tag{12-14}$$

式(12-14)是变形几何关系，也称为**变形协调关系**。

考虑三杆均处于弹性范围内，则根据胡克定律，各杆轴力与其变形之间存在以下关系：

$$\Delta l_1 = \frac{F_{N1} l_1}{E_1 A_1}, \qquad \Delta l_3 = \frac{F_{N3} l_3}{E_3 A_3} = \frac{F_{N3} l_1 \cos\alpha}{E_3 A_3} \tag{12-15}$$

将式(12-15)代入式(12-14)，得到以轴力表示的变形协调方程，即补充方程为

$$F_{N1} = \frac{E_1 A_1}{E_3 A_3} \cos^2\alpha \cdot F_{N3} \tag{12-16}$$

联立求解平衡方程式(12-13)以及补充方程(12-16)，得到各杆轴力：

$$F_{N1} = F_{N2} = \frac{F\cos^2\alpha}{2\cos^3\alpha + \dfrac{E_3 A_3}{E_1 A_1}}, \qquad F_{N3} = \frac{F}{1 + 2\dfrac{E_1 A_1}{E_3 A_3}\cos^3\alpha}$$

若假设 $\alpha = 0°$ ，即三杆均处于垂直位置，且令杆 3 的抗拉刚度 EA 是杆 1、2 的两倍，即 $E_3 A_3 = 2E_1 A_1 = 2E_2 A_2$ ，容易计算 $F_{N1} = F_{N2} = F/4$ ， $F_{N3} = F/2$ ，这说明了刚度越大的杆件，所受到的力也越大。

对于 n 次超静定系统，多余杆件的变形必须与其他杆件的变形相协调，分析表明，总可以找到 n 个变形协调关系，相应建立起 n 个补充方程。

12.6.2　装配应力和温度应力

所有构件在制造过程中都会存在一定的误差。这种误差在静定结构中并不会引起内力，而在超静定结构中则有不同的特点。如图 12-22(a)所示的三杆结构，若杆 3 在制造时短了 δ ，为将三个杆装配在一起，则必然要拉长杆 3，压短杆 1 和杆 2。这种强行装配会导致杆 3 在装配后形成内部的拉应力，而杆 1、杆 2 内部产生压应力。这种由装配产生的应力，称为**装配应力**。装配应力是在载荷作用前结构中已经存在的应力，是一种初始应力。工程实际中，装配应力一

般是不利的，但也可以有意识地利用它，例如，某杆件在受载后内部会产生拉应力，那么预先可以使其内部存在压应力(装配应力)，这样在受载后两者就会抵消掉一部分。

温度的变化也会引起超静定结构内部的应力。对于静定结构，由于杆件可以自由变形，所以热胀冷缩并不会在杆件内部形成应力。但由于超静定结构的杆件之间受到相互制约，不能自由变形，温度变化会引起内部的应力，这种应力称为**温度应力**。对于两端固定的杆件，当温度升高Δt (℃)时，其内部引起的温度应力为

$$\sigma_T = \alpha \Delta t E \tag{12-17}$$

式中，E 是材料的弹性模量；α 为材料的线膨胀系数。碳钢的$\alpha = 12.5 \times 10^{-6}$ / ℃，弹性模量一般为$E = 200$ GPa，代入式(12-17)，有$\sigma_T = 200 \times 10^3 \times 12.5 \times 10^{-6} \Delta t = 2.5 \Delta t$。可见，当温度变化较大时，温度应力便非常可观。在我国大部分地区，一年中的最高温度和最低温度相差 30℃以上，超静定结构中的碳钢构件由温度变化引起的应力变化可达到 75MPa！在日常生活中，我们有时会在结构中预留构件的伸缩余量，从而降低温度应力。

思 考 题

12.1 指出图 12-23 所示的机器人结构中，哪些构件可视为受轴向拉伸(压缩)的构件。

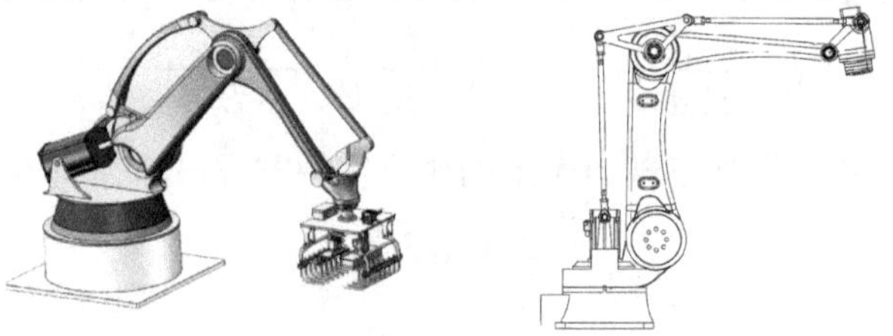

图 12-23

12.2 比较图 12-24(a)、(b)在 m-m 横截面上的内力有何不同。

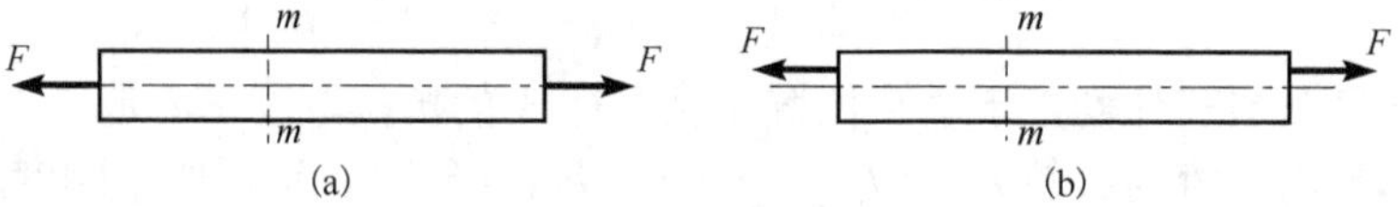

图 12-24

12.3 轴向受拉的钢杆和铝杆的横截面面积相同，受到相同的拉力，它们横截面上的正应力是否相等？正应变是否相等？为什么？

12.4 什么是应力集中？通过文献检索，了解工程中可采取哪些措施来避免产生应力集中？工程实际或生活中又有哪些利用应力集中的实例？

12.5 通过文献检索或网络搜索，了解制造工业机器人的常用工程材料有哪些？这些材料分别用于机器人的何种部件？其典型的力学性能如何？

12.6 低碳钢的拉伸试验可以分为哪几个阶段？这几个阶段的特点是什么？主要的力学性能指标有哪些？

12.7 低碳钢和灰口铸铁的力学性能有何差异？

12.8　三种材料的应力-应变曲线如图 12-25 所示，分别指出材料强度最高、弹性模量最大、塑性最好的材料是哪一种？

12.9　在图 12-26 中表示出 f 点的弹性应变 ε_e、塑性应变 ε_p 和断后伸长率 δ。

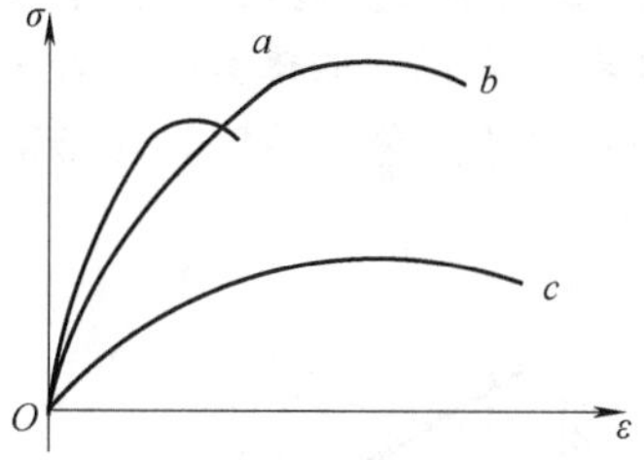

图 12-25

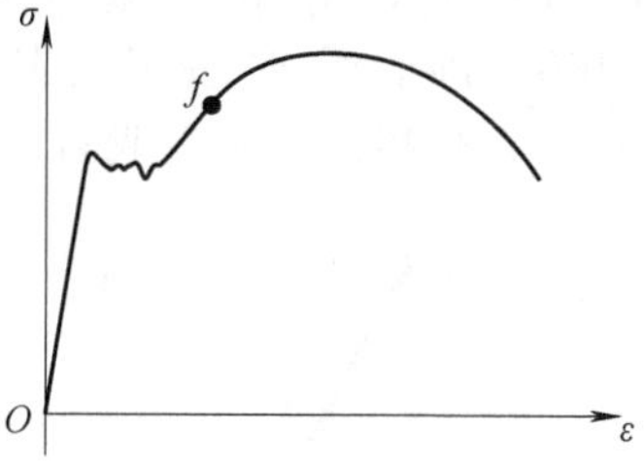

图 12-26

12.10　工程设计中选择安全因数受到哪些因素的影响？举例说明何种情况下，应取较大的安全因数，何种情况下，安全因数可以取较小的值？

12.11　说明求解超静定问题的基本思路和方法。

12.12　说明装配应力和温度应力产生的原因。

习　题

12-1　求题 12-1 图所示各杆指定截面上的轴力，并画出全杆的轴力图。

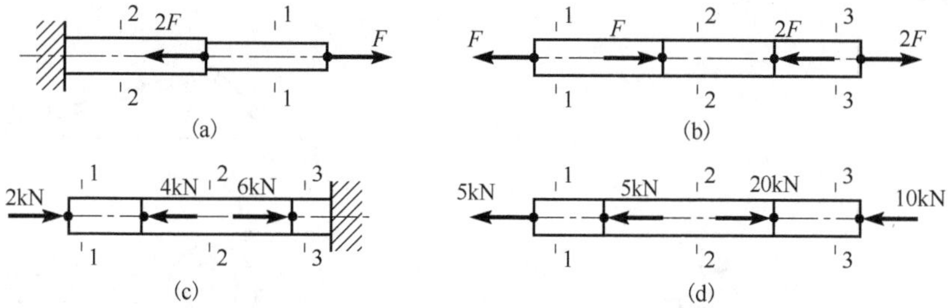

题 12-1 图

12-2　求题 12-2 图所示受拉杆横截面上的最大正应力。已知 $F_1 = 100\text{kN}$，$F_2 = 50\text{kN}$，$d_1 = 50\text{mm}$，$d_2 = 55\text{mm}$。(槽的面积可近似为矩形计算)

12-3　题 12-3 图所示钢杆 CD 的直径为 20mm，用来拉住刚性梁 AB。已知 $F = 10\,\text{kN}$，求钢杆 CD 横截面上的正应力。

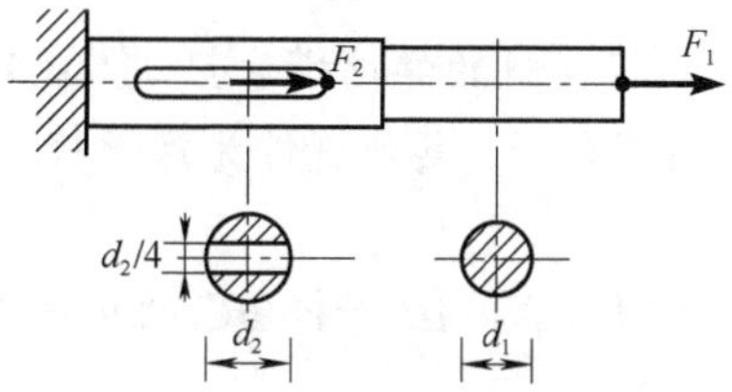

题 12-2 图

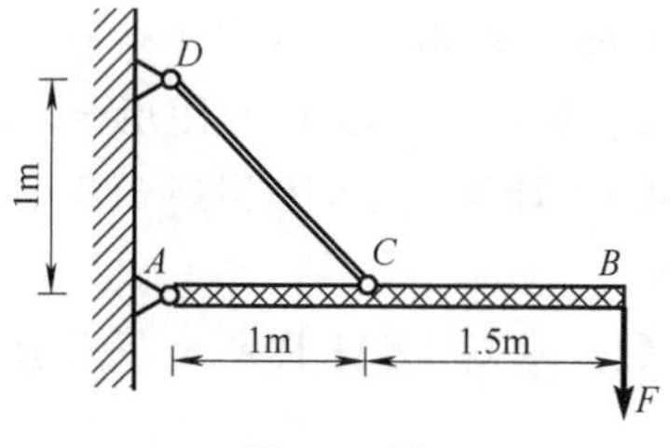

题 12-3 图

12-4 在题 12-4 图所示结构中，杆 AB 为 5 号槽钢，许用应力 $[\sigma]_1 = 160\text{MPa}$，杆 BC 为矩形截面，$b = 50\text{ mm}$，$h = 100\text{ mm}$，许用应力 $[\sigma]_2 = 8\text{ MPa}$，承受载荷 $F = 128\text{ kN}$，试校核该结构的强度。

12-5 在题 12-5 图所示结构中，钢索 BC 由一组直径 $d = 2\text{mm}$ 的钢丝组成。若钢丝的许用应力 $[\sigma] = 160\text{ MPa}$，梁 AC 受有均布载荷 $q = 30\text{ kN/m}$，试求所需钢丝的根数。又若将杆 BC 改为由两个等边角钢焊成的组合截面，试确定所需等边角钢的型号。角钢的 $[\sigma] = 160\text{ MPa}$。

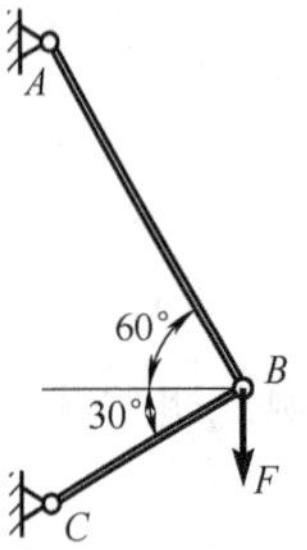

题 12-4 图

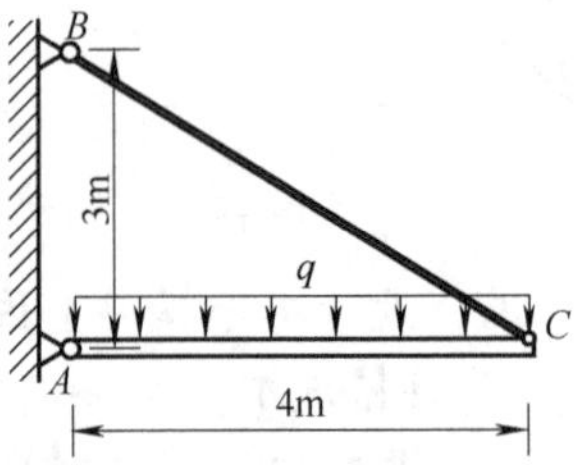

题 12-5 图

12-6 某机器人的气动夹取装置如题 12-6 图所示。已知活塞杆直径 $d = 10\text{mm}$，杆 AB 和杆 BC 的截面为 $15\text{mm} \times 32\text{mm}$ 的矩形。所有材料均相同，许用应力 $[\sigma] = 100\text{ MPa}$。按照杆件的强度，确定夹具在图示位置的最大夹紧力 F_C。

12-7 曲柄滑块机构如题 12-7 图所示。某瞬时，连杆运动到接近水平位置，其承受压力 $F = 1100\text{kN}$。连杆的截面为矩形，长宽比约为 $h/b = 1.4$。材料的许用应力 $[\sigma] = 58\text{ MPa}$，试设计截面尺寸 h 和 b。

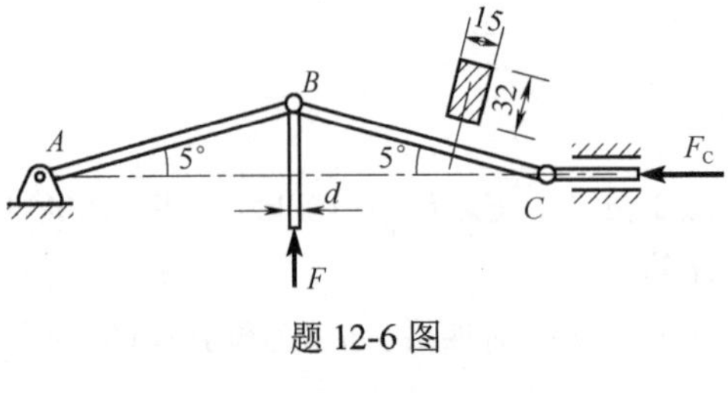

题 12-6 图

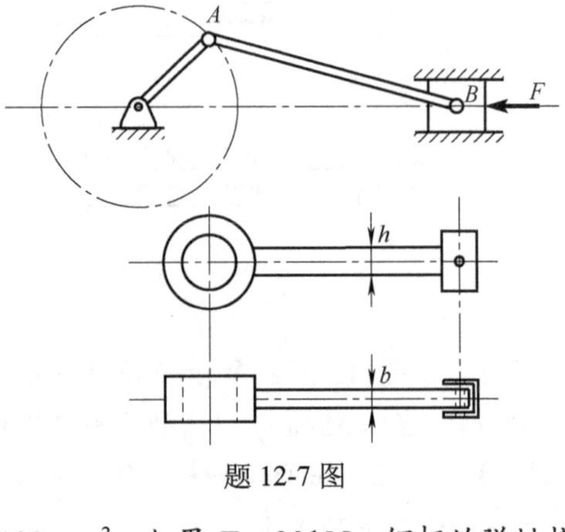

题 12-7 图

12-8 题 12-8 图所示钢杆的横截面面积为 $A = 100\text{mm}^2$，如果 $F = 20\text{kN}$，钢杆的弹性模量 $E = 200\text{GPa}$，求端面 A 的水平位移。

12-9 受拉杆如题 12-9 图所示，求该杆的总伸长量。杆材料的弹性模量 $E = 150\text{GPa}$。

12-10 计算题 12-10 图所示各刚性梁 AB 的 B 处的垂直位移。其他杆件为弹性杆，抗拉刚度为 EA。

12-11 求题 12-11 图所示节点 B 的水平位移和垂直位移。杆 AB 和杆 BC 的抗拉刚度 EA 相同。

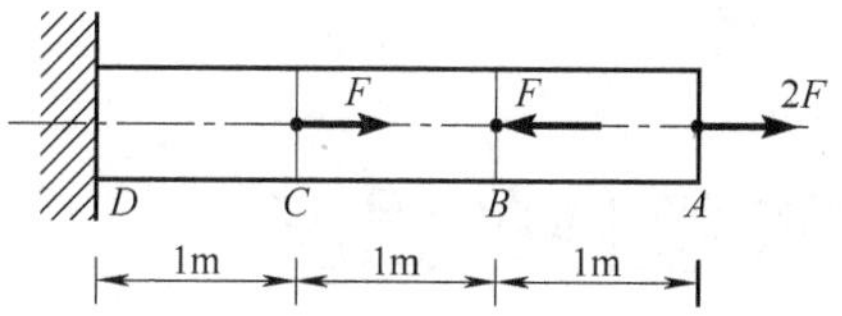

题 12-8 图

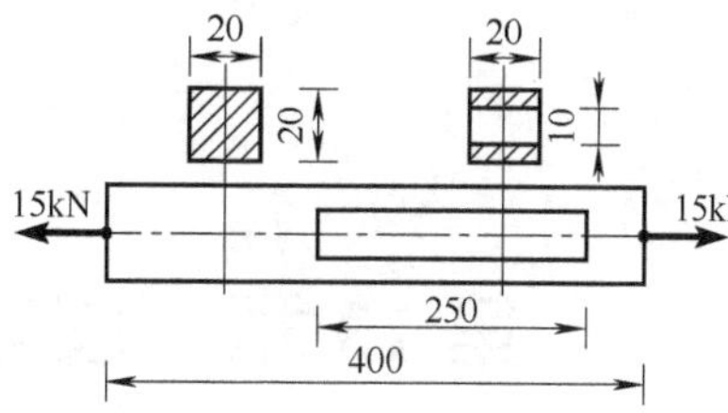

题 12-9 图

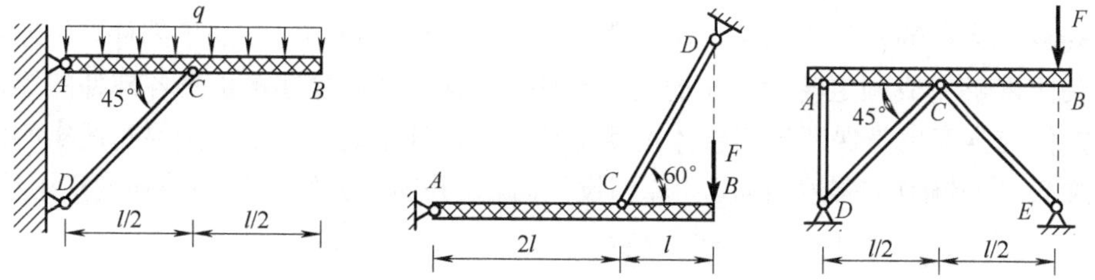

(a) (b) (c)

题 12-10 图

12-12 在题 12-12 图所示结构中，刚性杆 AB 水平放置，杆 1、2、3 的材料相同，其弹性模量 $E=210\text{GPa}$，已知 $l=1\text{m}$，$A_1=A_2=100\text{mm}^2$，$A_3=150\text{mm}^2$，$F=20\text{kN}$。试求点 C 的水平位移和垂直位移。

12-13 在题 12-13 图所示结构中，刚性梁 AB 在点 C、D 与拉杆①、②铰接，杆①、②的横截面面积相等，材料相同。试求杆①、②的内力。

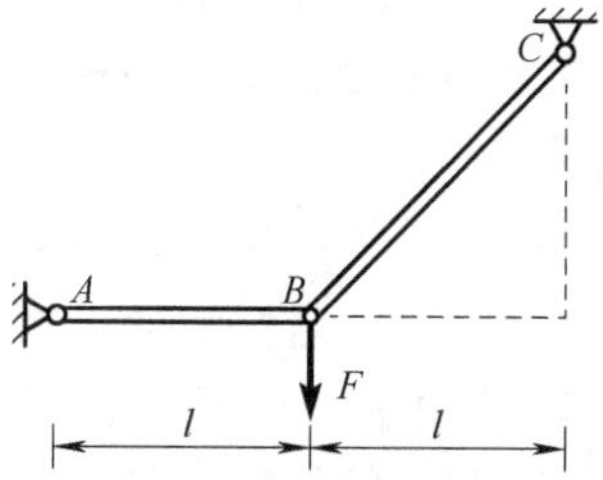

题 12-11 图

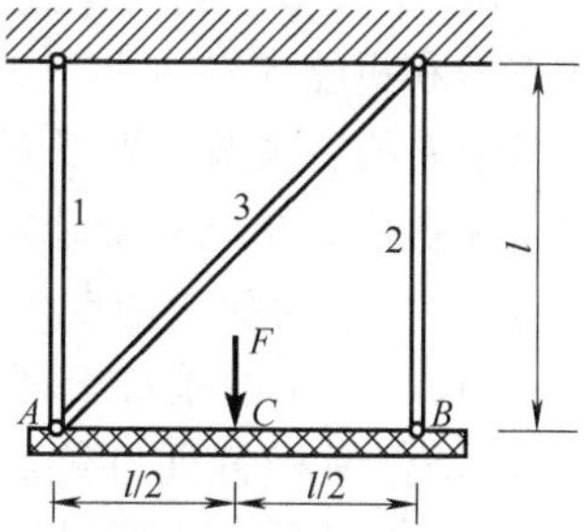

题 12-12 图

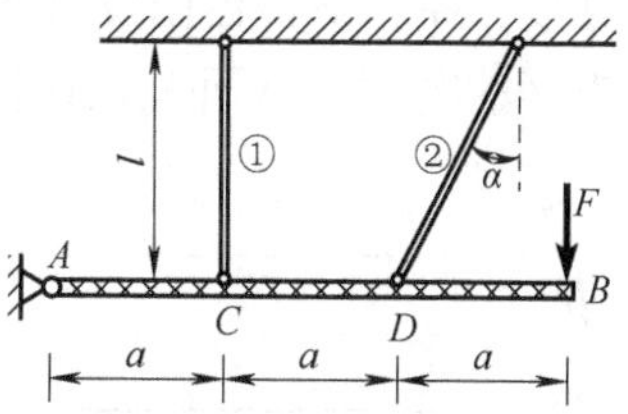

题 12-13 图

12-14 题 12-14 图所示刚性杆 AB 悬挂于①、②两杆上，杆①的横截面积为 60 mm^2，杆②的横截面积为 120 mm^2，且两杆材料相同。若 $F=6\text{ kN}$，求两杆的轴力及支座 A 的反力。

12-15 题 12-15 图所示阶梯杆两端固定，材料的弹性模量 $E=207\text{GPa}$，线膨胀系数 $\alpha=12\times10^{-6}/℃$，求当温度升高 50℃时杆 AB 和 BC 段内横截面上的应力。

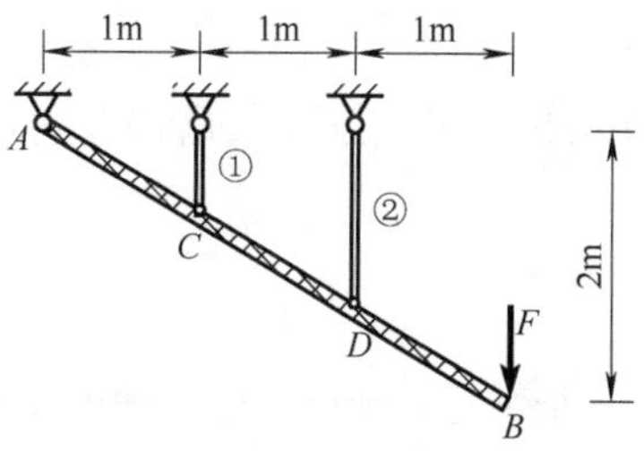

题 12-14 图

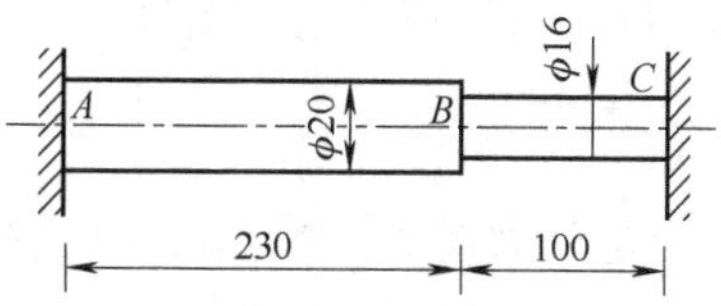

题 12-15 图

第 13 章　圆轴扭转与连接件的强度

以扭转变形为主的杆件称为轴。在机器人结构中，轴是必不可少的零部件，是连接机器人各部件并使之能够完成预定转动动作的关键零件。螺栓、销钉等连接机器各部件的零件称为连接件，连接件的强度也是保证机器整体正常运转的关键环节之一。本章主要阐述实心圆截面或空心圆截面轴(即圆轴)的强度、刚度计算和设计问题，并简要介绍连接件的强度实用计算方法。

13.1　扭转的概念

在机械结构中，轴是穿在轴承中间或车轮中间或齿轮中间的圆柱形物件，也有少部分方形的。轴是支承转动零件并与之一起回转以传递运动、扭矩或弯矩的机械零件。轴一般为金属圆杆状，各段可以有不同的直径。机器中做回转运动的零件就装在轴上。常见的六轴工业机器人包括主体旋转、下臂转动、上臂转动、手腕旋转、手腕摆动、手腕回转等六个关节构造，六个关节可以实现末端的六自由度动作。其中，关节中的轴起到了传递扭矩、实现转动的关键作用；连接底盘的轴承载着整个机器人的重量和机器人左右水平大幅度摆动带来的载荷，需要有足够的强度；控制下臂自由旋转的轴相当于人的肘关节，需要有较好的强度和刚度；腕部的轴则需要更好的刚度，从而可以让机器手末端抓取时更为精确地定位到产品。

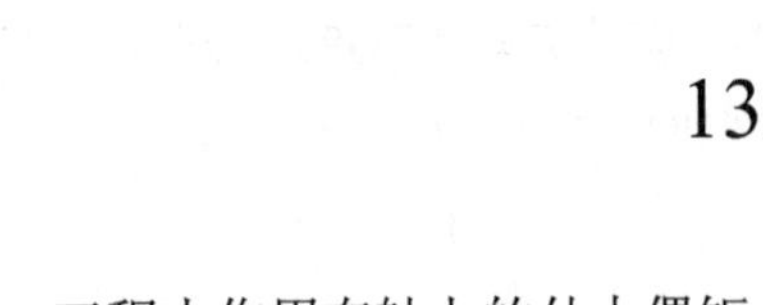

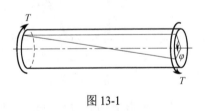

图 13-1

轴的受力特点是，两端受到一对数值相等、转向相反、作用面垂直于杆轴线的力偶作用。它们的变形特点是任意横截面都绕杆轴线相对转动了一个角度，如图 13-1 所示。本章只讨论圆(圆环)截面的扭转问题，包括轴的外力、内力、应力和变形。对于非圆截面轴的扭转应力和变形，请读者参考其他材料力学文献。

13.2　扭矩与扭矩图

工程中作用在轴上的外力偶矩一般不直接给出，而是给出轴的转速及其所传递的功率，根据式(10-51)，可以得到它们的换算关系：

$$M_{\mathrm{e}} = 9549\frac{P}{n} \tag{13-1}$$

式中，M_{e} 是外力偶矩，$\mathrm{N \cdot m}$；P 是传递的功率，kW；n 是转速，r/min(每分钟的转数)。

已知轴上作用的外力偶矩，就可以用截面法来研究圆轴扭转时其横截面上的内力。如

图 13-2(a)所示的圆轴，假想地沿 m-m 截面把圆轴截开。取截下的左段作为研究对象，为保持左段平衡，m-m 截面上的内力必须为一个内力偶矩 T，如图 13-2(b)所示。由对 x 轴的力偶平衡方程 $\sum M_x = 0$ 得 $T - M_e = 0$，则有 $T = M_e$，T 称为截面 m-m 上的**扭矩**。

如果取截下的右段作为研究对象，如图 13-2(c)所示，仍然可以求得 $T = M_e$，其方向与左段求出的扭矩方向相反。为了使这两种方法得到的同一截面上的扭矩不仅数值相等，而且正负号相同，对扭矩 T 的正负号规定如下：如图 13-3 所示，按右手螺旋定则，四指与扭矩 T 的转向一致，拇指伸出的指向与截面的外法线方向 **n** 一致时，扭矩 T 为正；反之为负。换句话说，就是扭矩 T 的力偶矩矢方向与截面外法线方向一致时，为正。按照上述规定，图 13-2 所示截面上的扭矩为正。

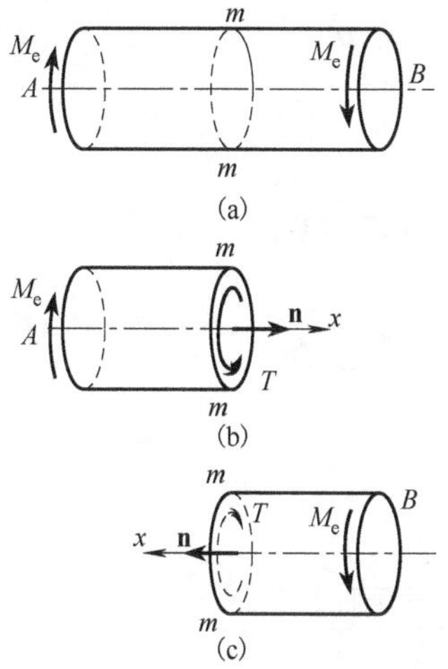

图 13-2

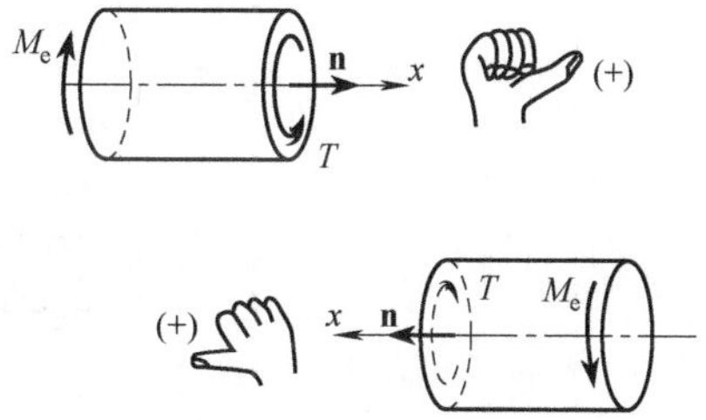

图 13-3

在计算扭矩时，通常把未知扭矩假设为正，若计算结果为负，表示扭矩转向与所设相反。当轴上作用有多个外力偶时，需要逐段求出其扭矩。为形象地表示扭矩沿轴线的变化情况，用类似绘制轴力图的方法绘制扭矩图。扭矩图的轴线方向的坐标表示横截面的位置，垂直于轴线方向的坐标表示扭矩。

【例 13-1】 如图 13-4(a)所示的传动轴，转速 $n = 200$ r/min，主动轮 A 输入的功率 $P_A = 200$ kW，三个从动轮输出的功率分别为 $P_B = 90$kW，$P_C = 50$kW，$P_D = 60$ kW。绘出轴的扭矩图。

解 (1)用式(13-1)计算外力偶矩：

$$M_{eA} = 9549\frac{P_A}{n} = 9549\text{N}\cdot\text{m} = 9.549\text{kN}\cdot\text{m}$$

$$M_{eB} = 9549\frac{P_B}{n} = 4297\text{N}\cdot\text{m} = 4.297\text{kN}\cdot\text{m}$$

$$M_{eC} = 9549\frac{P_C}{n} = 2387\text{N}\cdot\text{m} = 2.387\text{kN}\cdot\text{m}$$

$$M_{eD} = 9549\frac{P_D}{n} = 2865\text{N}\cdot\text{m} = 2.865\text{kN}\cdot\text{m}$$

(2)用截面法计算各段的扭矩。轴 BC、CA、AD 三段内各截面上的扭矩不相等。

在 BC 段，假设用 T_1 表示截面 1-1 上的扭矩，如图 13-4(b)所示，由平衡方程可得

$$T_1 - M_{eB} = 0\,, \qquad T_1 = M_{eB} = 4.297\text{kN}\cdot\text{m}$$

同理在 CA 段，如图 13-4(c)所示，由平衡方程得

$$T_2 - M_{eA} + M_{eD} = 0\,, \qquad T_2 = M_{eA} - M_{eD} = 6.684\text{kN}\cdot\text{m}$$

在 AD 段，如图 13-4(d)所示，计算可得

$$T_3 = -2.865\text{kN}\cdot\text{m}$$

计算结果 T_1 及 T_2 为正值，表示假设的转向与实际转向一致；

T_3 为负值，表示假设的转向与实际转向相反。

(3)作扭矩图，如图 13-4(e)所示。可见最大扭矩发生于 CA 段，大小为 6.684 kN·m 。

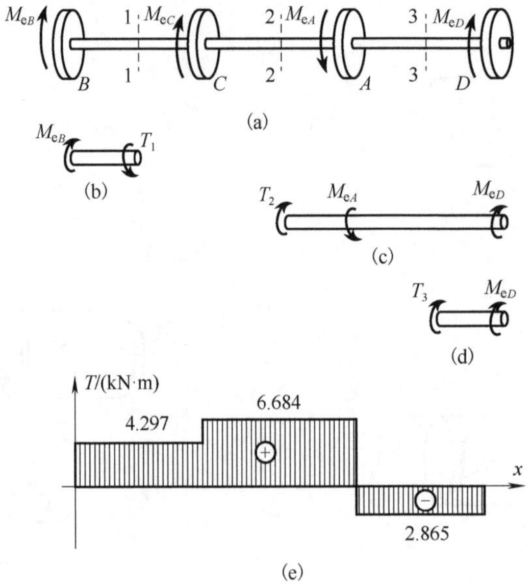

图 13-4

13.3 圆轴扭转时的应力与强度计算

1. 试验现象与平截面假设

通过扭转试验，研究圆轴横截面上的应力分布。为了观察圆轴的扭转变形，在圆轴表面上画上几条纵向线和圆周线，如图 13-5(a)所示。然后施加外力偶矩 M_e，使圆轴发生微小的弹性变形，如图 13-5(b)所示。这时可以看到以下变形现象。

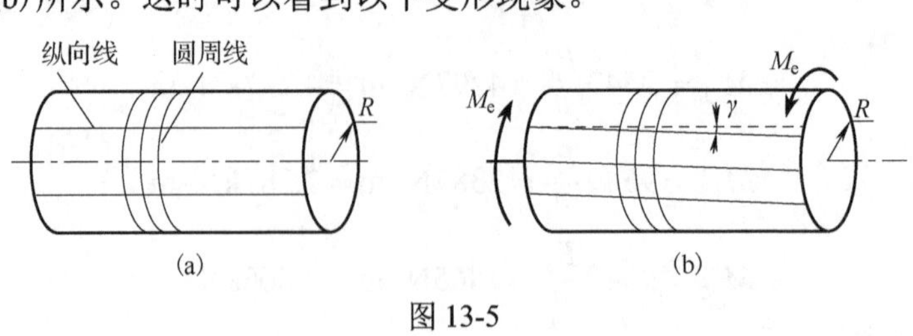

图 13-5

(1)所有纵向线仍近似为直线，但都倾斜了同一角度 γ，变形前圆轴表面上的小矩形变形后错动成菱形。

(2) 所有圆周线都相对地绕轴线转过了不同角度，且圆周线的大小、形状及相互之间的距离均保持不变。

根据试验观察到的现象，作如下假设：圆轴扭转变形前为平面的横截面，变形后仍为大小相同的平面，其半径仍保持为直线；相邻两横截面之间的距离不变。这就是圆轴扭转的平截面假设。进一步，根据平截面假设可知，圆轴无轴向正应变和横向正应变，因而可认为扭转圆轴横截面上无正应力，只可能存在切应力。同时圆轴的相对转动引起纵向线的倾斜，倾斜的角度 γ 就是圆轴表面处一点的切应变。

2. 计算公式推导

推导圆截面轴横截面上的切应力计算公式需要分析几何关系、物理关系和静力学关系三种关系。

1) 几何关系

从图 13-5(b) 所示的受扭圆轴中取微段 $\mathrm{d}x$ 并放大于图 13-6(a) 中，再从所取微段中任取半径为 ρ 的圆柱，如图 13-6(b) 所示。横截面 n-n 相对于 m-m 转过角度 $\mathrm{d}\varphi$，称为**相对扭转角**。以 ρ 为半径的圆柱表面处的切应变用 $\gamma(\rho)$ 表示。因变形很小，由图 13-6(b) 可知：

$$\gamma(\rho)=\frac{\widehat{bb'}}{\mathrm{d}x}=\frac{\rho\mathrm{d}\varphi}{\mathrm{d}x} \tag{13-2}$$

式中，$\mathrm{d}\varphi/\mathrm{d}x$ 表示扭转角沿轴线长度方向的变化率，在同一截面上它为一常数，所以切应变 $\gamma(\rho)$ 与 ρ 成正比。

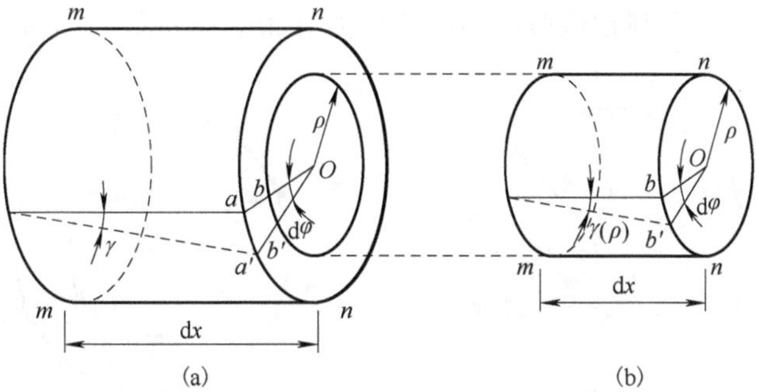

图 13-6

2) 物理关系

设圆轴材料服从胡克定律，则根据胡克定律式 (11-5)，半径 ρ 处的切应力为

$$\tau(\rho)=G\gamma(\rho)=G\rho\frac{\mathrm{d}\varphi}{\mathrm{d}x} \tag{13-3}$$

式 (13-3) 表明横截面上任一点的切应力 $\tau(\rho)$ 与该点到圆心的距离 ρ 成正比。由于 $\gamma(\rho)$ 与半径垂直，所以切应力 $\tau(\rho)$ 也与半径垂直。

3) 静力学关系

考察微面积 $\mathrm{d}A$ 上的微切力 $\tau(\rho)\mathrm{d}A$，如图 13-7 所示。它对圆心 O 的微内力矩为 $\mathrm{d}T=\tau(\rho)\mathrm{d}A\cdot\rho$，其合力矩即为该截面上的扭矩 T，即

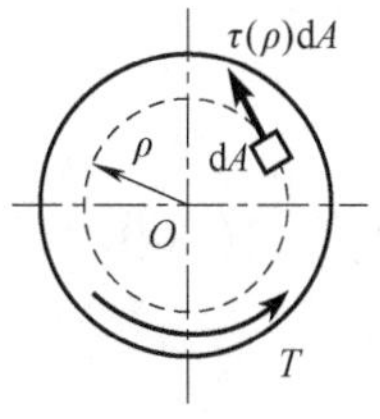

图 13-7

$$T=\int_A\tau(\rho)\cdot\rho\mathrm{d}A \tag{13-4}$$

将式(13-3)代入式(13-4)，则有

$$T = G\frac{\mathrm{d}\varphi}{\mathrm{d}x}\int_A \rho^2 \mathrm{d}A = GI_\mathrm{p}\frac{\mathrm{d}\varphi}{\mathrm{d}x} \tag{13-5}$$

其中

$$I_\mathrm{p} = \int_A \rho^2 \mathrm{d}A \tag{13-6}$$

式中，I_p 称为圆截面对圆心的**极惯性矩**，是与圆截面的大小及形状有关的几何量，其常用单位为 mm^4 或 m^4。

由式(13-3)、式(13-5)可得圆轴横截面上任一点的切应力为

$$\tau(\rho) = \frac{T}{I_\mathrm{p}}\rho \tag{13-7}$$

对某一确定的横截面而言，其上的扭矩 T 是常数，I_p 也是确定的，故该横截面上的切应力仅仅是 ρ 的线性函数。显然，在圆心处 $\tau = 0$，在圆轴表面处，$\tau = \tau_{\max}$，且

$$\tau_{\max} = \frac{T}{I_\mathrm{p}}R = \frac{T}{I_\mathrm{p}/R} \tag{13-8}$$

式中，I_p 和 R 均为几何量，令

$$W_\mathrm{p} = I_\mathrm{p}/R \tag{13-9}$$

式中，W_p 称为圆截面的**抗扭截面模量**或**抗扭截面系数**，单位为 mm^3 或 m^3。故式(13-8)可写为

$$\tau_{\max} = \frac{T}{W_\mathrm{p}} \tag{13-10}$$

由上述分析可知，受扭圆轴横截面上的切应力分布规律如图 13-8(a)所示。

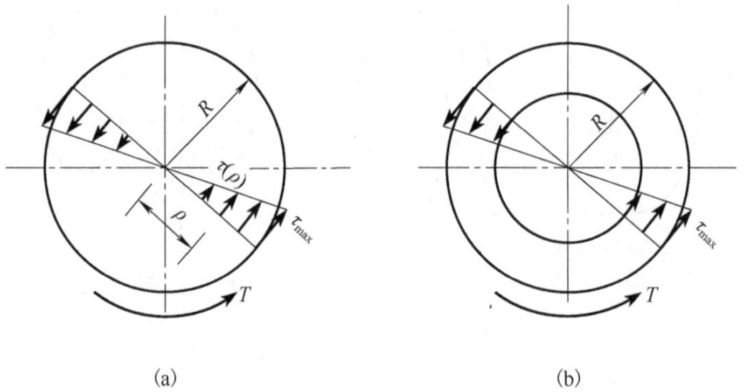

图 13-8

3. 圆与空心圆截面的极惯性矩与抗扭截面系数

如图 13-9 所示，对于直径为 D 的实心圆截面，取 $\mathrm{d}A = \rho\mathrm{d}\theta\mathrm{d}\rho$ 代入式(13-6)可得极惯性矩：

$$I_\mathrm{p} = \int_0^{2\pi}\int_0^{\frac{D}{2}} \rho^3 \mathrm{d}\rho\mathrm{d}\theta = \frac{\pi D^4}{32} \tag{13-11}$$

根据式(13-9)，其抗扭截面系数为

$$W_\mathrm{p} = \frac{I_\mathrm{p}}{D/2} = \frac{\pi D^3}{16} \tag{13-12}$$

对于内径为 d、外径为 D 的空心圆截面，截面内、外径之比 $\alpha = d/D$，如图 13-10 所示，则有

$$I_p = \frac{\pi}{32}(D^4 - d^4) = \frac{\pi D^4}{32}(1-\alpha^4) \tag{13-13}$$

$$W_p = \frac{I_p}{D/2} = \frac{\pi D^3}{16}(1-\alpha^4) \tag{13-14}$$

空心圆截面受扭轴上的切应力分布规律如图 13-8(b)所示。

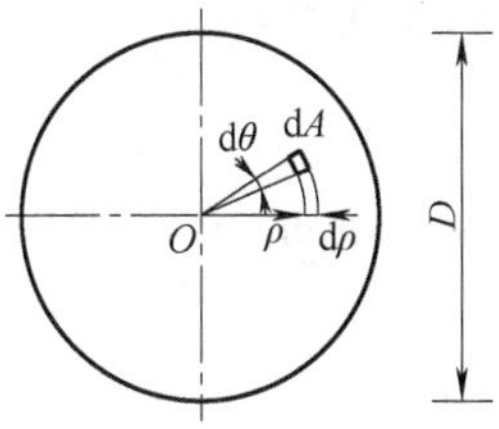

图 13-9

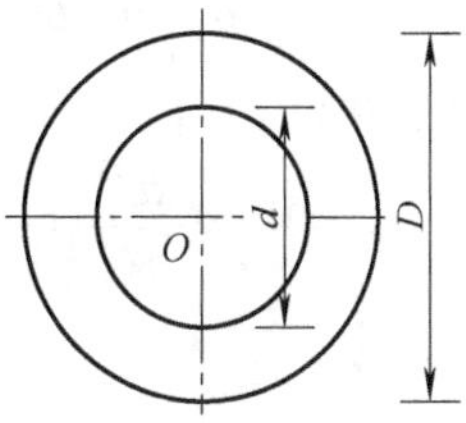

图 13-10

4. 圆轴扭转强度计算

根据式(13-10)，受扭圆轴的最大切应力发生在截面的外周边各点处。为了使圆轴能够正常工作，必须使轴上的最大切应力不超过材料的许用应力。设在轴向 x 位置的截面上的扭矩为 $T(x)$，其抗扭截面系数为 $W_p(x)$，则要求有

$$\tau_{max} = \left[\frac{T(x)}{W_p(x)}\right]_{max} \leqslant [\tau] \tag{13-15}$$

式中，$[\tau]$ 是扭转许用切应力，类似于拉伸/压缩试验，我们也可以进行扭转试验确定材料的极限切应力 τ_u，将其除以安全因数，就可以得到 $[\tau]$。关于扭转试验，读者可以参考有关的材料力学试验教程，这里不作详细阐述。根据试验研究，一般工程材料的极限拉应力和极限切应力之间存在着一定的关系，因此许用应力之间也有关系：塑性材料 $[\tau] \approx (0.5 \sim 0.6)[\sigma]$，脆性材料 $[\tau] \approx (0.8\text{~}1.0)[\sigma]$。

根据式(13-15)，可以对轴进行强度校核、截面设计和许可载荷的确定等工作。

【例 13-2】 直径为 $D = 50\,\text{mm}$ 的圆轴，受到扭矩 $T = 2.15\text{kN}\cdot\text{m}$ 的作用。试求该圆轴任一横截面上在距离轴心 10mm 处的切应力以及横截面上的最大切应力。

解 先求出截面的极惯性矩 I_p 与抗扭截面系数 W_p，即

$$I_p = \frac{\pi D^4}{32} = \frac{\pi \times 50^4}{32}\text{mm}^4 = 6.14 \times 10^5\,\text{mm}^4$$

$$W_p = \frac{I_p}{R} = \frac{6.14 \times 10^5\,\text{mm}^4}{25\,\text{mm}} = 2.46 \times 10^4\,\text{mm}^3$$

根据式(13-7)有

$$\tau_\rho = \frac{T}{I_p}\rho = \frac{2.15 \times 10^6\,\text{N}\cdot\text{mm}}{6.14 \times 10^5\,\text{mm}^4} \times 10\text{mm} = 35.0\,\text{MPa}$$

根据式(13-10)计算最大切应力为

$$\tau_{max}=\frac{T}{W_p}=\frac{2.15\times10^6\,N\cdot mm}{2.46\times10^4\,mm^3}=87.4\,MPa$$

【例 13-3】 对于无缝钢管制成的空心圆截面传动轴，其外径 $D=90\,mm$，壁厚 $t=2.5\,mm$，材料的许用切应力 $[\tau]=60MPa$，工作时的最大扭矩 $T_{max}=1.5\,kN\cdot m$。(1)校核传动轴的强度；(2)若将其改为实心圆截面的轴，在相同条件下设计其直径；(3)比较实心轴和空心轴的质量。

解 (1)计算内外径之比：

$$\alpha=d/D=(D-2t)/D=(90-2\times2.5)/90=0.944$$

抗扭截面系数为

$$W_p=\frac{\pi D^3}{16}(1-\alpha^4)=\frac{\pi\times90^3}{16}\left(1-0.944^4\right)mm^3=29469mm^3$$

最大切应力为

$$\tau_{max}=\frac{T}{W_p}=\frac{1.5\times10^6\,N\cdot mm}{29469mm^3}=50.9\,MPa<[\tau]=60MPa$$

满足强度要求。

(2)确定实心轴的直径 D_1。若实心轴与空心轴的强度相同，则两轴的抗扭截面系数必然相同，即

$$W_p=\frac{\pi {D_1}^3}{16}=29469mm^3,\quad D_1=\sqrt[3]{\frac{16\times29469mm^3}{\pi}}=53.15\,mm$$

取设计直径 $D_1=54\,mm$。

(3)比较质量。两轴除截面尺寸以外，其他条件都相同，故它们的质量比等于它们的面积比。设 A_1 为空心圆截面的面积，A_2 是实心圆截面的面积，那么有

$$\frac{A_1}{A_2}=\frac{\pi\left(D^2-d^2\right)/4}{\pi D_1^2/4}=\frac{D^2-d^2}{D_1^2}=\frac{90^2-85^2}{54^2}=0.3$$

例 13-3 的计算结果表明，空心轴的质量约为实心轴的 30%，节省材料的效果明显。其中的原因是切应力沿半径呈线性分布，轴心处的应力比较小，材料并未充分发挥作用。另外，对于同等强度的实心轴和空心轴，空心轴的外径相对要大一些，因此对于本身直径较小的轴，改为空心轴并不见得能节省多少材料，相反却增加了制造成本，在要求布局紧凑、减小整机空间体积的情况下，有时也并不适合采用空心轴。

13.4 圆轴扭转时的变形与刚度计算

圆轴受扭时，其上各横截面绕轴线做相对转动，相距为 dx 的两个相邻截面间有相对转角 $d\varphi$。考虑长 l 的圆轴 AB 上有常量扭矩 T，对式(13-5)进行积分，得 B 端相对于 A 端的扭转角：

$$\varphi_{BA}=\int_0^l\frac{T}{GI_p}dx \tag{13-16}$$

当 $T/(GI_p)$ 为常量时，式(13-16)为

$$\varphi_{BA}=\frac{Tl}{GI_p} \tag{13-17}$$

相对扭转角反映了两个截面绕轴线相对转动的角度。式(13-17)表明，GI_p 越大，则相对扭转角越小，故将 GI_p 称为圆轴的**抗扭刚度**。当轴很长的时候，即便抗扭刚度很大，也可能造成相对扭转角很大，因此相对扭转角并不能很好地表征轴的扭转变形。为消除长度的影响，引入**单位长度扭转角** θ，令

$$\theta=\frac{\mathrm{d}\varphi}{\mathrm{d}x}=\frac{T}{GI_p} \tag{13-18}$$

单位长度扭转角常用来表示扭转变形的大小，其单位是 rad/m。工程中，θ 有时需要表示为 °/m，则式(13-18)改写为

$$\theta=\frac{T}{GI_p}\times\frac{180}{\pi} \tag{13-19}$$

工程实际问题中，通过限制单位长度扭转角，使其不超过规定的许用值 $[\theta]$ 来建立刚度条件，即

$$\theta_{max}\leqslant[\theta] \tag{13-20}$$

许用值 $[\theta]$ 一般根据轴的工作条件和机器需要的精度来确定，可查阅有关工程手册。对于一般传动轴，通常规定 $[\theta]=0.5\sim1°/\mathrm{m}$。

【例 13-4】 某机器传动轴 AC 如图 13-11 所示，已知轴材料的切变模量 $G=80\,\mathrm{GPa}$，轴直径 $d=45\,\mathrm{mm}$。求 AB、BC 及 AC 间的相对扭转角。

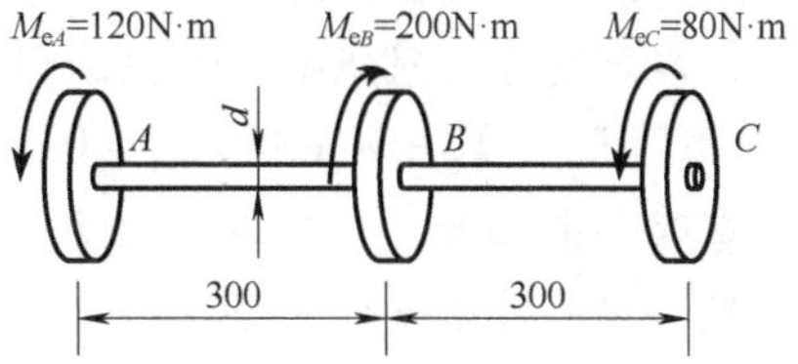

图 13-11

解 (1) 内力计算。

AB 段：　$T_{AB}=-120\,\mathrm{N\cdot m}$

BC 段：　$T_{BC}=80\,\mathrm{N\cdot m}$

(2) 变形计算。

$$\varphi_{AB}=\frac{T_{AB}\cdot l_{AB}}{GI_p}=\frac{-120\,\mathrm{N\cdot m}\times0.3\,\mathrm{m}}{80\times10^9\,\mathrm{Pa}\times\dfrac{\pi}{32}\times0.045^4\,\mathrm{m}^4}=-1.12\times10^{-3}\,\mathrm{rad}$$

$$\varphi_{BC}=\frac{T_{BC}\cdot l_{BC}}{GI_p}=\frac{80\,\mathrm{N\cdot m}\times0.3\,\mathrm{m}}{80\times10^9\,\mathrm{Pa}\times\dfrac{\pi}{32}\times0.045^4\,\mathrm{m}^4}=7.45\times10^{-4}\,\mathrm{rad}$$

$$\varphi_{AC}=\varphi_{AB}+\varphi_{BC}=(-1.12\times10^{-3}+7.45\times10^{-4})\,\mathrm{rad}=-3.75\times10^{-4}\,\mathrm{rad}$$

【例 13-5】 图 13-12 为一镗孔装置，在刀杆端部装有两把镗刀，已知切削功率 $P=8\,\mathrm{kW}$，刀杆转速 $n=60\,\mathrm{r/min}$，材料的许用切应力 $[\tau]=60\,\mathrm{MPa}$，切变模量 $G=80\,\mathrm{GPa}$，刀杆的 $[\theta]=0.5\,°/\mathrm{m}$，试根据强度条件和刚度条件确定刀杆的直径。

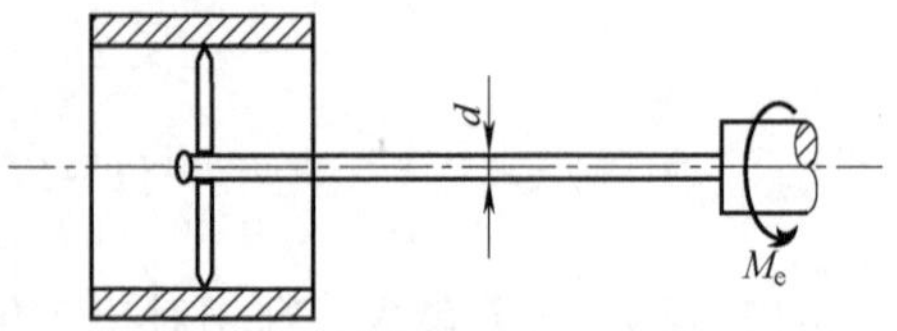

图 13-12

解 (1)确定刀杆截面上的扭矩。

$$M_e = 9549\frac{P}{n} = 9549\times\frac{8}{60}\text{N}\cdot\text{m} = 1273.2\text{N}\cdot\text{m}$$

扭矩为

$$T = M_e = 1273.2\text{N}\cdot\text{m}$$

(2)根据强度条件确定刀杆的直径。

$$\tau_{\max} = \frac{T}{W_p} = \frac{1273.2\times10^3}{\pi d^3/16}\text{MPa} \leqslant 60\text{ MPa}$$

解得 $d \geqslant 47.7\text{mm}$。

(3)根据刚度条件确定刀杆的直径。

$$\theta_{\max} = \frac{T}{GI_p}\times\frac{180}{\pi} = \frac{1273.2}{80\times10^9\times\frac{\pi}{32}d^4}\times\frac{180}{\pi}\ {}^\circ/\text{m} \leqslant 0.5\ {}^\circ/\text{m}$$

解得 $d \geqslant 6.57\times10^{-2}\text{m} = 65.7\text{mm}$。

综合强度、刚度条件的计算结果，最后取设计值 $d = 66\text{mm}$。

从例 13-5 可以看出，在机械设备中对轴的传动精度要求较高时，刚度条件往往起控制作用。

【例 13-6】 如图 13-13(a)所示，已知轴 AB 两端固定，在 C、D 两处作用有外力偶矩 M，画出该轴的扭矩图。

解 设固定端截面的扭矩分别为 T_A 和 T_B，如图 13-13(b)所示，在轴线方向列矩平衡方程，有

$$-T_A - M + M + T_B = 0,\quad T_A = T_B$$

有两个未知量，但只有一个方程，所以本问题是超静定问题，需要补充一个方程。

解除 B 端约束，设 φ_{BA} 为截面 B 相对于截面 A 的扭转角，由于 B 截面实际是固定的，因此有变形协调方程：

$$\varphi_{BA} = \varphi_{CA} + \varphi_{DC} + \varphi_{BD} = 0$$

通过截面法，计算 CA、DC、BD 段截面上的扭矩分别为 $T_{CA} = T_A$，$T_{DC} = T_A + M$，$T_{BD} = T_B$，则相对扭转角为

$$\varphi_{CA} = \frac{T_A\cdot l}{GI_p},\quad \varphi_{DC} = \frac{(T_A + M)\cdot l}{GI_p},\quad \varphi_{BD} = \frac{T_B\cdot l}{GI_p}$$

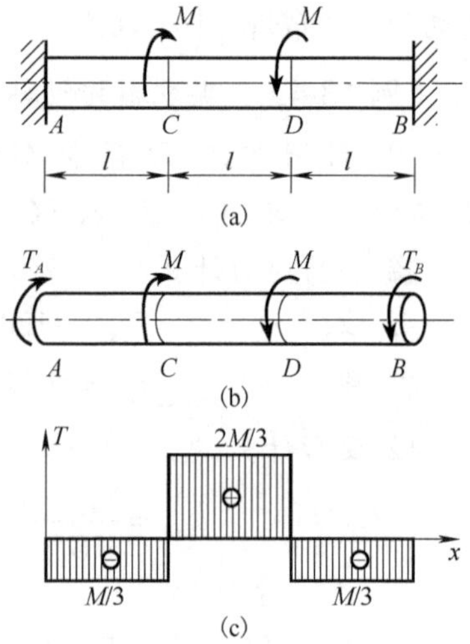

图 13-13

将以上各式代入变形协调方程，并根据 $T_A = T_B$ 可得方程：

$$\varphi_{BA} = \frac{l}{GI_p}(T_B + M + T_B + T_B) = \frac{l}{GI_p}(M + 3T_B) = 0$$

求得

$$T_A = T_B = -\frac{M}{3}$$

进一步可绘制出扭矩图，如图 13-13(c)所示，由图可知 CD 段上有最大扭矩。

13.5　连接件的强度计算

工程结构是由很多构件通过某些形式互相连接组成的。如螺栓连接、铆接、榫接、焊接等，其中起连接作用的螺栓、铆钉、销、键等统称为连接件。如图 13-14(a)法兰上的连接螺栓，其失效的形式如图 13-14(b)所示。

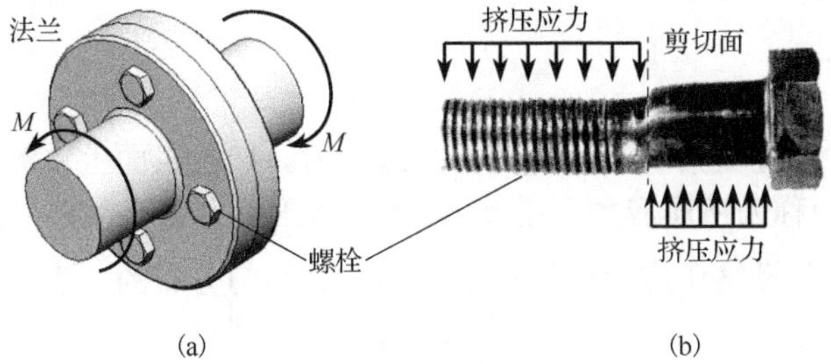

图 13-14

连接件的变形和受力特点是：作用在构件两侧面上的分布力的合力大小相等、方向相反，作用线垂直杆轴线且相距很近，构件沿着与力平行的截面发生相对错动。这种变形形式即为**剪切**。发生相对错动的截面称为**剪切面**。当连接件和被连接件的接触面上的压力过大时，也可能在接触面上发生局部压陷的塑性变形而导致破坏，称为**挤压**破坏。由于连接件的几何形状、受力和变形情况复杂，在工程设计中，为了简化计算，易于设计，对连接件的受力根据其实际破坏情况作了一些假设，再根据这些假设利用试验的方法确定极限应力，据此建立强度条件，这种计算我们称为实用计算。

13.5.1　剪切实用计算

考虑图 13-15(a)所示的两块钢板通过铆钉连接的情况，铆钉的受力如图 13-15(b)所示。利用截面法，从铆钉的剪切面，即 *m-n* 截面截开，剪切面上存在与截面相切的内力，即为**剪力**，用 F_S 表示。

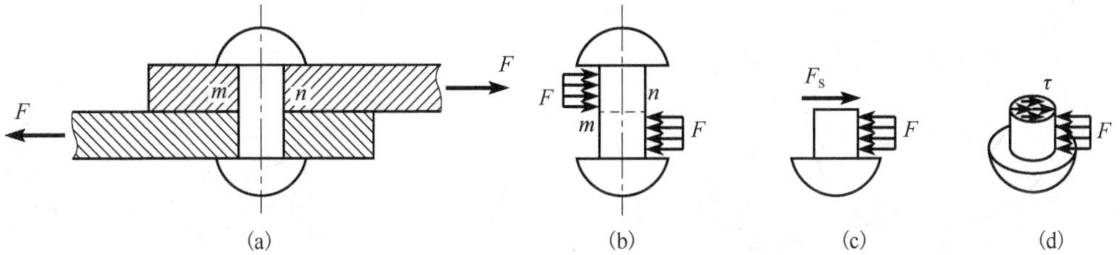

图 13-15

由图 13-15(c)，根据力平衡，可得剪力 $F_S = F$。连接件发生剪切变形时，其剪切面上的切应力分布情况非常复杂，在实用计算中，假设切应力在剪切面上均匀分布，如图 13-15(d)所示。因此平均切应力，也称名义切应力，可按式(13-21)计算：

$$\tau = \frac{F_S}{A} \tag{13-21}$$

相应的强度条件为

$$\tau = \frac{F_S}{A} \leqslant [\tau] \tag{13-22}$$

式(13-21)、式(13-22)中的 A 是剪切面的面积。

这里的许用切应力 $[\tau]$ 是根据连接件试验得到的极限切应力，再除以安全因数得到的，它和式(13-15)中的许用切应力的数值是不同的。

13.5.2 挤压实用计算

连接件和被连接件通过压紧的接触表面相互传递力。接触表面上总的压紧力称为**挤压力**，用 F_{bs} 表示；相应的应力称为**挤压应力**，用 σ_{bs} 表示。挤压应力在连接件上的分布相当复杂，在工程中采用简化计算，假设挤压应力在计算挤压面上是均匀分布的，于是有

$$\sigma_{bs} = \frac{F_{bs}}{A_{bs}} \tag{13-23}$$

相应的强度条件为

$$\sigma_{bs} = \frac{F_{bs}}{A_{bs}} \leqslant [\sigma_{bs}] \tag{13-24}$$

式(13-23)、式(13-24)中的 A_{bs} 是计算挤压面的面积；$[\sigma_{bs}]$ 是许用挤压应力。

对于键连接、榫齿连接，其挤压面是平面，计算挤压面取为实际的挤压面，如图 13-16(a)所示的齿轮连接，键和轴连接的挤压面是图 13-16(b)所示的阴影面积，$A_{bs} = b \times l$。

对于铆钉、销轴、螺栓等圆柱形连接件，由于轴孔配合的关系，实际接触面为半圆面，而挤压力在接触面上并非均匀分布，因此在实用计算中，取计算挤压面积为实际接触面在直径平面上的正投影面积，如图 13-17(b)所示的阴影面积，$A_{bs} = d \times \delta$。

对于钢板、轴套等被连接件，实际挤压面为半圆孔壁，计算挤压面取其正投影面，如图 13-17(a)所示。

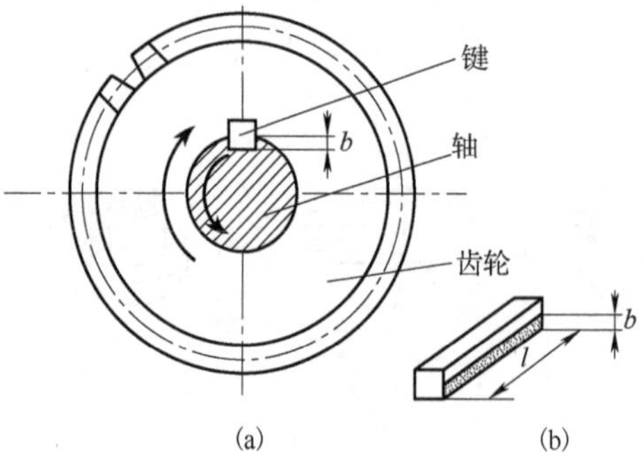

图 13-16

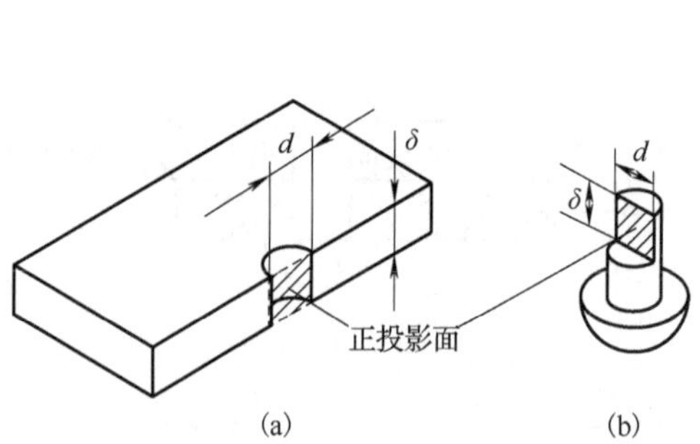

图 13-17

许用挤压应力 $[\sigma_{bs}]$ 一般可以从相关设计手册中查得。

【例 13-7】 螺栓接头如图 13-18(a)所示。已知 $F=40\,\text{kN}$，螺栓的许用切应力 $[\tau]=130\text{ MPa}$，$[\sigma_{bs}]=300\,\text{MPa}$。根据剪切和挤压强度条件计算螺栓所需的直径。

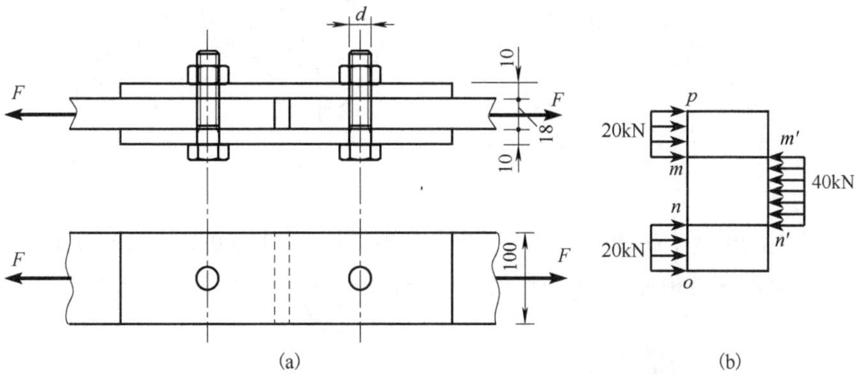

图 13-18

解 (1)左侧螺栓的受力分析简图如图 13-18(b)所示。

(2)螺栓的剪切强度计算。螺栓有两个剪切面，分别是 $m\text{-}m'$ 和 $n\text{-}n'$ 面，且剪切面积相等，为 $A=\pi d^2/4$；剪力相等，为 $F_S=20\text{kN}$。由切应力强度条件有

$$\tau=\frac{F_S}{A}=\frac{20\times10^3}{\pi d^2/4}\text{MPa}\leqslant[\tau]=130\text{ MPa}$$

得

$$d\geqslant14\,\text{mm}$$

(3)螺栓的挤压强度计算。螺栓有三个挤压面，分别是 $p\text{-}m$、$n\text{-}o$ 和 $m'\text{-}n'$ 面，由于挤压面为圆柱面，因此计算挤压面积应为其正投影的直径面的面积。进一步分析可知，挤压应力最大的面应为 $m'\text{-}n'$ 面，其计算挤压面积为 $A_{bs}=18d$，挤压力 $F_{bs}=40\,\text{kN}$。因此由挤压强度条件有

$$\sigma_{bs}=\frac{F_{bs}}{A_{bs}}=\frac{40\times10^3}{18d}\text{MPa}\leqslant[\sigma_{bs}]=300\text{ MPa}$$

得

$$d\geqslant7.41\,\text{mm}$$

综合剪切和挤压计算，最后取结果大者，螺栓直径为 14mm。

思　考　题

13.1　轴的受力和变形特征是什么？通过文献检索，了解在工业机器人本体结构设计中，有哪些重要的轴，这些轴起到什么作用，受到哪些力的作用，可能会产生何种变形，发生何种破坏？

13.2　工程中如何通过功率和转速确定受扭圆轴上作用的外力偶矩？在传动机构中，制动器一般是安装在高速轴上还是低速轴上？为什么？

13.3　图 13-19 中，哪些图正确表示了扭转切应力的分布规律？

13.4　采用实心轴还是空心轴，不仅需要考虑轴的强度、刚度等问题，还需要结合机械的设计、制造、安装，充分考虑经济成本。通过本章学习，结合文献检索，初步总结采用实心轴、空心轴的基本原则，并比较在不同情况下实心轴和空心轴的优劣。

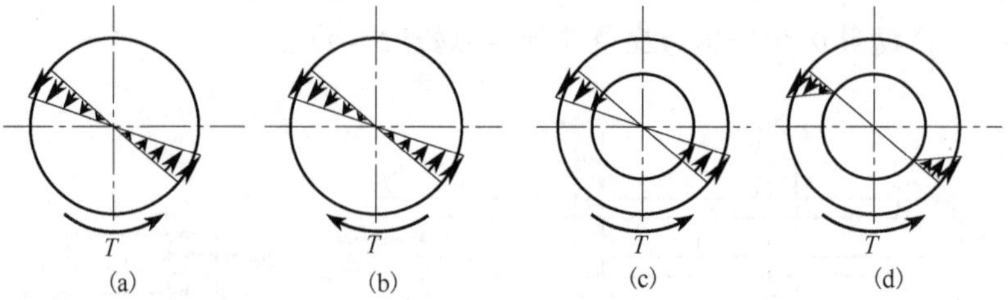

图 13-19

13.5 如图 13-20 所示的试件两端受力相同，问其头部可能出现哪几种破坏形式？

13.6 工程结构中的构件有哪些连接方式？连接件的变形和受力特点是什么？

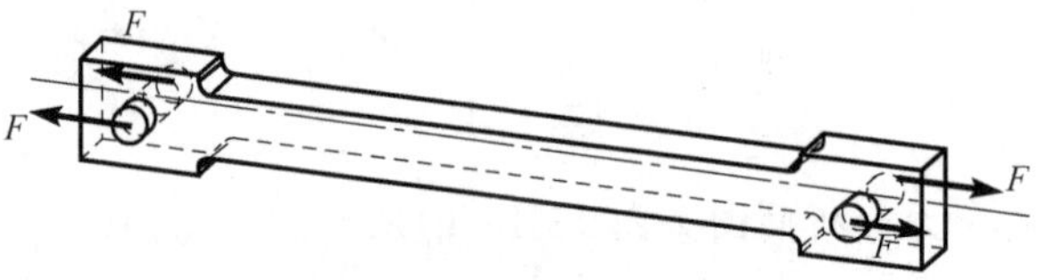

图 13-20

习　　题

13-1 求题 13-1 图所示各轴指定截面上的扭矩，并画出扭矩图。

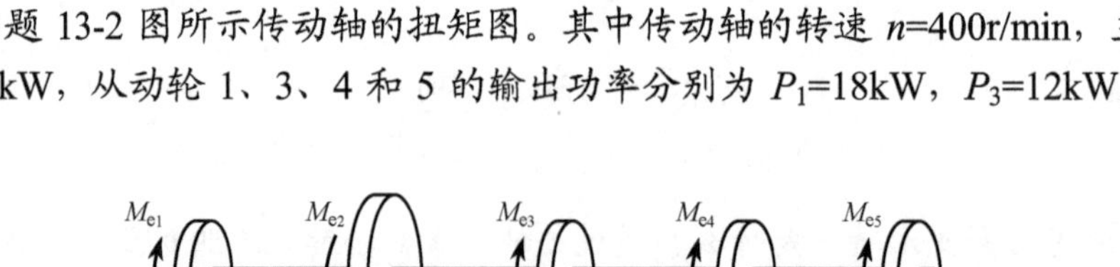

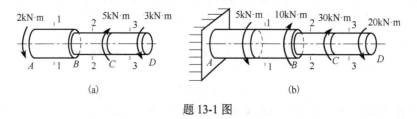

题 13-1 图

13-2 画题 13-2 图所示传动轴的扭矩图。其中传动轴的转速 n=400r/min，主动轮 2 的输入功率 P_2=60kW，从动轮 1、3、4 和 5 的输出功率分别为 P_1=18kW，P_3=12kW，P_4=22kW，P_5=8kW。

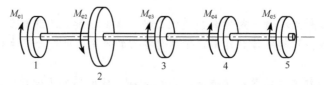

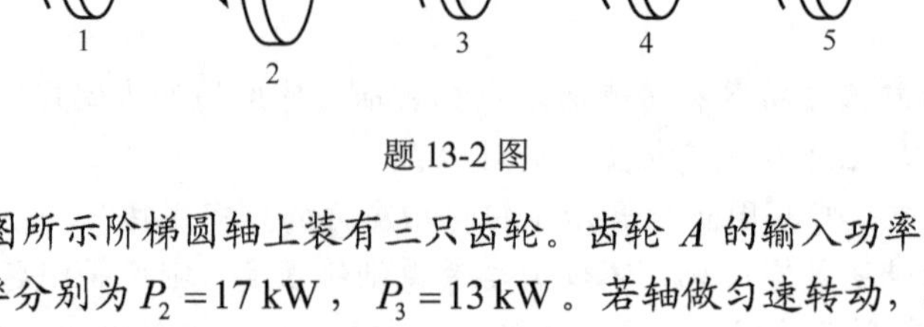

题 13-2 图

13-3 题 13-3 图所示阶梯圆轴上装有三只齿轮。齿轮 A 的输入功率 $P_1 = 30\,\text{kW}$，齿轮 B 和齿轮 C 的输出功率分别为 $P_2 = 17\,\text{kW}$，$P_3 = 13\,\text{kW}$。若轴做匀速转动，转速 $n = 200\,\text{r/min}$，求该轴的最大切应力。

13-4　题 13-4 图所示轴 AB 的转速 $n = 120\ \text{r/min}$，从轮 B 输入功率 $P = 60\ \text{kW}$，功率的 1/2 通过锥形齿轮传给垂直轴 C，另 1/2 由水平轴 H 输出。已知 $D_1 = 600\ \text{mm}$，$D_2 = 240\ \text{mm}$，$d_1 = 100\ \text{mm}$，$d_2 = 80\ \text{mm}$，$d_3 = 60\ \text{mm}$，$[\tau] = 20\ \text{MPa}$。试对各轴进行强度校核。

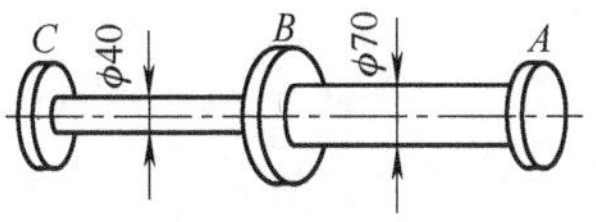

题 13-3 图

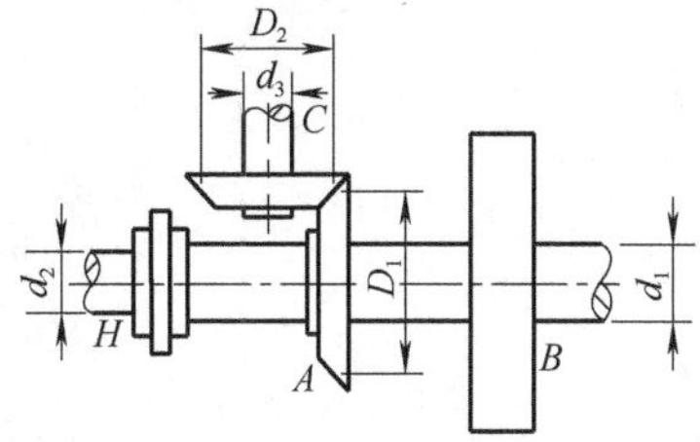

题 13-4 图

13-5　求习题 13-3 中阶梯圆轴的最大单位长度扭转角及齿轮 A 和齿轮 C 的相对扭转角。已知齿轮 A 和齿轮 B 的间距为 0.2m，齿轮 B 和齿轮 C 的间距为 0.3m，材料的切变模量 $G = 90\text{GPa}$。

13-6　某机构中的传动轴传递的外力偶矩 $M_e = 1.08\text{kN}\cdot\text{m}$，已知材料的切变模量 $G = 80\text{GPa}$，$[\tau] = 40\text{MPa}$，许用单位长度扭转角 $[\theta] = 0.5°/\text{m}$。设计该轴的直径。

13-7　如题 13-7 图所示，圆截面杆 AB 左端固定，承受均布力偶作用，其集度为 $20\text{N}\cdot\text{m/m}$。已知直径 $d = 20\ \text{mm}$，$l = 2\text{m}$，$G = 80\ \text{GPa}$，$[\tau] = 30\ \text{MPa}$。许用单位长度扭转角 $[\theta] = 2°/\text{m}$，校核强度和刚度，并计算截面 A、B 的相对扭转角 φ_{AB}。

13-8　轴 AB 和 CD 在 B 处用法兰连接，A、D 两处为固定约束，受力及尺寸如题 13-8 图所示，材料的切变模量 $G = 80\ \text{GPa}$。求轴 AB 和 CD 中的最大切应力。

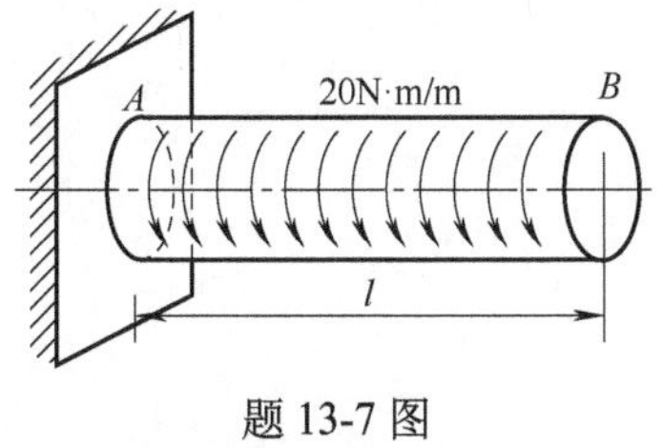

题 13-7 图

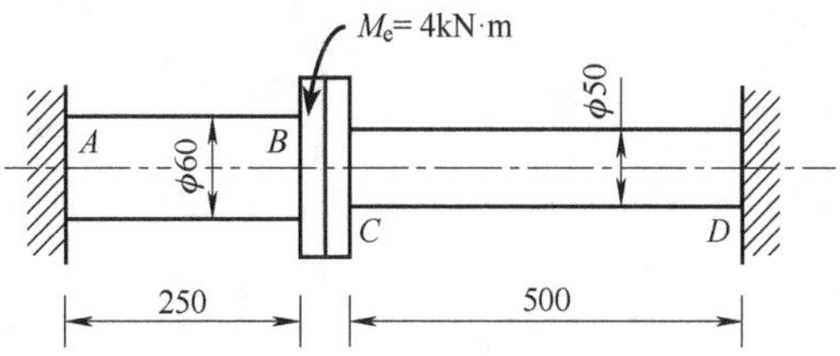

题 13-8 图

13-9　铆钉连接如题 13-9 图所示，外力 $F = 5\ \text{kN}$，$t_1 = t_2 = 10\ \text{mm}$，铆钉材料的许用切应力 $[\tau] = 60\ \text{MPa}$，被连接板材的许用挤压应力 $[\sigma_{bs}] = 125\ \text{MPa}$。若铆钉的直径 $d = 12\ \text{mm}$，校核该连接处的强度。

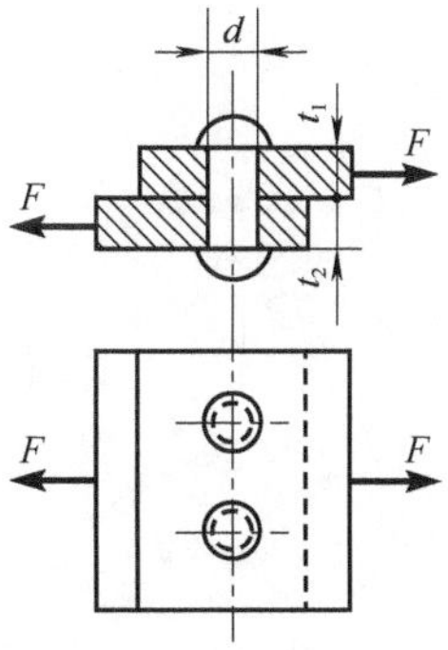

题 13-9 图

13-10 如题 13-10 图所示的传动轴，直径 $d=50\ \mathrm{mm}$，用平键传递的力偶 $M=1600\ \mathrm{N\cdot m}$。已知键材料的许用切应力 $[\tau]=80\ \mathrm{MPa}$，许用挤压应力 $\left[\sigma_{\mathrm{bs}}\right]=240\ \mathrm{MPa}$，键的尺寸 $b=10\ \mathrm{mm}$，$h=10\ \mathrm{mm}$，设计键的长度。

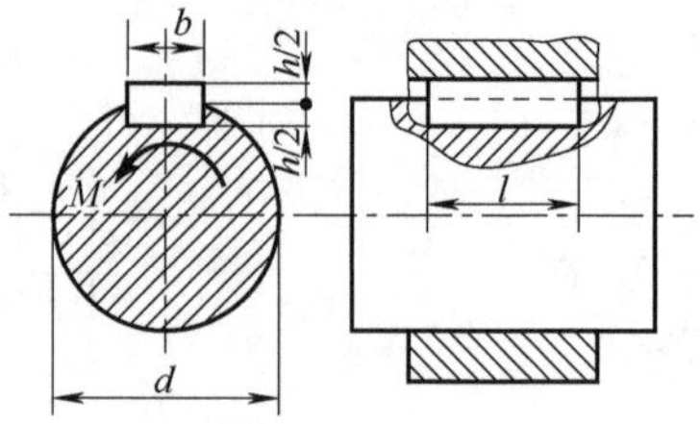

题 13-10 图

13-11 如题 13-11 图所示的构件由两块钢板焊接而成。已知作用在钢板上的拉力 $F=300\ \mathrm{kN}$，焊缝高度 $h=10\ \mathrm{mm}$，焊缝的许用切应力 $[\tau]=100\ \mathrm{MPa}$，试求所需焊缝的长度 l。(提示：焊缝破坏时，沿着焊缝最小宽度 n-n 的纵向截面被剪断。焊缝的横截面可视为等腰直角三角形)

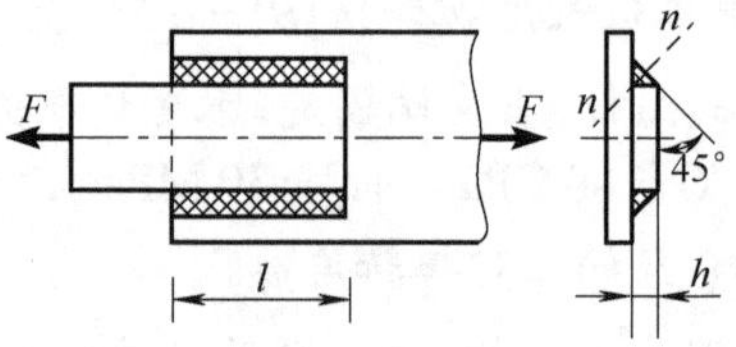

题 13-11 图

第 14 章　直梁的弯曲

弯曲变形是杆类构件的基本变形之一。平面弯曲是最为常见、最为基本的弯曲变形形式。本章主要阐述平面弯曲问题中内力、应力和变形的基本理论和基本方法。工程中有大量的受弯构件，这些构件的强度、刚度是否满足要求，设计是否合理，都需要依赖于关于弯曲的基本理论。

对于工业机器人的机械臂，由于其末端执行器承受力或力偶的作用，机械臂的变形以弯曲变形为主。机械臂受到的外载荷并不一定都在纵向对称面内，也可能受到多个方向的外载荷，关于这种情况将在第 16 章中予以阐述，但首先需要掌握最为简单、最为基本的平面弯曲的内力、应力、变形等问题。

14.1　平面弯曲及剪力方程与弯矩方程

14.1.1　平面弯曲的概念

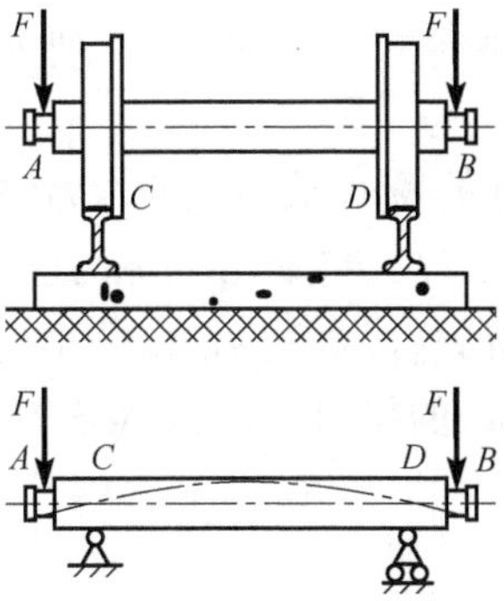

图 14-1

工程中存在着大量受弯曲的杆件，如图 14-1 所示的火车轮轴，受到垂直于杆轴的外部横向力，从而杆的轴线将弯曲成曲线，这种变形称为**弯曲变形**。习惯上把以弯曲为主要变形的杆件称为**梁**。

工程问题中，大多数梁的横截面都有一根对称轴，如图 14-2 所示的 y 轴，因而梁有一个包含轴线的纵向对称面。如果作用于梁上的所有外载荷都在纵向对称面内，则变形后梁的轴线也将在此对称平面内弯曲成为一条曲线，如图 14-3 所示，这种弯曲称为**平面弯曲**，这是最常见、最简单的弯曲变形。本书主要讨论这种情况。

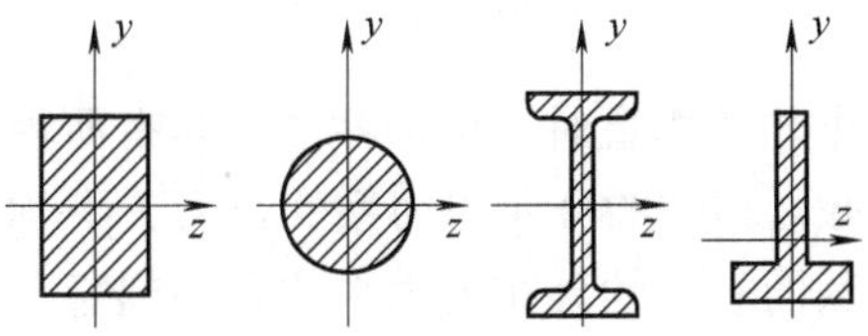

图 14-2

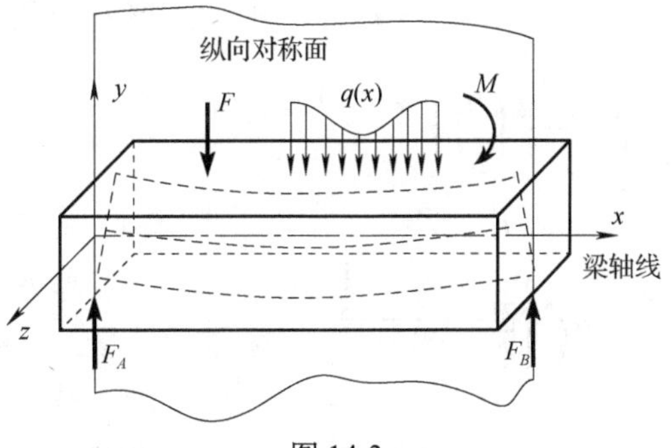

图 14-3

梁上受到的载荷和支承情况一般都比较复杂，为了便于分析和计算，在保证足够精度的前提下，一般对梁进行相应的简化。对于梁整体，习惯上无论梁的截面形状如何复杂，通常取梁的轴线来代替实际的梁。作用在梁上的外力，包括载荷和约束力，可以简化为集中力、分布载荷和集中力偶三种形式。

梁的支承一般有固定铰支座、可动铰支座、固定端。第 7 章已经说明了以上三类支承对梁的位移的限制以及相应的约束力。

如果梁具有一个固定端，或在梁的两个截面处分别有一个固定铰支座和一个可动铰支座，就可保证此梁不产生刚体运动，且支座反力均可由静力学平衡方程完全确定，这种梁称为静定梁。根据支座情况，静定梁可分为三种基本形式。

(1) **悬臂梁**：一端为固定端支座，另一端自由，如图 14-4(a)所示。

(2) **简支梁**：一端为固定铰支座，另一端为可动铰支座，如图 14-4(b)所示。

(3) **外伸梁**：具有一个或两个外伸部分的简支梁，如图 14-4(c)所示。

习惯上把简支梁和外伸梁两个铰支座之间的距离称为**跨度**，用 l 表示。悬臂梁的跨度是固定端到自由端的距离。

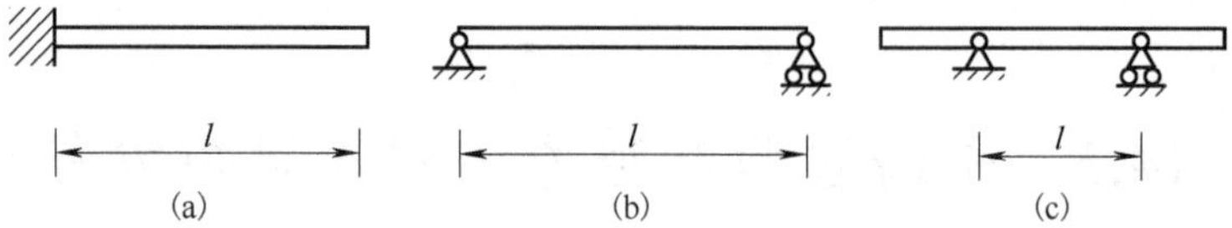

图 14-4

14.1.2 剪力与弯矩

在确定了梁上的所有载荷与支座约束力后，进一步就可以研究其横截面上的内力。研究方法依然是截面法。

现以图 14-5(a)所示的简支梁说明用截面法计算距支座 A 为 x 处的 m-m 截面上的内力的过程。按照静力学平衡方程，可以算出 $F_{Ax}=0$，$F_{Ay}=Fb/l$，$F_{By}=Fa/l$。将梁在 m-m 处假想地截开，并取左边部分 AC 为研究对象，作用在 AC 上的已知力只有 F_{Ay}，要使 AC 部分平衡，在 m-m 截面上必然有平行于截面的力 F_S 以及纵向对称面上的力偶 M 的作用，如图 14-5(b)所示。

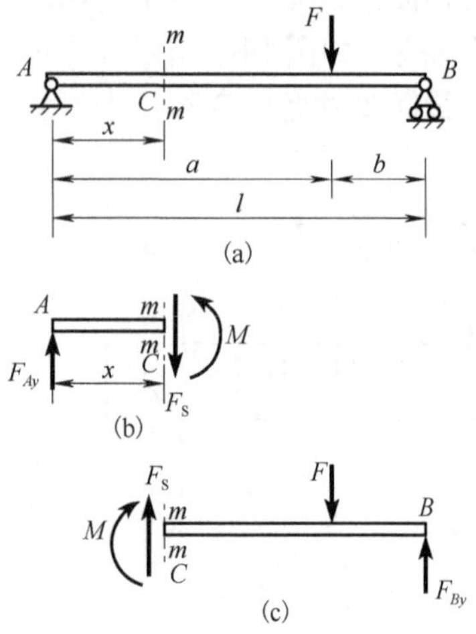

图 14-5

在垂直方向上取投影方程：

$$\sum F_y=0, \qquad F_{Ay}-F_S=0$$

取 m-m 截面形心 C 列矩方程：

$$\sum M_C=0, \qquad M-F_{Ay}\cdot x=0$$

得到

$$F_S=F_{Ay}=\frac{Fb}{l}, \qquad M=F_{Ay}x=\frac{Fb}{l}x$$

当外力作用与梁轴线垂直时，梁横截面上具有两种内力分量：一种是与横截面相切的分布内力系的合力 F_S，称为**剪力**；另一种是与横截面垂直的分布内力系的合力偶矩 M，称为**弯矩**。若取图 14-5(c)所示的右边部分为研究对象，用相

同的方法也可求得 m-m 截面上的 F_S 和 M，且数值与上述结果相等，只是方向相反。因为剪力和弯矩是左段与右段在截面 m-m 上相互作用的内力，所以其数值必然相等，方向必然相反。

将剪力和弯矩的正负号约定与梁的变形联系起来，作如下规定：凡剪力对所取梁内任一点的力矩是顺时针转向的为正，如图 14-6(a)所示；反之为负，如图 14-6(b)所示。凡弯矩使所取梁段产生上凹下凸变形的为正，如图 14-6(c)所示；反之为负，如图 14-6(d)所示。一般情况下均把未知剪力和弯矩假设为正。

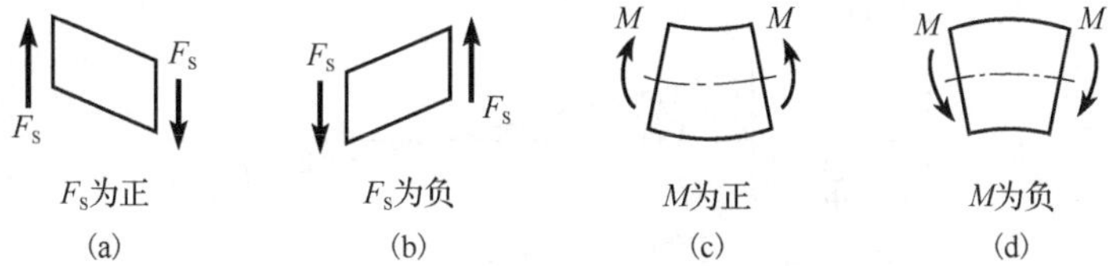

图 14-6

14.1.3　剪力方程与弯矩方程

一般情况下，梁横截面上的剪力和弯矩并不会是一个常数，若以横坐标 x 表示横截面在梁轴线上的位置，则各横截面上的剪力和弯矩都可表示为 x 的函数，即 $F_S = F_S(x), M = M(x)$。以上两式分别称为梁的**剪力方程**和**弯矩方程**。

与绘制轴力图和扭矩图一样，也可用图线表示梁各横截面上的剪力 F_S 和弯矩 M 沿梁轴线变化的情况。以平行于梁轴的横坐标 x 表示横截面的位置，以纵坐标表示相应横截面上的剪力和弯矩，绘出剪力方程和弯矩方程的图线，这样的图线分别称为剪力图和弯矩图。

【例 14-1】　如图 14-7(a)所示的简支梁受均布载荷 q 的作用，列出剪力方程和弯矩方程，并绘制剪力图和弯矩图。

解　(1)根据静力平衡，可得约束力：

$$F_A = F_B = ql/2$$

(2)取距支座 A 为 x 处的横截面左侧部分为研究对象，画出其受力分析图，如图 14-7(b)所示。列出沿向上的 y 轴的投影平衡方程，有

$$\sum F_y = 0\text{，}\quad F_A - q\cdot x - F_S(x) = 0$$

得剪力方程：

$$F_S(x) = F_A - qx = \frac{ql}{2} - qx = q\left(\frac{l}{2} - x\right) \qquad (0<x<l)$$

取横截面形心 C 为矩心，列出矩平衡方程：

$$\sum M_C = 0\text{，}\quad -F_A\cdot x + q\cdot x\cdot\frac{x}{2} + M(x) = 0$$

得弯矩方程：

$$M(x) = \frac{ql}{2}x - q\frac{x^2}{2} = \frac{q}{2}x(l-x) \qquad (0\leqslant x\leqslant l)$$

(3)根据以上方程式，可分别画出剪力图 14-7(c)和弯矩图 14-7(d)。

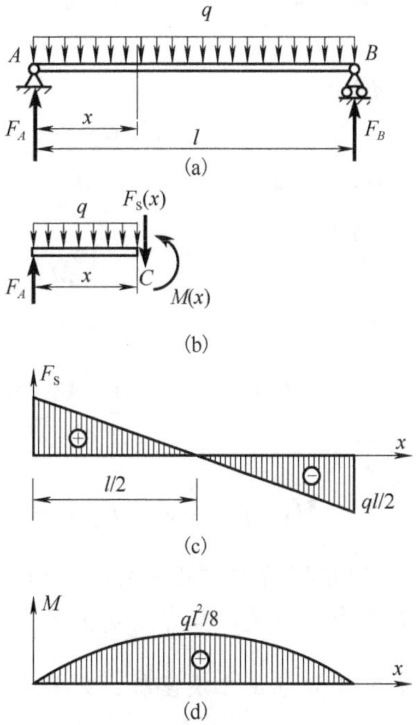

图 14-7

【例 14-2】 列出图 14-8(a)所示外伸梁的剪力方程和弯矩方程，并画出剪力图和弯矩图。

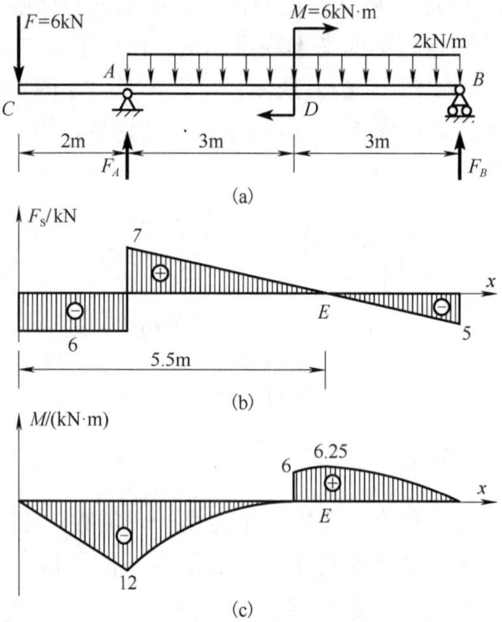

图 14-8

解 (1)根据静力学平衡关系，首先算出支座约束力 $F_A = 13\text{kN}$、$F_B = 5\text{kN}$。

(2)分别在 *CA*、*AD*、*DB* 段中取出任意一个横截面，仿照例 14-1，作其受力分析图，列写平衡方程。可得剪力方程：

CA 段

$$F_S(x_1) = -F = -6 \qquad (0 < x_1 < 2)$$

AB 段

$$F_S(x_2) = -F + F_A - q(x_2 - 2) = 11 - 2x_2 \qquad (2 < x_2 < 8)$$

弯矩方程：

CA 段

$$M(x_1) = -Fx_1 = -6x_1 \qquad (0 \leqslant x_1 \leqslant 2)$$

AD 段

$$M(x_2) = -F\,x_2 + F_A(x_2 - 2) - q(x_2 - 2)\frac{x_2 - 2}{2} = -{x_2}^2 + 11x_2 - 30 \quad (2 \leqslant x_2 < 5)$$

DB 段

$$M(x_3) = -F\,x_3 + F_A(x_3 - 2) - \frac{1}{2}q(x_3 - 2)^2 + M = -{x_3}^2 + 11x_3 - 24 \qquad (5 < x_3 \leqslant 8)$$

(3)根据剪力方程和弯矩方程，画出剪力图 14-8(b)和弯矩图 14-8(c)。从图中可以看出，在集中力作用处，剪力图发生了突变，而在集中力偶作用处，弯矩图发生了突变。对于 *DB* 段，由于弯矩方程是二次函数，需要求出其极值。设在 x_E 截面处有极值，则有 $\left.\frac{\mathrm{d}M(x_3)}{\mathrm{d}x_3}\right|_{x_3=x_E} = 0$，即 $-2x_E + 11 = 0$，求得 $x_E = 5.5\text{m}$，进而代入弯矩方程，得出 $M(x_E) = 6.25\text{kN}\cdot\text{m}$。

从以上例题可以看出，确保约束力的准确计算是正确得出剪力方程和弯矩方程的关键。通过截面法，求出相应的剪力方程和弯矩方程。对于载荷不连续的情况，应该进行分段考虑。在集中力作用的截面上，剪力在截面两侧发生突变；而在集中力偶作用的截面上，弯矩在截面两侧发生突变。

14.2　载荷、剪力和弯矩的关系

工程实际问题中我们有时候并不一定关心整个梁上的内力分布，为了能够快速准确地找到剪力、弯矩在整个梁上的极值，进而分析梁的危险截面，我们可以通过对载荷、剪力和弯矩的内在数学关系进行分析，从而简化剪力图和弯矩图的绘制过程。

14.2.1　分布载荷、剪力和弯矩的微积分关系

如图 14-9(a)所示的受任意载荷平衡的直梁，以梁的左端作为坐标原点，采用右手坐标系。在有分布载荷 $q(x)$ 作用的某段梁上，截取 dx 微段，并假定微梁 dx 上没有集中力或集中力偶的作用，如图 14-9(b)所示。

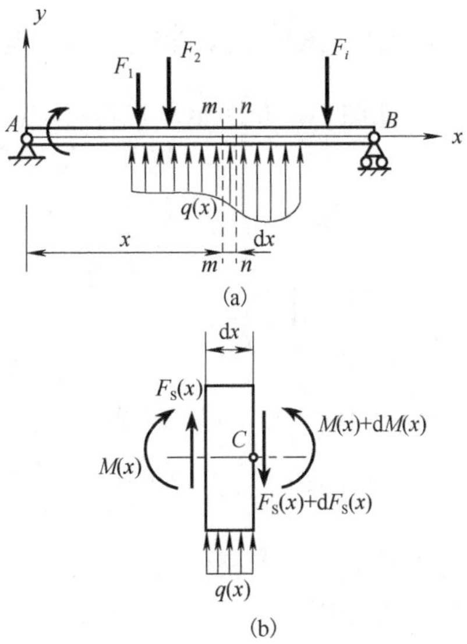

图 14-9

约定 $q(x)$ 向上为正，截面上的内力均设为正向。由于 dx 很小，因此可将作用在此微段上的分布载荷视为均布载荷。微段左侧截面的剪力为 $F_S(x)$，那么其右侧截面的剪力为 $F_S(x+\mathrm{d}x)$。将其展开，可得

$$F_S(x+\mathrm{d}x)=F_S(x)+\frac{\mathrm{d}F_S(x)}{\mathrm{d}x}\mathrm{d}x+\frac{1}{2!}\frac{\mathrm{d}^2F_S(x)}{\mathrm{d}^2x}(\mathrm{d}x)^2+\cdots$$

考虑 $(\mathrm{d}x)^2$ 及以后各项是高阶无穷小，故只保留前两项，$F_S(x+\mathrm{d}x)=F_S(x)+\mathrm{d}F_S(x)$。同理，微段左侧截面的弯矩为 $M(x)$，则其右侧截面的弯矩可写为 $M(x)+\mathrm{d}M(x)$。

在这些力的作用下，微段处于平衡。由平衡方程 $\sum F_y=0$ 和 $\sum M_C=0$，得

$$F_S(x)+q(x)\mathrm{d}x-\left[F_S(x)+\mathrm{d}F_S(x)\right]=0$$

$$M(x)+\mathrm{d}M(x)-q(x)\mathrm{d}x\frac{\mathrm{d}x}{2}-F_S(x)\mathrm{d}x-M(x)=0$$

略去高阶微量 $-q(x)\mathrm{d}x\frac{\mathrm{d}x}{2}$，得

$$\frac{\mathrm{d}F_S(x)}{\mathrm{d}x}=q(x) \tag{14-1}$$

$$\frac{\mathrm{d}M(x)}{\mathrm{d}x}=F_S(x) \tag{14-2}$$

由式(14-1)和式(14-2)可进一步得到

$$\frac{\mathrm{d}^2 M(x)}{\mathrm{d}x^2}=\frac{\mathrm{d}F_{\mathrm{S}}(x)}{\mathrm{d}x}=q(x) \tag{14-3}$$

式(14-1)表明，**剪力图上某点的斜率等于对应于该点的分布载荷的数值**，而式(14-2)表明，**弯矩图上某点的斜率等于对应于该点的剪力的数值**。式(14-2)也表明，**在剪力等于0的截面上，弯矩具有极值**。

对式(14-2)在截面 x_1 到截面 x_2 进行积分，可得 $M(x_2)-M(x_1)=\int_{x_1}^{x_2}F_{\mathrm{S}}\mathrm{d}x$，移项可得

$$M(x_2)=M(x_1)+\int_{x_1}^{x_2}F_{\mathrm{S}}\mathrm{d}x \tag{14-4}$$

式中，$\int_{x_1}^{x_2}F_{\mathrm{S}}\mathrm{d}x$ 实际上是截面 x_1 到截面 x_2 的剪力图的面积。通过上积分关系，可以方便地求出相应截面上的弯矩。但必须指出的是，在有集中力和集中力偶作用处，式(14-1)～式(14-3)不成立，同样在截面 x_1 到截面 x_2 上有集中力偶的情况下，式(14-4)也不成立。

14.2.2 集中力、集中力偶作用处梁内力的变化情况

如图 14-10 所示，在微梁 $\mathrm{d}x$ 上作用有向下的大小为 F 的集中力，逆时针转向的集中力偶 M_{e}。令微梁左侧截面的剪力为 F_{SL}，右侧截面的剪力为 F_{SR}，根据平衡方程 $\sum F_y=0$，有 $F_{\mathrm{SL}}-F+q\mathrm{d}x-F_{\mathrm{SR}}=0$，略去微量 $q\mathrm{d}x$。得到左右截面的剪力差：

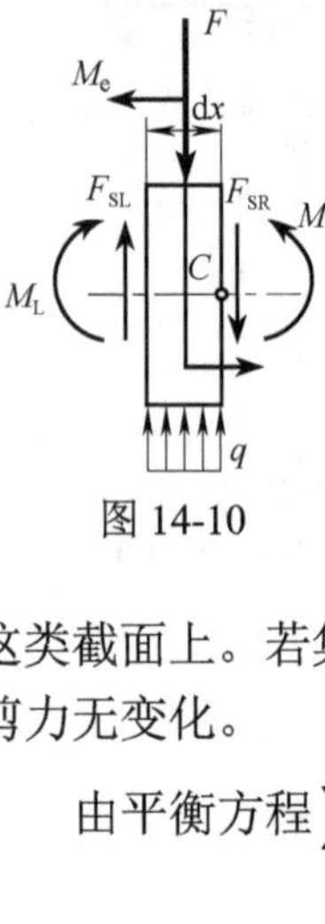

图 14-10

$$\Delta F_{\mathrm{S}}=F_{\mathrm{SL}}-F_{\mathrm{SR}}=F \tag{14-5}$$

式(14-5)表明，在有集中力作用处两侧横截面上的剪力值发生突变，突变的大小为集中力的大小 F。若集中力向下(上)，则右侧截面的剪力值为左侧截面的剪力值减去(加上)集中力 F 的大小。在剪力突变的情况下，弯矩图的斜率也发生突然变化，成为一个折点，弯矩的极值就可能出现于这类截面上。若集中力的大小为0，则剪力值无变化。同时，集中力偶作用处的左右两截面的剪力无变化。

由平衡方程 $\sum M_C=0$，有 $-M_{\mathrm{L}}-F_{\mathrm{SL}}\mathrm{d}x-q\mathrm{d}x\frac{\mathrm{d}x}{2}+F\frac{\mathrm{d}x}{2}+M_{\mathrm{e}}+M_{\mathrm{R}}=0$，略去高阶微量，有

$$\Delta M=M_{\mathrm{L}}-M_{\mathrm{R}}=M_{\mathrm{e}} \tag{14-6}$$

式(14-6)表明，在有集中力偶作用处两侧横截面上的弯矩值发生突变，突变的大小为集中力偶的力偶矩大小 M_{e}。若集中力偶为逆(顺)时针转向，则右侧截面的弯矩值为左侧截面的弯矩值减去(加上)集中力偶矩的大小。

通过本节介绍的载荷、剪力、弯矩的关系的几何意义，可以不必列出剪力、弯矩方程而直接画出剪力图和弯矩图。一般步骤是，首先需确保约束力计算的正确，其次画出剪力图，最后根据剪力和弯矩的微分关系式(14-2)和积分关系式(14-4)画出弯矩图。

【例 14-3】 外伸梁及其所受载荷如图 14-11(a)所示，试作梁的剪力图和弯矩图。

解 (1)由平衡方程求得支座约束力为

$$F_A=ql,\qquad F_B=2ql$$

(2)绘制剪力图。习惯上从梁的最左侧向最右侧绘制剪力图。截面 A 上有向上的支座反力 F_A，因此截面 A 的剪力有大小为 ql 的向上突变。AC 段梁上无载荷，剪力为常量，即 $F_S=ql$。截面 C 有向下的集中力 $F=ql$，因此剪力有突变，故截面 C 右侧的剪力 $F_S=ql-ql=0$。CD 段无载荷，所以剪力为常量 $F_S=0$。DB 段有均布载荷，根据式(14-1)，剪力图为斜率为 $-q$ 的直线，截面 B 左侧剪力 $F_S=-ql$。截面 B 有支座反力，剪力有突变，突变值为 $2ql$，故截面 B 右侧剪力 $F_S=2ql-ql=ql$。BE 段有均布载荷，剪力图为斜率为 $-q$ 的直线，截面 E 的剪力为零。因此可作出剪力图，如图 14-11(b)所示。

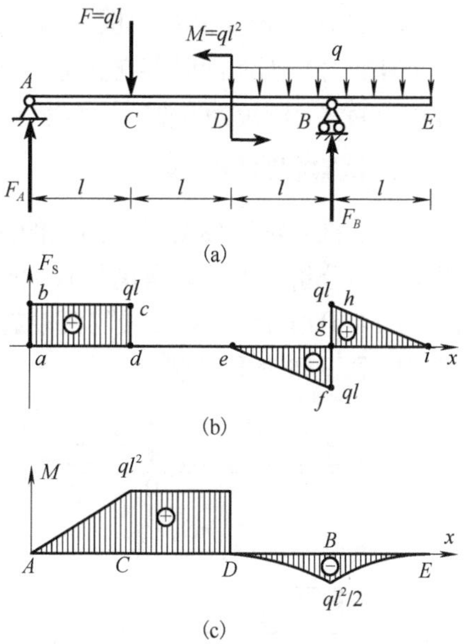

图 14-11

(3)绘制弯矩图。截面 A 上弯矩 $M_A=0$，AC 段上剪力为常量，根据式(14-2)，弯矩图为斜率为 ql 的斜直线。根据式(14-4)，截面 C 上的弯矩 $M_C=M_A+A_{abcd}=0+ql\cdot l=ql^2$。其中 A_{abcd} 是剪力图在 AC 段的面积。CD 段上剪力为零，故弯矩图为与轴线平行的直线。截面 D 有集中力偶 $M=ql^2$ 的作用，弯矩有突变，根据式(14-6)，D 截面右侧弯矩 $M=ql^2-ql^2=0$。DB 和 BE 段上有向下的均布载荷 q，弯矩图为开口向下的二次曲线。截面 B 的弯矩 $M_B=M_D+A_{efg}=0+\left(-\frac{1}{2}ql\cdot l\right)=-\frac{1}{2}ql^2$，截面 B 上有支座反力，故弯矩图上有折点。$M_E=M_B+A_{ghi}=-\frac{1}{2}ql\cdot l+\frac{1}{2}ql\cdot l=0$。从而可作弯矩图，如图 14-11(c)所示。

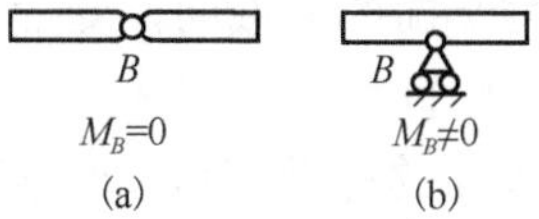

图 14-12

作为练习，请读者通过以上方法，不列方程，绘制例 14-2 的剪力图和弯矩图。若梁是悬臂梁，则悬臂端存在约束力偶，应视为作用在悬臂端的集中力偶，考虑弯矩图，所以弯矩图在悬臂端的值一般不为 0。另外，连接两个构件的中间铰链处的弯矩一般为零，这是因为中间铰链不限制物体之间的相互转动，如图 14-12(a)所示。但若是单个梁上的中间支座，支座不会将梁的整体断开，梁在支座截面上的弯矩一般不为零，如图 14-12(b)所示，读者需注意两者在工程上和绘图上的区别。

14.3　梁横截面上的应力

14.3.1　纯弯曲梁横截面上的正应力

14.2 节讨论了梁横截面上的剪力和弯矩，一般情况下，这两种内力同时存在。根据力系等效关系，弯矩是垂直于横截面的内力系的合力矩；剪力是平行于横截面的内力系的合力。所以，弯矩只与横截面上的正应力 σ 有关，而剪力只与横截面上的切应力 τ 有关。

考察图 14-13(a)所示的简支梁。梁上有两个外力 F 对称地作用于梁的纵向对称面内，

图 14-13(b)、(c)是其剪力图和弯矩图。由图可见，在梁的 AC 和 DB 两段，梁横截面上既有弯矩又有剪力，因而同时存在正应力和切应力，这种情况称为**横力弯曲**。在 CD 段，梁横截面上的剪力为零，弯矩为常数，从而梁的横截面上就只有正应力而无切应力，这种情况称为**纯弯曲**。

1. 试验观察与假设

为了推导纯弯曲梁横截面上的应力分布，首先需要观察纯弯曲时梁的变形，然后根据变形情况做出分析和假设。考虑具有纵向对称面的等直梁，在梁侧面画上几条纵向线和横向线，如图 14-14(a)所示，然后在梁的两端施加力偶矩 M，使梁产生微小弯曲变形，如图 14-14(b)所示，可观察到下列变形现象。

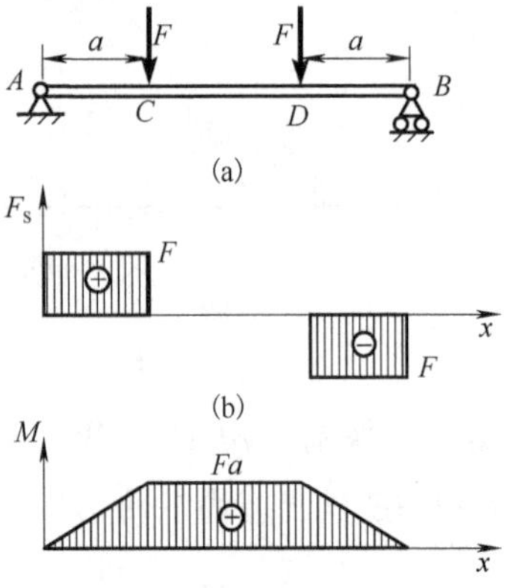

图 14-13

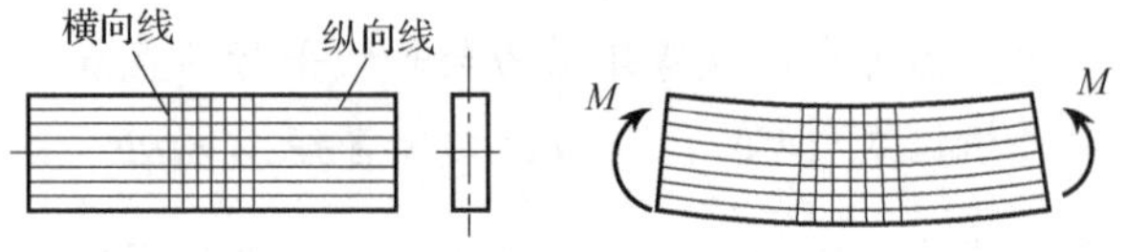

图 14-14

纵向线都弯成弧线，且梁上部纵向线缩短，下部伸长；横向线仍为直线，均不同程度地转过了一定的角度，且仍与纵向线正交。

根据上述变形现象，经过分析和推理，作如下平截面假设：变形前为平面的横截面，变形后仍为平面，且仍与变形后的轴线正交。假想梁由无数根平行于轴线的“纵向纤维”组成，则必然要引起靠近梁底面的纤维伸长，靠近梁顶面的纤维缩短。根据变形的连续性，中间必然有一层纤维的长度不变，该层称为**中性层**。中性层与横截面的交线称为**中性轴**，如图 14-15 所示。除平截面假设以外，我们还假定梁的纵向纤维间无挤压，即纵向纤维间无正应力。在纯弯曲情况下，由于横截面保持为平面，且处处与纵向线正交，说明横截面各点处无切应变，从而不存在切应力，横截面上只存在正应力。

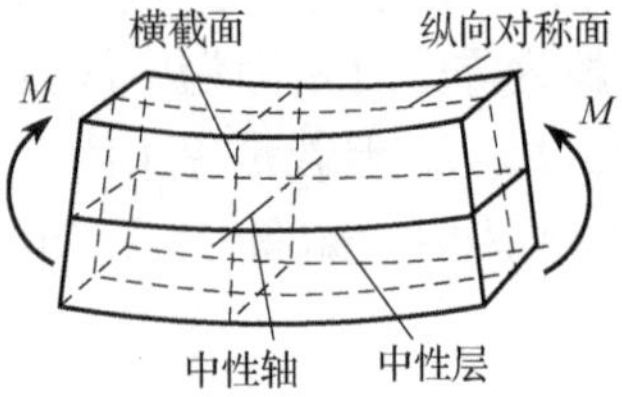

图 14-15

2. 几何关系

设从纯弯曲梁中沿轴线取 $\mathrm{d}x$ 的微段，放大画于图 14-16 中。设 ρ 为中性层的曲率半径，对某一确定的截面而言，ρ 为常量；$\mathrm{d}\theta$ 为左右两横截面的相对转角。又设横截面的对称轴为 y 轴，中性轴为 z 轴，如图 14-17 所示。在图 14-16 中，距离中性轴为 y 的任一纤维 ab，变形前长度为 $\overline{ab}=\mathrm{d}x=\rho\mathrm{d}\theta$，变形后长度为 $\widehat{a'b'}=(\rho+y)\mathrm{d}\theta$，所以 $\overline{ab}$ 的正应变为

$$\varepsilon(y)=\frac{(\rho+y)\mathrm{d}\theta-\rho\mathrm{d}\theta}{\rho\mathrm{d}\theta}=\frac{y}{\rho} \tag{14-7}$$

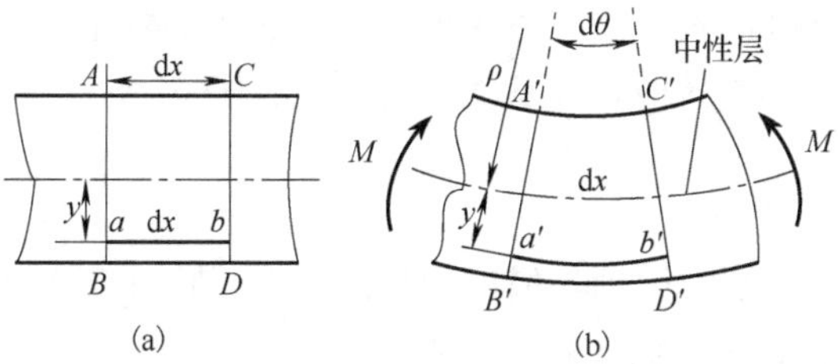

图 14-16

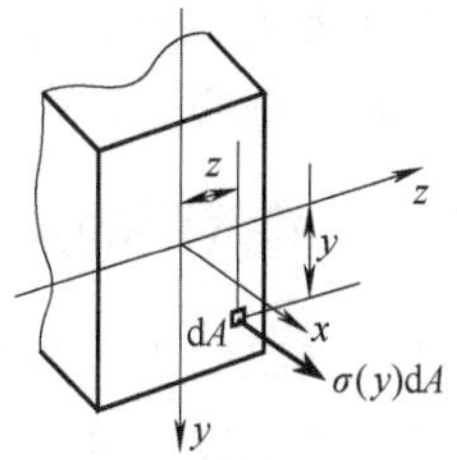

图 14-17

3. 物理关系

因为纵向纤维之间无正应力，每一纤维都是单向拉伸或压缩。当应力小于比例极限时，将式(14-7)代入式(11-4)所示的胡克定律$\sigma = E\varepsilon$，得

$$\sigma(y) = E\frac{y}{\rho} \tag{14-8}$$

式(14-8)表明任一纵向纤维的正应力与它到中性层的距离成正比。也就是说沿截面高度，正应力按直线规律变化。

4. 静力学关系

图 14-17 中，微面积 dA 上的微内力$\sigma(y)\cdot \mathrm{d}A$组成一个与梁轴线平行的空间平行力系。纯弯曲情况下，横截面上的内力分量只有弯矩 M，故

$$F_\mathrm{N} = \int_A \sigma(y)\mathrm{d}A = 0 \tag{14-9}$$

$$M_y = \int_A \sigma(y)z\mathrm{d}A = 0 \tag{14-10}$$

$$M_z = \int_A \sigma(y)y\mathrm{d}A = M \tag{14-11}$$

将式(14-8)代入式(14-11)，有$M = \int_A \sigma(y)y\mathrm{d}A = \frac{E}{\rho}\int_A y^2\mathrm{d}A$。定义积分$I_z = \int_A y^2\mathrm{d}A$是横截面对中性轴的**惯性矩**。在截面确定的情况下，I_z是一个确定的常值。如此就可以得到

$$\frac{1}{\rho} = \frac{M}{EI_z} \tag{14-12}$$

式中，$1/\rho$为梁轴线变形后的曲率，反映梁弯曲变形的程度，而且EI_z越大，曲率$1/\rho$越小，故EI_z称为梁的**抗弯刚度**。

将式(14-12)代入式(14-8)，消去$1/\rho$，得

$$\sigma(y) = \frac{My}{I_z} \tag{14-13}$$

式(14-13)就是梁纯弯曲时横截面上的正应力计算公式。对某一截面而言，M和I_z都是确定的，当横截面上的弯矩为正时，$\sigma(y)$沿截面高度的线性分布规律如图 14-18 所示。显然，在中性层附近，弯曲正应力趋近于 0，而距离中性层越远，其弯曲正应力越大，在梁的边缘，达到最大值。

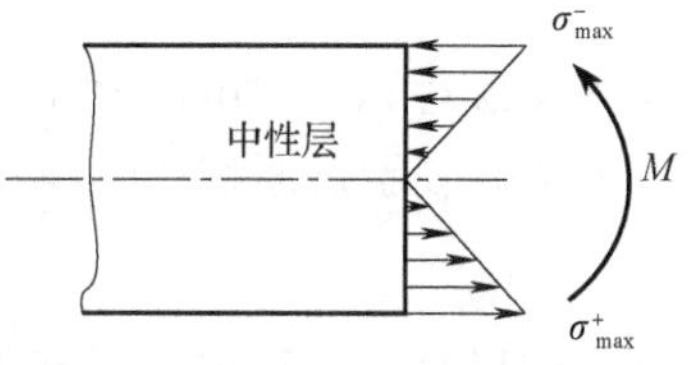

图 14-18

在用式(14-13)计算任一点的正应力时，可以不考虑 M

以及离中性轴的距离 y 的正负，一律以绝对值代入。正应力的正负由梁的变形判定：梁的纵向纤维受压时，正应力为负(压应力)；纵向纤维受拉时，正应力为正(拉应力)。

14.3.2 梁横截面的几何性质

在纯弯曲梁的正应力推导过程中，尚未确定中性轴在横截面上的位置，同时惯性矩 I_z 的计算也需进一步加以讨论。这些问题都与梁横截面的形状和尺寸有关。

1. 静矩

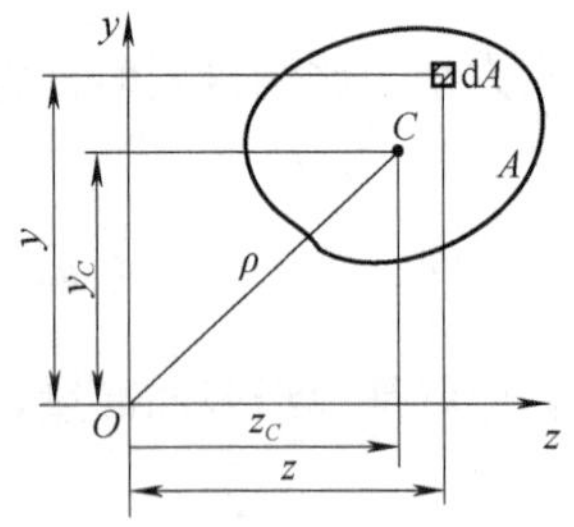

图 14-19

考虑任意面积为 A 的平面图形，如图 14-19 所示。y 轴和 z 轴为图形所在平面内的坐标轴。取坐标 (y, z) 处的微面积 dA，则遍及整个图形面积 A 的积分

$$S_z = \int_A y\,dA, \qquad S_y = \int_A z\,dA \tag{14-14}$$

分别定义为图形对 z 轴和 y 轴的**静矩**(或面积矩，或一次矩)。从式(14-14)可以看出同一平面图形对于不同的坐标轴，其静矩不同。静矩的数值可能为正，可能为负，也可能为零。静矩的量纲是长度的三次方。

根据 6.3 节可知平面图形的形心坐标分别为 $y_C = \dfrac{\int_A y\,dA}{A}$，$z_C = \dfrac{\int_A z\,dA}{A}$，结合式(14-14)，可得

$$S_z = y_C A, \qquad S_y = z_C A \tag{14-15}$$

若 $S_z = 0$ 和 $S_y = 0$，则 $y_C = 0$ 和 $z_C = 0$。可见，若图形对某轴的静矩等于零，则该轴必通过图形的形心。将式(14-8)代入式(14-9)，得 $\int_A \sigma(y)dA = \dfrac{E}{\rho}\int_A y\,dA = 0$。以上 E/ρ 为常量，不等于零，因此必须有 $\int_A y\,dA = S_z = 0$，即横截面对 z 轴的静矩 S_z 等于零。于是有**中性轴通过截面形心**。

2. 惯性矩和惯性积

对图 14-19 所示的任意平面图形，定义图形对 z 轴和 y 轴的**惯性矩**(或二次矩)为积分

$$\begin{cases} I_z = \int_A y^2 dA \\ I_y = \int_A z^2 dA \end{cases} \tag{14-16}$$

而积分

$$I_{yz} = \int_A zy\,dA \tag{14-17}$$

定义为图形对 z、y 轴的**惯性积**。

若以 ρ 表示微面积 dA 至坐标原点 O 的距离，积分

$$I_p = \int_A \rho^2 dA \tag{14-18}$$

定义为图形对坐标原点 O 的**极惯性矩**。

由以上定义可知惯性矩、惯性积和极惯性矩的量纲均为长度的四次方。惯性矩I_z、I_y和极惯性矩I_p恒为正值；而惯性积I_{yz}可能为正、为负，也可能为零。如果图形有一个(或一个以上)对称轴，则图形对包含此对称轴的任一对正交轴的惯性积必为零。如图 14-20 所示的图形对 y 轴对称，在图中对称位置上画出两个微面积dA，它们的 y 坐标相同，而 z 坐标数值相等，符号相反，由于所有的zydA都成对出现，它们在积分中相互抵消，故其总和为零。将式(14-8)代入式(14-10)，$\int_A \sigma(y) z\,\mathrm{d}A = \frac{E}{\rho}\int_A yz\,\mathrm{d}A = 0$。由于图 14-17 中 y 轴是横截面的对称轴，所以必然有$\int_A yz\,\mathrm{d}A = I_{yz} = 0$。

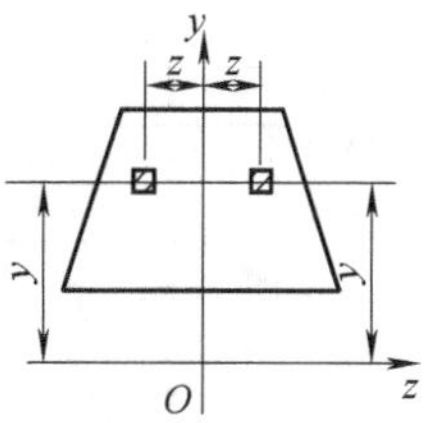

图 14-20

图形对其所在平面内任一点的任一对正交坐标轴的惯性矩之和为一常量，其值等于图形对该点的极惯性矩。由图 14-19 可看出$\rho^2 = z^2 + y^2$，将此式代入式(14-18)，得$I_p = I_y + I_z$。对于圆形或圆环形截面，由于其为中心对称的，所以必然有$I_y = I_z$，从而$I_p = 2I_z$。据此，再根据式(13-11)、式(13-13)的结果，可得直径为D的实心圆截面的惯性矩$I_z = \frac{\pi D^4}{64}$，而内径为d、外径为D的空心圆截面的惯性矩为$I_z = \frac{\pi}{64}\left(D^4 - d^4\right)$。

【例 14-4】 求图 14-21 所示矩形截面图形对其形心轴z、y的惯性矩I_z、I_y。

解 取与z轴平行的狭长条(图中阴影线部分)为微面积，则d$A = b$dy。由式(14-16)可知，矩形截面对z轴的惯性矩为

$$I_z = \int_A y^2 \mathrm{d}A = \int_{-h/2}^{h/2} y^2 b\,\mathrm{d}y = \frac{bh^3}{12}$$

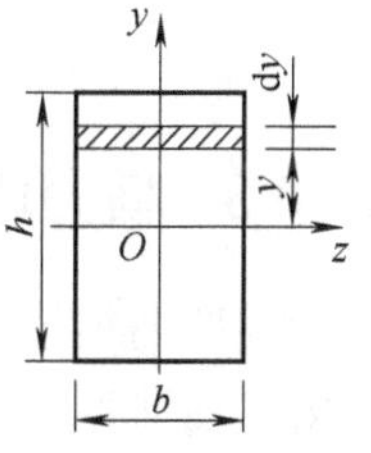

图 14-21

再取与y轴平行的狭长条为微面积，同理可得矩形截面对y轴的惯性矩为

$$I_y = \int_A z^2 \mathrm{d}A = \int_{-b/2}^{b/2} z^2 h\,\mathrm{d}z = \frac{hb^3}{12}$$

由第 10 章可知，对于均质规则的形状，其转动惯量为$\int_m r^2 \mathrm{d}m$，它是旋转物体质量对转轴的二次矩；截面惯性矩定义为$\int_A y^2 \mathrm{d}A$，它是面积对中性轴的二次矩。两者的表达式相似，计算方法也相同，因此只需要将转动惯量的平行移轴公式的质量置换为面积，就能得到惯性矩的平行移轴公式，即

$$I_z = I_{z_C} + a^2 A, \qquad I_y = I_{y_C} + b^2 A \tag{14-19}$$

式中，A是平面图形的面积；I_{z_C}、I_{y_C}是平面图形对其形心轴z_C、y_C的惯性矩；I_z、I_y是平面图形对与形心轴平行的任意z、y轴的惯性矩；a是z轴与其平行的形心轴z_C的距离；b是y轴与其平行的形心轴y_C的距离。

类似于回转半径，图形对某轴的惯性矩与图形面积之比的平方根，称为图形对该轴的**惯性半径**，用i表示，即

$$i_z = \sqrt{\frac{I_z}{A}}, \qquad i_y = \sqrt{\frac{I_y}{A}} \tag{14-20}$$

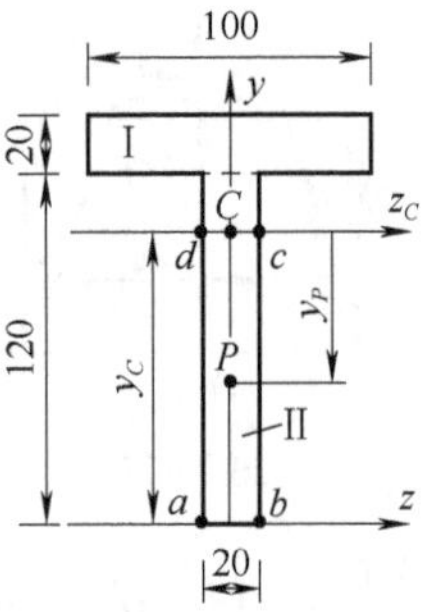

图 14-22

【例 14-5】 求图 14-22 所示 T 形截面图形对其形心轴 z_C 的惯性矩 I_{z_C}，并求形心轴 z_C 下方的图形对形心轴的静矩。

解 (1)确定图形的形心坐标。将截面图形看作由两个狭长矩形Ⅰ和Ⅱ所组成。整个图形的形心必在对称坐标轴 y 上。为确定 y_C，取参考轴 z。由式(6-21)可得

$$y_C = \frac{A_1 y_{C1} + A_2 y_{C2}}{A_1 + A_2} = \frac{100\times 20\times 130 + 120\times 20\times 60}{100\times 20 + 120\times 20}\text{mm} = 91.8\,\text{mm}$$

(2)计算各分图形对图形形心轴 z_C 的惯性矩 $\left(I_{z_C}\right)_i$，利用例 14-4 的结论以及式(14-19)，分别算出矩形Ⅰ和Ⅱ对 z_C 轴的惯性矩为

$$(I_{z_C})_1 = \left[\frac{1}{12}\times 100\times 20^3 + (130-91.8)^2\times 100\times 20\right]\text{mm}^4 = 2.99\times 10^6\,\text{mm}^4$$

$$(I_{z_C})_2 = \left[\frac{1}{12}\times 20\times 120^3 + (91.8-60)^2\times 20\times 120\right]\text{mm}^4 = 5.31\times 10^6\,\text{mm}^4$$

(3)计算组合图形对形心轴的惯性矩 I_{z_C}。整个图形对 z_C 轴的惯性矩应为

$$I_{z_C} = (I_{z_C})_1 + (I_{z_C})_2 = (2.99\times 10^6 + 5.31\times 10^6)\text{mm}^4 = 8.3\times 10^6\,\text{mm}^4$$

(4)计算面积 $abcd$ 对形心轴的静矩，注意到面积 $abcd$ 的形心点 P 相对于形心轴 z_C 的坐标 $y_P = -91.8/2 = -45.9(\text{mm})$，面积 $A_{abcd} = 91.8\times 20 = 1836(\text{mm}^2)$，根据式(14-15)得

$$S_{z_C} = A_{abcd}\,y_P = 1836\times\left(-45.9\right) = -8.43\times 10^4(\text{mm}^3)$$

14.3.3 横力弯曲时横截面上的应力

纯弯曲梁横截面上的正应力公式(14-13)是在平截面假设的前提条件下推导出来的，而在横力弯曲情形下，横截面将不再保持为平面，平截面假设不再成立；纵向纤维之间也不能保证没有挤压。但通过弹性力学的进一步分析表明，用纯弯曲梁的正应力计算公式，即式(14-13)计算细长梁横力弯曲时的正应力，并不会引起很大的误差，其计算结果能够满足工程问题的精度要求。当梁的跨度是梁的高度的 4 倍时，纯弯曲梁公式(14-13)的计算结果与通过弹性力学得到的最大弯曲正应力的理论值相比，误差小于 2%。

由于梁在横力弯曲时，横截面上存在剪力，而剪力为与横截面平行的内力系的合力。因此，在横力弯曲情况下，横截面上不仅有正应力，还有切应力。限于篇幅，以下仅简单讨论矩形截面梁上的切应力分布。

如图 14-23(a)所示的矩形截面梁，俄罗斯工程师茹拉夫斯基提出以下的两点假设：其一，截面上任一点的切应力 τ 的方向与该截面上的剪力 F_S 的方向平行；其二，切应力 τ 沿宽度均匀分布，即 τ 的大小只与到中性轴的距离有关，如图 14-23(b)所示。

当矩形截面梁的高度 h 大于宽度 b 时，以上假设基本符合实际情况，据此可以推导出矩形截面梁横截面上的切应力分布规律，如图 14-24 所示，且距中性轴 y 处的切应力为

$$\tau(y) = \frac{F_S\, S_z^*}{I_z\, b} \tag{14-21}$$

式中，F_S 为横截面上的剪力；b 为截面宽度；I_z 为整个截面对中性轴的惯性矩。

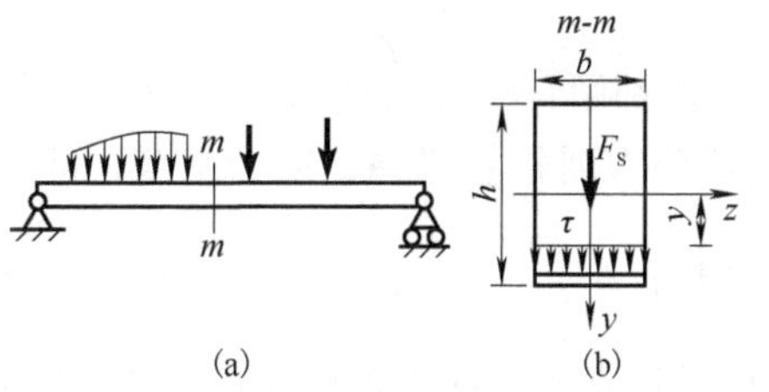

图 14-23

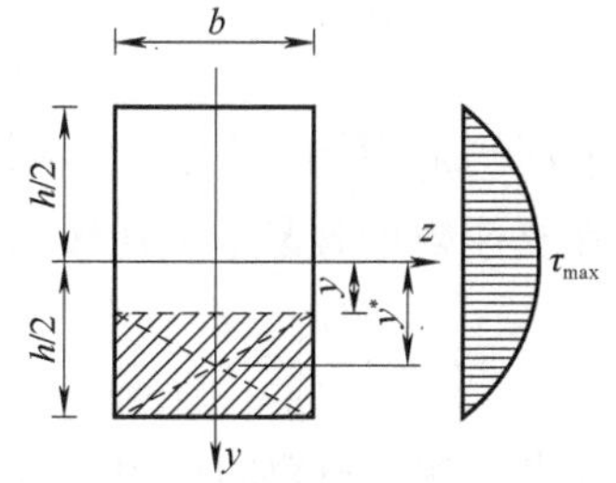

图 14-24

S_z^*为图 14-24 上画剖面线的面积 A^*（即梁横截面上距中性轴为 y 的横线以外部分的面积）对中性轴的静矩。显然 $S_z^* = A^* y^*$，其中 y^* 是面积 A^* 的形心坐标，计算时以绝对值代入。

对于图 14-24 所示的矩形截面，取 y 的绝对值计算，有

$$S_z^* = A^* y^* = b\left(\frac{h}{2} - y\right) \cdot \frac{1}{2}\left(\frac{h}{2} + y\right) = \frac{b}{2}\left(\frac{h^2}{4} - y^2\right)$$

将上式代入式(14-21)可得矩形横截面上的切应力公式：

$$\tau(y) = \frac{F_S}{2I_z}\left(\frac{h^2}{4} - y^2\right) \tag{14-22}$$

式(14-22)表明沿截面高度切应力按抛物线规律变化，如图 14-24 所示。当 $y = \pm h/2$ 时，$\tau = 0$。这表明在截面上下边缘的各点处，切应力等于零。随着离中性轴距离的减小，切应力逐渐增大，当 $y = 0$ 时，τ 为最大值，即最大切应力发生在中性轴上，若以 $I_z = bh^3/12$ 进行计算，即可得出

$$\tau_{max} = \frac{3}{2}\frac{F_S}{bh} \tag{14-23}$$

可见矩形截面梁的最大切应力为横截面上平均切应力 $F_S/(bh)$ 的 1.5 倍。

对于工字形截面梁、圆形截面梁、圆环形截面梁，其弯曲切应力的最大值也发生在各自的中性轴上。非矩形截面上的弯曲切应力情况请读者参考材料力学有关教材。

14.4　梁的强度计算

在进行梁的强度计算时，首先要确定梁的危险截面以及危险截面上的危险点。对于等截面细长直梁，其危险截面在弯矩最大的截面，而危险截面上的边缘是最大正应力所在的位置。根据式(14-13)，有 $\sigma_{max} = M y_{max} / I_z$，若令 $W_z = I_z / y_{max}$，则有最大正应力公式：

$$\sigma_{max} = \frac{M}{W_z} \tag{14-24}$$

式中，W_z 称为截面系数或**抗弯截面系数**。容易得出如图 14-21 所示的矩形截面的 $W_z = \frac{I_z}{h/2} = \frac{bh^3/12}{h/2} = \frac{bh^2}{6}$，而对于直径为 d 的实心圆截面，有 $W_z = \frac{I_z}{d/2} = \frac{\pi d^4/64}{d/2} = \frac{\pi d^3}{32}$。对于型钢，抗弯截面系数可直接查表获得。

无论横力弯曲还是纯弯曲，距离中性轴最远处的点只有正应力而无切应力，因此正应力强度条件可写为

$$\sigma_{\max}=\frac{M_{\max}}{W_z}\leqslant[\sigma] \tag{14-25}$$

式中，$[\sigma]$是弯曲许用正应力，作为近似，可取为材料在轴向拉压时的许用正应力。对于横力弯曲梁，在支座附近容易形成比较大的剪力，这种情况下有时需要考虑切应力强度，即

$$\tau_{\max}=\frac{F_{\mathrm{S}\max}S_{z\max}^{*}}{I_z b}\leqslant[\tau] \tag{14-26}$$

对于变截面梁、材料的许用拉应力和许用压应力不相等(如铸铁等脆性材料)、中性轴不是截面的对称轴等情况，则需要综合分析内力和截面几何性质，分析梁上可能的危险截面和危险点以进行强度计算。

在设计梁的截面时，通常先按照正应力强度条件计算，必要时再进行切应力强度校核。根据强度条件，我们可以验算梁的强度是否满足强度条件，判断梁的工作是否安全，即对梁进行**强度校核**；根据梁的最大载荷和材料的许用应力，确定梁横截面的尺寸和形状，或选用合适的标准型钢，即对梁进行**截面设计**；根据梁截面的形状和尺寸以及许用应力，确定梁可承受的最大弯矩，再由弯矩和载荷的关系确定梁的许可载荷，即**许可载荷的确定**。

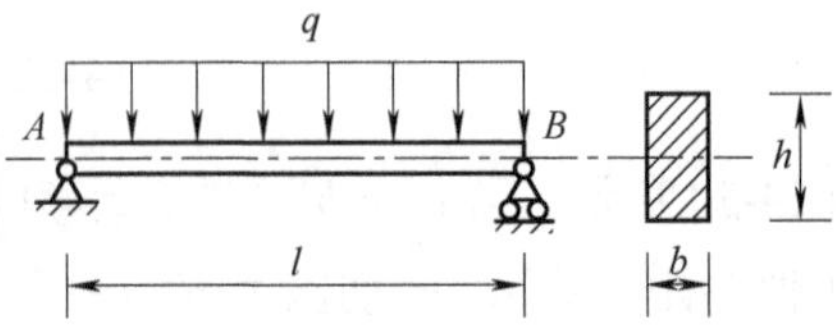

图 14-25

【例 14-6】 如图 14-25 所示的受均布载荷作用的简支梁，已知$l=3\,\mathrm{m}$，$[\sigma]=140\,\mathrm{MPa}$，$q=2\,\mathrm{kN/m}$，若截面是矩形截面，且宽高比$b:h=1:2$，设计截面的尺寸$b$和$h$。

解 根据例 14-1 的结果，梁上的最大弯矩位于跨中，$M_{\max}=ql^2/8=(2\times3^2)/8=2.25(\mathrm{kN\cdot m})$。

按照强度条件：$\sigma_{\max}=\dfrac{M_{\max}}{W_z}=M_{\max}\Big/\left(\dfrac{bh^2}{6}\right)=M_{\max}\Big/\left[\dfrac{b(2b)^2}{6}\right]=\dfrac{3M_{\max}}{2b^3}\leqslant[\sigma]$，因此得

$$b\geqslant\sqrt[3]{\frac{3\times2.25\times10^6\ \mathrm{N\cdot mm}}{2\times140\ \mathrm{MPa}}}=28.89\mathrm{mm}$$

故可取设计直径$b=30\ \mathrm{mm}$，$h=2b=60\ \mathrm{mm}$。

【例 14-7】 现有 T 形截面铸铁梁的载荷和截面尺寸如图 14-26(a)所示。已知截面的惯性矩$I_z=26.1\times10^6\,\mathrm{mm}^4$，$y_1=48\mathrm{mm}$，$y_2=142\mathrm{mm}$。材料许用应力$[\sigma^+]=40\mathrm{MPa}$，$[\sigma^-]=110\mathrm{MPa}$。校核梁的强度。

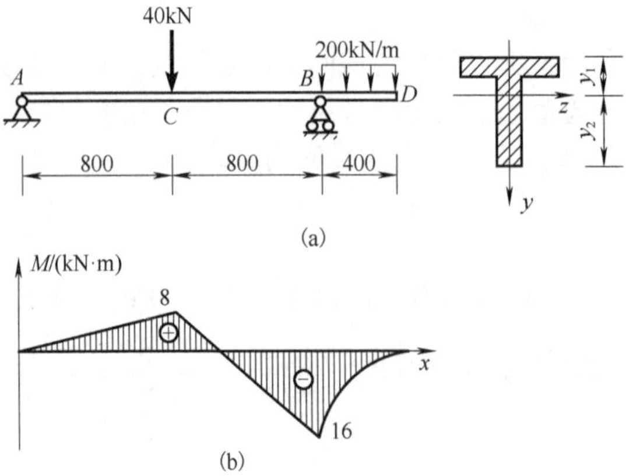

图 14-26

解 (1)作梁的弯矩图，如图 14-26(b)所示。

(2)判断危险截面和危险点。截面B的弯矩绝对值最大，应校核最大拉应力和最大压应力。该截面上侧为最大拉应力，下侧为最大压应力。截面C虽然弯矩较小，但M_C与M_B反向，截面下侧受拉，它们离中性轴的距离较远，其最大拉应力可能比截面B的还大，所以也可能是危险点。

(3) 强度校核。根据上面的分析，由正应力计算公式，即式(14-13)可得

$$\sigma_B^+ = \frac{M_B y_1}{I_z} = \frac{16\times10^6\,\mathrm{N\cdot mm}\times48\,\mathrm{mm}}{26.1\times10^6\,\mathrm{mm}^4} = 29.4\,\mathrm{MPa} < [\sigma^+]$$

$$\sigma_B^- = \frac{M_B y_2}{I_z} = \frac{16\times10^6\,\mathrm{N\cdot mm}\times142\,\mathrm{mm}}{26.1\times10^6\,\mathrm{mm}^4} = 87.0\,\mathrm{MPa} < [\sigma^-]$$

$$\sigma_C^+ = \frac{M_C y_2}{I_z} = \frac{8\times10^6\,\mathrm{N\cdot mm}\times142\,\mathrm{mm}}{26.1\times10^6\,\mathrm{mm}^4} = 43.5\,\mathrm{MPa} > [\sigma^+]$$

故该梁不安全。从本例可以看出，对于脆性材料梁，危险点有时并不一定在弯矩最大的截面上。

【例 14-8】 图 14-27(a)为一枕木的受力图。已知枕木为矩形截面，其宽高比为 $b:h=3:4$，许用应力为 $[\sigma]=9\,\mathrm{MPa}$，$[\tau]=2.5\,\mathrm{MPa}$，枕木跨度 $l=2\,\mathrm{m}$，两轨间距为 1.6m，钢轨传给枕木的压力为 $F=98\,\mathrm{kN}$。试设计枕木的截面尺寸。

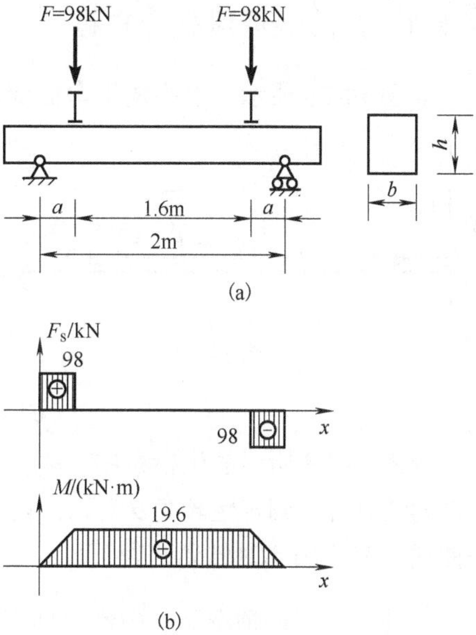

图 14-27

解 (1) 根据给定数据，画出梁的剪力图和弯矩图，如图 14-27(b)所示。

(2) 按正应力强度设计截面尺寸。最大弯矩为

$$M_{\max} = Fa = 98\times0.2\,\mathrm{kN\cdot m} = 19.6\,\mathrm{kN\cdot m}$$

根据正应力强度条件有

$$W_z \geqslant M_{\max}/[\sigma] = 19.6\times10^6/9\,\mathrm{mm}^3 = 2.18\times10^6\,\mathrm{mm}^3$$

$$W_z = \frac{1}{6}bh^2 = \frac{1}{6}\times\frac{3}{4}h\times h^2 = \frac{1}{8}h^3$$

$$h = \sqrt[3]{8W_z} = \sqrt[3]{8\times2.18\times10^6}\,\mathrm{mm} = 2.60\times10^2\,\mathrm{mm}$$

取设计尺寸 $h=260\,\mathrm{mm}$，从而

$$b = \frac{3}{4}h = \frac{3}{4}\times2.6\times10^2\,\mathrm{mm} = 1.95\times10^2\,\mathrm{mm}$$

取设计尺寸 $b=200\,\mathrm{mm}$。

(3) 切应力强度校核。根据所选尺寸，校核切应力是否满足强度条件。对于矩形截面，由式(14-23)得

$$\tau_{\max} = \frac{3}{2}\frac{F_{S\max}}{A} = \frac{3}{2}\times\frac{98\times10^3}{260\times200}\,\mathrm{MPa} = 2.8\,\mathrm{MPa} > [\tau]$$

不满足切应力强度要求，应重新设计。

(4) 按切应力强度条件设计截面尺寸。根据切应力强度条件有

$$A \geqslant \frac{3}{2}\frac{F_{S\max}}{[\tau]} = \frac{3}{2}\times\frac{98\times10^3}{2.5}\,\mathrm{mm}^2 = 5.88\times10^4\,\mathrm{mm}^2$$

同时，$A=bh=3h^2/4$，因此有

$$h = \sqrt{\frac{4}{3}A} = \sqrt{\frac{4}{3}\times5.88\times10^4}\,\mathrm{mm} = 2.8\times10^2\,\mathrm{mm} = 280\,\mathrm{mm}$$

$$b = \frac{3}{4}h = \frac{3}{4}\times280\,\mathrm{mm} = 210\,\mathrm{mm}$$

可以看出，这里是切应力强度条件起控制作用，其原因在于集中力比较靠近支座，在截面上引起较大的剪力。

对于一般的细长梁，控制因素通常是弯曲正应力，只有在梁的弯矩比较小，而剪力很大的时候，或者是焊接、铆接、胶合而成的梁的焊缝、铆钉或胶合面处才需要进行梁的切应力校核。

14.5 梁的变形

梁满足强度条件，表明其在工作中安全，但变形过大显然会影响机器的正常运行。工业机器人主体或部件结构的弯曲弹性变形过大，会导致工作精度严重不足，因此梁的变形计算及刚度条件也是我们需要关注的内容。

14.5.1 挠曲线近似微分方程

如图 14-28 所示，直梁发生弯曲变形时，其横截面的形心在垂直于弯曲前的轴线方向所产生的线位移称为**挠度**，用 w 表示。弯曲后的轴线 $w=w(x)$ 称为**挠度曲线**，简称**挠曲线**。除挠度外，梁在发生弯曲变形时，其横截面还将绕中性轴转动，这种角位移称为**转角**，用 θ 表示。根据平截面假设，梁弯曲时横截面与梁轴线正交，在小变形情况下有

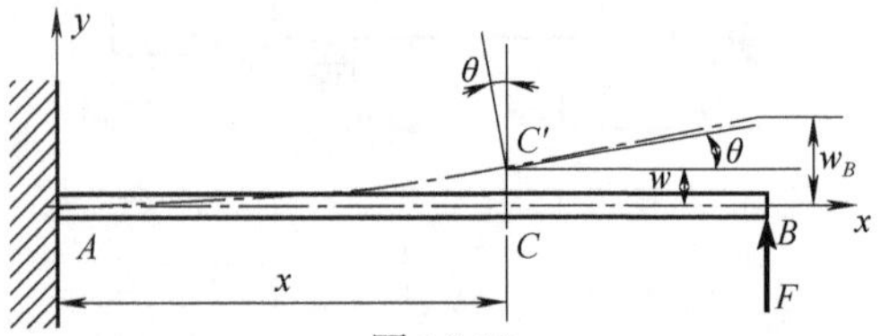

图 14-28

$$\theta(x) \approx \tan\theta(x) = w'(x) \tag{14-27}$$

在图 14-28 所示的坐标系中，挠度 w 向上为正，向下为负。若从 x 轴到截面法线构成的转角 θ 为逆时针，则规定转角 θ 为正；相反，顺时针为负。换言之，在图 14-28 所示的坐标系中，挠曲线具有正斜率时转角 θ 为正。

在纯弯曲梁的情况下，中性层曲率与梁的弯矩之间的关系为式(14-12)，即 $\dfrac{1}{\rho}=\dfrac{M}{EI}$，这里的 ρ 显然也是挠曲线的曲率半径。在横力弯曲情况下，如果忽略剪切对变形的影响，则此关系仍然可用，只是在此情况下弯矩不再是常数，曲率半径在各横截面上也不相同。由此式(14-12)变为

$$\frac{1}{\rho(x)}=\frac{M(x)}{EI} \tag{14-28}$$

式中，$M(x)$ 是弯矩方程。

由解析几何可知，平缓曲线 $w=w(x)$ 的曲率 $1/\rho(x)$ 近似等于 $w(x)$ 对于 x 的二阶导函数，即 $\dfrac{1}{\rho(x)}=\pm\dfrac{\mathrm{d}^2 w(x)}{\mathrm{d}x^2}$，注意到曲率半径 $\rho(x)$ 始终为正值。若取图 14-28 所示的坐标系，$\dfrac{\mathrm{d}^2 w(x)}{\mathrm{d}x^2}$ 为正，因此式(14-28)可写为

$$EI\,w''(x)=M(x) \tag{14-29}$$

此即为梁的**挠曲线近似微分方程**。

14.5.2　积分法求梁的变形

将式(14-29)积分一次，就得到转角方程，再积分一次得到挠曲线方程。对等直梁，EI 为常量，有

$$EI\theta = EIw' = \int M(x)\,\mathrm{d}x + C \tag{14-30}$$

$$EIw = \int\left[\int M(x)\,\mathrm{d}x\right]\mathrm{d}x + Cx + D \tag{14-31}$$

式中，C、D 为积分常数，可由梁的边界条件和连续条件来确定，即由梁上那些转角和挠度已知或相互关系已知的条件来确定。例如，在铰支座处梁的挠度为零；固定端处梁的转角和挠度均为零；在梁的弯矩方程分段处，截面转角相等、挠度相等。一般的，若将梁分成 n 段积分，则出现 $2n$ 个待定常数，总可找到 $2n$ 个相应的边界条件和连续条件将其确定。

【例 14-9】　如图 14-29 所示，等直悬臂梁受均布载荷 q 的作用，建立该梁的转角方程和挠曲线方程，并求自由端 B 的转角 θ_B 和挠度 w_B。梁的抗弯刚度 EI 为常数。

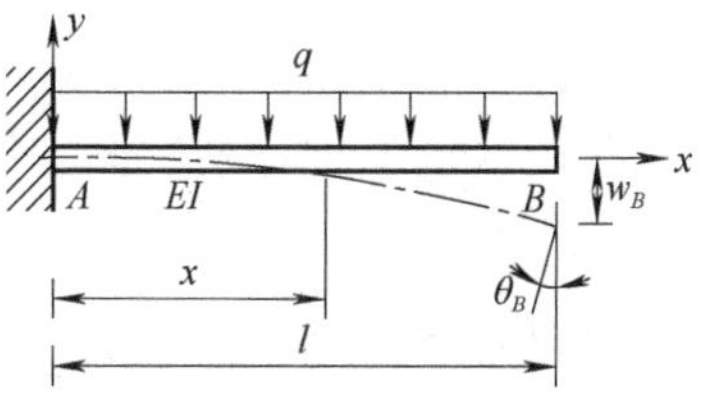

图 14-29

解　(1)求出弯矩方程。

$$M(x) = -\frac{q}{2}(l-x)^2$$

(2)求出挠曲线近似微分方程。

$$EIw'' = M(x) = -\frac{q}{2}(l-x)^2$$

(3)对上式积分求解。

$$EI\theta = EIw' = -\frac{q}{2}\int(l-x)^2\,\mathrm{d}x + C = \frac{q}{6}(l-x)^3 + C \tag{a}$$

$$EIw = \frac{q}{6}\int(l-x)^3\,\mathrm{d}x + Cx + D = -\frac{q}{24}(l-x)^4 + Cx + D \tag{b}$$

(4)确定积分常数。由边界条件，当 $x=0$ 时，固定端 A 处 $\theta_A = 0$，$w_A = 0$，分别代入式(a)和式(b)，则有 $\frac{ql^3}{6} + C = 0$ 及 $-\frac{ql^4}{24} + D = 0$，计算得到 $C = -\frac{ql^3}{6}$，$D = \frac{ql^4}{24}$。

(5)列出转角方程和挠曲线方程。将 C、D 的值回代式(a)和式(b)，并整理得

$$\theta(x) = \frac{q}{6EI}(l-x)^3 - \frac{ql^3}{6EI} \tag{c}$$

$$w(x) = -\frac{q}{24EI}(l-x)^4 - \frac{ql^3}{6EI}x + \frac{ql^4}{24EI} = -\frac{qx^2}{24EI}(x^2 + 6l^2 - 4lx) \tag{d}$$

(6)求 θ_B 和 w_B。在自由端 B 处，$x = l$，代入式(c)、式(d)得

$$\theta_B = -\frac{ql^3}{6EI}, \qquad w_B = -\frac{ql^4}{8EI}$$

计算结果均为负，说明 θ_B 顺时针转动，w_B 向下。

【例 14-10】 图 14-30 为一简支梁，梁上点 C 作用有集中力 F，设 EI 为常数。建立转角方程和挠曲线方程，并求梁内 $\theta_{\max}$ 及 $w_{\max}$。

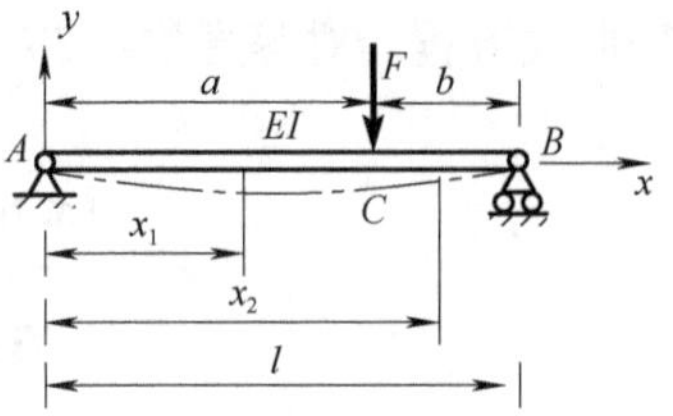

图 14-30

解 (1)求支座反力，列弯矩方程。

支座反力：

$$F_A = bF/l, \qquad F_B = aF/l$$

弯矩方程：

AC 段（$0 \leqslant x_1 \leqslant a$）： $M_1 = \dfrac{Fb}{l}x_1$

CB 段（$a \leqslant x_2 \leqslant l$）： $M_2 = \dfrac{Fb}{l}x_2 - F(x_2 - a)$

(2)列出挠曲线近似微分方程并积分。由于弯矩方程在点 C 处分段，故应对 AC 段及 CB 段分别计算。

AC 段（$0 \leqslant x_1 \leqslant a$），$EI w_1'' = \dfrac{Fb}{l}x_1$，积分得

$$EI\theta_1 = \frac{Fb}{2l}x_1^2 + C_1 \tag{a}$$

$$EI w_1 = \frac{Fb}{6l}x_1^3 + C_1 x_1 + D_1 \tag{b}$$

CB 段（$a \leqslant x_2 \leqslant l$），$EIw_2'' = \dfrac{Fb}{l}x_2 - F(x_2 - a)$，积分得

$$EI\theta_2 = \frac{Fb}{2l}x_2^2 - \frac{F}{2}(x_2 - a)^2 + C_2 \tag{c}$$

$$EI w_2 = \frac{Fb}{6l}x_2^3 - \frac{F}{6}(x_2 - a)^3 + C_2 x_2 + D_2 \tag{d}$$

(3)确定积分常数。有四个积分常数 C_1、D_1、C_2、D_2，本例中，有两个边界条件和两个连续条件。在 A、B 支座处，梁的挠度为零，即 $w_1|_{x_1=0} = 0$，$w_2|_{x_2=l} = 0$。由于挠曲线在点 C 处是连续和光滑的，因此在其左、右两侧转角和挠度应相等，即 $\theta_1|_{x_1=a} = \theta_2|_{x_2=a}$，$w_1|_{x_1=a} = w_2|_{x_2=a}$。将以上边界条件和连续条件代入式(a)～式(d)，经计算和整理，可得

$$C_1 = C_2 = \frac{bF}{6l}(b^2 - l^2), \qquad D_1 = D_2 = 0$$

(4)列转角方程和挠曲线方程。将上面求得的四个常数值分别回代入式(a)～式(d)，可得

AC 段（$0 \leqslant x_1 \leqslant a$）：

$$EI\theta_1 = \frac{Fb}{6l}(3x_1^2 + b^2 - l^2) \tag{e}$$

$$EI w_1 = \frac{Fb}{6l}\left[x_1^3 + (b^2 - l^2)x_1\right] \tag{f}$$

CB 段（$a \leqslant x_2 \leqslant l$）：

$$EI\theta_2 = \frac{Fb}{6l}\left[3x_2^2 + b^2 - l^2 - \frac{3l}{b}(x_2 - a)^2\right] \tag{g}$$

$$EI w_2 = \frac{Fb}{6l}\left[(x_2^2 + b^2 - l^2)x_2 - \frac{l}{b}(x_2 - a)^3\right] \tag{h}$$

(5) 确定 $\theta_{\max}$ 及 $w_{\max}$。若 $a>b$，则 $\theta_{\max}=\theta_B$，将 $x_2=l$ 代入式(g)，整理后得到

$$\theta_B=\frac{Fab}{6EIl}(l+a)$$

最大挠度 $w_{\max}$ 应发生在 AC 段上 $\theta=0$ 处，将 $\theta=0$ 代入式(e)，求出 $x_1=\sqrt{(l^2-b^2)/3}$，将其代入式(f)，于是求得最大挠度的绝对值 $w_{\max}=\dfrac{Fb}{9\sqrt{3}EIl}\sqrt{(l^2-b^2)^3}$。

考虑梁中点 m 的挠度，将 $x_1=l/2$ 代入式(f)，其绝对值为 $w_m=\dfrac{Fb}{12EI}\left(\dfrac{3}{4}l^2-b^2\right)$。作为比较，当 F 作用点 C 与梁的中点 m 重合时，可得中点最大挠度的绝对值为 $w_C=w_m=\dfrac{Fl^3}{48EI}$。若考虑极端情况，即 F 作用点无限靠近支座 B，这时 $b\to 0$，这种情况下近似有

$$w_{\max}=\frac{bFl^2}{9\sqrt{3}EI}，\quad w_m=\frac{bFl^2}{16EI}$$

由此可见，即使是极端情况，本例中最大挠度和跨中挠度两者相差也不超过 2.6%。由此可见在工程实际中，为了便于计算，在挠曲线上无拐点的场合下，可用计算较为简单的中点挠度来代替计算较为烦琐的最大挠度。

14.5.3　按叠加原理计算位移

为了工程技术人员计算梁的位移方便，在一些材料力学、工程力学教材或工程手册中，往往列有简单的梁在简单载荷作用下的最大挠度和最大转角等的计算公式，表14-1列举了其中几种情况。利用这类资料，可以按照叠加原理比较方便地计算某些较为复杂情况下的梁的挠度和转角。但前提条件是，梁必须在线弹性范围内工作，且变形非常微小。举例来说，如图14-31(a)所示的受集度为 q 的均布载荷以及端力偶矩 $M=ql^2/2$ 的梁 AB，抗弯刚度 EI 为常数，梁 AB 任何横截面的位移便可以由两种载荷单独作用下的相应位移叠加而得，如图14-31(b)、(c)所示，即 $\theta_A=\theta_{Aq}+\theta_{AM}$，$w_C=w_{Cq}+w_{CM}$。其中，对于 θ_{Aq}、θ_{AM}、w_{Cq}、w_{CM}，查表14-1可知其结果，则梁 AB 的最大转角为

$$\theta_{\max}=\theta_A=\theta_{Aq}+\theta_{AM}$$
$$=-\frac{ql^3}{24EI}-\frac{Ml}{3EI}=-\frac{5ql^3}{24EI}$$

最大挠度为

$$w_C=w_{Cq}+w_{CM}$$
$$=-\frac{5ql^4}{384EI}-\frac{Ml^2}{16EI}=-\frac{17ql^4}{384EI}$$

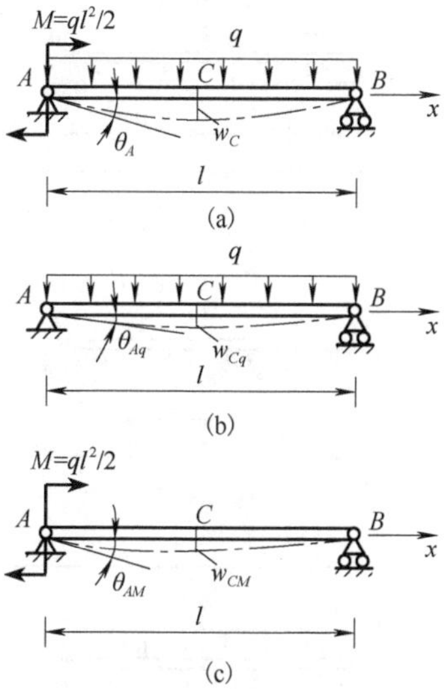

图 14-31

表 14-1 常见简单梁的转角和挠度计算公式（EI 均为常数）

梁的简图	挠曲线方程	转角	挠度
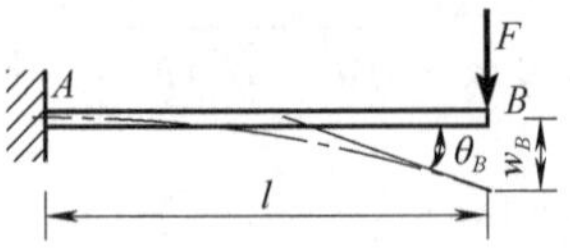	$w=-\dfrac{Fx^2}{6EI}(3l-x)$	$\theta_B=-\dfrac{Fl^2}{2EI}$	$w_B=-\dfrac{Fl^3}{3EI}$
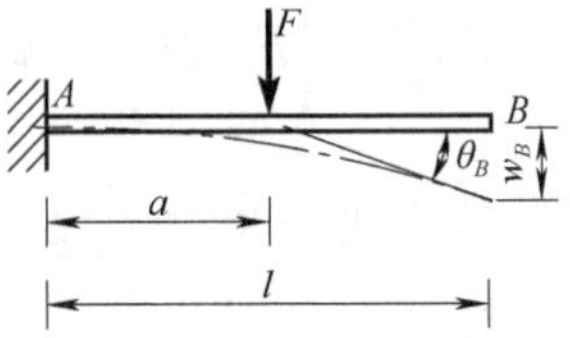	$w=-\dfrac{Fx^2}{6EI}(3a-x)$ $(0\leqslant x\leqslant a)$; $w=-\dfrac{Fa^2}{6EI}(3x-a)$ $(a\leqslant x\leqslant l)$	$\theta_B=-\dfrac{Fa^2}{2EI}$	$w_B=-\dfrac{Fa^2}{6EI}(3l-a)$
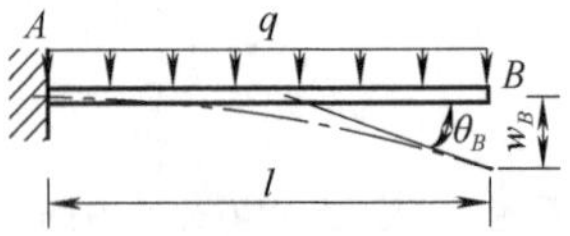	$w=-\dfrac{qx^2}{24EI}(x^2-4lx+6l^2)$	$\theta_B=-\dfrac{ql^3}{6EI}$	$w_B=-\dfrac{ql^4}{8EI}$
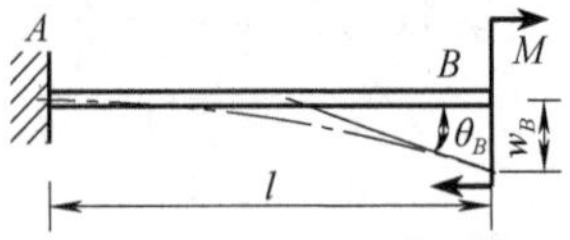	$w=-\dfrac{Mx^2}{2EI}$	$\theta_B=-\dfrac{Ml}{EI}$	$w_B=-\dfrac{Ml^2}{2EI}$
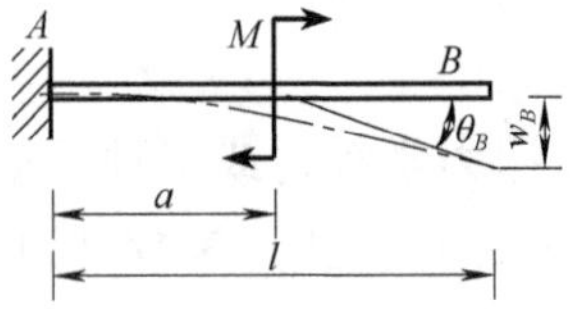	$w=-\dfrac{Mx^2}{2EI}$ $(0\leqslant x\leqslant a)$; $w=-\dfrac{Ma}{EI}\left(x-\dfrac{a}{2}\right)$ $(a\leqslant x\leqslant l)$	$\theta_B=-\dfrac{Ma}{EI}$	$w_B=-\dfrac{Ma}{EI}\left(l-\dfrac{a}{2}\right)$
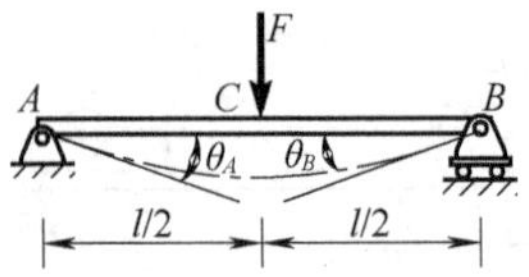	$w=-\dfrac{Fx}{48EI}(3l^2-4x^2)$ $\left(0\leqslant x\leqslant\dfrac{l}{2}\right)$	$\theta_A=-\theta_B$ $=-\dfrac{Fl^2}{16EI}$	$w_C=-\dfrac{Fl^3}{48EI}$
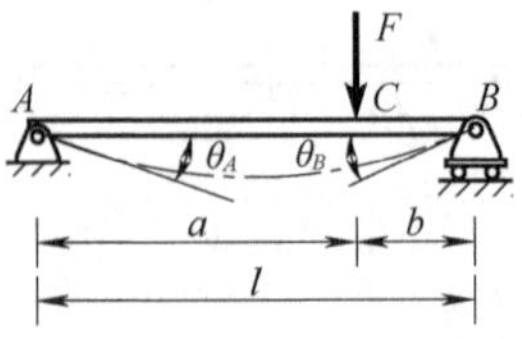	$w=-\dfrac{Fbx}{6EIl}(l^2-x^2-b^2)$ $(0\leqslant x\leqslant a)$; $w=-\dfrac{Fb}{6EIl}\left[\dfrac{l}{b}(x-a)^3+x(l^2-b^2)-x^3\right]$ $(a\leqslant x\leqslant l)$	$\theta_A=-\dfrac{Fab(l+b)}{6EIl}$; $\theta_B=\dfrac{Fab(l+a)}{6EIl}$	设 $a>b$, 在 $x=\sqrt{\dfrac{l^2-b^2}{3}}$ 处 $w_{\max}=-\dfrac{Fb(l^2-b^2)^{\frac{3}{2}}}{9\sqrt{3}EIl}$; $w_{l/2}=-\dfrac{Fb(3l^2-4b^2)}{48EI}$
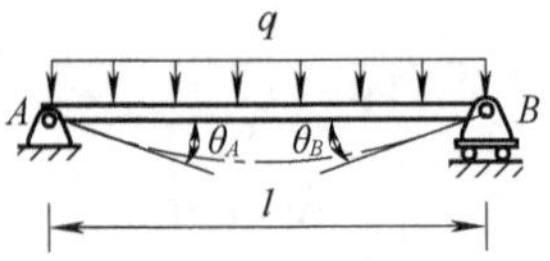	$w=-\dfrac{qx}{24EI}(l^3-2lx^2+x^3)$	$\theta_A=-\theta_B$ $=-\dfrac{ql^3}{24EI}$	$w_{\max}=w_{l/2}=-\dfrac{5ql^4}{384EI}$

续表

梁的简图	挠曲线方程	转角	挠度
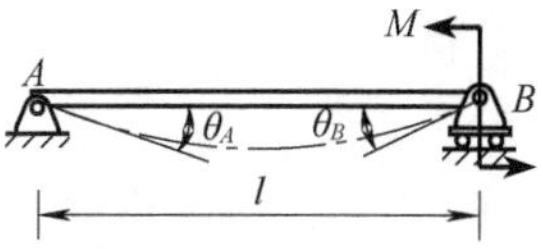	$w=-\frac{Mx}{6EIl}(l^2-x^2)$	$\theta_A=-\frac{Ml}{6EI}$; $\theta_B=\frac{Ml}{3EI}$	$w_{max}=-\frac{Ml^2}{9\sqrt{3}EI}$ $\left(x=\frac{l}{\sqrt{3}}\right)$; $w_{l/2}=-\frac{Ml^2}{16EI}$
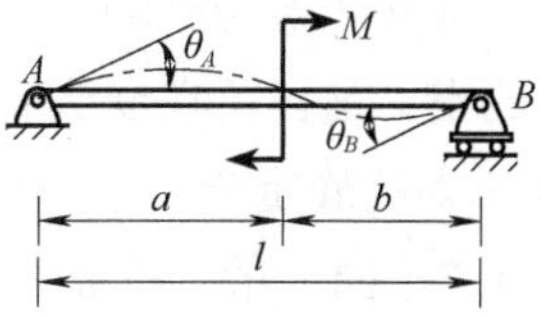	$w=\frac{Mx}{6EIl}(l^2-x^2-3b^2)$ $(0\leqslant x\leqslant a)$; $w=\frac{M}{6EIl}[-x^3+3l(x-a)^2$ $+(l^2-3b^2)x]$ $(a\leqslant x\leqslant l)$	$\theta_A=\frac{M}{6EIl}(l^2-3b^2)$; $\theta_B=\frac{M}{6EIl}(l^2-3a^2)$	
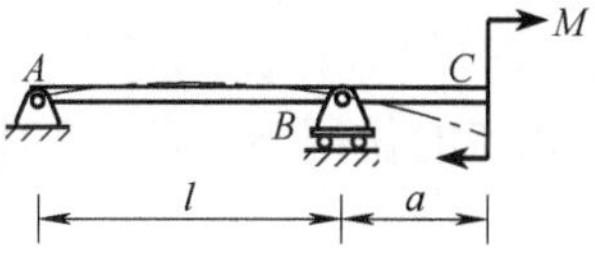	$w=-\frac{Mx}{6EIl}(x^2-l^2)$ $(0\leqslant x\leqslant l)$; $w=-\frac{Mx}{6EIl}(3x^2-4xl+l^2)$ $(l\leqslant x\leqslant l+a)$	$\theta_A=-\frac{1}{2}\theta_B=\frac{Ml}{6EI}$; $\theta_C=-\frac{M}{3EI}(l+3a)$	$w_C=-\frac{Ma}{6EI}(2l+3a)$
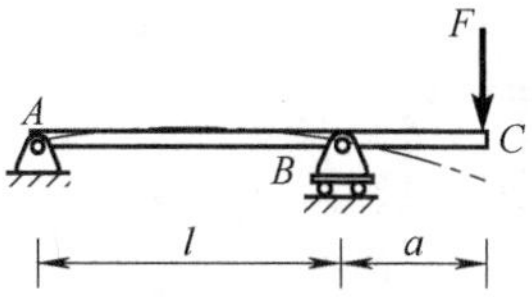	$w=\frac{Fax}{6EIl}(l^2-x^2)$ $(0\leqslant x\leqslant l)$; $w=-\frac{F(x-l)}{6EI}\times$ $[a(3x-l)-(x-l)^2]$ $(l\leqslant x\leqslant l+a)$	$\theta_A=-\frac{1}{2}\theta_B=\frac{Fal}{6EI}$; $\theta_C=-\frac{Fa}{6EI}(2l+3a)$	$w_C=-\frac{Fa^2}{3EI}(l+a)$
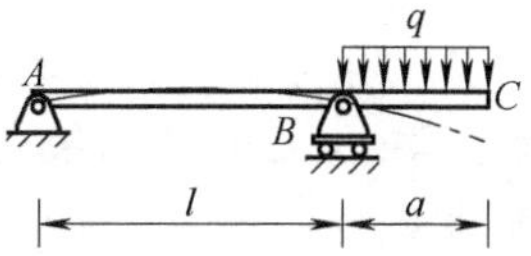	$w=\frac{qa^2x}{12EIl}(l^2-x^2)$ $(0\leqslant x\leqslant l)$; $w=-\frac{q(x-l)}{24EI}\times$ $[2a^2(3x-l)+(x-l)^2$ $\times(x-l-4a)]$ $(l\leqslant x\leqslant l+a)$	$\theta_A=-\frac{1}{2}\theta_B=\frac{qa^2l}{12EI}$; $\theta_C=-\frac{qa^2}{6EI}(l+a)$	$w_C=-\frac{qa^3}{24EI}(3a+4l)$

计算梁的位移的方法有很多。任何弹性体在受到载荷作用后会因变形积聚应变能。根据能量守恒原理，如果忽略能量损失，并考虑载荷是静载，则应变能在数值上应等于外力功。通过

这个能量守恒原理和在此基础上导出的其他功能关系，可以求解弹性体的位移、变形和内力等，这种方法称为能量法。

一些教材中给出的单位载荷法、卡氏第二定理、图乘法等都属于能量法。其中，图乘法因其简单方便，得到了广泛的应用。关于能量法请参阅相关材料力学教材。

14.6 超静定梁

在工程实践中，为了减小梁内的应力和位移，或出于其他原因，常常在保持梁的平衡所必需的约束之外，附加仅为保持梁平衡并非必需的约束，即“多余”约束。这样梁在受到载荷作用时，多余约束处就会产生与之相应的多余约束力，从而这种梁就成为超静定梁。

如图 14-32(a)所示的简支梁，其约束力包括F_{Ax}、F_{Ay}和F_B，通过平面一般力系的三个独立平衡方程，显然可以全部求出这些约束力，因此它是一个静定梁。若我们在 D 处增加一个可动铰支座，如图 14-32(b)所示，这时增加了一个约束力F_D，独立平衡方程依然是三个，而未知力个数增加到了四个，这时就无法求出全部的约束力，它是超静定问题。因未知力的个数比独立的平衡方程数多了一个，所以它是一次超静定问题。这里的可动铰支座 D 可以视为一个多余约束，多余约束其实并不多余，增加约束后，梁在相同载荷的作用下，其变形将大大减小。

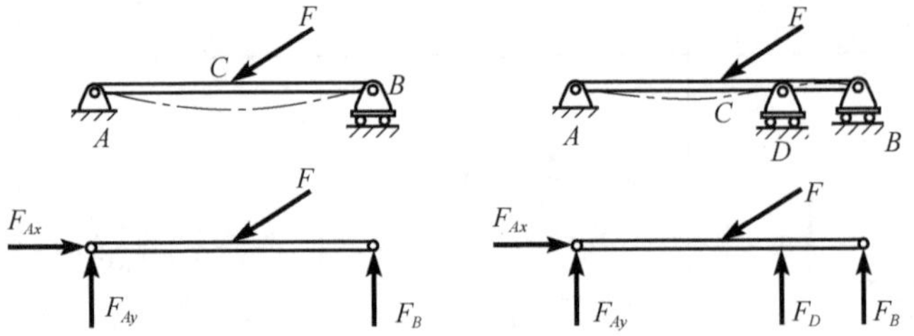

(a) (b)

图 14-32

解决超静定问题的关键在于根据多余约束所提供的位移条件，结合力与变形之间的物理关系，列出求解多余未知力的补充方程。以下结合例题作具体的分析。

【例 14-11】 如图 14-33(a)所示的等截面梁，求：(1)支座处的约束力；(2)画出剪力图和弯矩图。

解 (1)求支座约束力。此梁是一次超静定梁，有一个多余约束。取 B 处的可动铰支座为多余约束，相应的多余未知力为F_B。这个约束使得梁在 B 处的挠度为 0。

将这个多余约束去除，使梁成为静定梁，在梁上施加原有的载荷以及被解除的多余约束力F_B，并保证多余约束处的位移条件，即$w_B = 0$得以满足，如图 14-33(b)所示。于是这个静定梁的受力情况和位移情况就与原超静定系统完全相同，我们将满足多余约束提供的位移条件的静定梁称为原超静定梁的相当系统。

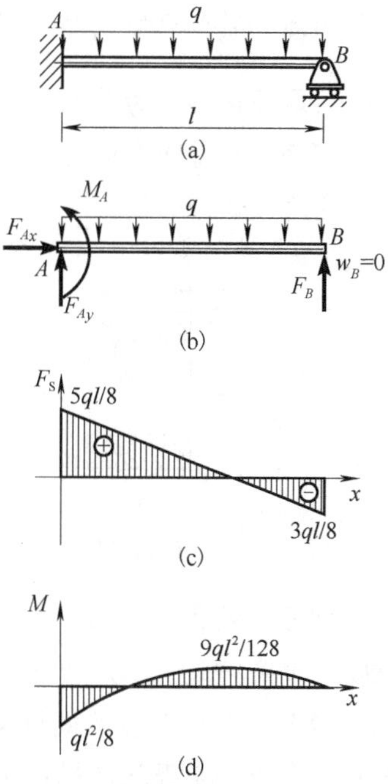

图 14-33

根据相当系统应满足的位移条件 $w_B=0$ 列出补充方程。根据叠加原理，有变形协调方程：

$$w_B=(w_B)_{F_B}+(w_B)_q=0$$

式中，$(w_B)_{F_B}$、$(w_B)_q$ 分别表示 F_B 和 q 单独作用情况下 B 端的挠度。查表 14-1 可得 $(w_B)_{F_B}=\dfrac{F_Bl^3}{3EI}$，$(w_B)_q=-\dfrac{ql^4}{8EI}$，将此结果代入变形协调方程，得

$$\frac{F_Bl^3}{3EI}-\frac{ql^4}{8EI}=0$$

解得 $F_B=3ql/8$。所得结果是正值表示假设的 F_B 的方向正确。

求出多余约束力 F_B 后，可利用静力学平衡方程，求出固定端的约束力，分别为

$$F_{Ax}=0\,,\qquad F_{Ay}=\frac{5ql}{8}\,,\qquad M_A=\frac{1}{8}ql^2$$

(2)绘制剪力图和弯矩图。求出所有的约束力后，就可参照 14.1 节和 14.2 节的方法，如同对待静定梁一样画出剪力图和弯矩图，如图 14-33(c)、(d)所示。

对于本例，读者可以思考，相当系统是否唯一？若是将 A 处的固定端处理成固定铰支座，则固定端的反力偶 M_A 成为多余约束力(偶)，此时的位移条件将是固定端处的转角为 0，即 $\theta_A=0$。作为练习，读者可以自行确定相当系统，并进行计算，与本例的结果进行对比理解。

以上介绍了最为简单的一次超静定梁的问题，对于二次超静定梁，有两个多余约束，就需要根据位移条件列出两个补充方程。对于有多个约束的连续超静定梁问题，往往通过结构力学中提供的力法或位移法，建立起相应的线性方程组，然后通过计算机编程求解。

思　考　题

14.1　什么是平面弯曲？什么是纵向对称面？什么是中性层？什么是中性轴？

14.2　如何约定剪力和弯矩的正负号？采用何种方法确定剪力方程和弯矩方程？列剪力方程和弯矩方程的时候，为什么要进行分段？如何进行分段？

14.3　分布载荷、剪力和弯矩之间的微分关系是什么？其几何意义又是什么？积分关系及其几何意义又是如何？

14.4　什么是中性轴？中性轴通过截面形心是根据什么条件得出的？

14.5　已知直径为 D 的实心圆截面对形心轴的惯性矩 $I_z=\dfrac{\pi d^4}{64}$，据此推出以下几何性质：(1)实心圆截面的极惯性矩 I_p；(2)实心圆截面的抗弯截面系数 W_z 和抗扭截面系数 W_p；(3)根据组合关系，推出外径为 D、内径为 d 的空心圆截面的 I_p、I_z、W_p、W_z。

14.6 空心矩形截面如图 14-34 所示，某学生推出其抗弯截面系数为 $W_z=\dfrac{BH^2}{6}-\dfrac{Bh^2}{6}$，这个结果是否正确？为什么？

14.7 悬臂梁在纵向对称面内受力，若截面的形状如图 14-35 所示，画出各截面上正应力沿高度的大致分布图。

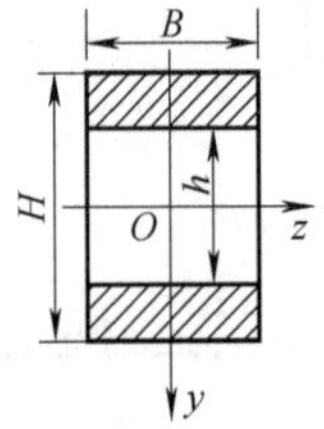

图 14-34

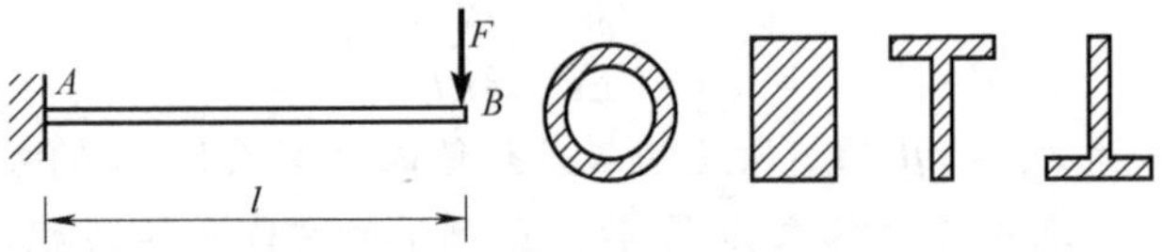

图 14-35

14.8 梁的弯曲切应力计算时采用了何种假设？式(14-21)中各符号分别代表什么含义？矩形截面梁的最大切应力发生在何处？大小如何计算？

14.9 有一 T 形等截面铸铁梁，已知其弯矩图如图 14-36 所示，若经过校核，截面 B 处满足强度条件，是否就能保证整个梁的强度足够？为什么？

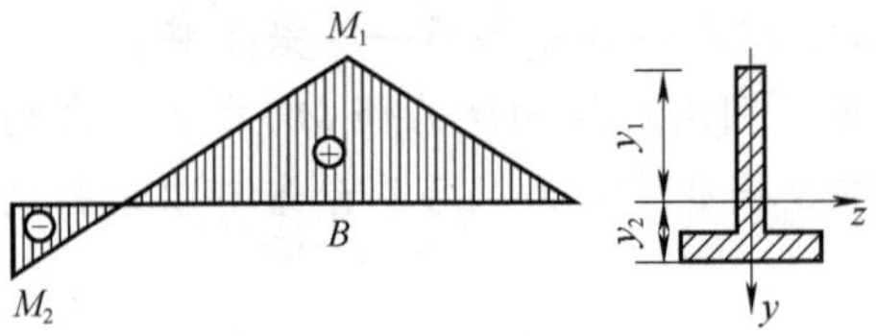

图 14-36

14.10 圆截面悬臂梁如图 14-37 所示，现需要在近固定端处开一个孔，有两种设计，一种是水平开孔，另一种是垂直开孔，从强度观点分析，哪种开孔方法更为合理？为什么？

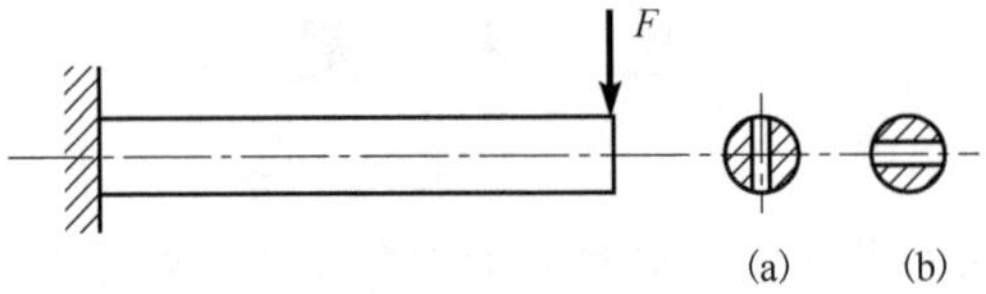

图 14-37

14.11 一般情况下，工程结构对于梁的变形是有一定的限制的，但有时候也会因为特殊原因要求构件具有一定的挠曲变形。通过文献检索，了解在工业机器人领域对构件的弯曲变形要求。

14.12 如图 14-38(a)所示，为求悬臂梁自由端 C 处的挠度，在已知集中力作用点 B 处的挠度 w_B、转角 θ_B 的情况下，可得出 $\theta_C=\theta_B$，$w_C=w_B+l\cdot\tan\theta_B$。在小变形情况下，$\tan\theta_B\approx\theta_B$，故 $w_C=w_B+l\cdot\theta_B$。利用以上结论，结合表 14-1，求图 14-38(b)、(c)所示自由端 C 处的挠度和转角。

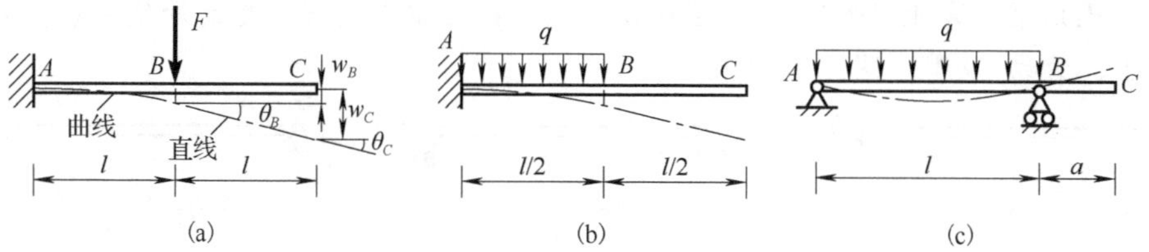

图 14-38

14.13　某构件采用中碳钢，强度足够，但刚度有所不足。为了提高刚度，将梁的材料改用合金钢，这样的措施是否有效？为什么？

14.14　通过对梁变形计算的了解，分析和总结减少梁的变形、提高梁的刚度可以采取哪些措施，你认为一般来说，何种措施是最经济有效的？

习　　题

14-1　如题 14-1 图所示，求各指定截面上(1-1 截面至 4-4 截面，各截面或无限接近于支座、杆端，或无限接近于载荷作用处)的剪力值和弯矩值(结果用 q、l 表示)。

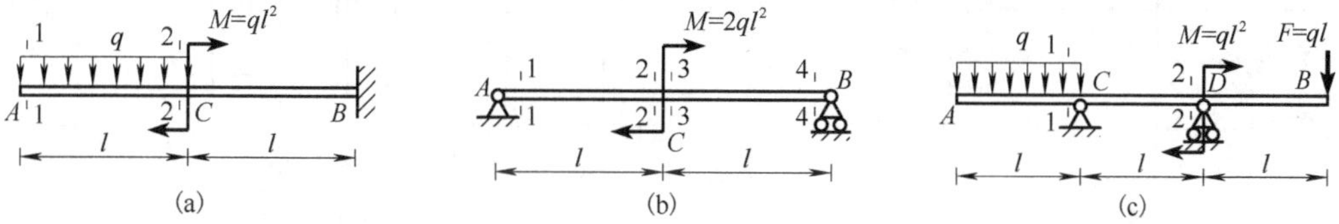

题 14-1 图

14-2　对习题 14-1 的(a)、(c)两图，列出剪力方程和弯矩方程，并画出剪力图和弯矩图。

14-3　不列剪力方程和弯矩方程，利用分布载荷、剪力和弯矩的微积分关系，画出题 14-3 图所示各梁的剪力图和弯矩图，并指明剪力和弯矩绝对值的最大值。

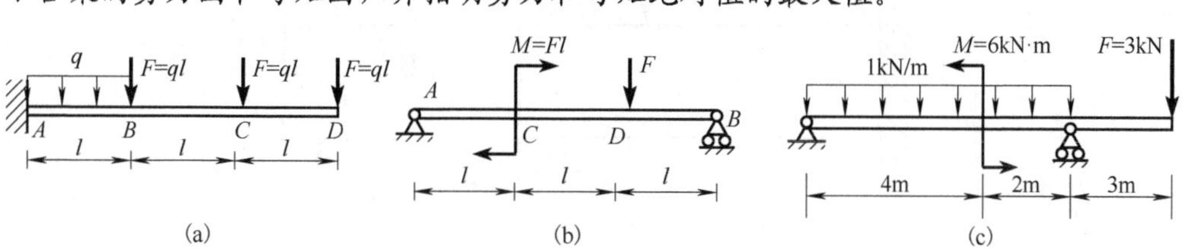

题 14-3 图

14-4　画出题 14-4 图所示组合梁的剪力图和弯矩图，并分析为何在两个杆件的铰链连接处其弯矩等于零。

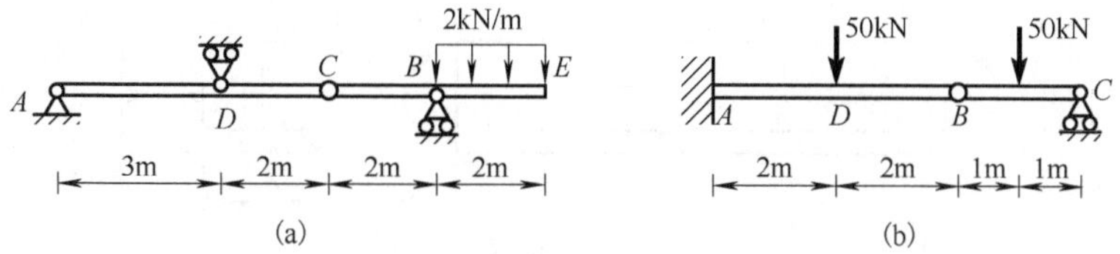

题 14-4 图

14-5 已知梁的弯矩图如题 14-5 图所示，试分别在梁上绘出所受的外载荷(包括外载荷的类型、大小、方向)及剪力图。F、l 已知。

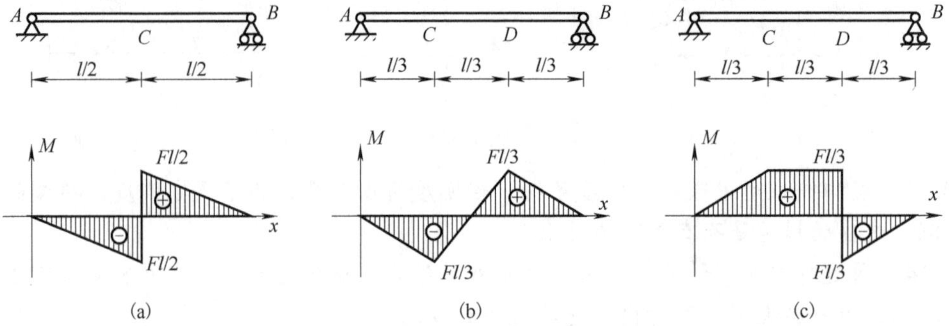

题 14-5 图

14-6 求题 14-6 图所示各平面图形阴影部分对形心轴 z 的静矩 S_z。

14-7 求题 14-7 图所示各平面图形的形心坐标，并求图形对形心轴 z_C 的惯性矩 I_{z_C}。

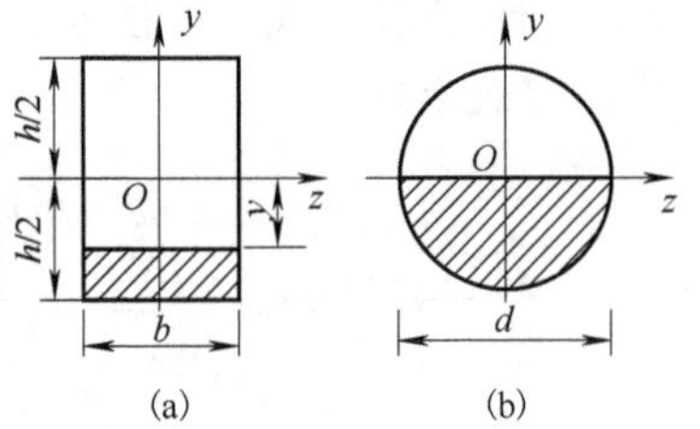

题 14-6 图

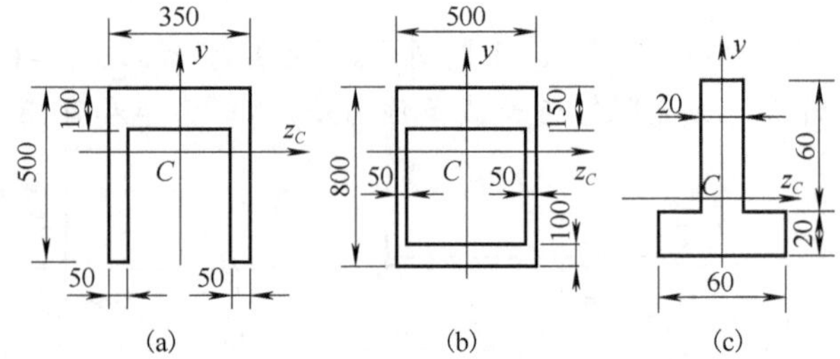

题 14-7 图

14-8 题 14-8 图所示矩形截面悬臂梁受集中力和集中力偶作用。试求截面 1-1 和固定端截面上 A、B、C、D 四点的正应力。已知 $F = 15\ \text{kN}$，$M = 20\ \text{kN}\cdot\text{m}$。

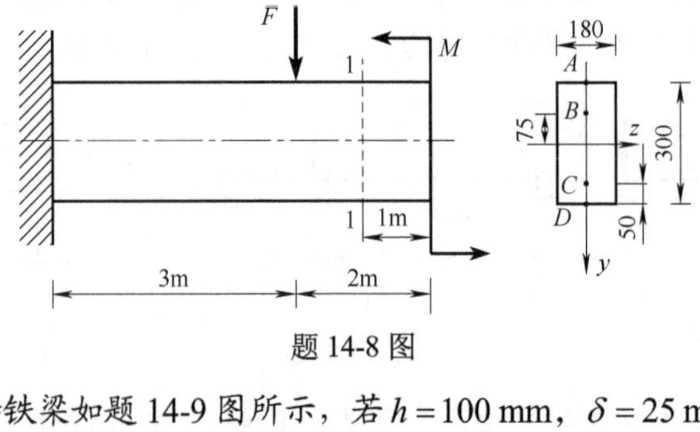

题 14-8 图

14-9 组合截面铸铁梁如题 14-9 图所示，若 $h = 100\ \text{mm}$，$\delta = 25\ \text{mm}$，欲使最大拉应力与最大压应力之比为 1/3，试确定 b 的尺寸。

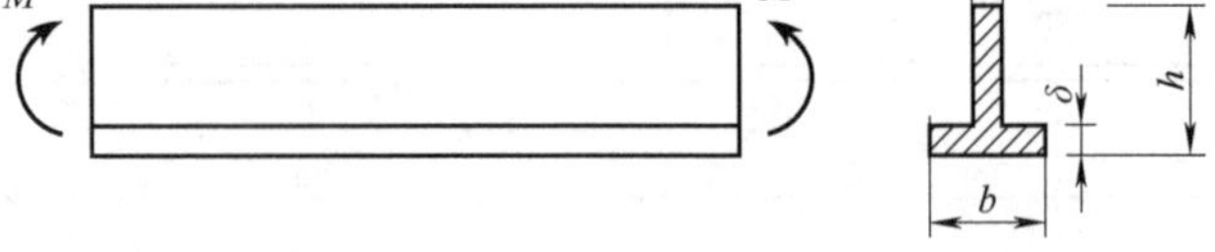

题 14-9 图

14-10　题 14-10 图所示矩形截面梁的载荷与几何尺寸均已标出。求以下两种情况下，梁内的最大弯曲正应力 $\sigma_{\max}$。(1) 120mm 边竖直放置；(2) 120mm 边水平放置。

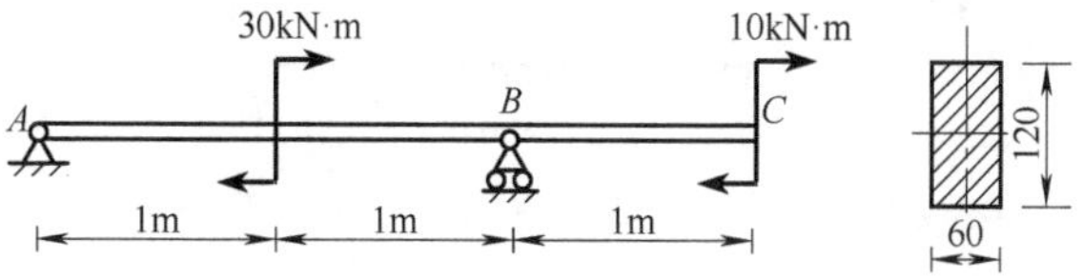

题 14-10 图

14-11　题 14-11 图所示矩形截面梁受到载荷 $F=10\text{kN}$、$q=5\text{kN/m}$ 的作用。已知梁材料的许用应力 $[\sigma]=100\text{MPa}$，设计截面尺寸 b。

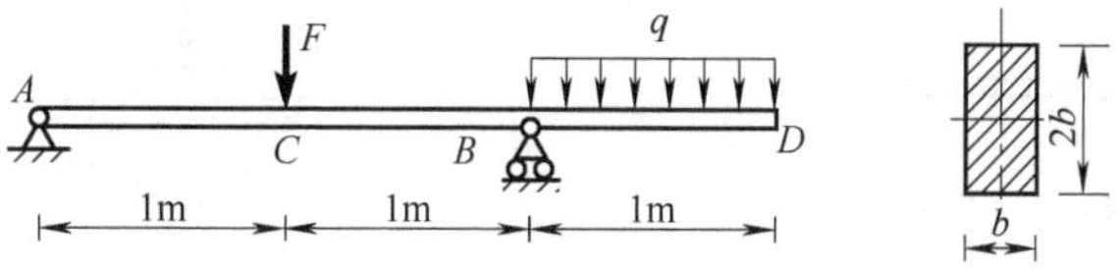

题 14-11 图

14-12　题 14-12 图所示铸铁制成的槽型组合截面悬臂梁受到集中力 $F=10\text{kN}$、集中力偶 $M=70\text{kN}\cdot\text{m}$ 的作用。已知截面对中性轴 z 的惯性矩 $I_z=7750\times10^4\text{mm}^4$，材料的许用拉应力 $[\sigma^+]=60\text{MPa}$，许用压应力 $[\sigma^-]=120\text{MPa}$。校核梁的强度。

14-13　塑性材料制成的梁如题 14-13 图所示，其危险截面为边长为 20mm 的正方形，横截面上的弯矩 $M=160\text{N}\cdot\text{m}$，剪力 $F_S=16\text{ kN}$。分别求截面点 A 和点 B 处的正应力与切应力。

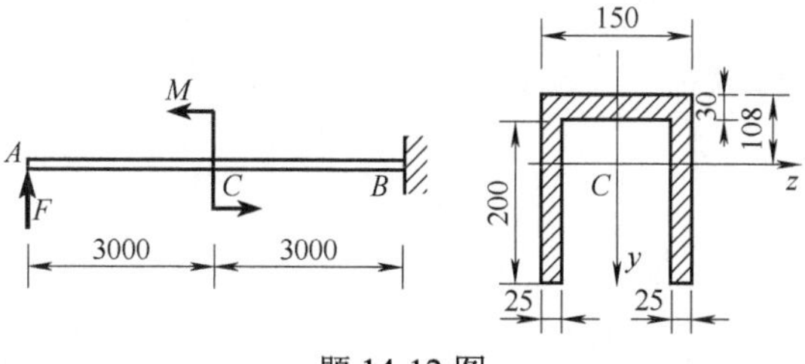

题 14-12 图

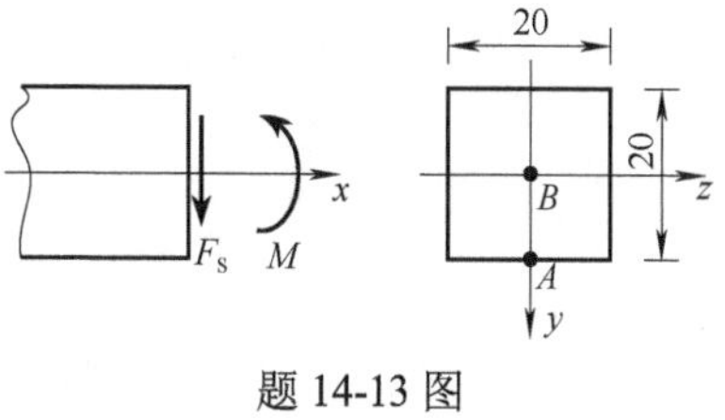

题 14-13 图

14-14　用积分法求题 14-14 图所示各梁的挠曲线方程和转角方程，并求最大挠度和转角。各梁的抗弯刚度均为常数。

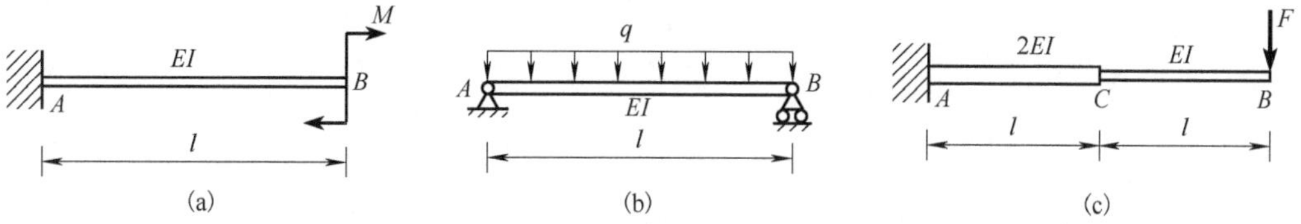

题 14-14 图

14-15　利用思考题 14.12 的结论以及表 14-1，采用叠加法求题 14-15 图所示各梁的最大挠度和最大转角。

14-16　利用叠加原理以及对称性，求题 14-16 图所示梁中点的挠度，其中梁的抗弯刚度 EI 为常数。

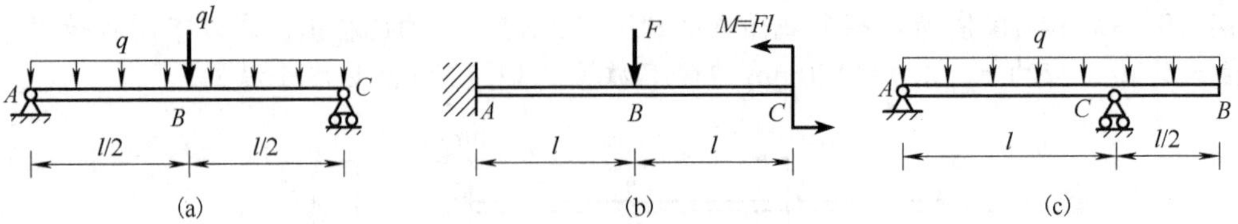

题 14-15 图

14-17 某医疗机器人局部结构中的轴 AB 的受力如题 14-17 图所示，已知直径 $d=30\text{mm}$，材料的弹性模量 $E=200\text{GPa}$，若要求加力点 C 的挠度不大于许用挠度 $[w]=0.05\text{mm}$，试根据刚度条件确定所能承受的最大力 $F_{\max}$。

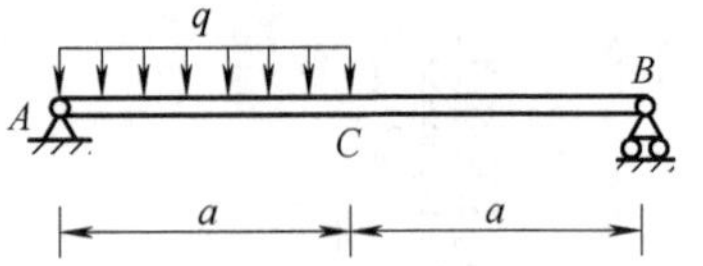

题 14-16 图

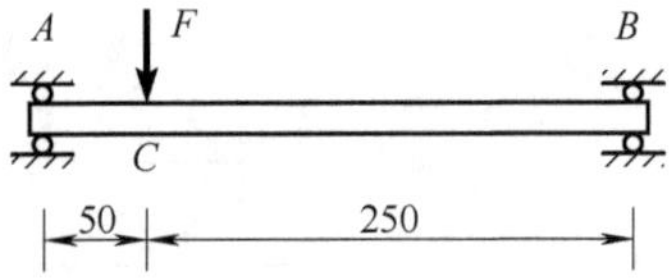

题 14-17 图

14-18 对于题 14-18 图所示的一次超静定梁，画出可能的梁挠曲变形的大致形状；画出梁的弯矩图。其中梁的抗弯刚度 EI 为常数。

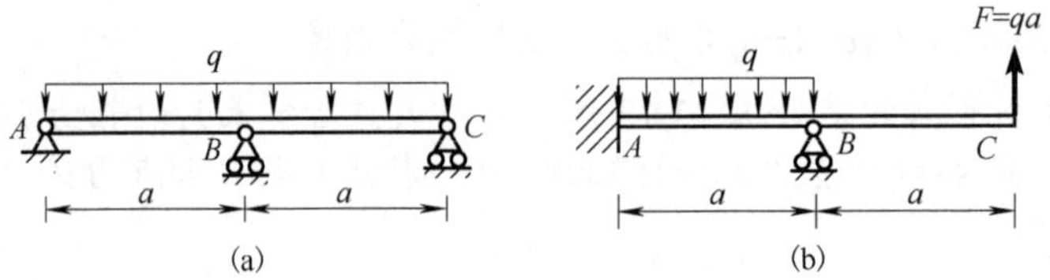

题 14-18 图

第 15 章　应力状态与强度理论

机器零部件或工程结构所受的载荷形式往往比较复杂，结构破坏的形式和原因也各不相同。本章首先介绍应力状态的概念及其分析方法，进而通过强度理论建立复杂应力状态的强度条件。本章还将简要介绍对于复杂形状零部件进行强度与刚度分析的弹性力学及有限元方法。

15.1　应力状态及其表示

从前面几章的讨论中，我们了解到在受力构件同一截面上的不同的点，应力一般不相同。即使是同一个点，若截取的截面方位不同，其应力也不相同。举例来说，我们在第 12 章讨论了轴向拉伸或压缩构件任意一点处截面上的应力随着截面方位变化的规律。这种应力状态的分析对于了解杆件中导致材料发生强度破坏的力学因素是必要的。低碳钢在单向拉伸状态下沿 45° 斜截面滑移而产生屈服，就与该斜截面上的切应力最大有关。而铸铁在纯剪切情况下沿着 45° 斜截面断裂，就与该方向的截面上存在最大拉应力有关。从以上可知，讨论一点的应力，需要明确哪个截面上的哪个点，以及哪一个点的哪个方位。过一点不同方向面上的应力的集合，称为一点的**应力状态**。分析一点的应力状态，是正确分析和解决构件在复杂受力情况下的强度问题的必要手段。

为了研究一点处的应力状态，可以围绕该点截取一个微小的正六面体，称为单元体。由于单元体的边长无穷小，可以认为应力沿边长无变化，即单元体各个面上的应力都是均匀分布的，且两个平行面上的应力大小相等。

如图 15-1(a) 所示受轴向拉伸的直杆，研究其中某点 K 的应力状态时，可围绕点 K 以两个横截面和两对纵向平面截取一个微小的单元体，如图 15-1(b) 所示。显然单元体只在左右面上有正应力 σ，且 $\sigma = F / A$，因此常用图 15-1(c) 所示的简图来表示。

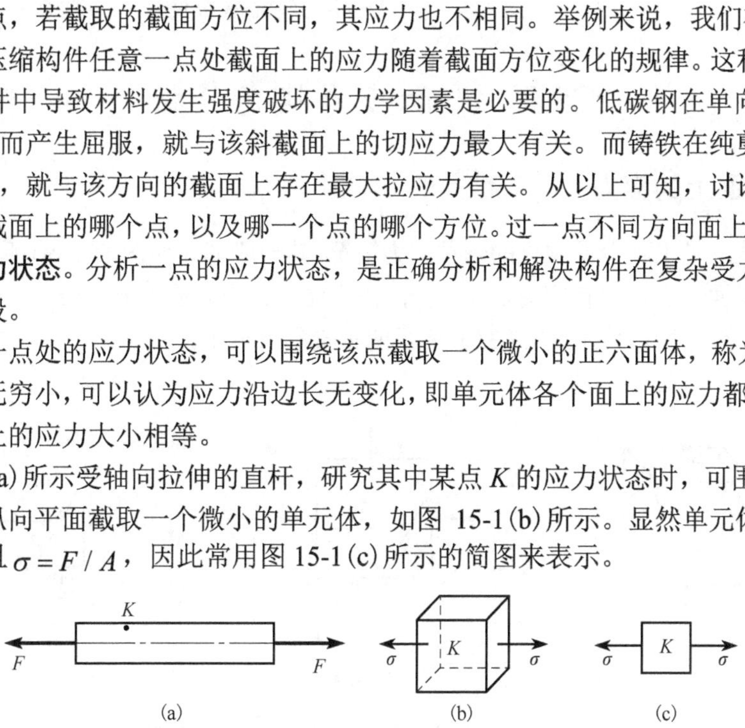

图 15-1

又如图 15-2(a) 所示受横力弯曲作用的矩形截面简支梁，用同样的方法在梁上下边缘的点 A、B，中性层处的点 C 及任意点 D、E 处截取单元体，分别得到这些点处的应力单元体，如图 15-2(b)～(f) 所示。

通过后续的分析可知，如果单元体上三个互相垂直平面上的应力已知，便可利用截面法，根据静力学平衡条件求出该点任意斜截面上的应力，从而确定该点的应力状态。

对于图 15-2(b)、(c)、(g)，单元体的六个面上均没有切应力，这样的单元体称为**主单元体**。而单元体上切应力为 0 的平面称为**主平面**，主平面上的正应力称为**主应力**。

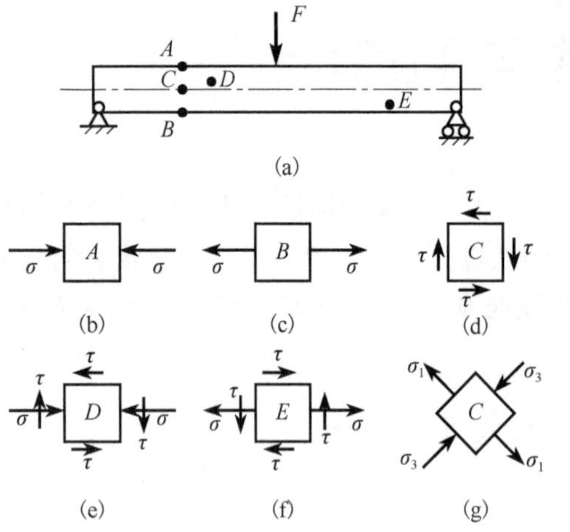

图 15-2

主应力按代数值由大到小的顺序排列，用 σ_1、σ_2、σ_3 表示，则有 $\sigma_1 \geqslant \sigma_2 \geqslant \sigma_3$。举例来说，若某个主单元体三个面上的正应力分别为 $\sigma_x = 40\text{MPa}$，$\sigma_y = -80\text{MPa}$，$\sigma_z = 0\text{MPa}$，则对应的主应力应为 $\sigma_1 = 40\text{MPa}$，$\sigma_2 = 0\text{MPa}$，$\sigma_3 = -80\text{MPa}$。

把只有一个主应力不为零的应力状态称为**单向应力状态**，如图 15-1(c)、图 15-2(b)、(c) 所示。两个主应力不为零时，称为**二向应力状态**，也称为平面应力状态，如图 15-2(e)、(f) 所示。当三个主应力都不为零时，称为**三向应力状态**。单向应力状态也称为简单应力状态，二向和三向应力状态统称为复杂应力状态。

15.2 平面应力状态分析

15.2.1 斜截面上的应力

二向应力状态是工程中最常见的一种应力情况，其一般形式如图 15-3(a) 所示。即在 x 面(外法线沿 x 轴的平面）上作用有应力 σ_x、τ_{xy}；在 y 面上作用有应力 σ_y、τ_{yx}。因为单元体前后面上的应力等于零，所以可用图 15-3(b) 所示的正投影来表示。

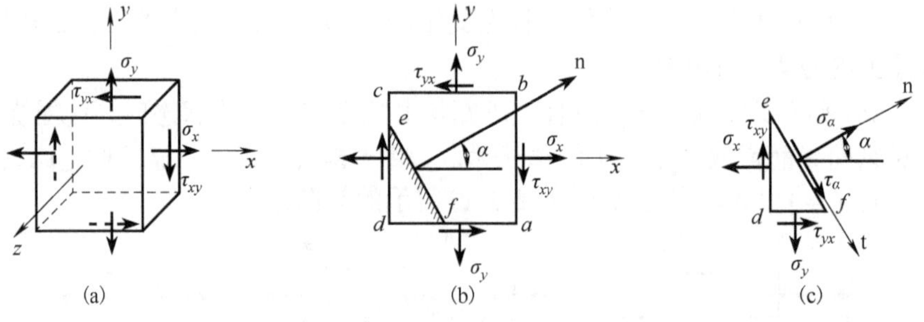

图 15-3

如图 15-3(b) 所示，现在研究任意斜截面 ef 上的应力。斜截面 ef 的外法线 n 和 x 轴的夹角为 α，斜截面上的应力分别用 σ_α、τ_α 表示。各量的正负号规定如下：正应力以拉应力为正，压应力为负；切应力以企图使单元体沿顺时针转动者为正，反之为负；方位角 α 则以从 x 轴逆时针转到斜截面外法线 n 时为正。

用截面法沿斜截面 ef 将单元体分成两部分，并取 def 部分为研究对象，如图 15-3(c) 所示。设 ef 面的面积为 $\mathrm{d}A$，则 de 面和 df 面的面积分别为 $\mathrm{d}A \cdot \cos\alpha$ 和 $\mathrm{d}A \cdot \sin\alpha$。该部分沿斜截面外法线 n 和切线 t 的平衡方程写成

$\sum F_n = 0,$

得 $\sigma_\alpha \, \mathrm{d}A - (\sigma_x \, \mathrm{d}A\cos\alpha)\cos\alpha + (\tau_{xy} \, \mathrm{d}A\cos\alpha)\sin\alpha - (\sigma_y \, \mathrm{d}A\sin\alpha)\sin\alpha + (\tau_{yx} \, \mathrm{d}A\sin\alpha)\cos\alpha = 0$

$\sum F_t = 0,$

得 $\tau_\alpha \, \mathrm{d}A - (\sigma_x \, \mathrm{d}A\cos\alpha)\sin\alpha - (\tau_{xy} \, \mathrm{d}A\cos\alpha)\cos\alpha + (\sigma_y \, \mathrm{d}A\sin\alpha)\cos\alpha + (\tau_{yx} \, \mathrm{d}A\sin\alpha)\sin\alpha = 0$

由切应力互等定理，$|\tau_{xy}| = |\tau_{yx}|$，并利用 $2\sin\alpha\cos\alpha = \sin 2\alpha$，$\cos^2\alpha = (1+\cos 2\alpha)/2$，$\sin^2\alpha = (1-\cos 2\alpha)/2$ 将上两式简化为

$$\sigma_\alpha = \frac{\sigma_x + \sigma_y}{2} + \frac{\sigma_x - \sigma_y}{2}\cos 2\alpha - \tau_{xy}\sin 2\alpha \tag{15-1}$$

$$\tau_\alpha = \frac{\sigma_x - \sigma_y}{2}\sin 2\alpha + \tau_{xy}\cos 2\alpha \tag{15-2}$$

通过式(15-1)、式(15-2)，在已知单元体应力 σ_x、σ_y、τ_{xy} 的情况下，可计算任一斜截面上的应力 σ_α 和 τ_α。

15.2.2 主应力和主平面、应力极值

式(15-1)、式(15-2)表明：斜截面上的正应力 σ_α 和切应力 τ_α 随截面方位角 α 的改变而变化，即 σ_α 和 τ_α 都是 α 的函数。图 15-3(b)中，与平面 xy 相垂直的各个斜截面中，若假定切应力 $\tau_\alpha = 0$ 所在的截面的方位倾角为 α_0，则根据式(15-2)，可以得出

$$\tan 2\alpha_0 = \frac{-2\tau_{xy}}{\sigma_x - \sigma_y} \tag{15-3}$$

且当 α_0 满足式(15-3)时，$\alpha_0 + 90^\circ$ 也必然满足。所以在与 xy 平面垂直的斜截面中必然有两个相互垂直的截面上没有切应力而只有正应力。进一步可以证明受力物体内任何一点处必然有三个相互垂直的主平面和相应的三个主应力。在平面应力状态中，必然有一个主应力为 0。因此利用主应力的概念，可以把平面应力状态准确地定义为有两个不等于 0 的主应力的应力状态。

将式(15-1)对角 α 求导并使其等于零，同样可以得到式(15-3)，这就说明主应力实际上是垂直于 xy 的各斜截面上的正应力的极值。将式(15-3)得到的 α_0 代入式(15-1)，可以得出两个不为零的主应力的值，即

$$\left.\begin{matrix}\sigma_{\max}\\ \sigma_{\min}\end{matrix}\right\} = \frac{\sigma_x + \sigma_y}{2} \pm \sqrt{\left(\frac{\sigma_x - \sigma_y}{2}\right)^2 + \tau_{xy}^{\ 2}} \tag{15-4}$$

结果 $\sigma_{\max}$、$\sigma_{\min}$ 应和 0 一起进行代数排序，确定三个主应力 σ_1、σ_2、σ_3。

确定主平面的方位可用式(15-3)。为了保证两个主应力中较大的一个所在截面的外法线与 x 轴的夹角为 α_0，故把负号放在分子上。这时，由式(15-3)确定 α_0 的方法如下。

首先，求

$$\tan\theta = \left|\frac{-2\tau_{xy}}{\sigma_x - \sigma_y}\right|$$

然后，分析分子 $-2\tau_{xy}$ 及分母($\sigma_x - \sigma_y$)是否大于零，从而确定 $2\alpha_0$ 在哪一个象限：

$-2\tau_{xy} > 0$，$\sigma_x - \sigma_y > 0$，$2\alpha_0$ 在第一象限，$2\alpha_0 = \theta$；

$-2\tau_{xy}>0$，$\sigma_x-\sigma_y<0$，$2\alpha_0$ 在第二象限，$2\alpha_0=180°-\theta$；

$-2\tau_{xy}<0$，$\sigma_x-\sigma_y<0$，$2\alpha_0$ 在第三象限，$2\alpha_0=180°+\theta$；

$-2\tau_{xy}<0$，$\sigma_x-\sigma_y>0$，$2\alpha_0$ 在第四象限，$2\alpha_0=-\theta$。

至于斜截面上切应力为极值的截面，令其方位的倾角为 α_1，则将式(15-2)对角 α 求导并使其等于零，即 $\dfrac{\mathrm{d}\tau_\alpha}{\mathrm{d}\alpha}=0$，可得

$$\tan 2\alpha_1=\frac{\sigma_x-\sigma_y}{2\tau_{xy}} \tag{15-5}$$

将上式求得的 α_1 代入式(15-2)，可得切应力的极值为

$$\left.\begin{matrix}\tau_{\max}\\ \tau_{\min}\end{matrix}\right\}=\pm\sqrt{\left(\frac{\sigma_x-\sigma_y}{2}\right)^2+\tau_{xy}^2} \tag{15-6}$$

比较式(15-5)与式(15-3)，$2\alpha_1$ 和 $2\alpha_0$ 相差 90°，即 α_1 和 α_0 相差 45°。以上结论表明，最大切应力 $\tau_{\max}$ 作用在与主平面成 45° 的斜截面上。比较式(15-4)与式(15-6)，垂直于 xy 平面的各斜截面上的最大切应力也可以利用式(15-7)进行计算，即

$$\tau_{\max}=\frac{\sigma_{\max}-\sigma_{\min}}{2} \tag{15-7}$$

需要注意的是，在 $\tau_{\max}$ 作用面处，一般还有正应力存在。

【例 15-1】 单元体各面上的应力如图 15-4(a)所示(应力单位为 MPa)。求：(1)斜截面 ab 上的正应力和切应力；(2)主应力的大小及其所在截面的方位，并在单元体上画出。

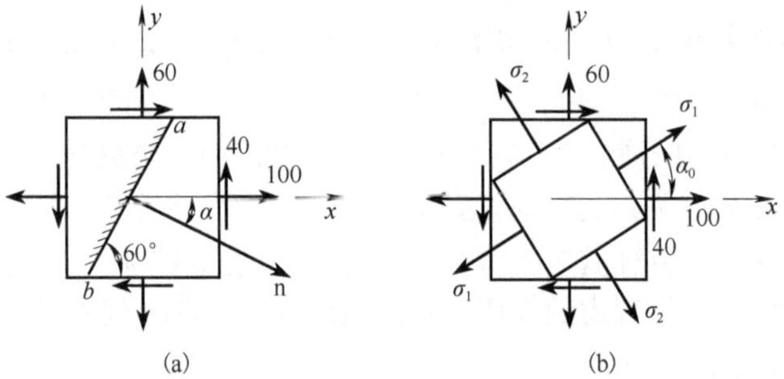

图 15-4

解 (1)求斜截面 ab 上的正应力和切应力。取水平轴为 x 轴，则根据正负号规定可知：

$$\sigma_x=100\,\text{MPa},\quad \tau_{xy}=-40\,\text{MPa},\quad \sigma_y=60\,\text{MPa},\quad \alpha=-30°$$

代入式(15-1)、式(15-2)可得

$$\begin{aligned}\sigma_\alpha&=\frac{\sigma_x+\sigma_y}{2}+\frac{\sigma_x-\sigma_y}{2}\cos 2\alpha-\tau_{xy}\sin 2\alpha\\&=\left[\frac{100+60}{2}+\frac{100-60}{2}\cos(-60°)-(-40)\sin(-60°)\right]\text{MPa}=55.36\,\text{MPa}\end{aligned}$$

$$\tau_\alpha=\frac{\sigma_x-\sigma_y}{2}\sin 2\alpha+\tau_{xy}\cos 2\alpha=\left[\frac{100-60}{2}\sin(-60°)+(-40)\cos(-60°)\right]\text{MPa}=-37.32\,\text{MPa}$$

(2) 求主应力的大小及方位。由式(15-4)得

$$\left.\begin{matrix}\sigma_{\max}\\ \sigma_{\min}\end{matrix}\right\}=\frac{\sigma_x+\sigma_y}{2}\pm\sqrt{\left(\frac{\sigma_x-\sigma_y}{2}\right)^2+\tau_{xy}^2}=\left[\frac{100+60}{2}\pm\sqrt{\left(\frac{100-60}{2}\right)^2+(-40)^2}\right]\text{MPa}=\begin{cases}124.7\,\text{MPa}\\ 35.3\,\text{MPa}\end{cases}$$

根据主应力的定义可知，该应力状态的主应力为

$$\sigma_1=\sigma_{\max}=124.7\,\text{MPa},\ \sigma_2=\sigma_{\min}=35.3\,\text{MPa},\ \sigma_3=0$$

由式(15-3)可得

$$\tan 2\alpha_0=\frac{-2\tau_{xy}}{\sigma_x-\sigma_y}=\frac{-2\times(-40)}{100-60}=\frac{80}{40}=2$$

这时分子、分母都为正，$2\alpha_0$ 在第一象限，$2\alpha_0=\arctan(2)=63°26'$，$\alpha_0=31°43'$。主应力及其方位表示在图 15-4(b) 中。

15.3　空间应力状态与广义胡克定律

15.3.1　空间应力状态

空间应力状态就是三向应力状态。它是指三个主应力都不等于 0 的应力状态。平面应力状态和单向应力状态可以视为空间应力状态的特例。

对于最为一般的单元体，其应力状态如图 15-5(a) 所示，若已知三个面上的正应力 σ_x、σ_y、σ_z，以及切应力 τ_{xy}、τ_{yz}、τ_{zx}，则可以确定出单元体任意方位截面上的正应力和切应力，以及单元体的三个主应力 σ_1、σ_2、σ_3，如图 15-5(b) 所示。具体的计算方法比较烦琐和复杂，读者可以参考有关材料力学或弹性力学的教材，这里不再展开。

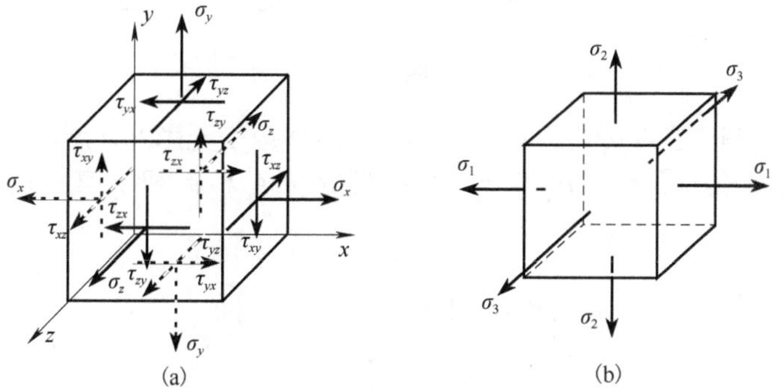

图 15-5

若已知三个主应力 σ_1、σ_2、σ_3，有 $\sigma_{\max}=\sigma_1$，$\sigma_{\min}=\sigma_3$，这时最大切应力位于与 σ_1 和 σ_3 均成 45° 的斜截面内，其大小为

$$\tau_{\max}=\frac{\sigma_1-\sigma_3}{2} \tag{15-8}$$

15.3.2 广义胡克定律

讨论如图 15-5(b)所示的三向应力状态单元体，其上的三个主应力分别为σ_1、σ_2和σ_3。此单元体沿三个主应力方向产生的线应变分别为ε_1、ε_2和ε_3。由于材料处于线弹性范围，且基于小变形假设，因此可应用叠加原理，即将三向应力状态看作三个单向应力状态的叠加，从而可应用单向应力状态时应力和应变的关系$\sigma = E\varepsilon$，以及横向应变和纵向应变的关系$\varepsilon' = -\nu\varepsilon$(见 12.5 节)来研究$\varepsilon_1$、$\varepsilon_2$和$\varepsilon_3$的大小。

如图 15-6 所示，σ_1单独作用时，在σ_1方向上的应变为$\varepsilon_1' = \sigma_1/E$；$\sigma_2$单独作用时，在$\sigma_1$方向上产生横向应变$\varepsilon_1'' = -\nu\left(\sigma_2/E\right)$；$\sigma_3$单独作用时，也会产生$\sigma_1$方向上的横向应变$\varepsilon_1''' = -\nu\left(\sigma_3/E\right)$。三个主应力共同作用下在$\sigma_1$方向上的主应变即为三者的叠加。同理可以计算$\sigma_2$、$\sigma_3$方向的应变，即

$$\begin{cases} \varepsilon_1 = \dfrac{1}{E}\left[\sigma_1 - \nu\left(\sigma_2 + \sigma_3\right)\right] \\ \varepsilon_2 = \dfrac{1}{E}\left[\sigma_2 - \nu\left(\sigma_3 + \sigma_1\right)\right] \\ \varepsilon_3 = \dfrac{1}{E}\left[\sigma_3 - \nu\left(\sigma_1 + \sigma_2\right)\right] \end{cases} \tag{15-9}$$

式(15-9)称为**广义胡克定律**。式中，E为材料的拉压弹性模量；ν为材料的泊松比；与主应力方向一致的线应变ε_1、ε_2和ε_3称为**主应变**。计算时，式中的σ_1、σ_2和σ_3均应以代数值代入，求出ε_1、ε_2和ε_3，正值表示伸长，负值表示缩短。

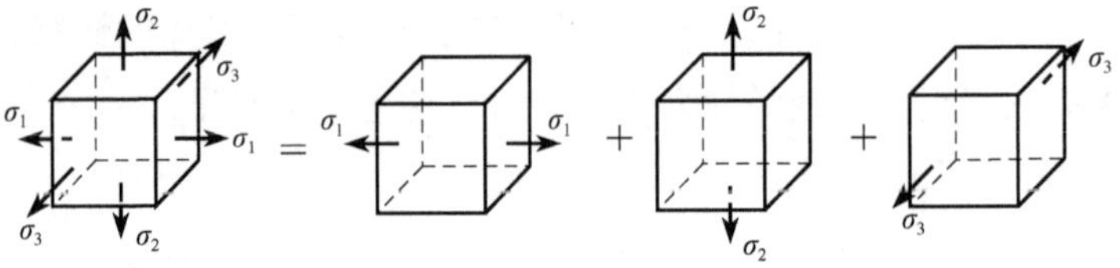

图 15-6

对于各向同性材料，在线弹性范围内，切应力对线应变无影响，所以当单元体的各面上既有正应力又有切应力时，沿σ_x、σ_y和σ_z方向的线应变ε_x、ε_y和ε_z有与式(15-9)相似的关系，即

$$\begin{cases} \varepsilon_x = \dfrac{1}{E}\left[\sigma_x - \nu\left(\sigma_y + \sigma_z\right)\right] \\ \varepsilon_y = \dfrac{1}{E}\left[\sigma_y - \nu\left(\sigma_z + \sigma_x\right)\right] \\ \varepsilon_z = \dfrac{1}{E}\left[\sigma_z - \nu\left(\sigma_x + \sigma_y\right)\right] \end{cases} \tag{15-10}$$

对于平面应力状态，由于$\sigma_z = 0$，式(15-10)可简化为

$$\begin{cases} \varepsilon_x = \dfrac{1}{E}\left(\sigma_x - \nu\sigma_y\right) \\ \varepsilon_y = \dfrac{1}{E}\left(\sigma_y - \nu\sigma_x\right) \\ \varepsilon_z = -\dfrac{\nu}{E}\left(\sigma_x + \sigma_y\right) \end{cases} \tag{15-11}$$

对式(15-11)稍加变换，可以得到平面应力状态下的广义胡克定律的另一种形式：

$$\begin{cases} \sigma_x = \dfrac{E}{1-\nu^2}\left(\varepsilon_x + \nu\varepsilon_y\right) \\ \sigma_y = \dfrac{E}{1-\nu^2}\left(\varepsilon_y + \nu\varepsilon_x\right) \end{cases} \tag{15-12}$$

这时，单元体上还有切应力τ_{xy}，它与切应变γ_{xy}有如下关系：

$$\gamma_{xy} = \frac{\tau_{xy}}{G} \tag{15-13}$$

需要说明的是，式(15-9)～式(15-12)只有当材料是各向同性，且处于线弹性范围内时才成立。

【例 15-2】 物体内处于平衡状态的某点如图 15-7(a)所示。已测得沿 0°、45°、90° 三个方向的线应变$\varepsilon_{0°}$、$\varepsilon_{45°}$和$\varepsilon_{90°}$，求该点处的应力σ_x、σ_y和τ_{xy}。

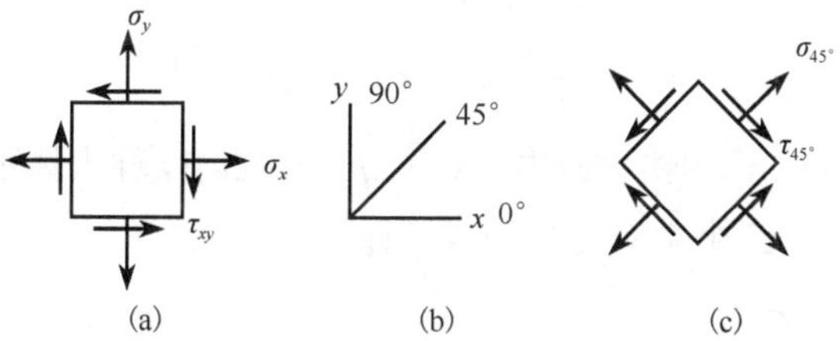

图 15-7

解 利用式(15-12)，可以直接得出

$$\sigma_x = \frac{E}{1-\nu^2}\left(\varepsilon_{0°} + \nu\varepsilon_{90°}\right) \tag{a}$$

$$\sigma_y = \frac{E}{1-\nu^2}\left(\varepsilon_{90°} + \nu\varepsilon_{0°}\right) \tag{b}$$

为了求出τ_{xy}，需要利用已知的$\varepsilon_{45°}$。为此，先求出单元体在±45°面上的正应力，利用式(15-1)，可得

$$\sigma_{45°} = \frac{\sigma_x + \sigma_y}{2} - \tau_{xy}, \qquad \sigma_{-45°} = \frac{\sigma_x + \sigma_y}{2} + \tau_{xy}$$

根据平面应力状态下的广义胡克定律，即式(15-11)，可得

$$\varepsilon_{45°} = \frac{\sigma_{45°}}{E} - \nu\frac{\sigma_{-45°}}{E} = \frac{1}{E}\left[\left(\frac{\sigma_x + \sigma_y}{2} - \tau_{xy}\right) - \nu\left(\frac{\sigma_x + \sigma_y}{2} + \tau_{xy}\right)\right]$$

将式(a)、式(b)代入上式并整理，可得

$$\tau_{xy} = \frac{E}{1+\nu}\left(\frac{\varepsilon_{0°} + \varepsilon_{90°}}{2} - \varepsilon_{45°}\right)$$

通过例 15-2 可知，要确定一点的平面应力状态，必须测定三个方向的线应变。对于受载物体上的某一个点的应力进行实测是困难的，但是应变是可以测量的。例 15-2 就提供了一种通过测定应变数据推出一点的应力的方法。这是在工程实践和试验力学中常用的方法。由于测试技术的问题，实践中并不测定切应变来推算切应力。若确切地知道了某点的主应力方向，那么就可以直接沿主应力方向测定主应变，就可以确定该点的应力状态。

15.3.3 体积应变

当单元体处于复杂应力状态时，其体积也将发生变化。设单元体各边长分别为 $\mathrm{d}x$、$\mathrm{d}y$、$\mathrm{d}z$，变形前体积为 $V_0=\mathrm{d}x\mathrm{d}y\mathrm{d}z$，受主应力 σ_1、σ_2 和 σ_3 后边长分别变为 $(1+\varepsilon_1)\cdot\mathrm{d}x$、$(1+\varepsilon_2)\cdot\mathrm{d}y$、$(1+\varepsilon_3)\cdot\mathrm{d}z$，则其体积变为

$$V_1=\mathrm{d}x\mathrm{d}y\mathrm{d}z(1+\varepsilon_1)(1+\varepsilon_2)(1+\varepsilon_3)=V_0(1+\varepsilon_1+\varepsilon_2+\varepsilon_3+\varepsilon_1\varepsilon_2+\varepsilon_2\varepsilon_3+\varepsilon_3\varepsilon_1+\varepsilon_1\varepsilon_2\varepsilon_3)$$

略去其中的高阶微量，可得

$$V_1=V_0(1+\varepsilon_1+\varepsilon_2+\varepsilon_3) \tag{15-14}$$

故单位体积的改变或体积应变为

$$\theta=\frac{V_1-V_0}{V_0}=\varepsilon_1+\varepsilon_2+\varepsilon_3 \tag{15-15}$$

将式(15-9)的三个主应变代入式(15-15)，则得

$$\theta=\frac{1-2\nu}{E}(\sigma_1+\sigma_2+\sigma_3)=\frac{\sigma_\mathrm{m}}{K} \tag{15-16}$$

式中，$\sigma_\mathrm{m}=(\sigma_1+\sigma_2+\sigma_3)/3$，称为**体积应力**；$K=E/[3(1-2\nu)]$，称为**体积弹性模量**。由式(15-16)可知，单元体体积的改变与三个主应力之和成正比。

15.4 复杂应力状态下的应变能密度

物体在外力作用下发生弹性变形时，外力所做的功将使物体积蓄应变能；当外力卸除后，此应变能释放并对外做功。这种以弹性变形形式积蓄的能量称为**弹性应变能**。若外力的作用方式是缓慢加载，变形在线弹性范围内，则可忽略动能和其他能量损耗，而以外力做功的大小来计算弹性应变能的大小。

设有长 l、横截面面积为 A 的等截面直杆受拉力 F 作用，如图 15-8(a)所示。F 的作用方式为缓慢加载，变形 Δl 在线弹性范围内，则 F-Δl 的关系服从胡克定律，呈线性关系，如图 15-8(b)所示。当加载至 F、变形为 Δl 时，外力做功为图 15-8(b)所示的阴影部分面积，即外力做功为 $W=F\Delta l/2$。于是其应变能 V_ε 为

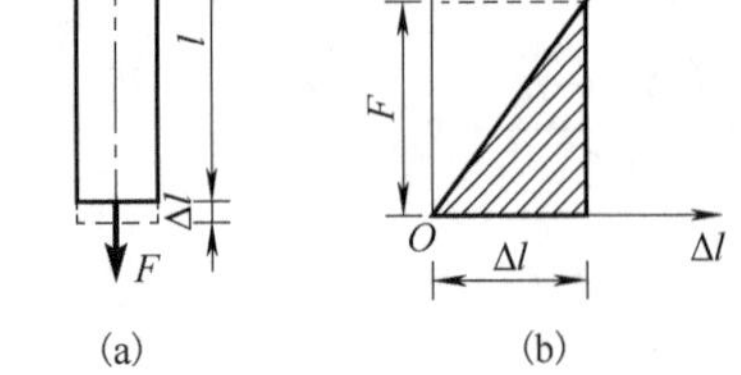

图 15-8

$$V_\varepsilon=W=\frac{1}{2}F\Delta l \tag{15-17}$$

将式(15-17)两边各除以杆件体积 Al，则得到单位体积下的应变能：

$$v=\frac{V_{\varepsilon}}{Al}=\frac{1}{2}\frac{F}{A}\frac{\Delta l}{l}=\frac{1}{2}\sigma\varepsilon \tag{15-18}$$

式中，v 称为**应变能密度**。

对于一般的三向应力状态，弹性体的应变能在数值上仍应等于外力所做的功。考虑受主应力 σ_1、σ_2 和 σ_3 作用的单元体，假定三个主应力按比例缓慢加载，则可证明三个方向的主应变 ε_1、ε_2 和 ε_3 也必然按比例缓慢增加，即各方向的主应力与其主应变仍呈线性关系。因此总应变能密度可表示为

$$v=\frac{1}{2}\sigma_1\varepsilon_1+\frac{1}{2}\sigma_2\varepsilon_2+\frac{1}{2}\sigma_3\varepsilon_3 \tag{15-19}$$

将广义胡克定律式(15-9)代入式(15-19)，得

$$v=\frac{1}{2E}\left[\sigma_1^2+\sigma_2^2+\sigma_3^2-2\nu\left(\sigma_1\sigma_2+\sigma_2\sigma_3+\sigma_3\sigma_1\right)\right] \tag{15-20}$$

物体的变形可分为两部分：一部分是体积改变；另一部分是形状改变。如图 15-9(a)所示，设单元体受主应力 σ_1、σ_2、σ_3 作用，现将主应力分为两组：

第一组是各面均受平均应力 $\sigma_{\mathrm{m}}=\left(\sigma_1+\sigma_2+\sigma_3\right)/3$ 作用，如图 15-9(b)所示；

第二组是三个应力为 $\sigma_1'=\sigma_1-\sigma_{\mathrm{m}}$，$\sigma_2'=\sigma_2-\sigma_{\mathrm{m}}$，$\sigma_3'=\sigma_3-\sigma_{\mathrm{m}}$，如图 15-9(c)所示。

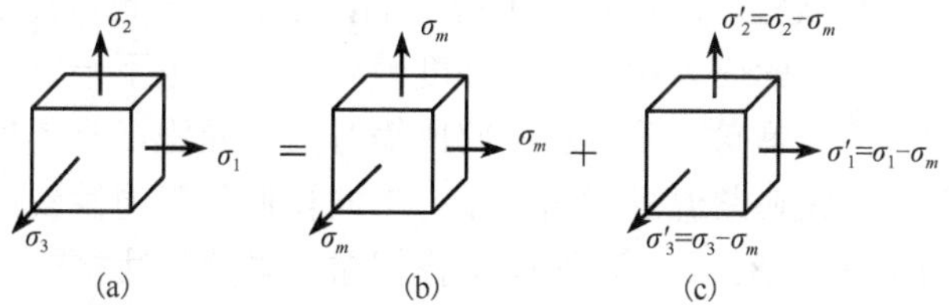

图 15-9

第一组应力 σ_{m} 称为体积应力，在它的作用下单元体沿各方向均匀变形，无形状改变，而只有体积改变。第二组应力 σ_1'、σ_2'、σ_3' 称为偏斜应力，将 σ_1'、σ_2'、σ_3' 代入式(15-16)，可得体积应变为 0，但由于各边变形不同，故存在形状改变。这样，单元体的总应变能密度也可分为两部分：一部分是由体积应力 σ_{m} 所引起的应变能密度，称为**体积改变应变能密度**，以 v_{V} 表示；另一部分由偏斜应力 σ_1'、σ_2'、σ_3' 所引起的应变能密度，称为**形状改变应变能密度**，以 v_{d} 表示。于是有

$$v=v_{\mathrm{V}}+v_{\mathrm{d}} \tag{15-21}$$

式中，体积改变应变能密度为

$$v_{\mathrm{V}}=\frac{1}{2}\sigma_{\mathrm{m}}\varepsilon_{\mathrm{m}}+\frac{1}{2}\sigma_{\mathrm{m}}\varepsilon_{\mathrm{m}}+\frac{1}{2}\sigma_{\mathrm{m}}\varepsilon_{\mathrm{m}}=\frac{3}{2}\sigma_{\mathrm{m}}\varepsilon_{\mathrm{m}} \tag{15-22}$$

由广义胡克定律可得

$$\varepsilon_{\mathrm{m}}=\frac{1}{E}\left[\sigma_{\mathrm{m}}-\nu\left(\sigma_{\mathrm{m}}+\sigma_{\mathrm{m}}\right)\right]=\frac{1-2\nu}{E}\sigma_{\mathrm{m}}$$

将上式代入式(15-22)得

$$v_{\mathrm{V}}=\frac{3(1-2\nu)}{2E}\sigma_{\mathrm{m}}^2=\frac{3(1-2\nu)}{2E}\left(\frac{\sigma_1+\sigma_2+\sigma_3}{3}\right)^2=\frac{1-2\nu}{6E}\left(\sigma_1+\sigma_2+\sigma_3\right)^2 \tag{15-23}$$

将式(15-20)和式(15-23)一并代入式(15-21)，整理后可得形状改变应变能密度 v_d 为

$$v_d = \frac{1+\nu}{6E}\left[(\sigma_1-\sigma_2)^2+(\sigma_2-\sigma_3)^2+(\sigma_3-\sigma_1)^2\right] \tag{15-24}$$

15.5 强度理论及其应用

15.5.1 强度理论

我们在讨论杆件轴向拉伸强度问题时，用到了强度条件 $\sigma \leqslant [\sigma]$。之所以能够采用这个强度条件，是因为许用应力 $[\sigma]$ 是通过材料轴向拉伸试验得到屈服极限 σ_s 或强度极限 σ_b 进而确定的，试验能够完全符合轴向拉伸杆件内点的单向应力状态。同样在圆轴扭转问题中，我们建立了强度条件 $\tau \leqslant [\tau]$，是因为可以通过圆轴扭转试验来确定材料的剪切屈服极限 τ_s 或强度极限 τ_b 进而得到许用应力 $[\tau]$，试验能够完全符合圆轴扭转横截面上点的纯剪切应力状态。

但是在工程中，大量构件受到的载荷非常复杂，构件中内部的点的应力状态往往不是单向的或纯剪切的，而是属于复杂应力状态。此时，如果再通过试验来建立强度条件，则必须对各式各样的应力状态一一进行试验，这显然是不现实的，在技术上也难以实现。

从材料本身来说，在不同的应力状态下，强度破坏的形式也不一定相同。低碳钢在常温静载情况下，当受到单向拉伸、单向压缩以及三向压缩时发生屈服，但是在接近于三向等值拉伸情况下却发生脆性断裂。铸铁在常温静载情况下，单向拉伸呈现脆性断裂，但是其在三向压缩情况下却能产生显著的塑性变形。所以，即便是我们通常讲的脆性材料发生的破坏也不完全是脆性断裂，同样塑性材料也有可能会发生脆性断裂。

以上说明，由于材料在复杂应力状态下的强度不太可能总是通过试验来确定，因此需要分析材料发生强度破坏的力学因素，以便根据单向应力状态或某些复杂应力状态下能够测定的极限应力来推断各种复杂应力状态下材料的强度。人们根据一定的试验结果，对失效现象加以观察、分析和归纳，寻找失效的规律，从而对失效的原因提出一些假说。这些假说通常就称为**强度理论**。

强度理论认为：**无论何种应力状态，也无论何种材料，只要失效形式相同，则失效原因就是相同的，且这个原因是应力、应变或应变能等中的一种**。这样，造成失效的原因就与应力状态无关，从而便可由简单应力状态的试验结果，来建立复杂应力状态的强度条件。

15.5.2 常见的四种强度理论

大量试验表明，尽管材料强度失效现象比较复杂，但主要的还是两种，即屈服和断裂。相应的强度理论大致也可分为两类：一类解释断裂失效；另一类解释屈服失效。工程中常见的四种强度理论中，第一、第二强度理论解释断裂失效，而第三、第四强度理论解释屈服失效，以下分别加以阐述。

1. 最大拉应力理论(第一强度理论)

这一理论认为最大拉应力是引起断裂的主要因素。即认为无论是什么应力状态，只要最大拉应力达到某一极限值，材料就发生断裂。因为失效的原因与应力状态无关，所以最大拉应力

的极限值与应力状态无关。对于脆性材料，可通过材料的单向拉伸试验来确定这一极限，显然，它就是脆性材料的拉伸强度极限 σ_b 。对于塑性材料，这个极限值应当是某种接近三向等值拉伸的应力状态下脆性断裂时的最大拉应力极限 σ_b ，而不是塑性材料的单向拉伸强度极限。根据以上分析就可得断裂判据：

$$\sigma_1 = \sigma_b \tag{15-25}$$

将 σ_b 除以安全因数得许用应力 $[\sigma]$ ，故强度条件为

$$\sigma_1 \leqslant [\sigma] \tag{15-26}$$

需要注意的是，应用这一理论必须保证 $\sigma_1 > 0$ ，即第一主应力必须是拉应力。铸铁等脆性材料，无论在单向拉伸、扭转或二向、三向应力状态下，断裂都发生于拉应力最大的截面上，与这一理论相符。但这一理论没有考虑其他两个主应力对断裂的影响，对没有拉应力的状态（如单向、双向压缩等）也无法应用，同时这一理论无法解释石块、砂浆在单向压缩时沿力的作用方向分裂的情况。

2. 最大拉应变理论（第二强度理论）

这一理论认为最大拉应变是引起断裂的主要因素。即认为无论什么应力状态，只要最大拉应变达到某一极限值，材料即发生断裂。同样，这一极限值可由单向拉伸试验来确定。设单向拉伸直到断裂过程中仍可用胡克定律计算应变，则拉断时拉应变的极限值为 $\varepsilon_\mu = \sigma_b / E$ ，于是断裂判据为 $\varepsilon_1 = \sigma_b / E$ 。

根据广义胡克定律 $\varepsilon_1 = \dfrac{1}{E}[\sigma_1 - \nu(\sigma_2 + \sigma_3)]$ ，将其代入上式就可得主应力表示的断裂判据：

$$\sigma_1 - \nu(\sigma_2 + \sigma_3) = \sigma_b \tag{15-27}$$

从而可得强度条件：

$$\sigma_1 - \nu(\sigma_2 + \sigma_3) \leqslant [\sigma] \tag{15-28}$$

混凝土或石料等脆性材料轴向受压时，若在试验机与试块的接触面上添加润滑剂，则试块沿垂直于压力的方向开裂，与这一理论相符。铸铁在拉压二向应力且压应力较大的情况下，试验结果也与这一理论相接近。这一理论虽然考虑了其他两个主应力对断裂的影响，似乎比第一强度理论合理，但实际情况并非如此，除上述的少数情况外，往往是第一强度理论更符合实际。

3. 最大切应力理论（第三强度理论）

这一理论认为最大切应力是引起屈服的主要因素。即认为无论什么应力状态，只要最大切应力达到某一极限值，材料就发生屈服。在单向拉伸下，当截面上的拉应力达到屈服极限 σ_s 时，与轴线成 45° 的斜截面上相应的最大切应力为 $\tau_{max} = \sigma_s/2$ ，并出现滑移线，即屈服。因此 $\sigma_s/2$ 就是导致屈服的切应力的极限值，于是屈服判据为 $\tau_{max} = \sigma_s/2$ 。任意应力状态下，根据式（15-8），$\tau_{max} = (\sigma_1 - \sigma_3)/2$ ，代入上式可得以主应力表示的屈服判据：

$$\sigma_1 - \sigma_3 = \sigma_s \tag{15-29}$$

相应的强度条件为

$$\sigma_1 - \sigma_3 \leqslant [\sigma] \tag{15-30}$$

这一强度理论可以较为满意地解释塑性材料的屈服现象，例如，低碳钢拉伸屈服时，沿着与轴线成 45° 方向出现滑移线，而这一方向斜面上的切应力也最大。由于这一理论形式简单，

概念明确，且计算结果偏于安全，故在工程中广泛应用。但是这一理论没有考虑中间主应力 σ_2 对屈服的影响，试验表明，σ_2 可以对屈服强度产生 10%～15%的影响。另外，这一理论无法解释某些金属材料单向拉伸时的屈服极限与单向压缩时的屈服极限不相等这一现象。

4. 形状改变应变能密度理论(第四强度理论)

这一理论认为形状改变应变能密度是引起屈服的主要因素。即认为无论在什么应力状态，只要形状改变应变能密度 v_{d} 达到某一极限值，材料就发生屈服。单向拉伸屈服时的屈服应力为 σ_{s}，相应的形状改变应变能密度由式(15-24)求出为 $(1+\nu)\sigma_{\mathrm{s}}^2/(3E)$，这即为形状改变应变能密度的极限值。于是屈服判据为 $v_{\mathrm{d}}=(1+\nu)\sigma_{\mathrm{s}}^2/(3E)$，对照任意应力状态下形状改变应变能密度的计算式(15-24)，可得以主应力表示的屈服判据：

$$\sqrt{\frac{1}{2}[(\sigma_1-\sigma_2)^2+(\sigma_2-\sigma_3)^2+(\sigma_3-\sigma_1)^2]}=\sigma_{\mathrm{s}} \tag{15-31}$$

相应的强度条件为

$$\sqrt{\frac{1}{2}[(\sigma_1-\sigma_2)^2+(\sigma_2-\sigma_3)^2+(\sigma_3-\sigma_1)^2]}\leqslant[\sigma] \tag{15-32}$$

这个理论对于钢、铜、镍、铝四种塑性材料在平面应力状态下发生屈服破坏的推断与实际试验结果基本相符。但它和第三强度理论一样，无法解释某些金属材料拉、压屈服极限不相等的情况。

为了方便工程应用，对以上四种强度理论建立的强度条件可以统一写为

$$\sigma_{\mathrm{r}}\leqslant[\sigma] \tag{15-33}$$

式中，σ_{r} 称为相当应力。按照顺序，相当应力分别为

$$\begin{cases}\sigma_{\mathrm{r1}}=\sigma_1\\ \sigma_{\mathrm{r2}}=\sigma_1-\nu(\sigma_2+\sigma_3)\\ \sigma_{\mathrm{r3}}=\sigma_1-\sigma_3\\ \sigma_{\mathrm{r4}}=\sqrt{\dfrac{1}{2}\left[(\sigma_1-\sigma_2)^2+(\sigma_2-\sigma_3)^2+(\sigma_3-\sigma_1)^2\right]}\end{cases} \tag{15-34}$$

相当应力是为了表示方便而引进的量，没有具体的物理意义。

除了以上四种强度理论，还有摩尔强度理论、我国西安交通大学的俞茂宏教授于 1961 年提出的双剪应力屈服准则等。以上介绍的强度理论都只适用于常温静载以及均匀连续、各向同性材料。对于不满足上述条件的情况，另外有专门的理论研究。现有的一些强度理论虽然在工程中得到了广泛应用，但还不能说强度理论已经圆满地解决了工程中所有的强度问题，这方面还有待于进一步研究和发展。

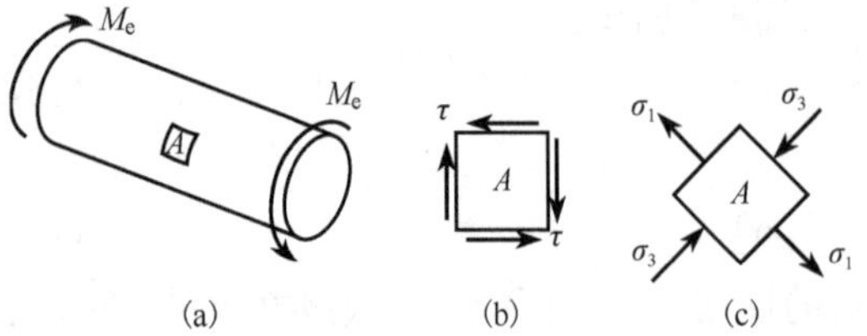

图 15-10

【例 15-3】 如图 15-10(a)所示，两端受外力偶 M_{e} 作用的铸铁圆轴，其直径为 d，材料的许用拉应力为 $[\sigma]$，选择合适的强度理论，确定其不发生强度失效的外力偶矩所需满足的条件，并指出其许用切应力 $[\tau]$ 和许用拉应力 $[\sigma]$ 的关系。

解　(1) 求主应力。铸铁圆轴受扭表面上的单元体 A 是纯剪切的应力状态，如图 15-10(b) 所示。由式(15-4)，计算三个主应力，分别为

$$\sigma_1 = \tau, \quad \sigma_2 = 0, \quad \sigma_3 = -\tau$$

(2) 确定极限外力偶 M_e 的值。易知圆轴横截面上的扭矩 $T = M_e$，由于铸铁受扭的破坏形式是脆性断裂，所以应采用第一强度理论。根据第一强度理论的强度条件，$\sigma_1 \leqslant [\sigma]$，而 $\sigma_1 = \tau = \dfrac{T}{W_p} = \dfrac{T}{\pi d^3/16}$，因此有

$$\sigma_1 = \frac{T}{\pi d^3/16} = \frac{M_e}{\pi d^3/16} \leqslant [\sigma]$$

不发生强度失效的外力偶应满足：

$$M_e \leqslant \frac{\pi d^3}{16}[\sigma]$$

(3) 求许用切应力 $[\tau]$ 和许用拉应力 $[\sigma]$ 的关系。式(13-15)给出的切应力强度条件为 $\tau \leqslant [\tau]$，而根据第一强度理论有 $\sigma_1 = \tau \leqslant [\sigma]$，故可知本例情况下有 $[\tau] = [\sigma]$。

【例 15-4】　简支梁 AB 如图 15-11(a)，尺寸 $l = 2\text{m}$，$a = 0.3\text{m}$。梁上的载荷为 $q = 10\,\text{kN/m}$，$F = 200\,\text{kN}$。材料的许用应力为 $[\sigma] = 160\,\text{MPa}$。为此简支梁选择合适的工字钢型号。

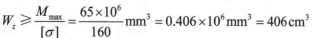

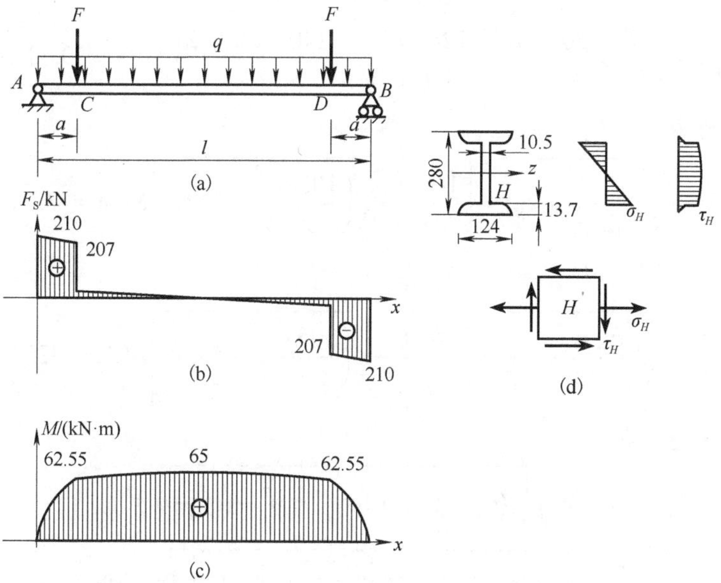

图 15-11

解　(1) 作剪力图和弯矩图，分别如图 15-11(b) 和 (c) 所示。

(2) 根据最大弯矩选择工字钢型号。对于既有正应力又有切应力的情况，一般先按正应力强度条件选择截面。由式(14-25)有

$$W_z \geqslant \frac{M_{max}}{[\sigma]} = \frac{65\times 10^6}{160}\text{mm}^3 = 0.406\times 10^6\,\text{mm}^3 = 406\,\text{cm}^3$$

查附表 A.3，选用 I25b，其 $W_z = 423\,\text{cm}^3$。

(3)最大切应力强度校核。查附表A.3得$I_z/S_{z\max}^* = 213\text{mm}$，$b=10\text{mm}$，代入式(14-21)得

$$\tau_{\max} = \frac{F_{S\max}S_{z\max}^*}{I_z b} = \frac{210\times10^3\text{N}}{213\text{mm}\times10\text{mm}} = 98.6\text{ MPa}$$

中性轴上的点为纯剪切应力状态，其主应力为

$$\sigma_1 = \tau_{\max}, \quad \sigma_2 = 0, \quad \sigma_3 = -\tau_{\max}$$

按照第四强度理论有

$$\sigma_{r4} = \sqrt{\frac{1}{2}\left[(\sigma_1-\sigma_2)^2+(\sigma_2-\sigma_3)^2+(\sigma_3-\sigma_1)^2\right]} = \sqrt{3}\tau_{\max} = 170.8\text{MPa} > [\sigma]$$

强度不满足，重新选择用I28b，其$I_z/S_{z\max}^* = 242\text{mm}$，$b=10.5\text{mm}$，得

$$\tau_{\max} = \frac{210\times10^3}{242\times10.5}\text{MPa} = 82.6\text{MPa}$$

从而有

$$\sigma_{r4} = \sqrt{3}\tau_{\max} = 143.1\text{MPa} < [\sigma]$$

(4)主应力校核。在梁的截面C左侧，腹板与翼缘的交界处点H外，其正应力、切应力都较大，如图15-11(d)所示，需要对其进行强度校核。该点的正应力和切应力为

$$\sigma_H = \frac{M_C y_H}{I_z} = \frac{62.55\times10^6\times(140-13.7)}{7480\times10^4}\text{MPa} = 105.6\text{MPa}$$

$$\tau_H = \frac{F_{SC}S_z^*}{I_z b} = \frac{207\times10^3\times124\times13.7\times(140-13.7/2)}{7480\times10^4\times10.5}\text{MPa} = 59.6\text{ MPa}$$

相应的主应力为

$$\sigma_1 = \frac{\sigma_H}{2}+\sqrt{\left(\frac{\sigma_H}{2}\right)^2+\tau_H^2} = \left[\frac{105.6}{2}+\sqrt{\left(\frac{105.6}{2}\right)^2+59.6^2}\right]\text{MPa} = 132.4\text{ MPa}$$

$$\sigma_2 = 0$$

$$\sigma_3 = \frac{\sigma_H}{2}-\sqrt{\left(\frac{\sigma_H}{2}\right)^2+\tau_H^2} = \left[\frac{105.6}{2}-\sqrt{\left(\frac{105.6}{2}\right)^2+59.6^2}\right]\text{MPa} = -26.8\text{ MPa}$$

根据第四强度理论有

$$\begin{aligned}\sigma_{r4} &= \sqrt{\frac{1}{2}[(\sigma_1-\sigma_2)^2+(\sigma_2-\sigma_3)^2+(\sigma_3-\sigma_1)^2]}\\ &= \sqrt{\frac{1}{2}[132.4^2+26.8^2+(-26.8-132.4)^2]}\text{MPa}\\ &= 147.6\text{MPa} < [\sigma]\end{aligned}$$

因为截面D与截面C对称，故不需再校核。因此选择I28b合适。

15.5.3 复杂形状零部件中的强度与刚度分析

前述各章所研究的对象大体上都是一个方向的尺寸远大于另外两个方向的尺寸的杆状构件。但实际工程中，零部件的形状非常复杂，除杆状构件以外，还有板状、块状的零部件，特别是随着制造加工技术的不断提高，为了满足某些特定需要，满足个性化功能的不规则形状的

零部件越来越多。另外，对于机械结构本身，也需要分析其强度不足之处以及受载后的宏观位移。以上这些研究对象，通常需要通过弹性力学的理论和方法加以解决。

弹性力学将研究对象视为一个求解域，在这个求解域内建立起基于单元体的平衡微分方程、几何方程和物理方程。这些方程是全域内关于坐标的函数方程，且往往是偏微分方程。对于求解域的边界，由于有约束的存在，限制了某些边界的位移，就有了位移边界条件，而在外力作用的位置，可以建立应力边界条件。微分方程和边界条件构成了求解的数学模型。

在工程中，对于这类数学模型，其难点往往不是建立微分方程，而是对微分方程的求解。绝大多数的微分方程难以求出解析解，因此需要通过近似的数值方法来进行求解。而 20 世纪 50 年代发展起来的有限元方法是当前工程中应用最为广泛的求解方法，基于有限元方法的工程软件也越来越成为工程师必须要掌握的现代主要工程分析工具。利用这些软件，可以方便地计算分析各类零部件在复杂受力情况下的内部应力、应变和位移。目前比较流行的专业有限元分析软件有 ANSYS、ABAQUS 等，三维建模软件 SolidWorks、Cero 等也附带了有限元分析模块。值得一提的是，目前这些力学仿真软件几乎全部都来自美国、瑞典等西方国家。近几年我国开始重视自主知识产权的工业仿真软件的研发，目前已经有了 Simdroid、FEPG、FastCAE 等工业软件。虽然和国外软件相比还有一定的差距，但不久的将来，我国一定会有成熟可靠的工业仿真分析软件供工程界广泛使用，这显然也需要广大力学、计算机、数学等学科的人才，特别是青年人才加倍努力才能实现。

通过有限元软件进行分析的一般过程是，工程师首先要对研究对象进行几何建模，将几何模型导入分析软件中，对其进行网格剖分，建立单元和节点，将几何模型转变为适应于求解力学物理量的分析模型，对于梁结构，还需要赋予其截面的几何形状参数。其次是赋予研究对象的材料属性，包括弹性模量、泊松比等。最后是对研究对象施加边界条件，即确定外载荷的大小及作用的范围、位置，确定研究对象哪些位置的哪些自由度被限制了。通过以上三个步骤，就完成了分析的前处理过程。完成前处理工作后，将任务提交给计算机求解器进行求解。求解所需要耗费的时间和资源与求解问题的规模有关，理论上讲，网格剖分越细，节点越多，规模就越大，计算时间就越长，但计算的精度也越高。求解完成后，计算机能够输出对应的各种物理量的数据，如建立在空间笛卡儿坐标系下的正应力、切应力、应变和位移等，并能自动计算出内部各节点(单元体)的三个主应力，并根据需要，输出基于不同强度理论的相当应力。软件通过图形化的方式，将这些物理量绘成大小分布图，通常称为云图，有应力云图、位移云图等。通过云图可以直接观察到研究对象的高应力区域，确定研究对象在受载后的危险区域、最大应力及其所在。

一般的，对于塑性材料制成的零部件或整体结构，其失效方式大多数是屈服，这时候需要判断第三强度理论或第四强度理论的相当应力是否超出许用应力，那么有限元软件就需要输出基于第三强度理论的相当应力云图，通常以 Stress intensity 表示，或者输出基于第四强度理论的相当应力云图，通常以 Von Mises Stress 表示。而对于由铸铁、玻璃等材料制成的零部件或整体结构，其失效方式大多是脆性断裂，那么就需要输出基于第一强度理论的最大应力云图。

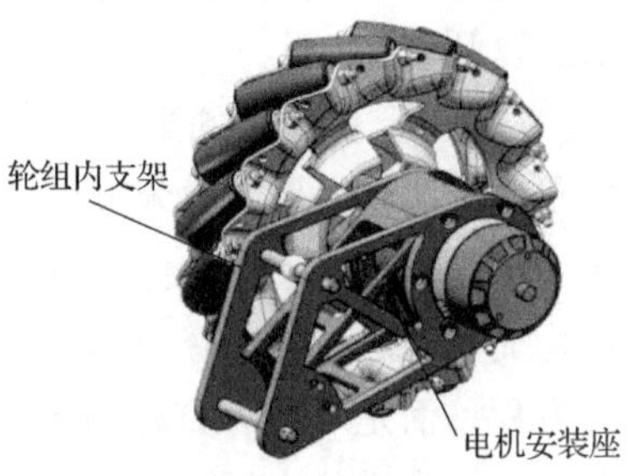

图 15-12

图 15-12 是一个步兵机器人左轮组的实体模型，要分析其轮组内支架的强度，需要将其进行网格剖分，并施加载荷和约束条件。该支架采用的材料是 6061 铝合金，在工作过程中，其失效的形式是屈服，所以应当输出其 Von Mises 应力云图进行分析，如图 15-13(a)所示。当然也可以输出其位移云图来观察其变形的情况，如图 15-13(b)所示。一般的，在应力或位移云图中，颜色越趋近于红色，其应力或位移越大，越趋近于蓝色，其应力或位移越小。

图 15-14(a)是一个服务机器人的躯干三维模型，图 15-14(b)、(c)分别表示其腰部旋转结构在机器人进行 700N 负载运行时的应力和位移云图。

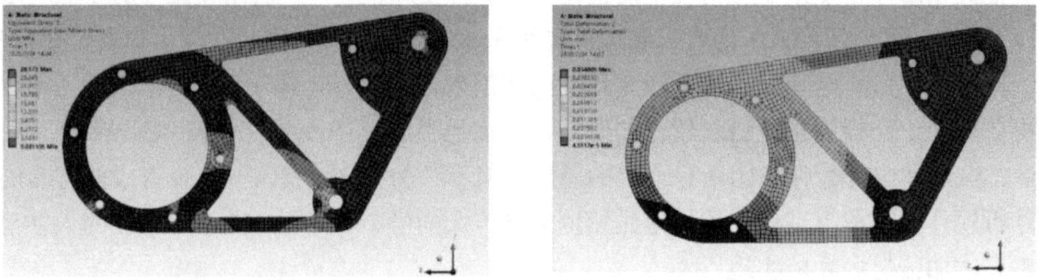
(a) Von Mises应力云图　　(b) 整体位移云图

图 15-13

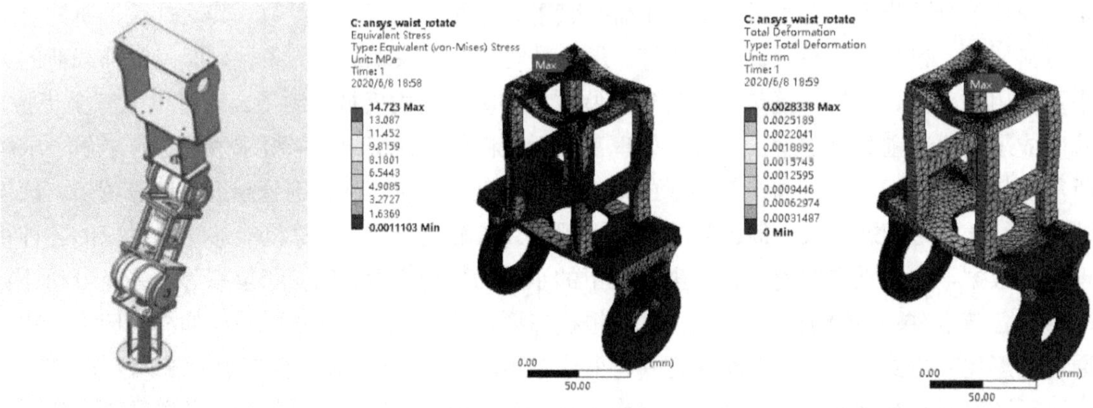

(a) 躯干三维模型　　(b) Von Mises 应力云图　　(c) 整体位移云图

图 15-14

事实上，基于有限元分析的结果，我们还可以对结构进行进一步的优化，例如，适当减少应力较低区域的材料用量，适当增加应力较高区域的材料用量，从而达到轻量化、降低制造成本的目的。又或者对结构进行尺寸优化、拓扑优化，达到刚度最大化等要求。

同样的，也可以通过有限元方法，分析结构的运动学和动力学特征，如结构的自振频率、机构运动的速度、加速度等。除此之外，有限元方法还能模拟复杂环境工况下机器的行为和动作及进行热场分析、磁场分析等。

思　考　题

15.1　什么是一点处的应力状态？为什么要研究一点处的应力状态？

15.2　主应力和主平面的定义是什么？三个主应力按照什么原则进行排序？单元体上的主应力和正应力有什么区别与联系？

15.3　写出图 15-15 所示单元体主应力 σ_1、σ_2、σ_3 的值，并指出属于哪一种应力状态(应力单位为 MPa)。

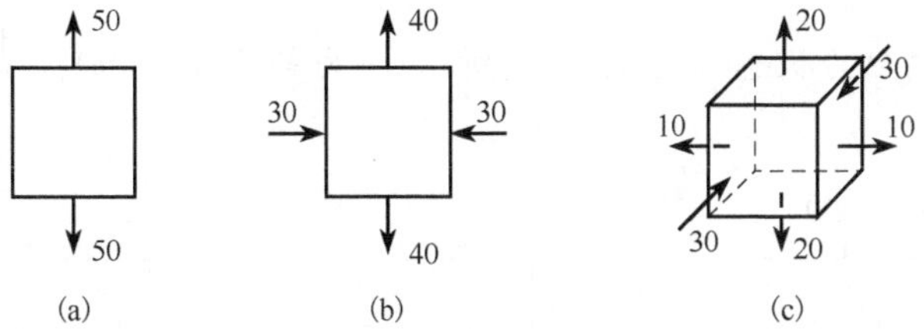

图 15-15

15.4　单元体中，最大正应力所在的平面是否存在切应力？最大切应力所在的平面上是否存在正应力？

15.5　二向应力状态的分析可以采用图解方法，即应力圆的方法。在以 σ 为横坐标轴、以 τ 为纵坐标轴的平面内，画出以坐标 $\left(\dfrac{\sigma_x+\sigma_y}{2},\ 0\right)$ 为圆心、以 $\sqrt{\left(\dfrac{\sigma_x-\sigma_y}{2}\right)^2+\tau_{xy}^2}$ 为半径一个圆，这个圆称为应力圆或莫尔圆。

(1) 证明圆周上任一点的横坐标和纵坐标分别代表所研究二向应力状态单元体内某一截面上的正应力和切应力。

(2) 对应二向应力状态，莫尔圆上的正应力极值与主应力的关系如何？如何利用莫尔圆来确定主应力的方位？

15.6　广义胡克定律的适用范围是什么？

15.7　什么是强度理论？为什么要提出强度理论？

15.8　分别说明四种常见的强度理论的主要内容及其能够解释何种失效。

15.9　通过文献检索，了解对于非杆状零部件的强度、刚度分析采用的有限元方法的主要原理。并了解在工业机器人领域，应用的主要有限元软件有哪些，分别用于何种分析，通过文献检索举出 1～2 个工业机器人设计环节中应用有限元分析的实例。

习　　题

15-1　构件受力如题 15-1 图所示。(1) 确定危险点的位置；(2) 用单元体表示危险点的应力状态(即用纵向平面、横截面截取危险点的单元体，并画出应力)。

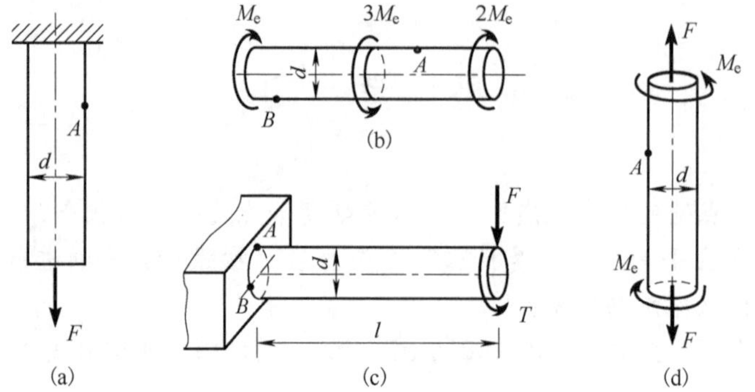

题 15-1 图

15-2 已知一点的应力状态如题 15-2 图所示(应力单位为 MPa)。求指定斜截面上的正应力和切应力。

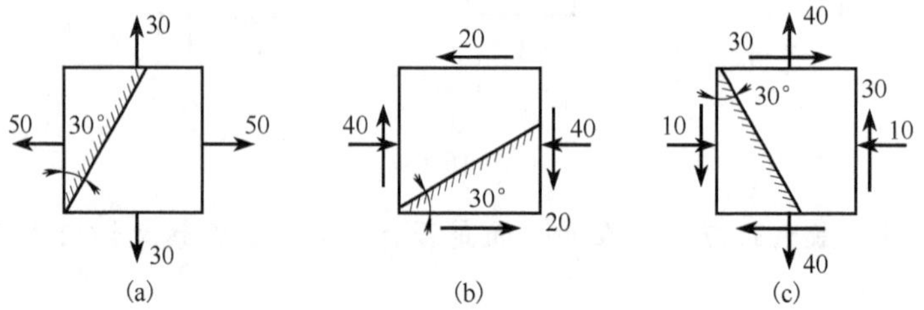

题 15-2 图

15-3 已知一点的应力状态如题 15-3 图所示(应力单位为 MPa)。求:(1)指定斜截面上的应力;(2)主应力及其方位,并在单元体上画出主应力状态;(3)最大切应力。

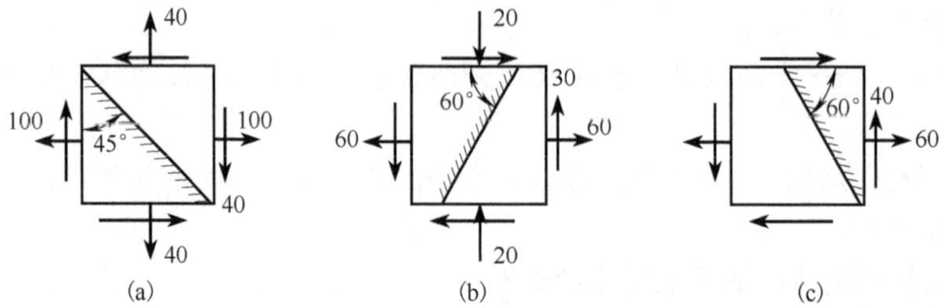

题 15-3 图

15-4 题 15-4 图所示薄壁圆筒同时受到扭转和拉伸的作用。已知 $F = 20\,\text{kN}$,$M_e = 600\,\text{N·m}$,$d = 50\,\text{mm}$,壁厚 $\delta = 2\,\text{mm}$。(1)画出筒壁上点 K 的单元体,并求点 K 在图示指定斜截面上的应力;(2)求点 K 的主应力大小和方位;(3)画出其主单元体。

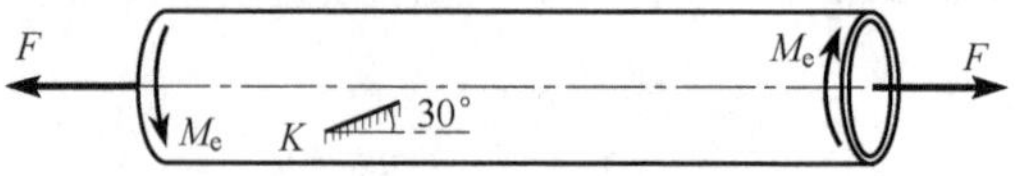

题 15-4 图

15-5 题 15-5 图所示矩形截面梁的尺寸和载荷在图上已标出。(1)画出 n-n 截面上 1、2、3、4 各点应力状态的单元体;(2)求出各点的主应力,并确定主应力的方位。

15-6 已知各点的应力如题 15-6 图所示(应力单位为 MPa),求主应力及最大切应力。

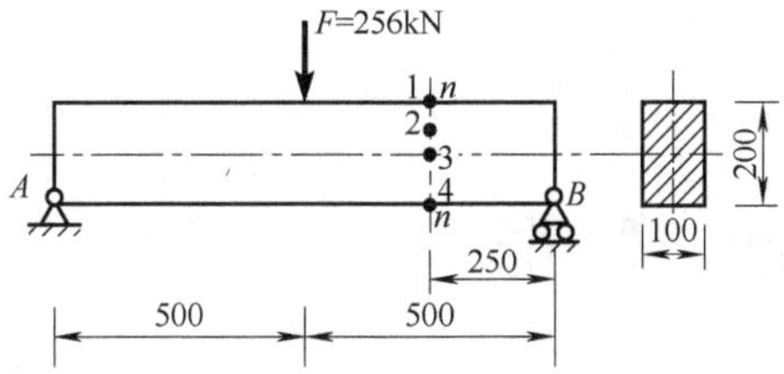

题 15-5 图

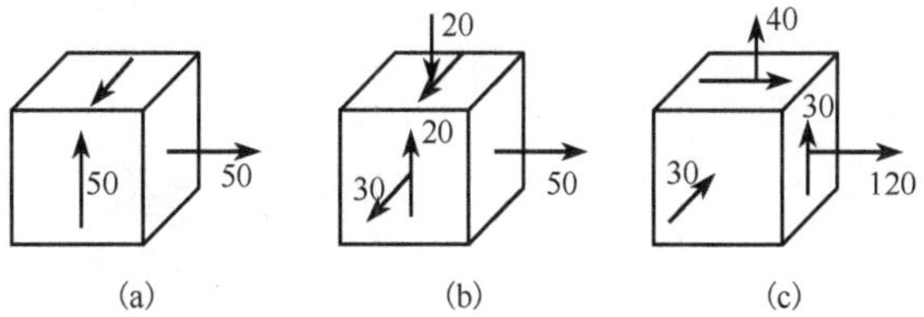

题 15-6 图

15-7 今测得题 15-7 图所示轴扭转时，表面点 K 与轴线成 30° 方向的线应变 $\varepsilon_{30°}$。试求外力偶矩 M_e。已知轴的直径 d、弹性模量 E 和泊松比 ν。

15-8 受拉的圆截面杆如题 15-8 图所示。已知点 A 在与水平线成 60° 方向上的正应变 $\varepsilon_{60°}=4.0\times10^{-4}$，直径 $d=20\ \text{mm}$，材料的弹性模量 $E=200\ \text{GPa}$，$\nu=0.3$。试求载荷 F。

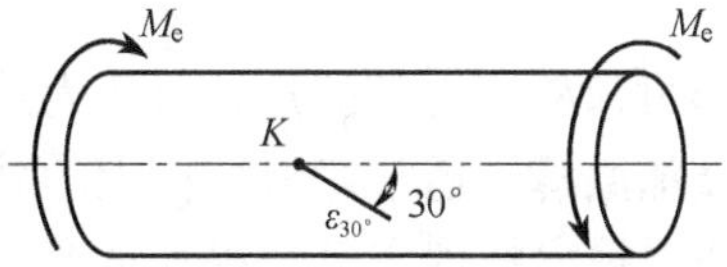

题 15-7 图

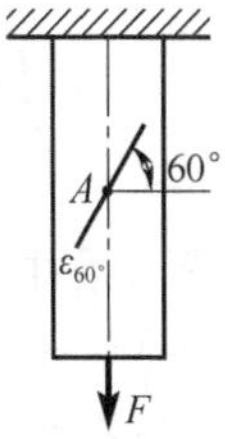

题 15-8 图

15-9 已知一点的应力状态如题 15-9 图所示(应力单位为 MPa)，列出常见的四种强度理论的相当应力，已知泊松比 $\nu=0.3$。

15-10 低碳钢材料制成的圆管如题 15-10 图所示，其外径 $D=160\ \text{mm}$，内径 $d=120\ \text{mm}$，承受外力偶矩 $M_e=20\ \text{kN}\cdot\text{m}$ 和轴向拉力 F=1000 kN 的作用。已知材料的许用应力 $[\sigma]=150\ \text{MPa}$。根据第四强度理论校核该圆管的强度。

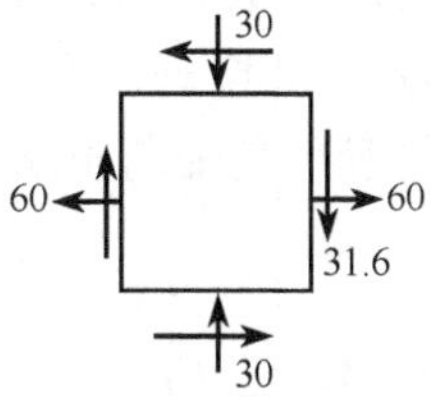

题 15-9 图

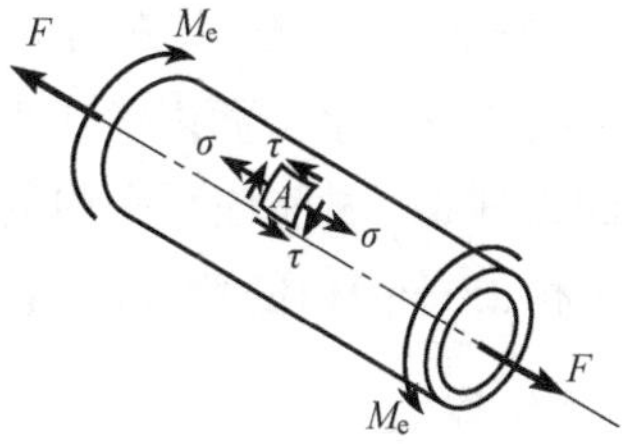

题 15-10 图

15-11 圆杆如题 15-11 图所示。已知圆杆直径 $d=10\ \text{mm}$，力 $F=10\ \text{kN}$，外力偶矩 $M_e=10\ \text{N}\cdot\text{m}$，若材料为碳钢，其许用应力 $[\sigma]=160\ \text{MPa}$。(1) 画圆杆表面任意一点的应力状态简图并计算三个主应力；(2) 选择合适的强度理论对该圆杆进行强度校核；(3) 若材料换为铸铁，其 $[\sigma^+]=30\ \text{MPa}$，且外力偶矩 $M_e=Fd/10$，确定此时的许可载荷 $[F]$。

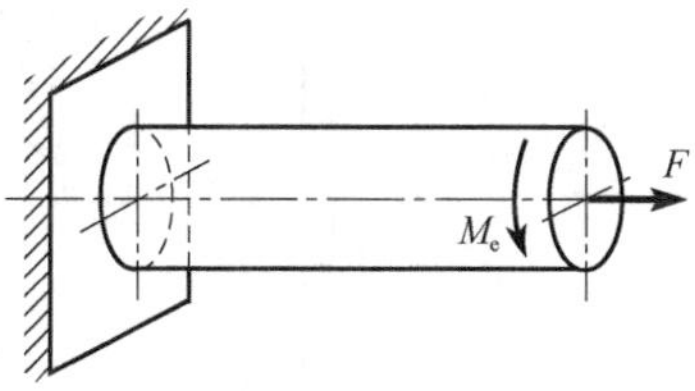

题 15-11 图

第16章　组 合 变 形

第12章～第14章分别研究了杆件在轴向拉伸(压缩)、扭转、弯曲基本变形时的强度和刚度计算。实际工程构件在多种复杂载荷作用下，往往会同时产生几种基本变形。这类由两种或两种以上基本变形组合的情况称为组合变形。本章将介绍组合变形时杆件强度和刚度问题的分析与计算方法，并讨论工程中常见的拉伸(压缩)与弯曲、弯曲与扭转、斜弯曲等组合变形。

16.1　组合变形与叠加原理

在线弹性、小变形条件下，组合变形中各个基本变形引起的应力和变形，可认为是相互独立、互不影响的，于是对于组合变形问题，就可以采用**叠加原理**。通常可将杆件上的外力分为几组，使每一组外力只产生一种基本形式的变形，然后分别算出杆件在每一种基本变形下某一横截面上的应力，再将这些结果进行叠加，就可得到杆件在原有外力作用下横截面上的应力。

判断变形的组合方式，即组合变形由哪几种基本变形组成，有两种常用的方法。

第一种方法是将载荷向杆件轴线进行静力等效的平移并分解，使简化后的每一个载荷对应一种基本变形。分析图16-1(a)所示的直角折杆 ABC 的杆段 AB，可先将作用在端面 C 上的载荷 F 沿 x、y 轴分解得到分力 F_x 和 F_y，其中 $F_x = F\cdot\cos\alpha$，$F_y = F\cdot\sin\alpha$。再把两个分力平移至杆段 AB 和杆段 BC 轴线的交点 B，同时附加力偶 M_y 和 M_x 以满足静力等效要求，力偶矩 $M_x = F_y\cdot l = F\sin\alpha\cdot l$，$M_y = F_x\cdot l = F\cos\alpha\cdot l$，如图16-1(b)所示。对杆段 AB 而言，轴向力 F_x 引起轴向压缩变形，水平面内的力偶 M_x 引起扭转变形，横向力 F_y 引起 xy 平面内的弯曲变形，xz 平面内的力偶 M_y 引起该平面内的弯曲变形，因此杆段 AB 的变形是轴向压缩、扭转、xy 平面内的弯曲和 xz 平面内的弯曲的组合变形。

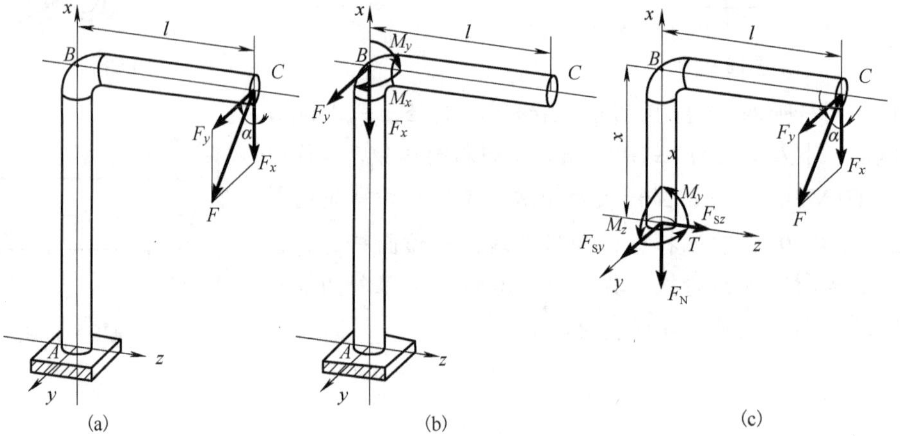

图16-1

第二种方法是用截面法求出杆件中一般位置横截面上的内力，然后按照基本变形和内力分量的对应关系，确定组合变形的形式。应用截面法分析图 16-1(a)，如图 16-1(c)所示，取截面 x 以上部分为研究对象，其在载荷 F 和六个内力分量组成的空间力系作用下处于平衡状态，按照空间力系平衡关系，列写出六个平衡方程：

$$\begin{cases}\sum F_x = 0, & -F_{\mathrm{N}} - F\cdot\cos\alpha = 0\\ \sum F_y = 0, & F_{\mathrm{S}y} + F\cdot\sin\alpha = 0\\ \sum F_z = 0, & F_{\mathrm{S}z} = 0\\ \sum M_x = 0, & T - F\sin\alpha\cdot l = 0\\ \sum M_y = 0, & M_y - F\cos\alpha\cdot l = 0\\ \sum M_z = 0, & M_z + F\sin\alpha\cdot x = 0\end{cases}$$

解得各内力分量：

$$F_{\mathrm{N}} = -F\cdot\cos\alpha,\quad F_{\mathrm{S}y} = -F\cdot\sin\alpha,\quad F_{\mathrm{S}z} = 0$$

$$T = Fl\cdot\sin\alpha,\quad M_y = Fl\cdot\cos\alpha,\quad M_z = -Fx\cdot\sin\alpha$$

式中，轴力 F_{N} 为压力，表明杆段 AB 发生轴向压缩变形；扭矩 T 对应扭转变形；剪力 $F_{\mathrm{S}y}$ 与 M_z 对应 xy 平面内的弯曲变形；M_y 对应 xz 平面内的弯曲变形。因此杆段 AB 的变形仍是轴向压缩、扭转、xy 平面内的弯曲和 xz 平面内的弯曲的组合变形。

工业机器人的工作臂在工作状态下会发生轴向拉压与弯曲的组合变形以及弯曲与扭转的组合变形。以上两种类型的组合变形也是工程实际问题中最为常见的，本章将予以重点讨论。

16.2 拉伸(压缩)与弯曲的组合变形

杆件发生轴向拉压与弯曲组合变形时，横截面上同时存在轴力和弯矩，也可能有剪力，但对于细长杆件的应力分析，剪力引起的切应力一般可以不计。

现以图 16-2(a)所示的矩形截面悬臂梁为例，说明轴向拉压与弯曲组合变形杆件的应力计算。设在自由端面的形心上受到集中力 F 作用，其作用线位于梁的纵向对称面内，即 xy 平面内，与梁轴线的夹角为 θ。将力 F 沿梁的轴线方向 x 及垂直于轴线的方向 y 分解为分力 F_x 和 F_y，得 $F_x = F\cos\theta$，$F_y = F\sin\theta$。轴向力 F_x 使梁发生轴向拉伸变形，横向力 F_y 使梁发生弯曲变形。因此梁在力 F 作用下，将产生轴向拉伸与弯曲的组合变形。在轴向力 F_x 单独作用下，梁横截面上的轴力 $F_{\mathrm{N}} = F_x$，在横截面上产生均匀分布的正应力，其值为 $\sigma' = F_{\mathrm{N}} / A$，其中，$A$ 为横截面的面积。正应力沿截面高度的分布情况如图 16-2(b)所示。在横向力 F_y 单独作用下，任一横截面上的正应力分布为线性分布，即 $\sigma = My / I_z$，如图 16-2(c)所示，显然在固定端截面上，具有最大的弯矩 $M_{\max} = F_y l = Fl\sin\theta$，所产生的最大弯曲正应力 $\sigma'' = \dfrac{M_{\max} y_{\max}}{I_z} = \dfrac{Fl\sin\theta}{W_z}$，其中，$W_z$ 为横截面的抗弯截面系数。固定端截面上同时受到最大弯矩和最大轴力，因而是危险截面。分析其上各点的应力，轴力引起的正应力与弯曲正应力方向都沿着轴线方向，因此可以通过简单求代数和进行计算，应力分布情况如图 16-2(d)所示。于是，在截面的上边缘各点有最大拉

应力为

$$\sigma_{\max}^{+}=\sigma'+\sigma''=\frac{F_{\mathrm{N}}}{A}+\frac{M_{\max}}{W_z} \tag{16-1}$$

而下边缘各点的应力为

$$\sigma'''=\sigma'-\sigma''=\frac{F_{\mathrm{N}}}{A}-\frac{M_{\max}}{W_z} \tag{16-2}$$

σ''' 可能是拉应力，也可能是压应力，取决于等号右边两项差值的正负。当差值为负时，σ''' 就是最大压应力，即 $\sigma_{\max}^{-}=\sigma'''$，如图 16-2(d)所示。

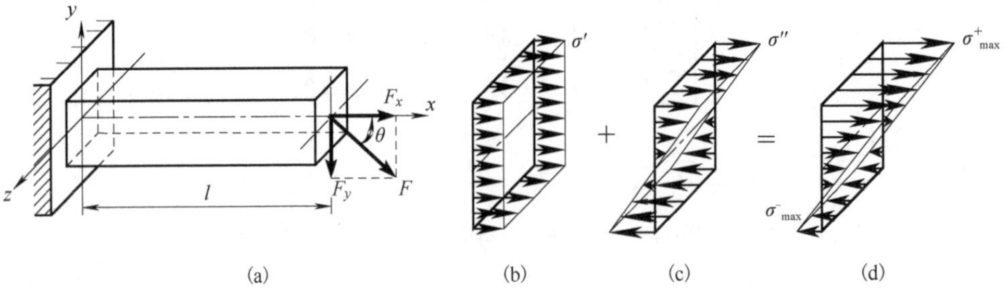

图 16-2

由于危险点的应力状态为单向应力状态，因此其强度条件即可表达为

$$\sigma_{\max}\leqslant[\sigma] \tag{16-3}$$

【例 16-1】 如图 16-3 (a)所示的钻床，其立柱为实心圆截面，材料为铸铁，许用拉应力 $[\sigma^{+}]=35\ \mathrm{MPa}$，若 $F=15\ \mathrm{kN}$，试设计钻床立柱的直径。

解 (1)取立柱上的 *m-n* 横截面，如图 16-3(b)所示，分析其上的内力分量。

由力平衡，$F_{\mathrm{N}}=F=15\ \mathrm{kN}$，由力偶平衡，可知截面上的弯矩为

$$M=F\times400\mathrm{mm}=15\times10^{3}\ \mathrm{N}\times400\mathrm{mm}=6\times10^{6}\mathrm{N}\cdot\mathrm{mm}$$

(2)分析横截面上的应力。

横截面上由轴力、弯矩引起的正应力分布分别如图 16-3(c)、(d)所示。共同作用下的正应力分布如图 16-3(e)所示。从应力分布可以看出，立柱的危险点位于其内侧的点 *A*，其上的正应力大小为

$$\sigma=\sigma_{\mathrm{N}}+\sigma_{\mathrm{M}}=\frac{F_{\mathrm{N}}}{A}+\frac{M}{W_z}$$

(3)根据强度条件设计立柱的直径。由式(16-1)可得

$$\sigma_A=\frac{F_{\mathrm{N}}}{A}+\frac{M}{W_z}=\frac{F_{\mathrm{N}}}{\frac{\pi d^2}{4}}+\frac{M}{\frac{\pi d^3}{32}}\leqslant\left[\sigma^{+}\right]$$

代入数据，经整理后，可得以下的不等式：

$$d^3-546d-1.75\times10^{6}\geqslant0$$

解此不等式，可得 $d\geqslant122\ \mathrm{mm}$。

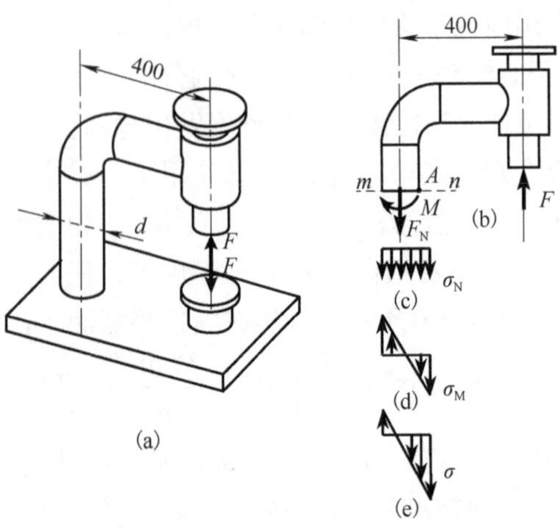

图 16-3

在工程实际中，弯矩引起的正应力往往要比轴力引起的正应力大很多，所以在设计时，可先不考虑轴力引起的正应力，则有

$$\frac{M}{W_z}=\frac{6\times10^6\,\mathrm{N\cdot mm}}{\dfrac{\pi d^3}{32}}\leqslant\left[\sigma^+\right]$$

得
$$d\geqslant\sqrt[3]{\frac{32\times6\times10^6\ \mathrm{N\cdot mm}}{\pi\times35\ \mathrm{MPa}}}=120.5\ \mathrm{mm}$$

考虑到轴力的影响，对设计直径适当增大，取 $d=122$ mm 进行校核：

$$\sigma_A=\frac{F_{\mathrm{N}}}{\dfrac{\pi d^2}{4}}+\frac{M}{\dfrac{\pi d^3}{32}}=\frac{15\times10^3\,\mathrm{N}}{\dfrac{\pi\times122^2}{4}\mathrm{mm}^2}+\frac{6\times10^6\,\mathrm{N\cdot mm}}{\dfrac{\pi\times122^3}{32}\mathrm{mm}^3}$$
$$=1.28\ \mathrm{MPa}+33.66\ \mathrm{MPa}=34.94\ \mathrm{MPa}<\left[\sigma^+\right]=35\ \mathrm{MPa}$$

强度符合要求，故取设计直径 $d=122$ mm 合理。

当外力的作用线与杆件的轴线平行，但不通过截面形心时，将引起杆件的**偏心拉伸**或**偏心压缩**。图 16-4(a)所示的矩形截面立柱受到载荷 F 作用，力的作用线平行于立柱轴线 x，且与之存在距离 e 的偏心距，立柱发生偏心压缩。若力 F 的作用点位于 z 轴上，将力 F 向形心 O 平移，产生附加力偶矩 $M=Fe$，如图 16-4(b)所示。在 F 和 M 的共同作用下，立柱的变形为轴向压缩和纯弯曲两种基本变形的组合，所以偏心压缩也属于压缩与弯曲的组合变形。通过截面法，可以看出立柱所有横截面上的内力分量都相同，存在轴力和弯矩。

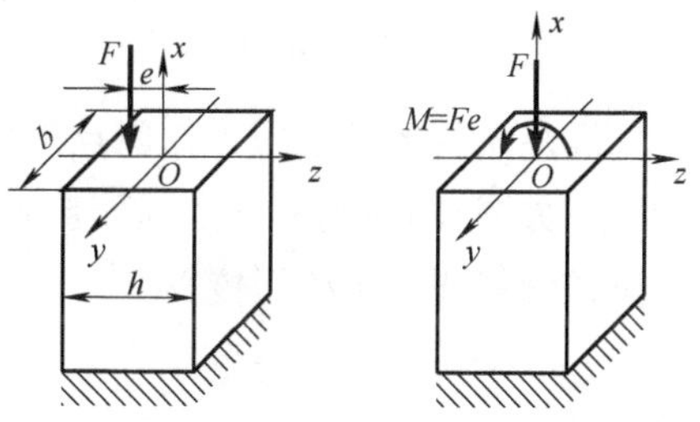

图 16-4

取任一横截面，并分析其上的应力分布，立柱任一横截面上任一点的正应力 σ 应为轴向压缩产生的正应力 σ' 和纯弯曲产生的正应力的叠加，如图 16-5 所示，即

$$\sigma=\sigma'+\sigma''=-\frac{F}{A}+\frac{M}{I_y}z=-\frac{F}{A}+\frac{Fe}{I_y}z \tag{16-4}$$

令 $\sigma=0$，可得

$$z=\frac{I_y}{Ae} \tag{16-5}$$

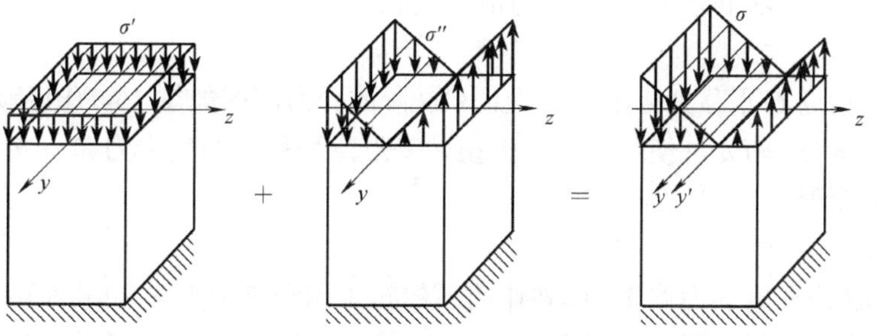

(a) (b) (c)

图 16-5

式(16-5)中等号右侧为常量，几何含义是平行于 y 轴的一条直线。处于该直线上的各点的正应力均为零，因此它就是偏心压缩时横截面上的中性轴，在图 16-5(c)中用 y' 表示，y' 轴一侧为压应力区，另一侧为拉应力区，并且离开 y' 轴越远的点，其正应力数值越大。

【例 16-2】 如图 16-6(a)所示，圆柱截面的直径为 D，受压力 F 作用，偏心距为 e。要使截面上只出现压应力，压力 F 的作用点应位于哪个区域？

解 由于 F 与圆柱轴线平行，所以圆柱产生偏心压缩。设 F 作用在 z 轴上，则根据式(16-5)可确定中性轴的位置：

$$z=\frac{I_y}{Ae}=\frac{\pi D^4/64}{\left(\pi D^2/4\right)\cdot e}=\frac{D^2}{16e}$$

要使截面上只出现压应力，中性轴应位于截面以外或与圆周相切，即

$$z=\frac{D^2}{16e}\geqslant\frac{D}{2}$$

解得 $e\leqslant D/8$。考虑到圆柱关于 x 轴对称，所以只要偏心压力的作用点到 x 轴的距离不大于 $D/8$，就能保证截面上只出现压应力。

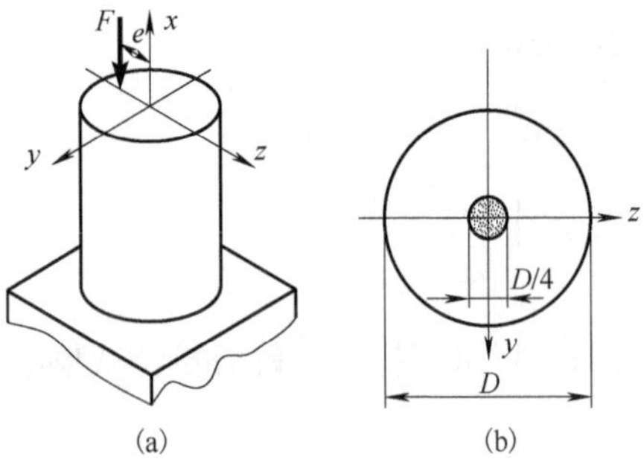

图 16-6

满足条件的偏心压力作用点形成的区域称为**截面核心**，本例中的截面核心是半径为 $D/8$ 的圆，如图 16-6(b)所示。对于脆性材料制造的偏心受压杆件，为避免截面上出现拉应力，设计时常常需要确定截面核心。

16.3 弯曲与扭转的组合变形

杆件发生弯曲与扭转组合变形时，横截面上同时存在扭矩和弯矩，也可能存在剪力，但在强度和刚度计算时，剪力的影响一般是次要的，常忽略不计。机械设备中的传动轴在工作时大多产生弯曲与扭转的组合变形。本节主要介绍塑性材料制造的圆轴在弯曲与扭转组合变形时的强度计算方法，并通过例 16-3 简单说明拉伸(压缩)与扭转的组合变形计算。

以下以图 16-7(a)所示的操作手柄为例，说明弯曲和扭转组合变形下的强度计算。

手柄的 AB 段为实心圆截面，直径为 d，A 端视为固定端约束，集中力 F 作用在点 C。对于 AB 段的强度问题，以下分为四个步骤加以分析。

1)外力简化

将集中力 F 从点 C 平移到点 B 上，此时 AB 段的受力简图如图 16-7(b)所示，集中力 F 的平移带来附加力偶 $M'=Fa$，使 AB 段发生扭转变形；平移后的集中力 $F'=F$，使 AB 段发生 xy 平面内的弯曲变形。

2)内力分析

分别画出 AB 段在附加力偶 M' 单独作用下的扭矩图和集中力 F' 单独作用下的弯矩图，如图 16-7(c)、(d)所示。显然固定端截面 A 上具有最大的弯矩，是危险截面。其扭矩和弯矩分别为 $T_A=-Fa$，$M_A=-Fl$。

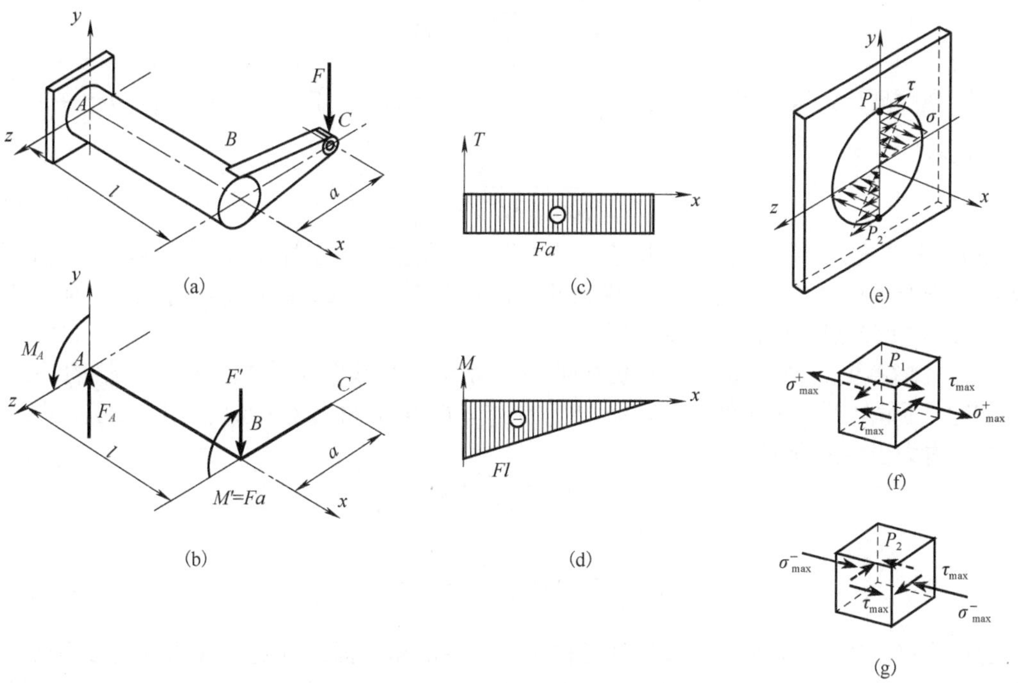

图 16-7

3) 应力分析

如图 16-7(e)所示，画出弯曲正应力σ和扭转切应力τ在危险截面A上的分布。根据分布规律，截面在y方向上的两个端点P_1和P_2处，正应力σ、切应力τ均达到最大值，所不同的是点P_1的弯曲正应力是最大拉应力，而点P_2的弯曲正应力是最大压应力。对于抗拉能力和抗压能力相差不大的材料，这两点都是危险点。分别画出这两点的单元体，如图 16-7(f)、(g)所示。两个单元体上的正应力、切应力分别按下式计算：

$$\sigma_{\max}=\frac{M_A}{W_z}=\frac{Fl}{\pi d^3/32}=\frac{32Fl}{\pi d^3},\qquad \tau_{\max}=\frac{T_A}{W_{\mathrm{p}}}=\frac{Fa}{\pi d^3/16}=\frac{16Fa}{\pi d^3}$$

4) 强度分析

危险点P_1或P_2既不是单向拉压问题，也不是纯剪切问题，自然不能简单地使用$\sigma_{\max}\leqslant[\sigma]$，$\tau_{\max}\leqslant[\tau]$，因为即便上面两个条件都同时满足，也不一定能够保证构件的强度安全。工程上传动轴、齿轮轴通常都采用结构钢制成，其主要失效形式是塑性屈服，因此可以利用第三强度理论、第四强度理论的相当应力建立强度条件。

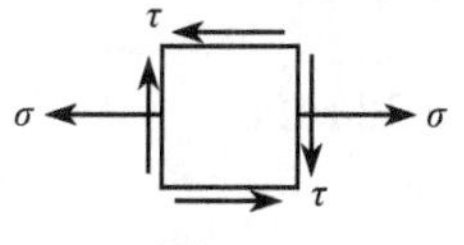

图 16-8

对于如图 16-8 所示的单元体，根据式(15-4)有

$$\left.\begin{matrix}\sigma_{\max}\\ \sigma_{\min}\end{matrix}\right\}=\frac{\sigma}{2}\pm\sqrt{\left(\frac{\sigma}{2}\right)^2+\tau^2}$$

则主应力分别为

$$\sigma_1=\frac{\sigma}{2}+\sqrt{\left(\frac{\sigma}{2}\right)^2+\tau^2},\quad \sigma_2=0,\quad \sigma_3=\frac{\sigma}{2}-\sqrt{\left(\frac{\sigma}{2}\right)^2+\tau^2}$$

按照第三强度理论，其相当应力$\sigma_{\mathrm{r}3}=\sigma_1-\sigma_3=\sqrt{\sigma^2+4\tau^2}$，则有强度条件：

$$\sqrt{\sigma^2+4\tau^2}\leqslant[\sigma] \tag{16-6}$$

按照第四强度理论，其相当应力 $\sigma_{r4}=\sqrt{\frac{1}{2}\left[(\sigma_1-\sigma_2)^2+(\sigma_2-\sigma_3)^2+(\sigma_3-\sigma_1)^2\right]}=\sqrt{\sigma^2+3\tau^2}$，则有强度条件：

$$\sqrt{\sigma^2+3\tau^2}\leqslant[\sigma] \tag{16-7}$$

图 16-8 是工程问题分析中常见的一种二向应力状态，对于屈服失效，不管其中的正应力和切应力来源于哪种基本变形，或者说来源哪种内力分量，也不管截面几何形状如何，都可以采用式(16-6)或式(16-7)进行强度计算。

若杆件横截面为圆或圆环，其抗扭截面系数和抗弯截面系数之间存在两倍的关系，即 $W_p=2W_z$，而危险点 P_1 和 P_2 处 $\sigma_{max}=M/W_z$，$\tau_{max}=T/W_p$，将上述关系代入式(16-6)、式(16-7)，则可得以内力表示的强度条件：

$$\sigma_{r3}=\frac{1}{W_z}\sqrt{M^2+T^2}\leqslant[\sigma] \tag{16-8}$$

$$\sigma_{r4}=\frac{1}{W_z}\sqrt{M^2+0.75T^2}\leqslant[\sigma] \tag{16-9}$$

应用式(16-8)、式(16-9)时需要注意的是，杆件的横截面必须是圆截面或空心圆截面；杆件仅受弯扭组合的作用。如果杆件还承受轴向力，则应考虑将轴向力引起的正应力和弯矩引起的正应力进行叠加得到 σ，然后利用式(16-6)或式(16-7)进行强度计算。

【例 16-3】 低碳钢材料制成的圆管如图 16-9 所示，其外径 $D=160\text{ mm}$，内径 $d=120\text{ mm}$，承受外力偶 $M_e=20\text{ kN}\cdot\text{m}$ 和轴向拉力 F 的作用。已知材料的许用应力 $[\sigma]=150\text{ MPa}$。用第三强度理论确定许用拉力 $[F]$。

解 通过内力分析可知，圆管横截面上有轴力和扭矩，因此本例是拉压与扭转的组合变形问题。在圆管横截面的外表面，具有最大的扭转切应力，因此危险点位于外表面。取外表面的单元体 A，它的应力状态与图 16-8 相同，而其上的切应力仅和外力偶有关，拉应力仅和轴向拉力有关，故可直接利用式(16-6)所示的强度条件来确定许可拉力 $[F]$。

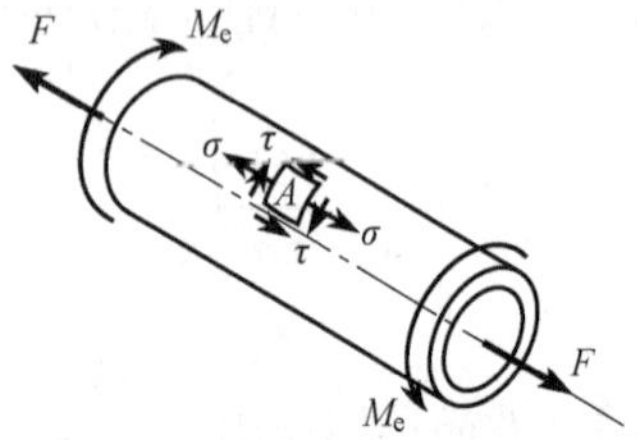

图 16-9

(1) 计算圆管表面的单元体 A 上的正应力 σ 和切应力 τ，取拉力 F 的单位为 N。

$$\sigma=\frac{F_N}{A}=\frac{F}{A}=\frac{F}{\frac{\pi}{4}(D^2-d^2)}=\frac{F}{\frac{\pi}{4}(160^2-120^2)\text{ mm}^2}=\frac{F}{8796}\text{ MPa}$$

$$\tau=\frac{T}{W_p}=\frac{M_e}{\frac{1}{16}\pi D^3\left[1-\left(\frac{d}{D}\right)^4\right]}=\frac{20\times10^6\text{ N}\cdot\text{mm}}{\frac{1}{16}\pi\times160^3\left[1-\left(\frac{120}{160}\right)^4\right]\text{mm}^3}=36.38\text{ MPa}$$

(2) 计算相当应力，并按照强度条件计算许可拉力。

$$\sigma_{r3}=\sqrt{\sigma^2+4\tau^2}=\sqrt{\left(\frac{F}{8796}\right)^2+4\times36.38^2}\text{ MPa}\leqslant[\sigma]=150\text{ MPa}$$

得到 $F\leqslant1.154\times10^6\text{ N}=1154\text{ kN}$。第三强度理论条件下的许可拉力 $[F]=1154\text{ kN}$。

【例 16-4】 如图 16-10(a)所示，电动机功率 $P=9\text{ kW}$，匀速转动的传动轴转速 $n=715\text{ r/min}$，皮带轮的直径 $D=250\text{ mm}$，皮带轮松边张力为 F，紧边张力为 $2F$。电动机外伸部分长度 $l=120\text{ mm}$，轴的直径 $d=40\text{ mm}$，若许用应力 $[\sigma]=60\text{ MPa}$，用第四强度理论校核电动机轴的强度。

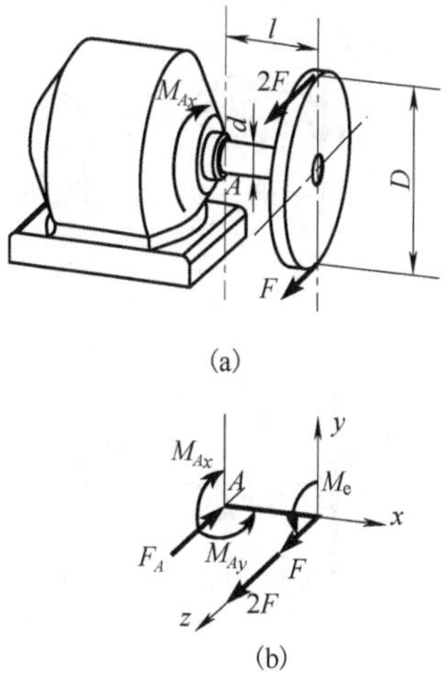

图 16-10

解 (1)计算带的拉力。由电动机的功率和转速，计算作用在轴上的外力偶矩：

$$M_{Ax}=9549\frac{P}{n}=9549\times\frac{9\text{kW}}{715\text{ r/min}}=120.2\text{ N}\cdot\text{m}$$

轴做匀速转动，根据 $\sum M_x=0$，有

$$2F\times\frac{D}{2}-F\times\frac{D}{2}-M_{Ax}=0$$

计算得

$$F=\frac{2M_{Ax}}{D}=\frac{2\times120.2\text{ N}\cdot\text{m}}{250\times10^{-3}\text{ m}}=961.6\text{ N}$$

(2)内力分析。将作用在带轮上的力向轴线进行简化，由于轴匀速转动，故可将轴右端视为自由端，而左端视为固定端，则固定端约束力 $F_A=F+2F=3F$，固定端约束力矩 $M_{Ay}=3Fl$。作用在皮带轮上的力向轴线简化后，附加力偶 $M_e=M_{Ax}$。画出轴的受力简图，如图 16-10(b)所示。

由于问题比较简单，可不必画出弯矩图和扭矩图，直接判断固定端截面 A 是危险截面，计算该截面上的弯矩、扭矩，分别为

$$M_A=M_{Ay}=3Fl=3\times961.6\times120\text{ N}\cdot\text{mm}=3.462\times10^5\text{ N}\cdot\text{mm}$$

$$T_A=M_{Ax}=M_e=120.2\text{ N}\cdot\text{m}=1.202\times10^5\text{ N}\cdot\text{mm}$$

本问题不考虑剪力的影响，故无须计算固定端截面 A 上的剪力。

(3)强度校核。应用第四强度理论，由式(16-9)有

$$\begin{aligned}\sigma_{r4}&=\frac{1}{W_z}\sqrt{M^2+0.75T^2}=\frac{32}{\pi d^3}\sqrt{M^2+0.75T^2}\\&=\frac{32}{\pi\times40^3\text{mm}^3}\sqrt{\left(3.462\times10^5\text{ N}\cdot\text{mm}\right)^2+0.75\times\left(1.202\times10^5\text{ N}\cdot\text{mm}\right)^2}\\&=57.54\text{ MPa}<[\sigma]=60\text{ MPa}\end{aligned}$$

电动机轴满足强度要求。

在例 16-4 中，电动机轴仅在 xz 平面内发生弯曲，此时危险截面上都只有作用在一个平面内的弯矩。实际工程中，传动轴的危险截面上可能存在作用于两个相互垂直平面内的弯矩，如图 16-11(a)所示。对于横截面是圆或圆环的轴，由于截面对任意过圆心且与横截面平行的轴线的抗弯截面系数都是相同的，因此当危险截面上有两个弯矩 M_y 和 M_z 同时作用时，就可采用矢量求和的方法，确定出危险面上的总弯矩 M，这个总弯矩通常称为合成弯矩，其大小为

$$M=\sqrt{M_y^2+M_z^2}\qquad(16\text{-}10)$$

合成弯矩的方向如图 16-11(b)所示。

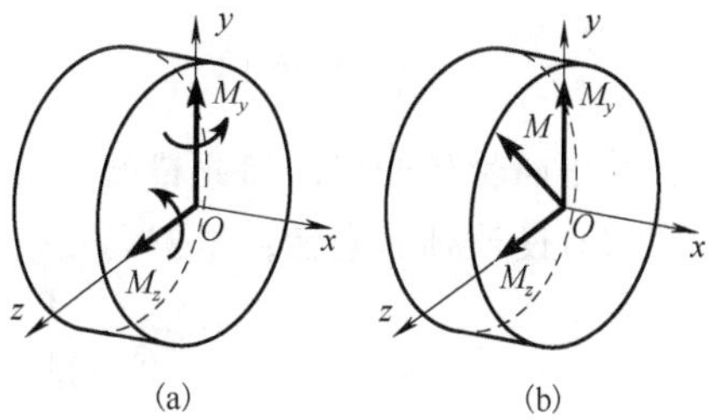

图 16-11

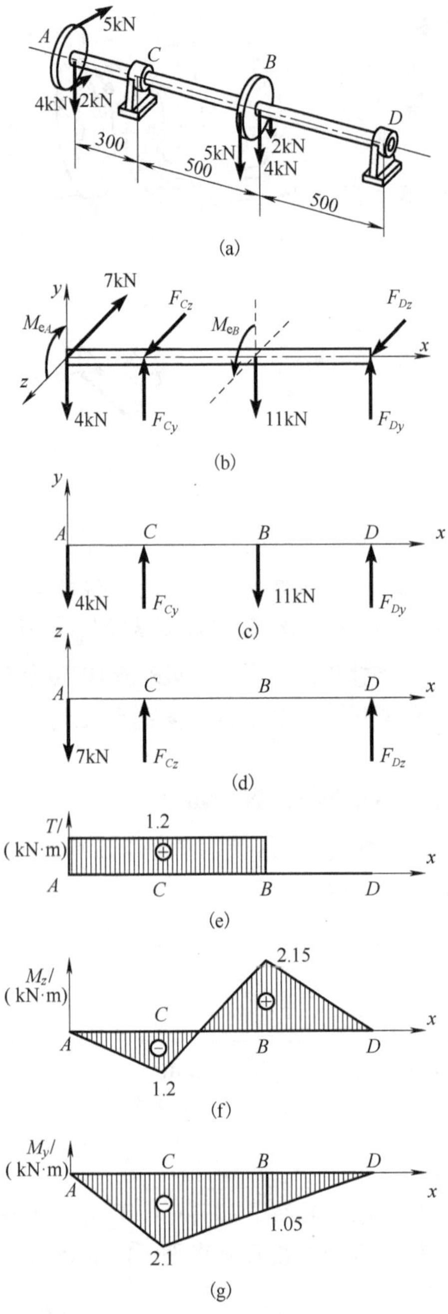

图 16-12

【例 16-5】 如图 16-12(a)所示的钢轴有两个皮带轮 A 和 B，两个轮的直径均为 800mm，轮的自重 $W=4\text{kN}$，轴的许用应力 $[\sigma]=80\text{ MPa}$，按照第三强度理论设计轴的直径 d。

解 钢轴具有弯扭组合变形。对于这类问题，首先将作用在钢轴上的所有外力向轴线简化，形成受力简图。然后将受力简图向两个垂直平面进行投影，计算支座反力，并绘制相应的内力图，确定危险截面。最后按照强度条件设计轴的直径。

(1) 确定受力简图。将各力向轴线简化，得到图 16-12(b)所示的受力简图。其中

$$M_{eA}=M_{eB}=(5\text{ kN}-2\text{ kN})\times\frac{D}{2}$$

$$=3\text{ kN}\times\frac{0.8\text{ m}}{2}=1.2\text{ kN}\cdot\text{m}$$

(2) 内力分析。参照静力学平衡问题的求解方法，根据受力简图进行分析，AB 段有扭矩作用，扭矩图如图 16-12(e)所示，扭矩 $T=1.2\text{ kN}\cdot\text{m}$。将外力向 xy 平面投影，得到图 16-12(c)所示的受力简图。根据静力学平衡方程，可求得反力 $F_{Cy}=10.7\text{ kN}$，$F_{Dy}=4.3\text{kN}$，据此可画出 xy 平面内的弯矩图，如图 16-12(f)所示。采用同样的方法，将外力向 xz 平面投影，可得反力 $F_{Cz}=9.1\text{ kN}$，$F_{Dz}=-2.1\text{kN}$，进而得到图 16-12(g)所示的 xz 平面内的弯矩图。从内力图可以看出，截面 B、C 有可能是危险截面。由于存在两个垂直平面内的弯矩，同时轴是圆截面，可参照式(16-10)计算出截面 B、C 上的合成弯矩，分别为

$$M_B=\sqrt{(2.15\text{ kN}\cdot\text{m})^2+(1.05\text{ kN}\cdot\text{m})^2}$$

$$=2.39\text{ kN}\cdot\text{m}$$

$$M_C=\sqrt{(1.2\text{ kN}\cdot\text{m})^2+(2.1\text{ kN}\cdot\text{m})^2}$$

$$=2.42\text{kN}\cdot\text{m}$$

计算结果表明截面 C 具有更大的合成弯矩，而截面 B、C 上的扭矩相同，因此截面 C 是危险截面。

(3) 设计轴的直径。本例满足使用式(16-8)的条件，故可直接采用该式。

$$\sigma_{r3}=\frac{1}{W_z}\sqrt{M^2+T^2}=\frac{32}{\pi d^3}\sqrt{M^2+T^2}\leqslant[\sigma]$$

因此有

$$d \geqslant \sqrt[3]{\frac{32\sqrt{M^2+T^2}}{\pi[\sigma]}} = \sqrt[3]{\frac{32\sqrt{(2.42\,\text{kN}\cdot\text{m})^2+(1.2\,\text{kN}\cdot\text{m})^2}}{\pi\times 80\text{MPa}}}$$

$$= \sqrt[3]{\frac{32\times 2.70\times 10^6\,\text{N}\cdot\text{mm}}{\pi\times 80\text{MPa}}} = 70.06\ \text{mm}$$

考虑到第三强度理论设计偏安全，故可取设计直径 $d = 70$ mm 。

16.4 斜 弯 曲

在前面所研究的弯曲问题中，梁上的外力系作用在包含横截面的对称轴在内的纵向对称面内，此时，梁显然就是在外力作用的纵向平面内发生弯曲。即梁的弯曲平面和外力作用平面是一致的，这类弯曲是平面弯曲。倘若外力作用线通过截面形心且垂直于梁轴线，但它不与横截面的任一根形心主轴重合，这时梁变形后的挠曲线一般将不在外力作用线平面内，这种弯曲称为**斜弯曲**。以下以图 16-13 所示的矩形截面悬臂梁来说明斜弯曲的特征和应力、变形的计算。

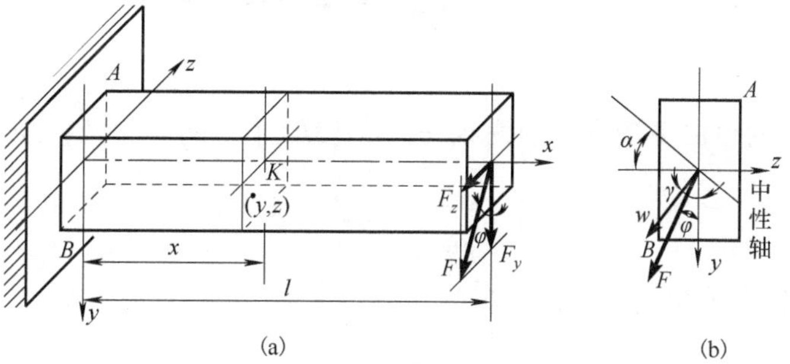

图 16-13

1. 正应力计算

将力 F 沿着横截面形心主轴，即截面的对称轴 y、z 进行分解，得 $F_y = F\cos\varphi$ ，$F_z = F\sin\varphi$ 。梁在 F_y 和 F_z 作用下分别以 z 轴和 y 轴为中性轴发生平面弯曲，因此梁的变形是两个平面弯曲的组合。

在距固定端为 x 的横截面上，由 F_y 和 F_z 引起的弯矩大小为

$$M_z = F_y(l-x) = F(l-x)\cos\varphi = M\cos\varphi,\quad M_y = F_z(l-x) = F(l-x)\sin\varphi = M\sin\varphi$$

式中，$M = F(l-x)$，表示 F 引起的弯矩。这样，截面 x 上任一点 $K\,(y,z)$ 处由 M_z 和 M_y 所引起的弯曲正应力分别为

$$\sigma' = -\frac{M_z y}{I_z} = -\frac{M\cos\varphi}{I_z}y,\qquad \sigma'' = -\frac{M_y z}{I_y} = -\frac{M\sin\varphi}{I_y}z$$

根据叠加原理，点 K 的总应力应为

$$\sigma = \sigma' + \sigma'' = -M\left(\frac{\cos\varphi}{I_z}y + \frac{\sin\varphi}{I_y}z\right) \tag{16-11}$$

2. 中性轴

为了进行强度计算，必须找出梁横截面上的最大正应力。正因为如此，需要确定梁横截面上的中性轴。设中性轴上任一点的坐标为 y_0 和 z_0，因中性轴上各点的正应力为零，因此根据式(16-11)有

$$\frac{\cos\varphi}{I_z}y_0+\frac{\sin\varphi}{I_y}z_0=0 \tag{16-12}$$

式(16-12)所表示的中性轴方程是通过横截面形心的直线。设中性轴与 z 轴成 α 角，则有

$$\tan\alpha=\frac{y_0}{z_0}=-\frac{I_z}{I_y}\tan\varphi \tag{16-13}$$

式中，负号表示中性轴和外力作用线在相邻的象限内，如图 16-13(b)所示。

中性轴位置确定后，离中性轴最远的点 A、B 的正应力最大，根据变形可以判断出点 A 受拉、点 B 受压。在本问题中，点 A 受到最大拉应力、点 B 受到最大压应力，它们的绝对值相等，为

$$\sigma_{\max}=M_{\max}\left(\frac{\cos\varphi}{I_z}y_{\max}+\frac{\sin\varphi}{I_y}z_{\max}\right)=\frac{M_{z\max}}{W_z}+\frac{M_{y\max}}{W_y} \tag{16-14}$$

式中，$M_{\max}=Fl$；$M_{z\max}=M_{\max}\cos\varphi$；$M_{y\max}=M_{\max}\sin\varphi$。

3. 变形计算

由 F_y 和 F_z 引起的自由端挠度分别为 $w_y=F_yl^3/(3EI_z)$，$w_z=-F_zl^3/(3EI_y)$，于是自由端总挠度为

$$w=\sqrt{w_y^2+w_z^2} \tag{16-15}$$

设总挠度与 y 轴的夹角为 γ，则

$$\tan\gamma=\frac{|w_z|}{|w_y|}=\frac{I_z}{I_y}\tan\varphi \tag{16-16}$$

至此求出了梁的正应力和变形。这里没有考虑剪力及切应力，一般可以忽略其影响。

上述分析表明斜弯曲有两个主要特征。当横截面 $I_y\neq I_z$ 时，由式(16-13)可知 $\alpha\neq\varphi$，表明中性轴和外力 F 作用线不垂直；另外，同样由于 $I_y\neq I_z$，从式(16-16)可以看出 $\gamma\neq\varphi$，即总挠度方向和外力 F 的作用线方向不重合。但比较式(16-13)和式(16-16)可以看出，总挠度方向垂直于中性轴。对于圆形、正方形等截面，$I_y=I_z$，梁的总挠度方向与外力 F 的作用线都和中性轴垂直，从而发生平面弯曲。因此只要横向力通过截面形心，这类梁就不会产生斜弯曲。这也就解释了对于圆截面或圆环截面采用合成弯矩的合理性。

思考题

16.1 试说明处理组合变形强度和刚度问题的主要方法及其适用条件。

16.2 通过网络搜索和文献检索，举例说明工业机器人本体结构中，有哪些零部件，在什么样的工作情况下发生组合变形？发生的是何种组合变形？

16.3 分析图 16-14 所示矩形截面杆件的 AB、BC、CD 各段将产生何种变形？

16.4 分析图 16-15 所示圆截面构件中 AB、BC、CD 各段将产生何种变形？

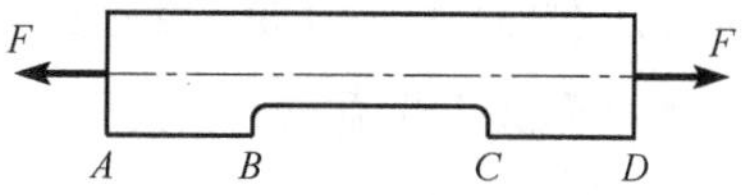

图 16-14

16.5 对于 16.2 节中提到的偏心压缩问题，若要使得横截面上所有各点都受到压应力作用，需要满足何种条件？

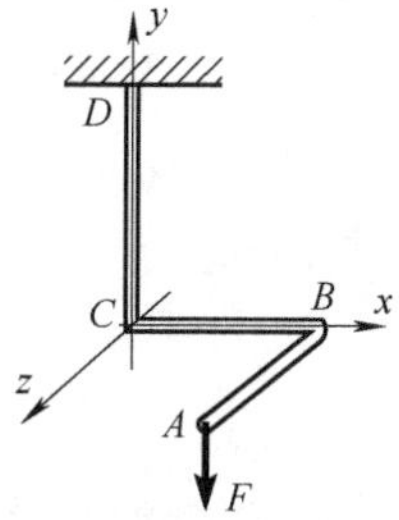

图 16-15

16.6 为什么对弯曲和扭转组合变形杆件进行强度计算时，应力叠加不能用求代数和的方法？

16.7 如图 16-16 所示的圆截面杆的固定端截面是危险截面，其上最大的应力表达式写为 $\sigma_{\max}=\dfrac{M_z}{W_z}+\dfrac{M_y}{W_y}=\dfrac{Fl\cos\varphi}{\pi d^3/32}+\dfrac{Fl\sin\varphi}{\pi d^3/32}$ 是否正确？为什么？

16.8 第三强度理论相当应力的计算式有 $\sigma_{r3}=\sigma_1-\sigma_3\leqslant[\sigma]$、$\sigma_{r3}=\sqrt{\sigma^2+4\tau^2}\leqslant[\sigma]$、$\sigma_{r3}=\dfrac{\sqrt{M^2+T^2}}{W_z}\leqslant[\sigma]$，以上三式有什么联系？又有何区别？原因是什么？

16.9 如图 16-17 所示，Q235 钢制成的实心圆截面杆件的受力情况在图上已经标出。作以下分析：(1)该杆件的变形是哪些基本变形的组合？(2)指出危险点的位置，并用单元体表示该点的应力状态；(3)下面有两个强度条件，哪一个是正确的？为什么？

a. $\dfrac{F_x}{A}+\sqrt{\left(\dfrac{F_y l}{W}\right)^2+4\left(\dfrac{M_e}{W_p}\right)^2}\leqslant[\sigma]$　　　b. $\sqrt{\left(\dfrac{F_x}{A}+\dfrac{F_y l}{W}\right)^2+4\left(\dfrac{M_e}{W_p}\right)^2}\leqslant[\sigma]$

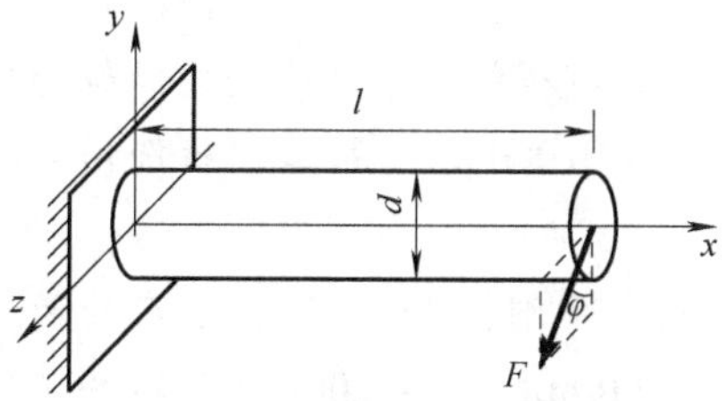

图 16-16

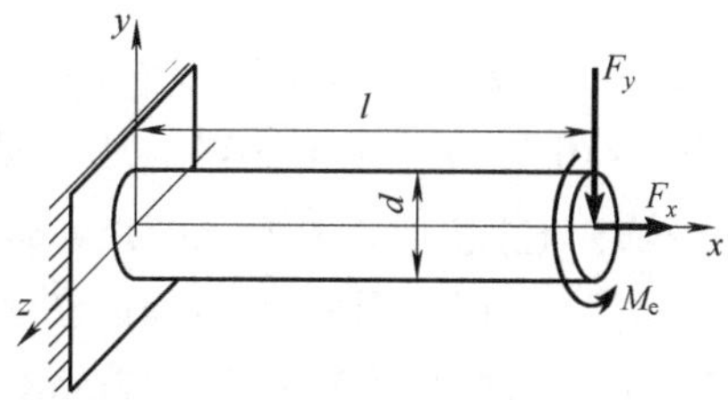

图 16-17

16.10 什么是斜弯曲？梁斜弯曲情况下横截面上有哪些内力分量？如何确定其中性轴的位置？

习　　题

16-1 如题 16-1 图所示，相关力和尺寸的数据为 $F_1=20\text{kN}$，$F_2=30\text{kN}$，$l_1=200\text{mm}$，$l_2=300\text{mm}$，$b=100\text{mm}$。求正方形截面杆 AB 上的最大正应力。

16-2 如题 16-2 图所示，矩形截面折杆 *ABC* 在端面 *C* 的形心处受到载荷 *F* 作用。已知 $\alpha = \arctan(4/3)$, $a = 3h$, $l = 12h$, $b = h/2$。试求竖杆上的最大拉应力和最大压应力，并作出危险截面上的正应力分布图。

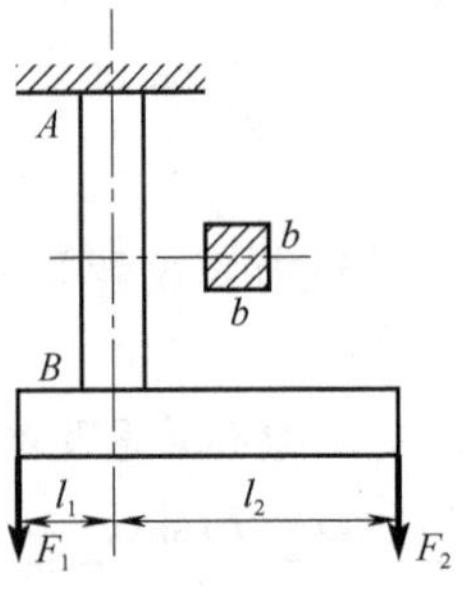

题 16-1 图

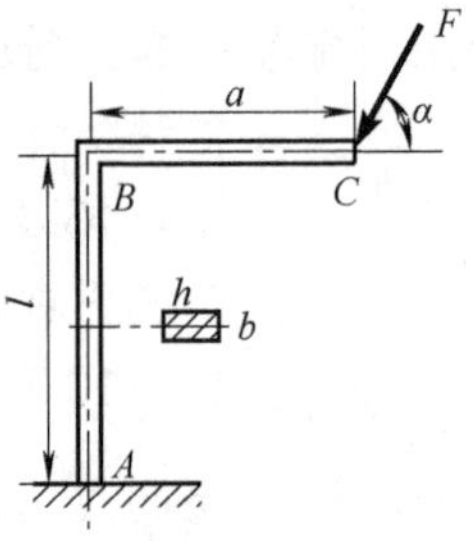

题 16-2 图

16-3 小型压力机的铸铁框架及立柱的截面尺寸如题 16-3 图所示。已知材料的许用拉应力 $[\sigma^+] = 30\ \text{MPa}$，许用压应力 $[\sigma^-] = 160\ \text{MPa}$，试按立柱的强度确定压力机的许用压力 $[F]$。

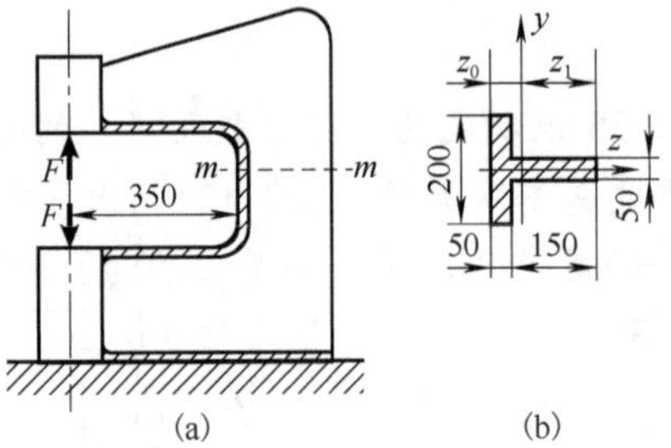

题 16-3 图

16-4 矩形截面钢杆构件如题 16-4 图所示，用应变片测得杆的上下表面处的轴向应变分别是 $\varepsilon_a = 1\times10^{-8}$，$\varepsilon_b = 0.4\times10^{-8}$。已知材料的弹性模量 $E = 210\text{GPa}$。(1) 画出杆件横截面上的正应力分布；(2) 求拉力 *F* 和偏心距 *e* 的数值。

16-5 如题 16-5 图所示，圆轴 *AB* 左端固定，右端与水平刚杆 *BC* 固连，在 *C* 处受到铅垂载荷 *F* 作用。已知圆轴直径 d = 12mm，l = 80mm，a = 60mm，F = 200N，材料的许用应力 $[\sigma] = 120\ \text{MPa}$。试根据第三强度理论校核圆轴 *AB* 的强度。

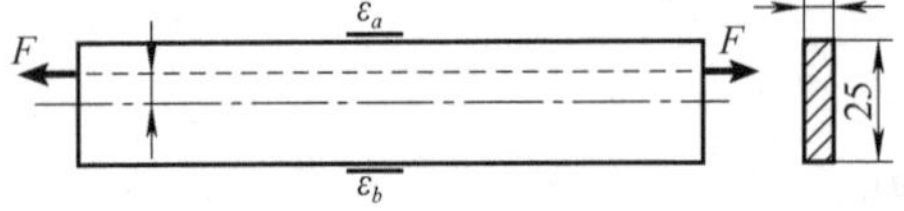

题 16-4 图

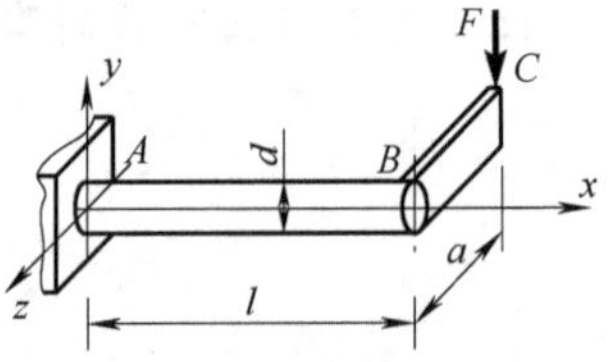

题 16-5 图

16-6 手摇绞车如题 16-6 图所示，$l = 800\text{mm}$，$R = 180\text{mm}$。轴的直径 $d = 30\ \text{mm}$，材料的许用应力 $[\sigma] = 80\text{MPa}$。按照第三强度理论求绞车的最大起吊重量 $W_{\max}$。

16-7 实心圆截面传动轴 AD 如题16-7图所示，转速 $n = 300$ r/min，传递功率 $P = 8.5$ kW。主动轮 B 的直径 $D_1 = 500$mm，从动轮 C 的直径 $D_2 = 400$mm，两轮上的皮带拉力方向均铅垂向下。已知 $F_{T1} = 2F_{T2}$，$F_{T3} = 2F_{T4}$，$l = 200$mm，圆轴材料的许用应力 $[\sigma] = 80$MPa，试按第四强度理论设计轴 AD 的直径 d。

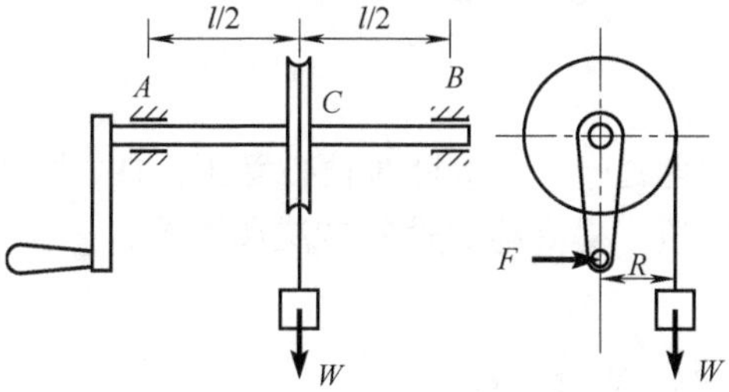

题16-6图

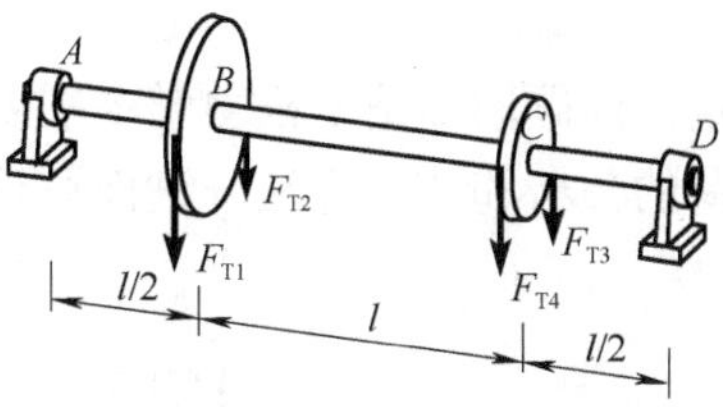

题16-7图

16-8 某操作机构的简化结构图如题16-8图所示，作用于曲柄上的力 F 垂直于纸面向里，大小为20 kN，有关尺寸均在图中标出。若曲柄材料的许用应力 $[\sigma] = 80$ MPa，试按第四强度理论校核曲柄的强度。

16-9 题16-9图所示的交通标志牌由固定在地面上的无缝钢管支撑。已知标志牌的尺寸为 $3\text{m} \times 2\text{m}$，自重 $W_1 = 3$ kN，标志牌的重心位于标志牌的对称轴上。钢管外径 $D = 194$ mm，壁厚 $\delta = 10$ mm，自重 $W_2 = 3.6$ kN。作用在标志牌正面上的风压 $p = 370$ Pa。钢管的许用应力 $[\sigma] = 100$ MPa，用第三强度理论校核该钢管的强度。

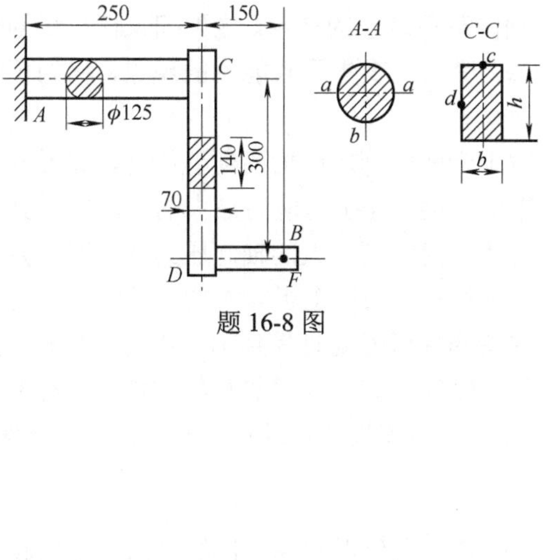

题16-8图

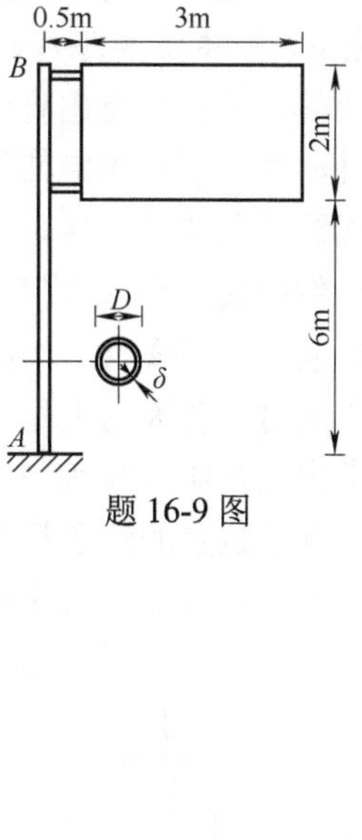

题16-9图

第 17 章　压 杆 稳 定

稳定性问题同样是工程力学中需要研究的重要问题之一。本章针对轴心受压杆件，讨论其临界载荷的分析和计算方法，进而讨论压杆稳定性校核、提高稳定性的方法和措施。

17.1　稳定性与临界压力

1. 稳定性的概念

在轴向拉压问题中，轴心受压杆件的强度条件是 $\sigma = \frac{F_{\mathrm{N}}}{A} \leqslant [\sigma]$。对直径为 10mm 的 Q235 钢杆，可算出其受压时的极限载荷为 $F = A\cdot\sigma_{\mathrm{s}}\frac{\pi d^2}{4}\cdot\sigma_{\mathrm{s}} = \frac{\pi\times10^2}{4}\times235 = 18457(\mathrm{N}) \approx 18.5\mathrm{kN}$，以上结果意味着当轴向压力达到 18.5kN 时，杆件将产生屈服破坏。事实上，这一结论只对短而粗的轴心受压杆才是有效的。实际经验告诉我们，若上述轴心受压杆件较为细长，假设长度达到 1m 的情况下，杆件在压力远远小于 18.5kN 时就会由于显著的弯曲而丧失承载能力。实际的工程和生活经验也使我们得出杆越长其所能承受的轴向载荷越小的结论。这种细长杆在受到轴向压力作用时，由于不能保持其原有的直线平衡状态，受弯而丧失承载能力的现象，称为杆件丧失了保持直线平衡的稳定性，简称压杆**失稳**。

工程中构件的失稳现象不仅局限于细长压杆，对于一些受到压应力的薄壁构件，如果外力过大，也会导致其发生失稳。例如，横截面为狭长矩形的梁，在抗弯能力最大的平面内受到过大的横向力作用时，会因为失稳同时发生扭转；而薄壁圆筒受到过大的轴向压力作用时，会因失稳在筒壁上出现折皱现象等。对于工程机器人的本体结构，如行走机器人的下肢结构中的承压杆、机器人驱动装置的液压杆等受压构件，实际这些构件可能同时受到轴向压力、弯矩、扭矩等作用，但本章只讨论压力作用线与等截面杆件形心轴完全重合的理想直杆的情况。对于复杂情况的受压稳定问题，可参考弹性稳定理论的有关教材或专著。

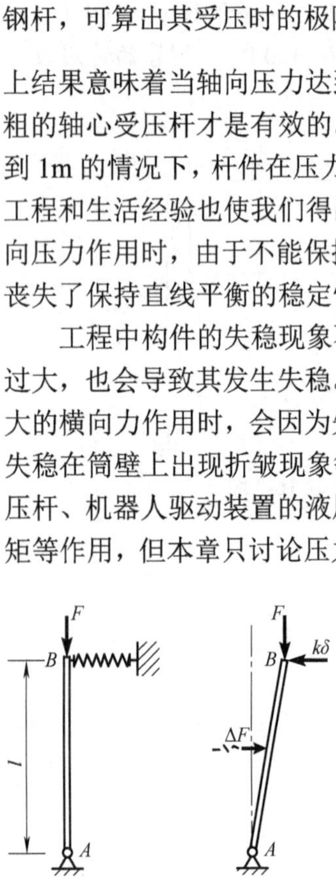

(a)　(b)

图 17-1

2. 临界压力

为说明压杆稳定的概念，先分析刚性压杆的平衡稳定问题。图 17-1(a)是一个自重不计的刚性直杆，受轴向压力 F 的作用，其 A 端是固定铰支座，杆可绕其旋转。B 端装有一个刚度为 k 的弹簧。当杆件处于竖直位置时，弹簧处于原长状态，即其对刚性杆 AB 的作用力为 0。现若给刚性杆一个微小的横向干扰力 ΔF，使其产生微小的偏斜，假定 B 端的位移为 δ，这时杆件的受力分析图如图 17-1(b)所示。从图中可以看出，弹簧的作用力 $F_{\mathrm{k}} = k\delta$，

其对点 A 的矩为 $M_k = F_k \cdot l = k \cdot \delta \cdot l$，这个力矩使得刚性杆 AB 回复到原来的竖直平衡位置。而轴向压力 F 对点 A 的矩 $M_F = F \cdot \delta$，它欲使杆件继续向离开原来平衡位置的方向偏斜。

撤去干扰力ΔF，刚性杆的平衡将取决于 M_k 和 M_F 的大小。

(1) 轴向压力较小，使得 $M_F < M_k$。这种情况下，$F \cdot \delta < k \cdot \delta \cdot l$，即 $F < k \cdot l$，刚性杆 AB 将回复到原来的竖直平衡位置，我们称这种平衡是稳定的平衡，也就是说，杆件经过干扰后能回复原状。

(2) 轴向压力较大，使得 $M_F > M_k$。这种情况下，$F \cdot \delta > k \cdot \delta \cdot l$，即 $F > k \cdot l$，刚性杆 AB 不能再回复到原来的竖直平衡位置，杆将继续向离开原来平衡位置的方向偏斜。因此原来的竖直平衡状态在这种情况下是不稳定的，也就是说，杆件经过干扰后不能恢复原状。

(3) 轴向压力正好使得 $M_F = M_k$。这种情况下，$F = k \cdot l$，刚性杆 AB 既不恢复到原来的竖直平衡位置，也不继续偏斜，而是停留在干扰后的偏斜位置上，处于一种临界状态，这种平衡称为随遇平衡。

从以上情况可以看出，当竖向载荷达到 $k \cdot l$ 这个数值时，原来的平衡状态将由稳定转变为不稳定，而这个等于 $k \cdot l$ 的竖向载荷称为**临界压力**或**临界载荷**，一般用 F_{cr} 表示。由上述分析可知，刚性杆 AB 是否会发生失稳，取决于其所受到的压力是否大于临界压力 F_{cr}。

对于弹性压杆，同样存在着平衡稳定性和临界压力的问题。如图 17-2 (a) 所示的两端铰支的细长杆，受到轴向压力 F 的作用，给以一个微小的横向干扰力ΔF，使其产生如图 17-2 (b) 所示的微小的弯曲变形。在轴向压力 F 较小的情况下，撤去干扰力后，杆将恢复其初始的直线平衡状态，如图 17-2 (c) 所示，所以其原有的直线平衡状态是稳定的。当轴向压力等于某一临界压力 F_{cr} 时，撤去干扰力，杆将处于曲线形状的平衡状态，如图 17-2 (d) 所示，即处于随遇平衡状态。若压力 F 再增大一点，超过了临界压力 F_{cr}，那么即便撤去了干扰力，杆的弯曲变形还将显著增加，以致杆件不能正常工作。从以上分析可以看出，判断杆件是否存在稳定性问题，其关键是确定临界压力。当杆件的工作压力小于临界压力时，杆件就不会因为受压而发生失稳。

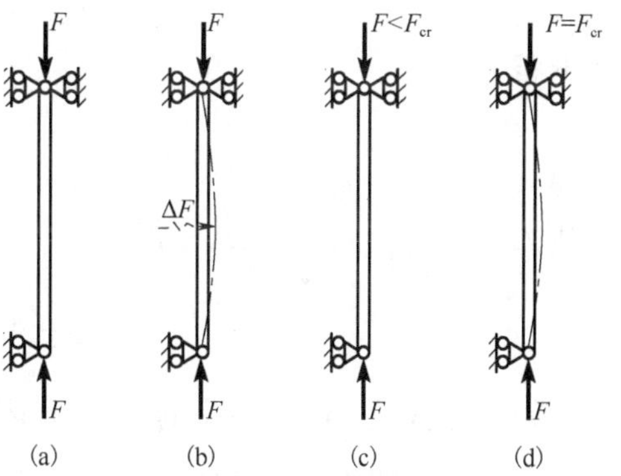

图 17-2

17.2　细长压杆的临界压力与欧拉公式

17.2.1　两端铰支细长压杆临界压力

取一根两端为球铰的细长压杆，使其处于微弯的平衡状态，选取相应的坐标系，如图 17-3 (a) 所示，分析图 17-3 (b) 所示微弯状态下任意一段压杆的平衡，则杆件横截面上的弯矩为 $M(x) = -Fw(x)$，根据弯曲变形的挠曲线近似微分方程，有

$$M(x) = EI\frac{d^2w(x)}{dx^2} \tag{17-1}$$

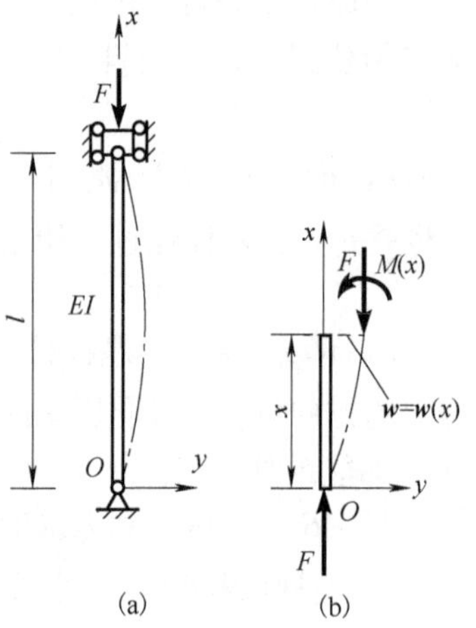

图 17-3

将弯矩的表达式代入式(17-1)，可得到一个二阶常系数齐次微分方程：

$$\frac{\mathrm{d}^2 w(x)}{\mathrm{d}x^2}+k^2 w(x)=0 \tag{17-2}$$

式中，$k^2=\dfrac{F}{EI}$。微分方程(17-2)的通解为

$$w(x)=C_1\sin kx+C_2\cos kx \tag{17-3}$$

式中，C_1、C_2为常数，需要根据两端的约束边界条件确定，在两端铰支的情况下，边界条件为

$$w(0)=w(l)=0$$

将$w(0)=0$代入式(17-3)，求解得$C_2=0$。将$w(l)=0$代入式(17-3)，得$C_1\sin kl=0$，这个结果要求$C_1=0$或者$\sin kl=0$。若$C_1=0$，则$w\equiv 0$，是微分方程的平凡解，对应于杆轴线为直线的情况，显然与我们假设的处于微弯的平衡状态不符，因此只能是$\sin kl=0$，这就要求

$$kl=n\pi \quad (n=0,1,2,\cdots)$$

由此得

$$k=\frac{n\pi}{l}$$

又因为$k^2=\dfrac{F}{EI}$，结合上式，得

$$F=\frac{n^2\pi^2 EI}{l^2} \quad (n=0,1,2,\cdots) \tag{17-4}$$

式(17-4)表明，使压杆保持曲线形式平衡的压力，理论上是多值的，但有实际意义的是使压杆处于微弯状态的最小压力，这才是临界压力F_{cr}。若取$n=0$，得$F=0$，表明杆未受到压力，这与讨论的前提不符。因此只能取$n=1$，才使F为最小值，于是求得两端铰支情况下的临界压力为

$$F_{cr}=\frac{\pi^2 EI}{l^2} \tag{17-5}$$

这就是两端球铰支承(即两端铰支)的细长压杆的临界压力计算公式，此式最早是由数学家欧拉于 1744 年利用“静力方法”推导得到的，故又称为欧拉公式。

压杆两端为球铰支承时，允许压杆在通过轴线的任一纵向平面内弯曲。而实际上，弯曲将发生在抗弯刚度EI最小的纵向平面内。因此，在应用欧拉公式时，截面的惯性矩应以I_{min}代入。

17.2.2 其他约束情况下细长压杆临界压力

理想受压细长杆除两端铰支之外，还有其他多种约束形式。对于其他类型的约束形式，当然可以采用建立挠曲线近似微分方程的方法求临界压力，但在已经导出两端铰支压杆的临界压力公式的情况下，也可以采用比较简单的方法，得到其他约束条件下压杆的临界压力。

图 17-4(a)为一两端铰支的压杆，图 17-4(b)为一端固定另一端自由的压杆，且以微弯的形式处于平衡。若将后者的挠曲线对称地向下延长，对比两图发现，一端固定另一端自由、长为 l 的压杆的挠曲线，与两端铰支、长为 $2l$ 的压杆的挠曲线的上半段相同。因此，对于一端固定另一端自由、长为 l 的压杆，其临界压力等于两端铰支、长为 $2l$ 的压杆的临界压力，即

$$F_{cr} = \frac{\pi^2 EI}{(2l)^2} \tag{17-6}$$

图 17-4(c)表示两端均为固定支座的压杆，经分析可以得出距两端均为 $0.25l$ 的 C、D 两点的弯矩等于零，称为反弯点，可将 C、D 两点视为铰支，则长为 $0.5l$ 的中间部分可视为两端铰支的压杆。其临界压力仍可用两端铰支细长压杆的公式计算，只要用 $0.5l$ 代替式中的 l 即可。于是得到两端固定压杆的临界压力公式：

$$F_{cr} = \frac{\pi^2 EI}{(0.5l)^2} \tag{17-7}$$

图 17-4(d)表示一端固定另一端铰支的细长压杆。分析可知在距固定端约为 $0.3l$ 处的点 C 为反弯点。长为 $0.7l$ 的 AC 段的挠曲线，与图 17-4(a)的挠曲线相同。因此，以 $0.7l$ 代替式中的 l，便得到一端固定另一端铰支的压杆的临界压力公式：

$$F_{cr} = \frac{\pi^2 EI}{(0.7l)^2} \tag{17-8}$$

上述四种杆端约束情况的临界压力公式可统一写成

$$F_{cr} = \frac{\pi^2 EI}{(\mu l)^2} \tag{17-9}$$

式(17-9)即为欧拉公式的一般形式，式中的 μl 称为相当长度，μ 称为长度因数。对于四种典型的约束形式，其长度因数分别为：①两端铰支，$\mu = 1$；②一端固定另一端自由，$\mu = 2$；③两端固定，$\mu = 0.5$；④一端固定另一端铰支，$\mu = 0.7$。实际工程中，压杆的约束情况比较复杂，各种不同情况的长度因数值，可从相关设计手册或规范中查到。

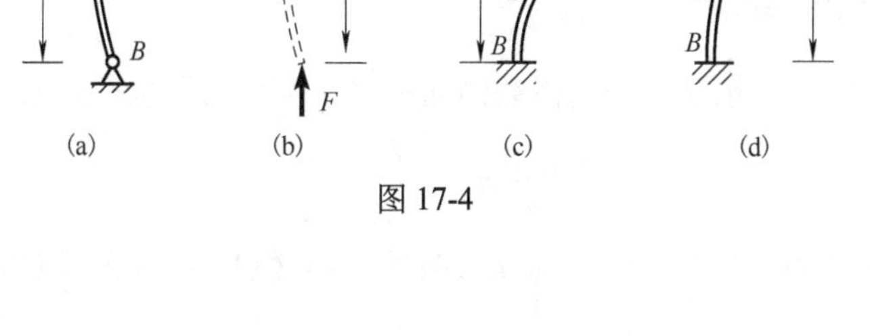

(a) (b) (c) (d)

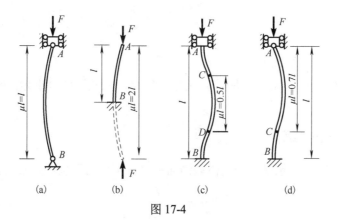

图 17-4

【例 17-1】 由压杆的挠曲线近似微分方程，导出一端固定另一端铰支压杆的欧拉公式。

解 该压杆处于微弯的计算简图见图 17-5。上端铰支座处除有压力 F_1 以外还应有横向反力 F_2。根据挠曲线近似微分方程可得

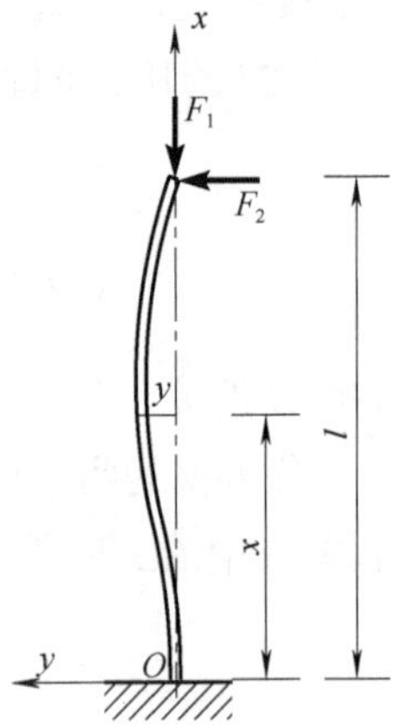

图 17-5

$$\frac{\mathrm{d}^2 y}{\mathrm{d}x^2}=\frac{M(x)}{EI}=-\frac{F_1 y}{EI}+\frac{F_2}{EI}(l-x)$$

令 $k^2=\dfrac{F_1}{EI}$，上式改写为

$$\frac{\mathrm{d}^2 y}{\mathrm{d}x^2}+k^2 y=\frac{F_2}{EI}(l-x)$$

该微分方程的通解为

$$y=A\sin kx+B\cos kx+\frac{F_2}{F_1}(l-x)$$

转角方程为

$$\frac{\mathrm{d}y}{\mathrm{d}x}=Ak\cos kx-Bk\sin kx-\frac{F_2}{F_1}$$

将杆件的边界条件 $x=0$ 时，$y=0$，$\mathrm{d}y/\mathrm{d}x=0$，以及 $x=l$ 时，$y=0$ 代入上两式可得

$$\begin{cases} B+\dfrac{F_2}{F_1}l=0 \\ Ak-\dfrac{F_2}{F_1}=0 \\ A\sin kl+B\cos kl=0 \end{cases}$$

求解该齐次线性方程组。因为 A、B 和 F_2/F_1 不能同时等于零，即要求上述齐次线性方程组必须有非零解，所以其系数行列式应等于零：

$$\begin{vmatrix} 0 & 1 & l \\ k & 0 & -1 \\ \sin kl & \cos kl & 0 \end{vmatrix}=0$$

展开得 $\tan kl=kl$，由此方程求得最小解为(不含零解) $kl=4.49$。据此得临界压力为

$$F_{\mathrm{cr}}=\frac{20.16EI}{l^2}\approx\frac{\pi^2 EI}{(0.7l)^2}$$

17.3 临界应力及欧拉公式的适用范围

17.3.1 理想压杆的柔度

将临界压力 F_{cr} 除以理想受压杆的横截面面积 A，得到临界状态时横截面上的应力：

$$\sigma_{\mathrm{cr}}=\frac{F_{\mathrm{cr}}}{A} \tag{17-10}$$

式中，σ_{cr} 称为**临界应力**。将临界压力的欧拉公式，即式(17-9)代入式(17-10)，则有

$$\sigma_{cr}=\frac{\pi^2 EI}{(\mu l)^2 A} \tag{17-11}$$

利用惯性半径 i 和截面惯性矩 I 的关系，$I=i^2 A$，式(17-11)可写为

$$\sigma_{cr}=\frac{\pi^2 E}{(\mu l/i)^2} \tag{17-12}$$

引入记号：

$$\lambda=\frac{\mu l}{i} \tag{17-13}$$

式(17-12)所示的临界应力表示为

$$\sigma_{cr}=\frac{\pi^2 E}{\lambda^2} \tag{17-14}$$

式中，λ 称为压杆的**柔度**或**长细比**。柔度是一个无量纲的量，它综合反映压杆支承条件、长度及截面形状和尺寸的综合影响。式(17-14)表明，λ 值越大，临界应力 σ_{cr} 的值越小，即柔度 λ 越大，压杆就越容易失稳。从以上可以看出，压杆的稳定性与柔度密切相关。

17.3.2 欧拉公式的适用范围

由于欧拉公式是根据挠曲线近似微分方程导出的，而该方程要求材料必须满足胡克定律，显然只有当临界应力 σ_{cr} 不超过材料的比例极限 σ_p 时，才可以应用欧拉公式。由式(17-14)有

$$\sigma_{cr}=\frac{\pi^2 E}{\lambda^2}\leqslant\sigma_p$$

或写为

$$\lambda\geqslant\sqrt{\frac{\pi^2 E}{\sigma_p}}$$

令

$$\lambda_p=\sqrt{\frac{\pi^2 E}{\sigma_p}} \tag{17-15}$$

显然只有当 $\lambda\geqslant\lambda_p$ 时，欧拉公式才是有效的，否则，欧拉公式不适用。式(17-15)表明 λ_p 仅仅与材料的力学性能有关。对于 Q235 钢，$\sigma_p\approx 196\ \text{MPa}$，$E\approx 200\ \text{GPa}$，按式(17-15)计算得其 $\lambda_p\approx 100$。所以对于用 Q235 钢制造的压杆，只有 $\lambda\geqslant 100$ 时，才可用欧拉公式进行稳定性计算。通常将 $\lambda\geqslant\lambda_p$ 的杆称为大柔度杆。

显然柔度 $\lambda<\lambda_p$ 的压杆的临界应力已经大于材料的比例极限，欧拉公式不再适用。工程中对这一类压杆的计算，一般使用经验公式，常用的经验公式有直线公式和抛物线公式，经验公式都是根据试验数据整理拟合后得出的。这里只介绍临界应力的直线经验公式，即

$$\sigma_{cr}=a-b\lambda \tag{17-16}$$

式中，a、b 为与材料性质有关的常数，常用材料的 a、b 值列于表 17-1 中。

表 17-1 直线公式的常数 *a* 和 *b*

材料（σ_b、σ_s/MPa）	a/MPa	b/MPa
Q235 $\sigma_b \geqslant 372$, $\sigma_s = 235$	304	1.12
优质碳钢 $\sigma_b \geqslant 471$, $\sigma_s = 306$	461	2.568
硅钢 $\sigma_b \geqslant 510$, $\sigma_s = 353$	578	3.744
铬钼钢	9807	5.296
铸铁	332.2	1.454
强铝	373	2.15
松木	28.7	0.19

对于适用直线公式的压杆，λ 有一个最低限 λ_s，否则会出现 $\sigma_{cr} > \sigma_s$ 或 $\sigma_{cr} > \sigma_b$ 的情况。对于塑性材料制成的压杆，λ_s 所对应的应力等于屈服极限，所以在经验公式中，令 $\sigma_{cr} = \sigma_s$，得

$$\lambda_s = \frac{a - \sigma_s}{b} \tag{17-17}$$

式(17-17)是用直线公式的最小柔度。对于常见的结构钢 Q235，$a = 304\ \text{MPa}$，$b = 1.12\ \text{MPa}$，$\sigma_s = 235\ \text{MPa}$，代入式(17-17)得

$$\lambda_s = \frac{304 - 235}{1.12} = 61.6$$

工程实际中，柔度介于 λ_s 和 λ_p 之间的这一类压杆称为中柔度杆。而对于 $\lambda < \lambda_s$ 的短压杆，称为小柔度杆。这一类压杆将因压缩引起屈服或断裂破坏，属于强度问题，所以应该将屈服极限 σ_s（塑性材料）或抗压强度极限 σ_b（脆性材料）作为压杆的临界应力。

17.3.3 临界应力总图

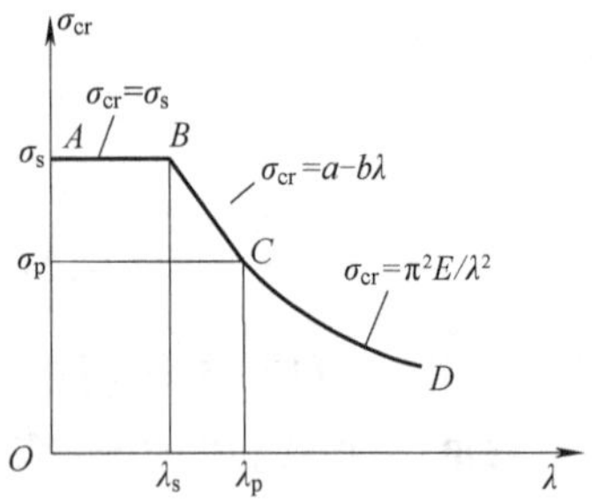

图 17-6

根据以上讨论，对于不同柔度的压杆，应予以区分并应用合适的公式或值来确定临界应力。将前述结果以柔度为横坐标、以临界应力为纵坐标表示为临界应力随压杆柔度变化的情况，称为临界应力总图，如图 17-6 所示。

从临界应力总图可以看出，对 $\lambda < \lambda_s$ 的小柔度杆，应按强度问题计算，在图 17-6 中表示为水平线 *AB*；对 $\lambda \geqslant \lambda_p$ 的大柔度杆，用欧拉公式计算临界应力，在图中表示为曲线 *CD*；而柔度介于 λ_s 和 λ_p 之间的中柔度杆（$\lambda_s \leqslant \lambda < \lambda_p$），用经验公式计算临界应力，在图中表示为斜直线 *BC*。

【例 17-2】 如图 17-7 所示的两根压杆，其直径均为 *d*，材料都是 Q235 钢。

(1) 分析哪一根杆的临界压力较大。

(2) 若 $d = 160\ \text{mm}$，$E = 200\ \text{GPa}$，计算两杆的临界压力。

解 (1) 计算柔度。因为两者均为圆截面，且直径均为 *d*，故有惯性半径 $i = \sqrt{\left(\dfrac{\pi d^4}{64}\right) \Big/ \left(\dfrac{\pi d^2}{4}\right)} = \dfrac{d}{4}$。但两者的长度和约束不相同，因此柔度不一定相等。

图 17-7(a)所示压杆两端为铰支约束，故 $\mu=1$，于是 $\lambda=\mu l/i=20/d$；图 17-7(b)所示压杆两端为固定端约束，故 $\mu=0.5$，于是 $\lambda=\mu l/i=14/d$。比较两者的柔度可知，两端固定的压杆具有更高的临界压力。

(2)计算两杆的临界压力。图 17-7(a)所示压杆，材料为 Q235，$\lambda_{\rm p}=100$。

$$\lambda=\frac{\mu l}{i}=\frac{1\times5000\text{mm}}{160\text{mm}/4}=125>\lambda_{\rm p}=100$$

所以该杆属于大柔度杆，可用欧拉公式计算临界压力：

$$F_{\rm cr}=\sigma_{\rm cr}\cdot A=\frac{\pi^2E}{\lambda^2}\cdot A=\frac{\pi^2\times200\times10^3\,\text{MPa}}{125^2}\times\frac{\pi}{4}\times160^2\,\text{mm}^2=2.54\times10^6\,\text{N}=2540\text{kN}$$

图 17-7(b)所示压杆，材料为 Q235，$\lambda_{\rm p}=100$，$\lambda_{\rm s}=61.6$。

$$\lambda=\frac{\mu l}{i}=\frac{0.5\times7000\text{mm}}{160\text{mm}/4}=87.5$$

可计算得 $\lambda_{\rm s}<\lambda<\lambda_{\rm p}$，属于中柔度杆，应采用直线经验公式计算其临界压力：

$$F_{\rm cr}=(a-b\lambda)A=(304\text{MPa}-1.12\text{MPa}\times87.5)\times\frac{\pi\times160^2\,\text{mm}^2}{4}=4.14\times10^6\,\text{N}=4140\text{kN}$$

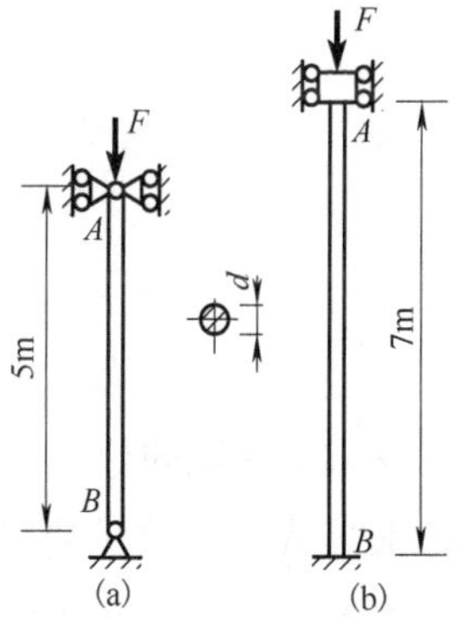

图 17-7

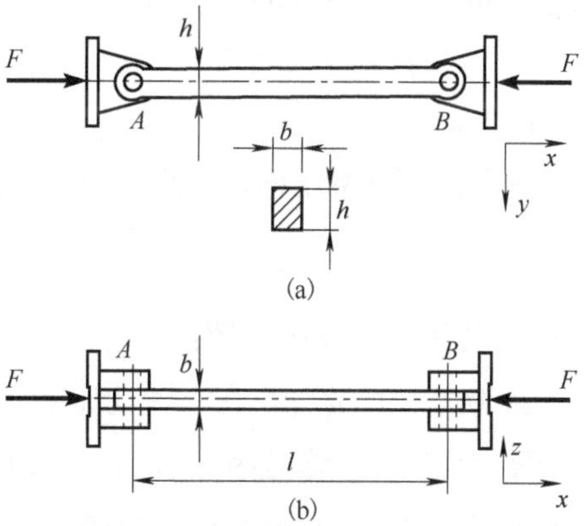

图 17-8

【例 17-3】 用 Q235 钢制成的矩形截面杆的受力及两端约束如图 17-8 所示，其中图 17-8(a)为正视图，图 17-8(b)为俯视图。在 A、B 两处用螺栓夹紧。已知 $l=2.3$ m，$b=40$ mm，$h=60$ mm，材料的弹性模量 $E=200$ GPa，求此杆的临界压力。

解 压杆在 A、B 两处的连接不同于两端铰支的情况。若在正视图 xy 平面内失稳，A、B 两处可以自由转动，相当于铰链约束；若在俯视图 xz 平面内失稳，A、B 两处不能自由转动，可简化为固定端约束。可见压杆在两个平面内失稳时，其柔度不同。因此要确定临界压力，应先计算两个平面内的柔度，并加以比较，判断压杆在哪一个平面内容易失稳。

在正视图平面(图 17-8(a))内：

$$\mu=1,\qquad i_z=\sqrt{\frac{I_z}{A}}=\frac{h}{2\sqrt3}=\frac{60}{2\sqrt3}=17.32(\text{mm})$$

于是 $\lambda_z=\mu l/i_z=1\times2300/17.32=132.8$。

在俯视图平面(图 17-8(b))内：

$$\mu = 0.5, \qquad i_y = \sqrt{\frac{I_y}{A}} = \frac{b}{2\sqrt{3}} = \frac{40}{2\sqrt{3}} = 11.55(\mathrm{mm})$$

于是 $\lambda_y = \mu l / i_y = 0.5 \times 2300 / 11.55 = 99.6$ 。

比较上述结果可知 $\lambda_z > \lambda_y$ ，这表明压杆将在正视图平面内失稳，对于 Q235 钢，$\lambda_z = 132.8 > \lambda_{\mathrm{p}}$ ，属于大柔度杆，故可用欧拉公式计算其临界压力：

$$F_{\mathrm{cr}} = \sigma_{\mathrm{cr}} A = \frac{\pi^2 E}{\lambda^2} bh = \frac{\pi^2 \times 200 \times 10^3 \,\mathrm{MPa} \times 40\mathrm{mm} \times 60\mathrm{mm}}{132.8^2} = 2.69 \times 10^5 \mathrm{N} = 269\mathrm{kN}$$

17.4 压杆的稳定性校核

要使压杆不至于失稳，杆件的工作压力应小于临界压力 F_{cr} ，为了保证安全，还需要有一定的储备。类似于许用应力的方法，引入一个大于 1 的安全因数，称为规定的**稳定安全因数**，用 $[n_{\mathrm{cr}}]$ 表示。于是压杆的稳定条件就可以写为

$$F \leqslant \frac{F_{\mathrm{cr}}}{[n_{\mathrm{cr}}]} \tag{17-18}$$

工程计算中，也有将压杆稳定条件写为安全因数形式的，即

$$n_{\mathrm{cr}} = \frac{F_{\mathrm{cr}}}{F} \geqslant [n_{\mathrm{cr}}] \tag{17-19}$$

式中，n_{cr} 称为工作安全因数；F 是杆件的工作压力。

上面诸式中的 $[n_{\mathrm{cr}}]$ 可在有关设计手册或规范中查到，一般来说，规定的稳定安全因数应略高于强度安全因数。这是因为 $[n_{\mathrm{cr}}]$ 的选取，除了要考虑在选取强度安全因数时的那些因素，还要考虑影响压杆失稳所特有的不利因素，如压杆不可避免存在的初曲率、载荷的偏心、材料不均匀等。这些不利因素对稳定的影响比对强度的影响大。例如，对于负载机器人结构中的起重螺旋杆，一般取 $[n_{\mathrm{cr}}] = 3.5 \sim 5$ 。

通常当受压杆存在螺钉孔等局部削弱时，不仅要校核稳定性，还要进行强度的校核。校核稳定性时，压杆的惯性矩 I 和横截面面积 A 都可以按照没有削弱的截面的尺寸进行计算，这是因为临界压力是由于压杆的整体弯曲变形确定的，局部截面削弱一般对整体弯曲的影响并不大，但在校核强度时，需要按照削弱的截面面积进行计算。

【例 17-4】 对于例 17-3 的受压杆件，若其稳定安全因数 $[n_{\mathrm{cr}}] = 4$，工作压力为 80kN，校核其稳定性。

解 例 17-3 解得临界压力 $F_{\mathrm{cr}} = 269\mathrm{kN}$ ，其工作安全因数为

$$n_{\mathrm{cr}} = \frac{F_{\mathrm{cr}}}{F} = \frac{269}{80} = 3.36 < [n_{\mathrm{cr}}] = 4$$

因此其不满足稳定性要求。

利用式(17-18)或式(17-19)进行校核是方便的，但要进行截面设计就比较困难，原因是截面设计会影响到柔度，从而影响临界压力的计算。工程上常常采用一种折减因数法来进行设计，关于这种方法，请读者参阅相关的材料力学教材。

17.5 提高压杆稳定性的措施

提高压杆的稳定性，确保压杆在工作中不发生失稳破坏，就是要尽可能提高压杆的临界压力，使其最大工作压力始终小于临界压力。压杆的临界应力主要取决于压杆的柔度，而影响柔度的因素有横截面的形状、压杆的计算长度、压杆的约束条件。所以，提高压杆的稳定性，可以主要从以下几个方面入手。

1. 减少压杆的计算长度

大柔度压杆的临界压力与杆长的平方成反比，在可能的情况下，应通过改变结构或者增加支座来减少杆件的计算长度，从而达到显著提高压杆承载能力的目的。图 17-9 所示的两种桁架支撑结构形式，其上弦杆均受压，但图 17-9(b)中的上弦杆计算长度只有图 17-9(a)的 1/2，从稳定性的角度考虑，其承载能力要远高于图 17-9(a)中的上弦杆。

2. 增强约束的牢固性

支座对于压杆的约束作用越强，则压杆的长度因数 μ 就越小，自然压杆的临界压力就越大。在结构设计中，若将一端固定另一端自由的约束形式改变为一端固定另一端铰支的约束形式，那么对于大柔度压杆，其临界载荷将增大到原来的 8.16 倍。在工程中，如果由于结构空间布置条件或成本原因，不能改变杆的计算长度，那么增强压杆两端的约束效果也可以有效提高稳定性。

3. 选用合理的截面形状

欧拉公式表明，截面的惯性矩越大，则临界压力越大；在经验公式中，柔度越小，临界应力越高，而提高惯性半径的数值就可以减小柔度。可见，若不增加截面面积，而尽可能把材料放在离截面形心较远处，可以取得较大的惯性矩和惯性半径，就等于提高了临界压力。

如图 17-10 所示，压杆截面若设计成中空或型钢的组合截面，其截面的惯性矩就会增大，自然其惯性半径增大，柔度变小，压杆的临界压力数值得以提高。但需要注意的是，组合截面的壁厚不宜设置得过薄，一方面，过薄的壁厚必然导致结构的整体空间尺寸变大；另一方面，虽然压杆整体的稳定性提高了，但会导致薄壁部分的局部稳定性降低。

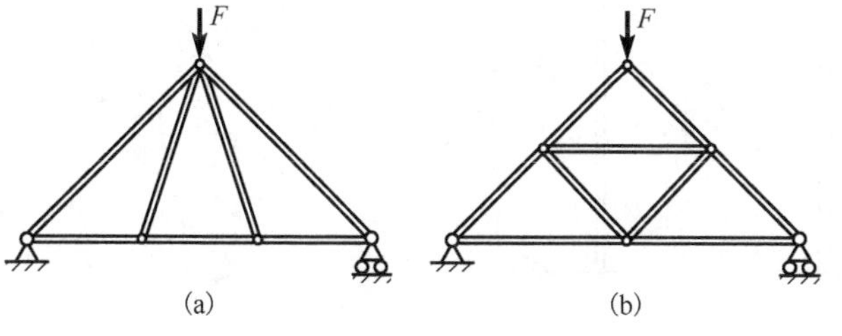

图 17-9

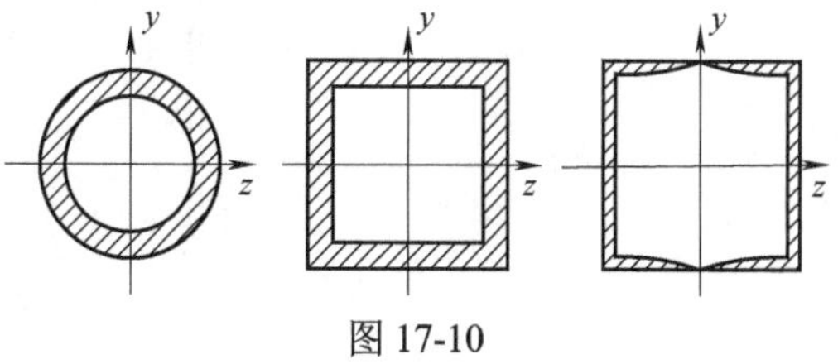

图 17-10

4. 合理选择材料

对于大柔度杆，材料对临界压力的影响仅限于弹性模量 E，而优质钢材和普通结构钢的 E 值很接近，因此选用高强度钢、合金钢等并不能比用普通碳钢更有效地提高压杆的稳定性。而对于中、小柔度杆，其临界应力与材料的强度有关，选用优质钢材在一定程度上可以提高压杆的承载能力。

思 考 题

17.1 什么是压杆失稳？研究压杆稳定性有什么实际意义？通过文献检索，了解机器人本体设计中有关稳定性问题的工程实例。

17.2 什么是临界压力、临界应力？影响细长杆临界压力的因素有哪些？

17.3 什么是压杆的柔度？它与哪些因素有关？它对临界应力有什么影响？

17.4 如何判断压杆属于细长杆、中长杆还是短粗杆？这三类杆的临界应力分别采用何种公式或数值？

17.5 选用高强度钢材对细长压杆和中长压杆的稳定性是否有明显的影响？并阐述理由。

17.6 两根相同材料的压杆的约束情况相同。在横截面面积 A 相等的情况下，一根采用正方形截面，另一根采用 $h/b=2$ 的矩形截面，比较两压杆的临界压力 F_{cr}，并阐述理由。

17.7 通过文献阅读和网络搜索，了解 1900 年发生在加拿大的魁北克大桥施工垮塌事故及其垮塌原因。了解“工程师之戒”的由来，总结此事件中的工程责任与工程伦理。

习 题

17-1 材料为 Q235、直径 $d=50\ \mathrm{mm}$ 的实心圆截面轴心受压杆，长 $l=1.8\ \mathrm{m}$，约束形式是一端固定另一端铰支。已知材料的弹性模量 $E=200\ \mathrm{GPa}$，求此压杆的临界压力。

17-2 题 17-2 图所示各压杆的横截面均为直径为 d 的实心圆截面，材料均为 Q235，弹性模量 $E=200\ \mathrm{GPa}$。其中图(a)为两端铰支，图(b)是一端固定另一端铰支，图(c)是两端固定。判断哪一种情况的临界压力 F_{cr} 最大，若杆件的直径 $d=160\ \mathrm{mm}$，计算该杆的临界压力。

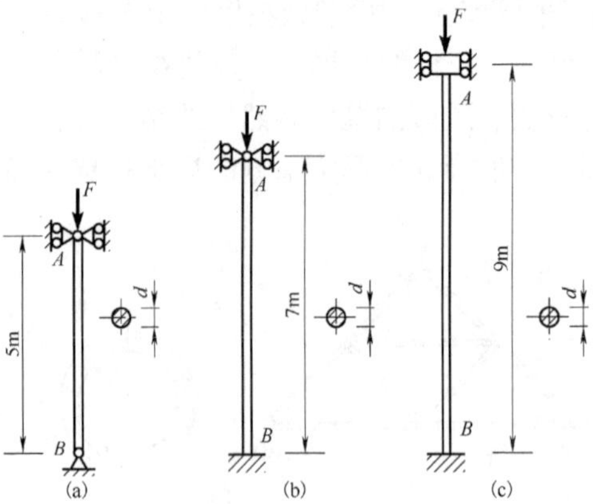

题 17-2 图

17-3 题 17-3 图所示压杆的横截面为矩形，$h = 80\text{mm}$，$b = 40\text{mm}$，杆长 $l = 2\text{m}$，材料为 Q235 钢，$E = 200\text{GPa}$。约束示意图为：在正视图的平面内相当于铰链；在俯视图的平面内为弹性固定，长度因数 $\mu = 0.8$。试求此杆的临界压力 F_{cr}。

17-4 某大型机械运动机构中的连杆如题 17-4 图所示。杆截面为工字形，材料为 Q235。直杆所受到的最大压力为 465kN。连杆在摆动平面（xy 面）内发生弯曲时，两端可认为是铰支；而在与摆动平面垂直的 xz 平面内发生弯曲时，两端可认为是固定。考虑其受压稳定，计算工作安全因数。

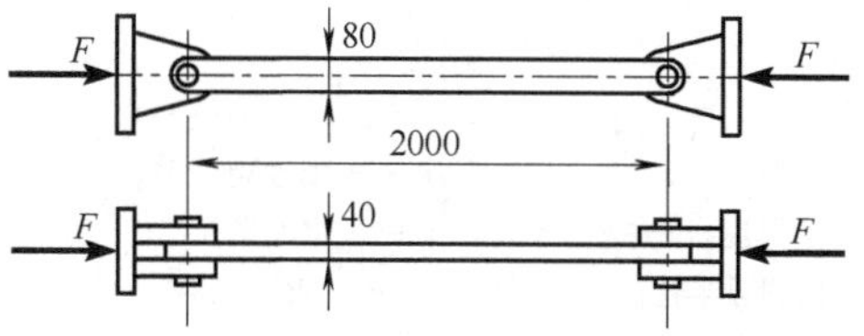

题 17-3 图

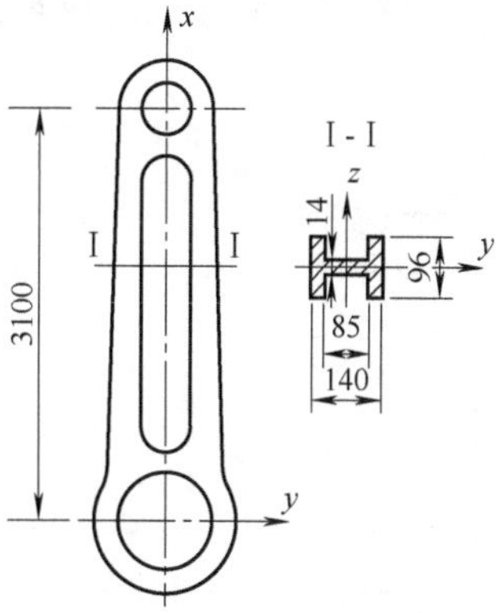

题 17-4 图

17-5 试由压杆的挠曲线近似微分方程，推导两端固定杆的欧拉公式。

17-6 外径与内径之比 $D/d = 1.2$ 的两端固定压杆的材料为 Q235 钢，$E = 200\text{ GPa}$，$\lambda_{\text{p}} = 100$。试求能应用欧拉公式时，压杆长度与外径的最小比值，以及这时的临界应力。

17-7 如题 17-7 图所示，由五根直径均为 $d = 50\text{ mm}$ 的圆钢杆组成边长为 $l = 1\text{ m}$ 的正方形结构，材料为 Q235 钢，$E = 200\text{ GPa}$，$\sigma_{\text{p}} = 196\text{ MPa}$，$\sigma_{\text{s}} = 235\text{ MPa}$，试求结构的临界载荷。

17-8 题 17-8 图所示支撑结构，受压立柱 BC 为实心圆截面，其直径 $d = 28\text{mm}$。已知材料的力学性能参数如下：$E = 205\text{ GPa}$，$\sigma_{\text{s}} = 275\text{MPa}$，$a = 338\text{MPa}$，$b = 1.21\text{MPa}$。结构强度安全因数 $n = 2$，稳定安全因数 $[n_{\text{cr}}] = 3$。求结构的许可载荷 $[F]$。

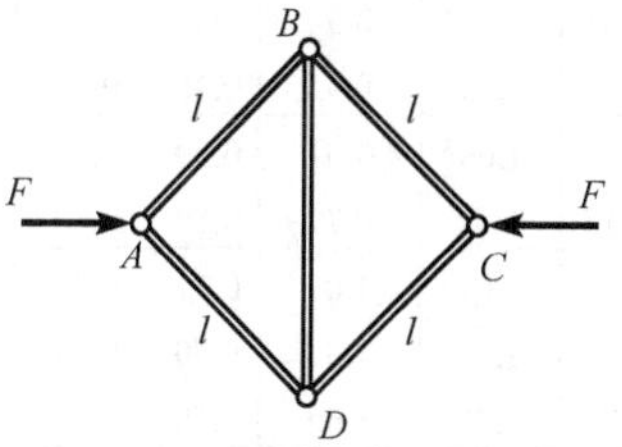

题 17-7 图

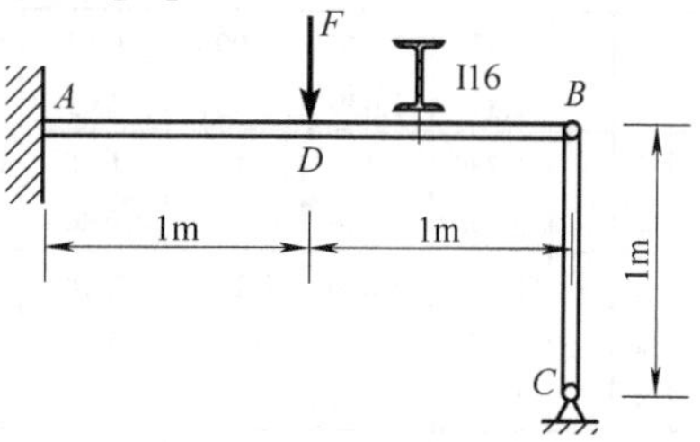

题 17-8 图

附录A 型 钢 表

附表 A.1 热轧等边角钢(GB/T 706—2008)

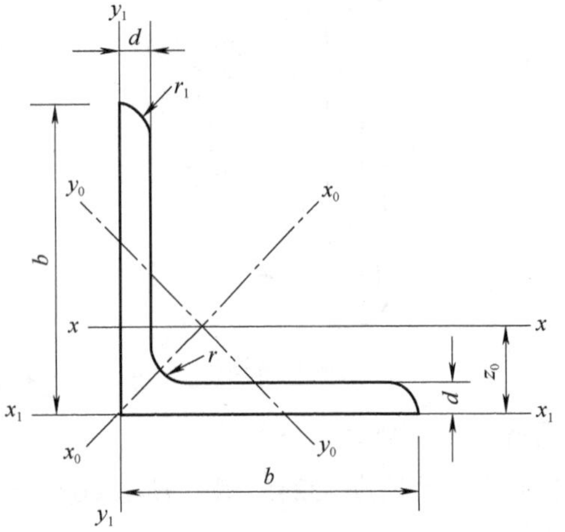

符号意义：

b —— 边宽度；

d —— 边厚度；

r —— 内圆弧半径；

r_1 —— 边端内圆弧半径；

I —— 惯性矩；

i —— 惯性半径；

W —— 截面系数；

z_0 —— 重心距离。

角钢号数	尺寸/mm			截面面积/cm^2	理论重量/(kg/m)	外表面积/(m^2/m)	参考数值										z_0/cm
							x-x			x_0-x_0			y_0-y_0			x_1-x_1	
	b	d	r				I_x/cm^4	i_x/cm	W_x/cm^3	I_{x0}/cm^4	i_{x0}/cm	W_{x0}/cm^3	I_{y0}/cm^4	i_{y0}/cm	W_{y0}/cm^3	I_{x1}/cm^4	
2	20	3	3.5	1.132	0.889	0.078	0.40	0.59	0.29	0.63	0.75	0.45	0.17	0.39	0.20	0.81	0.60
		4		1.459	1.145	0.077	0.50	0.58	0.36	0.78	0.73	0.55	0.22	0.38	0.24	1.09	0.64
2.5	25	3	3.5	1.432	1.124	0.098	0.82	0.76	0.46	1.29	0.95	0.73	0.34	0.49	0.33	1.57	0.73
		4		1.859	1.459	0.097	1.03	0.74	0.59	1.62	0.93	0.92	0.43	0.48	0.40	2.11	0.76
3.0	30	3	4.5	1.749	1.373	0.117	1.46	0.91	0.68	2.31	1.15	1.09	0.61	0.59	0.51	2.71	0.85
		4		2.276	1.786	0.117	1.84	0.90	0.87	2.92	1.13	1.37	0.77	0.58	0.62	3.63	0.89
3.6	36	3	4.5	2.109	1.656	0.141	2.58	1.11	0.99	4.09	1.39	1.61	1.07	0.71	0.76	4.68	1.00
		4		2.756	2.163	0.141	3.29	1.09	1.28	5.22	1.38	2.05	1.37	0.70	0.93	6.25	1.04
		5		3.382	2.654	0.141	3.95	1.08	1.56	6.24	1.36	2.45	1.65	0.70	1.00	7.84	1.07
4.0	40	3	5	2.359	1.852	0.157	3.59	1.23	1.23	5.69	1.55	2.01	1.49	0.79	0.96	6.41	1.09
		4		3.086	2.422	0.157	4.60	1.22	1.60	7.29	1.54	2.58	1.91	0.79	1.19	8.56	1.13
		5		3.791	2.976	0.156	5.53	1.21	1.96	8.76	1.52	3.10	2.30	0.78	1.39	10.74	1.17
4.5	45	3	5	2.659	2.088	0.177	5.17	1.40	1.58	8.20	1.76	2.58	2.14	0.89	1.24	9.12	1.22
		4		3.486	2.736	0.177	6.65	1.38	2.05	10.56	1.74	3.32	2.75	0.89	1.54	12.18	1.26
		5		4.292	3.369	0.176	8.04	1.37	2.51	12.74	1.72	4.00	3.33	0.88	1.81	15.25	1.30
		6		5.076	3.985	0.176	9.33	1.36	2.95	14.76	1.70	4.64	3.89	0.88	2.06	18.36	1.33

续表

角钢号数	尺寸/mm b	尺寸/mm d	尺寸/mm r	截面面积 /cm²	理论重量 /(kg/m)	外表面积 /(m²/m)	参考数值 x-x I_x /cm⁴	x-x i_x /cm	x-x W_x /cm³	x_0-x_0 I_{x0} /cm⁴	x_0-x_0 i_{x0} /cm	x_0-x_0 W_{x0} /cm³	y_0-y_0 I_{y0} /cm⁴	y_0-y_0 i_{y0} /cm	y_0-y_0 W_{y0} /cm³	x_1-x_1 I_{x1} /cm⁴	z_0 /cm
5	50	3	5.5	2.971	2.332	0.197	7.18	1.55	1.96	11.37	1.96	3.22	2.98	1.00	1.57	12.50	1.34
		4		3.897	3.059	0.197	9.26	1.54	2.56	14.70	1.94	4.16	3.82	0.99	1.96	16.69	1.38
		5		4.803	3.770	0.196	11.21	1.53	3.13	17.79	1.92	5.03	4.64	0.98	2.31	20.90	1.42
		6		5.688	4.465	0.196	13.05	1.52	3.68	20.68	1.91	5.85	5.42	0.98	2.63	25.14	1.46
5.6	56	3	6	3.343	2.624	0.221	10.19	1.75	2.48	16.14	2.20	4.08	4.24	1.13	2.02	17.56	1.48
		4		4.390	3.446	0.220	13.18	1.73	3.24	20.92	2.18	5.28	5.46	1.11	2.52	23.43	1.53
		5		5.415	4.251	0.220	16.02	1.72	3.97	25.42	2.17	6.42	6.61	1.10	2.98	29.33	1.57
		6		6.420	5.040	0.220	18.69	1.71	4.68	29.66	2.15	7.49	7.73	1.10	3.40	35.26	1.61
		7		7.404	5.812	0.219	21.23	1.69	5.36	33.63	2.13	8.49	8.82	1.09	3.80	41.23	1.64
		8		8.367	6.568	0.219	23.63	1.68	6.03	37.37	2.11	9.44	9.89	1.09	4.16	47.24	1.68
6	60	5	6.5	5.829	4.576	0.236	19.89	1.85	4.59	31.57	2.33	7.44	8.21	1.19	3.48	36.05	1.67
		6		6.914	5.427	0.235	23.25	1.83	5.41	36.89	2.31	8.70	9.60	1.18	3.98	43.33	1.70
		7		7.977	6.262	0.235	26.44	1.82	6.21	41.92	2.29	9.88	10.96	1.17	4.45	50.65	1.74
		8		9.020	7.081	0.235	29.47	1.81	6.98	46.66	2.27	11.00	12.28	1.17	4.88	58.02	1.78
6.3	63	4	7	4.978	3.907	0.248	19.03	1.96	4.13	30.17	2.46	6.78	7.89	1.26	3.29	33.35	1.70
		5		6.143	4.822	0.248	23.17	1.94	5.08	36.77	2.45	8.25	9.57	1.25	3.90	41.73	1.74
		6		7.288	5.721	0.247	27.12	1.93	6.00	43.03	2.43	9.66	11.20	1.24	4.46	50.14	1.78
		7		8.412	6.603	0.247	30.87	1.92	6.88	48.96	2.41	10.99	12.79	1.23	4.98	58.60	1.82
		8		9.515	7.469	0.247	34.46	1.90	7.75	54.56	2.40	12.25	14.33	1.23	5.47	67.11	1.85
		10		11.657	9.151	0.246	41.09	1.88	9.39	64.85	2.36	14.56	17.33	1.22	6.36	84.31	1.93
7	70	4	8	5.570	4.372	0.275	26.39	2.18	5.14	41.80	2.74	8.44	10.99	1.40	4.17	45.74	1.86
		5		6.875	5.397	0.275	32.21	2.16	6.32	51.08	2.73	10.32	13.31	1.39	4.95	57.21	1.91
		6		8.160	6.406	0.275	37.77	2.15	7.48	59.93	2.71	12.11	15.61	1.38	5.67	68.73	1.95
		7		9.424	7.398	0.275	43.09	2.14	8.59	68.35	2.69	13.81	17.82	1.38	6.34	80.29	1.99
		8		10.667	8.373	0.274	48.17	2.12	9.68	76.37	2.68	15.43	19.98	1.37	6.98	91.92	2.03
7.5	75	5	9	7.412	5.818	0.295	39.97	2.33	7.32	63.30	2.92	11.94	16.63	1.50	5.77	70.56	2.04
		6		8.797	6.905	0.294	46.95	2.31	8.64	74.38	2.90	14.02	19.51	1.49	6.67	84.55	2.07
		7		10.160	7.976	0.294	53.57	2.30	9.93	84.96	2.89	16.02	22.18	1.48	7.44	98.71	2.11
		8		11.503	9.030	0.294	59.96	2.28	11.20	95.07	2.88	17.93	24.86	1.47	8.19	112.97	2.15
		9		12.825	10.068	0.294	66.10	2.27	12.43	104.71	2.86	19.75	27.48	1.46	8.89	127.30	2.18
		10		14.126	11.089	0.293	71.98	2.26	13.64	113.92	2.84	21.48	30.05	1.46	9.56	141.71	2.22
8	80	5	9	7.912	6.211	0.315	48.79	2.48	8.34	77.33	3.13	13.67	20.25	1.60	6.66	85.36	2.15
		6		9.397	7.376	0.314	57.35	2.47	9.87	90.98	3.11	16.08	23.72	1.59	7.65	102.50	2.19
		7		10.860	8.525	0.314	65.58	2.46	11.37	104.07	3.10	18.40	27.09	1.58	8.58	119.70	2.23
		8		12.303	9.658	0.314	73.49	2.44	12.83	116.60	3.08	20.61	30.39	1.57	9.46	136.97	2.27
		9		13.725	10.744	0.314	81.11	2.43	14.25	128.60	3.06	22.73	33.61	1.56	10.29	154.31	2.31
		10		15.126	11.874	0.313	88.43	2.42	15.64	140.09	3.04	24.76	36.77	1.56	11.08	171.74	2.35
9	90	6	10	10.637	8.350	0.354	82.77	2.79	12.61	131.26	3.51	20.63	34.28	1.80	9.95	145.87	2.44
		7		12.301	9.656	0.354	94.83	2.78	14.54	150.47	3.50	23.64	39.18	1.78	11.19	170.30	2.48
		8		13.944	10.946	0.353	106.47	2.76	16.42	168.97	3.48	26.55	43.97	1.78	12.35	194.80	2.52
		9		15.566	12.219	0.353	117.72	2.75	18.27	186.77	3.46	29.35	48.66	1.77	13.49	219.39	2.56
		10		17.167	13.476	0.353	128.58	2.74	20.07	203.90	3.45	32.04	53.26	1.76	14.52	244.07	2.59
		12		20.306	15.940	0.352	149.22	2.71	23.57	236.21	3.41	37.12	62.22	1.75	16.49	293.76	2.67
10	100	6	12	11.932	9.366	0.393	114.95	3.10	15.68	181.98	3.90	25.74	47.92	2.00	12.69	200.07	2.67
		7		13.796	10.830	0.393	131.86	3.09	18.10	208.97	3.89	29.55	54.74	1.99	14.26	233.54	2.71
		8		15.638	12.276	0.393	148.24	3.08	20.47	235.07	3.88	33.24	61.41	1.98	15.75	267.09	2.76
		9		17.462	13.708	0.392	164.12	3.07	22.79	260.30	3.86	36.81	67.95	1.97	17.18	300.73	2.80
		10		19.261	15.120	0.392	179.51	3.05	25.06	284.68	3.84	40.26	74.35	1.96	18.54	334.48	2.84
		12		22.800	17.898	0.391	208.90	3.03	29.48	330.95	3.81	46.80	86.84	1.95	21.08	402.34	2.91
		14		26.256	20.611	0.391	236.53	3.00	33.73	374.06	3.77	52.90	99.00	1.94	23.44	470.75	2.99
		16		29.627	23.257	0.390	262.53	2.98	37.82	414.16	3.74	58.57	110.89	1.94	25.63	539.80	3.06

续表

角钢号数	尺寸/mm			截面面积/cm^2	理论重量/(kg/m)	外表面积/(m^2/m)	参考数值										z_0/cm
							x-x			x_0-x_0			y_0-y_0			x_1-x_1	
	b	d	r				I_x/cm^4	i_x/cm	W_x/cm^3	I_{x0}/cm^4	i_{x0}/cm	W_{x0}/cm^3	I_{y0}/cm^4	i_{y0}/cm	W_{y0}/cm^3	I_{x1}/cm^4	
11	110	7	12	15.196	11.928	0.433	177.16	3.41	22.05	280.94	4.30	36.12	73.38	2.20	17.51	310.64	2.96
		8		17.238	13.535	0.433	199.46	3.40	24.95	316.49	4.28	40.69	82.42	2.19	19.39	355.20	3.01
		10		21.261	16.690	0.432	242.19	3.38	30.68	384.39	4.25	49.42	99.98	2.17	22.91	444.65	3.09
		12		25.200	19.782	0.431	282.55	3.35	36.05	448.17	4.22	57.62	116.93	2.15	26.15	534.60	3.16
		14		29.056	22.809	0.431	320.71	3.32	41.31	508.01	4.18	65.31	133.40	2.14	29.14	625.16	3.24
12.5	125	8	14	19.750	15.504	0.492	297.03	3.88	32.52	470.89	4.88	53.28	123.16	2.50	25.86	521.01	3.37
		10		24.373	19.133	0.491	361.67	3.85	39.97	573.89	4.85	64.93	149.46	2.48	30.62	651.93	3.45
		12		28.912	22.696	0.491	423.16	3.83	41.17	671.44	4.82	75.96	174.88	2.46	35.03	783.42	3.53
		14		33.367	26.193	0.490	481.65	3.80	54.16	763.73	4.78	86.41	199.57	2.45	39.13	915.61	3.61
		16		37.739	29.625	0.489	537.31	3.77	60.93	850.98	4.75	96.28	223.65	2.43	42.96	1048.62	3.68
14	140	10	14	27.373	21.488	0.551	514.65	4.34	50.58	817.27	5.46	82.56	212.04	2.78	39.20	915.11	3.82
		12		32.512	25.522	0.551	603.68	4.31	59.80	958.79	5.43	96.85	248.57	2.76	45.02	1099.28	3.90
		14		37.567	29.490	0.550	688.81	4.28	68.75	1093.56	5.40	110.47	284.06	2.75	50.45	1284.22	3.98
		16		42.539	33.393	0.549	770.24	4.26	77.46	1221.81	5.36	123.42	318.67	2.74	55.55	1470.07	4.06
15	150	8	14	23.750	18.644	0.592	521.37	4.69	47.36	827.49	5.90	78.02	215.25	3.01	38.14	899.55	3.99
		10		29.373	23.058	0.591	637.50	4.66	58.35	1012.79	5.87	95.49	262.21	2.99	45.51	1125.09	4.08
		12		34.912	27.406	0.591	748.85	4.63	69.04	1189.97	5.84	112.19	307.73	2.97	52.38	1351.26	4.15
		14		40.367	31.688	0.590	855.64	4.60	79.45	1359.30	5.80	128.16	351.98	2.95	58.83	1578.25	4.23
		15		43.063	33.804	0.590	907.39	4.59	84.56	1441.09	5.78	135.87	373.69	2.95	61.90	1692.10	4.27
		16		45.739	35.905	0.589	958.08	4.58	89.59	1521.02	5.77	143.40	395.14	2.94	64.89	1806.21	4.31
16	160	10	16	31.502	24.729	0.630	779.53	4.98	66.70	1237.30	6.27	109.36	321.76	3.20	52.76	1365.33	4.31
		12		37.441	29.391	0.630	916.58	4.95	78.98	1455.68	6.24	128.67	377.49	3.18	60.74	1639.57	4.39
		14		43.296	33.987	0.629	1048.36	4.92	90.95	1665.02	6.20	147.17	431.70	3.16	68.24	1914.68	4.47
		16		49.067	38.518	0.629	1175.08	4.89	102.63	1865.57	6.17	164.89	484.59	3.14	75.31	2190.82	4.55
18	180	12	16	42.241	33.159	0.710	1321.35	5.59	100.82	2100.10	7.05	165.00	542.61	3.58	78.41	2332.80	4.89
		14		48.896	38.383	0.709	1514.48	5.56	116.25	2407.42	7.02	189.14	621.53	3.56	88.38	2723.48	4.97
		16		55.467	43.542	0.709	1700.99	5.54	131.13	2703.37	6.98	212.40	698.60	3.55	97.83	3115.29	5.05
		18		61.055	48.634	0.708	1875.12	5.50	145.64	2988.24	6.94	234.78	762.01	3.51	105.14	3502.43	5.13
20	200	14	18	54.642	42.894	0.788	2103.55	6.20	144.70	3343.26	7.82	236.40	863.83	3.98	111.82	3734.10	5.46
		16		62.013	48.680	0.788	2366.15	6.18	163.65	3760.89	7.79	265.93	971.41	3.96	123.96	4270.39	5.54
		18		69.301	54.401	0.787	2620.64	6.15	182.22	4164.54	7.75	294.48	1076.74	3.94	135.52	4808.13	5.62
		20		76.505	60.056	0.787	2867.30	6.12	200.42	4554.55	7.72	322.06	1180.04	3.93	146.55	5347.51	5.69
		24		90.661	71.168	0.785	3338.25	6.07	236.17	5294.97	7.64	374.41	1381.53	3.90	166.65	6457.16	5.87
22	220	16	21	68.664	53.901	0.866	3187.36	6.81	199.55	5063.73	8.59	325.51	1310.99	4.37	153.81	5681.62	6.03
		18		76.752	60.250	0.866	3534.30	6.79	222.37	5615.32	8.55	360.97	1453.27	4.35	168.29	6395.93	6.11
		20		84.756	66.533	0.865	3871.49	6.76	244.77	6150.08	8.52	395.34	1592.90	4.34	182.16	7112.04	6.18
		22		92.676	72.751	0.865	4199.23	6.73	266.78	6668.37	8.48	428.66	1730.10	4.32	195.45	7830.19	6.26
		24		100.512	78.902	0.864	4517.83	6.70	288.39	7170.55	8.45	460.94	1865.11	4.31	208.21	8550.57	6.33
		26		108.264	84.987	0.864	4827.58	6.68	309.62	7656.98	8.41	492.21	1998.17	4.30	220.49	9273.39	6.41
25	250	18	24	87.842	68.956	0.985	5268.22	7.74	290.12	8369.04	9.76	473.42	2167.41	4.97	224.03	9379.11	6.84
		20		97.045	76.180	0.984	5779.34	7.72	319.66	9181.94	9.73	519.41	2376.74	4.95	242.85	10426.97	6.92
		24		115.201	90.433	0.983	6763.93	7.66	377.34	10742.67	9.66	607.70	2785.19	4.92	278.38	12529.74	7.07
		26		124.154	97.461	0.982	7238.08	7.63	405.50	11491.33	9.62	650.05	2984.84	4.90	295.19	13585.18	7.15
		28		133.022	104.422	0.982	7709.60	7.61	433.22	12219.39	9.58	691.23	3181.81	4.89	311.42	14643.62	7.22
		30		141.807	111.318	0.981	8151.80	7.58	460.51	12927.26	9.55	731.28	3376.34	4.88	327.12	15705.30	7.30
		32		150.508	118.149	0.981	8592.01	7.56	487.39	13615.32	9.51	770.20	3568.71	4.87	342.33	16770.41	7.37
		35		163.402	128.271	0.980	9232.44	7.52	526.97	14611.16	9.46	826.53	3853.72	4.86	364.30	18374.95	7.48

附表 A.2　热轧槽钢(GB/T 706—2008)

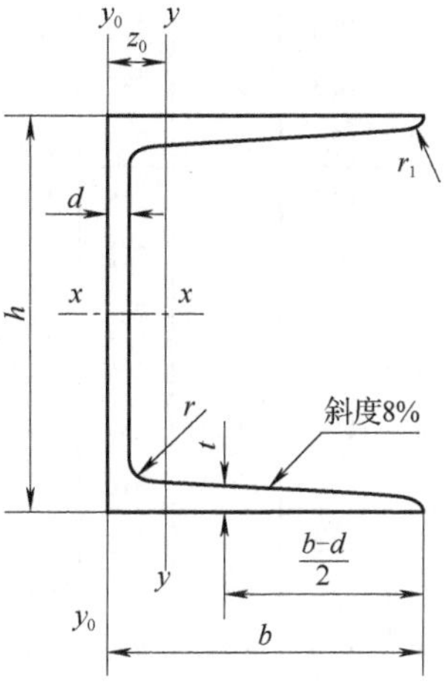

符号意义：

h—— 高度；　　b—— 腿宽；
d—— 腰厚；　　t—— 平均腿厚度；
r—— 内圆弧半径；　　r_1—— 腿端圆弧半径；
I—— 惯性矩；　　W—— 截面系数；
i—— 惯性半径；　　z_0——y-y 轴与 y_0-y_0 轴间距。

型号	尺寸/mm						截面面积 A/cm^2	理论重量 $G/(kg/m)$	参考数值							
									x-x			y-y			y_0-y_0	z_0 /cm
	h	b	d	t	r	r_1			W_x /cm^3	I_x /cm^4	i_x /cm	W_y /cm^3	I_y /cm^4	i_y /cm	I_{y0} /cm^4	
5	50	37	4.5	7.0	7.0	3.5	6.928	5.438	10.4	26.0	1.94	3.55	8.30	1.10	20.9	1.35
6.3	63	40	4.8	7.5	7.5	3.8	8.451	6.634	16.1	50.8	2.45	4.50	11.9	1.19	28.4	1.36
6.5	65	40	4.3	7.5	7.5	3.8	8.547	6.709	17.0	55.2	2.54	4.59	12.0	1.19	28.3	1.38
8	80	43	5.0	8.0	8.0	4.0	10.248	8.045	25.3	101	3.15	5.79	16.6	1.27	37.4	1.43
10	100	48	5.3	8.5	8.5	4.2	12.748	10.007	39.7	198	3.95	7.80	25.6	1.41	54.9	1.52
12	120	53	5.5	9.0	9.0	4.5	15.362	12.059	57.7	346	4.75	10.2	37.4	1.56	77.7	1.62
12.6	126	53	5.5	9.0	9.0	4.5	15.692	12.318	62.1	391	4.95	10.2	38.0	1.57	77.1	1.59
14a	140	58	6.0	9.5	9.5	4.8	18.516	14.535	80.5	564	5.52	13.0	53.2	1.70	107	1.71
14b	140	60	8.0	9.5	9.5	4.8	21.316	16.733	87.1	609	5.35	14.1	61.1	1.69	121	1.67
16a	160	63	6.5	10.0	10.0	5.0	21.962	17.240	108	866	6.28	16.3	73.3	1.83	144	1.80
16b	160	65	8.5	10.0	10.0	5.0	25.162	19.752	117	935	6.10	17.6	83.4	1.82	161	1.75
18a	180	68	7.0	10.5	10.5	5.2	25.699	20.174	141	1270	7.04	20.0	98.6	1.96	190	1.88
18b	180	70	9.0	10.5	10.5	5.2	29.299	23.000	152	1370	6.84	21.5	111	1.95	210	1.84
20a	200	73	7.0	11.0	11.0	5.5	28.837	22.637	178	1780	7.86	24.2	128	2.11	244	2.01
20b	200	75	9.0	11.0	11.0	5.5	32.837	25.777	191	1910	7.64	25.9	144	2.09	268	1.95
22a	220	77	7.0	11.5	11.5	5.8	31.846	24.999	218	2390	8.67	28.2	158	2.23	298	2.10
22b	220	79	9.0	11.5	11.5	5.8	36.246	28.453	234	2570	8.42	30.1	176	2.21	326	2.03
24a	240	78	7.0	12.0	12.0	6.0	34.217	26.860	254	3050	9.45	30.5	174	2.25	325	2.10
24b	240	80	9.0	12.0	12.0	6.0	39.017	30.628	274	3280	9.17	32.5	194	2.23	355	2.03
24c	240	82	11.0	12.0	12.0	6.0	43.817	34.396	293	3510	8.96	34.4	213	2.21	388	2.00
25a	250	78	7.0	12.0	12.0	6.0	34.917	27.410	270	3370	9.82	30.6	176	2.24	322	2.07
25b	250	80	9.0	12.0	12.0	6.0	39.917	31.335	282	3530	9.41	32.7	196	2.22	353	1.98
25c	250	82	11.0	12.0	12.0	6.0	44.917	35.260	295	3690	9.07	35.9	218	2.21	384	1.92

续表

型号	尺寸/mm						截面面积 A/cm^2	理论重量 $G/(kg/m)$	参考数值							
									x-x			y-y			y_0-y_0	
	h	b	d	t	r	r_1			W_x /cm^3	I_x /cm^4	i_x /cm	W_y /cm^3	I_y /cm^4	i_y /cm	I_{y0} /cm^4	z_0 /cm
27a	270	82	7.5	12.5	12.5	6.2	39.284	30.838	323	4360	10.5	35.5	216	2.34	393	2.13
27b	270	84	9.5	12.5	12.5	6.2	44.684	35.077	347	4690	10.3	37.7	239	2.31	428	2.06
27c	270	86	11.5	12.5	12.5	6.2	50.084	39.316	372	5020	10.1	39.8	261	2.28	467	2.03
28a	280	82	7.5	12.5	12.5	6.2	40.034	31.427	340	4760	10.9	35.7	218	2.33	388	2.10
28b	280	84	9.5	12.5	12.5	6.2	45.634	35.822	366	5130	10.6	37.9	242	2.30	428	2.02
28c	280	86	11.5	12.5	12.5	6.2	51.234	40.219	393	5500	10.4	40.3	268	2.29	463	1.95
30a	300	85	7.5	13.5	13.5	6.8	43.902	34.463	403	6050	11.7	41.1	260	2.43	467	2.17
30b	300	87	9.5	13.5	13.5	6.8	49.902	39.173	433	6500	11.4	44.0	289	2.41	515	2.13
30c	300	89	11.5	13.5	13.5	6.8	55.902	43.883	463	6950	11.2	46.4	316	2.38	560	2.09
32a	320	88	8.0	14.0	14.0	7.0	48.513	38.083	475	7600	12.5	46.5	305	2.50	552	2.24
32b	320	90	10.0	14.0	14.0	7.0	54.913	43.107	509	8140	12.2	49.2	336	2.47	593	2.16
32c	320	92	12.0	14.0	14.0	7.0	61.313	48.131	543	8690	11.9	52.6	374	2.47	643	2.09
36a	360	96	9.0	16.0	16.0	8.0	60.910	47.814	660	11900	14.0	63.5	455	2.73	818	2.44
36b	360	98	11.0	16.0	16.0	8.0	68.110	53.466	703	12700	13.6	66.9	497	2.70	880	2.37
36c	360	100	13.0	16.0	16.0	8.0	75.310	59.118	746	13400	13.4	70.0	536	2.67	948	2.34
40a	400	100	10.5	18.0	18.0	9.0	75.068	58.928	879	17600	15.3	78.8	592	2.81	1070	2.49
40b	400	102	12.5	18.0	18.0	9.0	83.068	65.208	932	18600	15.0	82.5	640	2.78	1140	2.44
40c	400	104	14.5	18.0	18.0	9.0	91.068	71.488	986	19700	14.7	86.2	688	2.75	1220	2.42

附表 A.3　热轧工字钢(GB/T 706—2008)

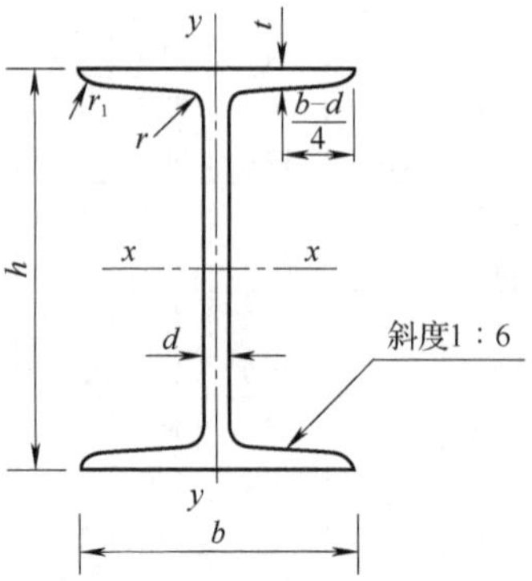

符号意义：

h—— 高度；　　b—— 腿宽；

d—— 腰厚；　　t—— 平均腿厚度；

r—— 内圆弧半径；　　r_1—— 腿端圆弧半径；

I—— 惯性矩；　　W—— 截面系数；

i—— 惯性半径；　　S—— 半截面的静力矩。

型号	尺寸/mm						截面面积 A/cm^2	理论重量 $G/(kg/m)$	参考数值						
									x-x				*y-y*		
	h	b	d	t	r	r_1			I_x $/cm^4$	W_x $/cm^3$	i_x /cm	$I_x:S_x$	I_y $/cm^4$	W_y $/cm^3$	i_y /cm
10	100	68	4.5	7.6	6.5	3.3	14.345	11.261	245	49.0	4.14	8.59	33.0	9.72	1.52
12.6	126	74	5.0	8.4	7.0	3.5	18.118	14.223	488	77.5	5.20	10.8	46.9	12.7	1.61
14	140	80	5.5	9.1	7.5	3.8	21.516	16.890	712	102	5.76	12.0	64.4	16.1	1.73
16	160	88	6.0	9.9	8.0	4.0	26.131	20.513	1130	141	6.58	13.8	93.1	21.2	1.89
18	180	94	6.5	10.7	8.5	4.3	30.756	24.143	1660	185	7.36	15.4	122	26.0	2.00
20a	200	100	7.0	11.4	9.0	4.5	35.578	27.929	2370	237	8.15	17.2	158	31.5	2.12
20b	200	102	9.0	11.4	9.0	4.5	39.578	31.069	2500	250	7.96	16.9	169	33.1	2.06
22a	220	110	7.5	12.3	9.5	4.8	42.128	33.070	3400	309	8.99	18.9	225	40.9	2.31
22b	220	112	9.5	12.3	9.5	4.8	46.528	36.524	3570	325	8.78	18.7	239	42.7	2.27
25a	250	116	8.0	13.0	10.0	5.0	48.541	38.105	5020	402	10.2	21.6	280	48.3	2.40
25b	250	118	10.0	13.0	10.0	5.0	53.541	42.030	5280	423	9.94	21.3	309	52.4	2.40
28a	280	122	8.5	13.7	10.5	5.3	55.404	43.492	7110	508	11.3	24.6	345	56.6	2.50
28b	280	124	10.5	13.7	10.5	5.3	61.004	47.888	7480	534	11.1	24.2	379	61.2	2.49
32a	320	130	9.5	15.0	11.5	5.8	67.156	52.717	11100	692	12.8	27.5	460	70.8	2.62
32b	320	132	11.5	15.0	11.5	5.8	73.556	57.741	11600	726	12.6	27.1	502	76.0	2.61
32c	320	134	13.5	15.0	11.5	5.8	79.956	62.765	12200	760	12.3	26.3	544	81.2	2.61
36a	360	136	10.0	15.8	12.0	6.0	76.480	60.037	15800	875	14.4	30.7	552	81.2	2.69
36b	360	138	12.0	15.8	12.0	6.0	83.680	65.689	16500	919	14.1	30.3	582	84.3	2.64
36c	360	140	14.0	15.8	12.0	6.0	90.880	71.341	17300	962	13.8	29.9	612	87.4	2.60
40a	400	142	10.5	16.5	12.5	6.3	86.112	67.598	21700	1090	15.9	34.1	660	93.2	2.77
40b	400	144	12.5	16.5	12.5	6.3	94.112	73.878	22800	1140	15.6	33.6	692	96.2	2.71
40c	400	145	14.5	16.5	12.5	6.3	102.112	80.158	23900	1190	15.2	33.2	727	99.6	2.65
45a	450	150	11.5	18.0	13.5	6.8	102.446	80.420	32200	1430	17.7	38.6	855	114	2.89
45b	450	152	13.5	18.0	13.5	6.8	111.446	87.485	33800	1500	17.4	38.0	894	118	2.84
45c	450	154	15.5	18.0	13.5	6.8	120.446	94.550	35300	1570	17.1	37.6	938	122	2.79
50a	500	158	12.0	20.0	14.0	7.0	119.304	93.654	46500	1860	19.7	42.8	1120	142	3.07
50b	500	160	14.0	20.0	14.0	7.0	129.304	101.504	48600	1940	19.4	42.4	1170	146	3.01
50c	500	162	16.0	20.0	14.0	7.0	139.304	109.354	50600	2080	19.0	41.8	1220	151	2.96
56a	560	166	12.5	21.0	14.5	7.3	135.435	106.316	65600	2340	22.0	47.7	1370	165	3.18
56b	560	168	14.5	21.0	14.5	7.3	136.635	115.108	68500	2450	21.6	47.2	1490	174	3.16
56c	560	170	16.5	21.0	14.5	7.4	157.835	123.900	71400	2550	21.3	46.7	1560	183	3.16
63a	630	176	13.0	22.0	15.0	7.5	154.658	121.407	93900	2980	24.5	54.2	1700	193	3.31
63b	630	178	15.0	22.0	15.0	7.5	167.258	131.298	98100	3160	24.2	53.5	1810	204	3.29
63c	630	180	17.0	22.0	15.0	7.5	179.858	141.189	102000	3300	23.8	52.9	1920	214	3.27

附录 B　部分习题答案

第 1 章

1-1　$y^2-2y-4x=0$，$v=\sqrt{4t^2-4t+5}$，$a=2\ \text{m/s}^2$，
$a_t=0.894\ \text{m/s}^2$，$a_n=1.79\ \text{m/s}^2$，$\rho=2.8\ \text{m}$

1-2　$y=2x+4\ (-2<x<2)$，$s=4.47\sin(\pi t/3)$，
$v=4.68\cos(\pi t/3)$，$a_t=-4.9\sin(\pi t/3)$

1-3　(1) $5.408\ \text{m/s}^2$；(2) $70\ \text{mm/s}$，$10.58\ \text{mm/s}^2$

1-4　(1) $s=16\ \text{m}$；(2) $a=2.83\ \text{m/s}^2$

1-5　$\left(\dfrac{x}{a+b}\right)^2+\left(\dfrac{y}{b}\right)^2=1$

1-6　$\left(\dfrac{x}{1.5}\right)^2+\left(\dfrac{y+0.8}{1.5}\right)^2=1$

1-7　$x=l\sin 2\omega t$，$y=l(1+\cos 2\omega t)$，$s=l(\pi+2\omega t)$

1-8　$s=\dfrac{\pi R}{2}+10Rt$

1-9　$x_A=0$，$y_A=e\sin\omega t+\sqrt{R^2-e^2\cos^2\omega t}$，
$v_A=\dot{y}_A=e\omega\cos\omega t+\dfrac{e^2\omega\sin 2\omega t}{2\sqrt{R^2-e^2\cos^2\omega t}}$

1-10　$v_M=\dfrac{v_0}{l+h}\sqrt{l^2\tan^2\theta+h^2}$，$a_M=\dfrac{l{v_0}^2}{(l+h)^2\cos^3\theta}$

第 2 章

2-1　$v_D=v_C=0.5\ \text{m/s}$，$a_D^{n}=a_C^{n}=2.5\ \text{m/s}^2$，
$a_D^{t}=a_C^{t}=0.2\ \text{m/s}^2$

2-2　$v_M=1.2\ \text{m/s}$；$a_B=1.8\ \text{m/s}^2$

2-3　$v_{BC}=-0.40\ \text{m/s}$，$a_{BC}=-2.77\ \text{m/s}^2$

2-4　$\omega_2=0$，$\alpha_2=-lb\omega^2/r_2$

2-5　$\alpha=38.4\ \text{rad/s}^2$

2-6　$\omega=-v/(2R\sin\varphi)$，$v_C=-v/\sin\varphi$

2-7　$v_M=\omega l$，$a_M=l\sqrt{\alpha^2+\omega^4}$

2-8　$a_C=r\sqrt{\alpha^2+\omega^4}$，$a'_C=r\alpha$

2-9　$v_C=\dfrac{\sqrt{5}v\cos^2\varphi}{\sin\varphi}$，$a_C=\dfrac{\sqrt{5}v^2}{a}\cot\varphi\sqrt{1+3\sin^2\varphi}$

第 3 章

3-1　$y'=A\cos\left(\dfrac{\omega}{v_e}x'+\theta\right)$

3-2　$v_e=\sqrt{l^2+R^2}\omega_0$，方向垂直于 OB

3-3　$\omega_{AB}=1\ \text{rad/s}$，$v_r=1.732\ \text{m/s}$

3-4　$v_{BA}=lav/(x^2+a^2)$

3-5　$v_{BC}=\omega l$

3-6　$v_a=\sqrt{3}\omega R$，$v_r=3\omega R$

3-7　$v_M=0.53\ \text{m/s}$

3-8　$v_C=0.173\ \text{m/s}$，$a_C=0.05\ \text{m/s}^2$

3-9　$v_e=4.23\ \text{m/s}$，$v_r=3.45\ \text{m/s}$，$a_r=108.38\ \text{m/s}^2$

3-10　$v_A=(3+10t)e\cos\varphi$，
$a_A=10e\cos\varphi-e(3+10t)^2\sin\varphi$

3-11　$v_A=1.16\ \text{m/s}$，$a_A=8.85\ \text{m/s}^2$

3-12　$v_{Mx}=\dfrac{\sqrt{2}\,\pi r}{2}+1$，$v_{My}=\dfrac{-\sqrt{2}\,\pi r}{2}$，
$a_{Mx}=\dfrac{-\sqrt{2}\,\pi^2 r}{2}+\sqrt{2}\,\pi r+2$，
$a_{My}=-\sqrt{2}r\pi\left(\dfrac{\pi}{2}+1\right)$

3-13　$v_e=\omega_1\sqrt{r^2+l^2}$，$a_C=2r\omega_1\omega_2$

3-14　$\omega=\dfrac{3u}{4l}$，$a=\dfrac{3\sqrt{3}u^2}{8l^2}$

3-15　$\omega_{DE}=\dfrac{\sqrt{3}\omega}{2}$，$\alpha_{DE}=\dfrac{1}{2}\omega^2(\sqrt{3}-1)$

3-16　$\omega_1=\dfrac{\omega}{2}$，$\alpha_1=\dfrac{\sqrt{3}\omega^2}{12}$

3-17　$v_{AB}=\dfrac{2\sqrt{3}\omega e}{3}$，$a_{AB}=\dfrac{2\omega^2 e}{9}$

3-18　$a_C=16\ \text{mm/s}^2$

3-19　$v_M=993.2\ \text{mm/s}$，$a_M=3816\ \text{mm/s}^2$

3-20　$a_M=355.5\ \text{mm/s}^2$

第4章

4-1 $\omega=\dfrac{v\sin^2\theta}{R\cos\theta}$

4-2 $v_B=1.2\ \text{m/s}$

4-3 $v_E=0.306\ \text{m/s}$

4-4 $\omega_{AB}=0$，$v_B=10\ \text{m/s}$

4-5 $\omega_{DE}=5\ \text{rad/s}$，$v_C=1.3\ \text{m/s}$

4-6 $\omega_{AD}=1.54\ \text{rad/s}$，$v_B=0.289\ \text{m/s}$，
$\omega_{OB}=1.45\ \text{rad/s}$

4-7 $\omega_{EF}=1.333\ \text{rad/s}$，$v_F=0.462\ \text{m/s}$

4-8 $\omega_B=7.25\ \text{rad/s}$，$v_B=108.8\ \text{cm/s}$

4-9 $v_B=2v_A$，$\omega_{CB}=\sqrt{3}v_A/l$

4-10 $\omega_{AB}=1.155\ \text{rad/s}$，$\omega_{BO_1}=0.289\ \text{rad/s}$，
$\alpha_{BO_1}=1.720\ \text{rad/s}^2$

4-11 $\omega_{BC}=\omega_0/3$，$\alpha_{BC}=0$

4-12 $v_O=rv/(R-r)$，方向向左；
$a_O=ra/(R-r)$，方向向左

4-13 $a_A=6\ \text{m/s}^2$，$\alpha_{AB}=6.06\ \text{rad/s}^2$

4-14 $v_D=\omega_0 l$，$a_D=2.08\omega_0^2 l$

4-15 $v_B=80\ \text{cm/s}$，$a_B=185\ \text{cm/s}^2$，
$\alpha_{AB}=4.62\ \text{rad/s}^2$

4-16 $a_t=r\left(\sqrt{3}\omega_0^2-2\alpha_0\right)$，$a_n=2\omega_0^2 r$

4-17 $\alpha=3.75\ \text{rad/s}^2$

4-18 $\omega_{O_1A}=0.2\ \text{rad/s}$，$\alpha_{O_1A}=0.046\ \text{rad/s}^2$

4-19 $v_{DE}=0.115\ \text{m/s}$，$a_{DE}=0.667\ \text{m/s}^2$

第5章

5-1 $F_R=5\text{kN}$

5-2 $F_R=11.93\text{N}$，$\alpha=-35.9°$

5-3 $F_{1x}=0, F_{1y}=2\text{kN}$，$F_{2x}=4\text{kN}, F_{2y}=3\text{kN}$，
$F_{3x}=-10\text{kN}, F_{3y}=0$，
$F_{4x}=3\text{kN}, F_{4y}=-4\text{kN}$，$F_{Rx}=-3\text{kN}, F_{Ry}=1\text{kN}$

5-4 $M_A(\boldsymbol{F}_1)=-8\text{kN}\cdot\text{m}$，$M_A(\boldsymbol{F}_2)=-16\text{kN}\cdot\text{m}$，
$M_A(\boldsymbol{F}_3)=0$，$M_A(\boldsymbol{F}_4)=13.9\text{kN}\cdot\text{m}$，
$M_A(\boldsymbol{F}_R)=10.1\text{kN}\cdot\text{m}$

5-5 $M_A(\boldsymbol{F})=-Fb\cos\alpha$，
$M_B(\boldsymbol{F})=-Fb\cos\alpha+Fa\sin\alpha$

5-6 $M_A(\boldsymbol{F}_R)=15.22\text{kN}\cdot\text{m}$

5-7 $M_A(\boldsymbol{F})=-FR\cos\alpha+Fr\sin\alpha$

5-8 $F_{1x}=130\text{N}$，$F_{1y}=-75\text{N}$，$F_{1z}=260\text{N}$，
$F_{2x}=100\text{N}$，$F_{2y}=119\text{N}$，$F_{2z}=156\text{N}$

5-9 $\boldsymbol{M}_O(\boldsymbol{F})=-23\boldsymbol{i}-16\boldsymbol{j}+\boldsymbol{k}(\text{N}\cdot\text{m})$

5-10 $F_R=1004.4\text{N}$，$\alpha=66.8°$，$\beta=76.7°$，
$\gamma=152.8°$

5-11 $F_x=F\sin\alpha$，$F_y=0$，$F_z=-F\cos\alpha$
$M_x(\boldsymbol{F})=-F\cos\alpha(l+b)$，$M_y(\boldsymbol{F})=-Fl\cos\alpha$，
$M_z(\boldsymbol{F})=-F(l+b)\sin\alpha$

5-12 $M=-0.866Fa$

5-13 $M=520\text{N}\cdot\text{m}$

第6章

6-1 力偶，其矩的大小为$\sqrt{3}lF$

6-2 $F_R'=20\text{kN}$，$M_A=-50\text{kN}\cdot\text{m}$；$F_R'=20\text{kN}$，
$M_B=90\text{kN}\cdot\text{m}$

6-3 通过A、B两点的一个合力，方向由B指向A

6-4 $F_R=ql/2$，合力作用线位于距离点A为
$h=2l/3$处

6-5 $F_R=50\text{N}$，$\cos(\boldsymbol{F}_R,\boldsymbol{i})=0.6$，$\cos(\boldsymbol{F}_R,\boldsymbol{j})=0.8$，
$d=|M_O|/F_R=6\text{m}$

6-6 $F_R=4.7\text{N}$，在x轴上的截距为$d=0.625\text{m}$

6-7 $F_{Ax}=-\dfrac{\sqrt{2}F}{2}$，$F_{Ay}=-2qa-\dfrac{\sqrt{2}F}{2}$，
$M_A=-2qa^2-\dfrac{3\sqrt{2}Fa}{2}-M$

6-8 $F_R'=1076.3\ \text{N}$，与x、y、z轴的夹角分别为
139.78°、121.4°、67.6°
$M_O=994.8\text{N}\cdot\text{m}$，与$x$、$y$、$z$轴的夹角分别为
55.7°、145.7°、90°

6-9 $M=0.585Fa$，与x、y、z轴的夹角分别为45°、
90°、135°

6-10 (a) $x_C=141\text{mm}$，$y_C=136\text{mm}$；
(b) $x_C=141\text{mm}$，$y_C=0$

6-11 $x_C=21.43\ \text{mm}$，$y_C=21.43\ \text{mm}$，
$z_C=-7.143\ \text{mm}$

第8章

8-1 (a) $F_{Ay}=-0.67\text{kN}$，$F_B=1.67\text{kN}$
(b) $F_{Ay}=2\text{kN}$，$M_A=3.5\text{kN}\cdot\text{m}$
(c) $F_{Ay}=2.25\text{kN}$，$F_B=2.75\text{kN}$
(d) $F_{Ay}=3\text{kN}$，$M_A=5\text{kN}\cdot\text{m}$

8-2 $F_A=F_B=2.5\text{kN}$

8-3 $F_B=8.42\text{kN}$，$F_C=3.45\text{kN}$，$F_D=57.41\text{kN}$

8-4 $Q_{2\min}=333.3\text{kN}$，$x_{\max}=6.75\text{m}$

8-5 $F_{Ax}=2400\text{N}$，$F_{Ay}=1200\text{N}$，$F_{BC}=848.5\text{N}$

8-6 (a) $F_A=-qa$, $F_B=4qa$, $F_C=qa$, $F_D=qa$

(b) $F_A=\dfrac{F}{2}+\dfrac{M}{2a}$，$F_B=\dfrac{F}{2}-\dfrac{M}{a}$，$F_C=\dfrac{M}{2a}$，

$F_D=\dfrac{M}{2a}$

(c) $F_{Ax}=\dfrac{\sqrt{2}F}{2}$，$F_{Ay}=\dfrac{\sqrt{2}F}{4}$，

$M_A=\dfrac{\sqrt{2}}{2}Fa+M$，$F_{Cx}=\dfrac{\sqrt{2}}{2}F$，$F_{Cy}=\dfrac{\sqrt{2}}{4}F$，

$F_D=\dfrac{\sqrt{2}}{4}F$

(d) $F_A=\dfrac{7}{4}qa$，$M_A=3qa^2$，$F_C=\dfrac{3}{4}qa$，

$F_D=\dfrac{1}{4}qa$

8-7 $F_D=F\cot\alpha/2$

8-8 $F_1=0.612F_2$

8-9 $M_2=3\ \text{N}\cdot\text{m}$，$F_{AB}=5\ \text{N}$

8-10 $M=60\ \text{N}\cdot\text{m}$

8-11 $F_B=-\dfrac{M}{2a}$，$F_C=\dfrac{M}{2a}$，$F_{Ax}=0$，$F_{Ay}=\dfrac{M}{2a}$，

$F_{Dx}=0$，$F_{Dy}=\dfrac{M}{a}$

8-12 $F_{Ex}=-\dfrac{10\sqrt{3}}{3}\text{kN}$，$F_{Ey}=10\text{kN}$，

$F_{Ax}=\dfrac{10\sqrt{3}}{3}\text{kN}$，$F_{Ay}=10\text{kN}$，$M_A=0$

8-13 $F_C=0.87\text{kN}$，$F_H=2\text{kN}$

8-14 $F_A=52.5\text{kN}$，$F_{Ex}=0$，$F_{Ey}=37.5\text{kN}$，

$M_E=65\ \text{kN}\cdot\text{m}$

8-15 $F_{Ax}=100\ \text{kN}$，$F_{Ay}=0$

8-16 $F_{Ex}=5\ \text{kN}$，$F_{Ey}=5\sqrt{3}\ \text{kN}$

8-17 $F_{OA}=163.3\text{N}$，$F_{OB}=F_{OD}=149\ \text{N}$

8-18 $F_A=0.95\ \text{kN}$，$F_B=0.05\ \text{kN}$，$F_C=0.5\ \text{kN}$

8-19 $F_{DE}=26.67\ \text{kN}$，$F_{BC}=45.76\ \text{kN}$，

$F_{Ax}=8.89\ \text{kN}$，$F_{Ay}=16.67\ \text{kN}$，$F_{Az}=40\ \text{kN}$

8-20 $F=207.86\ \text{N}$，$F_{Az}=183.93\ \text{N}$，

$F_{Bz}=423.93\ \text{N}$

第 9 章

9-1 加速上升阶段：$F_{T1}=5.41\ \text{kN}$；

匀速阶段：$F_{T2}=5\ \text{kN}$；

减速制动阶段：$F_{T3}=3.98\ \text{kN}$

9-2 $F_{AM}=\dfrac{ml}{2a}(\omega^2a+g)$，$F_{BM}=\dfrac{ml}{2a}(\omega^2a-g)$

9-3 $F_1=2363\ \text{N}$，$F_2=0$

9-4 $F_{\text{N}\max}=714\ \text{N}$，$F_{\text{N}\min}=462\ \text{N}$

9-5 $\omega_{\min}=14\ \text{rad/s}$

9-6 $t=2.02\ \text{s}$，$s=6.94\ \text{m}$

9-7 $v=\sqrt{\dfrac{gR^2}{R+h}}$，$T=2\pi\sqrt{\dfrac{R}{g}\left(1+\dfrac{h}{R}\right)^3}$

第 10 章

10-2 1067 N

10-3 $F_{Ox}=m_3\dfrac{R}{r}a\cos\theta+m_3g\cos\theta\sin\theta$

$F_{Oy}=(m_1+m_2+m_3)g-m_3g\cos^2\theta$

$+m_3\dfrac{R}{r}a\sin\theta-m_2a$

10-4 $F_{Ox}=m(l\omega^2\cos\varphi+l\alpha\sin\varphi)$，

$F_{Oy}=mg+m(l\omega^2\sin\varphi-l\alpha\cos\varphi)$

10-5 $x_A=\dfrac{m_1}{m_1+m_2}l\sin(\varphi_0\cos kt)$

10-6 $16x^2-8xy+5y^2=8l^2$

10-7 $L_O=2mab\omega\cos^3\omega t$

10-8 $L_O=\dfrac{7-9\pi}{6\pi}mR^2\omega$，$L_O=\dfrac{51\pi-1024}{96}ma^2\omega$

10-9 $t=\dfrac{l}{k}\ln 2$

10-10 $\alpha=\dfrac{(m_1r_1-m_2r_2)g}{m_1r_1^2+m_2r_2^2+J_O}$

10-11 $F_{Ox}=0$，$F_{Oy}=449\ \text{N}$

10-12 $F=269.3\ \text{N}$

10-13 $\alpha_1=\dfrac{2(MR_1-M'R_2)}{(m_1+m_2)R_1^2R_2}$

10-14 $a_A=\dfrac{3lb}{4l^2+b^2}g$

10-15 $E_\text{k}=\dfrac{1}{6}ml^2\omega^2\sin^2\theta$

10-16 $E_\text{k}=\left(\dfrac{3}{4}m_2+\dfrac{m_1}{6\sin^2\theta}\right)v^2$

10-17 $W=-\dfrac{1}{2}ks^2$

10-18 $\omega=\dfrac{2}{r}\sqrt{\dfrac{3\pi M}{m_1+3m_2}}$

10-19 $v=\sqrt{\dfrac{4m_3gh}{3m_1+m_2+2m_3}}$，$a=\dfrac{2m_3g}{3m_1+m_2+2m_3}$

10-20 $\delta_{\max}=50\ \text{mm}$，$\omega=15.5\ \text{rad/s}$

10-21　$\omega=\sqrt{\dfrac{(3m_1+6m_2)g\sin\theta}{(m_1+3m_2)l}}$，

$\alpha=\dfrac{(3m_1+6m_2)g\cos\theta}{2(m_1+3m_2)l}$

10-22　$\omega=5.72\ \text{rad/s}$，$F_{Ax}=0$，$F_{Ay}=36.75\ \text{N}$

10-23　$v_B=6.41\ \text{m/s}$，$a_B=2.05\ \text{m/s}^2$，$F_N=2.72\ \text{N}$

10-24　$v_A=\dfrac{2}{3}\sqrt{3gh}$，$a_A=\dfrac{2}{3}g$，$F_T=\dfrac{1}{3}mg$

10-25　$\omega=5.34\ \text{rad/s}$，$\alpha=36.75\ \text{rad/s}^2$，

$F_{Ox}=87.23\ \text{N}$，$F_{Ox}=112.5\ \text{N}$

10-26　$v_B=\sqrt{gl}$，$F_T=0.846\ mg$，$F_N=0.654\ mg$

10-27　$\omega=\sqrt{\dfrac{g}{2r}}$，$\alpha=\dfrac{3g}{8r}$，$F_N=\dfrac{13mg}{8}$，$F_f=\dfrac{mg}{4}$

10-28　$M_e=9549\dfrac{P}{n}$

10-29　额定功率不低于10W；

额定输出转矩不低于$0.56\ \text{N}\cdot\text{m}$

第12章

12-1　(a) $F_{N1}=F$，$F_{N2}=-F$

(b) $F_{N1}=F$，$F_{N2}=0$，$F_{N3}=2F$

(c) $F_{N1}=-2\text{kN}$；$F_{N2}=2\text{kN}$，$F_{N3}=-4\text{kN}$

(d) $F_{N1}=5\text{kN}$，$F_{N2}=10\text{kN}$，$F_{N3}=-10\text{kN}$

12-2　$\sigma_{max}=92.6\ \text{MPa}$

12-3　$\sigma_{CD}=112.54\ \text{MPa}$

12-4　$\sigma_{AB}=160\ \text{MPa}=[\sigma]_1$，$\sigma_{BC}=-12.8\ \text{MPa}$，

$|\sigma_{BC}|>[\sigma]_2$，强度不够

12-5　199根；L40×5

12-6　$F_C=44.9\text{kN}$

12-7　$b=116\text{mm}$，$h=162\text{mm}$

12-8　$5\ \text{mm}\,(\rightarrow)$

12-9　$\Delta l=0.1625\ \text{mm}$

12-10　(a) $\Delta_B=\dfrac{8\sqrt{2}ql^2}{EA}$，(b) $\Delta_B=\dfrac{6Fl}{EA}$，

(c) $\Delta_B=\left(\dfrac{1}{2}+2\sqrt{2}\right)\dfrac{Fl}{EA}$

12-11　$\Delta B_x=\dfrac{Fl}{EA}(\rightarrow)$，$\Delta B_y=(1+2\sqrt{2})\dfrac{Fl}{EA}$

12-12　$\Delta C_x=0.476\text{mm}(\rightarrow)$，$\Delta C_y=0.476\text{mm}(\downarrow)$

12-13　$F_{N1}=\dfrac{3F}{4\cos^3\alpha+1}$，$F_{N2}=\dfrac{6F\cos^2\alpha}{4\cos^3\alpha+1}$

12-14　$F_{N1}=3.6\text{kN}$，$F_{N2}=7.2\text{kN}$，$F_{Ay}=4.8\text{kN}$

12-15　$\sigma_{AB}=106\ \text{MPa}$，$\sigma_{BC}=166\ \text{MPa}$

第13章

13-1　(a) $T_1=-2\text{kN}\cdot\text{m}$，$T_2=-2\text{kN}\cdot\text{m}$，$T_3=3\text{kN}\cdot\text{m}$

(b) $T_1=-20\text{kN}\cdot\text{m}$，$T_2=-10\text{kN}\cdot\text{m}$，

$T_3=20\text{kN}\cdot\text{m}$

13-2　$T_{1\text{-}2}=430\text{N}\cdot\text{m}$，$T_{2\text{-}3}=-1002\text{N}\cdot\text{m}$，

$T_{3\text{-}4}=-716\text{N}\cdot\text{m}$，$T_{4\text{-}5}=-191\text{N}\cdot\text{m}$

13-3　$\tau_{max}=49.39\ \text{MPa}$

13-4　$\tau_{AB}=24.32\ \text{MPa}$，$\tau_H=23.74\ \text{MPa}$，

$\tau_C=22.51\ \text{MPa}$，均大于许用切应力，不安全

13-5　齿轮B与齿轮C之间$\theta_{max}=1.57°/\text{m}$，

$\varphi_{AC}=0.55°$

13-6　取设计直径$d=64\text{mm}$

13-7　$\tau_{max}=25.46\ \text{MPa}$，$\theta_{max}=1.82°/\text{m}$，$\varphi_{AB}=1.82°$

13-8　AB：$\tau_{max}=76\text{MPa}$，CD：$\tau_{max}=32\text{MPa}$

13-9　$\tau=22.1\ \text{MPa}$，$\sigma_{bs}=20.83\ \text{MPa}$，

满足强度要求

13-10　$l=90\ \text{mm}$

13-11　$l=213\ \text{mm}$

第14章

14-1　(a) $F_{S1}=0$，$M_1=0$；$F_{S2}=-ql$，$M_2=-\dfrac{ql^2}{2}$

(b) $F_{S1}=-ql$，$M_1=0$；$F_{S2}=-ql$，$M_2=-ql^2$；

$F_{S3}=-ql$，$M_3=ql^2$；$F_{S4}=-ql$，$M_4=0$

(c) $F_{S1}=-ql$，$M_1=-\dfrac{ql^2}{2}$；$F_{S2}=-\dfrac{3}{2}ql$，

$M_2=-2ql^2$

14-3　(a) $|F_S|_{max}=4ql$，$|M|_{max}=\dfrac{13}{2}ql^2$

(b) $|F_S|_{max}=F$，$|M|_{max}=Fl$

(c) $|F_S|_{max}=3.5\text{kN}$，$|M|_{max}=9\text{kN}\cdot\text{m}$

14-4　(a) $|F_S|_{max}=4\ \text{kN}$，$|M|_{max}=4\text{kN}\cdot\text{m}$

(b) $|F_S|_{max}=75\ \text{kN}$，$|M|_{max}=200\text{kN}\cdot\text{m}$

14-6　(a) $S_z=-\dfrac{b}{2}\left(\dfrac{h^2}{4}-y^2\right)$

(b) $S_z=-\dfrac{d^3}{12}$

14-7　(a) $I_{z_C}=1.729\times10^9\ \text{mm}^4$

(b) $I_{z_C}=1.548\times10^{10}\ \text{mm}^4$

(c) $I_{z_C}=1.360\times10^6\ \text{mm}^4$

14-8　截面1-1　$\sigma_A=-7.4\text{MPa}$，$\sigma_B=-3.7\text{MPa}$，

$\sigma_C=4.9\ \text{MPa}$，$\sigma_D=7.4\ \text{MPa}$

固定端截面　$\sigma_A=9.3\ \text{MPa}$，$\sigma_B=4.6\ \text{MPa}$，

$\sigma_C = -6.2$ MPa

14-9 $b = 225$ mm

14-10 (1) 139MPa；(2) 278MPa

14-11 $b \geqslant 38.3$ mm，取设计尺寸 $b = 40$ mm

14-12 $\sigma_{max}^{+} = 55.7$MPa，$\sigma_{max}^{-} = 63$MPa

14-13 $\sigma_A = 120$MPa，$\tau_A = 0$，$\sigma_B = 0$，$\tau_B = 60$MPa

14-14 (a) $\theta_B = -\dfrac{Ml}{EI}$，$w_B = -\dfrac{Ml^2}{2EI}$

(b) $\theta_B = -\theta_A = \dfrac{ql^3}{24EI}$，$w_{l/2} = -\dfrac{5ql^4}{384EI}$

(c) $\theta_B = -\dfrac{5Fl^2}{4EI}$，$w_B = -\dfrac{3Fl^3}{2EI}$

14-15 (a) $w_B = -\dfrac{13ql^4}{384EI}$，$\theta_C = \dfrac{5ql^3}{48EI}$

(b) $\theta_C = \dfrac{3Fl^2}{2EI}$，$w_C = \dfrac{7Fl^3}{6EI}$

(c) $\theta_B = -\dfrac{ql^3}{48EI}$，$w_B = -\dfrac{ql^4}{128EI}$

14-16 $w_C = -\dfrac{5qa^4}{48EI}$

14-17 $F_{max} = 2.29$ kN

14-18 (a) $F_{RB} = 5qa/4$，(b) $F_{RB} = 17qa/8$

第 15 章

15-2 (a) $\sigma_\alpha = 45$ MPa，$\tau_\alpha = -8.66$ MPa；

(b) $\sigma_\alpha = 7.32$ MPa，$\tau_\alpha = 7.32$ MPa；

(c) $\sigma_\alpha = 28.48$ MPa，$\tau_\alpha = -36.65$ MPa

15-3 (a) $\sigma_\alpha = 30$ MPa，$\tau_\alpha = 30$ MPa，

$\alpha_0 = -26.57°$，$\sigma_1 = 120$ MPa，$\sigma_2 = 20$ MPa，

$\sigma_3 = 0$ MPa，$\tau_{max} = 60$ MPa

(b) $\sigma_\alpha = 14.02$ MPa，$\tau_\alpha = -49.64$ MPa，

$\alpha_0 = 18.43°$，$\sigma_1 = 70$ MPa，$\sigma_2 = 0$ MPa，

$\sigma_3 = -30$ MPa，$\tau_{max} = 50$ MPa

(c) $\sigma_\alpha = 79.64$ MPa，$\tau_\alpha = 5.98$ MPa，

$\alpha_0 = 26.57°$，$\sigma_1 = 80$ MPa，$\sigma_2 = 0$ MPa，

$\sigma_3 = -20$ MPa，$\tau_{max} = 50$ MPa

15-4 $\sigma_\alpha = -48.1$ MPa，$\tau_\alpha = 10.1$ MPa，$\alpha_0 = 33.7°$，

$\sigma_1 = 110$ MPa，$\sigma_2 = 0$ MPa，$\sigma_3 = -48.7$ MPa

15-5 点 1 $\sigma_1 = 0$ MPa，$\sigma_2 = 0$ MPa，$\sigma_3 = -40$ MPa

点 2 $\sigma_1 = 1.7$ MPa，$\sigma_2 = 0$ MPa，

$\sigma_3 = -21.7$ MPa，$\alpha_0 = 74.5°$

点 3 $\sigma_1 = 8$ MPa，$\sigma_2 = 0$ MPa，$\sigma_3 = -8$ MPa，

$\alpha_0 = 45°$

点 4 $\sigma_1 = 40$ MPa，$\sigma_2 = 0$ MPa，$\sigma_3 = 0$ MPa

15-6 (a) $\sigma_1 = 50$MPa，$\sigma_2 = 50$MPa，

$\sigma_3 = -50$ MPa，$\tau_{max} = 50$ MPa

(b) $\sigma_1 = 50$MPa，$\sigma_2 = 37$MPa，

$\sigma_3 = -27$ MPa，$\tau_{max} = 38.5$MPa

(c) $\sigma_1 = 130$MPa，$\sigma_2 = 30$MPa，

$\sigma_3 = -30$ MPa，$\tau_{max} = 80$MPa

15-7 $M_e = \dfrac{\sqrt{3}\pi d^3 E\varepsilon_{30°}}{24(1+\nu)}$

15-8 $F = 37.23$ kN

15-9 $\sigma_{r1} = 70$MPa，$\sigma_{r2} = 82$MPa，$\sigma_{r3} = 110$ MPa，

$\sigma_{r4} = 96.4$ MPa

15-10 $\sigma_{r4} = 130$ MPa，强度符合要求

15-11 (1) $\sigma_1 = 145.17$MPa，$\sigma_2 = 0$，$\sigma_3 = -17.85$MPa

(2) $\sigma_{r3} = 163.02$ MPa$<1.05[\sigma]$

(3) $[F] = 2.07$ kN

第 16 章

16-1 $\sigma_{max} = 35$MPa

16-2 $\sigma_{max}^{+} = 56F/h^2$，$\sigma_{max}^{-} = 59.2F/h^2$

16-3 $[F] = 55.8$ kN

16-4 $F = 18.4$ kN，$e = 1.78$ mm

16-5 $\sigma_{r3} = 118$MPa$<[\sigma]$

16-6 $W_{max} = 980$N

16-7 设计直径 $d = 39$mm

16-8 截面 A：$\sigma_{ar4} = 49.7$MPa $< [\sigma]$；

截面 C：$\sigma_{cr4} = 35.9$MPa $< [\sigma]$，

$\sigma_{dr4} = 36.1$MPa $< [\sigma]$

16-9 $\sigma_{r3} = 69.4$MPa$<[\sigma]$

第 17 章

17-1 381kN

17-2 图(c)，3136kN

17-3 329kN

17-4 3.27

17-6 $l/D \geqslant 65.09$，$\sigma_{cr} = 197.4$MPa

17-7 461kN

17-8 51.7kN

附录 C　利用计算器求解工程力学数值问题

工程力学的具体问题求解，有时需要用到较为复杂的数值计算。例如，在求解静力学空间平衡问题时，最为复杂的情况下需要求解六元一次线性方程组；在运动学问题中，需要进行数值积分；在对杆件进行强度、刚度设计时，需要进行工程单位的转换等问题。

在理论力学/材料力学/工程力学类的研究生入学考试、全国周培源大学生力学竞赛、国际大学生工程力学竞赛等考试或竞赛中允许使用科学型计算器，在平时作业中也需要利用计算器进行数学运算。2021 年 4 月，中国力学学会在全国周培源大学生力学竞赛活动中推荐使用科学函数计算器 fx-991CN X，本附录结合 3 道典型例题，说明其具体应用。

【例 C-1】 如图 C-1 所示，皮带的拉力 $F_2=2F_1$，曲柄上作用有 $F=2000\ \text{N}$ 的铅垂力。已知皮带轮的直径 $D=400\ \text{mm}$，曲柄长 $R=300\ \text{mm}$，皮带 1 和皮带 2 与铅垂线间的夹角分别为 α 和 β，$\alpha=30°$，$\beta=60°$，其他尺寸如图 C-1 所示（单位：mm）。求皮带拉力和轴承约束力。

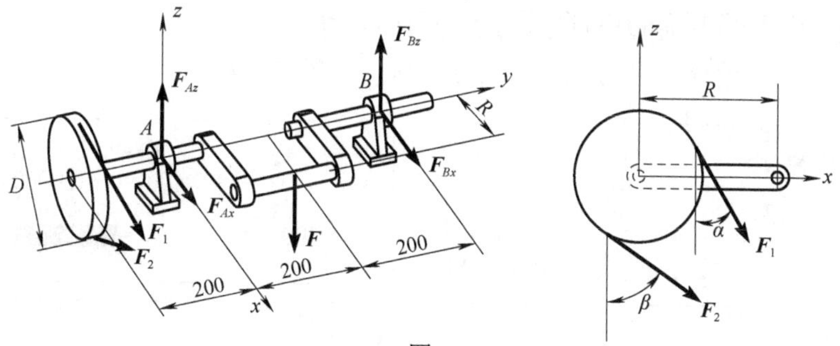

图 C-1

解 以整个轴为研究对象，受力分析如图 C-1 所示，其上有主动 $\boldsymbol{F}_1$、$\boldsymbol{F}_2$、$\boldsymbol{F}$ 及轴承约束力 $\boldsymbol{F}_{Ax}$、$\boldsymbol{F}_{Az}$、$\boldsymbol{F}_{Bx}$、$\boldsymbol{F}_{Bz}$。轴受空间任意力系作用，列平衡方程：

$$\begin{cases}\sum F_x=0 & F_1\sin\alpha+F_2\sin\beta+F_{Ax}+F_{Bx}=0\\ \sum F_y=0 & \\ \sum F_z=0 & -F_1\cos\alpha-F_2\cos\beta-F+F_{Az}+F_{Bz}=0\\ \sum M_x(\boldsymbol{F})=0 & 200F_1\cos\alpha+200F_2\cos\beta-200F+400F_{Bz}=0\\ \sum M_y(\boldsymbol{F})=0 & FR-(F_2-F_1)D/2=0\\ \sum M_z(\boldsymbol{F})=0 & 200F_1\sin\alpha+200F_2\sin\beta-400F_{Bx}=0\end{cases}$$

其中 $F_2=2F_1$，以上五个独立方程加上补充条件，可以求解六个未知量。令 $F_1=x$，$F_2=2x$，$F_{Ax}=y$，$F_{Bx}=z$，$F_{Az}=s$，$F_{Bz}=t$，整理原方程组并代入已知量，得

$$(\sin30°+2\sin60°)x+y+z=0 \quad ①$$

$$-(\cos30°+2\cos60°)x+s+t=2000 \quad ②$$

$$200(\cos30°+2\cos60°)x+400t=200\times2000 \quad ③$$

$$200x=2000\times300 \quad ④$$

$$200\left(\sin 30° + 2\sin 60°\right)x - 400z = 0 \quad ⑤$$

fx-991CN X 只能求解最高四元一次的方程组，因此观察以上方程，只有②含有未知数 s，故先选取方程①、③、④、⑤联立求解。

按 [菜单] [8] 进入方程 / 函数模式，然后按 [1] 选择“联立方程”，再按 [4] 选择未知数个数为 4，此时出现方程组系数的输入界面，如图 C-2 所示。

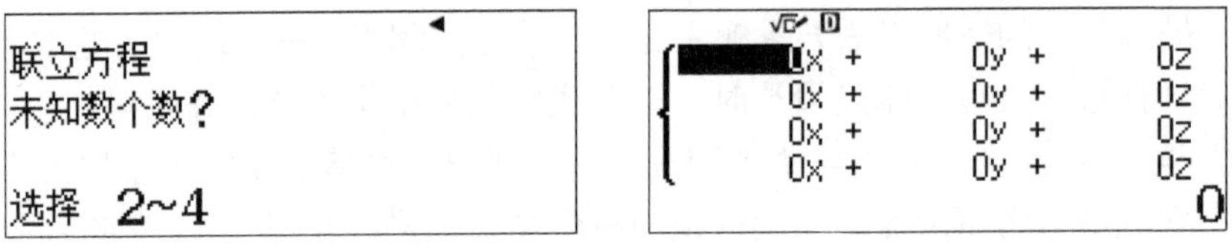

图 C-2

输入方程组的系数，按键：

[sin] 30 [)] [+] 2 [sin] 60 [)] [=] 1 [=] 1 [=] [▶] [▶]

200 [(] [cos] 30 [)] [+] 2 [cos] 60 [)] [)] [=] [▶] [▶] 400 [=] 200 [×] 2000 [=]

200 [=] [▶] [▶] [▶] 2000 [×] 300 [=]

200 [(] [sin] 30 [)] [+] 2 [sin] 60 [)] [)] [=] [▶] [(-)] 400 [=]

然后依次按四次 [=] 分别得到 x、y、z、t 的值，如图 C-3 所示。

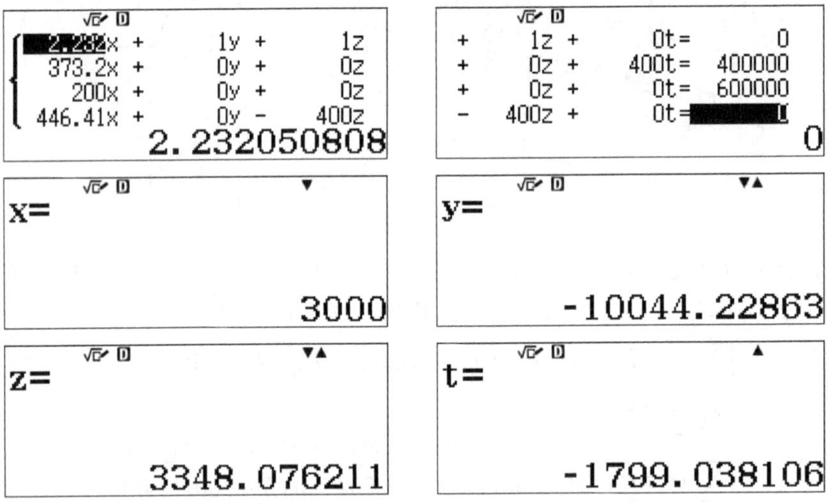

图 C-3

再按 [菜单] [1] 进入计算模式，利用已经解出的未知量，求解第②个方程中的 s。

按 2000 [+] [(] [cos] 30 [)] [+] 2 [cos] 60 [)] [)] [×] 3000 [−] [(] [(-)] 1799.04 [)] [=] 计算 s，如图 C-4 所示。

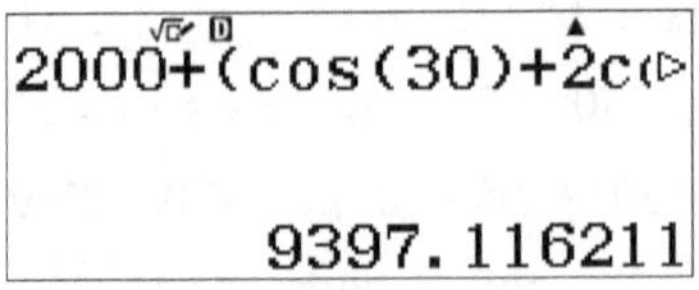

图 C-4

由此求得：$F_1=3000\ \text{N}$、$F_2=6000\ \text{N}$、$F_{Ax}=-10044\ \text{N}$、$F_{Bx}=3348\ \text{N}$、$F_{Az}=9397\ \text{N}$、$F_{Bz}=-1799\ \text{N}$。其中负号表示实际方向与图 C-1 中假设的方向相反。

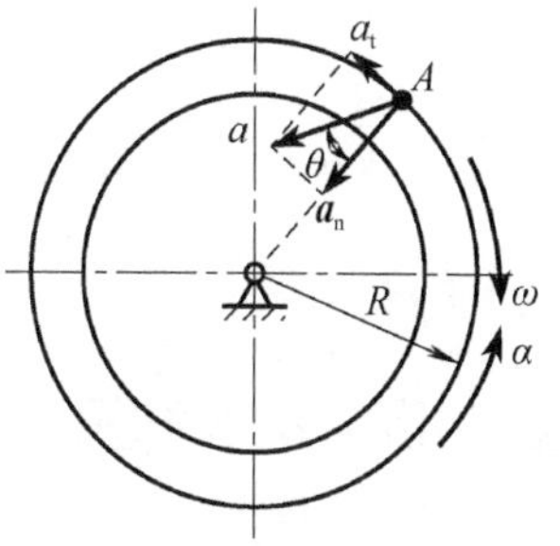

图 C-5

【例 C-2】 如图 C-5 所示，飞轮做匀减速顺时针转动。已知 $t=1\ \text{s}$ 时轮缘上点 A 的全加速度 $a=24.6\ \text{m/s}^2$，加速度 $\boldsymbol{a}$ 与转动半径的夹角 $\theta=5°50'$。飞轮的半径 $R=500\ \text{mm}$。试求此飞轮停车所需要的时间，以及从 $t=1\ \text{s}$ 到停车时所转过的角度。

解　将点 A 的全加速度进行切向与法向分解，可以得到 $t=1\ \text{s}$ 时的切向加速度和法向加速度。使用 fx-991CN X 的坐标转换功能计算，分解全加速度等价于计算 $\text{Rec}(a,\theta)$。

按 [菜单] [1] 进入计算模式，然后按 [SHIFT] [菜单]（设置）[2]（角度单位）[1]（度(D)）将角度单位设置为角度制。按 [SHIFT] [−](Rec) 24.6 [SHIFT] [)]（，）5 [°'"] 50 [°'"] [)] [=] 计算，得到的结果太长而显示不完整，可以按方向键 [▶] 查看剩下的内容，如图 C-6 所示。

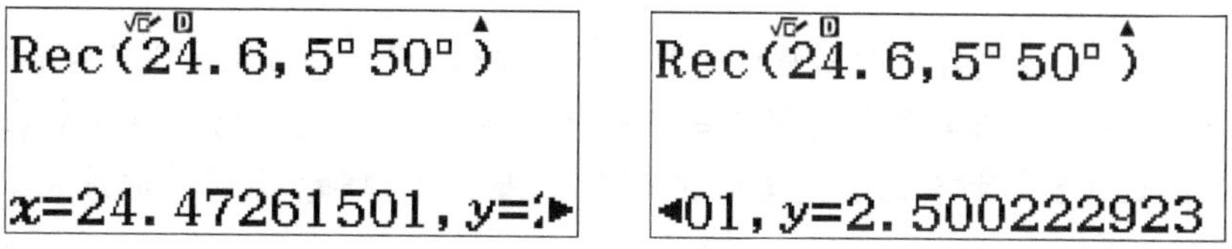

图 C-6

因此，求得 $t=1\ \text{s}$ 时切向加速度为 $a_t=2.5\ \text{m/s}^2$，法向加速度 $a_n=24.5\ \text{m/s}^2$。根据公式 $\omega=\sqrt{a_n/R}$，$\alpha=a_t/R$，且 $R=500\ \text{mm}=0.5\ \text{m}$，按 [(−)] [√■] 24.5 [■/■] 0.5 [=]，得到角速度；按 2.50 [■/■] 0.5 [=]，得到角加速度，如图 C-7 所示。

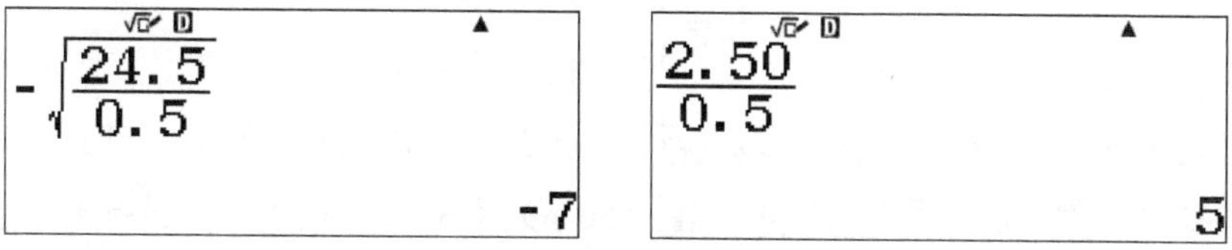

图 C-7

因此，角速度 $\omega=-7\ \text{rad/s}$，角加速度 $\alpha=5\ \text{rad/s}^2$。角速度 ω 为负表示角速度为顺时针方向，角加速度 α 为正表示角加速度为逆时针方向，与飞轮转动方向相反，说明是匀减速过程。根据 $\omega=\omega_0+\alpha t$，可得初始角速度 $\omega_0=\omega-\alpha t=-7-5\times1=-12\ \text{rad/s}$。停车时，$\omega=\omega_0+\alpha t=0$，求得 $t=\dfrac{\omega-\omega_0}{\alpha}=\dfrac{0-(-12)}{5}=2.4\ \text{s}$。从 $t=1\ \text{s}$ 到停车所转过的角度为

$$\varphi=\int_{t_1}^{t_2}(\omega_0+\alpha t)\,\mathrm{d}t=\int_1^{2.4}(-12+5t)\,\mathrm{d}t$$

使用 fx-991CN X 计算。按 [∫] [(] [(-)] 12 [+] 5 [x] [)] [▼] 1 [▲] 2.4 [=]，然后按 [S⇔D] 键将计算结果切换为小数，如图 C-8 所示。

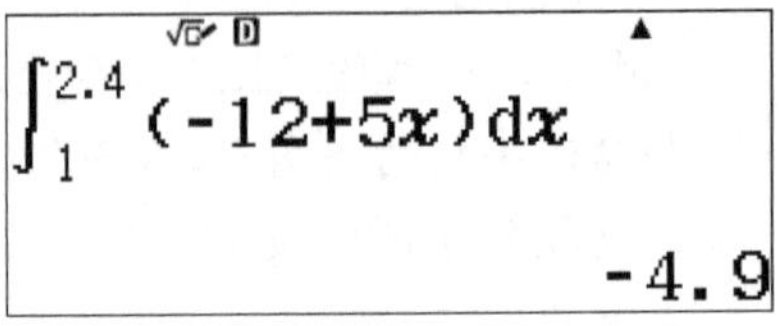

图 C-8

将这个结果转换为角度制，按 [(-)] 4.9 [OPTN] [2]（角度单位）[2] (^{r}) [=]，然后按 [°'"] 键将小数切换为角度形式的结果，如图 C-9 所示。

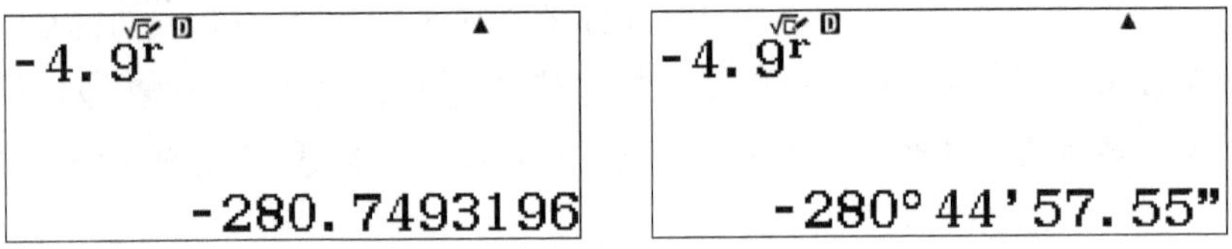

图 C-9

因此，飞轮从 $t = 1\,\text{s}$ 到停车时所转过的角度 $\varphi = -280°45'$，负号表示飞轮沿顺时针旋转。

【例 C-3】 钢制空心圆轴的外直径 $D = 100\,\text{mm}$，内直径 $d = 50\,\text{mm}$。要求轴在 2 m 长度内相对扭转角不超过 1.5°，材料的切变模量 $G = 80.4\,\text{GPa}$。求该轴所能承受的最大扭矩以及轴内的最大切应力。

解 (1) 求轴所能承受的最大扭矩。根据刚度设计准则 $\theta_{\max} = \mathrm{d}\varphi / \mathrm{d}x = T / GI_{\mathrm{p}} \leqslant [\theta]$。由已知条件，单位长度上的许用相对扭转角为 $[\theta] = 1.5° / 2\text{m} = 1.5 \times \pi/(2 \times 180)\,\text{rad/m}$。将空心圆截面的极惯性矩公式代入刚度设计准则，得到轴所能承受的最大扭矩为 $T_{\max} = GI_{\mathrm{p}}[\theta]$。其中

$$I_{\mathrm{p}} = \frac{\pi}{32} D^4 \left[1 - \left(\frac{d}{D}\right)^4\right]$$

按 [菜单] [1] 进入计算模式，再按 [SHIFT] [菜单]（设置）[4]（工程符号）[1]（开）将工程符号显示设为开启。按 1.5 [▭/▭] 2 [▶] [×] [SHIFT] [×10ˣ] (π) [▭/▭] 180 [▶] [×] 80.4 [OPTN] [3]（工程符号）[8] (G) [×] [▭/▭] [SHIFT] [×10ˣ] (π) [×] 100 [OPTN] [3]（工程符号）[1] (m) [$x^{\blacksquare}$] 4 [▼] 32 [▶] [(] 1 [−] [(] 50 [▭/▭] 100 [▶] [)] [$x^{\blacksquare}$] 4 [▶] [)] [=] 计算，得到轴所能承受的最大扭矩，如图 C-10 所示。

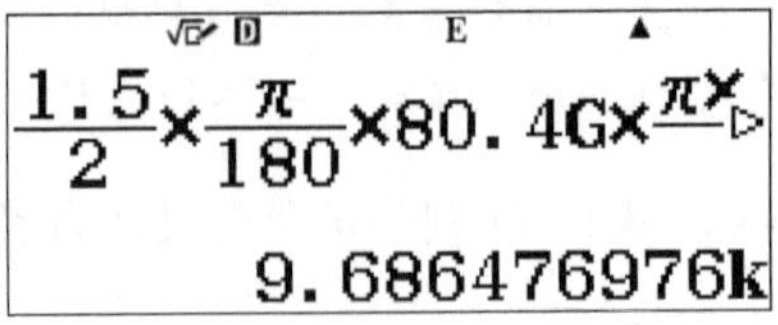

图 C-10

因此，轴所能承受的最大扭矩为 9.686 kN·m。

(2) 确定轴内的最大切应力。轴在承受最大扭矩时，横截面上的最大切应力为 $\tau_{\max} = T_{\max} / W_{\mathrm{p}}$，其中

$$W_{\mathrm{p}}=\frac{\pi D^{3}}{16}\left[1-\left(\frac{d}{D}\right)^{4}\right]$$

继续按 [Ans] [分数] [分数] [SHIFT] [×10^x](π) [×] 100 [OPTN] [3]（工程符号）[1](m) [SHIFT] [x^2] [▼] 16 [▶] [(] 1 [−] [(] 50 [分数] 100 [▶] [)] [$x^■$] 4 [▶] [)] [=]，得到横截面上的最大切应力，如图 C-11 所示。

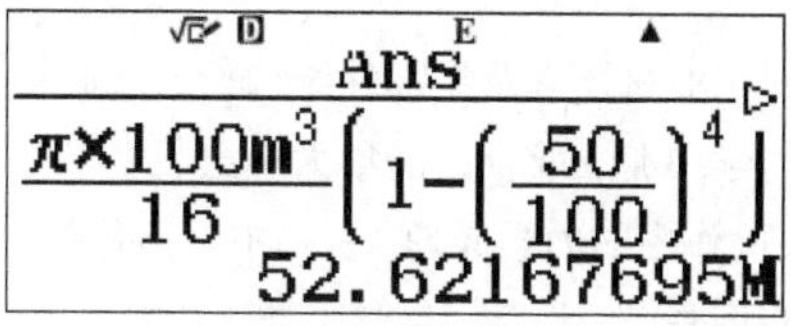

图 C-11

因此，此时轴内的最大切应力为 52.6 MPa。

参考文献

李慧，马正先，逄波. 2017. 工业机器人及零部件结构设计. 北京：化学工业出版社

李俊峰，张雄. 2021. 理论力学. 3 版. 北京：清华大学出版社

MASON M T. 2018. 机器人操作中的力学原理. 贾振中，万伟伟，译. 北京：机械工业出版社

王大伟. 2018. 工业机器人应用基础. 北京：化学工业出版社

王晓军，石怀荣. 2015. 工程力学Ⅰ. 北京：机械工业出版社

王晓军，石怀荣. 2016. 工程力学Ⅱ. 北京：机械工业出版社

王永岩. 2019. 理论力学. 2 版. 北京：科学出版社

奚绍中，邱秉权. 2019. 工程力学教程. 4 版. 北京：高等教育出版社

杨卫，赵沛，王宏涛. 2020. 力学导论. 北京：科学出版社

战强. 2019. 机器人学. 北京：清华大学出版社

张秉荣. 2011. 工程力学. 4 版. 北京：机械工业出版社

周建方，龚俊杰. 2022. 材料力学. 2 版.北京：机械工业出版社

朱炳麒. 2014. 理论力学. 2 版.北京：机械工业出版社